电子电气工程师技术丛书

FPGA应用开发和仿真

DESIGN AND SIMULATION OF FPGA APPLICATIONS

王贞炎 编著

机械工业出版社
China Machine Press

图书在版编目（CIP）数据

FPGA 应用开发和仿真 / 王贞炎编著 . —北京：机械工业出版社，2017.12（2019.7 重印）
（电子电气工程师技术丛书）

ISBN 978-7-111-58278-6

I. F… II. 王… III. 可编程序逻辑器件－系统设计 IV. TP332.1

中国版本图书馆 CIP 数据核字（2017）第 259841 号

FPGA 应用开发和仿真

出版发行：机械工业出版社（北京市西城区百万庄大街 22 号 邮政编码：100037）

责任编辑：佘 洁 责任校对：殷 虹

印 刷：中国电影出版社印刷厂 版 次：2019 年 7 月第 1 版第 2 次印刷

开 本：186mm×240mm 1/16 印 张：24.75

书 号：ISBN 978-7-111-58278-6 定 价：79.00 元

凡购本书，如有缺页、倒页、脱页，由本社发行部调换

客服热线：（010）88379426 88361066 投稿热线：（010）88379604

购书热线：（010）68326294 88379649 68995259 读者信箱：hzit@hzbook.com

Preface 前言

笔者2004年开始学习FPGA，并被其强大的灵活性所吸引，从此一切成本不敏感的项目能用FPGA的，则不会考虑其他方案。从简单的逻辑控制、MCU替代到高速的信号处理、网络与通信应用，没有什么是一片FPGA（或含有处理器核）不能驾驭的，“一片不行，那就两片！”在成本不敏感的领域，如科研、产品或芯片原型研发和验证中，FPGA扮演了极其重要的角色，因为在这些领域往往包含大量特殊的、创新的定制逻辑和功能，或者具备极高的数据传输带宽，并非MCU、MPU（DSP是MPU的一种）或应用处理器所能胜任。

即使是MCU或MPU能够胜任的工作，若使用FPGA来完成，你可以肆意挥洒自己的创意，构建符合自己习惯的逻辑接口和功能，创造符合特殊要求的功能模块和处理器外设，而不必像使用通用MCU或MPU那样，需要学习为了功能通用而设置的纷繁复杂的接口、控制寄存器或API函数。当然，一切的前提是项目成本不敏感，并且你具备深厚的FPGA开发功力——这比MCU或MPU开发要难很多。

但终端产品领域是FPGA尚无法触及的，主要限制是成本、功耗和开发难度。在成本和功耗上，FPGA灵活的本质决定了它无法与MCU或MPU抗衡，同时终端产品往往出货量也很大，因而在高带宽或特殊定制逻辑方面，也可以由ASIC胜任——ASIC在量大时成本极低。

而开发难度大则源于多个方面。在理论方面，想要学好FPGA，甚至说想要入门FPGA，都必须掌握扎实的数字逻辑基础知识。在语言方面，用于FPGA开发的硬件描述语言（HDL）描述的数字逻辑电路是并行的，与人类思维的串行性（即一步一步的思考）不符，而MCU等开发使用的程序语言则符合人类思维的串行性，相对易于入门和掌握。依笔者浅见，“程序”一词含有“依序执行的过程”之意，与可综合的硬件描述语言的并行性不符，因而本书尽量避免使用“程序”一词指代可综合的硬件描述语言代码。

开发困难还源于FPGA技术近年来的快速发展和FPGA相关教育的滞后。

笔者自六年前开始面向华中科技大学启明学院电工电子科技创新中心（以下简称“创新中心”）的学生开设与FPGA应用相关的选修课，并为他们设计开发板，无论课程内容还是开发板，每年都可能会变动以跟进新的技术发展。

创新中心的学生主要来自全校各电类相关院系，并经过严格的考核选入，都是理论成绩和实践能力兼优并对电子技术有着浓厚兴趣的学生。即便如此，笔者依然感受到 FPGA 应用教学的困难，特别是在引导和帮助他们使用 FPGA 实现具备一定难度和深度的功能的时候，或者在实现一个完备的电子电路系统，比如将 FPGA 用作大学生电子设计竞赛作品主控或者各类研究、双创项目的主要实现平台的时候。

笔者以为，FPGA 应用教学的困难直接反映了数字电路应用教学的困难，这与传统数字电路课程设置不无关系。在电子技术子领域日趋细分、国内大学电类专业日趋细分的当代，侧重数字电路应用的专业（如通信、电气、自动化等）仍然在深入学习 SR 锁存器的电路构成，深入学习如何用 74 系列 IC 设计异步时序逻辑电路。笔者并不认为这些不重要，但以为这些应该是侧重数字电路理论的专业（如电子、电信等）才需要深入学习的内容，毕竟侧重数字电路应用的专业的学生以后一般不需要设计 IC；不需要在数字逻辑电路中做晶体管级的优化；也不需要为少数关键路径而动用异步逻辑、锁存器逻辑。相应地，在侧重数字电路应用的专业中，现代数字电路应用中的同步时序逻辑内容并没有提升到应有的地位，与之相关的时钟概念和知识、常用的时序逻辑功能单元、基础的时序分析概念和知识也是比较缺失的。

在本书中，笔者提炼和扩展了传统数字电路课程中与 FPGA 应用相关的部分，形成了本书的第 1 章，便于读者快速强化 FPGA 应用设计所需的数字电路基础知识，尚未学习数字电路课程的低年级读者也可以通过学习第 1 章来入门数字电路基础。

第 2 章则是 SystemVerilog（IEEE 1800—2012）简明语法讲解，主要侧重可综合（即可以在 FPGA 中实现）的语法，最新的 IEEE 1800—2012 标准较早期版本引入了不少“漂亮”的语法元素，让笔者急切地想与读者分享，后果是少数理应可综合的语法在目前主流开发工具中尚不支持，或许它们还需要一点时间来跟进，遇到这些特例，书中均会给出解决方法。

第 3 章是使用 ModelSim 进行 Verilog 功能仿真的简单教程。

第 4 章是 Verilog 的基本应用，这一章主要介绍各种数字逻辑基本功能单元的描述，并着重介绍了时钟、使能的概念和跨时钟域处理。从这一章起，我们正式开始了 FPGA 应用设计之旅。

第 5 章介绍 IO 规范，首先通识性地介绍了 IO 连接的常识和常见电平规范，而后以四种常见外部逻辑接口规范为例，介绍了通用接口逻辑的设计和实现。希望读者能在学习过程中领会到此类设计的一般思路和处理方法。

第 6 章介绍片上系统的内部互连。片上系统（SoC）结合了通用处理器和 FPGA 逻辑的优势，实现了软硬件协同设计，是当下 FPGA 应用技术的热门。而要充分利用 SoC 的优势，发挥软硬件协同的潜力，处理器系统与 FPGA 逻辑的高速互连至关重要。此章从一种简单的互连接口入手，逐步过渡到目前应用最为广泛的 AXI 互连协议。

第 7 章介绍 Verilog 在数字信号处理中的基本应用，主要介绍了一些基础数字信号处理算法的实现，包括频率合成、FIR 和 IIR 滤波器、采样率变换、傅里叶变换和常见于数字控制系统的 PID 控制器。

第 8 章介绍 Verilog 在数字通信中的基本应用，主要介绍了基带编解码、各类基础调制解调的实现。

这些章节的依赖关系如下图所示。

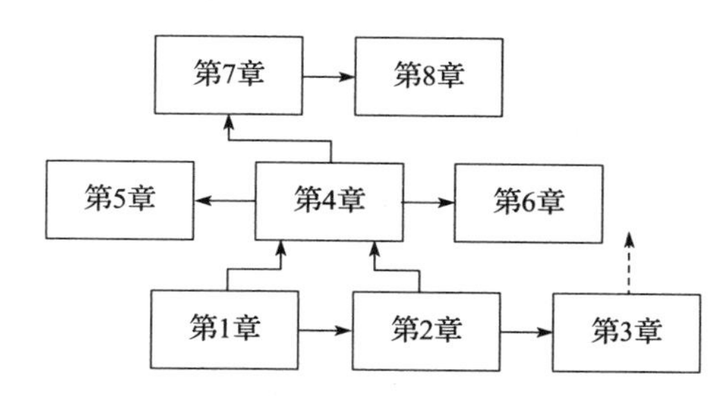

本书侧重 Verilog 在 FPGA 中的应用基础，对于特定 FPGA 芯片、特定开发工具、特定外部连接和具体系统案例，请关注即将出版的本书的姊妹篇。

本书特别注重理论与工程实现的结合，以实现为主，以相关理论的结论为指导，读者应着重理解理论与实现的对应关系，注意培养将理论转换为工程实现的能力。

本书中的代码均为可综合代码，均是从笔者多年教学和工程实践中实际应用过的代码中提炼而来的，具备极高的实践参考价值，并大量采用参数化设计方法，大量采用生成块和常量表达式/函数，具备极高的可重用性。书中不可综合的代码只有：明确说明为测试平台；明确说明有些开发工具尚不支持的某些新语法，但一般会给出修改方法。

本书是笔者多年 FPGA 开发和教学经验的总结，弥补了多年来面向创新中心学生讲授 FPGA 应用课程时的教材缺失——虽然优秀教材有很多，但并没有特别吻合笔者思路和学生要求的。希望本书能对正在学习 FPGA 应用技术的本、专科学生给予有力的帮助，也希望能给正在使用 FPGA 进行项目开发的在校研究生、在业工程师一点借鉴和提示。

书中涉及少数较新的英文术语，因未见到广泛统一或权威的翻译，笔者尝试对其进行了翻译并在文中保留了英文，便于读者对照理解。

笔者水平有限，书中难免有偏颇谬误之处，欢迎广大读者批评指正！

最后，感谢创新中心尹仕、肖看老师和电气与电子工程学院实验教学中心的同事们！感谢我的父母、女友！感谢创新中心 605 实验室的同学们！由于他们的支持和帮助，本书才得以顺利完成。特别感谢姜鑫、胡蓉同学通读了书稿，并协助我完成了部分审校工作；特别感谢我的女友帮助绘制了书中电路图的国标版本，特别感谢出版社的编辑们进一步修订了这些电路图。

目 录 Contents

Chapter 1 第1章

数字电路基础

本章介绍数字电路的一些基础知识。在 FPGA 应用领域，对许多经典的数字电路知识的依赖逐渐减少，因而本章并不会太细致地讲述数字电路的基本原理和相关知识，而是提纲挈领地带领读者了解数字电路的原理并掌握 FPGA 开发必要的知识。

1.1 模拟电路与数字电路

在自然界中，特别是在宏观世界中，大多数物理量都是随时间连续变化的函数，而且取值也是连续的。例如声音，一个声压级约为 80dB、频率为 440Hz 的声音的声压随时间变化的函数图像如图 1-1 所示，它是一个正弦函数图像。我们称随时间变化的函数为时域信号，或简称为"信号"，称信号的图像为"波形"。

图 1-2 所示则是人声"啊"的声压波形。

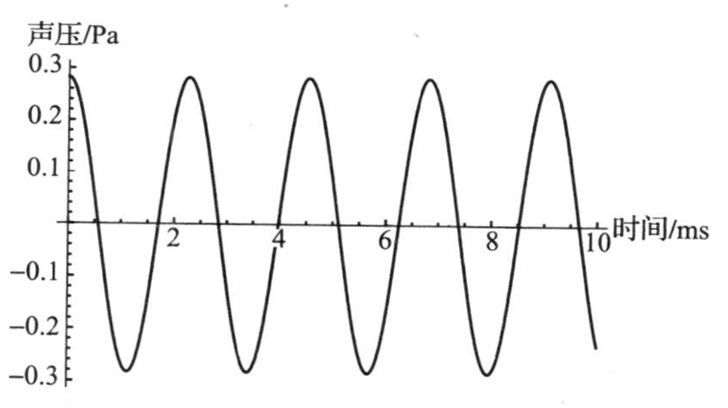

图 1-1 80dB、440Hz 声音的波形

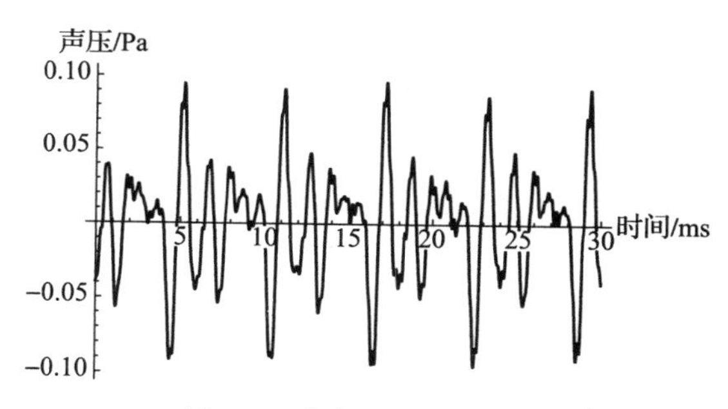

图 1-2 人声"啊"的波形

这两个信号都是在时间上连续，在取值上也连续，这样的信号称为"模拟信号"。

在电路中，可以用电压信号来表达声压信号，充当声压信号和电压信号相互转换的器件便是大家熟知的麦克风或扬声器。以一个扩音机为例，麦克风将空气中的声压信号转换为电路中的电压信号，常见的麦克风转换声压到电压的灵敏度在 10mV/Pa 量级，毫伏级的信号经由电压放大器放大至数伏或数十伏之后，再由功率放大器增大输出功率推动扬声器发声，常见的扬声器的灵敏度(在距离它 1m 处产生的声压与输入功率之比)为 90dB/W 左右。

像扩音机这样处理模拟信号的电路，称为模拟电路。在模拟电路中，一般使用电路节点上的电压或回路中的电流来表达我们感兴趣的信号。

我们也可以直接使用“数”来表达信号，例如图 1-2 所示的人声“啊”的声压信号，其取值大致可以用区间(-0.1，0.1)的实数(以 Pa 为单位)来表达。信号在时间上连续，所以一段时间的信号需要无数个实数，而实数往往又是无限长的(比如循环小数或无理数)，所以这样用“数”表达信号的方式并不现实。

但是，在时间上我们并不需要记录无限个数值，可以每隔一段足够短的时间记录一个，比如每隔 125μs 记录一个，这称为“采样”，“采样周期”为 125μs，即“采样率”为 1/125μs = 8kHz，或称 8ksps(Samples per Second)，采样后，信号在时间上变得离散。在值域上也不必使用连续的实数区间，可以使用足够小的细分阶梯，比如把每个值四舍五入到整 1mPa，称为“量化”，“量化间隔”是 1mPa，即“分辨率”是 0.2Pa/1mPa = 200。只要采样率足够高、量化分辨率足够高，几乎就可以无损失地记录原始信号。图 1-3 所示是图 1-2 所示信号 0 ~ 5ms 部分经过采样和量化之后的图像。

其中，数据值序列是：{-0.040，-0.035，-0.010，-0.003，0.029，0.039，0.038，0.010，…}，精确到 0.001。

如果使用电子电路进行采样和量化，一般使用模 - 数转换器(ADC)，它可在一定的时间节拍控制下，将一定范围内的模拟电压信号，逐个线性地转换为一定范围内的有限字长的数。比如在 8kHz 的节拍下，将区间[0V，1V)的电压线性地转换为[-128，127]的整数——0V 对应着 -128、1V/256 对应着 -127、…、255V/256 对应着 127。如果我们将图 1-2 所示的区间[-0.1Pa，0.1Pa)的信号，经过 10mV/Pa 灵敏度的麦克风，将得到区间[-1mV，1mV)的电压信号；再经过 500 倍电压放大和 +0.5V 的偏置，将得到区间[0V，1V)的电压；最后使用 ADC，则可得到[-128，127)间的数，如图 1-4 所示。

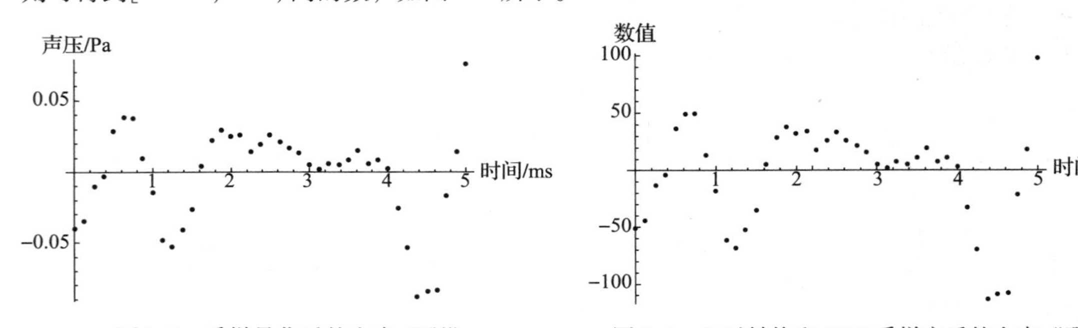

图 1-3　采样量化后的人声“啊”

图 1-4　经过转换和 ADC 采样之后的人声“啊”

其中，数值序列是：{-51，-44，-13，-4，37，49，49，13，…}。

在现在的电子电路中，准确表达数值的方式是使用多个电路节点组成多位“二进制”，每个节点的电压代表一个二进制位。电压接近电源电压，称为“高电平”，代表二进制数字“1”，电压接近地电压(0V)，称为“低电平”，代表二进制数字“0”，表达二进制数值的多个节点也称为“总线”。当然，如果把节点电压按照高低区分为高电平、中电平和低电平，也可使用三进制来把多个节点的电平组合成数值。以此类推，还可以有其他进制的表达方法。

这种使用节点电平高低表达有限字长的数值、使用数值表达或处理信号、信号在时间上离散的电路，称为“数字电路”。目前几乎所有数字电路都是使用二进制来表达数值。

数字电路表达信息不易受到干扰，电路模式也相对模拟电路规整单一，但电路规模相较于同等功能的模拟电路庞大很多。不过得益于大规模集成电路制造工艺和数字电路自动化设计工具的发展，数字电路的优势越来越明显，越来越多的信号处理、记录都采用数字电路实现，整个计算机技术的发展也是建立在数字电子技术之上。

当然，模拟电路也绝不会销声匿迹，其重要性从未因为数字电路的兴起而降低。往大处说，我们生活的宏观世界的一切都是模拟的，信息的处理、记录可以用数字方式，但信息的采集和复现一定是模拟的；往小处说，功率的放大、高带宽信号的处理、通信中的射频电路等许多地方，还是目前的数字电路无法涉及的。

1.2　二进制相关知识

1.2.1　二进制和其他进制

十进制是我们日常使用的进制，不同位的数字代表10的不同次幂，小数点左侧的数字为0次，向左依此增加，向右依此减小。例如：

$$299.792 = 2\times10^2 + 9\times10^1 + 9\times10^0 + 7\times10^{-1} + 9\times10^{-2} + 2\times10^{-3}$$

即：

$$Val = \sum_{i=-F}^{I-1} d_i \cdot 10^i \tag{1-1}$$

其中，F是小数位数，I是整数位数，d_i是第i位上的数字，显然$0\leqslant d_i\leqslant 9$且$d_i\in\mathbf{Z}$。

假设我们需要使用节点电平来表达某位上的数字，如果采用十进制则需要区分10个不同的电平，在后续计算和处理上会比较麻烦，而如果采用二进制，则只需区分高低两种电平，显然更为简单。

与十进制类似，可以定义二进制的值：

$$Val = \sum_{i=-F}^{I-1} b_i \cdot 2^i \tag{1-2}$$

其中，F是小数位数，I是整数位数，b_i是第i位上的数字，显然b_i只能是0或1。于是有这样的例子：

$$(11001.011)_2 = 2^4 + 2^3 + 2^0 + 2^{-2} + 2^{-3} = 25.375$$

其中括号右下角的“2”表示括号内是二进制数，以示与十进制的区分。

当然也可以有负数：

$$(-101.101)_2 = -(2^2 + 2^0 + 2^{-1} + 2^{-3}) = -5.625$$

有时也这样写二进制数：0b11011.101、-0b101.101，b取binary之意。

注意，本书后续称二进制数的第i位均指代表的数量等于2^i的那一位，这个2^i也称为第i位的“权”，如0b101.01：

位	第2位	第1位	第0位	第-1位	第-2位
数字	1	0	1.	0	1
权	4	2	1	0.5	0.25

小数点左侧那一位称为“第0位”，再向左依次称为“第1位”、“第2位”、…，向右依次称为“第-1位”、“第-2位”、…

与式(1-2)类似，还有十六进制：

$$Val = \sum_{i=-F}^{I-1} x_i \cdot 16^i \tag{1-3}$$

显然，x_i 可以是 0 ~ 15 的整数，然而阿拉伯人并没有创造 10 ~ 15 的单字，我们也不能在一位上写上两位，于是借用拉丁字母的 a ~ f 依次来表达 10 ~ 15。于是有这样的例子：

$$(a05.9f)_{16} = 10 \times 16^2 + 5 \times 16^0 + 9 \times 16^{-1} + 15 \times 16^{-2} = 2565.62109375$$

同样也可以有负数。有时也这样写十六进制数：0xa05.9f、-0x10.e。x 取 hexadecimal 之意。

因为一定范围的二进制数书写起来很长，而十六进制与二进制的转换很方便($2^4 = 16$，四位二进制正好对应一位十六进制)，所以在数字电路和计算机专业中，常常书写十六进制而不是二进制。除十六进制外，八进制也较为常用。

十进制计数是“逢十进位”，二进制计数则是“逢二进位”。例如二进制数 0 ~ 10：0b0、0b1、0b10、0b11、0b100、0b101、0b110、0b111、0b1000、0b1001、0b1010。

二进制的“位”，英文为“bit”；8 位二进制组合在一起，称为一“字节”（byte）。

1.2.2 进制间的相互转换

二进制向十进制的转换直接使用式(1-2)即可。

十进制向二进制的转换可分整数部分和小数部分分别进行，整数部分使用短除法，小数部分使用短乘法。比如 25.375，其整数部分是 25：

```
2 | 25 ... 1
2 | 12 ... 0
2 | 6  ... 0
2 | 3  ... 1
2 | 1  ... 1
    0
```

每次的余数写在短除式的右侧，最后将所有的余数自下而上组合得到“11001”，即为 25 的二进制表达。

25.375 的小数部分是 0.375：

```
.375 | 2
0.75 | 2
1.5  | 2
1.0
```

每次乘法只对小数部分做，直到小数部分为 0，或达到所需的精度(因为常常乘不尽)，最后将进位得到的所有整数部分自上而下组合得到“.011”即是 0.375 的二进制表达。所以 25.375 = 0b11001.011

但即使是有限长的十进制也常常乘不尽，比如 0.2：

```
.2  | 2
0.4 | 2
0.8 | 2
1.6 | 2
1.2 | 2
0.4 | 2
...
```

于是 $0.2 = 0b0.0011\dot{0}01\dot{1}$，是一个二进制无限循环小数，这时，只需要取到足够精度即可。有限长十进制小数转换为二进制未必还是有限长的，但有限长的二进制小数转换为十进制却一定还是有限长的，这与数制基数的质因数有关，有兴趣的读者可查阅相关数学书籍；无理数放之任何整数制下都是无限不循环的，有理数放之任何整数制下也都是或有限或无限循环的。

前面说过，四位二进制正好对应一位十六进制，如表 1-1 所示。

表 1-1　四位二进制与十六进制对应

二进制	十六进制	二进制	十六进制	二进制	十六进制	二进制	十六进制
0000	0	0100	4	1000	8	1100	c
0001	1	0101	5	1001	9	1101	d
0010	2	0110	6	1010	a	1110	e
0011	3	0111	7	1011	b	1111	f

将二进制转换为十六进制只需要从小数点向左和向右每四位一节，然后查表 1-1 即可，反之就更简单了。例如：0b10,1101,0100.1010,1 = 0x2d4.a8,0x5.c = 0b101.11。

十进制与十六进制的转换可以仿照与二进制互相转换的短除法和短乘法进行。

在后续的章节中，十六进制会经常用到，希望读者将表 1-1 倒背如流！

1.2.3　二进制的四则运算

二进制加法：满 2 进 1，可与十进制加法相似地使用竖式计算，如 0b110.11 + 0b1110.01 = 0b10101.00，即 6.75 + 14.25 = 21：

```
    110.11
+  1110.01
   11  1 1
----------
  10101.00
```

二进制减法：借 1 当 2，使用竖式计算，如 0b1100.01 − 0b110.11 = 0b101.1，即 12.25 − 6.75 = 5.5：

```
   1100.01
-   110.11
     1111
----------
   0101.10
```

乘法和除法类似，如 0b1011.1 × 0b10.1 = 0b11100.11，即 11.5 × 2.5 = 28.75：

```
     10111
×      101
----------
     10111
+  10111
----------
   1110011
```

除法如 $0b1011.1 \div 0b10.1 = 0b100.10011\dot{0}01\dot{1}$，即 11.5 ÷ 2.5 = 4.6：

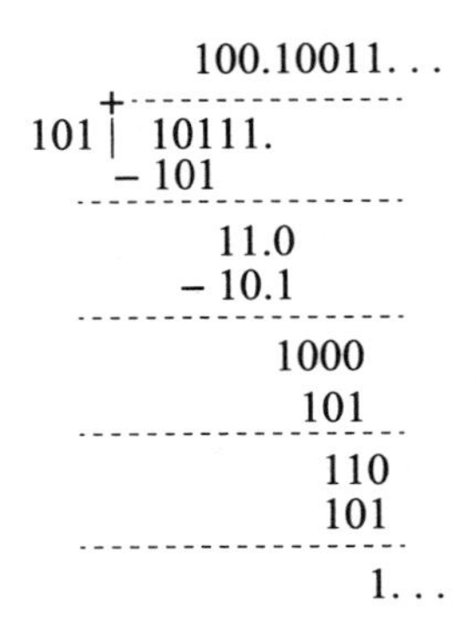

1.3 二进制在电路中的表达

本节主要介绍二进制整数在电路中的表达和计算，关于二进制表达小数的问题将在 1.11 节介绍。

1.3.1 有限字长和补码

在电子电路中，二进制数的字长（即位数，或称“位宽”）一定是有限的，如果要明确地表达某个二进制数是有限的若干位，可以使用这样的写法：

4'b1001:					1	0	0	1
8'b1100:	0	0	0	0	1	1	0	0

有限位二进制中的最低位称为“LSB”，为 Least Significant Bit 之缩写；最高位称为“MSB”，为 Most Significant Bit 之缩写。

4 位二进制共能表达 $2^4=16$ 个数，8 位二进制共能表达 $2^8=256$ 个数。16 和 256 分别称为 4 位二进制和 8 位二进制的“模”。对于 W 位的二进制，其模 M：

$$M = 2^W$$

如果两个位宽同为 W 位的二进制数 a 和 b 之和等于模，即 2^W，则称 a 和 b 互为补码，或者说 a 是 b 的补码、b 是 a 的补码，例如，对于 4 位二进制，4'b11 和 4'b1101 互为补码；对于 8 位二进制，8'b10100101 和 8'b1011011 互为补码。

1.3.2 负数、有符号数和无符号数

如何在电路中表达二进制负数？最简单的方法是专门使用一位记录符号，低电平为正、高电平为负，而用剩余的位记录绝对值。例如：

0b101:	0	1	0	1
-0b101:	1	1	0	1

但是，这样的记录方法在用电路实现有关负数的运算的时候，电路将比另一种称为“补码表达”的记录方法复杂。

有限字长的二进制数不断计数，或者加上足够大的数，必然会发生溢出。以 4 位二进制为例，4'b1111 再加一，将得到 5'b10000，这是无法用 4 位记录的，一般只能留下低四位。于是，对于 4 位二进制，有：

$$\text{4'b1111} + 1 = \text{4'b0000}$$

那么，是不是可以认为

$$\text{4'b0000} - 1 = \text{4'b1111}$$

即：4'b1111 = −1，或者更准确地说，4'b1111 表达了 −1 呢?

这样的表达负数的方法称为“补码表达”，即在一定的位宽下，使用负数绝对值的补码来表达负数，而不是使用额外的位来记录符号。对于4位二进制的补码表达见表 1-2。

表 1-2　4 位补码表达负数

十进制负数	二进制负数	4 位补码表达				4 位补码的十进制
−6	−0b0110	1	0	1	0	10
−3	−0b0011	1	1	0	1	13
−12	−0b1100	0	1	0	0	4

4 位二进制一共可表达 16 个数，除去没有补码的 0，一般也并不会将剩下的全部 15 个都用来表达负数。在需要 4 位二进制数既能表达正数又能表达负数的时候，一般使用 8 个表达负数，8 个表达非负数，称为 4 位“有符号数”。在不需要表达负数时，4 位二进制数直接表达 16 个非负数，称为“无符号数”。4 位二进制表达有符号数和无符号数如表 1-3 所示。

表 1-3　4 位二进制表达有符号数和无符号数

4 位二进制				表达的数值	
				有符号数(十进制)	无符号数(十进制)
1	0	0	0	−8	8
1	0	0	1	−7	9
1	0	1	0	−6	10
1	0	1	0	−5	11
1	1	0	0	−4	12
1	1	0	1	−3	13
1	1	1	0	−2	14
1	1	1	1	−1	15
0	0	0	0	0	0
0	0	0	1	1	1
0	0	1	0	2	2
0	0	1	1	3	3
0	1	0	0	4	4
0	1	0	1	5	5
0	1	1	0	6	6
0	1	1	1	7	7

可以看出，二进制的最高位为“1”时，有符号数为负数，而最高位为“0”时，有符号数

为正数或零。因此，有符号数的二进制最高位也称为“符号位”，虽然有点名不副实(数学中一般认为 0 没有符号)。

W 位二进制有符号可表达数的范围是：

$$[-2^{W-1}, 2^{W-1}-1] \tag{1-4}$$

有时也写作$[-2^{W-1}, 2^{W-1})$。反过来，对于某个数 x，使用二进制有符号数表达时需要的位数是：

$$W = \begin{cases} \lceil 1+\log_2(x+1) \rceil, & x > 0 \\ \lceil 1+\log_2(-x) \rceil, & x < 0 \end{cases}$$

其中$\lceil \cdot \rceil$符号表达上取整(ceiling(·))函数，即取不小于自变量的最小整数。

上式等价于：

$$W = \begin{cases} \lfloor 2+\log_2(x) \rfloor, & x > 0 \\ \lfloor 2+\log_2(-x-1) \rfloor, & x < 0 \end{cases} \tag{1-5}$$

其中$\lfloor \cdot \rfloor$符号表达下取整(floor(·))函数，即取不大于自变量的最大整数。因正数的下取整即是直接舍去小数部分的取整，在计算机中容易实现，故式(1-5)更常用。

W 位二进制无符号可表达数的范围是：

$$[0, 2^{W}-1] \tag{1-6}$$

有时，也写作$[0, 2^{W})$。反过来，对于某个数 x，使用二进制无符号数表达时需要的位数是：

$$W = \lfloor 1+\log_2(x) \rfloor \tag{1-7}$$

表 1-3 还可以换成更形象直观的“数轮”，如图 1-5 和图 1-6 所示。

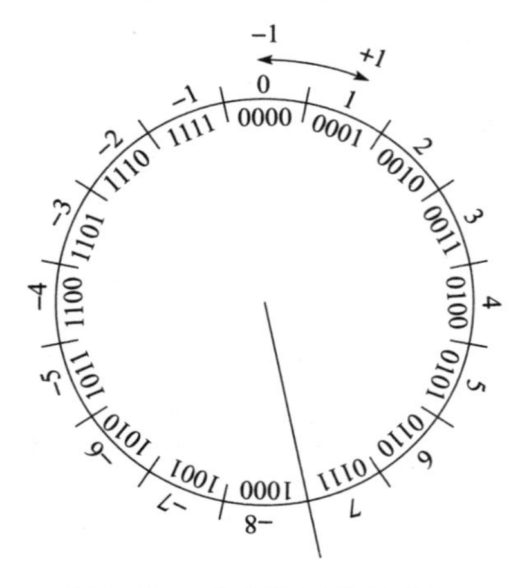

图 1-5　4 位有符号数的数轮

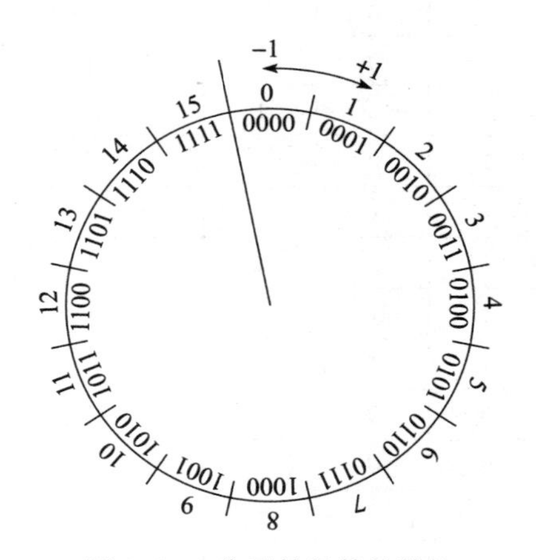

图 1-6　4 位无符号数的数轮

在图 1-5 和图 1-6 中，圆圈内为 4 位二进制数，圆圈外为表达的有符号数或无符号数，从圆心出发的射线为数值边界。围绕圆周，顺时针方向旋转一格数值加一，逆时针方向旋转一格数值减一。对一个数加上几，相当于从这个数开始，沿圆周顺时针走几格；而减去几，相当于从它开始，沿圆周逆时针走几格。如果穿越边界，则发生溢出。加溢出时，相当于结果减掉模(即 16)；减溢出时，相当于结果加上模。

容易看出，如果考虑溢出，无论是有符号数还是无符号数，在表达它们的二进制数的加减运算上都是一样的，而且减法等同于被减数加上减数的补码，表 1-4 所示是一些具体的例子，其中的"→"表示发生溢出后的结果。

表 1-4　补码表达下有符号数和无符号数加减运算的一致性例子

二进制加减法	对应的补码加法	表达的有符号数运算	表达的无符号数运算
4'b0010 + 4'b0011 = 4'b0101	/	2 + 3 = 5	2 + 3 = 5
4'b0110 - 4'b0101 = 4'b0001	4'b0110 + 4'b1011 = 5'b10001 →4'b0001	6 - 5 = 1	6 - 5 = 1
4'b0101 + 4'b0110 = 4'b1011	/	5 + 6 = 11→ - 5	5 + 6 = 11
4'b0101 - 4'b0110→5'b10101 - 4'b0110 = 4'b1111	4'b0101 + 4'b1010 = 4'b1111	5 - 6 = - 1	5 - 6 = - 1→15
4'b1011 + 4'b0010 = 4'b1101	/	- 5 + 2 = - 3	11 + 2 = 13
4'b1001 - 4'b0101 = 4'b0100	4'b1001 + 4'b1011 = 5'b10100 →4'b0100	- 7 - 5 = - 12→4	9 - 5 = 4
4'b1011 + 4'b1101 = 5'b11000→ 4'b1000	/	- 5 + (- 3) = - 8	11 + 13 = 24→8
4'b1011 - 4'b1101→5'b11011 - 4'b1101 = 4'b1110	4'b1011 + 4'b0011 = 4'b1110	- 5 - (- 3) = - 2	11 - 13 = - 2→14

补码表达下加减运算的这些一致性和简便性，使得补码成为数字电路和计算机中表达负数几乎唯一的方法。

对于加减运算，如果要避免溢出，结果必须至少扩展一位。

而对于乘法运算，情况则复杂得多，须分无符号和有符号讨论。

无符号乘法。W 位二进制无符号数的范围是 $[0,\ 2^W - 1]$，两个 W 位二进制无符号数相乘，积的最小值自然是 0，最大值将是：

$$(2^W - 1) \times (2^W - 1) = 2^{2W} - 2^{W+1} + 1$$

而：

$$2^{2W-1} - 1 \leqslant 2^{2W} - 2^{W+1} + 1 < 2^{2W} - 1, \quad W \geqslant 1$$

当且仅当 $W = 1$ 时，取等号。

因此，在 $W \geqslant 2$ 时，$2W$ 位无符号数恰好可表达所有可能的结果。以 4 位为例，乘积的最大结果：

$$4'b1111 \times 4'b1111 = 8'b11100001$$

即：$15 \times 15 = 225$，$\log_2 225 \approx 7.81$，自然是需要 8 位。

有符号乘法。W 位二进制有符号数的范围是 $[-2^{W-1},\ 2^{W-1} - 1]$，两个 W 位二进制有符号数相乘，积的最小值是：

$$-2^{W-1} \times (2^{W-1} - 1) = -2^{2W-2} + 2^{W-1}$$

而：

$$-2^{2W-2} < -2^{2W-2} + 2^{W-1} \leqslant -2^{2W-3}, \quad W \geqslant 2$$

当且仅当 $W=2$ 时，取等号。

因此，在 $W\geqslant3$ 时，$2W-1$ 位有符号数恰好可以表达积的所有负值。

积的最大值是：

$$-2^{W-1}\times(-2^{W-1})=2^{2W-2}$$

而：

$$2^{2W-2}-1<2^{2W-2}\leqslant2^{2W-1}-1,\quad W\geqslant1$$

当且仅当 $W=1$ 时，取等号。

为了表达这个最大值，需 $2W$ 位有符号数才能表达。

再考虑积的次大值：

$$-2^{W-1}\times(-2^{W-1}+1)=2^{2W-2}-2^{W-1}$$

而：

$$2^{2W-3}-1<2^{2W-2}-2^{W-1}<2^{2W-2}-1,\quad W\geqslant2$$

所以，在 $W\geqslant2$ 时，这个次大值只需要 $2W-1$ 位即可表达。

这意味着，在两个有符号数位宽 $W\geqslant3$ 时(事实上，在数字电路和计算机中表达数值的二进制，很少有 2 位或以下的)，为了表达它们的乘积的所有可能情况，确实需要 $2W$ 位，而只要剔除“$-2^{W-1}\times(-2^{W-1})$”这个唯一情况，便只需要 $2W-1$ 位即可全部表达了！是不是有些浪费?

仍然以 4 位有符号数为例，见表 1-5。

表 1-5　4 位有符号数乘法示例

乘数 1	乘数 2	积	积的二进制表达	积需要的位数
-8	7	-56	0b11001000	7
-7	7	-49	0b11001111	7
-8	6	-48	0b11010000	7
…	…	…	…	…
7	7	49	0b00110001	7
7	8	56	0b00111000	7
-8	-8	64	0b01000000	8

可以看到，除了 $-8\times(-8)$ 这一种情况之外，8 位积的最高位(即符号位)与次高位都是一致的，只需要低 7 位即可完整表达除 $-8\times(-8)$ 外的所有积。而如果需要能表达 $-8\times(-8)=64$ 这一个结果，则需要再增加一位。

对于两个不同宽度的二进制数的加减和乘法的情况，读者可自行探究。

1.4　门电路和基本逻辑运算

“门”是输入一位或多位逻辑电平而输出一位逻辑电平的电路，可实现基本的逻辑运算。最基本的逻辑运算有非、与和或，对应的三种门电路是非门、与门和或门。在非、与和或运算基础上，还衍生有与非、或非、异或、同或运算及其门电路。除了这些能输出高、低逻辑电平的“门”外，还有能输出“高阻态”的三态门。

1.4.1　非门、与门和或门

非门(NOT Gate)包含一个输入端口和一个输出端口，输出端口的电平等于输入端口电平“取反”，即输入高电平时输出低电平，输入低电平时输出高电平，所以也称为“反相器”。其符号如图 1-7 所示。注意输出引脚上的小圆圈，表示“取反”的意思。

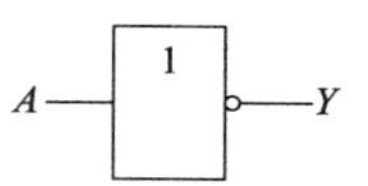

图 1-7　非门的符号

如果用 A 表示输入，Y 表示输出，“非”逻辑运算表达为：

$$Y = \overline{A}$$

读作：“A 非”或“A 反”。

可以在一张表中罗列出所有输入情况对应的输出，如表 1-6 所示，这样的表也称为“真值表”。

表 1-6　非门的真值表

A	Y
0	1
1	0

与门(AND Gate)有两个或更多输入和一个输出，当所有输入都为“1”时，输出“1”，否则输出“0”。两输入与门的符号如图 1-8 所示。

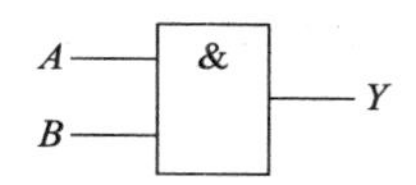

图 1-8　两输入与门的符号

如果有多个输出，则在符号输入一侧增加引脚即可，如图 1-9 所示是三输入与门的符号。

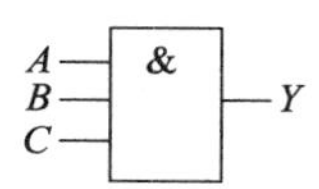

图 1-9　三输入与门的符号

如果用 A 和 B 表示两输入与门的输入，Y 表示输出，“与”逻辑运算表达为：

$$Y = A \cdot B$$

读作：A 与 B。

如有三个输入：

$$Y = A \cdot B \cdot C$$

以及多个输入：

$$Y = \prod A_i$$

表 1-7 是两输入与门的真值表。

表 1-7　两输入与门的真值表

A	B	Y
0	0	0
0	1	0
1	0	0
1	1	1

或门(OR Gate)有两个或更多输入和一个输出，当所有输入都为“0”时，输出为“0”，否则输出“1”。两输入或门的符号如图 1-10 所示。

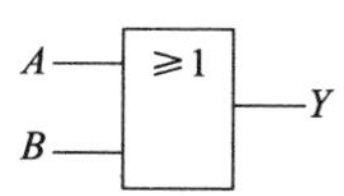

图 1-10　两输入或门的符号

如果有多个输入，则在符号输入一侧增加引脚即可。

如果用 A 和 B 表示两输入或门的输入，Y 表示输出，“或”逻辑运算表达为：

$$Y = A + B$$

对于多个输入：

$$Y = \sum A_i$$

表 1-8 是两输入或门的真值表。

表 1-8　两输入或门的真值表

A	B	Y
0	0	0
0	1	1
1	0	1
1	1	1

1.4.2 与非门和或非门

与非门(NAND Gate)在逻辑上等同于与门后再接一个非门，或非门(NOR Gate)在逻辑上等同于或门后再接一个非门，它们的符号如图 1-11 和图 1-12 所示，均只是在与门或或门的输出引脚上添加了一个表示“取反”的小圆圈。

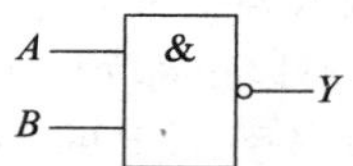

图 1-11　两输入与非门的符号

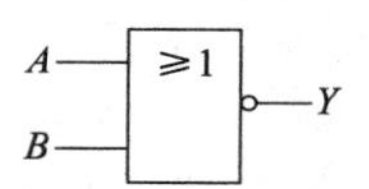

图 1-12　两输入或非门的符号

两输入与非的逻辑表达式为：

$$Y = \overline{A \cdot B}$$

两输入或非的逻辑表达式为：

$$Y = \overline{A + B}$$

表 1-9 和表 1-10 分别是两输入与非门和两输入或非门的真值表。

表 1-9　两输入与非门的真值表

A	*B*	*Y*
0	0	1
0	1	1
1	0	1
1	1	0

表 1-10　两输入或非门的真值表

A	*B*	*Y*
0	0	1
0	1	0
1	0	0
1	1	0

1.4.3 异或门和同或门

异或门(Exclusive - OR，XOR)有两个输入和一个输出。两个输入的电平不一致时，输出为高，否则为低；同或门(Exclusive - NOR，XNOR)有两个输入和一个输出，两个输入的电平一致时，输出为高，否则为低。

异或门可以由非门、与门和或门构成，如图 1-13 所示。

其逻辑表达式是：

$$Y = \overline{A} \cdot B + A \cdot \overline{B}$$

也可用专属的符号：

$$Y = A \oplus B$$

图 1-13　由非门、与门和或门构成的异或门

表 1-11 是异或门的真值表，根据图 1-13，表中也列出了中间变量 *C*、*D*、*E*、*F*。

表 1-11　异或门的真值表

A	*B*	$C=\overline{A}$	$D=\overline{B}$	$E=\overline{A}\cdot B$	$F=A\cdot\overline{B}$	*Y*
0	0	1	1	0	0	0
0	1	1	0	1	0	1
1	0	0	1	0	1	1
1	1	0	0	0	0	0

与门和或门输入端的非门，也可以简化成在输入端增加一个小圆圈，图 1-13 可简化为图 1-14。

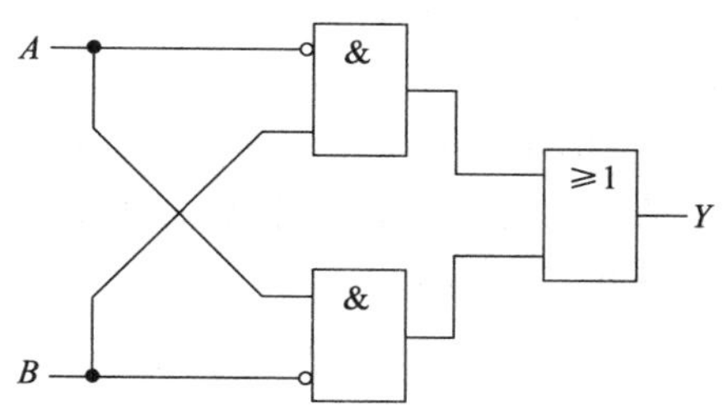

图 1-14　异或门电路的简化画法

异或门也有专门的符号，如图 1-15 所示。

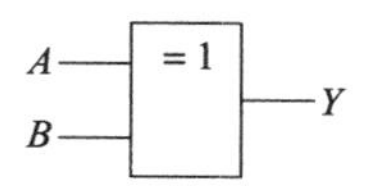

图 1-15　异或门的符号

同或门可以由非门、与门和或门构成，如图 1-16 所示。

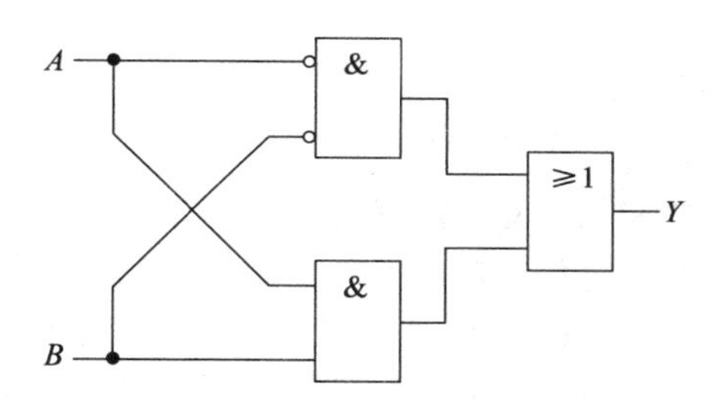

图 1-16　由非门、与门和或门构成的同或门

其逻辑表达式是：

$$Y = A \cdot B + \overline{A} \cdot \overline{B}$$

也可用专属的符号：

$$Y = A \odot B$$

表 1-12 是同或门的真值表。

表 1-12　同或门的真值表

A	B	Y
0	0	1
0	1	0
1	0	0
1	1	1

同或门与异或门的输出刚好相反，因此它的符号就是在异或门的输出上增加了一个小圆圈，如图 1-17 所示。

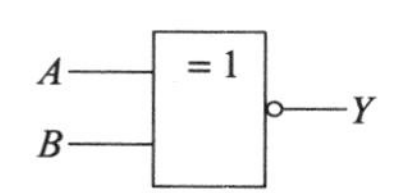

图 1-17　同或门的符号

1.4.4　三种表达形式的转换

逻辑电路、逻辑表达式和真值表是逻辑运算的三种表达形式，它们之间是相互等价的，是可以互相转换的。

逻辑电路和逻辑表达式的转换，只需要“对照着写”或“对照着画”即可，上一节异或门的逻辑表达式 $Y=\overline{A} \cdot B + A \cdot \overline{B}$及其逻辑电路图 1-13 便是很好的例子。

逻辑表达式和真值表的转换则比较麻烦。从逻辑表达式转换为真值表，需要罗列所有可能的输入情况，对于有 N 个输入的表达式，则需罗列 2^N 种情况，然后再计算每种情况的输出值。

从真值表到逻辑表达式的转换可采用“最小项之或”的方法。以表 1-12 为例，列出每一行的“最小项”表达式，如表 1-13 所示。

表 1-13　同或门的真值表及其最小项

A	B	Y	最小项
0	0	1	$\overline{A} \cdot \overline{B}$
0	1	0	$\overline{A} \cdot B$
1	0	0	$A \cdot \overline{B}$
1	1	1	$A \cdot B$

所谓“最小项”是指包含所有变量的与式，每个变量可以是自身或是自身的反。真值表中的每一行对应一个最小项，如果该行某个变量取值为 1，则它在最小项中取自身，否则取反。最后将所有函数值为 1 的行的最小项进行或运算：

$$Y = \overline{A} \cdot \overline{B} + A \cdot B$$

对于自变量再多一些的真值表，这样求得的表达式多半不是最简的，或需要进行化简，这将在 1.4.8 节中介绍。

1.4.5 基本门的电路实现

基本门可以使用 BJT 或 FET 实现。图 1-18 是使用 MOSFET 实现的非门电路。在 CMOS 工艺的 IC 中，MOSFET 的源极和漏极是完全对称的，PMOSFET 和 NMOSFET 的衬底也是固定接到电源和地的，因此 MOSFET 常常简化成图 1-19 中的样子，PMOSFET 栅极的小圆圈反映了 PMOSFET低电平开通的特性。

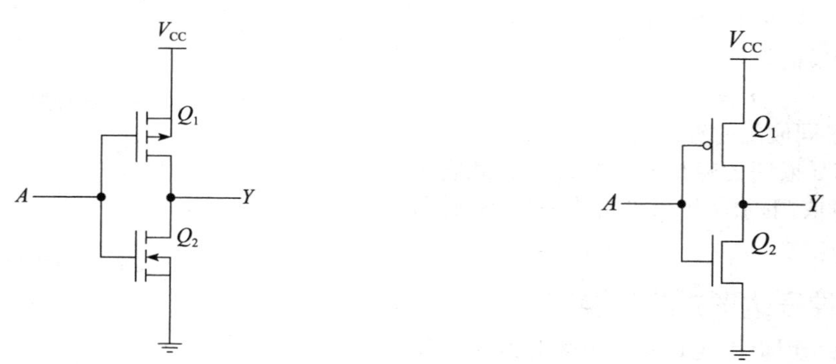

图 1-18 非门的 MOSFET 电路

图 1-19 非门的 MOSFET 电路(简化)

如果用分立器件搭接非门，图 1-18 所示的电路就不合适了，因为在输入 A 的电压由高到低或由低到高的转换过程中，总会有 $V_{GS,Q_2} < V_A < V_{CC} + V_{GS,Q_1}$（注意 PMOSFET 的 V_{GS} 为负值）的时候，此时，Q_1 和 Q_2 均导通。需要给两个栅极增加偏置，使得输入在中间电平时，漏极电流不致过大，或在漏极间增加限流电阻。图 1-20 和图 1-21 则是适合用分立器件搭接的非门，当然其高电平输出电流的能力受到上拉电阻的限制，上拉电阻阻值越小，高电平输出电流的能力越强，反之越弱。

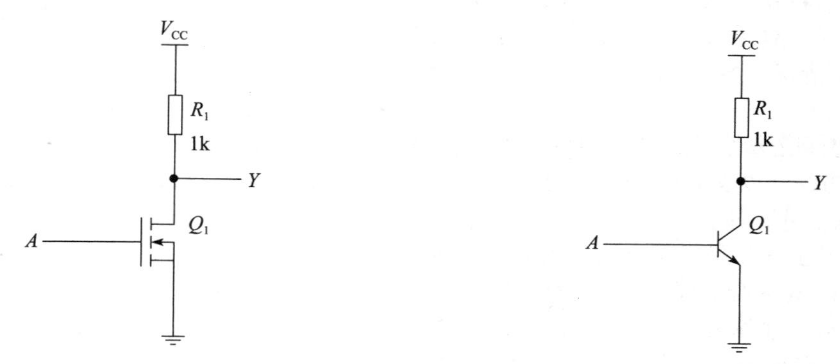

图 1-20 MOSFET 和电阻构成的非门

图 1-21 BJT 和电阻构成的非门

图 1-22 和图 1-23 分别是与非门和或非门的电路。

与门和非门用 MOSFET 构成比与非门和或非门复杂，一般是在与非门和或非门后再加非门。

在要求不高时，与门和或门使用分立器件搭接的电路却很简单，如图 1-24 和图 1-25 所示。

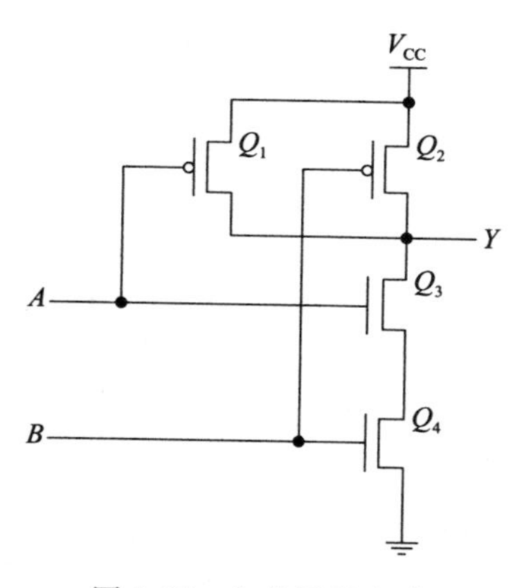

图 1-22 与非门的电路

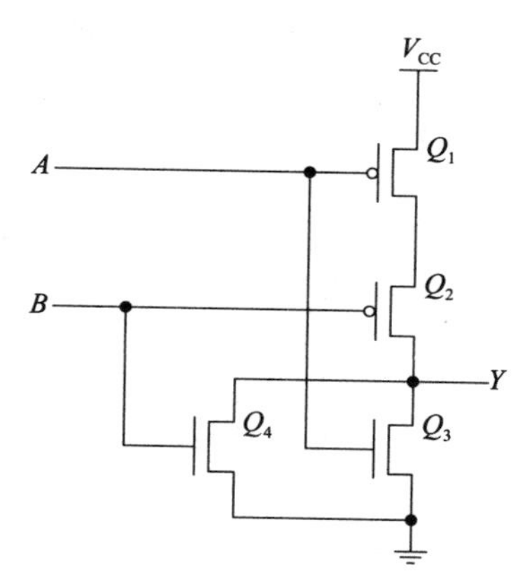

图 1-23 或非门的电路

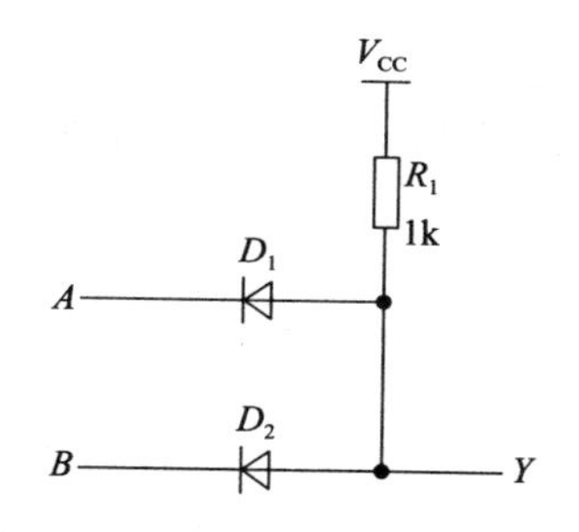

图 1-24 二极管和电阻构成的与门

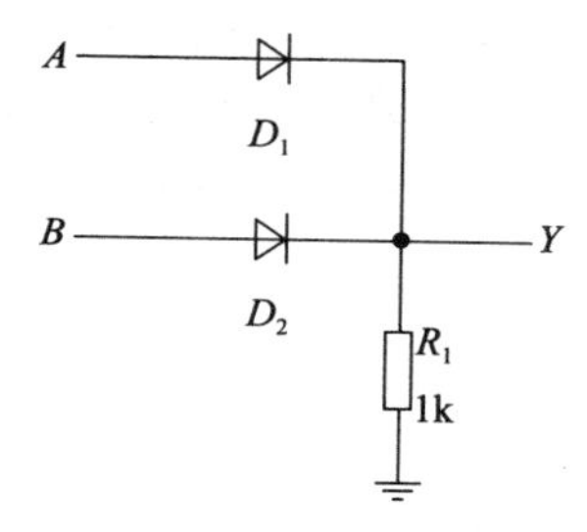

图 1-25 二极管和电阻构成的或门

当然，前者的高电平输出电流能力和后者的低电平吸收电流能力均受到电阻的限制，而且因为二极管的正向压降，这样的与门和或门显然不适合多级级联。

使用 MOSFET 构成的门电路，具有输入阻抗大、输出阻抗小、扇出能力(即一个输出驱动多个输入的能力)强的特点，各大半导体厂商均有 CMOS 工艺的门电路 IC，如 CD4000 系列、74HC 系列、74LVC 系列等。

1.4.6 三态输出和漏极开路输出

除了高电平“1”和低电平“0”之外，“高阻态”也是数字电路中经常出现的一种输出状态，常常用“Hi-Z”或“Z”表达高阻态。能够输出 1、0、Z 三种状态的门，称为“三态门”，不过一般三态门特指三态缓冲器，如图 1-26 所示。

表 1-14 是三态缓冲器的真值表。

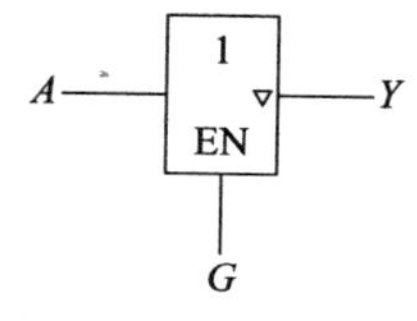

图 1-26 三态缓冲器

表 1-14 三态缓冲器的真值表

G	A	Y
0	X	Z
1	0	0
1	1	1

表中，“X”表示“无关值”，即无论此时A是什么电平，输出均为高阻态。

图1-27是三态缓冲器的一种电路实现。

如图1-28和图1-29所示的CMOS电路称为传输门，图1-28在EN为高时A和B互通，而图1-29在$\overline{\text{EN}}$为低时A和B互通，它们也可以理解为受EN($\overline{\text{EN}}$)控制的开关。

传输门可以简化为图1-30所示的符号。

使用传输门的三态缓冲器还可以如图1-31所示构成。如果去掉其中一级非门，则成为三态反相器。

图1-19所示的非门，两个MOSFET构成的输出驱动电路称为“推挽输出”(Push-Pull)，其中与电源连接的MOSFET称为“上管”，与地连接的MOSFET称为“下管”，如果去掉图1-19中的上管Q_1，就变成图1-32所示电路，称为“漏极开路”(Open Drain)输出，意为漏极在内部什么都没接就直接输出了。漏极开路有时也简称为“开漏”或“OD”。在早期TTL工艺的门电路里，使用的是BJT，对应的电路又称为“集电极开路”(Open Collector)。

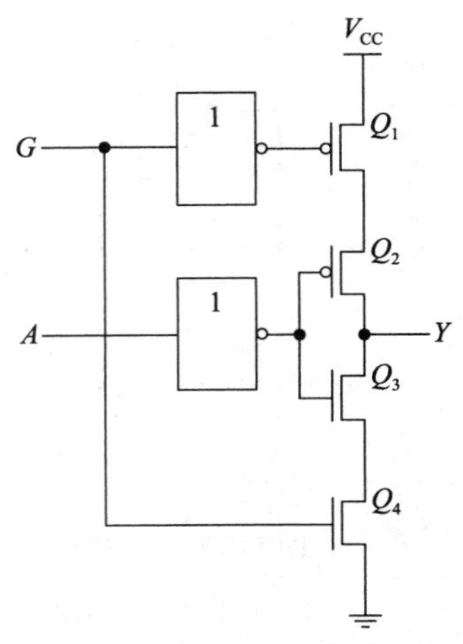

图1-27 三态缓冲器的一种电路

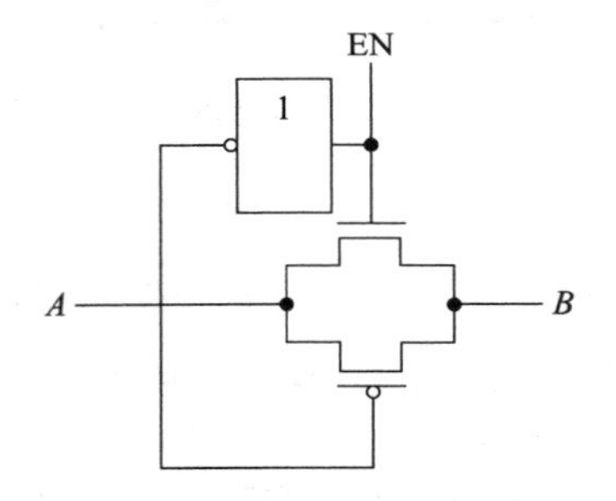

图1-28 输入高有效的传输门

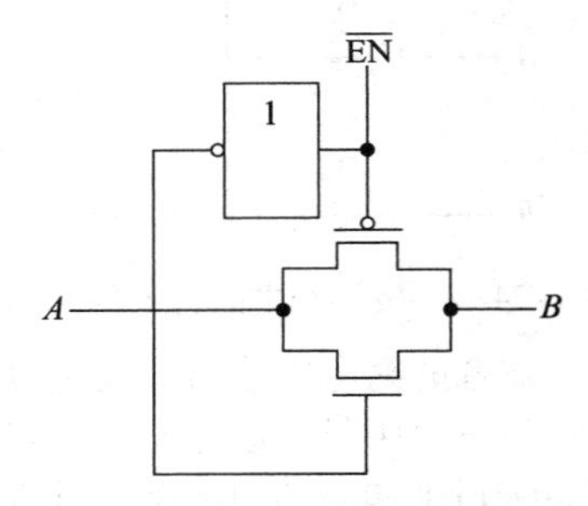

图1-29 输入低有效的传输门

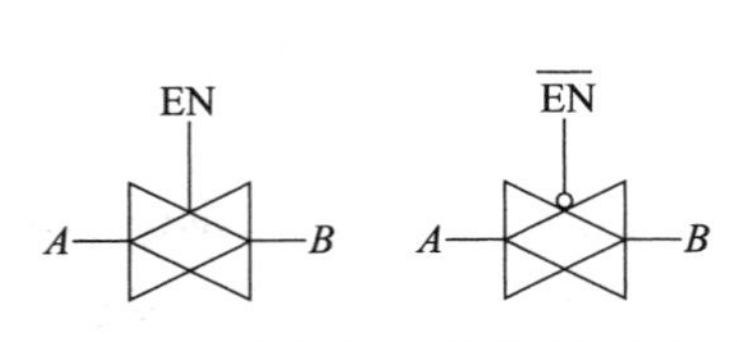

图1-30 传输门的符号(左为高有效、右为低有效)

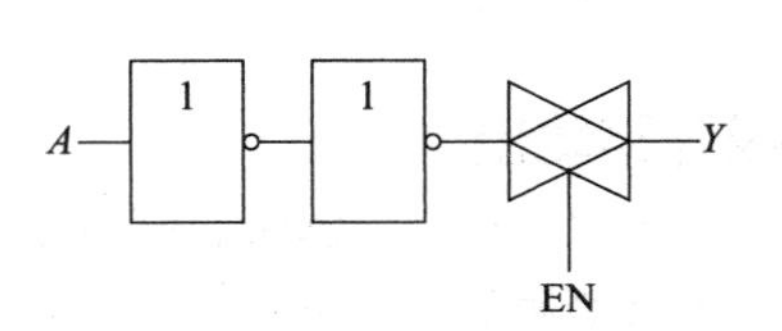

图1-31 使用传输门构成的三态缓冲器

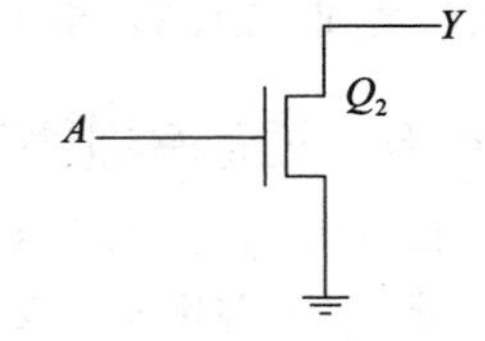

图1-32 漏极开路输出

当Q_2开通的时候，Y输出为低电平；当Q_2关断的时候，Y变成悬浮的高阻态。因此漏极开路输出不能输出高电平，只能输出低电平或高阻态。图1-32所示其实就是一个漏极开路输出反相器，表1-15是其真值表。

它也有特别的符号，如图1-33所示。

其中的“⎐”符号在输出引脚内侧，表示该输出引脚为漏极开路输出。任何门或逻辑元件的输出引脚都可以增加这个符号，表示这个输出引脚是漏极开路输出的形式，即本该输出低电平时仍然输出低电平，但输出高电平时均变成高阻态。例如图1-34是漏极开路的与非门符号，其实现仅需两个 NMOSFET。

表 1-15　漏极开路输出反相器的真值表

A	Y
0	Z
1	0

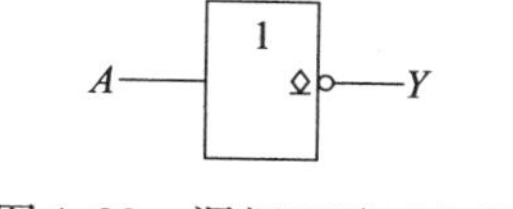

图 1-33　漏极开路反相器的符号

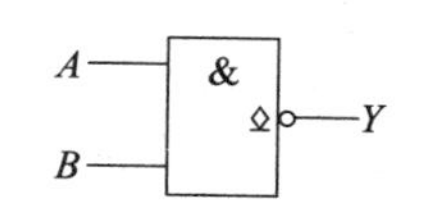

图 1-34　漏极开路的与非门符号

如果将图 1-19 中的下管去掉，则变成了只能输出高电平和高阻态，此时的输出形态称为“源极开路”。注意，虽然上管连接到输出引脚的仍然是漏极，但为了与“漏极开路”相对，名不副实地使用了“源极开路”这一称谓。源极开路在数字电路中应用得较少。

漏极开路如果需要输出高电平，则需要外部上拉的帮助，最简单是使用一个外部上拉电阻，如果需要输出高电平驱动能力强一些，则电阻值可取小一些，但不能使得输出低电平时灌入输出引脚的电流超过极限。

漏极开路有一个好处是可以将多个输出引脚短接在一起，而不必担心输出不一致时短路。考虑图 1-35 所示的电路，每个 IC 都可以输出低电平或高阻态两种状态中的任意一种，而不必担心有短路现象发生。当任何一个 IC 输出低电平时，线网 *A* 上的电平即为低电平，而必须当所有 IC 均输出高阻态时，线网 *A* 上才会是高电平——这句话是不是听起来像与门的功能描述？确实，这种将多个漏极开路输出相连的接法，称为“线与”。“线与”在芯片间互连的总线上常常会见到，最典型的例子是 I^2C(Inter Integrated Chip)总线。

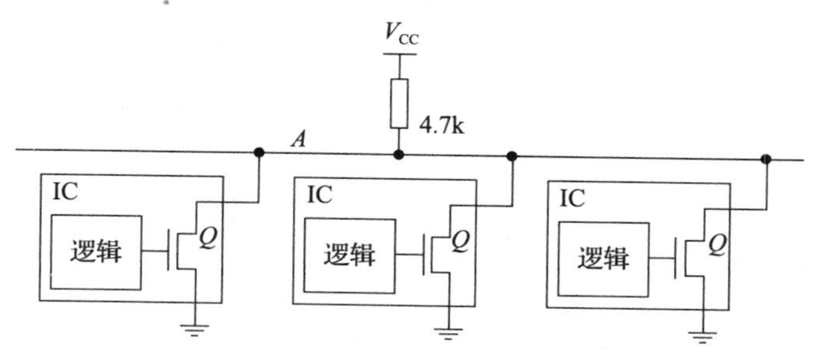

图 1-35　漏极开路互连——“线与”

漏极开路也可用三态门模拟，如图 1-36 所示。注意控制端的圆圈表达低电平有效。表 1-16 是其真值表。

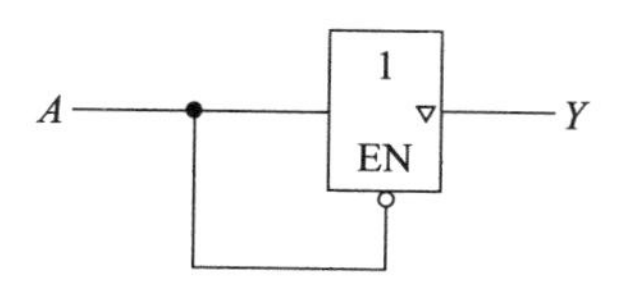

图 1-36　使用三态门模拟漏极开路

表 1-16　三态门模拟漏极开路输出的真值表

A	Y
0	0
1	Z

1.4.7　波形图

除了 1.4.4 节介绍的电路图、表达式和真值表三种表达形式外，逻辑电路的功能还可以使用波形图来表达，这里讲的波形图一般是电路中一个或多个节点上的电压随时间变化的曲线，对于逻辑电路，电压只需要区分高电平和低电平(有时还要高阻态等)即可。实际工作中的逻辑电路的波形图可以用示波器或逻辑分析仪在电路节点中测得。

如果单纯地测试一个逻辑电路的功能，首先需要通过一个能产生特定的逻辑信号的信号源输出信号到被测电路的输入端，然后使用逻辑分析仪测试和记录电路输出及电路中各个节点的波形。这个信号源又称为“激励源”，输入信号称为“激励”，而输出和电路中节点的行为则称为“响应”。对于复杂的逻辑电路往往不太可能设计一套“激励”能覆盖电路所有的工作情况，在对一个逻辑电路进行测试时，要给什么样的“激励”是需要精心设计的。

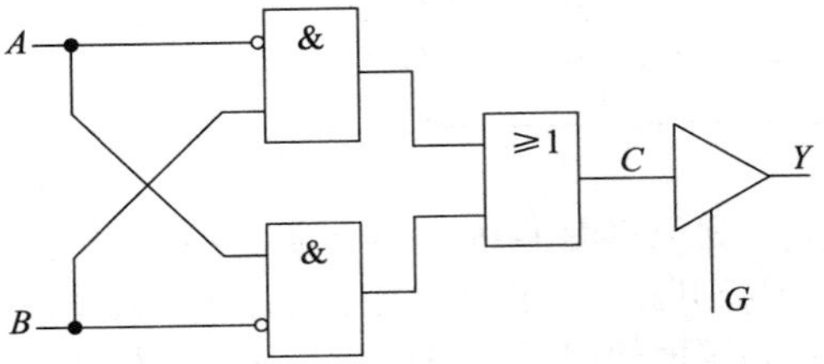

图 1-37 三态输出异或门

图 1-38 是图 1-37 所示带有三态输出的异或门的工作波形，它有三个输入。图 1-38 所给的激励覆盖了所有可能的输入情况。

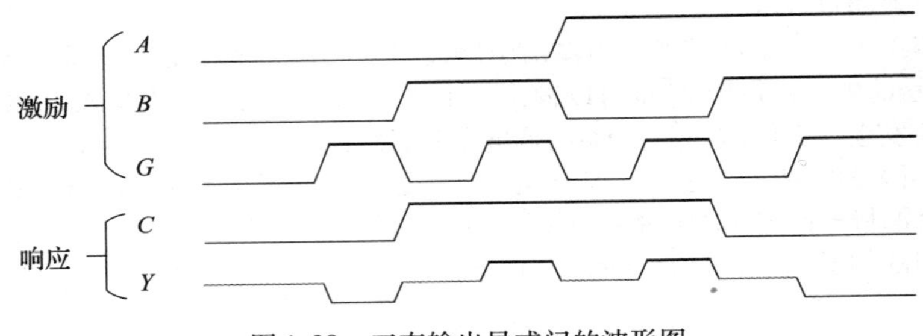

图 1-38 三态输出异或门的波形图

因为并没有在每个节点波形上画出坐标轴，所以高电平用了较粗的实线，避免难以分辨高电平和低电平。居中的粗灰色实线表示高阻态。

漏极开路的输出在被输出管释放、由外部上拉电阻拉高时，一般会使用指数曲线连接低电平和高电平，意为由上拉电阻对线网上的分布电容充电至高电平，图 1-40 是图 1-39 所示漏极开路与门的波形图。

多位数据组成的总线也可以画在一起，如图 1-41 所示是一个 4 位总线的例子，在 $D[3:0]$ 的波形内以十六进制表明了当前值。

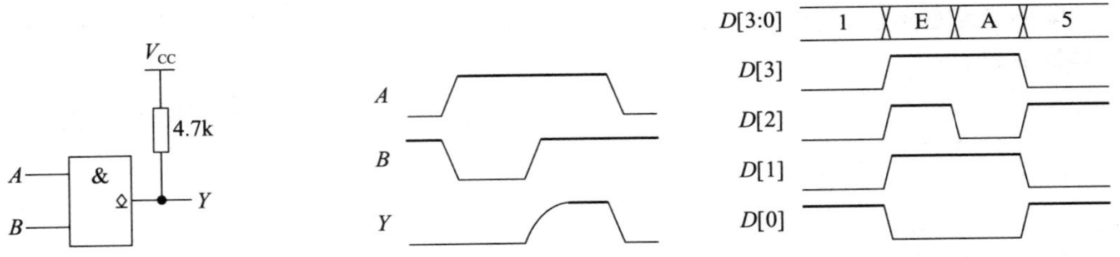

图 1-39 漏极开路与门和上拉电阻　图 1-40 漏极开路的波形图　图 1-41 4 位总线波形图示例

波形图是描述电路功能的重要工具，也是后续设计和描述逻辑电路重要的辅助手段。

1.4.8 门电路的一些非典型应用

本节介绍门电路混合无源器件的一些应用。它们并不是单纯的数字电路，不过在很多电路设计中非常实用。

1. 脉冲延时

如图 1-42 所示电路可将较宽脉冲的跳沿后移一小段时间。图中 R 和 C 构成低通滤波(积分)，其工作波形如图 1-43 所示。

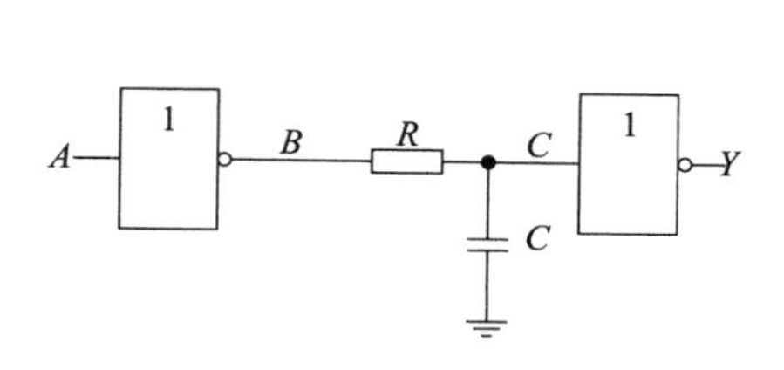

图 1-42　脉冲延时电路

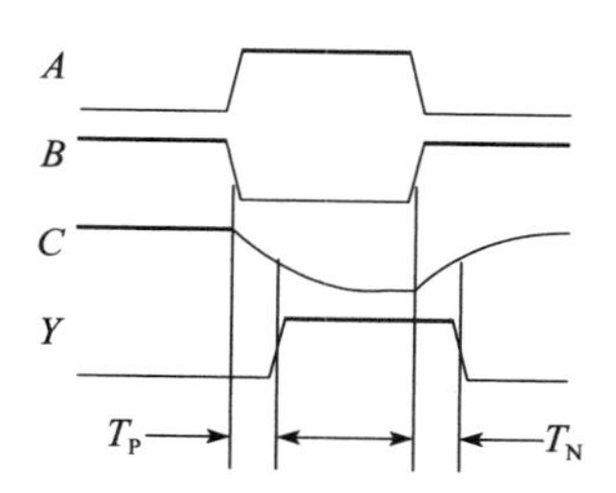

图 1-43　脉冲延时电路的工作波形

假定非门的阈值单纯地等于$V_{CC}/2$，输入脉冲高、低电平持续的时间均足够长，电路对上升沿和下降沿延迟的时间分别为 T_P和 T_N，则：

$$\frac{V_{CC}}{2} = V_{CC} - V_{CC} \cdot e^{-\frac{T_P}{RC}}$$

$$\frac{V_{CC}}{2} = V_{CC} \cdot e^{-\frac{T_N}{RC}}$$

所以：

$$T_P = T_N \approx 0.7RC$$

电路在上电时输出为高，如要上电输出为低，可将电容改为上拉。

2. 特定沿延时和脉宽检测

如图 1-44 所示，该电路可将脉冲上升沿延迟一小段时间，而下降沿不变。图中 B 点上升时直接通过肖特基二极管对电容充电，C 点电压与 B 点几乎同步上升，而 B 点下降时，电容通过电阻缓慢放电，形成延时。使用肖特基二极管的原因是其正向导通压降小，响应快。该电路工作波形如图 1-45 所示。

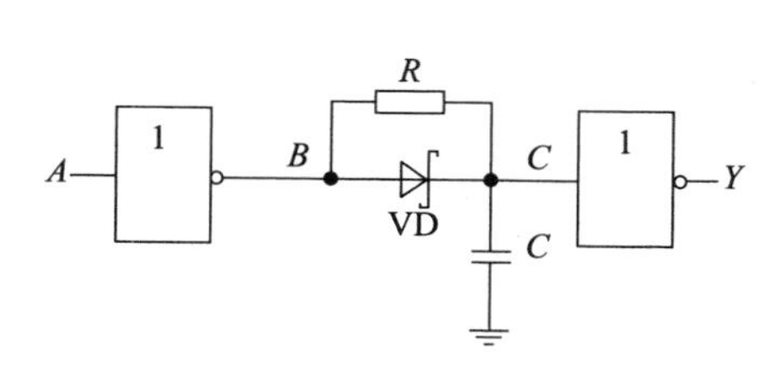

图 1-44　上升沿延时电路

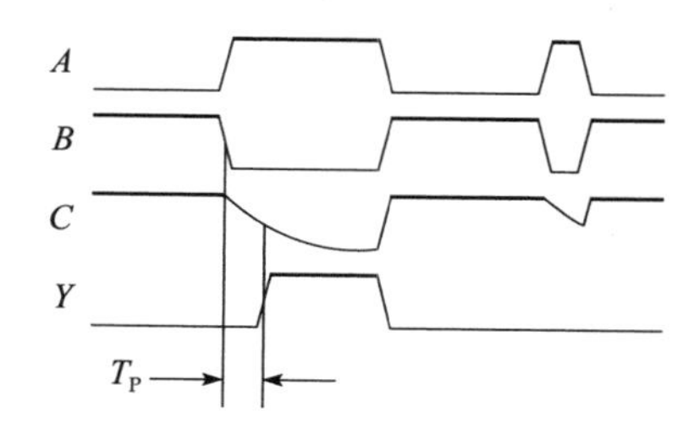

图 1-45　上升沿延时电路的工作波形

与脉冲延时电路相同，延时时间 $T_P \approx 0.7RC$。而当正脉冲宽度小于 T_P时，将不会有正脉冲输出，因此，该电路也可以用作正脉宽检测。

该电路上电时输出为高，如需上电输出为低，可将电容改为上拉。

如图 1-46 所示电路也有相同的功能，其工作波形如图 1-47 所示。

如图1-48所示电路，将二极管方向反过来，即可做下降沿延时和负脉宽检测。延迟时间同样为 $T_N \approx 0.7RC$。

如图1-49所示电路也具有相同的功能，与图1-46所示电路的差别是将或非门换成了与非门。

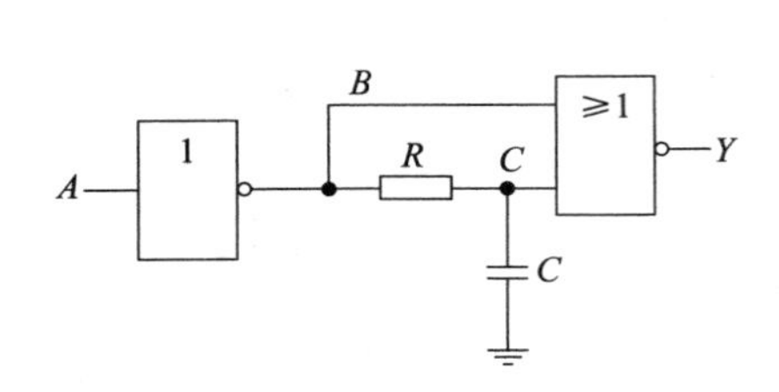

图1-46 另一种上升沿延时电路

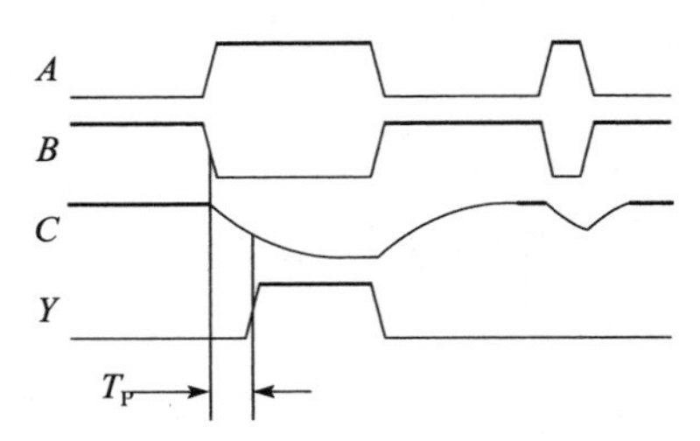

图1-47 另一种上升沿延时电路的工作波形

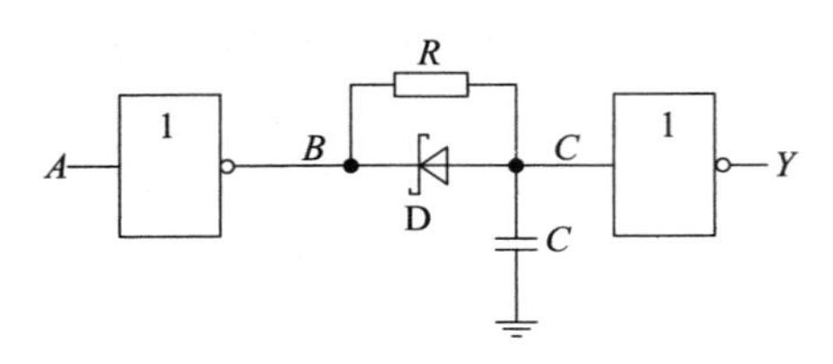

图1-48 下降沿延时电路

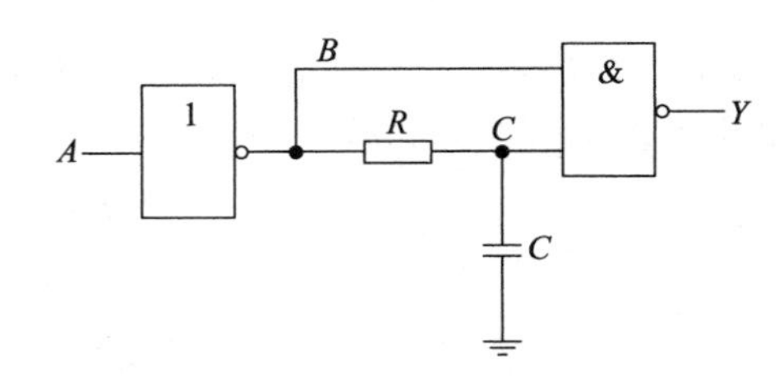

图1-49 另一种下降沿延时电路

3. 单稳态电路

图1-50所示电路可将较宽的正脉冲上升沿转换为一个固定长度的脉宽。图中 R 和 C 构成一个高通滤波器(微分)，因上拉电阻 R 的存在，C 点一般为高电平，而当 B 点电平下跳时，C 点迅速跟随下降，随后电源通过 R 对 C 充电，C 点电压上升，形成一个较短的负脉冲。在 B 点电平上跳时，为防止 C 点电压超过电源电压对后级反相器造成损害，增加了二极管对电容快速放电。其工作波形如图1-51所示。

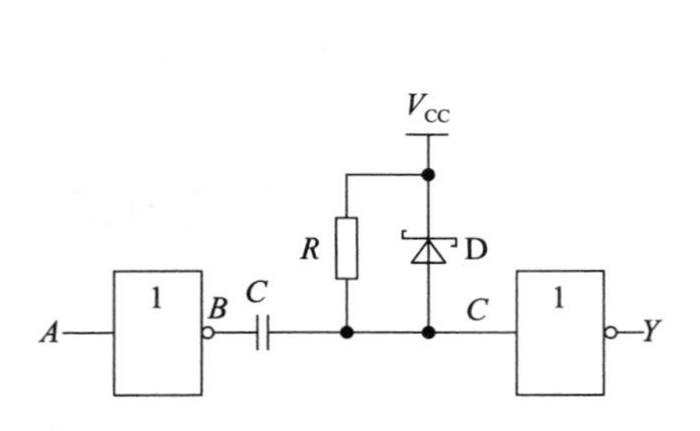

图1-50 单稳态触发电路符号

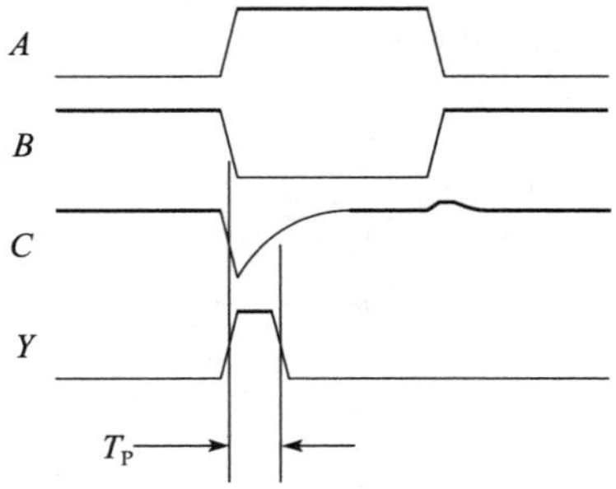

图1-51 单稳态触发电路的工作波形

同样，输出的脉宽宽度 $T_P \approx 0.7RC$。

而如果需要输出脉宽比输入脉宽宽，则可使用如图1-52所示电路。图中从输出到输入增加了一条反馈路径，可在输入脉冲下跳后持续保持 B 点的低电平。其工作波形如图1-53所示。输出脉宽同样为 $T_P \approx 0.7RC$，在输出为高期间重复出现的输入上跳将被忽略。

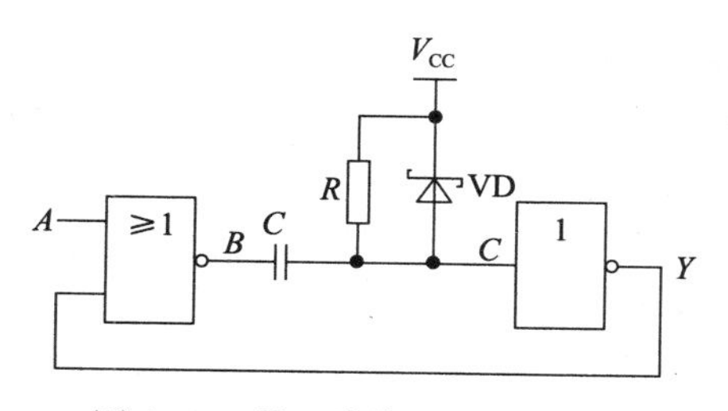

图 1-52　另一种单稳态触发电路

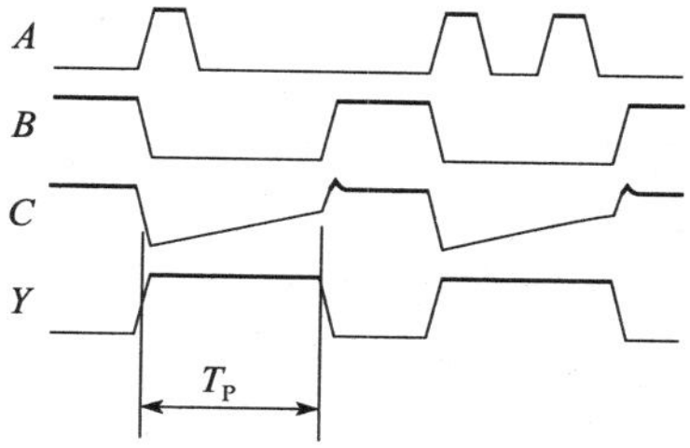

图 1-53　另一种单稳态触发电路的工作波形

4. 线性放大

非门在正确的偏置上相当于一个高增益的反相放大器，在图 1-54 所示电路中，使用 R_2 使其自适应到正确的偏置点。无缓冲的非门(如 74HCU04 或 74LVCU04)更适合用作放大器。图 1-55 中曲线(1)是 NXP 的 74HCU04 在 2V 工作时的传输特性曲线，曲线(2)为 MOS 电流曲线，因 R_2 的存在，非门会偏置到 $V_O = V_I$，即图中虚线与曲线(1)的交点处，约为 1.0V。此时开环增益可达数十至上百。

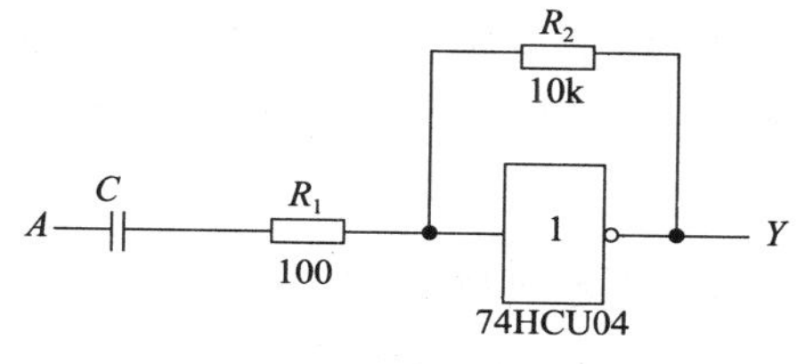

图 1-54　非门做交流信号放大

该电路的电压增益可按下式计算：

$$G_v = \frac{A - A\beta}{1 - A\beta}$$

其中 $\beta = \dfrac{R_1}{R_1 + R_2}$，称为反馈系数，$A$ 为反相器的开环增益。

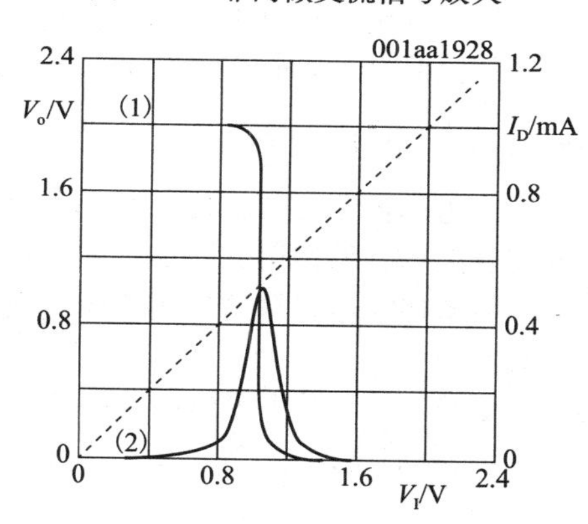

图 1-55　74HCU04 的传输特性(图片来自 NXP 数据手册)

5. 振荡器

如图 1-56 所示电路可产生方波振荡，图 1-57 是其工作波形，B 点高电平时，通过 R 对 C 充电，C 点电平因电容充电而升高，升高至 $V_{CC}/2$ 时，B 点下跳，Y 点上跳，C 点达到 $3V_{CC}/2$，而后 C 通过 R 放电，C 点电压下降至 $V_{CC}/2$ 时，B 点上跳完成一个周期。电路中 R 一般取 10kΩ 至数百 kΩ。

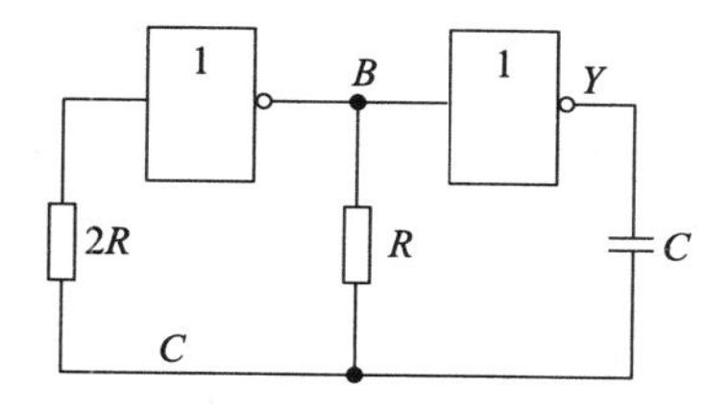

图 1-56　多谐振荡器电路

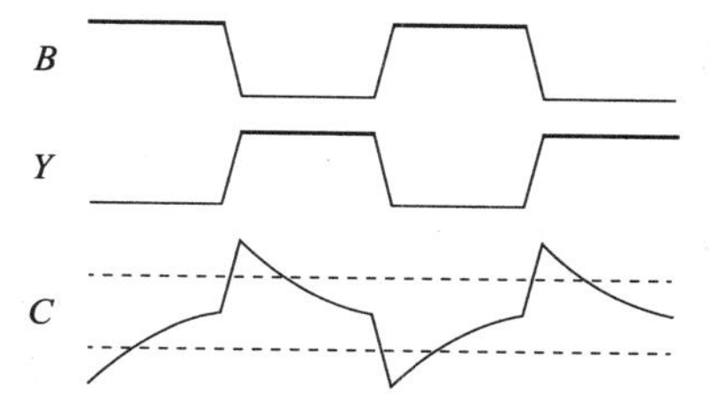

图 1-57　多谐振荡器电路工作波形

假设振荡周期为 T_P：

$$\frac{V_{CC}}{2} = V_{CC} - \frac{3V_{CC}}{2} \cdot e^{-\frac{T_P/2}{RC}}$$

所以：

$$T_P \approx 2.2RC$$

如果将其中一个非门替换为与非门或或非门，则可控制振荡器工作与否。

图 1-58 所示电路使用晶振选频，非门作为放大器，实现高稳定和较准确频率的振荡，非门的延时、R_2 和 C_2 网络提供的额外延时，使得电路处于正反馈状态，形成振荡。

在实际应用中，R_2 和 C_2 需根据振荡频率和非门的延迟来确定，应使整个环路延迟（含非逻辑的 180°）约为振荡周期，如果振荡周期很小，还可将 R_2 替换为与 C_2 值接近的电容。

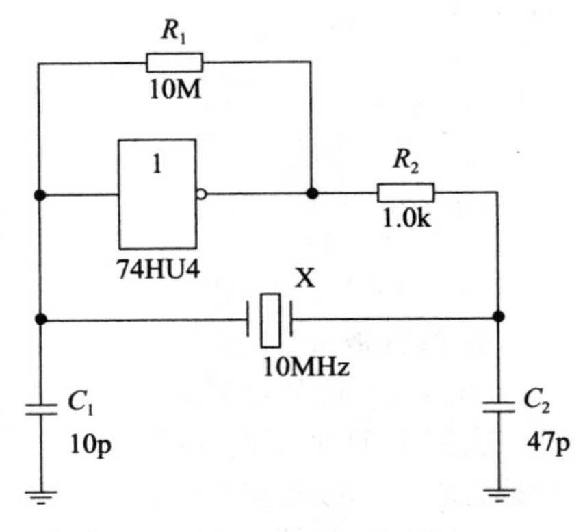

图 1-58　晶体振荡器电路

1.5　逻辑代数

逻辑代数是分析和设计逻辑电路的数学工具，在 FPGA 应用设计中，很多需要应用逻辑代数的设计过程 EDA 工具会帮助我们，因此读者不必将逻辑代数及其化简方法掌握到非常熟练，但对相关概念、基本定律和特性还是必须了解的。

1.5.1　基本定律

因为逻辑变量只能取 0 和 1 两个值，逻辑代数有很多规律和普通代数不同，不过逻辑代数和集合运算有很多相似之处。

逻辑代数运算符的优先级由高到低依次是：非、与、或，有括号的式子中，括号优先级最高。

逻辑代数的基本定律如下：

- 非非律：

$$\overline{\overline{A}} = A$$

- 0-1 律：

$$A + 0 = A,\quad A + 1 = 1,\quad A + A = A,\quad A + \overline{A} = 1$$
$$A \cdot 1 = A,\quad A \cdot 0 = 0,\quad A \cdot A = A,\quad A \cdot \overline{A} = 0$$

- 交换律：

$$A + B = B + A$$
$$A \cdot B = B \cdot A$$

- 结合律：

$$(A + B) + C = A + (B + C)$$
$$(A \cdot B) \cdot C = A \cdot (B \cdot C)$$

- 分配律：

$$(A + B) \cdot C = A \cdot C + B \cdot C$$
$$A \cdot B + C = (A + C) \cdot (B + C)$$

- 吸收律：

$$A + A \cdot B = A, \qquad A + \overline{A} \cdot B = A + B$$
$$A \cdot (A + B) = A, \quad A \cdot (\overline{A} + B) = A \cdot B$$

- 反演律(德摩根定律):

$$\overline{A + B + \cdots} = \overline{A} \cdot \overline{B} \cdot \cdots, \quad \overline{\sum A_i} = \prod \overline{A_i}$$
$$\overline{A \cdot B \cdot \cdots} = \overline{A} + \overline{B} + \cdots, \quad \overline{\prod A_i} = \sum \overline{A_i}$$

如需证明这些定律，列出真值表即可。

上面的式子中，除了非非律之外，其他的都是上下两两成对出现的。可以看出，上下成对的式子都是将式子中的与变或、或变与，0 变 1、1 变 0 得到的，它们互为“对偶式”。求对偶式时一定要注意添加括号来保持原来计算的优先级。对于任何一个逻辑代数恒等式，其等号左右两侧式子的对偶式也是恒等的。

上述 0-1 律中的四列，有时又细称为：“自等律”、“0-1 律”、“重叠律” 和 “互补律”。

反演律也可以表述为：将一个逻辑表达式中的与变或、或变与、变量和常量取反，得到的新式子将与原式子互反。例如：

$$\overline{(\overline{A} + \overline{B}) \cdot (\overline{C} + \overline{D})} = \overline{\overline{A \cdot B} \cdot \overline{C \cdot D}} = A \cdot B + C \cdot D$$

第一步运用了$\overline{A} + \overline{B} = \overline{A \cdot B}$和$\overline{C} + \overline{D} = \overline{C \cdot D}$，第二步则将 $A \cdot B$ 和 $C \cdot D$ 作为整体运用反演律。事实上我们自小学语文开始就知道反演律了，最简单的例子是：“偷吃苹果的不是小明或小红”(小明 + 小红)等价于“偷吃苹果的既不是小明也不是小红”(小明 · 小红)。

1.5.2 表达式的代数化简法

利用上一节的公式，可对复杂的逻辑表达式化简。逻辑表达式化简的目标一般是使得化简后的式子具有最少的基本逻辑运算，但根据实际实现逻辑电路的器件的类型也有不同的标准，例如，“与非 - 与非” 式可使电路完全由与非门构成，“或非 - 或非” 式可使电路完全由或非门构成，“与 - 或” 式书写最简明。所谓 “与 - 或” 式是指所有输入变量(或其反变量)首先相与，而后与的结果(乘积项)再相或。

考虑以下逻辑表达式：

$$A \cdot C + B \cdot \overline{C} = \overline{\overline{A \cdot C} \cdot \overline{B \cdot \overline{C}}} = \overline{\overline{A + \overline{C}} + \overline{B + C}}$$

其中，第一行即 “与 - 或” 式，第二、三行分别是 “与非 - 与非” 和 “或非 - 或非” 式。

下面是化简为 “与 - 或” 式的一个例子，从 “与 - 或” 式转换为其他形式并不复杂。

$$A + B \cdot \overline{C} + A \cdot B \cdot C + A \cdot \overline{B} \cdot C = A + B \cdot \overline{C} + A \cdot C \cdot (B + \overline{B}) = A + B \cdot \overline{C} + A \cdot C = A + B \cdot \overline{C}$$

其中，第一行使用了分配律，第二行使用了互补律，第三行使用了吸收律。

下面再看一个例子：

$$AB + B\overline{C} + \overline{C}\overline{A} = AB + (A + \overline{A})B\overline{C} + \overline{C}\overline{A} = AB + AB\overline{C} + \overline{A}B\overline{C} + \overline{C}\overline{A} = AB + \overline{A}\overline{C}$$

这个例子中首先使用了 $A + \overline{A} = 1$ 将中间的 $B\overline{C}$分解成了两项 $AB\overline{C} + \overline{A}B\overline{C}$，然后这两项各自与前后运用吸收律，这种方法称为 “配项法”，配哪一项能使结果简单是需要经验或需要反复尝试的。

1.5.3 卡诺图化简法

卡诺图化简法是一种图形化的化简法，运用流程比较规范，初学者易掌握。

在 1.4.4 节中提到了“最小项”的概念，如果一个表达式是“最小项之或”的形式，这个表达式称为最小项表达式。在卡诺图中，最小项表达式中的每个最小项会被填入图中对应位置，使得相邻的项可以运用分配律和互补律化简。

考虑“最小项之或”的表达式：

$$ABC + \overline{A}BC + AB\overline{C} = ABC + \overline{A}BC + ABC + AB\overline{C} = BC + AB \qquad (1\text{-}8)$$

第一行利用重叠律将 ABC 拆成两项，然后各自与剩下的两项运用分配律和互补律。能够运用分配律然后运用互补律的项称为相邻最小项。

图 1-59 则是原表达式的卡诺图。

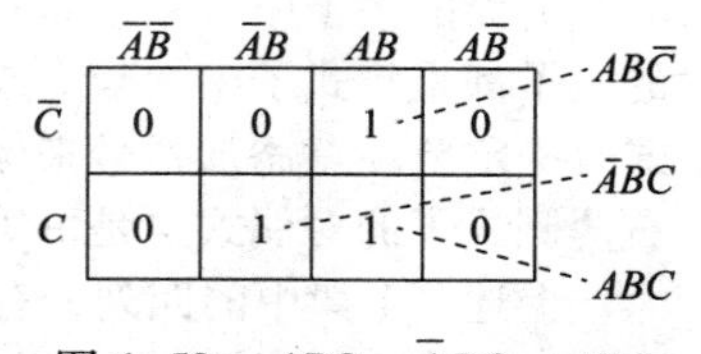

图 1-59　$ABC + \overline{A}BC + ABC$ 的卡诺图

图中“1”代表一个最小项，它代表列头的表达式与行头的表达式的“与”。注意表中列头的四个表达式“$\overline{A}\,\overline{B}$”、“$\overline{A}B$”、“$AB$”、“$A\overline{B}$”的排列顺序并不是计数的顺序，而是按照一种称为“格雷码”的顺序排列的。格雷码在计数时每次只有一位变化，它使得相邻的表达式一定可以运用分配律。图 1-59 所示的卡诺图常常简化成如图 1-60 所示。

式(1-8)的化简过程可用卡诺图表达，如图 1-61 所示。

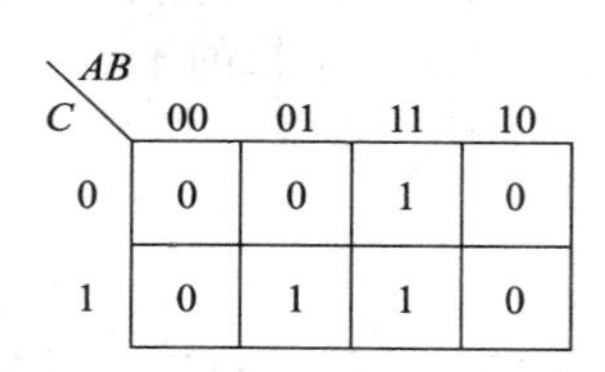

图 1-60　$ABC + \overline{A}BC + AB\overline{C}$的卡诺图

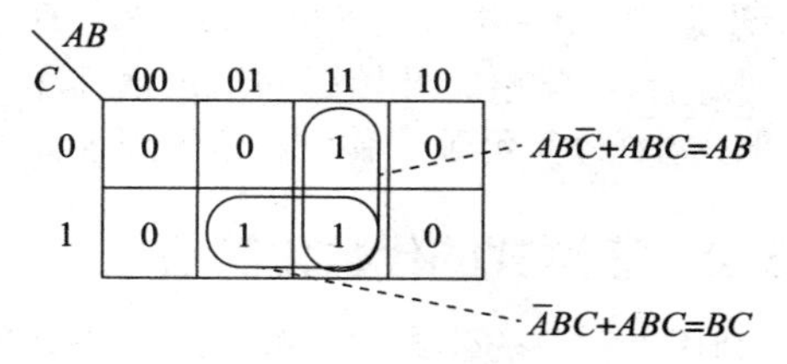

图 1-61　卡诺图化简 $ABC + \overline{A}BC + AB\overline{C}$

图 1-61 中，相邻的“1”可以圈在一起，将互补的变量消去(分配律和互补律)，留下一致的变量。而每个“1”都可以重复利用多次(重叠律)。每个圈的结果最后相“或”即可。

下面的四项之或：

$$ABC + A\overline{B}C + \overline{A}BC + \overline{A}\,\overline{B}C = AC + \overline{A}C = C$$

能够分两次运用分配律、互补律，它们也是相邻项，但单独的 $ABC + \overline{A}\,\overline{B}C$却不能称为相邻项。

1.6　基本组合逻辑

组合逻辑是指输出只与当前输入值有关的逻辑，它与后文将讲到的“时序逻辑”相对。理想的组合逻辑电路的输入一旦发生变化，输出立刻发生变化，除非新输入值和旧输入值对应的输出值一致；而实际中的组合逻辑电路，因为电路中信号的传输延迟、开关管动作的延迟，输出值的变化会稍稍滞后于输入。

下面首先介绍几种常见的组合逻辑电路，包括编码器、译码器、数据选择器、数值比较器和算术运算器，然后给出几个组合逻辑电路的应用例子。

1.6.1　编码器和译码器

这里讲的编码器和译码器是指独热码和二进制码相互转换的电路。所谓独热码，是指一组节点中只有一个为高的编码，或者说多位二进制数中只有一位为1的数码。独热码向二进制码的转换称为编码，二进制码向独热码的转换称为译码。

N位独热码能表达的状态共有N种，而M位二进制码能表达的状态有2^M种，因此，一般编码器有4-2线编码器、8-3线编码器、16-4线编码器等，而译码器则有2-4线译码器、3-8线译码器、4-16线译码器等。

表1-17是4-2线编码器的真值表，它并没有完整列出16种可能的输入状态。4-2线编码器的功能并没有定义当4个输入均为0，或有两个及以上输入为1的情况时输出该怎样，这称为未定义状态，此时输出值根据具体实现的电路不同会有不同的表现。

表1-17 4-2线编码器的真值表

D	C	B	A	Y_1	Y_0
0	0	0	1	0	0
0	0	1	0	0	1
0	1	0	0	1	0
1	0	0	0	1	1

图1-62所示是4-2线编码器的电路符号。

也可以把A、B、C、D四个输入组成一个4位总线，称为$A[3:0]$，其中$A[0]$对应A、$A[1]$对应B、$A[2]$对应C而$A[3]$对应D；把输出Y_0和Y_1组成一个两位总线，称为$Y[1:0]$，这样，真值表也可以写成表1-18所示的样子。

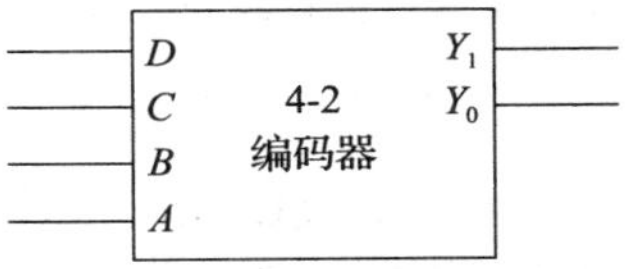

图1-62 4-2线编码器的符号

表1-18 4-2线编码器的真值表(总线形式)

$A[3:0]$		$Y[1:0]$	
二进制	十六进制	二进制	十六进制
4'b0001	0x1	2'b00	0x0
4'b0010	0x2	2'b01	0x1
4'b0100	0x4	2'b10	0x2
4'b1000	0x8	2'b11	0x3

多个位组成总线之后，4-2线编码器的电路还可以简化成如图1-63所示。

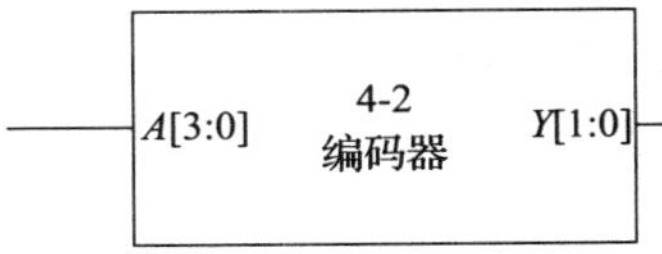

图1-63 将输入画成总线形式的4-2线编码器

根据表1-17，可以写出Y_1和Y_0的逻辑表达式：

$$\begin{cases} Y_0 = \overline{A} \cdot B \cdot \overline{C} \cdot \overline{D} + \overline{A} \cdot \overline{B} \cdot \overline{C} \cdot D \\ Y_1 = \overline{A} \cdot \overline{B} \cdot C \cdot \overline{D} + \overline{A} \cdot \overline{B} \cdot \overline{C} \cdot D \end{cases} \tag{1-9}$$

根据上式，还可以得到4-2线编码器的逻辑电路，如图1-64所示。

译码器的功能与编码器相反，例如表1-19所示是2-4线译码器的真值表，图1-65所示是2-4线译码器的电路符号。

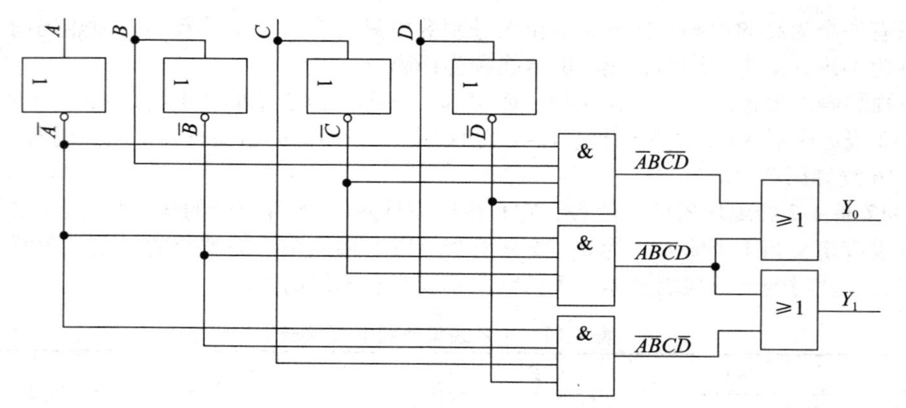

图 1-64　一种 4-2 线编码器的逻辑电路

表 1-19　2-4 线译码器的真值表

In[1:0]	Out[3:0]
2'b00	4'b0001
2'b01	4'b0010
2'b10	4'b0100
2'b11	4'b1000

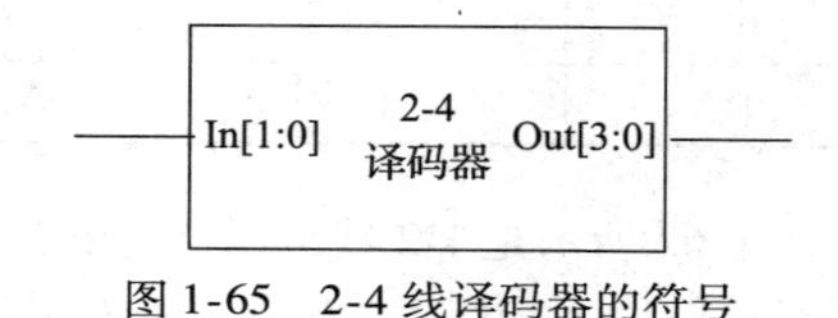

图 1-65　2-4 线译码器的符号

1.6.2　未定义的输入状态

图 1-64 所示的编码器电路是根据表 1-17 得到的，容易想到，因为表 1-17 中并没有列出未定义状态的输出值，等价于定义了未定义状态的输出为 0，图 1-64 在输入为未定义状态时输出应均为 0。

而在一些电路的实际工作环境中，未定义状态可能根本不会出现，那么定义这些未定义状态的输出值为 0 或为 1 对整个电路的工作是不会造成影响的，但有可能有助于将电路化为更简单的形式。以 4-2 线编码器为例，完整的真值表如表 1-20 所示，表中将所有未定义状态的输出值记为"×"。

表 1-20　4-2 线编码器的完整真值表

A_3	A_2	A_1	A_0	Y_1	Y_0	A_3	A_2	A_1	A_0	Y_1	Y_0
0	0	0	0	×	×	1	0	0	0	1	1
0	0	0	1	0	0	1	0	0	1	×	×
0	0	1	0	0	1	1	0	1	0	×	×
0	0	1	1	×	×	1	0	1	1	×	×
0	1	0	0	1	0	1	1	0	0	×	×
0	1	0	1	×	×	1	1	0	1	×	×
0	1	1	0	×	×	1	1	1	0	×	×
0	1	1	1	×	×	1	1	1	1	×	×

使用卡诺图化简其逻辑如图 1-66 所示。

因未定义状态的输出值是 0 或 1 无所谓，所以为了化简，在需要的时候可以将它当作 1 与已有的 1 合并，这样化简之后的逻辑表达式为：

$$\begin{cases} Y_0 = A_3 + A_1 \\ Y_1 = A_3 + A_2 \end{cases} \tag{1-10}$$

可以看出该式较式(1-9)简单很多。

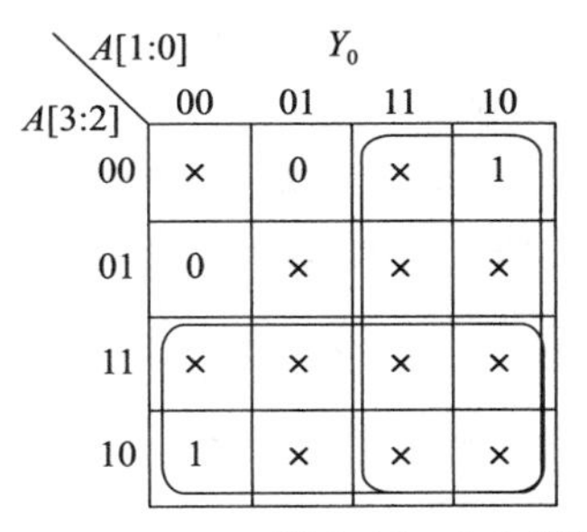

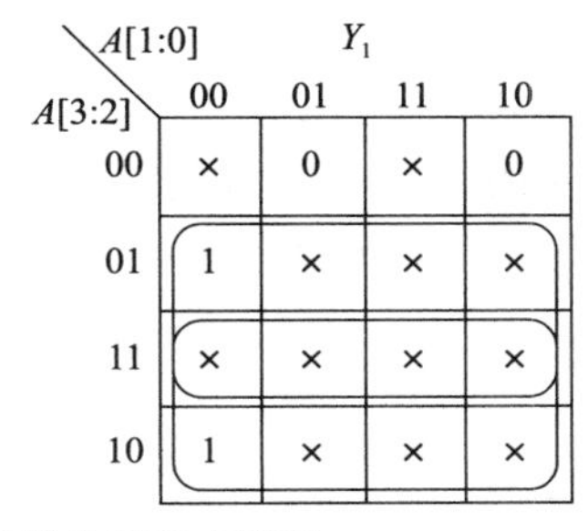

图 1-66　4-2 线编码器的完整卡诺图

在实际中更常用的编码器是“优先编码器”，意为只要较低的第 n 位为 1 则无论高位如何，输出为 n。以 4-2 线优先编码器为例，其真值表如表 1-21 所示。

优先编码器的卡诺图和表达式读者可自行推导。

表 1-21　4-2 线优先编码器的真值表

A_3	A_2	A_1	A_0	Y_1	Y_0
0	0	0	0	0	0
×	×	×	1	0	0
×	×	1	0	0	1
×	1	0	0	1	0
1	0	0	0	1	1

1.6.3　数据选择器

数据选择器包含多个输入和一个输出，当然其中每一个输入和输出都可以是总线。在多个输入当中，有一个担当选择的功能。图 1-67 是一个 4 路 1 位数据选择器，它有一个 2 位的选择输入 Sel、四个 1 位的数据输入 In 和一个 1 位的数据输出 Out。

其功能是：Sel 的值为多少，数据输出 Out 便等于第几个数据输入 In 的值，如表 1-22 所示。

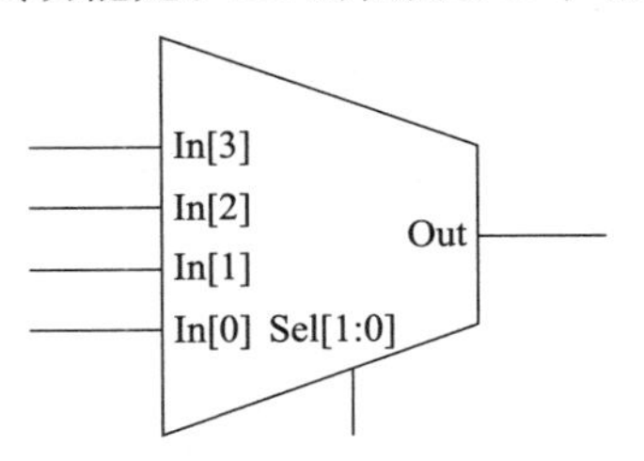

图 1-67　4 路 1 位选择器的符号

表 1-22　4 路 1 位数据选择器真值表

Sel[1:0]	Out
2'b00	= In[0]
2'b01	= In[1]
2'b10	= In[2]
2'b11	= In[3]

图 1-68 所示是一个 4 路 8 位数据选择器，可以认为它是由 8 个 4 路 1 位选择器组成。

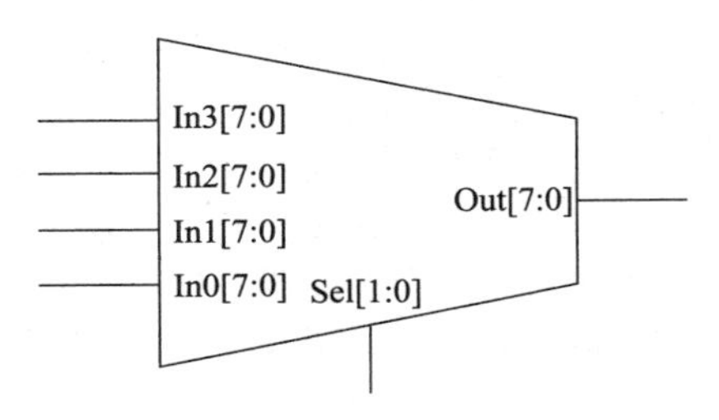

图 1-68　4 路 8 位数据选择器

1.6.4　延迟和竞争冒险

真实的电路和元器件包括 IC 及其中的晶体管，因为信号传输速度有限、线路寄生电容和电感以及晶体管的结电容等因素的影响，从输入信号变化到输出信号变化一定是存在一定时间延迟的，称为“传输延迟”。不同的电路传输延迟自然不一样，相同电路的不同实体(如两个同型号的 IC)的传输延迟也是有差异的，同一个电路实体在不同工作条件下(温度、电源电压、输出所接的负载等)传输延迟也会变化。

以最简单的非门为例，真实的工作波形如图 1-69 所示。

其中 T_{PD} 即为传输延迟，因为电平的升降是一个渐变的过程，一般定义输出变化 50% 的时刻和输入变化 50% 的时刻之差为传输延迟，74HC、LVC 等系列的基本门电路的 T_{PD} 大约在 10ns 左右。FPGA 内部综合得到的基本门逻辑的 T_{PD} 一般能在 1ns 以下。

考虑图 1-70 所示的逻辑，其逻辑表达式为 $Y=A\cdot B+\overline{B}\cdot C$，其中每个门从输入到输出均有延迟，每个门的延迟也会不一样，同一个门的多个输出到输出的延迟也可能不一样。

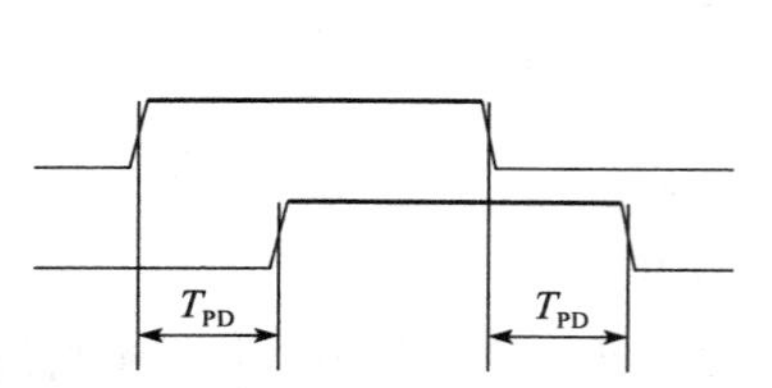

图 1-69 带有延迟的非门工作波形

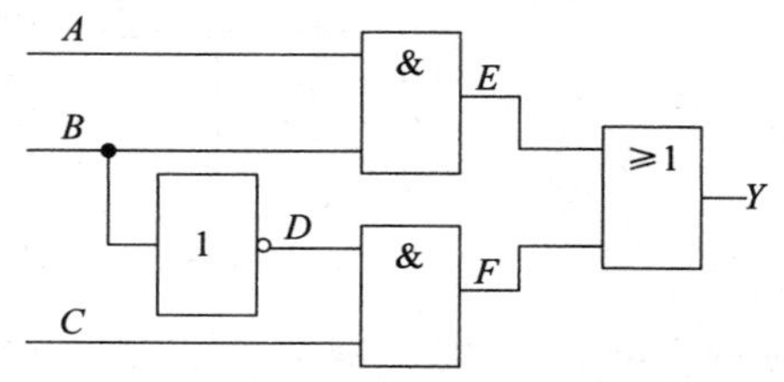

图 1-70 由基本门构成的 $A\cdot B+\overline{B}\cdot C$ 逻辑

简单地，假定每个门从输入到输出的延迟均为 1ns，当 A、C 为高电平而 B 由高电平翻转至低电平时，工作波形将如图 1-71 所示。容易知道，对于 $A\cdot B+\overline{B}\cdot C$ 逻辑，在 A 和 C 均为高电平的时候，无论 B 为何电平，输出 Y 本应均为高电平，但在图 1-71 中，Y 出现了一个短暂的低电平。原因是，从 B 输入到输出 Y 信号有两条路径，一条经由 E，另一条经由 D、F，这两条路径的传输延迟不一样，于是在最后一级或门的输入端错开了一个时间，导致出现短暂的低电平。

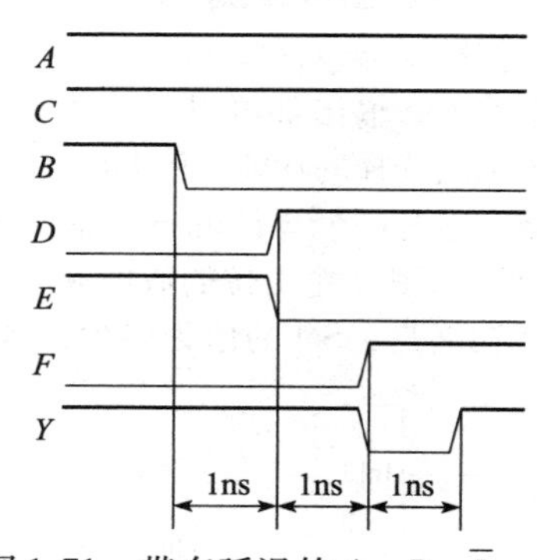

图 1-71 带有延迟的 $A\cdot B+\overline{B}\cdot C$ 逻辑的波形

组合逻辑电路因为路径延迟导致输出出现暂时的不正确值的现象称为竞争冒险。在处理多位二进制的电路中，竞争冒险现象更为常见。因延迟不一致，多位二进制数在变化的过程中，各位变化有先有后，必然导致期间出现一些非预期的值。

竞争冒险可以通过在逻辑中分配冗余项、使用模拟滤波器等方法消除。但在 FPGA 中，基本只会使用同步时序逻辑电路。正常的同步时序逻辑电路天然地不受竞争冒险影响。因此这里不介绍竞争冒险的消除方法。

1.6.5 加法器

算术运算电路是对二进制数进行加、减、乘、除等运算的电路。异或门其实就是一个最简单的 1 位加法器，说它简单是因为它没有进位输出或输入。

考虑一个带有进位输入和输出的 1 位加法器，这样的加法器又称为全加器，其真值表如表 1-23 所示。

表 1-23 全加器的真值表

A	B	C_i	Y	C_O
0	0	0	0	0
0	0	1	1	0
0	1	0	1	0
0	1	1	0	1
1	0	0	1	0
1	0	1	0	1
1	1	0	0	1
1	1	1	1	1

根据表 1-23 列出表达式并整理可以得到：

$$\begin{cases}Y=(A\oplus B)\oplus C_i\\C_o=AB+(A\oplus B)C_i\end{cases}\qquad(1\text{-}11)$$

于是 1 位全加器的电路如图 1-72 所示。

简化符号如图 1-73 所示。

使用多个带有进位输入和输出的 1 位全加器可以构成多位加法器，实现对多位二进制的加法运算。如图 1-74 所示是 4 位加法器。

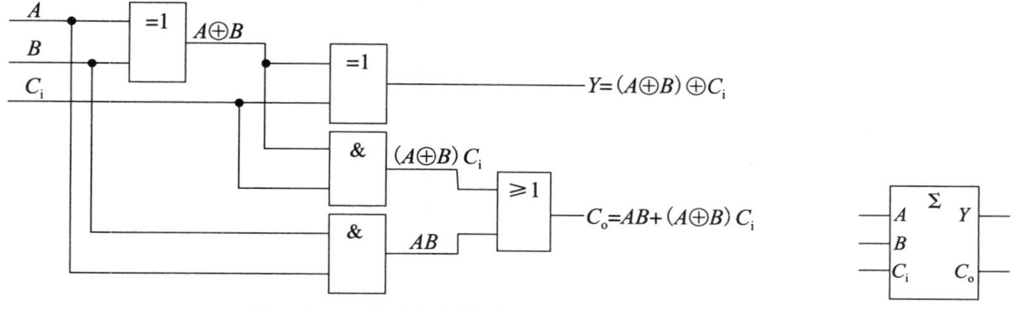

图 1-72　1 位全加器电路

图 1-73　1 位全加器符号

两个 4 位二进制数相加，结果需要有 5 位，图 1-74 中，最后一级全加器的进位输出即是输出的最高位 $Y[4]$。

根据 1.3.2 节中介绍的内容，减法器可以通过将减数求补码再与被减数相加来实现，而有符号加减与无符号加减法电路一致。

再考虑图 1-74 所示加法器电路。从 $A[0]$、$B[0]$ 到最后一级进位输出 $Y[4]$ 的路径经过了全部 4 级全加器，这一路径的延迟将会很大，而如果是 8 位、16 位甚至更多位的加法器，进位路径的延迟将更大。因此实用的加法器为了降低传输延迟，会使用额外的门构成“超前进位”路径，以降低进位路径的长度。

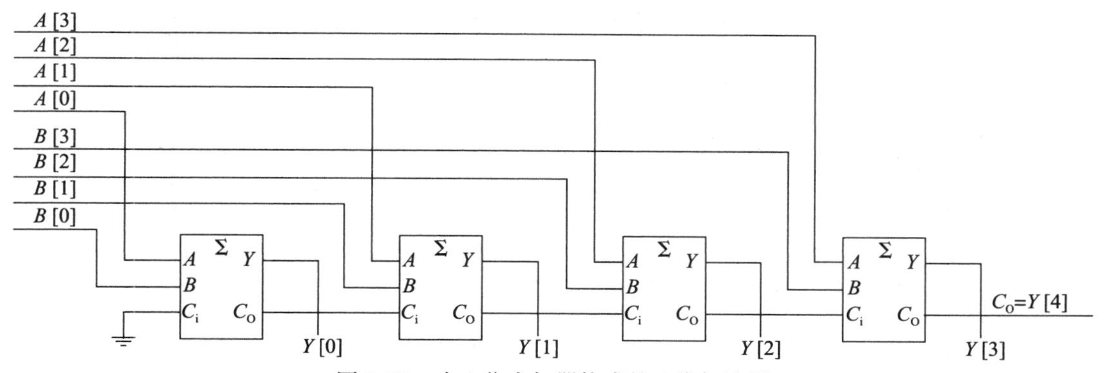

图 1-74　由 1 位全加器构成的 4 位加法器

对加法器的每一级，定义生成进位 C_g 和传输进位 C_p：

$$C_g = AB \tag{1-12}$$

$$C_p = A + B \tag{1-13}$$

生成进位是该级自身产生的进位，而如果前级有进位且该级的传输进位为 1，则前级的进位要向前传输。因此各级的进位输出 C_{out}：

$$C_{out} = C_g + C_p C_{in} \tag{1-14}$$

如果第 0 级（LSB 那一级）不设进位输入，则有：

$$C_{out,k} = C_{g,k} + C_{g,k-1} C_{p,k} + C_{g,k-2} C_{p,k-1} C_{p,k} + \cdots + C_{g,0} C_{p,1} \cdots C_{p,k-1} C_{p,k} = C_{g,k} + \sum_{i=0}^{k-1} C_{g,i} \prod_{j=i+1}^{k} C_{p,j} \tag{1-15}$$

可以看出，这样从加法输入到最终的进位输出，总共只需三级门逻辑。图 1-75 是 4 位超前进位加法器的电路，其中不带进位输出的加法单元由两个异或门构成。

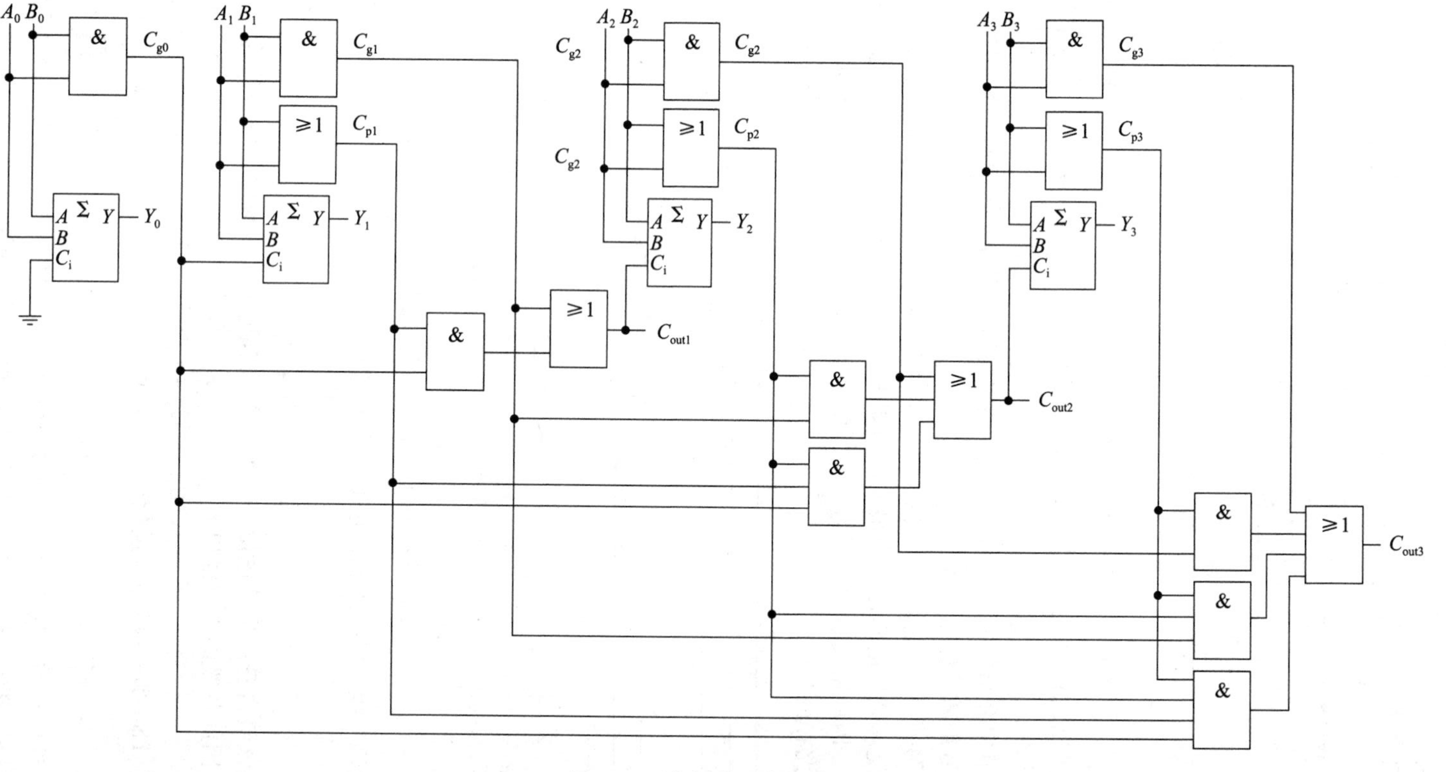

图1-75 4位超前进位加法器

多位加法器也可简化成图 1-76 所示的符号。

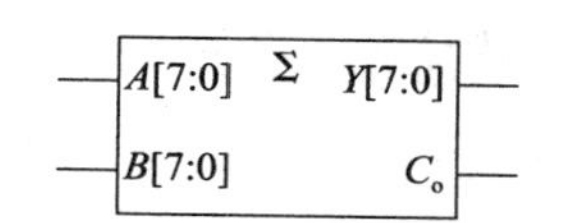

图 1-76　8 位加法器的符号

1.6.6　乘法器

乘法器可以通过类比笔算乘法得到，与门就是 1 位的乘法器。而在笔算乘法计算中，还需要求和(包含进位)，求和可以用全加器来实现。1.2.3 节中的笔算乘法还可以写成如图 1-77 所示。

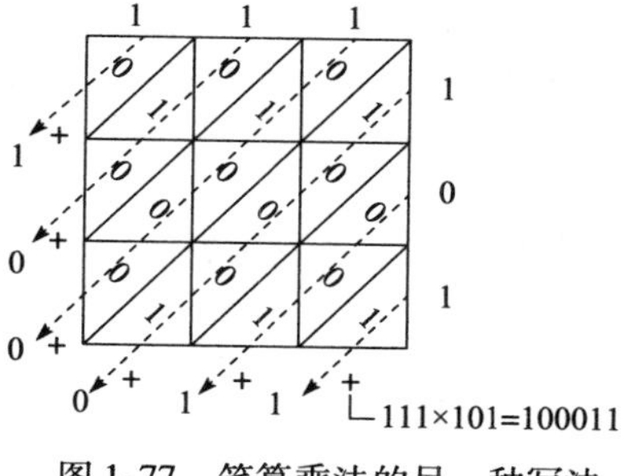

图 1-77　笔算乘法的另一种写法

参照图 1-77 的思路，可以得到如图 1-78 所示的 4 位 ×4 位乘法器的结构。

图 1-78 中 45°交叉为 1 位乘法，即一个与门，竖向箭头为加法链，横向箭头为进位链。图中每一个单元的结构如图 1-79 所示。

除法器相对较为复杂，将在后续章节涉及，这里不赘述。

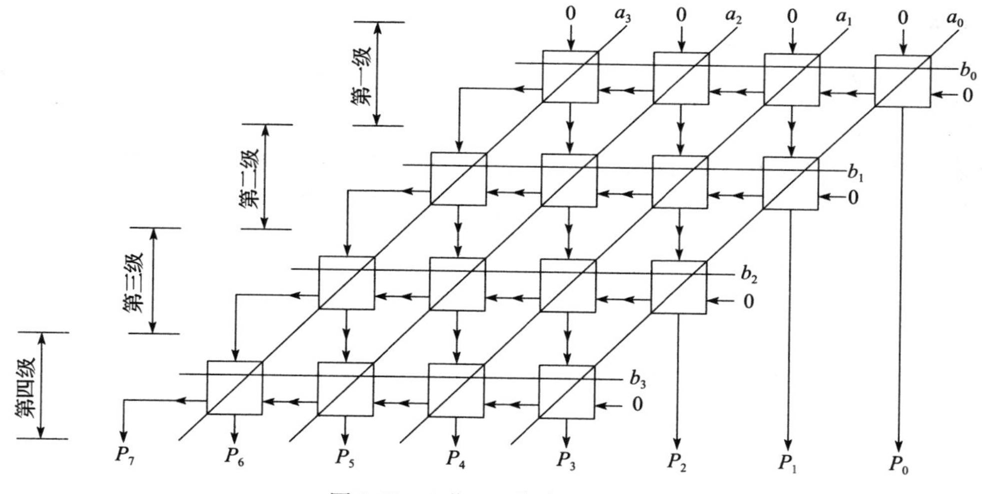

图 1-78　4 位 ×4 位乘法器结构

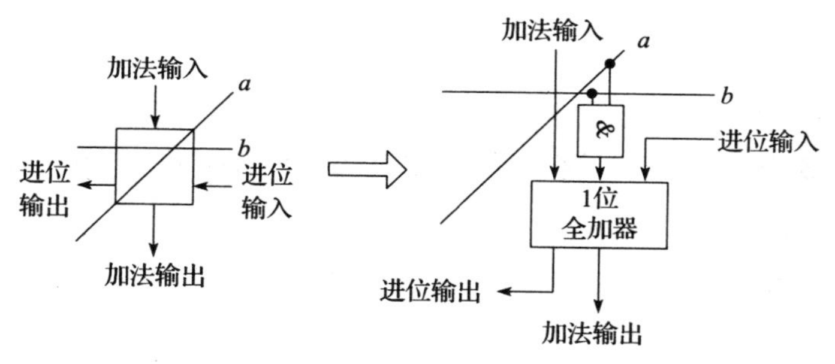

图 1-79　乘法器单元结构

1.6.7 数值比较器

数值比较器用于比较输入的两个二进制数的大小。这两个二进制数或同为无符号数或同为有符号数，输入为无符号数的称为无符号数比较器，输入为有符号数的称为有符号数比较器，输出信号可以有一个或多个，用于表达“小于”、“小于或等于”、“等于”、“大于或等于”或“大于”。有的数值比较器还提供比较输入，用于多个级联。

图 1-80 所示是一个 4 位数值比较器，它既有比较输入又有比较输出。

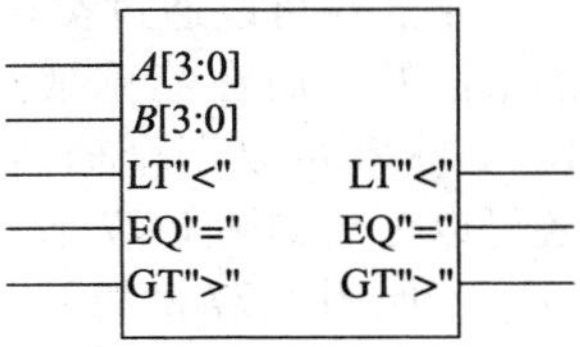

图 1-80　4 位数值比较器

表 1-24 是它的真值表。

表 1-24　4 位数值比较器真值表

A[3:0]，B[3:0]	"<"IN	"="IN	">"IN	"<"	"="	">"
$A<B$	×	×	×	1	0	0
$A=B$	1	0	0	1	0	0
$A=B$	0	1	0	0	1	0
$A=B$	0	0	1	0	0	1
$A>B$	×	×	×	0	0	1

从表 1-24 中可以看出，在级联模式下，当本级输入的 A 和 B 相等时，才考虑比较输入的值，因此，作为最后输出的那一级应该是数据的高位。图 1-81 所示是将两个 4 位数值比较器级联为一个 8 位比较器的电路。

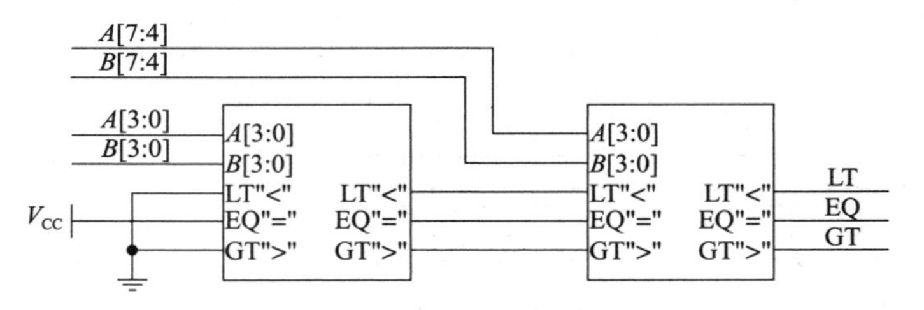

图 1-81　由两个 4 位数值比较器构成的 8 位数值比较器

1.7 锁存器

前面介绍的组合逻辑的输出只与当前的输入值有关，换句话说，它们没有记忆能力。而锁存器和触发器则能够记忆输入值。锁存器在 FPGA 中几乎没有应用，本节仅简单介绍 SR 锁存器和 D 锁存器。

1.7.1 SR 锁存器

考虑图 1-82 所示的电路。假定初始状态下 $R=0$，$S=0$，$Q=0$，则 $\overline{Q}$ 必然为 1。如果 S 和 R 发生变化，波形将如图 1-83 所示。

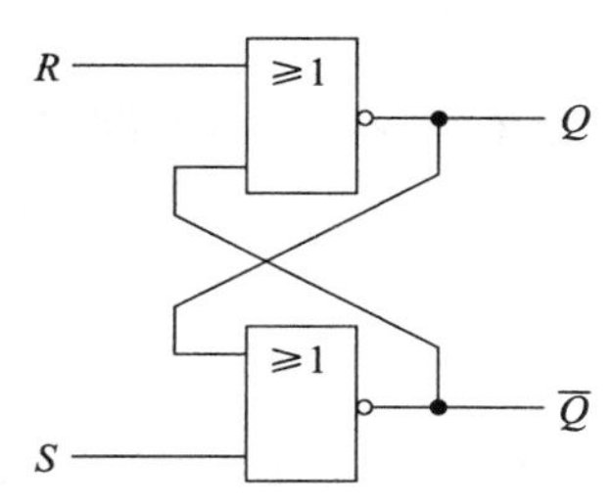

图 1-82　由或非门构成的 SR 锁存器

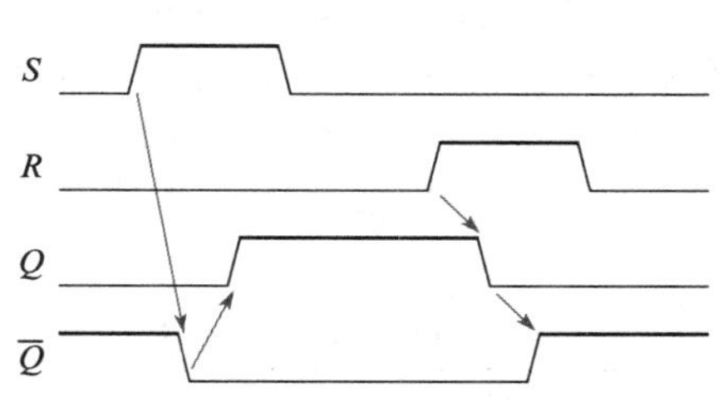

图 1-83　SR 锁存器的基本工作波形

图 1-83 中没有画出 S 和 R 同时为高的情况（此时 Q 和 $\overline{Q}$ 均输出为低），如果不考虑这种情况，可以看到，S（意为 Set）上升为高时，会使得 Q 输出为高，但当 S 下降为低时，Q 继续保持为高；当 R（意为 Reset）上升为高时，会使得 Q 输出为低，但当 R 下降为低时，Q 继续保持为低。总的来说，在 S 和 R 变得同为低时，Q 的状态会保持前一时刻的状态，可能是高，也可能是低。SR 锁存器也可简化为如图 1-84 所示符号。

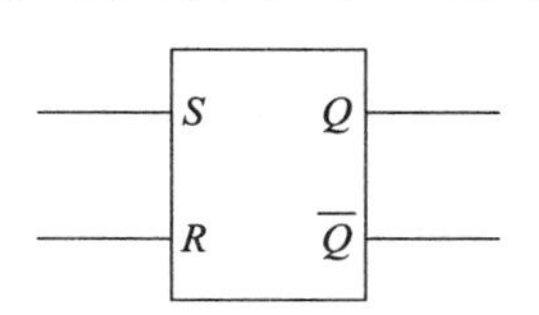

图 1-84　SR 锁存器符号

有时电路中并不需要 $\overline{Q}$ 输出，也可以不画出。表 1-25 是 SR 锁存器的真值表，表中 Q_{k-1} 和 Q_k 分别表示条件发生之前的状态和条件发生之后的状态。

表 1-25　SR 锁存器真值表

S	R	Q_k	$\overline{Q}_k$
0	0	Q_{k-1}	$\overline{Q}_{k-1}$
0	1	0	1
1	0	1	0
1	1	不允许	

1.7.2　D 锁存器

考虑如图 1-85 所示的电路。当 En 为高时，$S=D$，$R=\overline{D}$，无论 D 为何值，Q 输出与 D 一致，而当 En 为低时，$S=R=0$，Q 将保持 En 变低之前的值，此时无论 D 怎样变化，Q 都会保持不变，即 Q 锁存了 En 变低之前的 D 值。

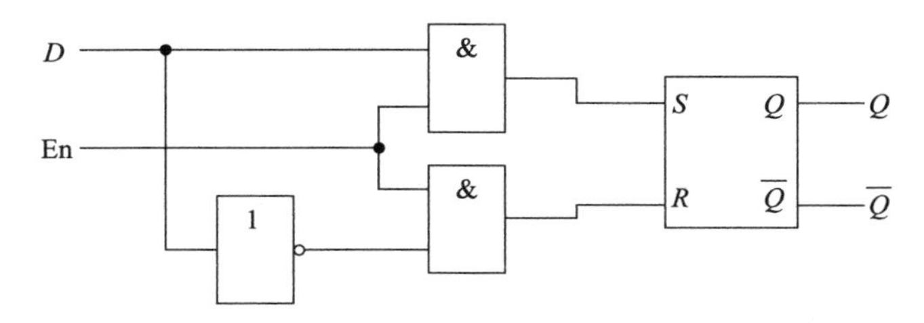

图 1-85　一种 D 锁存器电路

D 锁存器可简化为如图 1-86 所示符号。

图 1-87 是 D 锁存器的典型工作波形。

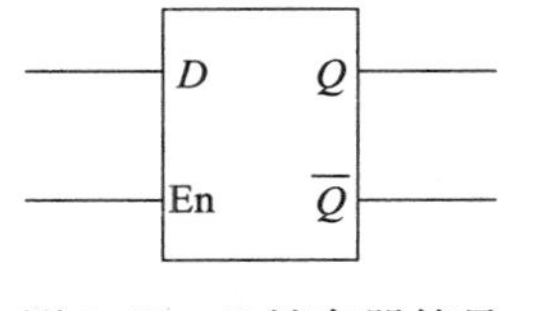

图 1-86　D 锁存器符号

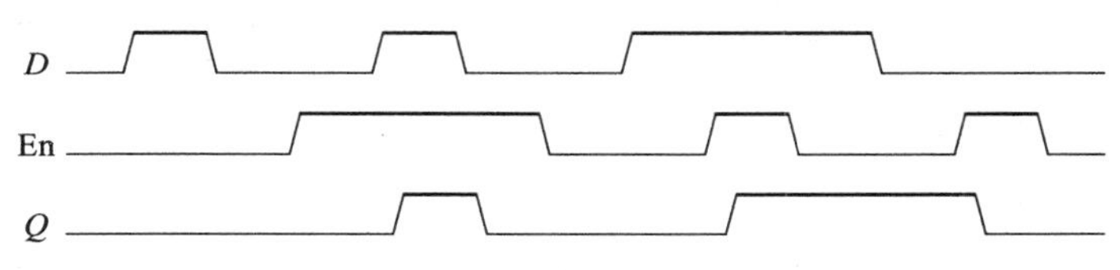

图 1-87　D 锁存器工作波形

表 1-26 所示是 D 锁存器的真值表。

在 CMOS 电路中，D 锁存器还可以由传输门和非门更简单地构成，如图 1-88 所示。在 En 为高时，G_1 开通，G_2 关断，经过两个非门，$\overline{Q}$ 和 Q 随 D 变化而变化；当 En 为低时，G_1 关断，G_2 开通，两个非门构成反馈环，保持当前的状态，又称“保持环”。

表 1-26 D 锁存器的真值表

En	D	Q_k	$\overline{Q}_k$
0	×	Q_{k-1}	$\overline{Q}_{k-1}$
1	0	0	1
1	1	1	0

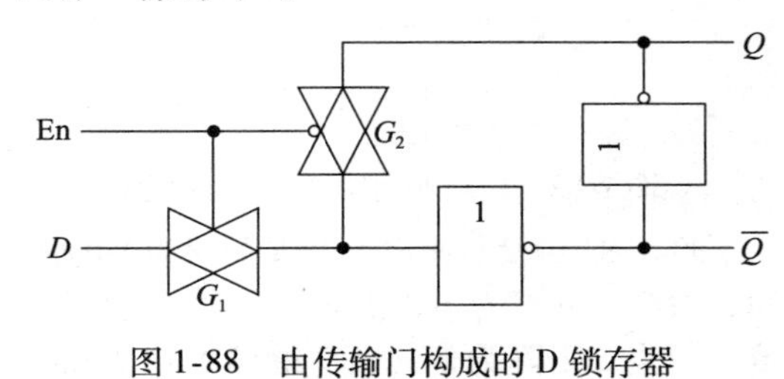

图 1-88 由传输门构成的 D 锁存器

1.8 触发器

1.8.1 D 触发器、时钟和使能

1.7 节介绍的锁存器，特别是 D 锁存器的 En，可以理解为一种电平敏感的控制输入，En 为高则输出等于输入，En 为低则输出锁定。而触发器则是跳沿敏感的。

考虑如图 1-89 所示电路，可以画出其工作波形以分析其功能，如图 1-90 所示，图中“L_1. En”表示锁存器 L_1 的 En 引脚。

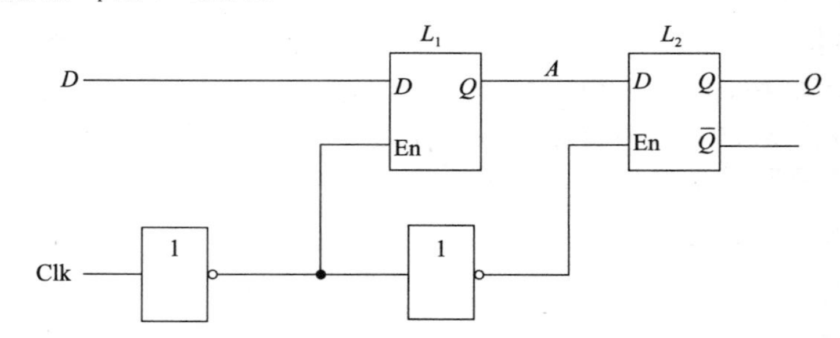

图 1-89 由 D 锁存器构成的 D 触发器电路

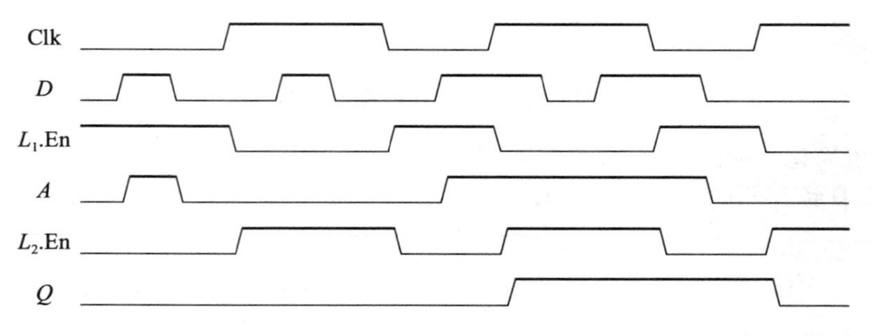

图 1-90 由 D 锁存器构成的 D 触发器电路的工作波形

在 Clk 为低电平时，锁存器 L_1（又称主锁存器）直通，A 点的值会跟随 D，但 L_2（又称从锁存

器）锁定，Q 保持它以前的值；在 Clk 由低电平变为高电平时，锁存器 L_2 直通，Q 输出等于 D；在 Clk 高电平期间 L_1 锁定，A 并不会随着 D 的变化而变化，Q 也不会变化；在 Clk 由高变低时，L_2 变为锁定，Q 依然不会发生变化。

总体来说，Clk 为跳沿有效的控制输入，在 Clk 为上升沿时，Q 锁定输入 D，而在 Clk 为低、为高或下降沿时，Q 的值均不会随 D 的变化而发生变化。这样的逻辑称为 D 触发器，Clk “由低变为高”这一事件“触发”它锁定输入值。

跳沿有效的信号常常称为“时钟”。

图 1-91 所示是由传输门构成的 D 触发器电路，其中各个传输门内的反相器还可以共用。

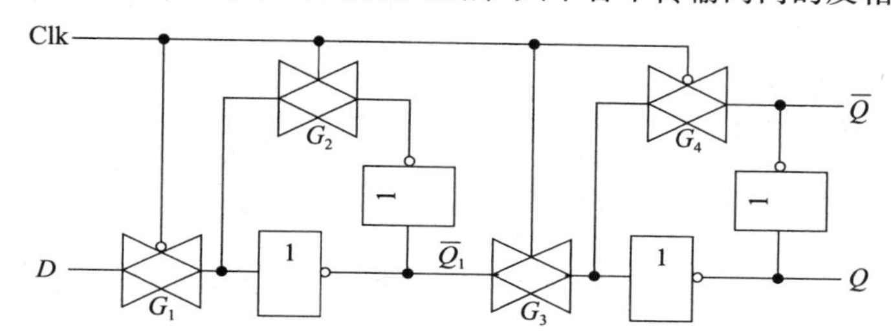

图 1-91　由传输门构成的 D 触发器电路

D 触发器的符号如图 1-92 所示，图中 Clk 引脚内带有向内的箭头，表示该引脚为时钟引脚。

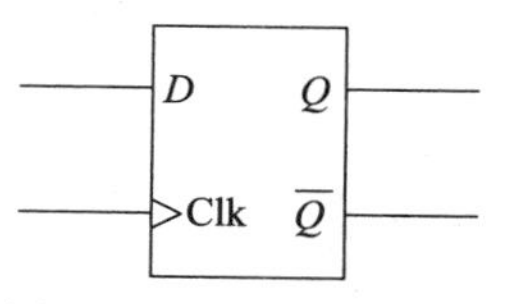

图 1-92　D 触发器符号

表 1-27 是 D 触发器的真值表，其中“↑”表示上升沿。

表 1-27　D 触发器真值表

Clk	D	Q_k	$\overline{Q}_k$
0	×	Q_{k-1}	$\overline{Q}_{k-1}$
1	×	Q_{k-1}	$\overline{Q}_{k-1}$
↑	0	0	1
↑	1	1	0

如果使用一个与门控制 D 触发器的时钟，如图 1-93 所示，该控制信号称为“时钟使能”。显然，当时钟使能信号为低时，时钟被“禁能”，D 触发器将不受时钟触发，保持状态；而当时钟使能信号为高时，时钟被“使能”，D 触发器被时钟驱动正常工作。控制 D 触发器是否工作还有另一种方法，如图 1-94 所示，称为 D-Q 反馈使能，是 FPGA 设计中最常用的使能方式。

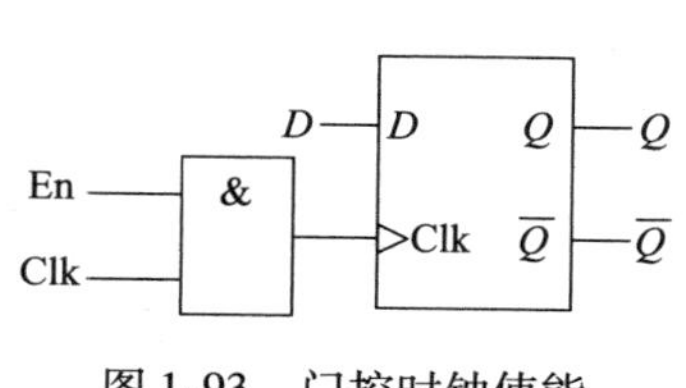

图 1-93　门控时钟使能

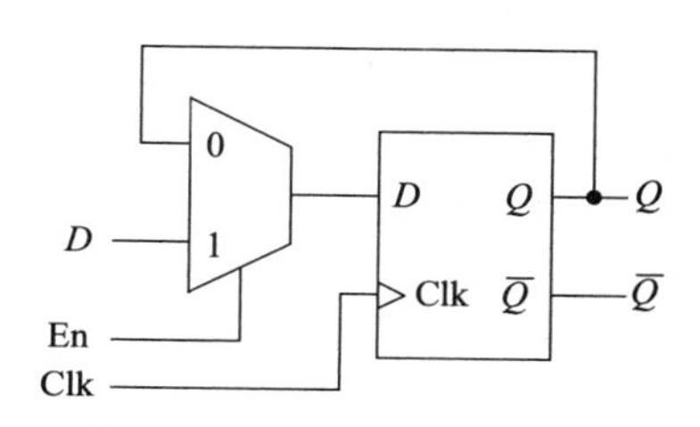

图 1-94　D-Q 反馈使能

带有使能端的 D 触发器也可简化为如图 1-95 所示符号。

多个 D 触发器受同一个时钟触发，也可以统称为多位 D 触发器，图 1-96 所示为一个 8 位 D 触发器的符号。

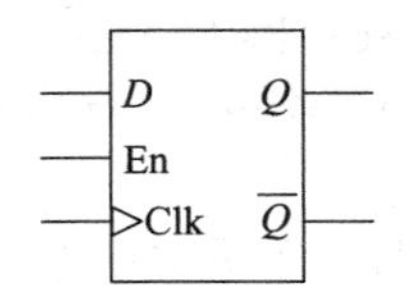

图1-95 带使能的D触发器的符号

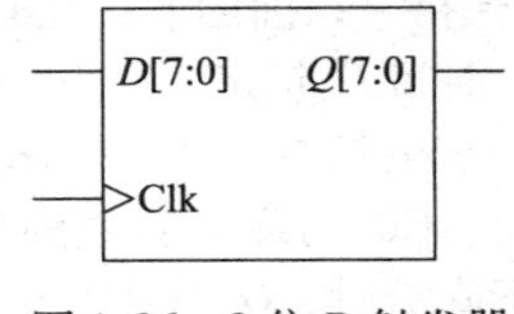

图1-96 8位D触发器

1.8.2 D触发器的异步和同步复位

考虑图1-97所示电路。该电路将图1-91所示电路中的两个非门替换为或非门，并引出名为“Reset”的引脚。

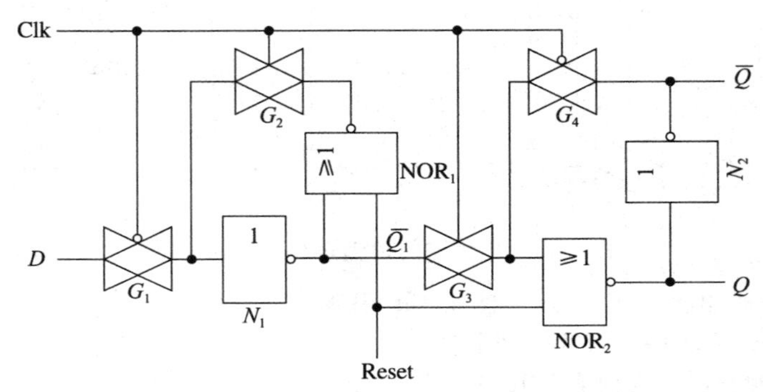

图1-97 带有异步复位的D触发器

在Clk为低时，G_1、G_4开通，G_2、G_3关断，N_1输出$\overline{D}$，NOR_2和N_2构成保持环，而无论它们保持的是高电平还是低电平，只要Reset输入高，Q将立刻变为低电平(同时$\overline{Q}$变为高电平)，即使Reset再恢复为低，Q仍将保持低电平；在Clk为高时，G_1、G_4关断，G_2、G_2开通，N_1和NOR_1构成保持环，N_1保持的电平经由NOR_2反相输出至Q，同样，无论N_1保持着什么电平，只要Reset输入为高，N_1将输出高电平，Q将输出低电平，即使Reset再恢复为低，N_1仍将保持高电平，经过NOR_2反相后，Q仍将输出低电平。

正如其名，Reset的作用是“复位”D触发器，使得输出变低。

类似地，如果将N_1和N_2也替换为或非门，可引出Set引脚，作用是“置位”D触发器，使得输出变高。

这里的Reset和Set与D不同，不需要Clk参与即可复位或置位输出状态，称为“异步复位”和“异步置位”，表示不需要与Clk同步。异步复位和异步置位一般缩写为“ARst”和“ASet”，其中的A为Asynchronous的首字母。

图1-98是带有异步复位和异步置位的D触发器的符号。

表1-28是带有异步复位和异步置位的D触发器的真值表。表中给出当ARst和ASet均为高电平时，Q和$\overline{Q}$输出均为低，这与Q和$\overline{Q}$的功能定义有悖，一般应予避免。

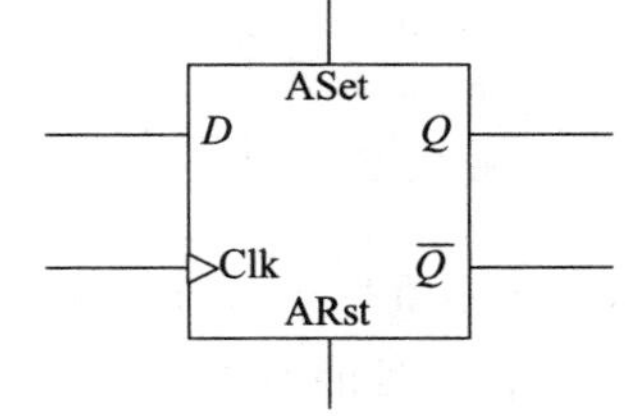

图1-98 带有异步复位和异步置位的D触发器符号

表 1-28　带有异步复位和异步置位的 D 触发器真值表

ARst	ASet	Clk	D	Q_k	$\overline{Q}_k$
0	0	×	×	Q_{k-1}	$\overline{Q}_{k-1}$
0	0	↑	0	0	1
0	0	↑	1	1	0
0	1	×	×	1	0
1	0	×	×	0	1
1	1	×	×	0	0

考虑图 1-99 所示的电路。注意 D 至或非门的输入有反相。如果 Rst 为高电平，则无论 D 输入为何，或非门输出为低，此时如果 Clk 有上升沿到来，则电路的输出 Q 将变为低电平。这种需要时钟有效沿参与才能生效的复位称为“同步复位”。

事实上，正如图 1-99 所示，D 触发器的同步复位或同步置位只需要在 D 输入之前插入适当的组合逻辑电路即可实现，并不需要特别地设计 D 触发器内部电路。

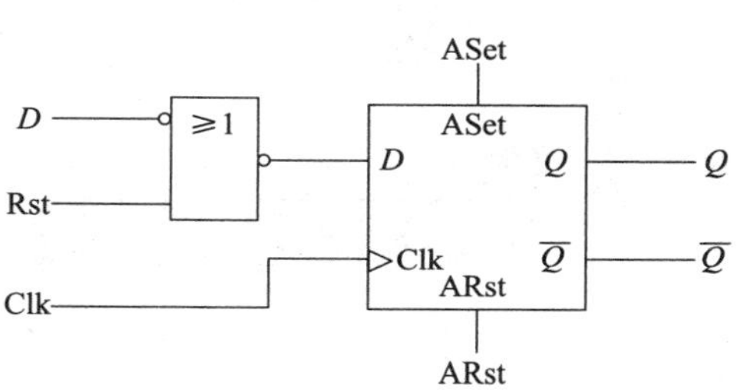

图 1-99　带有同步复位的 D 触发器

1.8.3　D 触发器的建立时间、保持时间和传输延迟

时钟上升时，D 触发器会锁定输入，而如果在时钟上升时刻的附近输入 D 正在发生变化，则主锁存器将长时间不能稳定到高电平或低电平，称为“亚稳态”，最后既有可能稳定到变化前的值也有可能稳定到变化后的值，亚稳态及结果的不确定性一般是不能允许的。尤其在多位 D 触发器中，不同数据位到达各位 D 触发器的时间很可能不一样，时钟到达各位 D 触发器的时间也可能不一样，如果数据在时钟上升沿附近变化，锁定到不正确数据的可能性很大。

要杜绝亚稳态，D 触发器要求数据必须在时钟有效沿附近一段时间内保持稳定。如图 1-100 所示，时钟上升沿之前 T_{SU} 和之后 T_H 两个时间点之间形成了一个时间窗，该窗的长度 $T_{ap} = T_{SU} + T_H$，在窗内，数据必须正确稳定。其中，T_{SU} 称为数据建立时间。T_H 称为数据保持时间。

图 1-100 中波形灰色部分表示无关数据，其值与 D 触发器正常工作无关。

对于多数 D 触发器，无论是 D 触发器 IC 或是 FPGA 内的 D 触发器，数据建立时间一般大于数据保持时间，数据保持时间一般在 0 值左右，还很可能是负值，如图 1-101 所示，数据保持时间为 -1ns 的例子，其建立时间为 6ns，窗长 5ns。

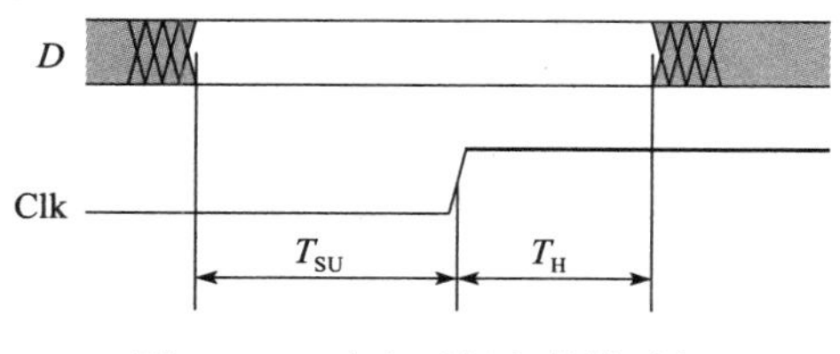

图 1-100　建立时间和保持时间

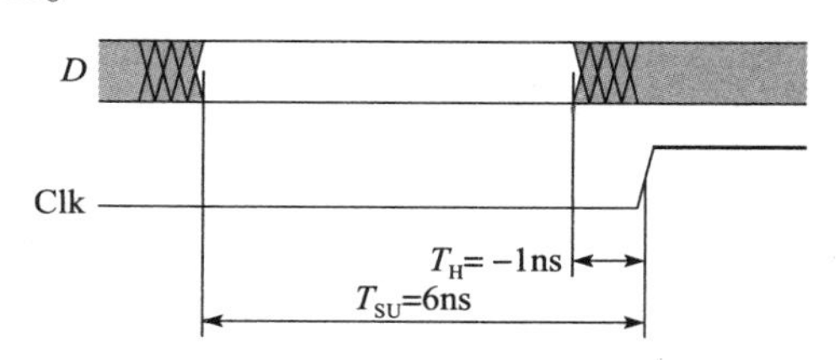

图 1-101　保持时间为负值的例子

74HC 系列的 D 触发器的建立时间一般在 10ns 至数十 ns，保持时间为数 ns，74LVC 系列的

D 触发器建立时间一般在 1ns 左右，保持时间一般在 0ns 左右。FPGA 内的 D 触发器的建立时间和保持时间一般在 0. 1ns 左右。

如果 D 满足建立时间和保持时间要求，D 触发器在时钟上升沿将输入 D 锁定到输出 Q，从时钟上升到 Q 状态变化也需要时间，称为传输延迟 T_{CQ}，如图 1-102 所示。而如果 D 不满足建立时间和保持时间的要求，输出数据达到稳定的时间将大于 T_{CQ}。

1. 8. 4　其他触发器

图 1-103 所示为 J-K 触发器的符号。

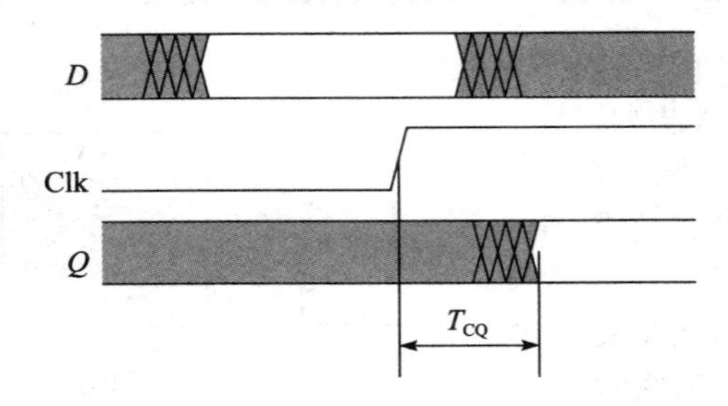

图 1-102　D 触发器的传输延迟

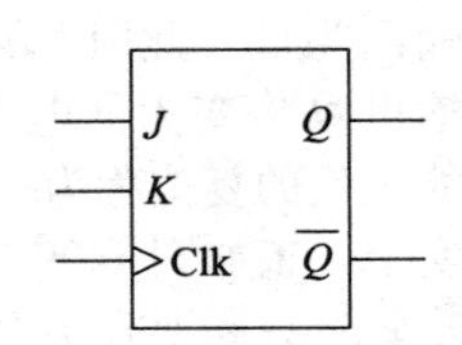

图 1-103　J-K 触发器的符号

表 1-29 所示为 J-K 触发器的真值表。

表 1-29　J-K 触发器的真值表

J	K	Clk	Q_k	$\overline{Q}_k$
×	×	×	Q_{k-1}	$\overline{Q}_{k-1}$
0	0	↑	Q_{k-1}	$\overline{Q}_{k-1}$
0	1	↑	0	1
1	0	↑	1	0
1	1	↑	$\overline{Q}_{k-1}$	Q_{k-1}

J-K 触发器的功能可总结为：当 J 和 K 均为 0 时，状态不变；当 $J=0$、$K=1$ 时，输出 0；当 $J=1$、$K=0$ 时，输出 1；当 J 和 K 均为 1 时，状态翻转。

如图 1-104 所示是 J-K 触发器的一种组成电路。

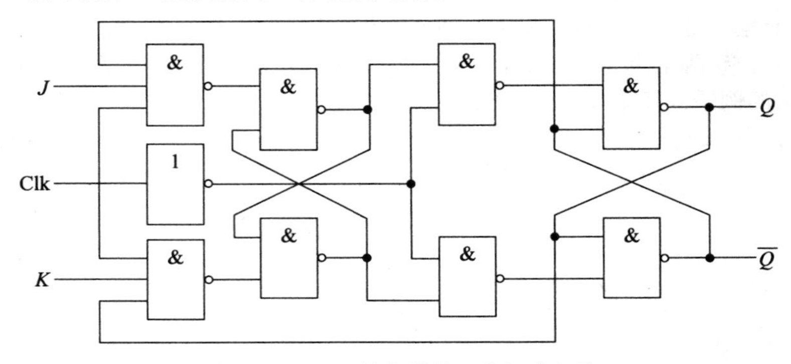

图 1-104　J-K 触发器的一种组成电路

J-K 触发器的功能还可以用式(1-16)描述。

$$Q_k = J \cdot \overline{Q_{k-1}} + \overline{K} \cdot Q_{k-1} \tag{1-16}$$

通过外部增加简单的组合逻辑，J-K 触发器和 D 触发器可以互换。图 1-105 是使用 J-K 触发器组成 D 触发器的电路，图 1-106 是使用 D 触发器组成 J-K 触发器的电路。

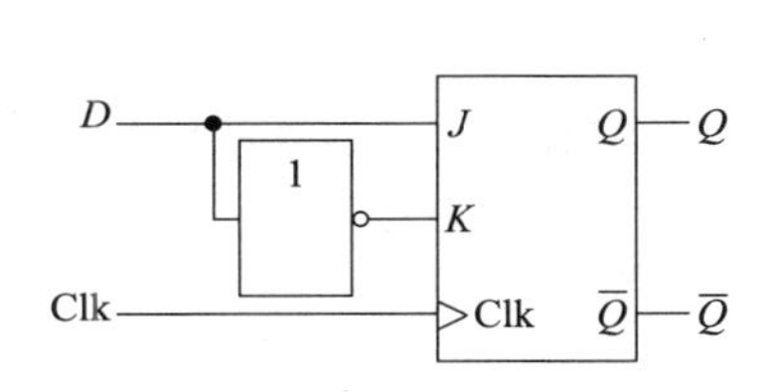

图 1-105　使用 J-K 触发器组成 D 触发器

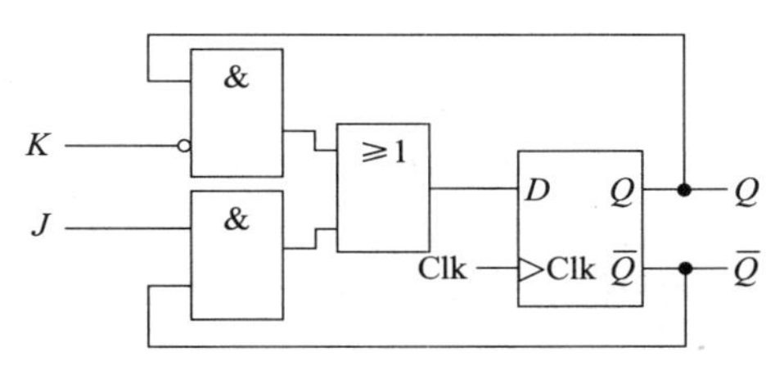

图 1-106　使用 D 触发器组成 J-K 触发器

如果将 J-K 触发器的 J 和 K 输入连接在一起，则成为 T 触发器，如图 1-107 所示。当 T 输入为 0 时，输出状态保持不变；而当 T 输入为 1 时，输出状态不断翻转。$T=1$ 时的 T 触发器也称为 T' 触发器。

图 1-108 所示为施密特触发器，施密特触发器与上述所有触发器均不一样，并不是由时钟触发锁定输入状态的。施密特触发器的输入有上、下两个阈值，当输入高过上阈值时输出上跳，而后输入必须低过下阈值输出才会下跳，可以理解为一个迟滞比较器。

图 1-109 所示为其工作波形。

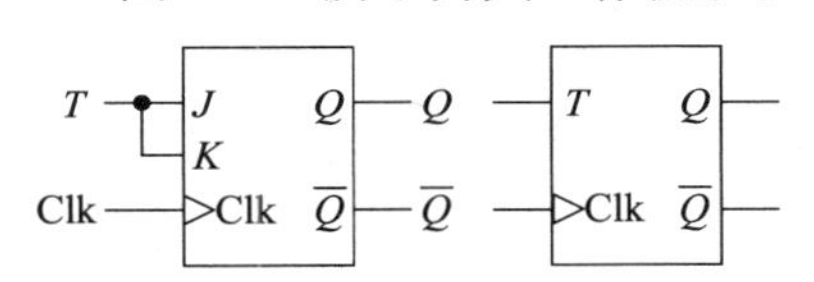

图 1-107　T 触发器符号

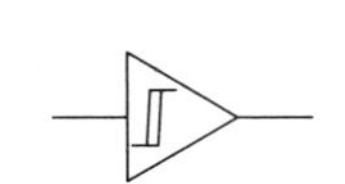

图 1-108　施密特触发器符号

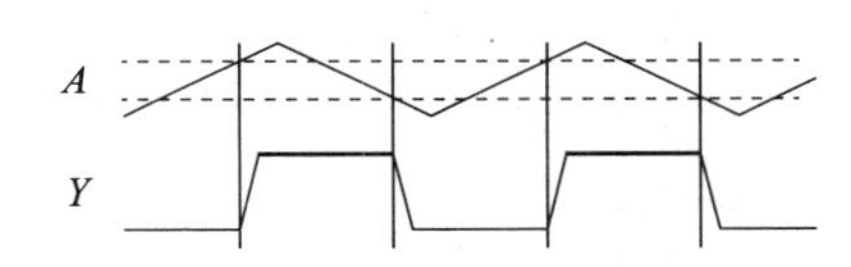

图 1-109　施密特触发器的典型工作波形

图 1-110 所示为其传输特性，其符号内的“⎍”符号正是源于其传输特性。

施密特触发器的迟滞特性使得它特别适用于将合适幅值但带有噪声的模拟信号转换为数字信号，如图 1-111 所示，阈值附近的噪声并不会造成输出的跳动。

如果对输出取反，则成为施密特反相器，图 1-112 是其符号。

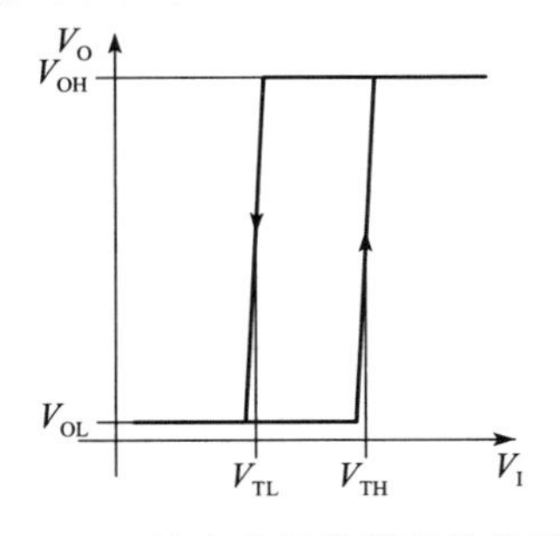

图 1-110　施密特触发器的传输特性

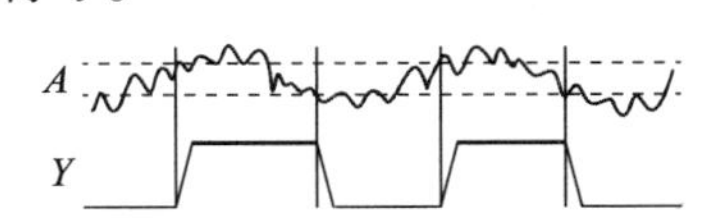

图 1-111　施密特触发器的噪声抑制作用

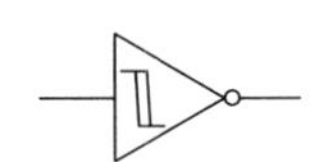

图 1-112　施密特反相器符号

施密特反相器用作多谐振荡器的电路非常简单，如图 1-113 所示，其工作波形如图 1-114 所示。

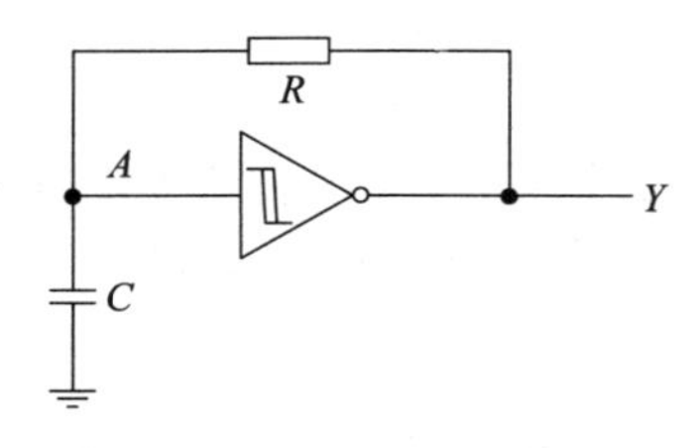

图 1-113 施密特反相器用作多谐振荡器

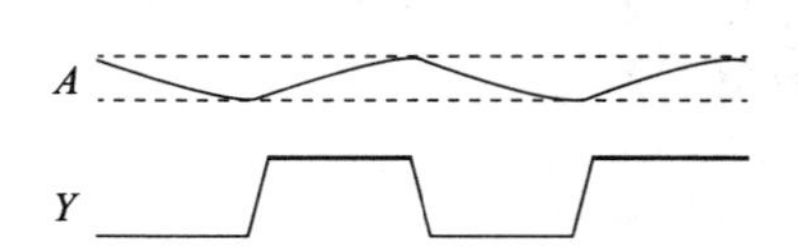

图 1-114 由施密特反相器构成的多谐振荡器的工作波形

大多数 CMOS 施密特反相器(如 74LVC14)的上下阈值大约在 0.55 V_{CC}和 0.35 V_{CC}，假设高电平时间和低电平时间分别为 T_H和 T_L，则：

$$\begin{cases} 0.55V_{CC} = V_{CC} - (V_{CC} - 0.35V_{CC}) \cdot e^{-\frac{T_H}{RC}} \\ 0.35V_{CC} = 0.55V_{CC} \cdot e^{-\frac{T_L}{RC}} \end{cases}$$

所以：

$$T_P = T_H + T_L \approx 0.37RC + 0.45RC \approx 0.8RC$$

1.9 时序逻辑

时序逻辑电路是含有触发器的逻辑电路，绝大多数也含有组合逻辑电路。由锁存器也可构成时序逻辑，常应用于大规模数字 IC 中(比如 CPU)，在本书中不予讨论，因为在 FPGA 中基本只会用触发器构成时序逻辑。

时序逻辑电路的输出不仅与当前输入有关，还与过去的输入，或者说过去电路的状况(即触发器锁定的状态)有关。

事实上，在所有具备复杂功能的时序逻辑电路中，判断、运算等工作都是组合逻辑完成的，触发器只是负责存储状态和中间过程，从这个角度来说，时序逻辑电路也可以理解为增加了存储功能的组合逻辑。

1.9.1 移位寄存器和串-并互换

图 1-115 将 4 个 D 触发器 R_0 至 R_3 首尾 D、Q 相连，如果从图中 D_0 端口逐时钟周期输入一个二进制电平序列 1-1-0-1，其工作波形如图 1-116 所示。

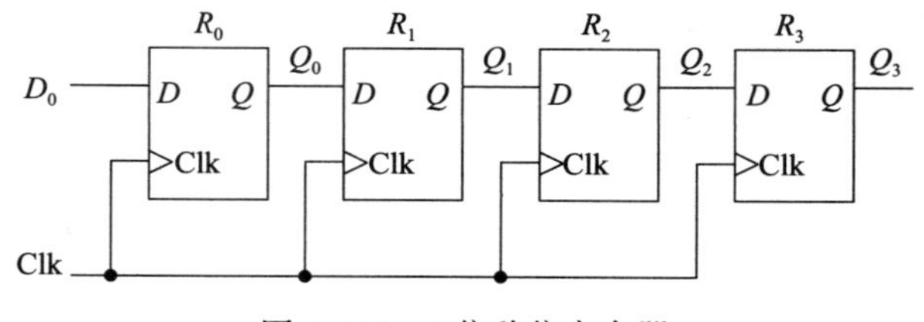

图 1-115 4 位移位寄存器

在图 1-116 中假定 4 个 D 触发器的初始状态均为 0，可以看出序列 1-1-0-1 在 4 个 D 触发器中逐时钟周期向右移动，因此称为移位寄存器。注意在每一个时钟上升沿，后一级 D 触发器锁定到的是前一级 D 触发器的旧值(被时钟上升沿触发前的值)而非新值(被时钟上升沿触发后的值），图1-116中考虑了实际D触发器的传输延迟，故意将D触发器的Q输出后移了一小段时间，便于读者理解这一点。许多书籍文献讨论理想情况时用的波形图，以及仿真软件在做理想功能仿真时输出的波形图，并不会将实际中存在的延迟画出，波形如图1-117所示，这可能造成部分初学读者的困扰。这时可以通过因果关系来理解，如图1-117中，T_0时刻，Q_0与Clk同时上跳，Q_1应锁定到0还是1？因Q_0变为1是Clk在T_0时刻上跳“后”的结果，因而Q_1受同一个Clk上跳沿触发只可能锁定到该上跳沿“前”Q_0的旧值。

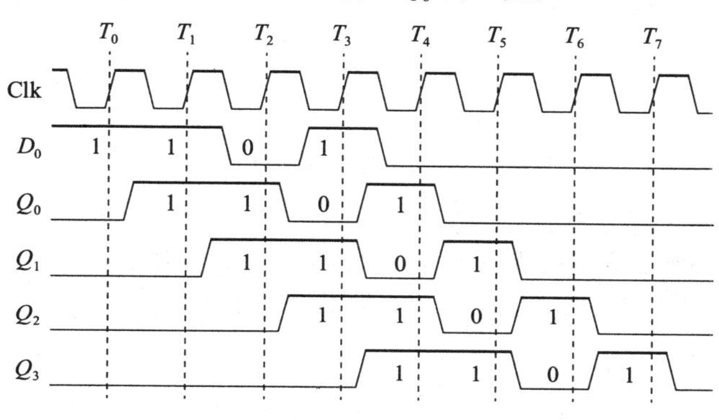

图1-116　4位移位寄存器的工作波形

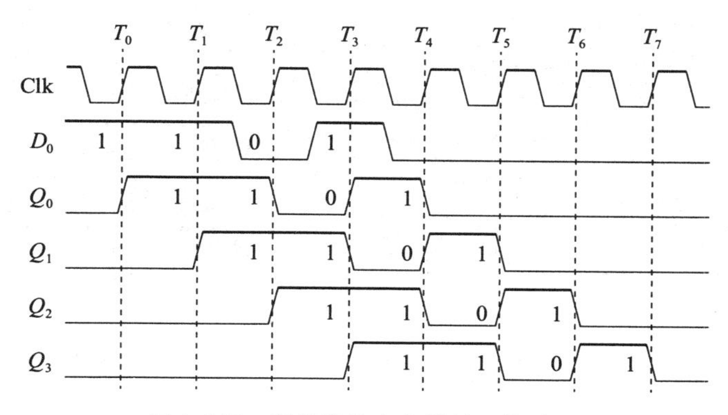

图1-117　理想移位寄存器的工作波形

移位寄存器常用于进行串行数据和并行数据间的相互转换。

所谓“串行”是指多位数据在传递时，分时将数据拆分成一位一位地通过一根导线传递，而“并行”是指使用多根导线一次传递多位数据。

如图1-118所示电路，在每一级D触发器的输入端增加了选择逻辑：$Y = DL + Q\overline{L}$，在Load信号为低时，后级的D选择前级触发器的Q，整体形成移位寄存器，而在Load信号为高时，每级D触发器选择预置数输入$D_0 \sim D_3$。

如图1-119所示波形，在需要进行并行到串行转换时，将4位数据0b1011置于$D_0 \sim D_3$，高位对应D_0、低位对应D_3，同时给Load高电平，$R_0 \sim R_3$将在时钟上升沿锁定数据，而后Load置低，这4位数据将按照低位在先的次序逐位逐周期从SerialOut端口移出，完成并行到串行的转换。

而如果预置数的时候高位对应 D_3、低位对应 D_0，串行输出的次序称为“高位在先”。

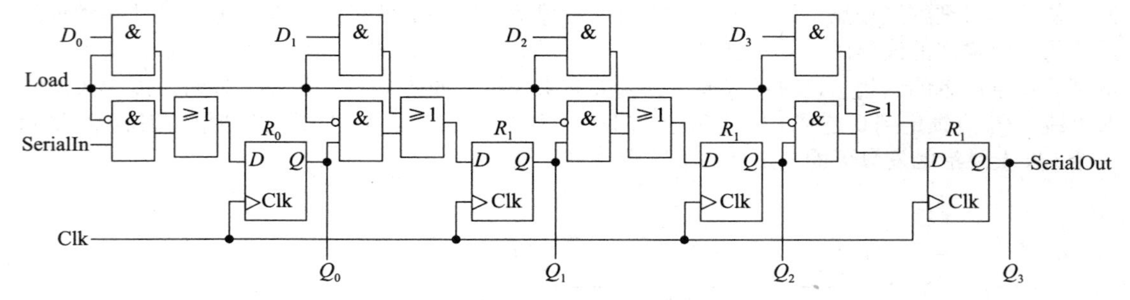

图 1-118 带有同步预置功能的移位寄存器

注意图 1-119 中灰色部分表示无关值。

如图 1-120 所示波形，在需要进行串行到并行转换时，在最后一位（低位在先则为最高位，高位在先则为最低位）移至 Q_0 时，$Q_0 \sim Q_3$ 的值即为并行输出。

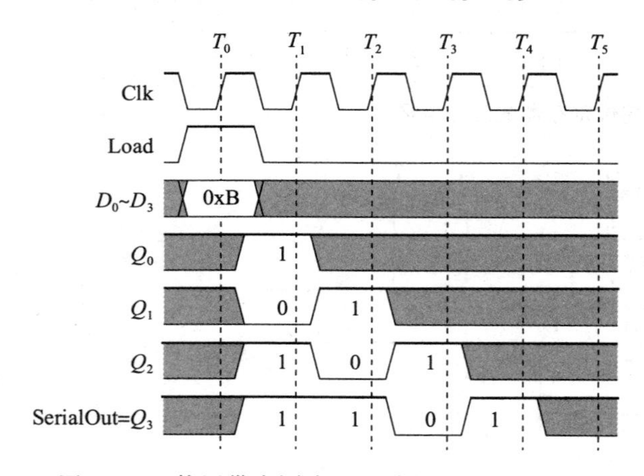

图 1-119 使用带有同步预置功能的移位寄存器进行并-串转换

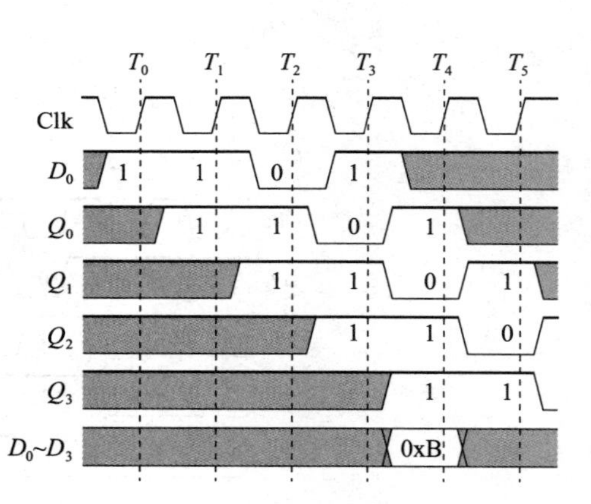

图 1-120 使用移位寄存器做串-并转换

1.9.2 延迟链

如果将图 1-115 中 4 位移位寄存器的 4 个 D 触发器全部换成多位 D 触发器，比如 8 位，则形成如图 1-121 所示电路。其中 D_0、$Q_0 \sim Q_3$ 均为 8 位。

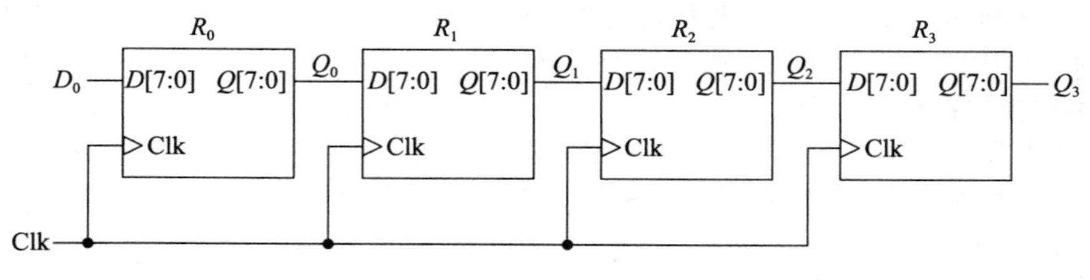

图 1-121 4 级 8 位延迟链

如果从 D_0 逐周期输入 8 位数据，则电路如图 1-122 所示。

在数字信号处理中，n 级延迟链就是 n 阶延迟器，实现 z 域传输函数z^{-n}。

1.9.3 分频器

考虑如图 1-123 所示电路，D 触发器的输出经过反相后送回 D，容易知道它的输出 Q 将在时钟驱动下不断翻转。如图 1-124 所示，事实上它也是一个 T' 触发器，其输出 Q 的频率将为 Clk 频率的一半，称为 2 分频器。

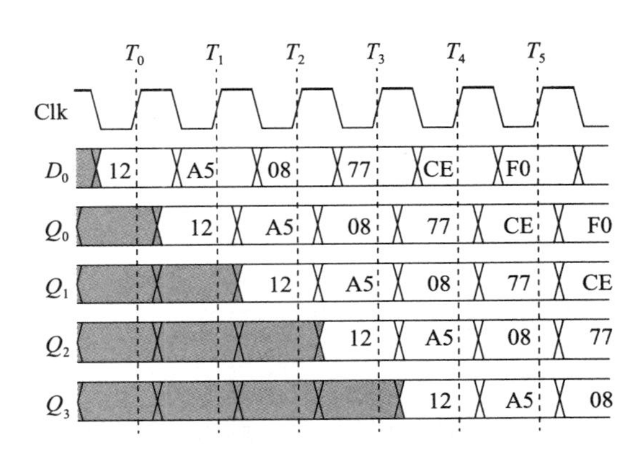

图 1-122 4 级 8 位延迟链的工作波形

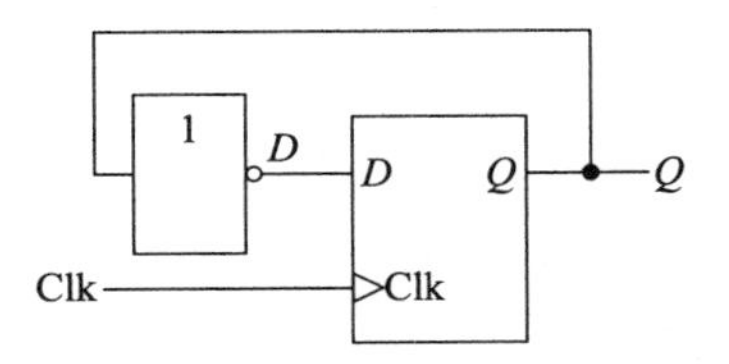

图 1-123 D 触发器构成的 2 分频器

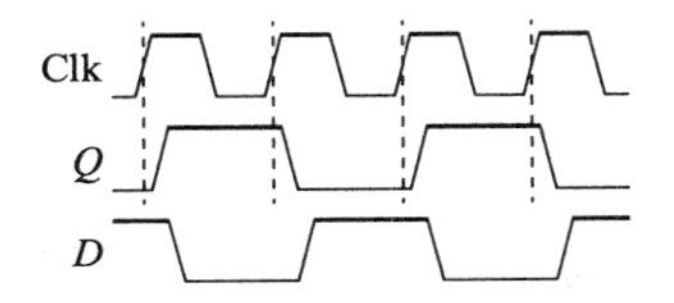

图 1-124 D 触发器构成的 2 分频器工作波形

如果将数个如图 1-123 所示电路级联，比如 4 个级联，如图 1-125 所示，则构成了 16 分频器（$16=2^4$），Q_3 输出的频率为 Clk 频率的 1/16，工作波形如图 1-126 所示。

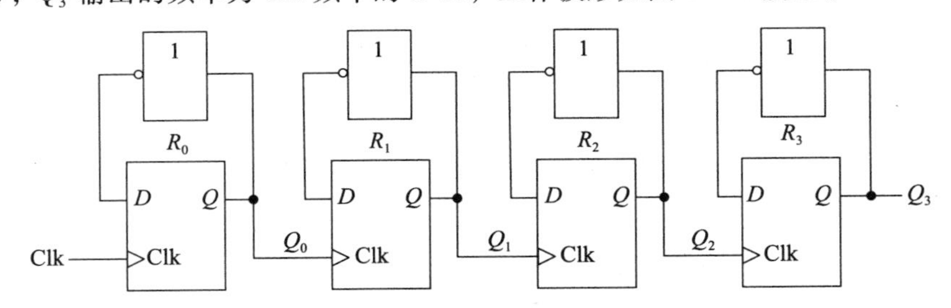

图 1-125 D 触发器构成的 16 分频器

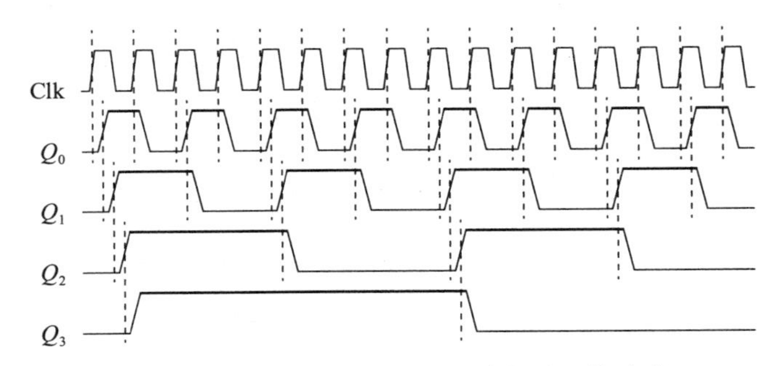

图 1-126 D 触发器构成的 16 分频器工作波形

以此类推，n 级 T' 触发器级联可构成 2^n 分频。

许多带有实时时钟功能的电子设备中都会有一只 32.768kHz 的晶体振荡器，其 15 级分频，即 $2^{15}=32768$ 分频，正好得到实时时钟所需的 1Hz，用于计秒。

1.9.4 计数器

如图 1-125 所示的电路，把 $Q_0 \sim Q_3$ 组合成 4 位数据，如图 1-127 所示。可以看出，它就是一个减计数器，注意 $Q[3:0]$ 总线值使用的是十六进制。

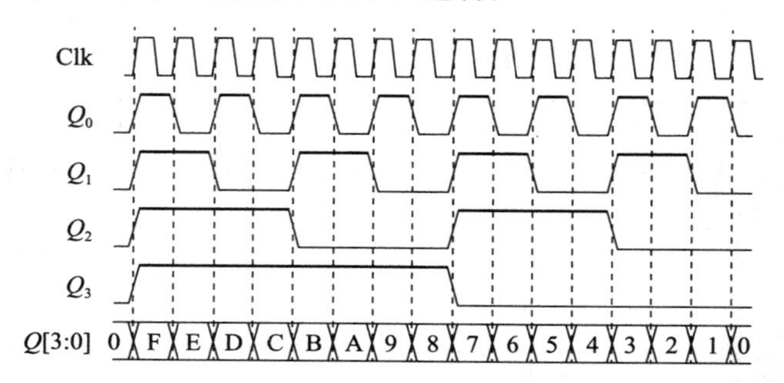

图 1-127 16 分频器的减计数

而如果将所有的 D 触发器都替换为 Clk 下降沿触发，如图 1-128 所示，则可形成加计数，如图 1-129 所示。

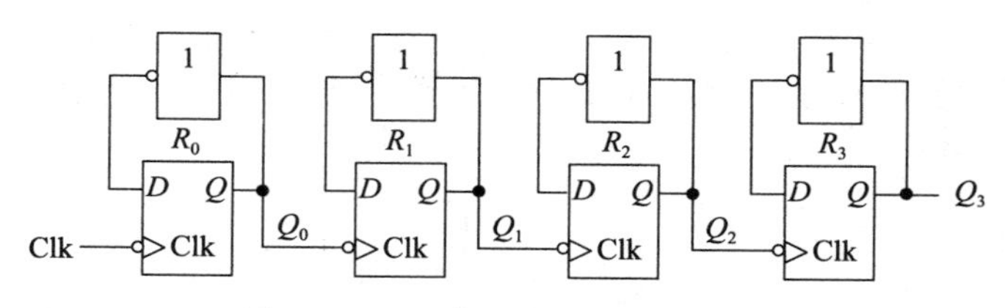

图 1-128 下降沿触发的 16 分频器

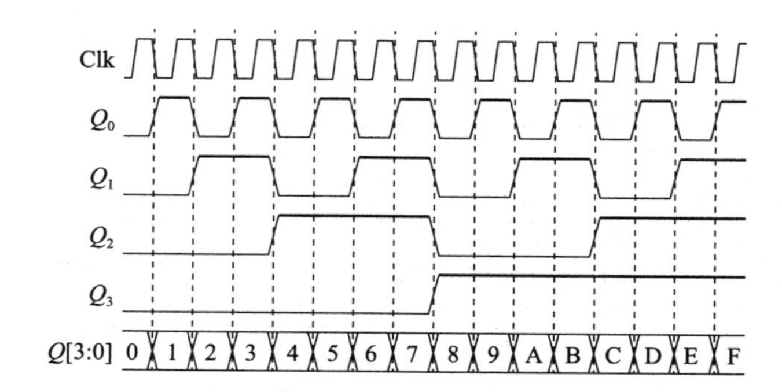

图 1-129 16 分频器的加计数

细心的读者可能发现，图 1-127 和图 1-129 并没有像图 1-126 那样画出 D 触发器的延迟，事实上，这也是用 n 级分频器做 n 位计数器的弊端。在时钟驱动下，最高位输出需要经过 n 级延迟才会翻转，而由低到高逐位延迟递增，各位翻转时间会很不一致。如图 1-130 所示是在考虑传输延迟的情况下，由 7 加至 8 的波形细节，显然，因为 Q 各位延迟不一致，$Q[3:0]$ 在由 7 变为 8 的过程中出现了竞争冒险，而且数据 8 稳定的时间也因而大幅缩短。

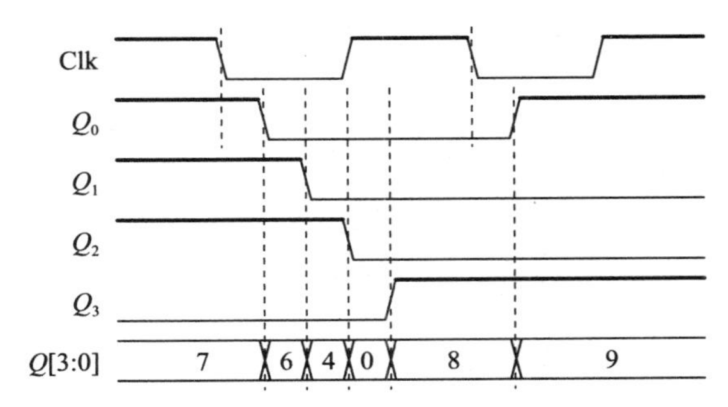

图 1-130　n 级分频器的延迟

实用的计数器一般采用如图 1-131 所示的结构。图中右侧的 D 触发器和左侧的加法器均为 8 位，加法器将 D 触发器的 Q 输出加常数 1 后送至 D 触发器的输入。每次时钟上升沿到来，Q 加 1。工作波形如图 1-132 所示。

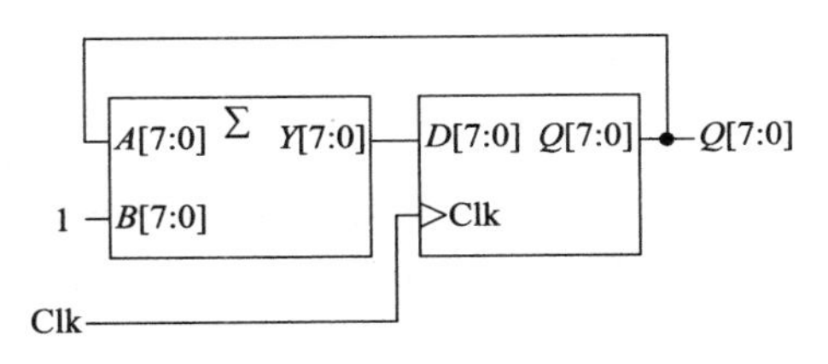

图 1-131　由加法器和 D 触发器构成的 8 位计数器

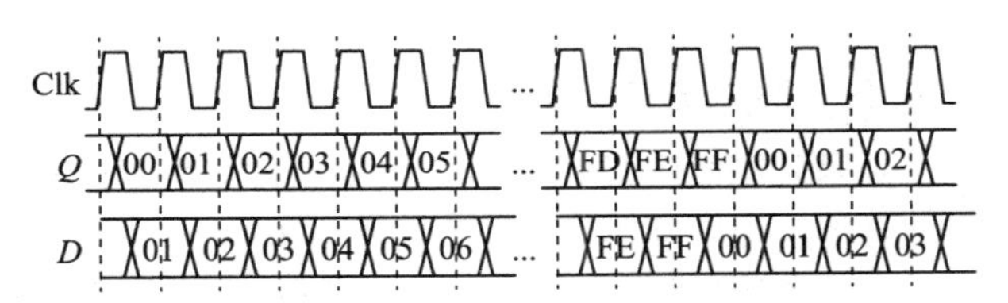

图 1-132　8 位计数器的工作波形

如果将加法器的输出与 0 作数值比较，相等时输出高，则得到“进位”输出，如图 1-133 所示。

图 1-134 是其工作波形，进位输出将在计数器输出溢出的前一个周期出现。

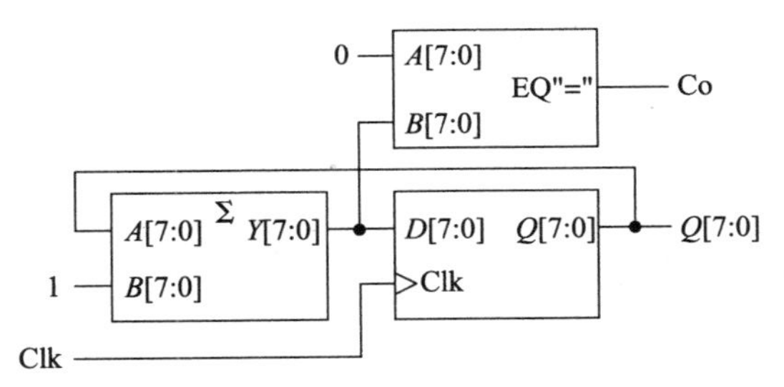

图 1-133　带有进位输出的 8 位计数器

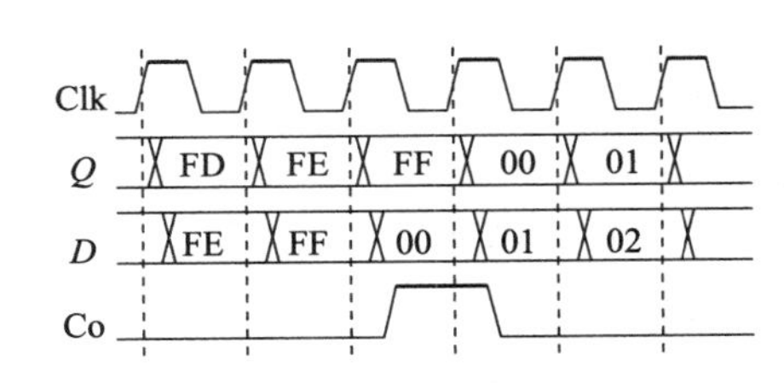

图 1-134　带有进位的计数器的工作波形

有时需要计数器计到特定值后回到 0，这时可使用如图 1-135 所示电路。

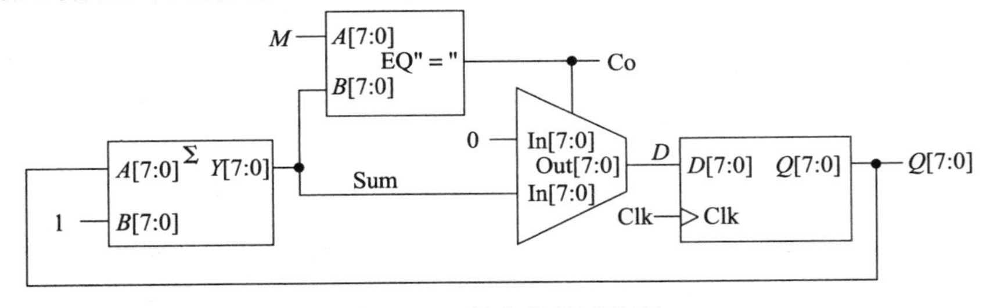

图 1-135　特定模的计数器

假设图 1-135 中 $M=60(0x3C)$，则其工作波形将如图 1-136 所示，计数器计到 59(0x3B)之后回到 0。60 称为此计数器的模。当然模 60 的计数器并不需要 8 位，6 位即可。

特定模并带有进位输出的计数器也可简化成如图 1-137 所示的样子。

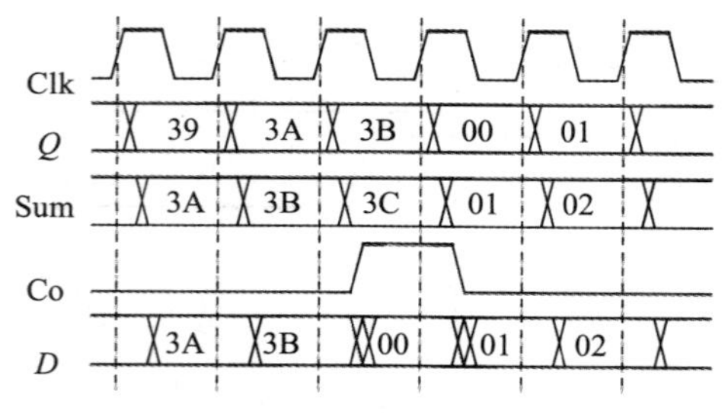

图 1-136 模 60 计数器

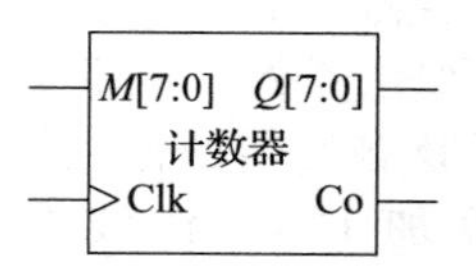

图 1-137 可设置模并带有进位输出的 8 位计数器

1.9.5 同步时序逻辑

如果需要使用三个计数器分别计秒、分、时，可以使用秒计数器的进位输出作为时钟驱动分计数器，使用分计数器的进位输出作为时钟驱动时计数器，当然，分计数器和时计数器的时钟必须是下跳沿有效的，如图 1-138 所示。

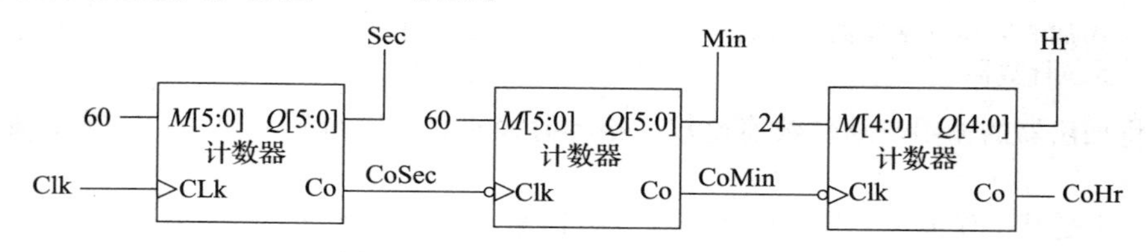

图 1-138 异步秒、分、时计数电路

其工作波形如图 1-139 所示。

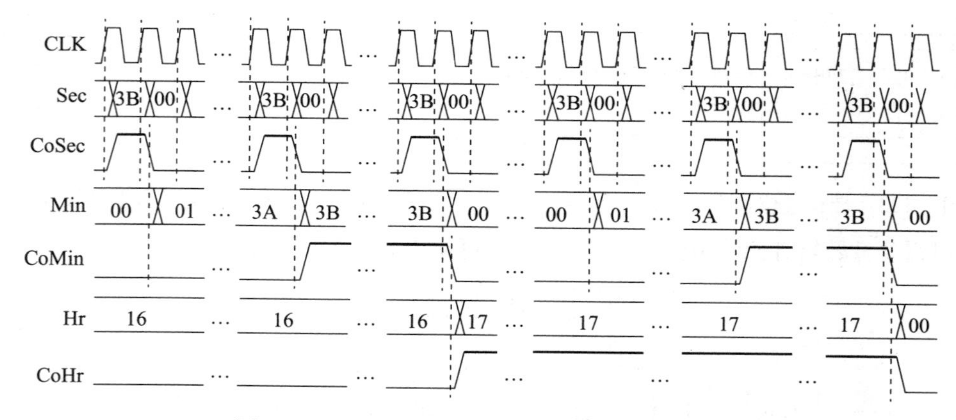

图 1-139 异步秒、分、时计数电路的工作波形

从图 1-133 和图 1-135 中可知，计数器的进位输出是由复杂的组合逻辑构成，有可能产生竞争冒险，使得进位输出出现“毛刺”，从而使得后级出现连续的多次触发。这种使用触发器

的输出直接或通过组合逻辑间接地驱动其他触发器的时钟的电路，称为异步电路。

为了克服图 1-139 异步计数电路的缺点，可以使用带有使能输入端的计数器，如图 1-140 所示。其中 D 触发器替换为带有使能输入的 D 触发器。另外需注意进位输出是原进位输出与使能输入相与之后的结果。

其工作波形如图 1-141 所示，图中以 $M=60$(0x3C)为例。

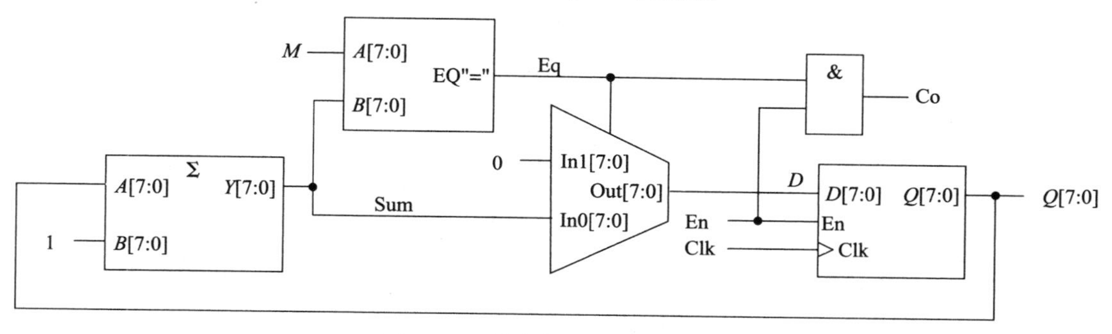

图 1-140　带有使能输入的计数器

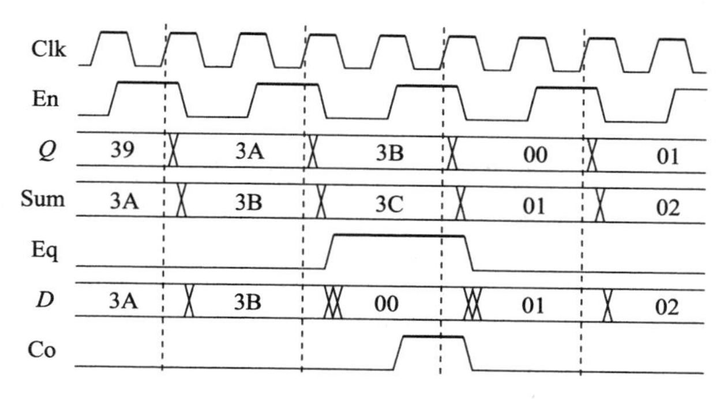

图 1-141　带有使能输入端的计数器的工作波形

使用秒计数的进位输出作为分计数的使能，分计数的进位输出作为时计数的使能，则可使整个电路共用同一个时钟，如图 1-142 所示。

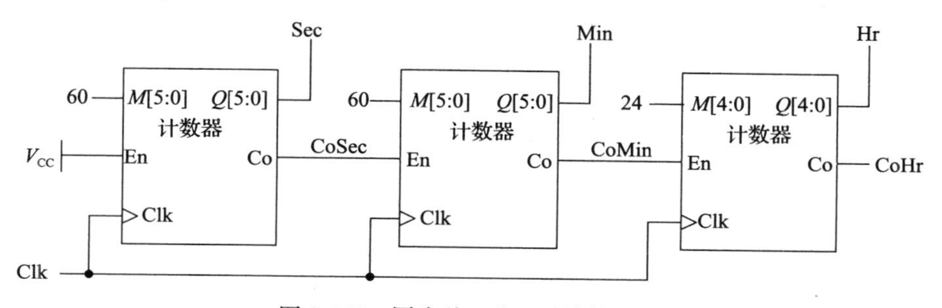

图 1-142　同步秒、分、时计数电路

其工作波形如图 1-143 所示。

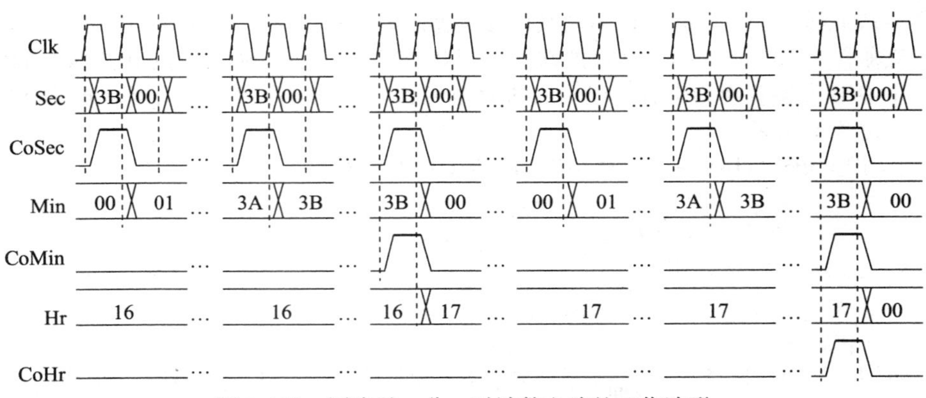

图 1-143　同步秒、分、时计数电路的工作波形

像这样，整个电路使用同一个时钟，触发器的工作与否由使能控制的电路称为同步时序电路。

同步时序电路时钟单一，触发器的工作不受到组合逻辑竞争冒险的影响，在 FPGA 中，基本只会使用同步时序逻辑。为使同步时序逻辑电路正常工作，必须保证每一个触发器的数据和时钟都满足建立时间和保持时间的要求。

1.9.6 累加器

如图 1-131 所示的计数器，如果将加法器的输入的常数 1 更改为多位输入，则成为累加器，如图 1-144 所示。累加器的符号如图 1-145 所示，其中“Accu”为 Accumulator 的缩写。

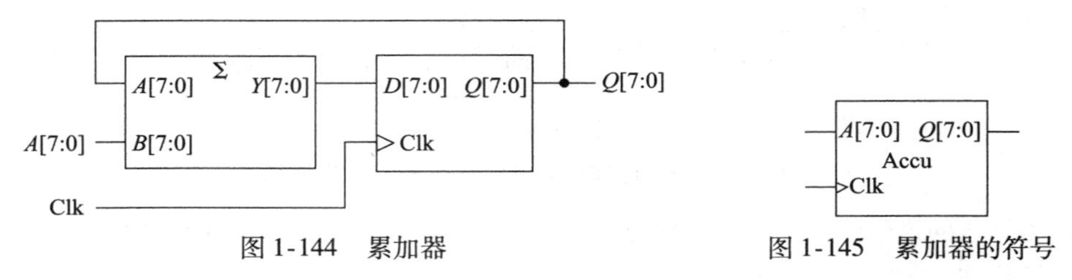

图 1-144　累加器　　　　图 1-145　累加器的符号

图 1-146 是累加器的工作波形示例。

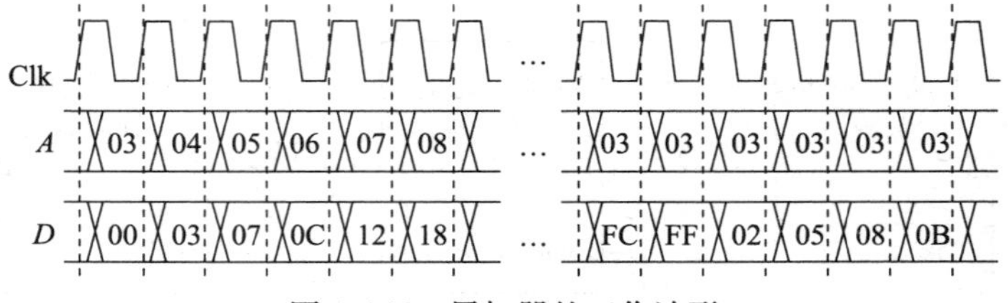

图 1-146　累加器的工作波形

累加器的输入 A 也可以是有符号负数，可做负累加。例如，当 A 为 -3 时，工作波形如图 1-147 所示。可以看出，无论 Q 被理解为有符号数或是无符号数，数据均是一致的。

在数字信号处理中，累加器就是积分器，实现 z 域传输函数$\frac{1}{z-1}$。

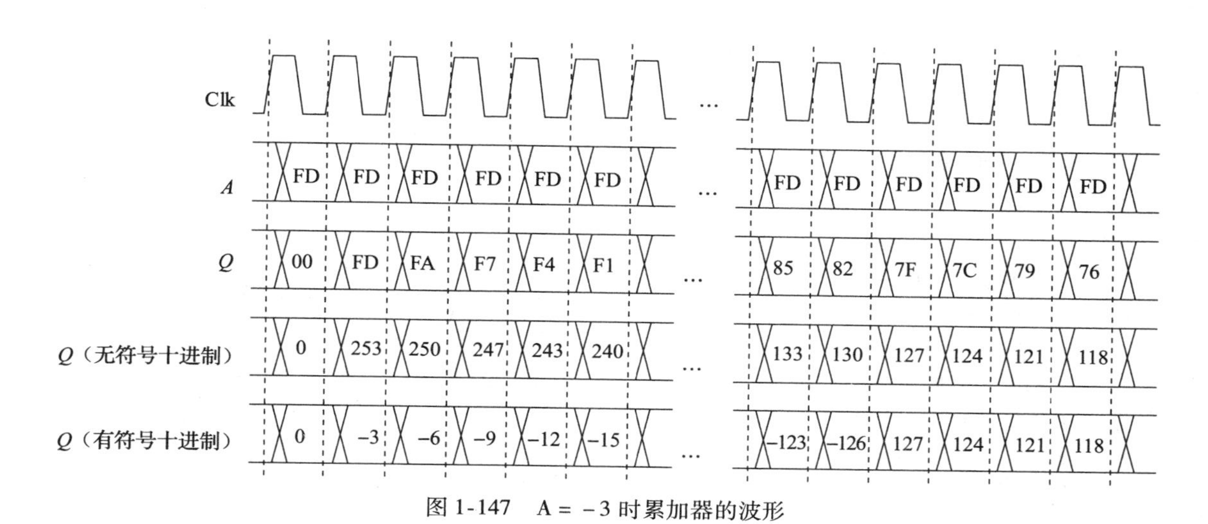

图1-147 A = −3时累加器的波形

1.10 存储器

1.10.1 存储器容量和类型

存储器是用来存储数据的器件或电路单元，D锁存器或触发器本身就是1位存储器，但通常所说的存储器都是指大量数据的存储单元。

因$2^{10}=1024\approx1000$，在二进制中，常用Ki、Mi、Gi、Ti等单位词头对应十进制词头k、M、G、T等，它们代表的数量如表1-30所示，注意十进制词头k是小写字母。另外，也有常用K、M、G代表2^{10}、2^{20}、2^{30}的，但为避免与相应的十进制词头混淆，本书全部使用ISO/IEC标准词头。

表1-30 二进制词头(ISO/IEC标准)

二进制词头			约合十进制词头			与十进制词头相差
词头	数值	读法	词头	数值	读法	
Ki	2^{10}	kibi	k	10^3	kilo	=2.4%
Mi	2^{20}	mebi	M	10^6	mega	≈4.9%
Gi	2^{30}	gibi	G	10^9	giga	≈7.4%
Ti	2^{40}	tebi	T	10^{12}	tera	≈10.0%
Pi	2^{50}	pebi	P	10^{15}	peta	≈12.6%
Ei	2^{60}	exbi	E	10^{18}	exa	≈15.3%
Zi	2^{70}	zebi	Z	10^{21}	zetta	≈18.1%
Yi	2^{80}	yobi	Y	10^{24}	yotta	≈20.9%

数字IC中的存储器容量少则近Kibit(如低成本MCU)，多则数十上百Mibit(如CPU中的缓存)，专用的存储器芯片，如计算机中的主存、闪存，更可高达近Tibit。

存储器按掉电(即撤去供电)后数据是否丢失可分为易失性和非易失性两种，易失性意为掉电数据丢失，非易失性为掉电数据依然留存。按存取能力可分为ROM(只读存储器)和RAM(随机访问存储器)两种。ROM并非如字面意义上完全不能写入，因为凡是不能直接进行写入，而是要先进行块擦除才能写入的存储器也被分类到 ROM。而 RAM 则可随时读或写任意字或字节。所谓字，一般是 1、2、4、8 字节，即 8、16、32、64 位，对于 RAM 就是其数据接口的位数(或称宽度)。

大部分非易失性存储器都是 ROM，目前非易失性 RAM 的主流技术有铁电存储器(Ferroelectric RAM)、磁阻存储器(Magneto-resistive RAM)和相变存储器(Phase-change-RAM)等，其中只有铁电存储在近年得到了大规模商用。

表 1-31 所示是目前常见的存储器类型和主要特点。其中 NAND Flash 和 SDRAM 可能是读者最熟悉的，NAND Flash 广泛用于固态硬盘、存储卡、闪存盘(俗称“U 盘”)，而 SDRAM 则主要用于计算机和嵌入式计算设备的运行内存，SDRAM 根据每个时钟周期读写数据的次数又分为 SDR(Single Data Rate)、DDR(Dual Data Rate)和 QDR(Quad Data Rate)。

而在 FPGA 中最为常用的则是 SSRAM，主要原因是其速度快、访问灵活，适合数字逻辑中复杂算法数据的存取。CPU 中的高速缓存也是由 SSRAM 构成。高速缓存是 CPU 中重要的组成角色，很多 CPU 中的高速缓存甚至会占到硅片中一半的面积。

表 1-31 中单片最大容量和最大操作频率均为大致的数量级。

表 1-31 常见存储器类型和主要特点

	类型		单片最大容量	最大操作频率	主要特性
非易失性	ROM(Read Only Memory)		—	—	预置数据，用户不能写入
	PROM(Programable ROM)		—	—	单次写入(OTP)
	EPROM(Eraseable Programable ROM)		—	—	紫外线擦除，电写入
	E^2PROM	E^2PROM(Electrically Erase-able Programable ROM)	1MiB	10MHz	电擦除(FEE)、电写入(FEE)
		NOR Flash	1GiB	100MHz	电擦除(FEE)、电写入(HCI)块擦除、字写入、字读取
		NAND Flash	100GiB	100MHz	电擦除(HCI)、电写入(HCI)块擦除、页写入、页读取
	FRAM (Ferroelectric Random Access Memory)		10MiB	100MHz	任意字节随机存取
易失性	SRAM (Static RAM)	ASRAM(Asynchronous Static RAM)	10MiB	100MHz	任意字节随机存取
		SSRAM(Synchronous Static RAM)	10MiB	1GHz	任意字节随机存取
	DRAM (Dynamic RAM)	ADRAM(Asynchronous Dynamic RAM)	—	—	任意字节随机存取，需定时刷新
		PSRAM(Pseudo Static RAM)	10MiB	100MHz	可像访问 SRAM 一样访问的 DRAM
		SDRAM(Synchronous Dynamic RAM)	1GiB	1GHz	任意字节随机存取，需定时刷新

1.10.2 SRAM

如图 1-148 所示电路是一个 8 位宽、4 字深的 SRAM。其中有 $C_0 \sim C_{31}$ 共 32 个位存储单元，组织成 4 行，每行 8 位。行由一个 2-4 线译码器驱动，通过 $A[1:0]$ 输入，控制每次只有一行存储单元被选中进行读写操作，列由 8 个读写控制单元控制。

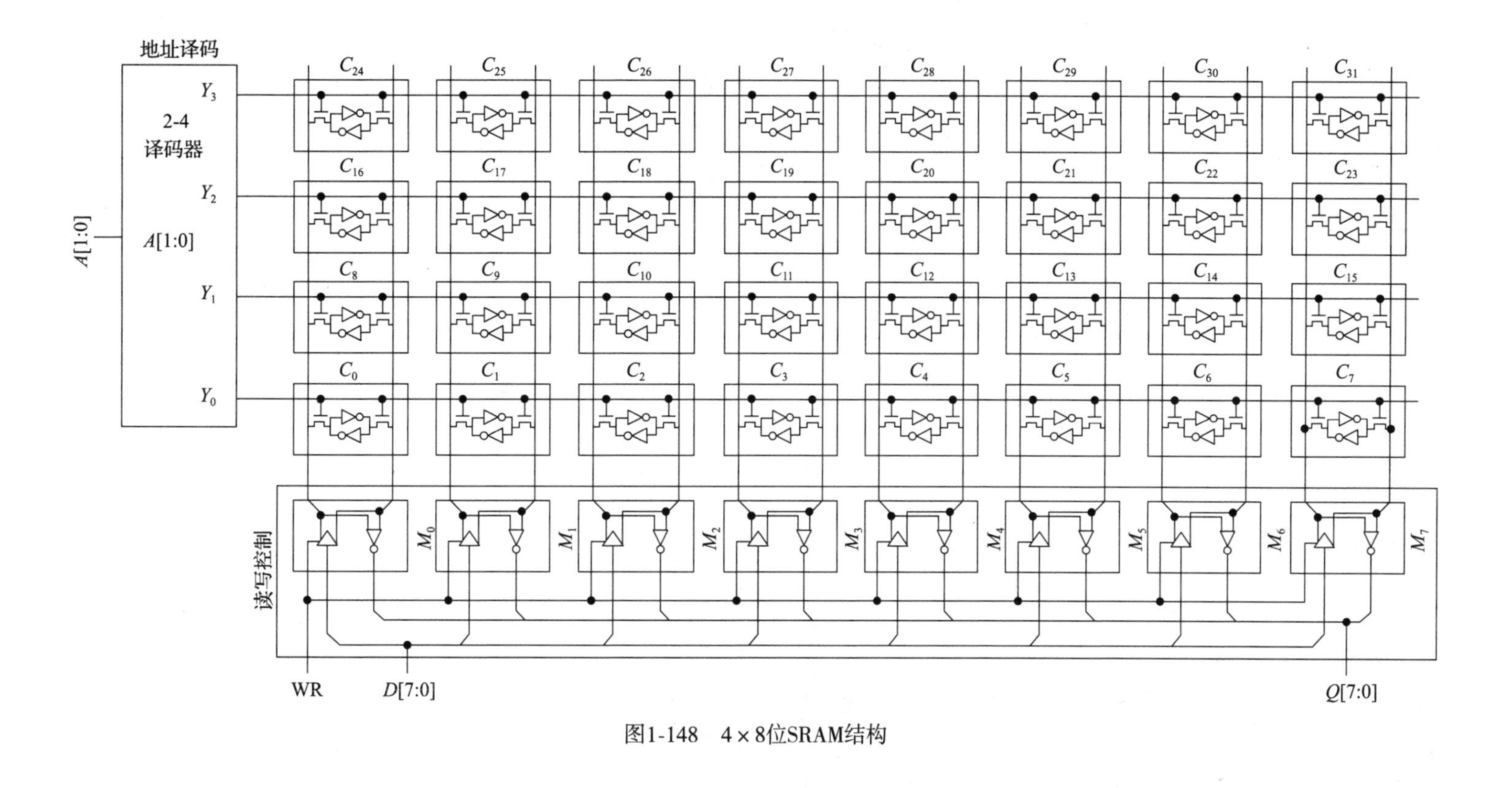

图1-148　4×8位SRAM结构

其中每个存储单元的电路细节如图 1-149 所示，两个非门构成保持环，当 WL(Word Line)为高时，在两个 NMOS 中，外侧$\overline{\text{BL}}$或 BL(Bit Line)为低的一个必然导通触发保持环保持新值(两个非门输出驱动能力较弱)，而如果$\overline{\text{BL}}$和 BL 在单元外均未被驱动(高阻态)，则通过$\overline{\text{BL}}$和 BL 可以读取保持环保持的值，这样的存储单元由 6 个晶体管构成，又称 6T 单元。

每个读写单元的电路细节如图 1-150 所示，其中右侧驱动 Q 输出的是一个差分放大器，在 WR 为低时，$\overline{\text{BL}}$和 BL 不被驱动，Q 将输出被地址译码选中的存储单元的值，在 WR 为高时，$\overline{\text{BL}}$和 BL 被 D 驱动，存储单元将被更新为 D 的值。

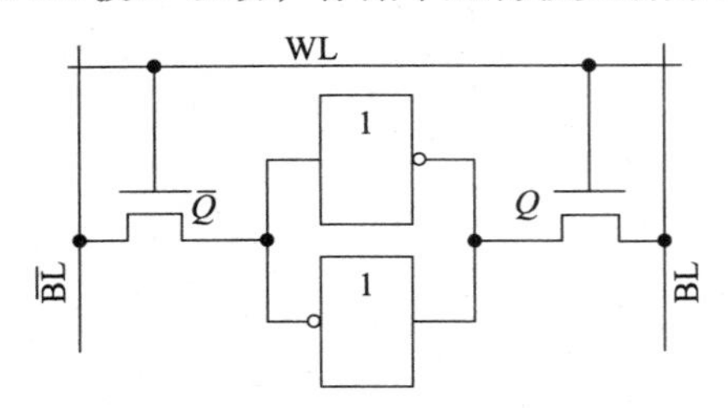

图 1-149　6T SRAM 单元

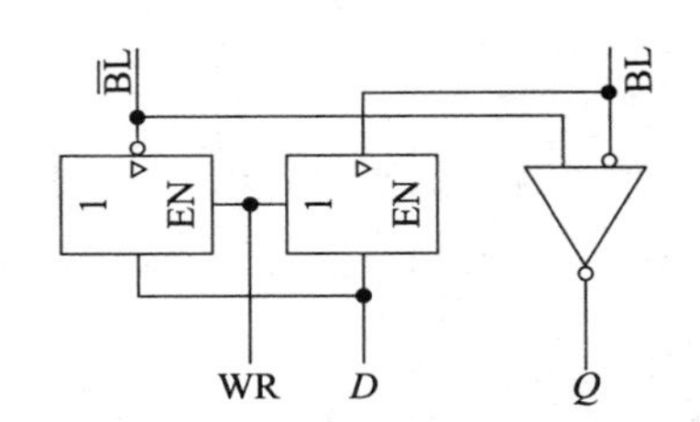

图 1-150　SRAM 读写控制单元

根据以上描述，可以知道这种 SRAM 的工作波形如图 1-151 所示。WR 为高时数据 D 写入到 A 指定的单元中，在 WR 的下降沿附近地址和数据必须保持稳定；在 WR 为低时，D 无效，Q 将输出 A 指定的单元存储的值。当然在 WR 为高时，Q 也直接输出 D 的值，这样不需要时钟信号参与工作的 SRAM 称为异步 SRAM(ASRAM)。

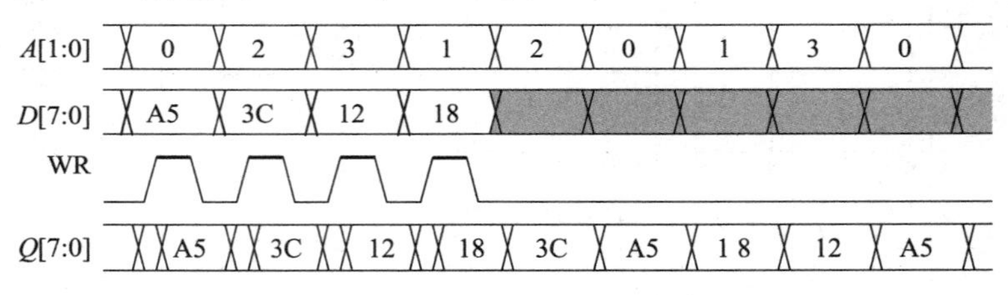

图 1-151　异步 SRAM 的工作波形

这里的 A 称为存储器的地址，在此例中 A 有两位，A 的每一个值代表存储器中的一个字，因而也常称为"字地址"。

容易知道存储器的容量：

$$\text{Capacity} = 2^{\text{AW}} \times \text{DW}$$

其中 AW 为地址位宽，DW 为数据位宽。通常，描述存储器的容量并不直接给出位容量，而是写成如"16Mi×8 位"、"2Gi×4 位"等形式，"×"前面的部分表示存储器的字深，后面的部分表示存储器的位宽。16Mi×8 位的存储器将有 24 根地址线、8 根数据线。

事实上，在容量较大的存储器内部，常把地址拆分为行地址和列地址。比如 16Mi×8 位的存储器，可以将 24 位地址分为 12 位行地址和 12 位列地址，各译码为 4096 根线，而后 16777216 个行列交叉处相与驱动 8 个单元的 WL。

对于集成 SRAM 芯片，如果 D 和 Q 单独引出，将显著增加引脚数量，因此也常常使用三态门将 D 和 Q 连在一起引出。如图 1-152 所示，在 OE 为低时，可用 WR 控制将由 DQ 送入的数据写入；在 OE 为高时数据输出至 DQ。

集成 SRAM 芯片的数据位宽大多为 8、16、32 或 64，即 2 的整数次幂字节，也有少数每字节配一位校验位的。对于多字节位宽的 SRAM，每个字地址对应着多字节，如果写入的时候只希望更改某字节，而不是包含该字节的整个字，SRAM 会额外提供字节使能输入，数据位宽是 8 的几倍，便有几字节使能，每位对应数据的一字节，在写入的时候，只有字节使能中对应位为 1 的字节才会被写入，其他字节不会更改。典型的工作波形如图 1-153 所示，图中第一个周期向地址 0x1234 写入 0x12345678，第二个周期 BE(字节使能)只有第 2 位为高，因而数据中只有 D[23:16] =0xDD 被写入，所以在第三周期读出时，数据为 0x12DD5678。

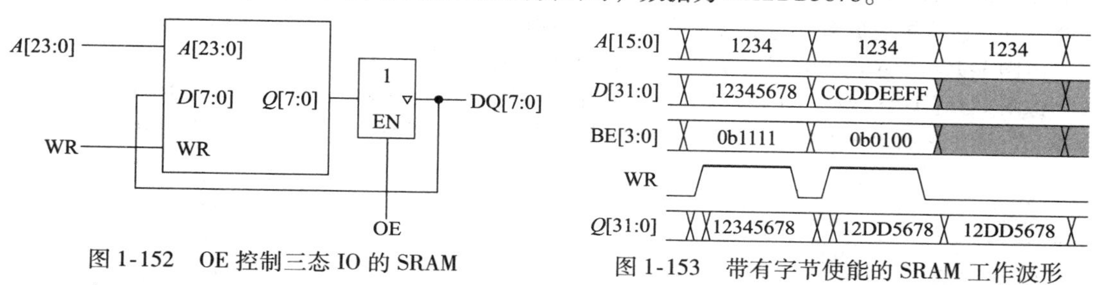

图 1-152　OE 控制三态 IO 的 SRAM　　图 1-153　带有字节使能的 SRAM 工作波形

对于数据位宽 8k 的 SRAM，字地址 A_W 及字节使能 BE 与字节地址 A_B 的关系如下：

$$\begin{cases} A_W = \lfloor A_B / k \rfloor \\ BE = 2^{\mathrm{rem}(A_B, k)} \end{cases}$$

其中，rem(a, b)是 a 除以 b 的正余数，一般 $k=2^M$，则：

```
A_W = A_B >>M;
BE =1 << (A_B & (k -1));
```

其中，“>>”和“<<”为二进制右移位和左移位，“&”为二进制按位与。

存储器中存储 16 位及更宽的数据时，可将数据的低字节放置在存储器的低字节地址上，称为**小端模式**，也可将数据的高字节放置在存储器的低字节地址上，称为**大端模式**，图 1-154 所示是小端模式和大端模式的区别，其中 ba 指字节地址。

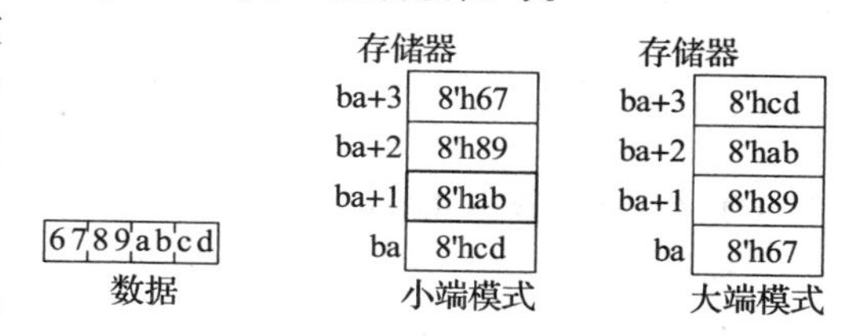

图 1-154　小端模式和大端模式

如果存储数据的起始地址可以被数据的字节数整除，则称为**对齐存储**，否则称为**非对齐存储**，如图 1-155 所示。

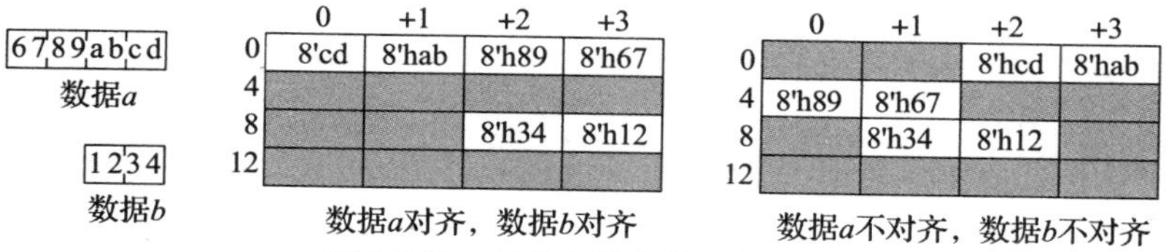

数据a对齐，数据b对齐　　数据a不对齐，数据b不对齐

图 1-155　对齐存储和非对齐存储

在大位宽的存储器中，对齐存储可以提高数据访问速率。如图 1-155 中，数据 a 如右侧所示不对齐地存储在 32 位宽存储器中，读或写操作均需两次，一次 $A_W=0$，BE =4'b1100，另一次 $A_W=1(A_B=4)$，BE =4'b0011；而如左侧所示对齐地存储时，则只需读或写一次。对齐存储

的缺点是混合存储不同位宽数据时，可能会浪费一些存储空间。

1.10.3　双端口 SRAM

如图 1-149 所示的 SRAM 单元还可扩展额外的字选择线和数据线，形成多个地址输入，分别控制多个读写端口。如图 1-156 所示，除保留原 WL 外，还增加了新的 RWL(Read Word Line)，由 Q_4 和 Q_3 组成受控的漏极开路输出，并以外部电流源上拉使得多个单元形成“线与”，RWL 由独立的地址译码驱动，这样，整个 SRAM 除原有读写端口外，又扩展了受额外地址线驱动的读出端口。以此类推，还可扩展更多读写端口和读出端口，这样的 SRAM 称为多端口 SRAM。

由图 1-156 所示的 SRAM 单元构成的 SRAM 可画成如图 1-157 所示。

像图 1-157 这样，有一个读写端口和一个读出端口的 SRAM 称为简单双端口 SRAM（简称“简双口”）。而如果拥有两个读写端口，则称为真双端口 SRAM（简称“真双口”），如图 1-158 所示。

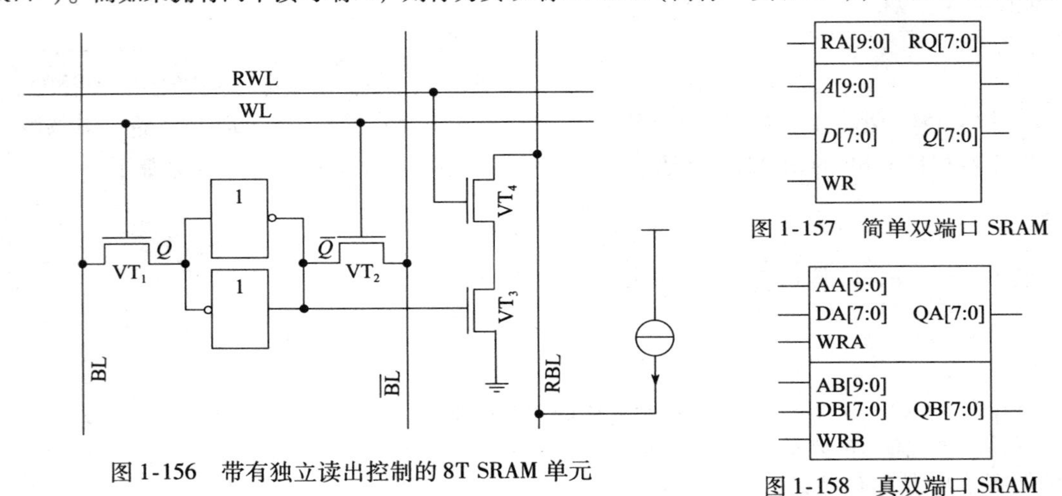

图 1-156　带有独立读出控制的 8T SRAM 单元

图 1-157　简单双端口 SRAM

图 1-158　真双端口 SRAM

1.10.4　同步 SRAM

如果在图 1-148 所示的 SRAM 单元前增加 D 触发器并由时钟控制，则形成同步 SRAM（SSRAM），如图 1-159 所示，有的也会在输出增加 D 触发器，如图 1-160 所示。这些 D 触发器将地址、数据和写控制同步到与时钟一致，容易保证电路工作的时序，往往能做到比异步 SRAM 更快的工作速度。

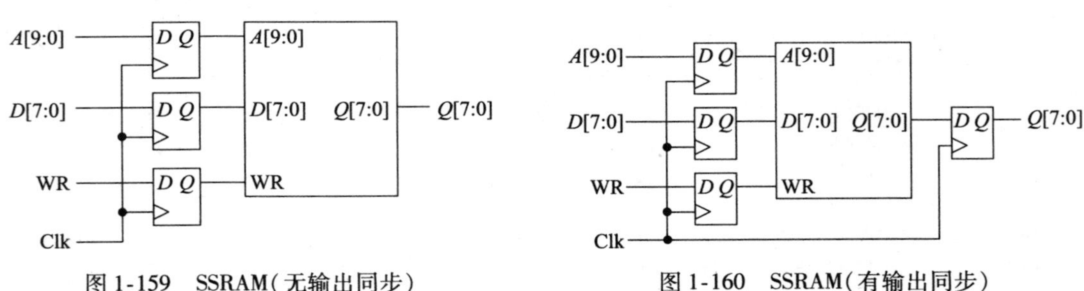

图 1-159　SSRAM（无输出同步）

图 1-160　SSRAM（有输出同步）

以图1-159为例，其工作波形如图1-161所示，写入和读出均与时钟上升沿同步。

同步SRAM正在写入时，Q端口输出也可以有不同模式。

1）先写模式，读出值为当前正在写入的数据，图1-159所示电路和图1-161所示波形正是这种模式。在图1-161中，前四个周期从D写入的数据在时钟上升沿后出现在Q输出上。

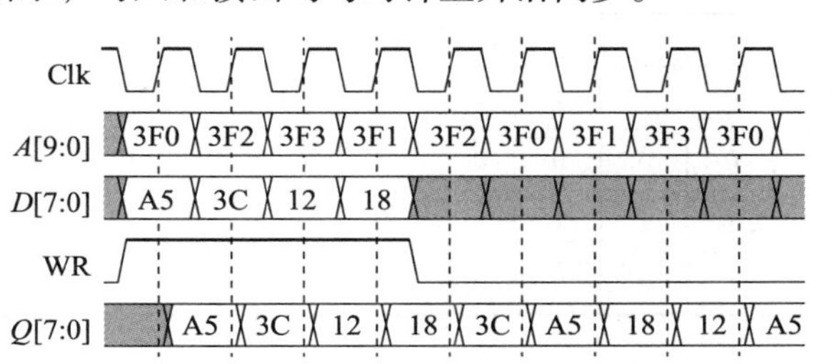

图1-161 同步SRAM工作波形

2）先读模式，读出值为该地址原先的值，可理解其为图1-162所示的结构(虽然实现形式很可能不是这样)，图1-163是其工作波形，在第1、2、5和6个时钟上升沿写入数据时，从Q输出的并不是正在写入的值，而是对应地址中原先的值。

3）不变模式，读出值保持不变。

同步SRAM也有双口的，同样分为简双口和真双口，双口还可以共用时钟或各自一个时钟，相关内容将在第4章中介绍。

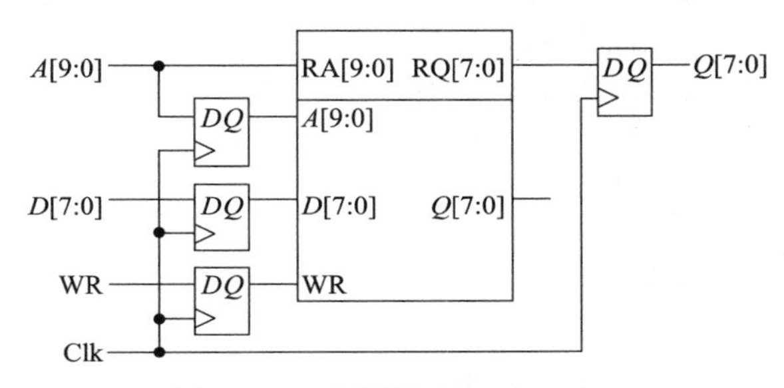

图1-162 先读模式的SSRAM

1.11 小数

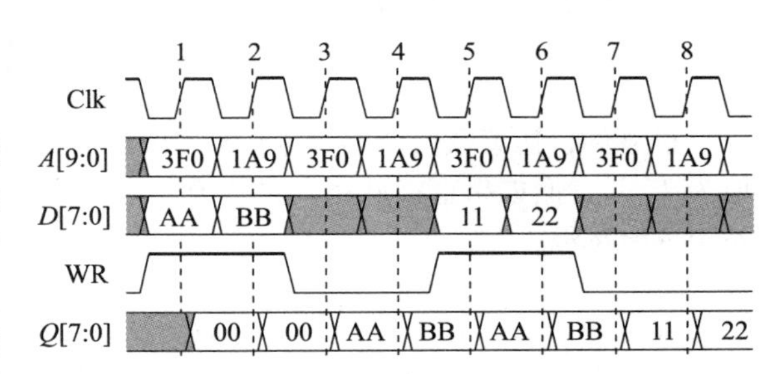

图1-163 先读模式SSRAM的工作波形

在数字信号处理中，一般将信号的值域认定为[-1，1]。因为正、余弦信号的值域是[-1，1]，一般FIR滤波器的系数也在[-1，1]中，乘法器的输入在[-1，1]中才不会导致值域发散。当然也会有数值在[-1，1]之外的情况，特别是在信号处理或算法的中间过程中。总之，需要数字电路能处理小数。

数字电路表达小数有定点和浮点两种形式。定点形式比较简单，无论加减乘除运算均可由相应整数运算简单变化得到，但其表达范围和分辨力固定，需精心设计位宽和小数点位置，以保证在计算不会溢出或累积较大误差的前提下，电路面积尽量小。浮点形式则较为复杂，数值运算需要专门设计的电路结构来完成，但表达范围大，分辨力也是动态的，一般不必考虑溢出或累积误差的问题。

本节将对定点形式作详细叙述，并简单介绍浮点形式。

1.11.1 定点小数及其范围和误差

所谓定点小数即是在二进制数值中固定的某位后“点”上小数点，因数字信号处理中必然涉及负数，所以这里讲定点小数也都是有符号数。如表1-32所示是在8位有符号数的第4位后放置小数点的示例，其表达的数值范围是-0b1000.0000~0b0111.1111，即-8~7.9375，分辨力为0.0625。

表 1-32 Q4. 4 格式的定点小数示例

定点二进制								数值(二进制)	数值(十进制)
0	1	1	1.	1	1	1	1	+0b0111. 1111	7. 9375
0	0	0	0.	0	0	0	0	+0b0000. 0000	0
1	1	1	1.	1	1	1	1	-0b0000. 0001	-0. 0625
1	0	0	0.	0	0	0	0	-0b1000. 0000	-8

一般使用记号“$Qm.n$”表达定点小数的格式，其中 m 为整数部分(含符号位)的位数，n 为小数部分的位数，总共 $m+n$ 位。注意，也有的记法中 m 并不包含符号位，即总共 $m+n+1$ 位。本书采用包含符号位的记法。

容易知道，$Qm.n$ 格式能表达的数值范围：

$$v_{Qm.n} \in [-2^{m-1}, 2^{m-1}-2^{-n}] \tag{1-17}$$

有时也记为：

$$v_{Qm.n} \in [-2^{m-1}, 2^{m-1}) \tag{1-18}$$

分辨力：

$$\varepsilon_{Qm.n} = 2^{-n} \tag{1-19}$$

当然，在实际电路里无法真的点上一个小数点，当定义一个 $W=m+n$ 位的二进制整数 a 为 $Qm.n$ 格式时，可以将其理解为一个隐含了分母 2^n 的分数，其值：

$$a_Q = \frac{a}{2^n}$$

很显然，任意数值转换为 $Qm.n$ 格式时会有误差。如果在取整时使用四舍五入，误差最大值为 2^{-n-1}，而如果直接截尾，误差最大为 2^{-n}。例如将 0. 3 转换为 $Q1.15$ 格式，因 $0.3\times2^{15}=9830.4\approx9830$：

$$0.3 \approx \frac{9830}{32768} = 0b0.010\_0110\_0110\_0110$$

误差为：$0.4/32768\approx1.22\times10^{-5}$。

对于 $Qm.n$ 格式，直接截去小数部分(截尾)，相当于对数值做 floor(·)运算；加 0b0. 1(=0. 5)再截尾，相当于四舍五入，即 round(·)运算；而加 0b0. 11…1(共 n 个 1，$=1-2^{-n}$)再截尾，相当于 ceiling(·)运算。

在数字电路中，截尾直接由连线实现最为简单，而四舍五入需做加法。在没有特别高的要求时，往往直接截尾取整。

1. 11. 2 定点小数的运算

如果有两个数 a 和 b 被定义为 $Qm.n$ 格式，则：

$$a_Q + b_Q = \frac{a}{2^n} + \frac{b}{2^n} = \frac{a+b}{2^n}$$

$$a_Q - b_Q = \frac{a}{2^n} - \frac{b}{2^n} = \frac{a-b}{2^n}$$

所以，两个 $Qm.n$ 格式的数进行和或差运算，与整数的和或差没有区别，结果为 $Qm+1.n$

格式。如果要恢复为 $Qm.n$ 格式，需舍弃高位，与整数加减一样，还需要考虑可能出现的溢出。

对于乘法：

$$a_Q \times b_Q = \frac{a}{2^n} \times \frac{b}{2^n} = \frac{a \times b}{2^{2n}} = \frac{a \times b/2^n}{2^n}$$

并且，由1.3.2节可知，W 位二进制整数相乘将得到 $2W$ 位，所以，两个 $Qm.n$ 小数相乘将得到 $Q2m.2n$ 格式，如要恢复到 $Qm.n$ 格式，需将结果除以 2^n，然后截取低 W 位。

在有限字长的二进制中，除以 2^n 近似等于右移 n 位，右移相当于截掉了尾部 n 位，即floor(·)取整。在要求高的场合，还可实现round(·)取整，即将整数值加上 2^{n-1} 后再右移位。

而截取低位则可能造成数据溢出。例如，对于表达(−1，1)范围的 $Q1.n$ 格式，两个相乘得到 $Q2.2n$ 格式，右移得到 $Q2.n$ 格式，截取低 $1+n$ 位将舍弃最高位，与1.3.2节类似地，只有在两个 $Q1.n$ 值为−1时，才需要这个最高位。

在定点的数字信号处理中，为了保证数据格式的一致性，往往要求信号取值在(−1，1)之内，即在 $[-1+2^{-n}, 1-2^{-n}]$ 之内，在这个前提下，对不同格式乘法的移位和截短处理的一般方式如表1-33所示。其中保证了结果格式与乘数2格式一致(或至少小数位数一致)，截短均无溢出，但因右移位均损失了 q 位精度。这个 q 位的精度损失一般是无法避免的，是需要容忍的，不然经过多级乘法后，结果的小数部分可能长到不切实际。

表1-33 定点小数乘法的一般处理方式

	乘数1	乘数2	乘积	右移 q 位	截掉高1位
格式	$Q1.q$	$Q1.q$	$Q2.2q$	$Q2.q$	$Q1.q$
实际值域	(−1，1)	(−1，1)	(−1，1)	(−1，1)	(−1，1)
分辨力	2^{-q}	2^{-q}	2^{-2q}	2^{-q}	2^{-q}
格式	$Q1.q$	$Qm.n$	$Q1+m.q+n$	$Q1+m.n$	$Qm.n$
实际值域	(−1，1)	$(-2^{m-1}, 2^{m-1})$	$(-2^{m-1}, 2^{m-1})$	$(-2^{m-1}, 2^{m-1})$	$(-2^{m-1}, 2^{m-1})$
分辨力	2^{-q}	2^{-n}	$2^{-(q+n)}$	2^{-n}	2^{-n}
格式	$Qp.q$	$Qm.n$	$Qp+m.q+n$	$Qp+m.n$	$Qp+m-1.n$
实际值域	$(-2^{p-1}, 2^{p-1})$	$(-2^{m-1}, 2^{m-1})$	$(-2^{p+m-2}, 2^{p+m-2})$	$(-2^{p+m-2}, 2^{p+m-2})$	$(-2^{p+m-2}, 2^{p+m-2})$
分辨力	2^{-q}	2^{-n}	$2^{-(q+n)}$	2^{-n}	2^{-n}

如表1-34所示是两个 $Q1.15$ 格式相乘的示例，表1-35是 $Q1.15$ 和 $Q9.15$ 相乘的示例，两个表格中取整均使用四舍五入，表中“E”为10的幂。

表1-34 $Q1.15$ 乘法示例

乘数1		乘数2		乘积			准确值	绝对误差
Q1.15	整数	Q1.15	整数	整数乘	右移15位	Q1.15		
0.9999	32765	0.9999	32765	1073545225	32762	0.999816895	0.99980001	1.68845E−05
0.5	16384	0.5	16384	268435456	8192	0.25	0.25	0
0.5	16384	−0.5	−16384	−268435456	−8192	−0.25	−0.25	0
0.1	3277	0.1	3277	10738729	328	0.010009766	0.01	9.76562E−06
0.1	3277	−0.1	−3277	−10738729	−328	−0.010009766	−0.01	−9.76562E−06
0.001	33	0.001	33	1089	0	0	0.000001	−0.000001

表 1-35 Q1.15 和 Q9.15 相乘示例

乘数 1		乘数 2		乘积			准确值	绝对误差
Q1.15	整数	Q9.15	整数	整数乘	右移 15 位	Q9.15		
0.9999	32765	255.9999	8388605	2.74853E+11	8387837	255.9764709	255.9743	0.002170937
0.5	16384	128	4194304	68719476736	2097152	64	64	0
0.5	16384	-128	-4194304	-6.8719E+10	-2097152	-64	-64	0
0.1	3277	1	32768	107380736	3277	0.100006104	0.1	6.10352E-06
0.1	3277	-1	-32768	-107380736	-3277	-0.100006104	-0.1	-6.10352E-06
0.001	33	0.001	33	1089	0	0	0.000001	-0.000001

对于除法：

$$a_Q \div b_Q = \frac{a}{2^n} \div \frac{b}{2^n} = a \div b = \frac{2^n \times a \div b}{2^n}$$

所以，两个 $Qm.n$ 小数相除得到的结果没有小数部分。如要得到 $Qm.n$ 格式，需要将结果乘以 2^n。对于有限字长，先除后乘将大幅牺牲精度，所以一般先将被除数乘以 2^n 后，再做除法。在二进制中，乘以 2^n 等价于左移 n 位，为不至溢出，一般需先将被除数扩展 n 位。

除法在数字信号处理中用得较少，后续章节将有案例，这里不详述。

1.11.3 浮点小数

与十进制科学计数法类似，二进制小数也可以写成以下形式：

$$(-1)^s \cdot (1+f) \times 2^E$$

其中：

$$f = \sum_{k=1}^{p-1} b_k \cdot 2^{-k} = (0.b_1 b_2 \cdots b_{p-1})_2 \in [0,1)$$

是有效数字中的纯小数部分。

数字电路和计算机领域普遍遵循的 IEEE－754 规范就是使用一定的格式将一位 s、若干位的 E 和若干位的 f 存储在有限长度的二进制中，以表达浮点小数。

根据范围和精度需求，IEEE－754 规范定义了半精度(16 位)、单精度(32 位)、双精度(64 位)、四(重)精度(128 位)和八(重)精度(256 位)。表达非零有效数值时，s、E 和 f 的存储位宽和值如表 1-36 所示。E 值有正有负，因而存储时增加了偏置 E_b；f 值为小数，存储时放大至整数。

表 1-36 IEEE－754 标准中浮点小数的存储格式

精度		半(Half)	单(Single)	双(Double)	四(Quadruple)	八(Octuple)
s	位宽	1	1	1	1	1
	范围	0 或 1	0 或 1	0 或 1	0 或 1	0 或 1
	存储内容	s	s	s	s	s
E	位宽(W_E)	5	8	11	15	19
	范围	[-14, 15]	[-126, 127]	[-1022, 1023]	[-16382, 16383]	[-262142, 262143]
	存储内容	$E+15$	$E+127$	$E+1023$	$E+16383$	$E+262143$

（续）

精度		半(Half)	单(Single)	双(Double)	四(Quadruple)	八(Octuple)
f	位宽(W_f)	10	23	52	112	236
	范围	$[0, 1-2^{-10}]$	$[0, 1-2^{-23}]$	$[0, 1-2^{-52}]$	$[0, 1-2^{-112}]$	$[0, 1-2^{-236}]$
	存储内容	$f\times 2^{10}$	$f\times 2^{23}$	$f\times 2^{52}$	$f\times 2^{112}$	$f\times 2^{236}$
最大绝对值		65504	3.4028E+38	1.797693E+308	1.1897315E+4932	1.6113257E+78913
最小绝对值		1/16384	1.17549E-38	2.225074E-308	3.3621031E-4932	2.48242795E-78913

除了表达非零有效数值，IEEE-754 规范中还利用 $E=-15$ 和 $E=16$ 两种情况定义了 ±NaN(Not a Number，非数)、±∞、±0 和不确定值，如表 1-37 所示。

表 1-37　IEEE-754 标准中的特殊值

s	E	f	意义	说明	出现状况举例
0	16	$\in[0.5, 1)$	NaN，非数	不引发异常处理	0/0，±∞/±∞，0×±∞，∞-∞，产生复数的情况(平方根、对数等)
0	16	$\in(0, 0.5)$	sNaN，非数	可引发异常处理	
0	16	$=0$	+∞，正溢出		÷0，计算溢出
0	-15	$\in(0, 1)$	未归一化正值	$=f\times 2^{2-2W_E-1}$	
0	-15	$=0$	+0，正无穷小		
1	-15	$=0$	-0，负无穷小		
1	-15	$\in(0, 1)$	未归一化负值	$=-f\times 2^{2-2W_E-1}$	
1	16	$=0$	-∞，负溢出		÷0，log(0)，计算溢出
1	16	$\in(0, 0.5)$	sNaN，非数	可引发异常处理	0/0，±∞/±∞，0×±∞，∞-∞，产生复数的情况(平方根、对数等)
1	16	$\in(0.5, 1)$	NaN，非数	不引发异常处理	
1	16	$=0.5$	不确定值		

s、E 和 f 在数据位中的排列如图 1-164 所示。

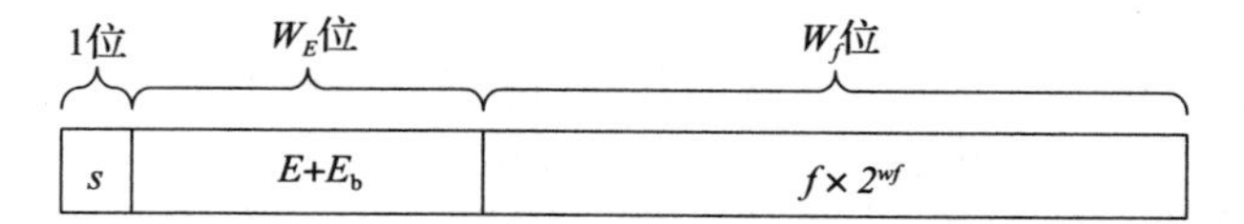

图 1-164　浮点小数中 s、E 和 f 的排列

浮点数的分辨力与数值大小动态相关。容易知道，在数值 $v=\pm(1+f)\times 2^E$ 处，分辨力源于 f 的最小数值变化，分辨力：

$$\varepsilon = 2^{-W_f}\cdot 2^E = 2^{-W_f}\cdot 2^{\lfloor \log_2 |v| \rfloor}$$

浮点运算电路的实现比较复杂，在 FPGA 中的应用也较定点小数少，本书不会涉及。

第 2 章 Chapter 2

Verilog HDL 和 SystemVerilog

在本书中，Verilog HDL(IEEE 1364—2005)和 SystemVerilog(IEEE 1800—2012)将被统一简称为 Verilog。

本章主要介绍 Verilog 的常用语法，并将以 SystemVerilog 为主，包含 SystemVerilog 中很多新的、具备更优特性的语法，包括可被综合的和用于仿真验证的。但本章并不会太多地深入语法细节，依笔者浅见，语法本身只是用来描述硬件和承载电路设计思想的工具，诚然，语法本身也很复杂，也饱含了规范制定者们对于数字电路及其描述方法的先进思想，也有太多需要学习和理解的地方，不过笔者更希望读者能够在后续章节的各种设计实例中学习和理解，而不要拘于语法本身。本章的结构和内容也更像是“简明参考”，而非详述语法的“教科书”，且远未能涵盖 Verilog 语法标准的所有内容，如果需要了解语法细则，可查阅 IEEE 1800—2012 原文。

本章会使用一些符号和特征来书写语法规则，与 IEEE 标准中使用的有些相似，但因为只用通配一些常用的规则，所以做了大幅简化，这些符号和特征包括：

- < >，尖括号，其内容为后面将进一步解释的内容。
- [ ]，方括号，表示其中内容为可选。
- [|]，方括号和竖线，表示由竖线隔开的内容选其一或不选。
- { }，花括号，表示其中内容可选或可重复多次。
- { | }，花括号和竖线，表示由竖线隔开的内容选其一或不选或可重复选择多次。
- (|)，圆括号和竖线，表示由竖线隔开的内容选其一。
- 粗体字，表示语句中应有的关键字或符号。

上述符号本身不包含在语句之中。

对于初学者，学习至 2.13 节即可掌握常用的 Verilog 语法，可以进行后面章节的学习，2.14 节及以后的内容主要是一些进阶语法的示例，可以在以后遇到相关语法时再回来学习。

2.1 硬件描述语言简介

在没有电子设计自动化(EDA)软件的年代，数字电路设计依赖于手绘电路原理图，在 EDA 软件出现的初期，也继续沿用了绘制原理图这一方式(或称为原理图输入)。EDA 原理图输入虽方便修改，具有一定的可重用性，但对于稍大规模的电路，布线工作仍然要花费大量时间，设计者仍要对器件和工艺非常熟悉。

在 20 世纪 80 年代，硬件描述语言开始大量出现，其使用贴近自然语言的文字来描述电路的连接、结构甚至直接描述电路功能。对于计算机，文字输入更方便快捷；对于设计者，文字更抽象，与具体器件和实现工艺无关，更能集中精力在功能的描述上而不是繁琐的连线中。当然，最后从文字到具体电路实现的转换，依赖于成熟的、标准化的器件和电路单元，但这些是 IC 工艺设计者和 EDA 软件设计者的任务，不需要数字逻辑设计者来操心了。

Verilog HDL(Verilog Hardware Description Language)诞生于 1983 年，同时期出现的数字电路硬件描述语言不下百种，发展至今最主流的有 Verilog HDL 和 VHDL(Very high speed integrated circuit Hardware Description Language)两种，VHDL 在 1987 年成为 IEEE 标准，Verilog HDL 在 1995 年成为 IEEE 标准(IEEE 1364)。

对于数字逻辑设计者来说，描述硬件的抽象层次自上而下主要可分为：

- 系统级(System level)，描述电路系统的整体结构、行为和性能。
- 算法级(Algorithm level)，描述单元电路的算法实现。
- 寄存器传输级(Register transfer level，RTL)，描述数据在寄存器间的流动、处理和交互。
- 门级(Gate level)，描述逻辑门及它们之间的电路连接。

比门级更低层次还有开关级(Switch level)，它与器件工艺相关，对于普通数字逻辑设计者并不需要掌握。

描述硬件的方法又可分为行为描述和结构描述：

- 行为描述(Behavioral modeling)描述电路的行为，由 EDA 软件负责生成符合该行为的电路。
- 结构描述(Structural modeling)描述电路的组成结构。

抽象层次和描述方法在 Verilog 标准中并没有明确定义，它们之间也没有严格对应关系，不过一般认为从系统级到 RTL 基本属于行为描述，底层的 RTL 和门级基本属于结构描述，而事实上系统级的大模块组织结构也有结构描述的意思。RTL 描述数据流动和处理时也称为数据流描述。

稍大的数字系统几乎不可能设计出来就正确无误，对设计结果的测试验证也是设计过程中非常重要的步骤。得益于 EDA 工具，许多测试验证工作可以在计算机上模拟，而不必等到真实电路制造出来，这一过程称为仿真。就像对一块电路板进行测试需要仪器仪表和模拟工作环境的测试电路一样，对数字系统进行仿真验证也需要设计测试系统，而且由于仿真测试系统最终不必变成实际电路，Verilog 专为仿真验证提供了更灵活的语法。

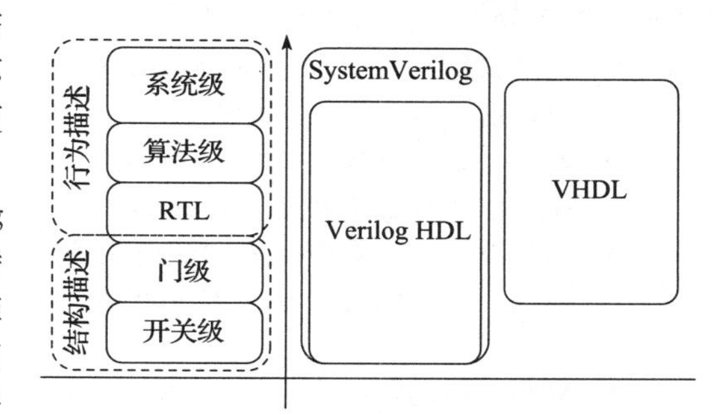

图 2-1　抽象层次、描述方法、Verilog 和 VHDL 的建模能力

IEEE 在 2001 年至 2012 年间多次对 Verilog 进行了修订和扩展。在 2005 年扩展了大量支持系统级建模和验证的特性，并形成了独立标准(IEEE 1800)，被称为 SystemVerilog(注意并没有空格)；2009 年，原 1364 标准被终止，并被合并进 1800 标准，原 Verilog HDL 成为 SystemVerilog 的子集(如图 2-1 所示)，SystemVerilog 最新的正式标准是 IEEE 1800—2012。因而我们现在所说的 Verilog HDL 严格来说都是 SystemVerilog，本书后面统称为 Verilog。

新的 SystemVerilog 标准是一个“统一的硬件设计、规范和验证语言”（Unified Hardware Design, Specification and Verification Language），承载了硬件设计和验证两大目标，但因 SystemVerilog 提出之初主要是扩展系统级建模和验证功能，因而人们常常有 SystemVerilog 只适用于验证，而不适用于实际电路的设计和描述的误解。

2.2 设计方法和流程

复杂的数字逻辑电路一般采用层次化、模块化的设计方法，即将复杂的整体功能拆分成许多互联的功能模块，而这些功能模块又可以再细分为更小的模块。合理的功能拆分、模块功能定义和模块间的交互规则将有效地降低整个系统的设计难度、提高设计的可行性和性能。图 2-2 为功能和模块拆分的示意图。

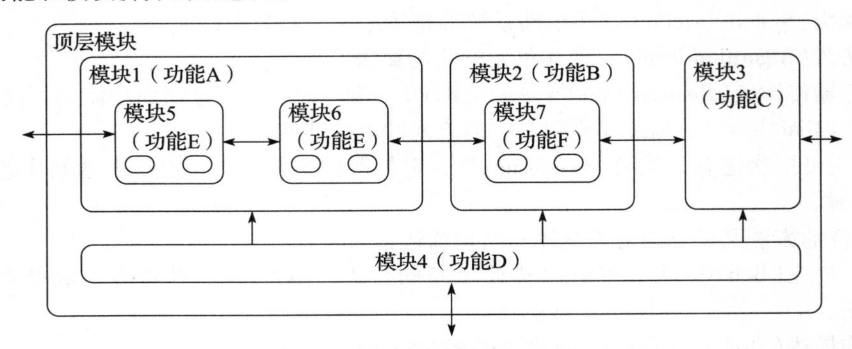

图 2-2 功能和模块拆分的示意图

这样从整体功能设计出发逐渐拆分至底层的设计方法称为自顶向下的设计方法。合理的功能拆分、模块及模块间交互的定义是需要对系统有全局掌握，并对重要细节足够了解才能做到的，往往需要设计者有足够的设计经验，读者应从简单的系统开始，逐步累积知识和经验。

数字逻辑系统，特别是 FPGA 中的数字逻辑系统设计，按顺序一般可分为以下几个步骤(见图 2-3)：

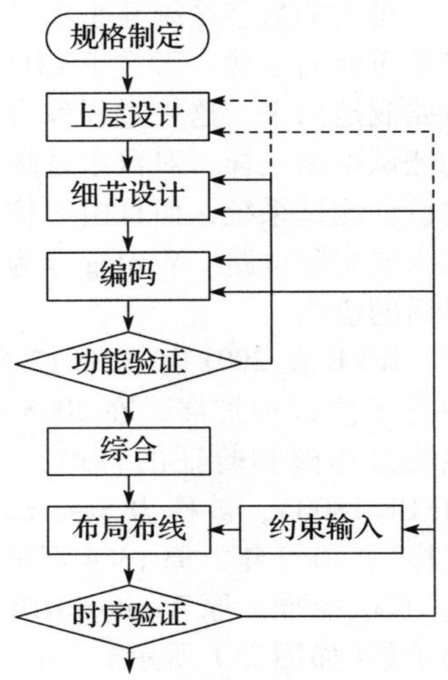

图 2-3 数字逻辑系统设计流程

- 规格制定：定义整个系统的功能、性能指标和重要参数，这一步主要是文档编撰。
- 上层设计：功能拆分、主要模块定义和模块间交互设计，这一步也主要是文档编撰。
- 细节设计：主要模块内功能的实现，包括小型算法、状态机、编解码等，这一步一般包含文档编撰和初步的编码。
- 编码：使用可综合的 HDL 编写代码。
- 功能验证：使用仿真工具验证模块或系统功能，需要编写测试代码。
- 综合：使用编译器将 HDL 代码转换为门、触发器级网络表，往往又分为展述(Elaboration，展开所有层次结构并建立连接)和综合(Synthesis，生成门、触发器级网络表)两步。

- 实现(Implementation)，也常常称为布局布线(Fit and Route)，使用编译器将门、触发器级网络表适配到特定的器件工艺(比如 FPGA 芯片)中，这一步常常还需要配合一些物理、时序上的约束输入。
- 时序验证：带有时序信息(门、线路延迟等)对布局布线结果进行验证，除验证功能正确外，还验证时序和性能合乎要求，常常也称为“门级仿真”。

对于 FPGA 设计，实现过程的最后往往还包含汇编(Assembler)这一步，用于生成配置 FPGA 的二进制文件。

在单元模块设计时，常常也会重复“细节设计 - 编码 - 功能验证”步骤，直到模块合乎上层设计的定义为止，所有模块设计验证完成后，再连接好整个系统进行功能仿真。布局布线中也可能会出错，比如 FPGA 芯片资源不够，时序验证也可能失败，这些情况可能都需要修改细节设计甚至上层设计。

对于小规模的系统或独立的模块设计，从规格制定至编码未必需要细分成四步，特别是对于有经验的设计者，部分细节设计过程可以在编码时完成。而对于初学者，最好是先理清系统或模块的组织结构和各个部分的细节，做到“先有电路，再去描述”。一些底层的时序逻辑功能也可以“先有波形，再去描述”，以目标波形为参照去描述功能。

在 Verilog 中，并非所有的语法都可以被综合成实际电路，具体哪些语法可以被综合也取决于不同厂商的 EDA 工具，甚至工具的不同版本。除可综合的语法外，还有大量语法是为了支持仿真验证。本章将着重介绍主流 FPGA 开发工具可综合的语法，以及部分在仿真验证中常用的语法。

2.3 标识符和关键字

标识符是代码中对象(比如变量、模块等)的唯一名字，用于在代码中引用该对象。标识符只可以由字母、下划线、数字和美元符号“ $”构成，并且只能由字母或下划线开头，标识符是区分大小写的。不过考虑到 EDA 工具及其工作环境的兼容性，非常不建议仅依赖大小写来区分不同的标识符。

关键字是 Verilog 预定义的，用于构建代码结构的特殊标识符，在 Verilog 中所有关键字都是全部小写的。代码中用户定义的标识符不能与关键字相同。IEEE 1800—2012 的全部关键字见附录 A。

2.4 值、数和字面量

在 Verilog 中，线网和变量可取的基本值有四个：

- 0，表示逻辑 0、低电平、条件假。
- 1，表示逻辑 1、高电平、条件真。
- x 或 X，表示未知的逻辑值。
- z 或 Z，表示高阻态。

在 Verilog 中，有些数据类型可以取全部 4 个值(称为四值)，而有些数据类型仅能取 0 和 1 两个值(称为二值)。

Verilog 的常数包括整型常数、浮点常数，字面量包括时间字面量、字符串字面量、结构字面量和数组字面量，为简便起见，本书将数和字面量统称为常数。

2.4.1 整型常数

整型常数除包含数值信息外，还可包含位宽信息，可以写成二、八、十或十六进制，一般形式如下：

```
[-]<位宽>'[s|S]<进制标识><数值>
```

其中：

- “-”，仅用于有符号负数。
- 位宽，十进制书写的正整数，无论后面进制标识指定什么进制，均表示二进制位的数量。
- “'”为英文撇点(ASCII 码 0x27)。
- “s”或“S”，用来指定该常数为有符号数，在 Verilog 中，负数被以补码形式表达。
- 进制标识，字母 b 或 B、o 或 O、d 或 D、h 或 H 分别表示二进制、八进制、十进制和十六进制。
- 数值，用进制标识指定的进制书写的无符号数值，即一串数字。

x 或 z 可用于二、八、十六进制，每个 x 或 z 分别代表 1 位、3 位和 4 位。十进制如果使用 x 或 z，则只能有一个 x 或 z，表达所有位均为 x 或 z，有时为了可读性可用“?”代替 z。

为了方便阅读，任意两位数字之间还可增加下划线。

对于无符号数，如果指定的位宽大于数值部分写出的宽度，高位一般将填充 0，如果最高位为 x 或 z，高位将填充 x 或 z；如果指定的位宽小于数值部分写出的宽度，高位将舍弃。对于有符号数，如果数值超过了指定宽度能表达的范围，也将直接舍弃高位。

也有无位宽的形式：

```
[-]['[s|S]<进制标识>]<数值>
```

它表达至少 32 位二进制的数值，而至多多少位在编译时由它将赋给的对象的位数决定。如果没有进制标识，则该数必须是十进制有符号数。

还有无位宽的单一位形式：

```
'[0|1|x|X|z|Z]
```

它表达无位宽的数值，具体多少位在编译时由它将赋给的对象的位数决定，将使被赋值对象的全部位赋为指定值。

代码 2-1 是一些整型常数的例子。

代码 2-1 整型常数示例(注意左侧行编号不是代码内容)

```
1    //以下是指定位宽的
2    4'b1010                   // 4 位无符号数 0b1010 =10
3    6'd32                     // 6 位无符号数 0b10000 =32
4    8'b1010_0101              // 8 位无符号数 0b10100101 =165
5    -8'sh55                   // 8 位有符号数 -0x55 = -85,以“10101011”记录
6    -5'sd4                    // 5 位有符号数 -4,以“11100”记录
7    5'sd -4                   // 语法错误
8    8'd256                    // 实际值为 0
9    8'sd128                   // 实际值为 -128
10   -8'sd129                  // 实际值为 127
```

```
11    1'sb1                      // 实际值为 -1!
12    3'b01z                     // 最低位为 z(高阻态)
13    8'hx9                      // 高 4 位为 x(未知)
14    10'hz0                     // 高 6 位均为 z
15    16'd?                      // 全部 16 位为 z
16    // 以下是未指定位宽的
17    'b1                        // 无符号数 1
18    'h27EF                     // 无符号数 0x27EF =10223
19     -'sb101                   // 有符号数 -0b101 = -5
20    127                        // 有符号数 127
21     -1                        // 有符号数 -1
22    A5                         // 语法错误
23    // 以下是无位宽的单一位
24    '1                         // 全 1,将使被赋值对象全部位填充 1
25    'z                         // 全 z,将使被赋值对象全部位填充 z
```

2.4.2 浮点常数

Verilog 中的浮点常数是遵循 IEEE 754 标准表达的双精度浮点常数，可以使用小数形式(必须包含小数点)或科学计数法(e 或 E 代表 10 的次幂)，当中也可插入下划线，如代码 2-2 所示。

代码 2-2 浮点常数示例

```
1    0.0
2    3.1415926535898
3    2.99_792_458e8
4    4.2e-3
5    .80665                    // 语法错误,小数点左右必须至少有一个数字(与 C 语言不同)
6    9.                        // 语法错误,同上
7    2333                      // -_-#这是一个整型常数
```

FPGA 编译工具一般不支持浮点常数参与实时运算，但支持浮点常量在编译期的运算。

2.4.3 时间常数和字符串常数

时间常数是以时间单位结尾的常数，时间单位包括 s、ms、us(即 μs)、ns、ps、fs。例如代码 2-3：

代码 2-3 时间常数示例

```
1    2.1ns
2    40ps
```

时间常数主要用于仿真验证。

字符串常数是使用双引号包裹的一串字符，在二进制中以 ASCII 码形式表达(每个字符 8 位)，可以被赋给整型量，赋值时左侧字符位于高位。如：

代码 2-4 字符串常数示例

```
1    "Hello world! \n"
```

字符串常数中可以用“\”引导一些特殊字符，比如“\n”（换行）、“\t”（制表符）、“\\”（右斜杠）、“\"”（双引号）。

2.5 线网

线网和变量在Verilog中用来保持逻辑值，也可统称为值保持器。线网一般对应电路中的连线，不具备存储能力，线网使用一个或多个持续赋值或模块端口来驱动，当有多个驱动时，线网的值取决于这多个驱动的强度。

线网有以下几类：

- wire，用于被门或持续赋值驱动的线网，可以有多个驱动源。
- tri，用于被多个驱动源驱动的线网。
- uwire，用于被单个驱动源驱动的线网。
- wand、wor、triand、trior，用于实现线逻辑(线与和线或)。
- tri0、tri1，由电阻下拉或上拉的线网。
- trireg，容性储值的线网。
- supply0、supply1，电源。

其中wire是FPGA开发中最常用的线网类型，其他线网类型多数在FPGA中无法实现，一般用于编写测试代码。

多个不同强度驱动源驱动wire和tri时的情况如表2-1所示。

表2-1 wire和tri的多重驱动

	0	1	x	z
0	0	x	x	0
1	x	1	x	1
x	x	x	x	x
z	0	1	x	z

多个不同强度驱动源驱动wand和triand时的情况如表2-2所示，多个同强度驱动源驱动wor和trior时的情况如表2-3所示。多个同强度驱动源驱动tri0和tri1时的情况分别如表2-4和表2-5所示。这些多重驱动情况的真值表不应死记硬背，均是有逻辑规律的。

表2-2 wand和triand的多重驱动

	0	1	x	z
0	0	0	0	0
1	0	1	x	1
x	0	x	x	x
z	0	1	x	z

表2-3 wor和trior的多重驱动

	0	1	x	z
0	0	1	x	0
1	1	1	1	1
x	x	1	x	x
z	0	1	x	z

表2-4 tri0的多重驱动

	0	1	x	z
0	0	x	x	0
1	x	1	x	1
x	x	x	x	x
z	0	1	x	0

表2-5 tri1的多重驱动

	0	1	x	z
0	0	x	x	0
1	x	1	x	1
x	x	x	x	x
z	0	1	x	1

多重驱动在FPGA设计中几乎只用于片外双向IO口，在驱动为z时，接收外部输入，在FPGA内部逻辑中并没有三态门，也不支持多重驱动。

线网定义的常用形式：

```
<线网类型> [[<数据类型>] [signed|unsigned] [<位宽>]] <标识符>[=<赋值>] {,<标识符>
```

```
[ = <赋值 >]};
```

其中：

- 线网类型为上述 wire、tri 等。
- 数据类型为下述变量的数据类型中除 reg 外的四值类型之一，如果为确定长度的类型，则后面不能有位宽说明，如果为整型才可以使用 signed 或 unsigned 指定有无符号。
- 位宽，按以下形式定义的位宽：

  ```
  [<msb>,<lsb>]
  ```

  这里的方括号是实际的方括号，其中 msb 和 lsb 分别为最高位的索引和最低位的索引，值得注意的是，msb 的值可以小于 lsb，但仍然为最高位，因与通常的习惯不一致，所以一般应避免使 msb 小于 lsb。

如果省略数据类型，默认为 logic 类型，如果还省略了位宽说明，默认为 1bit。

代码 2-5 是一些线网类型定义的示例：

代码 2-5 线网类型定义的示例

```
1   wire a;                               // 1 位线网,等价于 wire logic a;
2   wire b = 1'b1;                        // 1 位线网,并赋常数 1
3   wire c = b;                           // 1 位线网,并连接至线网 b
4   wire [6:0] d;                         // 7 位线网
5   wire [6:0] e0 = d, e1 = '1;           // 7 位线网,e0 连接至 d,e1 赋常数 127
6   wire signed [7:0] f, g = -8'sd16;     // 8 位线网,有符号类型,g 赋常数 -16
7   wire integer h;                       // 32 位线网,有符号
8   wire integer unsigned i;              // 32 位线网,无符号
9   wire reg j;                           // 语法错误,reg 不能作为线网数据类型
10  wire int k;                           // 语法错误,数据类型不能是二值类型
11  wire struct packed {
12      logic a;
13      logic signed [7:0] b;
14  } l;                                  // struct 类型线网,总计 9 位
```

Verilog 的语句以分号结尾，单行注释(到行尾)使用双左斜杠“//”，块注释(可以跨行)使用“/*”和“*/”包裹。代码 2-5 中，前 6 行最为常用，初学者只需掌握这 6 行的形式即可。

除上述线网类型之外，还有一种专用于端口连接的线网 interconnect，不能被持续赋值或过程赋值。

2.6 变量

变量是抽象的值存储单元，一次赋值之后，变量将保持该值直到下一次赋值。变量使用“过程”中的赋值语句对其赋值，变量的作用类似于触发器，不过是否形成触发器取决于代码上下文。

变量有以下几种常用数据类型：

(1)整型

- bit，二值，默认无符号，常用于测试代码中。
- logic，四值，默认无符号，推荐在新设计中使用。

- reg，四值，默认无符号，SystemVerilog 出现之前最常用的变量类型。

(2)定长整型

- byte、shortint、int、longint，二值，分别为 8 位、16 位、32 位和 64 位，默认有符号。
- integer，四值，32 位，默认有符号。
- time，四值，64 位，默认无符号。

(3)浮点型

- shortreal、real，遵循 IEEE 754 标准表达的浮点小数，分别为 32 位和 64 位。
- realtime，同 real。

(4)数组

(5)结构

(6)枚举

前三者称为简单类型。而后面数组、结构和枚举称为复合类型。

变量一般由过程赋值驱动，并且不能在多个过程块中被驱动。

简单类型变量定义的常用形式：

```
[var] [<数据类型>] [signed|unsigned] [<位宽>] <标识符>[=<初值>] {, <标识符>[=<初值>]};
```

其中：

- var 关键字和数据类型至少要存在一个，如果未指定数据类型，则默认为 logic。
- 数据类型，如果为确定长度的类型则后面不能有位宽说明，如果为整型才可以使用 signed 或 unsigned 指定有无符号。
- 位宽，与线网定义中一样。

注意，在使用 logic 关键字定义对象时，编译器会自动根据代码上下文决定该对象是 logic 变量还是 logic 类型线网，非常方便，这也是 SystemVerilog 推荐的定义值保持器的方法。

代码 2-6 是变量定义的示例：

代码 2-6 变量定义的示例

```
1    var a;                            // 1 位变量,等价于 var logic a
2    logic b;                          // 1 位变量,等价于 var logic b
3    logic [11:0] c = 1234;            // 12 位变量,并赋初值 1234
4    logic signed [19:0] d = c, e;     // 20 位变量,有符号,d 赋初值 1234
5    integer f;                        // 32 位变量,有符号
6    integer [63:0] g;                 // 语法错误,定长类型不能有位宽说明
7    integer unsigned h;               // 32 位变量,无符号
8    reg [31:0] i;                     // 32 位变量,无符号
9    reg signed [31:0] j;              // 32 位变量,有符号
10   bit [5:0] k;                      // 6 位二值变量
11   bit signed [5:0] l;               // 6 位二值变量,有符号
12   byte m;                           // 8 位二值变量,有符号
13   byte unsigned n;                  // 8 位二值变量,无符号
14   byte [6:0] o;                     // 语法错误,定长类型不能有位宽说明
15   longint p;                        // 64 位二值变量,有符号
16   longint unsigned q;               // 64 位二值变量,无符号
```

2.7 参数和常量

参数和常量在运行时值不变。在标准中，参数也是一种常量，不过参数常常用来指定模

块、接口的数据位宽等，因而得名。

参数和常量均可在定义时由常数或常量表达式赋值。

参数包括以下类型：

- parameter，可以被模块外部修改的参数，在模块实例化时修改或由 defparam 关键字修改。
- localparam，不能被模块外部修改的参数。
- specparam，专用于指定时序、延迟信息的参数。

常量为：

- const，类似于 localparam，但可以在仿真期间更改值。

参数和常量定义的常用形式：

```
<参数或常量类型> [<数据类型>] [signed|unsigned] [<位宽>] <标识符> = <常数或常量表达式>]{, <标识符> = <常数或常量表达式>};
```

其中：

- 数据类型如果为确定长度的类型则后面不能有位宽说明，如果为整型才可以使用 signed 或 unsigned 指定有无符号。
- 位宽，与线网定义中一样。

数据类型、符号指定和位宽也可以都省略，这时参数或常量的数据类型和位宽由定义时所赋予的初始值的类型和位宽确定，而在被赋予新值时，类型和位宽会自动变化。如果没有指定位宽，默认 LSB 索引为 0，MSB 索引为位宽减一。

参数和常数的数据类型也可以是复合类型，将在后续小节介绍。

代码 2-7 是参数和常量定义的例子。

代码 2-7　参数和常量定义的示例

```
1    parameter integer DW = 24;                         // 32 位有符号参数,值为 24
2    parameter DataWidth = 24;                          // 同上
3    parameter WordSize = 64;                           // 32 位有符号,值为 64
4    localparam ByteSize = 8, WordBytes = WordSize / ByteSize;
5                                                       // 两个整型参数,后者由常量表达式赋值
6    parameter Coef1r = 0.975;                          // 双精度浮点参数
7    localparam wire signed [15 : 0] Coef1 = Coef1r * 32768;
8                                                       // 16 位有符号参数,自动四舍五入值为 31949
9    parameter c0 = 4'hC;                               // 4 位无符号参数,值为 0xC =12
10   parameter [4 : 0] c1 = 27;                         // 5 位无符号参数,值为 27
11   localparam signed [19 : 0] c2 = 101325;            // 20 位有符号参数
12   localparam integer unsigned c3 = 299792458;        // 32 位无符号参数
     const g = 9.08665;                                 // 双精度浮点常量
```

还可以用来定义参数化的数据类型，使用下面的格式：

```
parameter type <标识符> = <数据类型>;
```

然后便可以用标识符来定义线网或变量。例如代码 2-8。

代码 2-8　定义线网或变量

```
1    parameter DW = 24;
2    parameter type TData = logic signed [DW-1:0];
```

```
3    parameter type TDataL = logic signed [DW* 2 -1:0];
4    TData x1, x2;
5    TDataL px;
```

参数化的数据类型不能用 defparam 修改，可在模块实例化时修改。

2.8 类型和位宽转换

类型和位宽转换分为隐式转换和显式转换。赋值时，如果左值(被赋值者)和右值类型或位宽不同，编译器会自行处理转换；操作数类型如果与相关操作符对其类型要求不符，但可以转换时，编译器也会自行处理转换，这样一些转换不需要我们在代码中写出转换语句，称为隐式转换。

常见的几种隐式转换的规则：

- 从整数转换为浮点，保持值意不变。
- 从浮点转换为整数，会四舍五入处理。
- 等长的有符号与无符号之间，直接位对位赋值(所以最高位为 1 时，表达的值意会发生变化)。
- 从长数转换为短数，无论左右值有无符号，直接舍弃高位。
- 从短数转换为长数，如果短数为有符号数，高位填充符号位，否则填充 0。

显式转换可以使用 Verilog 系统函数 $cast()、$signed() 和 $unsigned()，或使用类型转换表达式。系统函数是 Verilog 内置的函数，大部分不能综合成实际电路，主要用于编写仿真测试代码。

$cast() 函数用于转换并赋值，如 $cast(a, b)，将把 b 转换为 a 的类型并赋值给 a。$cast() 函数带有返回值，返回 0 表示无法转换，否则表示转换成功。$cast() 函数不能被综合，仅可用于仿真测试代码。

$signed(a)、$unsigned(a) 函数将 a 转换为有符号或无符号，可被综合，有无符号的转换并不对 a 进行任何操作，实际影响的是相关操作符或位宽转换时高位填充什么。

类型转换表达式的常用形式是：

```
(<目标类型> | <位宽> | signed | unsigned)'(<待转换内容>)
```

其中，目标类型应为简单变量类型，位宽是常数或常量表达式。

代码 2-9 是一些类型转换的例子。

代码 2-9 类型转换的示例

```
1    logic [3:0] a = 4'he;
2    logic [1:0] b = a;                                  // b = 2'b10
3    logic [5:0] c = a;                                  // c = 6'b001110
4    logic [5:0] d = 6'(a);                              // 同上
5    logic [5:0] e = 6'($signed(a));                     // e = 6'b111110
6    logic signed [7:0] f = 4'sd5 *a;                    // f = 70
7    logic signed [7:0] g = 4'sd5 * $signed(a);          // g = -10
```

其中第 2 行隐式转换位宽，长数赋给短数，舍弃高位。第 3 行隐式转换位宽，短无符号数赋给长数，填充 0；第 4 行显式转换，结果与第 3 行相同。

第 5 行将 a 转换成有符号数(-4'sh2)之后再扩展位宽，将填充符号位 1 最后赋给无符号数，结果为 6'h3e。

第 6 行有符号数 5 和无符号数 14 相乘，按 8 位无符号计算(见下节)，结果为 70；第 7 行先将 a 转换为有符号数(-2)，再与 5 相乘，结果为 -10。

2.9　操作符和表达式

表达式由操作符和操作数构成，整个表达式代表了操作数经过运算后的结果。Verilog 中可以用作操作数的包括：

- 常数和字面量。
- 参数及其中的一位或多位。
- 线网、变量及其中的一位或多位。
- 结构、联合及其成员，对齐的结构中的一位或多位。
- 数组及其中的元素，对齐的数组中的一位或多位。
- 返回上述内容的函数或方法。

Verilog 中操作符的详情见表 2-6。

表 2-6　Verilog 操作符的功能、优先级、结合方向和操作数

<table>
<tr><th colspan="2">操作符</th><th>功能</th><th>优先级</th><th>结合</th><th>操作数</th><th>整型结果位数*</th></tr>
<tr><td colspan="2">()</td><td>括号，强制最高优先级</td><td rowspan="4">0</td><td rowspan="4">左</td><td></td><td></td></tr>
<tr><td colspan="2">[]</td><td>位选取</td><td></td><td>选出的位数</td></tr>
<tr><td colspan="2">::</td><td>命名空间</td><td></td><td></td></tr>
<tr><td colspan="2">.</td><td>成员选取</td><td></td><td></td></tr>
<tr><td>+、-</td><td rowspan="5">一元</td><td>算术取正(自身)、取反</td><td rowspan="5">1</td><td rowspan="5"></td><td>整数、浮点</td><td>同操作数</td></tr>
<tr><td>!</td><td>逻辑非</td><td>整数、浮点</td><td>1 位</td></tr>
<tr><td>~</td><td>按位非</td><td>整数</td><td>同操作数</td></tr>
<tr><td>&、|、^、~&
~|、~^、^~</td><td>缩减(非、与、或、异或、与非、或非、同或)</td><td>整数</td><td>1 位</td></tr>
<tr><td>++、--</td><td>自增、自减</td><td>整数、浮点</td><td>同操作数</td></tr>
<tr><td colspan="2">**</td><td>乘方</td><td>2</td><td>左</td><td>整数、浮点</td><td>同左操作数</td></tr>
<tr><td colspan="2">*、/</td><td>乘、除</td><td rowspan="2">3</td><td rowspan="2">左</td><td>整数、浮点</td><td rowspan="3">同两操作数中较长者</td></tr>
<tr><td colspan="2">%</td><td>余</td><td>整数</td></tr>
<tr><td colspan="2">+、-</td><td>加、减</td><td>4</td><td>左</td><td>整数、浮点</td></tr>
<tr><td colspan="2"><<、>></td><td>逻辑左移、右移</td><td rowspan="2">5</td><td rowspan="2">左</td><td>整数</td><td rowspan="2">同左操作数</td></tr>
<tr><td colspan="2"><<<、>>></td><td>算术左移、右移</td><td>整数</td></tr>
<tr><td colspan="2"><、<=、>、>=</td><td>算术比较</td><td rowspan="3">6</td><td rowspan="3">左</td><td>整数、浮点</td><td>1 位</td></tr>
<tr><td colspan="2">inside</td><td>属于集合</td><td>整数、浮点</td><td>1 位</td></tr>
<tr><td colspan="2">dist</td><td>分布</td><td>整数</td><td></td></tr>
<tr><td colspan="2">==、!=</td><td>逻辑相等、不等</td><td rowspan="3">7</td><td rowspan="3">左</td><td>任何</td><td rowspan="3">1 位</td></tr>
<tr><td colspan="2">===、!==</td><td>条件相等、不等</td><td>除浮点外</td></tr>
<tr><td colspan="2">==?、!=?</td><td>通配相等、不等</td><td>整数</td></tr>
</table>

（续）

操作符	功能	优先级	结合	操作数	整型结果位数*
&	按位与	8	左	整数	同两操作数中较长者
^、~^、^~	按位异或、同或	9	左	整数	
|	按位或	10	左	整数	
&&	逻辑与	11	左	整数、浮点	1 位
||	逻辑或	12	左	整数、浮点	1 位
?: 三元	条件运算符	13	右	任何	同第二、三操作数中较长者
->、<->	逻辑隐含、等价	14	右	整数、浮点	1 位
=	阻塞赋值	15		任何	
+=、-+、*=、/=	算术赋值(阻塞)，如 a-=b 等价于 a=a-b； a<<<=b 等价于 a=a<<<b			整数、浮点	
%=、&=、^=、|= <<=、>>= <<<=、>>>=				整数	
:=、:/	分布中的权重赋值			整数、浮点	
<=	非阻塞赋值			任何	
{}、{{}}	位拼接	16		整数	位数总和
{<<{}}、{>>{}}	流				同操作数

关于表 2-6 和一些运算规则(如有冲突，靠前的规则优先)如下。

1)表中优先级数值越小优先级越高，同优先级操作符按结合方向区分先后，结合方向中的“左”意为自左向右、“右”意为自右向左。

2）位选取、位拼接、流运算的结果为无符号数，无论操作数是否有符号。

3）比较(含相等、不等)、非按位逻辑运算、缩减运算的结果均为 1 位无符号。

4）比较(含相等、不等)运算：

- 如果操作数中有浮点数，则另一个将被转换为等值浮点数进行比较。
- 仅当两个整型操作数均为有符号数时，比较按有符号进行，否则按无符号进行。
- 如果两个整型操作数位宽不一致，短操作数将被补充高位。

5）逻辑非、与、或、隐含和等价运算，操作数为 0 等价于 1'b0(假)，操作数非 0 等价于 1'b1(真)。

6）算术运算和按位逻辑运算符：

- 如果操作数中有浮点数，则另一个将被转换为等值浮点进行运算。
- 表中整型结果位数均是指运算后不立即赋值时的情况，如果立即赋值，则以被赋值对象的位数为准。
- 如果操作数中有无符号数，则运算按无符号进行，结果为无符号数。
- 如果操作数均为有符号数，则运算按有符号进行，结果为有符号数。
- 如果有操作数位数不够，则补充高位。

7）短操作数补充高位的规则：

- 无符号数补充 0。

- 有符号常数补充符号位。
- 有符号线网、变量和常量在操作按有符号进行时，补充符号位，否则补充 0。

上述规则比较烦琐，特别是在有无符号和长短不一的操作数混合在一起的时候。我们在编写 Verilog 代码的时候，尽量避免混合不同格式操作数的运算，在不可避免的时候再来考虑应用这些规则。读者需了解有这样一些规则，遇到问题时方便查阅，但在初学时不需要熟记它们。

代码 2-10 是有关位宽的一些例子。

代码 2-10 运算位宽的相关示例

```
1   logic [3:0] a = 4'hF;
2   logic [5:0] b = 6'h3A;
3   logic [11:0] c = {a*b};       // c 的值为 38
4   logic [11:0] d = a*b;         // d 的值为 870
5   logic signed [15:0] a0 = 16'sd30000, a1 = 16'sd20000;
6   logic signed [15:0] sum0 = (a0 + a1) >>> 1;              // sum0 = -7768
7   logic signed [15:0] sum1 = (17'sd0 + a0 + a1) >>> 1;     // sum1 =25000
8   logic signed [15:0] sum2 = (17'(a0) + a1) >>> 1;         // sum2 =25000
```

其中，第 3 行因计算后没有立即赋值而是先位拼接，因而按 6 位计算，$0xf \times 0x3a = 15 \times 58 = 870$，870 取低 6 位为 38；而第 4 行运算后直接赋给 12 位变量 d，因而按 12 位计算，结果为 870。

第 6 行，本意是取 a0 和 a1 的平均值，但 a0 和 a1 相加时并未立即赋值，而是先右移，因而加法按 16 位计算，其和因溢出得到 -15536，再右移 1 位得到 -7768，与本意不符；而第 7 行的加法自左向右结合，先计算 17'sd0 + a0，得到结果 17'sd30000，再与 a1 相加，得到结果 17'sd50000，避免了溢出，最后右移仍然得到 17 位结果 25000，赋给 16 位 sum1 时舍弃最高位，结果符合意图；第 8 行则使用类型转换达到了意图。

代码 2-11 是混合不同符号和位宽的操作数的一些例子。

代码 2-11 混合不同符号和位宽的相关示例

```
1   logic [7:0] a = 8'd250;                          // 8'd250 =8'hFA
2   logic signed [3:0] b = -4'sd6;                   //  -4'sd6(4'hA)
3   logic c = a == b;                                // c =0
4   logic d = a == -4'sd6;                           // d =1
5   logic e = 8'sd0 > -4'sd6;                        // e =1
6   logic f = 8'd0 < b;                              // f =1
7   logic [7:0] prod0 = 4'd9 * -4'sd7;               // prod0 =193
8   logic signed [7:0] prod1 = 4'd9 * -4'sd7;        // prod1 = -63
9   logic [7:0] prod2 = 8'd5 *b;                     // prod2 =50
10  logic [7:0] prod3 = 8'd5 * -4'sd6;               // prod3 =226
```

第 3 行，因 a 是无符号数，比较按无符号进行，b 将被高位填充 0 到 8 位得到 8'h0a 后与 a 比较，显然不相等，结果为 0。第 4 行，按无符号进行，但有符号常数高位填充符号位，得到 8'hfa后与 a 比较，两者相等，结果为 1。

第 5 行，比较按有符号进行，结果为 1。第 6 行，比较按无符号进行，b 被高位填充 0，得到 8'h0A 与 8'h0 比较，结果为 1。

第 7 行，乘法按无符号进行，4'd9 被填充成 8'd9， -4'sd7 高位填充 1，得到 8'd249，与 9 相乘取 8 位，得到 193。第 8 行与第 7 行一样，结果为 193，但最后赋给有符号数，得到数

值 -63，可以看到，这里有符号数和无符号数相乘，按无符号相乘，结果与按有符号相乘是一致的。

第 9 行，乘法按无符号进行，b 被高位填充 0，得到 8'd10 与 8'd5 相乘，结果为 50。第 10 行，乘法按无符号进行，-4'sd6 被高位填充符号位，得到 8'hfa =250，与 5 相乘取 8 位，得到 226。

表 2-6 中大部分操作符，特别是算术运算符的功能读者应该都能直接理解，下面几节将介绍一些初学者不易理解的操作符。

2.9.1 位选取操作符

位选取操作符用于选取多位数据中的 1 位或多位。无论原数据是否有符号，结果均为无符号。位选取操作符有两种使用形式，第一种使用 MSB 和 LSB：

```
<操作数>[<MSB 表达式>:<LSB 表达式>]
```

MSB 表达式和 LSB 表达式必须为常量表达式，如果操作数本身在定义的时候 MSB 索引大于 LSB 索引，则 MSB 表达式的值应不小于 LSB 表达式的值，如果操作数本身 MSB 索引小于 LSB 索引，则 MSB 表达式的值应不大于 LSB 表达式的值。

第二种使用 M/LSB 和位宽：

```
<操作数>[<M/LSB 表达式>(+:|-:)<位宽表达式>]
```

使用“+:”时，M/LSB 表达式为 MSB 和 LSB 中较小的一个，使用“-:”时，M/LSB 表达式为 MSB 和 LSB 中较大的一个。

M/LSB 表达式可以是变量表达式，而位宽表达式则必须是常量表达式。

代码 2-12 是一些例子。

代码 2-12 位选取操作符的示例

```
1   logic [15:0] a = 16'h5e39;                   // 16'b0101_1110_0011_1001
2   logic b = a[15], c = a['ha];                 // b=1'b0, c=1'b1
3   logic [3:0] d = a[11:8], e = a[13:10];       // d=4'b1110, e=4'b0111
4   logic [7:0] f = a[7:0], g = a[2*4:1];        // f=8'h39, g=8'b0001_1100
5   logic [7:0] h = a[4+:8], i = a[15-:8];       // h=8'he3, i=8'h5e
6   logic [3:0] j;
7   logic [2:0] k = a[j+2:j];                    // 语法错误,索引不能为变量表达式
8   logic [2:0] l = a[j+:3];                     // 假设 j=3, l=3'b111
9   ...
10  a[7:4] = 4'h9;                               // a=16'h5e99
11  a[4] = 1'b0;                                 // a=16'h5e89
12  ...
```

注意第 10、11 行，赋值语句实际需要放置在过程块中，这里只是示意，表示位选取操作可以作为赋值语句的左值。

2.9.2 位拼接和流运算符

位拼接运算符用于将多个数据拼接成更长的数据，常用形式如下：

```
{<操作数1>{,<操作数2>}}
```

花括号中可以有一个或多个操作数，多个操作数间以逗号隔开，无论操作数有无符号，位拼接的结果都是无符号数。左侧的操作数会放置在结果的高位。

还有将一个或多个操作数重复多次的形式：

```
{<重复次数>{<操作数1>{, <操作数2>}}}
```

其中重复次数必须是非负的常数或常量表达式。

代码 2-13 是位拼接操作符的一些例子。

代码 2-13 位拼接操作符的示例

```
 1   logic [7:0] a = 8'hc2;                     // a=1100_0010
 2   logic signed [3:0] b = -4'sh6;             // b=4'b1010=4'ha
 3   logic [11:0] c = {a, b};                   // c=12'hc2a
 4   logic [15:0] d = {3'b101, b, a, 1'b0};     // d=16'b101_1010_1100_0010_0
 5   logic [63:0] e = {4*4{b}};                 // e=64'haaaa_aaaa_aaaa_aaaa
 6   logic [17:0] f = {3{b, 2'b11}};            // f=18'b101011_101011_101011
 7   logic [15:0] g = {a, {4{2'b01}}};          // g=16'hc255
 8   ...
 9   {a, b} = 12'h9bf;                          // a=8'h9b, b=4'hf=-4'sh1
10   ...
```

第 9 行的赋值语句实际需要放置在过程块中，这里只是示意，表示位拼接操作可以作为赋值语句的左值。

流操作符用于将操作数按位、按几位一组或按元素重新组织次序，常用的形式为：

```
{(<< | >>)[<宽度> | <类型>]{<操作数1>{, <操作数2>}}}
```

其中宽度为常数或常量表达式，类型可以是 2.6 节中定长整型中的一种。代码 2-14 是流操作符的例子。

代码 2-14 流操作符的示例

```
 1   logic [15:0] a = 16'h37bf;                 // 16'b0011_0111_1011_1111
 2   logic [15:0] b = {>>{a}};                  // b=16'h37bf
 3   logic [15:0] c = {<<{a}};                  // c=16'hfdec=16'b1111_1101_1110_1100
 4   logic [19:0] d = {<<{4'ha, a}};            // d=16'hfdec5
 5   logic [15:0] e = {<< 4 {a}};               // e=16'hfb73
 6   logic [15:0] f = {<< 8 {a}};               // f=16'hbf37
 7   logic [15:0] g = {<< byte {a}};            // g=16'hbf37
 8   logic [8:0] h = {<< 3 {{<< {9'b110011100}}}};      // h=9'b011_110_001
 9   logic [3:0] i;
10   ...
11   {<<{i}} = 4'b1011;                         // i=4'b1101
12   {<< 2 {i}} = 4'b1011;                      // i=4'b1110
13   ...
```

其中第 2 行将 a 从左至右，即从高位到低位逐位排列，得到结果与 a 本身一致，第 3 行将 a 从右至左逐位排列，得到按位反向的结果。第 4 行将 4'ha=4'b1010 与 a 拼接，然后按位反向。

第 5 行，将 a 逐 4 位一组反向；第 6 行，将 a 逐 8 位一组反向，第 7 行效果与第 6 行一致。

第 8 行，将 9'b110_011_100 逐位反向后得到 9'b001_110_011，然后 3 位一组反向，得到

9'b011_110_001，整体可以理解为 3 位一组，组内按位反向，组间位置不变。

第 11、12 行，赋值语句实际应放在过程块中，这里只是示意，表示流操作可以作为赋值的左值。

2.9.3 按位逻辑运算符

按位逻辑运算符包括 &(与)、|(或)、^(异或)、~&(与非)、~|(或非)、~^、^~(同或)，是二元操作符，形式上与一元的缩减运算符是一样的，具体是按位逻辑运算符还是缩减运算符取决于左侧是否有操作数。

按位逻辑运算符将两个操作数的各个位一一对应作逻辑运算，如果两个操作数位宽不一致，则较短的那个将被补充高位，运算后得到的结果与两个操作数中较长者的位宽相同。按位逻辑运算符的作用容易理解，这里不举例，不过在有 x 和 z 参与时，情况稍稍复杂。

表 2-7 和表 2-8 是“与”和“或”逻辑运算符在有 x 和 z 参与运算时的情况。

表 2-7 & 运算

&	0	1	x	z
0	0	0	0	0
1	0	1	x	x
x	0	x	x	x
z	0	x	x	x

表 2-8 | 运算

|	0	1	x	z
0	0	1	x	x
1	1	1	1	1
x	x	1	x	x
z	x	1	x	x

表 2-9 和表 2-10 是“异或”和“非”逻辑运算符在有 x 和 z 参与运算时的情况。

表 2-9 ^运算

^	0	1	x	z
0	0	1	x	x
1	1	0	x	x
x	x	x	x	x
z	x	x	x	x

表 2-10 ~运算

~	
0	1
1	0
x	x
z	x

其他几个运算符的情况可以由上述四个组合而来。

2.9.4 缩减运算符

缩减运算符包括 &(与)、|(或)、^(异或)、~&(与非)、~|(或非)、~^、^~(同或)，是一元操作符。

缩减运算符将操作数中的所有位逐个进行逻辑运算(每次结果继续跟下一位进行逻辑运算)，得到 1 位输出。表 2-11 是缩减运算符的例子。其中异或缩减和同或缩减的作用相当于检测操作数中 1 的个数是奇数或偶数。

表 2-11 缩减运算符的例子

操作数	&	~&	|	~|	^	~^/^~
4'b0000	1'b0	1'b1	1'b0	1'b1	1'b0	1'b1
4'b0010	1'b0	1'b1	1'b1	1'b0	1'b1	1'b0
4'b1100	1'b0	1'b1	1'b1	1'b0	1'b0	1'b1
4'b1111	1'b1	1'b0	1'b1	1'b0	1'b0	1'b1

如果操作数中有 *x*、*z*，则规则与按位逻辑运算符一致。

2.9.5 移位

移位运算符分为逻辑移位运算符（“ << ” 和 “ >> ”）和算术移位运算符（“ <<< ” 和 “ >>> ”），它们将左侧的操作数按位左或右移动右侧操作数指定的位数。逻辑左移 “ << ” 和算术左移 “ <<< ” 将左侧操作数左移，高位舍弃，低位填充 0，两个功能一致。逻辑右移 “ >> ” 和算术右移 “ >>> ” 将左侧操作数右移，低位舍弃，逻辑右移移出的高位将填充 0；而算术右移移出的高位在左侧操作数为无符号数时填充 0，为有符号数时填充符号位。代码 2-15 是移位操作符的例子。

代码 2-15　移位操作符的示例

```
 1   logic [7:0] a = 8'h9c;                 // 8'b10011100 = 156
 2   logic signed [7:0] b = -8'sh64;        // 8'b10011100 = -100
 3   logic [7:0] c = a << 2;                // c = 8'b01110000
 4   logic [7:0] d = b << 2;                // d = 8'b01110000
 5   logic [7:0] e = b <<< 2;               // e = 8'b01110000
 6   logic [7:0] f = b >> 2;                // f = 8'b00100111 = 39
 7   logic [7:0] g = a >>> 2;               // g = 8'b00100111 = 39
 8   logic [7:0] h = b >>> 2;               // h = 8'b11100111 = -25
 9   logic [7:0] i = 9'sh9c;                // i = 9'b010011100
10   logic [7:0] j = i >>> 2;               // j = 8'b00100111
```

其中，第 8、10 行右移时，因左侧操作数为有符号数，高位填充符号位，分别为“1”和“0”。

算术左移运算 a <<< b 在不溢出的前提下，可理解为 $a \times 2^b$；算术右移运算 a >>> b，可理解为 $a/2^b$。

2.9.6 自增赋值和自减赋值

自增/自减运算符可写成这样几种形式：a++、a--、++a、--a，如果它们自成一句，则表示 a 值加 1 或减 1 赋回给 a，它们实际上也是赋值语句的一种。如果它们是表达式中的一部分，则运算符位于操作数左侧表示先自增/减，再参与表达式计算；而运算符位于操作数右侧则表示操作数先参与表达式计算，表达式完成之后再自增/减。代码 2-16 是自增/自减的一些例子。

代码 2-16　自增/自减示例

```
1   logic [3:0] a = 4'h3;
2   logic [3:0] b;
3   ...
4   a++;                                    // a = 4
5   a--;                                    // a = 3
6   b = 4'd1 + a++;                         // b = 4, a = 4
7   b = 4'd1 + ++a;                         // b = 6, a = 5
8   ...
```

第 6 行，a 的原值 3 先与 1 相加赋给 b，然后 a 自增；第 7 行，a 先自增得到 5，再与 1 相加赋给 b。

注意，在 Verilog 标准里并没有规定类似：

```
b = a++ + (a = a - 1);
```

这样有多个赋值在一个语句中的情况，赋值和运算的先后顺序、b 最后的值会是多少取决于不同编译器的实现。我们应避免写出这样的语句。

2.9.7 条件判断相关运算符

逻辑非(!)、与(&&)、或(||)、隐含(->)和等价(<->)都将操作数当作 1 位无符号来处理，0 值当作 1'b0，意为“假”，非 0 值当作 1'b1，意为“真”。如操作数中包含 x 或 z，则当作 1'bx。1'bx 与其他 1 位值的逻辑运算同按位逻辑运算规则一致。

对于与和或运算，如果左侧操作数已经能决定结果(在“与”中为 0 或在“或”中为 1)，则右侧表达式将不会被求值(意为当中如有赋值、函数都不会执行)。而对于隐含和等价运算，无论如何，两侧表达式均会被求值。

隐含运算(->)：

```
<操作数1> -> <操作数2>
```

等价于：

```
(! <操作数1> || <操作数2>)
```

即操作数 1 为假或操作数 2 为真，如 0 ->1、0 ->0、1 ->1、0 ->1'bx、1'bx ->1 的结果均为 1'b1。

而等价运算(<->)：

```
<操作数1> <-> <操作数2>
```

等价于：

```
((<操作数1> -> <操作数2>) && (<操作数2> -> <操作数1>))
```

相当于操作数 1 和操作数 2 同为真或同为假，如 0 <->0、1 <->1 的结果为 1'b1。

算术比较运算符(< 、<= 、>= 、>)比较简单，根据字面意义理解即可。如果算术比较运算的操作数中含有 x 或 z，则结果均为 1'bx。

相等、不等和条件相等、条件不等运算符的区别在于对 x 和 z 的处理。在相等、不等运算符中，当 x 或 z 引起结果不确定时，结果为 1'bx；而在条件相等、条件不等运算符中，x 和 z 位也参与比对。

通配相等和通配不等运算 a ==? b 和 a != ? b 中，操作数 b 中的 x 或 z 将当作通配符，不参与比较。

代码 2-17 是条件判断中与 x 和 z 相关的例子。

代码 2-17 条件判断中带有 x 和 z 的例子

```
1    logic a = 4'b0010 || 2'b1z;                  // a = 1'b1 | 1'bx = 1'b1
2    logic b = 4'b1001 < 4'b11xx;                 // b = 1'bx
3    logic c = 4'b1001 == 4'b100x;                // c = 1'bx
4    logic d = 4'b1001 != 4'b000x;                // d = 1'b1
```

```
5    logic e = 4'b1001 === 4'b100x;           // e = 1'b0
6    logic f = 4'b100x === 4'b100x;           // f = 1'b1
7    logic g = 4'b1001 ==? 4'b10xx;           // g = 1'b1
8    logic h = 4'b1001 !=? 4'b11??;           // h = 1'b1,? 即为 z
9    logic i = 4'b10x1 !=? 4'b100?;           // i = 1'bx
```

第 1 行或运算，未知值与 1 “或” 的结果为 1。第 2 行，虽然无论 4'b11xx 的后两位是什么值都大于 4'b1001，但根据标准，结果仍为 1'bx。第 3 行，x 会影响结果，因而结果为 1'bx。第 4 行，前几位已经不相同了，因而结果为 1'b1。

第 7、8 行，仅比较高两位。第 9 行，比较前三位，左侧 x 导致结果不明确，因而结果为 1'bx。

属于集合(inside)运算也是条件判断的一种，判断 inside 左侧操作数是否属于右侧集合。一般形式如下：

```
<表达式> inside {<集合>}
```

其中的集合可以是逗号分隔的元素列表(**<元素 1>, {<元素 *i*>}**)、范围(**[<下限>, <上限>]**)或数组，也可以是它们的任意组合。例如，`1 inside {1, 2, 3, [5:9]}` 为 1'b1；`4 inside {1, 2, 3, [5:9]}` 为 1'b0；`6 inside {1, 2, 3, [5:9]}` 为 1'b1。

2.9.8 条件运算符

条件运算符的使用格式如下：

```
<表达式1> ? <表达式2> : <表达式3>
```

如果表达式 1 为真，则返回表达式 2 的值，否则返回表达式 3 的值，未被返回值的表达式不会被求值。

注意条件运算符是自右向左结合的，因此可以有代码 2-18 所示的例子。

代码 2-18 条件运算符示例

```
1    logic [2:0] grade = (score >= 90) ? 4 :
2                        (score >= 80) ? 3 :
3                        (score >= 70) ? 2 :
4                        (score >= 60) ? 1 : 0;
```

这个例子并不是将 “`(s >= 90) ? 4 : (s >= 80)`” 作为一个整体当作第二个 “`?`” 的条件，而是自右向左结合，因而第 2 行及以后的内容均为第一个条件运算符的 “表达式 3”。以此类推。

2.9.9 let 语句

`let` 语句用来定义表达式模板，带有简单的端口列表，可理解为带参数的表达式，可在其他表达式里使用它。一般形式是：

```
let <表达式名>(<端口1>{, <端口i>}) = <引用端口的表达式>;
```

代码 2-19 是 let 语句的一些例子。

let 语句看起来与后面将讲到的带有参数的宏定义编译指令(`` `define``)类似，但 let 语句有作用域，而带参数的`` `define``则是全局有效的。对于带参数的表达式的定义，应尽量使用 let 语句。

代码 2-19 let 语句示例

```
1    let max(a, b) = a > b ? a : b;
2    let abs(a) = a > 0 ? a : -a;
3    logic signed [15:0] a, b, c;
4    ...
5    c = max(abs(a), abs(b));
6    ...
```

2.10 结构和联合

结构是多个相关量的集合，可以作为整体引用，也可引用其中的单个成员。

结构分为不紧凑的(unpacked)和紧凑的(packed)，默认是不紧凑的。不紧凑的结构可以包含任意数据类型，成员之间可能会因为要对齐到整字节而出现间隙。具体对齐方式标准中没有定义，取决于编译器，因而不能整体当作简单类型参与相关运算。而对齐的结构的内部成员之间没有位间隙，整体可以理解为一个多位数据，先定义的成员位于高位，可以整体参与算术或逻辑运算，可以指定有无符号。

代码 2-20 是结构定义的例子。

代码 2-20 中定义了两个匿名的结构，并同时定义了该结构类型的变量。

也可以使用“typedef”关键字为结构类型命名，而后使用该类型名定义变量或线网，如代码 2-21 所示。

其中第 1～4 行定义了名为 Cplx 的类型，第 5 行定义两个 Cplx 类型的变量 c0 和 c1，第 6 行则定义了 Cplx 类型的线网，并与 c0 相连接。

结构既可以整体引用或赋值，也可以使用成员运算符“.”选取内部成员引用或赋值。对结构整体的赋值可使用结构常数，一般形式如下：

```
'{<成员 1 值>{, <成员 i 值>}}
```

代码 2-20 结构定义示例

```
1    struct {
2        logic signed [15:0] re;
3        logic signed [15:0] im;
4    } c0, c1;
5    struct {
6        time t; integer val;
7    } a;
```

代码 2-21 使用 typedef 关键字定义结构类型

```
1    typedef struct {
2        logic signed [15:0] re;
3        logic signed [15:0] im;
4    } Cplx;
5    Cplx c0, c1;
6    wire Cplx c2 = c0;
```

事实上，其中成员的值也可以是变量，理解为“常形式、变成员”。

代码 2-22 是结构和成员访问的例子。

代码 2-22 结构和成员访问示例

```
1    logic signed [15:0] a = 16'sd3001;
2    logic signed [15:0] b = -16'sd8778;
3    Cplx c0, c1, c2;                        // c0 = c1 = c2 = '{x,x}
4    wire Cplx c3 = c1;                      // c3 = c1 = '{x,x}
5    wire Cplx c4 = '{a, b};                 // c4 = {3001, -8778}
6    ...
7    c0.re = 16'sd3001;                      // c0 = '{3001,x}
8    c0.im = b;                              // c0 = '{3001, -8778}
9    c1 = '{16'sd3001, -16'sd8778};          // c3 = c1 = {3001, -8778}
10   c2 = '{a, -16'sd1};                     // c2 = {3001, -1}
11   c2 = '{c2.im, c2.re};                   // c2 = { -1,3001}
12   a = 16'sd1;                             // c4 = {1, -8778}
13   ...
```

注意，线网类型是随着驱动它的变量的变化而变化的。

对齐的结构使用“packed”关键字定义，还可以使用 signed 或 unsigned 关键字指定当作整体运算时是否有符号。代码 2-23 是对齐的结构相关的例子。

代码 2-23 紧凑型结构示例

```
1    typedef struct packed signed {
2        logic signed [15:0] re;
3        logic signed [15:0] im;
4    } Cplx;
5    Cplx c0 = {16'sd5, -16'sd5};
6    logic signed [15:0] a = c0.re;          // a =5
7    logic signed [15:0] b = c0[31:16];      // b =5
8    logic [3:0] c = c0[17:14];              // c =4'b0111
9    Cplx c1 = {<<16{c0}};                   // c1 ='{-5,5}
```

联合与结构类似，只不过其中的成员共用值保持单元(线网或变量的位)。联合分为紧凑和不紧凑两类。不紧凑的联合的对齐方式在标准中没有定义，因而视编译器不同，有可能各成员未必严格共用值保持单元。FPGA 编译工具一般不支持不紧凑的联合。

代码 2-24 是联合的例子。

代码 2-24 联合示例

```
1    typedef union packed {
2        logic [15:0] val;
3        struct packed {
4            logic [7:0] msbyte;
5            logic [7:0] lsbyte;
6        } bytes;
7    } Abc;
8    Abc a;
9    ...
10   a.val = 16'h12a3;              // a.byte.msbyte =8'h12, lsbyte =8'a3
11   a.bytes.msbyte = 8'hcd;        // a.val =16'hcda3
12   ...
```

联合 Abc 中，val 和 bytes 结构占用相同单元，因而给 a. val 赋值时，a. bytes 中的内容同时变化，而给 a. bytes. msbyte 赋值时，a. val 的高字节同时变化。

联合还有带标签的类型(tagged)，使用额外的位记录标签，指示联合中的当前有效成员。其可整体赋值，赋值的同时使用 tagged 关键字设定有效成员并对其赋值。访问时，只能访问当前有效成员。FPGA 编译器对带标签的联合的支持有一定限制。

代码 2-25 是带标签的联合的例子。

代码 2-25 带标签的联合示例

```
1    typedef union tagged {
2        logic [31:0] val;
3        struct packed {
4            byte b3, b2, b1, b0;
5        } bytes;
6    } Abct;
7    Abct ut;
8    logic [31:0] c;
```

```
 9    byte d;
10    ...
11    ut.val = 32'h7a3f5569;                                  // 无效语句
12    ut = tagged val 32'h1234abcd;                           // 被赋值,并标记 val 为有效成员
13    d = ut.bytes.b0;                                        // 无效语句
14    ut = tagged bytes '{'h11, 'h22, 'h33, 'h44};
15                                                            // 被赋值,并标记 bytes 为有效成员
16    d = ut.bytes.b0;                                        // 有效访问,d=8'h44
17    ...
```

第11行，因ut还没有被标记为有效成员，因而不能被赋值；第13行，当前有效成员为val，因而不能访问bytes。

2.11 数组

数组是一系列变量或线网的顺序组合。数组有以下几种常用的定义形式：

```
<简单整型> [<位索引1范围>]{[<位索引i范围>]} <数组名>;
<简单整型> {[<位索引范围>]} <数组名>[<元素索引1范围>]{[<元素索引i范围>]};
<复合类型> <数组名>[<元素索引1范围>]{[<元素索引i范围>]};
```

其中第一种定义的数组称为紧凑(packed)数组。事实上，多位的logic、bit本身就是紧凑数组的一种，位选择也就是数组元素选择。多索引，即多维的紧凑数组本身相当于一个长整型数据，可以当作一个整型数据使用。

后两种是非紧凑数组，复合类型可以是结构、联合等。即使是整型非紧凑数组，一般也能当作整型整体使用。对任何数组或数组中的一段连续部分都可以用对等的类型整体赋值。

位索引范围的写法与变量位宽定义的写法一样，元素索引范围的写法除了可以与变量位宽定义的写法一样，还可以只写明元素数量。引用数组元素与变量的位选取写法一样。

对于形如：

```
<类型> [i - 1 : 0][j - 1 : 0] <数组名> [0 : m - 1][0 : n - 1];
```

等价于

```
<类型> [i - 1 : 0][j - 1 : 0] <数组名> [m][n];
```

一般称它有 $m \times n$ 个元素，每个元素为 $i \times j$ 位。访问时：

```
<数组名> [m - 1][n - 1]
```

是它的最后一个元素，有 $i \times j$ 位。

```
<数组名> [m - 1][n - 1][i - 1]
```

是它的最后一个元素的最高一个 j 位组。

```
<数组名> [m - 1][n - 1][i - 1][j - 1]
```

是它的最后一个元素的最高位。

数组的赋值可使用数组常数，与结构常数类似。

代码2-26是数组的一些例子。

代码 2-26 数组示例

```
1   logic [3:0][7:0] a[0:1][0:2] ='{
2       '{32'h00112233, 32'h112a3a44, 32'h22334455},
3       '{32'h33445566, 32'h4455aa77, 32'hf5667788}};
4   logic [31:0] b = a[0][2];                   // 32'h22334455;
5   logic [15:0] c = a[0][1][2:1];              // 16'h2a3a;
6   logic [7:0] d = a[1][1][1];                 // 8'haa;
7   logic [3:0] e = a[1][2][3][4 +:4];          // 4'hf;
8   ...
9   a[0][0][3:2] = a[1][0][1:0];                // a[0][0]=32'h55662233
10  ...
```

2.12 赋值、过程和块

赋值用来驱动线网或变量，驱动线网可理解为构建线网的连接，驱动变量则是赋予变量新的值。Verilog 中赋值主要有两种：

1）持续赋值，持续赋值使得线网持续接收右值，相当于直接连接到组合逻辑的输出。

2）过程赋值，只是在特定事件发生时更新变量的值，而变量则会保持该值直到下一次更新。

此外还有过程持续赋值，但其在 FPGA 设计中并不常用，这里不作介绍。持续赋值的左值只能是线网，而过程赋值的左值只能是变量。

持续赋值有两种形式：在线网定义时赋值和使用 assign 语句赋值。在线网定义时赋值在前面几节的例子中已经出现很多了。assign 语句赋值的一般形式如下：

```
assign <线网名1> = <表达式1>{, <线网名i> = <表达式i>};
```

过程赋值只能位于过程中。过程是受一定条件触发而执行的代码结构，在 Verilog 中，有以下几种过程。

1）initial 过程，在启动(仿真开始或实际电路启动)时开始，执行一次。initial 多用于仿真，其中的内容根据编译器和 FPGA 的具体情况，部分可综合。一般在编译期处理，用于初始化寄存器的上电值或初始化存储器的内容。

2）always 过程，又分为以下几种。

- always 过程，可指定或不指定触发事件。不指定触发事件时，从启动时开始周而复始地执行。指定触发事件时，在事件发生时执行。
- always_comb 过程，专用于描述组合逻辑，在过程内的语句所依赖的任何一个值发生变化时执行，输出随着输入的变化而立即变化，正是组合逻辑的行为。
- always_latch 过程，专用于描述锁存器逻辑，由指定的线网或变量的值触发内部语句执行，在 FPGA 中应避免出现锁存器，因而，本书不会专门介绍 always_latch 过程。
- always_ff 过程，专用于描述触发器逻辑(ff 是触发器 flip-flop 的缩写)，当指定的线网或变量(即时钟)出现指定跳沿时执行。

3）final 过程，在仿真结束时执行一次。

4）task 过程，即任务。

5）function 过程，即函数。

任务和函数将在后续小节讲到。

过程中的语句常常不止一句，Verilog 使用块组合多条语句，块有两种：

1）顺序块，使用 begin-end 包裹，其中的多条语句是逐条执行的。

2）并行块，使用 fork-join 包裹，其中的多条语句是同时执行的。

顺序块是可综合的，而并行块一般是不可综合的，多用于编写测试代码。

2.12.1 赋值的延迟

实际电路是有传输延迟的。在 Verilog 中，可在赋值语句中增加延迟，以模拟实际情况或产生需要的时序。延迟常用于编写测试代码，对实际电路来说是不可综合的，在综合过程中会忽略代码中的延迟。

在赋值语句中指定延迟有以下几种常用形式：

```
#<时间> <变量> = <表达式>;
<变量> = #<时间> <表达式>;
assign #<时间> <线网> = <表达式>;
```

前两种延迟赋值在顺序块(begin-end)中，语句本身占用执行时间。第三种形式意为表达式的值变化之后，线网受到其影响将延迟。

在定义线网时，也可以指定线网的延迟，意为任何驱动该线网的变化都将延迟：

```
<线网类型> [<数据类型符号位宽>] #<时间> <标识符>...;
```

代码 2-27 是关于延迟的例子。

代码 2-27 begin-end 块中的延迟示例

```
1    logic [7:0] a = 8'd0, b = 8'd0;
2    wire [7:0] #5ns c = a;
3    wire [7:0] d;
4    assign #2ns d = c;
5    initial begin
6        #10ns a = 8'd10;
7        #20ns a = 8'd20;
8        b = #10ns 8'd30;
9        b = #20ns 8'd40;
10       #30ns a = 8'd30;
11   end
```

第 2 行定义 c，并使得 c 随着 a 的变化而变化，但延迟 5ns；第 4 行将 d 连接到 c，随着 c 的变化而变化，但延迟 2ns，相对于 a 则延迟 7ns。

第 5 ~ 11 行是 initial 过程，其内容为一个 begin-end 块。在仿真启动时，块内容开始执行。10ns 时 a 值变为 10，于是 15ns 时 c 变为 10，17ns 时 d 变为 10；30ns 时，a 值变为 20；40ns 时，b 变为 30；60ns 时，b 变为 40；90ns 时，a 变为 30。其波形如图 2-4 所示。

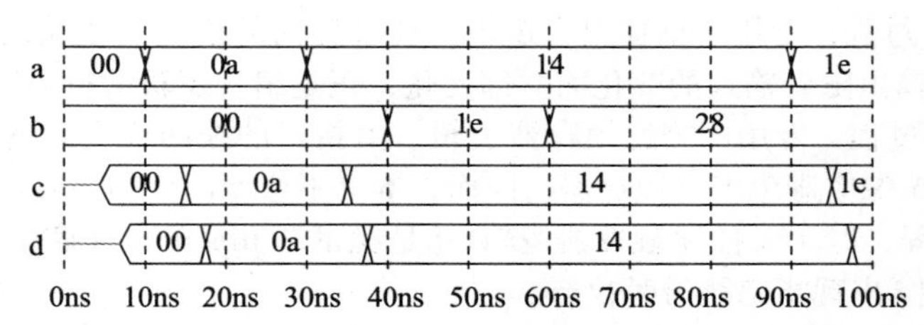

图 2-4 代码 2-27 的波形

如果将其中的 begin-end 块换为 fork-join 块，如代码 2-28 所示。

第 6～10 行语句将同时执行。a 在 10ns 时变为 10，在 20ns 时变为 20，在 30ns 时变为 30；b 在 10ns 时变为 30，在 20ns 时变为 40。波形如图 2-5 所示。

代码 2-28　fork-join 中的延迟示例

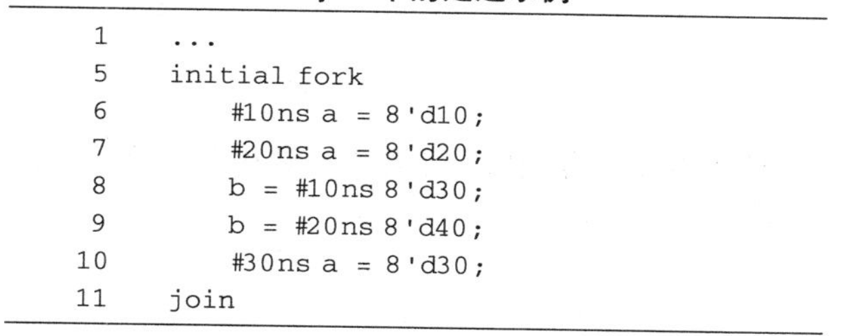

```
1    ...
5    initial fork
6        #10ns a = 8'd10;
7        #20ns a = 8'd20;
8        b = #10ns 8'd30;
9        b = #20ns 8'd40;
10       #30ns a = 8'd30;
11   join
```

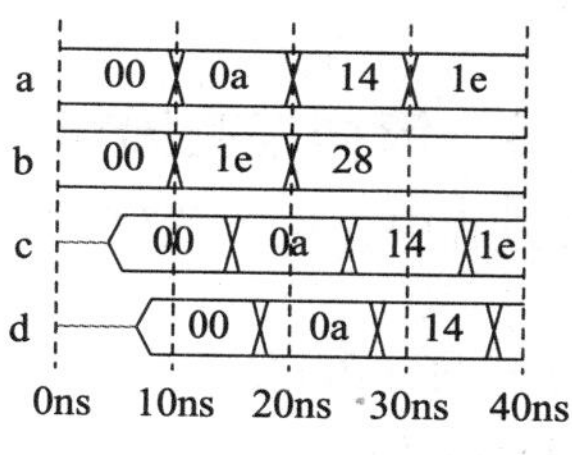

图 2-5　代码 2-28 的波形

在 Verilog 中，赋值中除了可指定延迟外，还能指定触发事件，后续章节将有提及，这里不专门介绍。

2.12.2　赋值的强度

在 2.5 节中提到了驱动强度。驱动强度在 FPGA 设计里是不能综合的，但对编写测试代码比较有用，初学者不必熟记本节知识。Verilog 中驱动强度有以下几种：

1）1 的强度，由强到弱：supply1、strong1、pull1、weak1、highz1。

2）0 的强度，由强到弱：supply0、strong0、pull0、weak0、highz0。

如果要对线网指定驱动强度，可以在线网定义时：

```
<线网类型> (<1 的强度>, <0 的强度>) [<数据类型符号位宽>] <标识符>...;
```

也可在持续赋值时：

```
assign (<1 的强度>, <0 的强度>) <线网名1>...;
```

其中 1 的强度和 0 的强度不能同为 highz。线网被不同强度驱动时，以最强的为准；当有多个最强强度时，则根据 2.5 节多重驱动的规则而定。

代码 2-29 是有关驱动强度的例子。

代码 2-29　驱动强度的示例

```
1    logic [1:0] data = '1;
2    logic pup = '0;
3    wire (pull1, highz0) sda = pup;
4    assign (highz1, strong0) sda = data[0];
5    assign (highz1, strong0) sda = data[1];
6    initial begin                          //      pup + data[0] + data[1]
7        #10ns data[0] = '0;                // sda: hz0 + st0 + hz1 = st0
8        #10ns data[1] = '0;                // sda: hz0 + st0 + st0 = st0
9        #10ns data = '1;                   // sda: hz0 + hz1 + hz1 = hz
10       #10ns pup = '1;                    // sda: pu1 + hz1 + hz1 = pu1
11       #10ns data[0] = '0;                // sda: pu1 + st0 + hz1 = st0
12       #10ns data[1] = '0;                // sda: pu1 + st0 + st0 = st0
13   end
```

第 7 行，10ns 时，驱动 sda 的三个源分别是：pup 为 highz0、data[0]为 strong0、data[1]为 highz1，所以结果为 strong0；第 9 行，30ns 时，全部三个源为 highz，所以结果为 highz；第 10 行，一个 pull1、两个 high1，所以结果为 pull1；第 11 行，data[0]为 strong0，所以结果为 strong0。

2.12.3 流程控制语句

在过程中，除了赋值，更多的逻辑功能使用流程控制语句实现。常用的流程控制语句如下。

1）if-else 语句。

2）case 语句，包括：

- case 语句
- casez 语句
- casex 语句

3）循环语句，包括：

- forever 语句
- repeat 语句
- while 语句
- do-while 语句
- for 语句
- foreach 语句

if-else 语句的形式一般是：

```
[unique | unique0 | priority] if( <条件表达式 1 >) <单一语句或块 1 >
{else if( <条件表达式 i >) <单一语句或块 i >}
[else <单一语句或块 j >]
```

其中的语句和块也可以是仅包含一个分号的空语句。上述形式的意义是：如果条件表达式 1 为真，则执行语句或块 1；否则如果条件表达式 i 为真，则执行语句或块 i，有多个 else if 的以此类推；最后，如果前面的条件表达式均为假，则执行语句或块 j。一旦任何一个语句或块被执行，整个 if-else 语句结束，因而，if-else 语句中的条件表达式将逐一求值，直到遇到值为真的表达式，则后续表达式将不被求值。

case 语句的一般形式是：

```
[unique | unique0 | priority] (case | casez | casex)( <条件表达式 >) [inside | match]
<条件项 1 >{, <条件项 2 >}: <单一语句或块 1 >
{ <条件项 i >{, <条件项 i +1 >}: <单一语句或块 i >}
[default: <单一语句或块 j >]
endcase
```

其中条件表达式和条件项可以但只能有一个是常数或常量表达式。意为如果条件表达式与条件项 1 匹配，则执行语句或块 1；如果条件表达式与条件项 2 匹配，则执行语句或块 2；以此类推，如果没有匹配，则指定语句或块 j。熟悉 C 语言的读者需注意，Verilog 的 case 本身不能穿越条件，因而没有也不需要 break 语句。

case 语句的匹配需要条件表达式和条件项中的 z 和 x 均一致。

casez 则将条件表达式和条件项中的 z(?)视为无关，不参与匹配。

casex 则将条件表达式和条件项中的 x 和 z(?)均视为无关，不参与匹配。

如果使用 inside 关键字，则条件项可以是集合(见 2.9.7 节 inside 操作符部分)；如果使用 match 关键字，则可匹配带标签的联合的活动元素和元素内容。

if-else 语句和 case 语句还可以使用 unique、unique0 或 priority 关键字修饰(置于 if 或 case 关键字之前)。它们的意义分别如下。

1) unique:

- 要求所有条件互斥，即不能有任何情况使得多个条件表达式为真或匹配多个条件项。
- 要求分支完备，即不能有任何情况使得所有条件表达式为假或不匹配任何条件项(有 else 或 default 除外)。

2) unique0，要求所有条件互斥，但不要求分支完备。

3) priority，当条件重叠，即有情况使得多个条件表达式为真或匹配多个条件项时，靠前者优先。

forever 语句的形式如下:

```
forever <单一语句或块>
```

意为语句或块将被一直重复执行。

repeat 语句的形式如下:

```
repeat(<次数表达式>) <单一语句或块>
```

意为语句或块将重复执行由次数表达式指定的次数；如果次数表达式的值包含 z 或 x，则按 0 处理。

while 语句的一般形式如下:

```
while(<条件表达式>) <单一语句或块>
```

意为如果条件表达式为真，则重复执行语句或块，直到条件表达式为假，一般条件表达式的值应依赖于语句或块，否则将形成无限循环。

do-while 语句的一般形式如下:

```
do <单一语句或块> while(<条件表达式>)
```

意为先执行一次语句或块，然后求条件表达式。如为真，则重复执行，否则结束。一般条件表达式的值应依赖于语句或块，否则将形成无限循环。

for 语句的一般形式如下:

```
for([<初始语句>]; [<条件表达式>]; [<步进语句>]) <单一语句或块>
```

括号中初始语句和步进语句也可以是由逗号分隔的多句:

```
for([<初始语句1>{, <初始语句i>}]; [<条件表达式>]; [<步进语句1>{, <步进语句j>}]) <单
一语句或块>
```

意为先执行初始语句，然后求条件表达式，如为真则执行语句或块，然后执行步进语句，再次求条件表达式，如为真，依此循环，直到条件表达式为假，整个语句结束。步进语句一般是对条件表达式所依赖的变量进行更新，如果语句或块包含对条件表达式所依赖的变量更新，

步进语句也可以与条件表达式无关。

foreach 语句用于穷举数组中的元素，一般形式如下：

```
foreach(<数组名>[<标识符1>{,<标识符i>}]) <单一语句或块>
```

其中数组名为待穷举的数组名，标识符为新命名的标识符，用来按次序匹配元素的索引，可在语句或块中作为整数使用，例如：

```
foreach(arr[i, j]) arr[i][j] = i + j;
```

将使 arr 中的每个元素赋值为其两个索引之和。

值得注意的是，硬件描述语言描述的是各电路单元同时运作的电路，上述所有循环语句并不意味着其中的语句按时间先后在一步一步地执行，而是 EDA 工具综合出一个“庞大的”电路来完成整个循环过程描述的行为。这个电路一般是组合逻辑电路，结果将随着输入的变化而变化，仅有必要的电路延迟，电路规模取决于循环的次数和内容。因此，在使用循环语句编写需要综合成实际电路的代码时要十分小心，以避免过多的资源消耗。

2.12.4 always 过程

always 过程是 Verilog 中，特别是 FPGA 设计中最重要的语法元素。重要的逻辑结构基本都是由 always 过程实现的。

通用 always 过程的一般形式有：

```
always <单一语句或块>
always@ (<敏感值列表>) <单一语句或块>
always@ (*) <单一语句或块>
always@ (<事件列表>) <单一语句或块>
```

第一种形式，没有指定过程执行的触发条件，过程将不断重复执行。

第二种形式，敏感值的形式一般是：

```
<变量或线网1>{(,|or) <变量或线网i>}
```

当敏感值列表中的任何一个变量或线网发生值改变时，过程执行。如果块内语句依赖的所有变量和线网都在敏感值列表中列出，则 always 过程块将形成组合逻辑；如果块内语句依赖的变量和线网只有部分在敏感值列表中列出或者内部语句存在分支不完整，则 always 过程块将形成锁存器逻辑。

第三种形式，使用“*”代替敏感值列表，编译器将自动找出块内语句依赖的所有变量填充，主要用于实现组合逻辑。

第四种形式，事件的最常用形式是：

```
(posedge|negedge|edge) <变量或线网1>{(,|or) (posedge|negedge|edge) <变量或线网i>}
```

意为事件列表中的任何一个变量或线网出现上升沿(posedge)、下降沿(negedge)或任意沿(edge)时，触发过程执行，主要用于实现触发器(时序逻辑)。在 FPGA 设计中，限于 FPGA 的内部结构，一般只能使用 posedge。如果使用 negedge 将占用更多单元，而 edge 则一般不能使用。

用作沿触发的变量和线网如果有多位，将只有最低位有效。当电平由 0 变为 1、x 或 z 时，或电平由 x 或 z 变为 1 时，均认为是上升沿；当电平由 1 变为 0、x 或 z 时，或电平由 x 或 z 变为 0 时，均认为是下降沿。

代码 2-30 是 always 过程使用的一些例子。

代码 2-30　通用 always 过程示例

```
 1  logic ck = '1;
 2  wire #2ns clk = ck;                      // 将 ck 延迟 2ns 得到 clk
 3  logic [7:0] a = '0, b = '0;
 4  logic [7:0] c, d, e, f;
 5  always begin
 6      #10ns ck = ~ck;                      // 产生周期 20ns 的时钟 ck
 7  end
 8  always begin
 9      #5ns a = a + 8'b1;                   // 产生 10ns 周期递增的 a
10      #5ns b = b + 8'b1;                   // 产生 10ns 周期递增的 b
11  end
12  always@(a, b) begin                      // 组合逻辑加法器
13      c = a + b;
14  end
15  always@(*) begin                         // 与上一个 always 过程等价
16      d = a + b;
17  end
18  always@(clk, a) begin                    // clk 控制的锁存器
19      if(clk) e = a;
20  end
21  always@(posedge clk) begin               // clk 上升沿触发的触发器
22      f = a;
23  end
```

第 5 行的 always 过程没有敏感值或事件列表，它将周而复始地执行，每 10ns 将 ck 反相，产生 20ns 周期的时钟，第 2 行将 ck 延迟 2ns 得到 clk。第 8 行的 always 过程也没有敏感值或事件列表，产生 10ns 周期递增的 a 和 b，a 相对于 b 超前 5ns 变化。

第 12 行的 always 过程带有敏感值列表，当 a 或 b 的值发生变化时，c 赋值为 a 和 b 的和，形成组合逻辑，注意其中的逗号也可替换为 or 关键字。第 15 行的 always 块使用了“＊”，与第 12 行的 always 过程等价。

第 18 行的 always 过程带有敏感值列表，当 clk 或 a 的值发生变化，且 clk 为高时 e 赋值为 a，因而 clk 为高电平时，e 随着 a 的变化而变化，clk 为低的情况没有写出，e 保持原值，形成锁存器。

第 18 行的 always 过程带有事件列表，在 clk 出现上升沿时，f 赋值为 a，形成触发器。

仿真波形如图 2-6 所示。

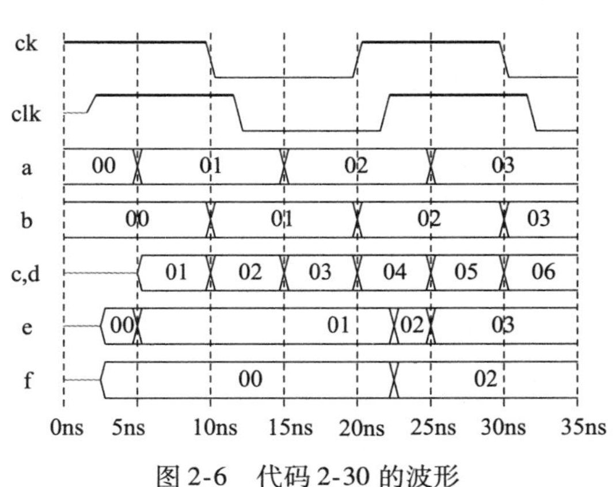

图 2-6　代码 2-30 的波形

值得注意的是，虽然 c 和 d 由组合逻辑驱

动，但直到 a 或 b 的值在 5ns 时第一次变化，它们才出现正确的值，这与真实的组合逻辑电路稍有不符。

Verilog 还提供了专用于组合逻辑、锁存器和触发器的 always_comb、always_latch 和 always_ff 过程，这里介绍 always_comb 和 always_ff 过程。建议在描述组合逻辑和触发器逻辑时使用这两个专用的过程，而不是使用通用 always 过程。

always_comb 过程的形式为：

```
always_comb <单一语句或块>
```

非常简单，与用 always@ (*) 描述的组合逻辑相比有以下优点：

- 启动时会执行一次，与真实组合逻辑电路的行为相符。
- 不允许被驱动的变量在任何其他过程中驱动。
- 如果内部条件分支不完整，会形成锁存器，编译器会给出警告。

always_ff 过程的常用形式为：

```
always_ff@ (posedge <时钟> iff <时钟使能条件> or posedge <异步复位>)
```

当然，其中的 posedge 也可以是 negedge 或 edge，后面还可以增加更多的异步控制。不过对于 FPGA 来说，限于其内部结构，一般应使用 posedge，并且至多一个异步复位。

代码 2-31 是 always_comb 和 always_ff 的例子。

代码 2-31 always_ comb 和 always_ ff 过程示例

```
1    always_comb begin                                   // 组合逻辑加法器
2        c = a + b;
3    end
4    always_comb begin                                   // 错误,因分支不完备,实际为锁存器
5        if(clk) d = a + b;
6    end
7    always_comb begin                                   // 组合逻辑,包含加法器和减法器,
8        if(clk) e = a + b;                              // 并由 clk 控制数据选择器选择
9        else e = a - b;
10   end
11   always_ff@(posedge clk) begin                       // clk 上升沿触发的触发器
12       f = a;
13   end
14   always_ff@(posedge clk iff en)                      // clk 上升沿触发的触发器,并带有使能
15   begin                                               // 输入 en,当 en 为高时,时钟有效
16       g = a;
17   end
18   always_ff@(posedge clk iff en | rst)                // clk 上升沿触发
19   begin                                               // 带有使能和同步复位
20       if(rst) h = '0;
21       else h = a;
22   end
23   always_ff@(posedge clk iff en or posedge arst)      // clk 上升沿触发
24   begin                                               // 带有使能和异步复位
25       if(arst) i = '0;                                // arst 上升沿或为高时 i 复位
26       else i = a;
27   end
```

“iff”关键字描述的使能采用的是门控时钟的方式，但限于 FPGA 结构，门控时钟并不利于 FPGA 综合，最好采用 Q-D 反馈的形式。上述例子中最后三个 always_ff 过程可修改为代码 2-32 的写法，推荐在 FPGA 设计中使用。

代码 2-32 避免门控时钟的触发器使能和复位

```
1   always_ff@(posedge clk)                        // clk 上升沿触发的触发器,并带有使能
2   begin
3       if(en) g = a;                              // 当 en 为高时,才更新 g
4   end
5   always_ff@(posedge clk)                        // clk 上升沿触发
6   begin                                          // 带有使能和同步复位
7       if(rst) h = '0;
8       else if(en) h = a;
9   end
10  always_ff@(posedge clk or posedge arst)        // clk 上升沿触发
11  begin                                          // 带有使能异步复位
12      if(arst) i = '0;                           // arst 上升沿或为高时 i 复位
13      else if(en) i = a;
14  end
```

2.12.5 阻塞和非阻塞赋值

除非阻塞赋值(<=)以外的所有赋值均为阻塞赋值。

在顺序块中，阻塞赋值语句将“阻塞”后面语句的求值和赋值，即阻塞赋值语句是按书写次序逐条求值和赋值的；而非阻塞赋值语句不会“阻塞”后面语句的求值和赋值，所有非阻塞语句将与最后一条阻塞赋值语句同时执行。例如代码 2-33 所示。

代码 2-33 initial 过程中混合阻塞赋值和非阻塞赋值示例

```
1   logic a = '0, b = '0, c;
2   initial begin                  // 执行次序  结果
3       a = '1;                    //   1      a = 1
4       b = a;                     //   2      b = 1, 使用次序 1 之后的 a
5       a <= '0;                   //   4      a = 0
6       b <= a;                    //   4      b = 1, 使用次序 3 之后的 a
7       c = '0;                    //   3      c = 0
8       c = b;                     //   4      c = 1, 使用次序 3 之后的 b
9   end
```

最终的结果将是 a = 0，b = 1，c = 1。

在 always_ff 过程中混合阻塞和非阻塞赋值语句的示例见代码 2-34。

代码 2-34 always_ ff 过程中混合阻塞赋值和非阻塞赋值示例

```
1   logic clk = '1;
2   always #10 clk = ~clk;
3   logic [1:0] a[4] = '{'0, '0, '0, '0};
4   always_ff@(posedge clk) begin :eg0      // 一个时钟过后 a[0] =2'b11
5       a[0][0] = '1;
6       a[0][1] = a[0][0];
```

```
7     end
8     always_ff@(posedge clk) begin :eg1        // 一个时钟过后 a[1]=2'b11
9         a[1][0] = '1;
10        a[1][1] <= a[1][0];
11    end
12    always_ff@(posedge clk) begin :eg2        // 一个时钟过后 a[2]=2'b01
13        a[2][0] <= '1;
14        a[2][1] = a[2][0];
15    end
16    always_ff@(posedge clk) begin :eg3        // 一个时钟过后 a[3]=2'b01
17        a[3][0] <= '1;
18        a[3][1] <= a[3][0];
19    end
```

在上面的例子中，前两个块的两条语句是分两个次序赋值的，一个时钟过后，a[0]和a[1]的两位均为1；后两个块的两条语句是同一个次序赋值的，一个时钟过后，a[2]和a[3]均为2'b01。因此，前两个always_ff过程实际上只综合出一个触发器，a[?][0]和a[?][1]均连接到这个D触发器的输出，如图2-7所示；后两个always_ff过程实际上综合出两个D触发器，一个是a[?][0]，另一个是a[?][1]，它们级联，形成一个移位寄存器，如图2-8所示。

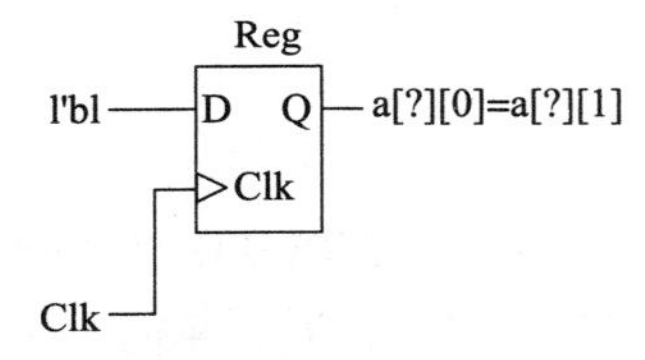

图2-7　两个变量形成一个触发器

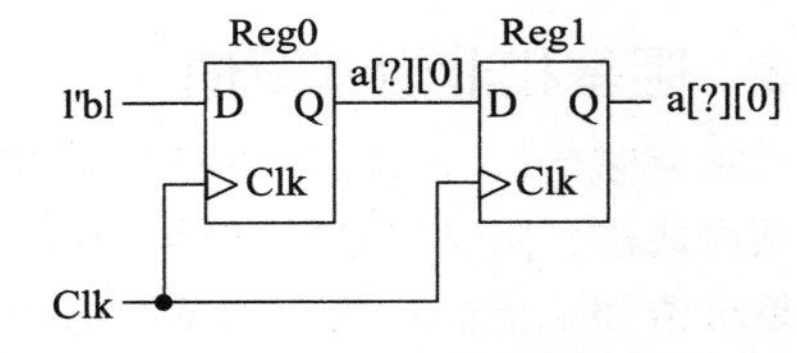

图2-8　两个变量形成两个触发器

在always_comb过程中混合阻塞和非阻塞赋值语句的示例见代码2-35。

代码2-35　always_comb过程中混合阻塞赋值和非阻塞赋值示例

```
1     logic [3:0] a = 4'd0;
2     always #10 a = a + 4'd1;
3     logic [3:0] b[4], c[4];
4     always_comb begin
5         b[0] = a + 4'd1;                      // b[0]=a+1
6         c[0] = b[0] + 4'd1;                   // c[0]=a+2
7     end
8     always_comb begin
9         b[1] = a + 4'd1;                      // b[1]=a+1
10        c[1] <= b[1] + 4'd1;                  // c[1]=a+2
11    end
12    always_comb begin
13        b[2] <= a + 4'd1;                     // b[2]=a+1
14        c[2] = b[2] + 4'd1;                   // c[2]将形成触发器锁定 a 变化前的 b+1
15    end
16    always_comb begin
17        b[3] <= a + 4'd1;                     // b[3]=a+1
18        c[3] <= b[3] + 4'd1;                  // c[3]将形成触发器锁定 a 变化前的 b+1
19    end
```

其中，前两个过程块将正常构成组合逻辑，如图 2-9 所示。但后两个过程块将形成一个由 a 的值改变触发的触发器，如图 2-10 所示。这与预期不符。

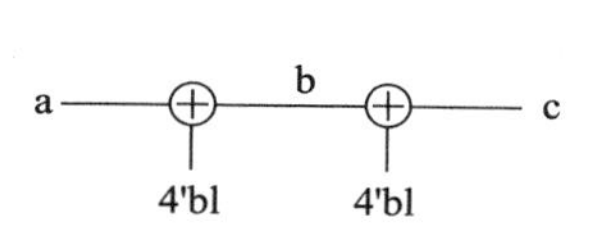

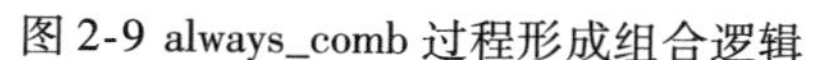
图 2-9 always_comb 过程形成组合逻辑

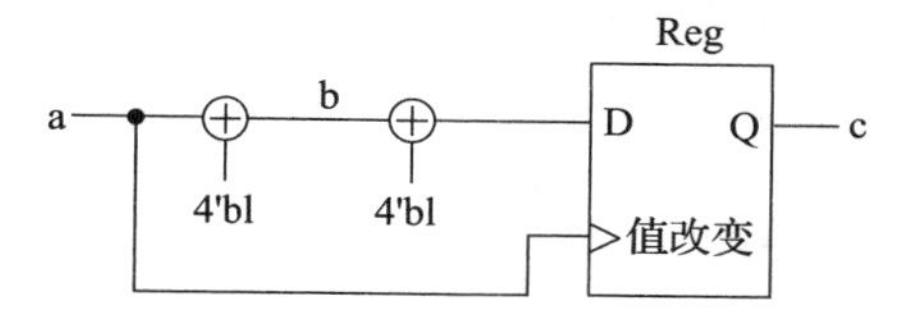

图 2-10 always_comb 过程形成触发器

从上面两段示例代码可以看出，混有阻塞赋值语句和非阻塞赋值语句的过程块是比较难于理解和确定代码行为的。因此，强烈建议：

- 描述触发器逻辑的时候一律使用非阻塞赋值，这样每个被赋值的变量都形成触发器。
- 描述组合逻辑的时候一律使用阻塞赋值，这样可以确保不会出现触发器。
- 在测试代码中使用 initial 过程或不带敏感值/事件列表的 always 过程时使用阻塞赋值，以形成便于理解的时序。

2.13 模块

模块是 Verilog 中最基础的结构，逻辑设计的层次化就是由模块实现的。模块用来封装数字逻辑的数据、功能以及时序。模块可大可小，或小到实现一个逻辑门，或大到实现一个 CPU。

模块本身只是一张“图纸”，在需要用到模块功能的时候，需要将它“实例化”，一个模块可以在不同地方被多次实例化，实现了代码的可重用性。一个设计最顶层的模块是由仿真器或编译器来实例化的。

使用关键字 module 和 endmodule 来定义一个模块，例如代码 2-36。

该代码描述了一个名为“hello_world”的模块，功能是在仿真环境中显示“Hello World!”字符串，这个功能只能用于仿真验证，是不能被综合为实际电路的。注意在模块标识符后面有分号，而在 endmodule 关键字后没有分号。

代码 2-36 hello_ world 模块

```
1   module hello_world;
2       initial begin
3           $display("Hello World!");
4       end
5   endmodule
```

再如代码 2-37。

代码 2-37 非门模块

```
1   module not_gate (
2       input wire loigc a,              // 输入端口,logic 型线网
3       output var logic y               /* 输出端口,logic 型变量 */
4   );
5       assign y = ~a;
6   endmodule
```

该代码描述了一个名为 not_gate 的非门，功能就是一个非门，可以被综合为实际电路。实际的电路总是有输入输出的，因而它比代码 2-36 增加了模块的端口，对于非门，有一个输入 a 和一个输出 y。第 2 和第 3 行的 input 和 output 关键字指明端口的方向，这两行后面还包含注释，

分别是由“//”引导的单行注释和由“/*”和“*/”包裹的块注释。第5行的 assign 赋值语句将 a 取反赋给 y。

模块定义的常见形式是：

```
module <模块名> [(
    (input | output | inout) (<线网定义1> | <变量定义1>){,
    (input | output | inout) (<线网定义 i> | <变量定义 i>)}
)];
    {<模块内容>}
endmodule[:<模块名>]
```

其中，圆括号中的内容称为端口列表，每一行可定义一个端口或多个同向同类型的端口。

input、output、inout 用于指定端口方向为输入、输出或双向，其后的线网或变量定义与2.5节和2.6节的形式一致，数据类型可以是结构、数组等复合类型。在 FPGA 设计中，只有 output 可以搭配变量定义。除顶层模块以外，一般也不应使用 inout 端口。

端口定义常常也可以简略为：

```
(input | output | inout) <数据类型> [signed | unsigned] [<位宽>] <端口名>[=<初值>]
{, ...}
```

或：

```
(input | output | inout) [signed | unsigned] [<位宽>] <端口名>[=<默认值>] {, ...}
```

这两种简略写法都没有指明端口是线网还是变量，后者还没有指定数据类型。那么对于 input 或 inout 端口，两者都将默认为线网，后者的数据类型将默认为 logic；而对于 output 端口，前者将默认为变量，后者将默认为 logic 类型的线网。线网类型都默认为 wire，如果需要默认为其他类型线网，可使用`default 编译指令修改。在 FPGA 设计中，input 和 inout 端口只支持线网类型，而 output 端口可以是线网也可以是变量。

对于输入线网或输出的变量，可以指定默认值或初始值，必须是常数或常量表达式。如果输入线网在模块实例化时没有连接，则连接默认值；输出变量的初始值是仿真开始或电路启动时的初始值。目前，FPGA 开发工具对端口默认值并不能很好地支持，应避免在 FPGA 设计中为端口指定默认值。

因而，在 FPGA 设计中，整型端口最常见的简略写法为：

```
(input | inout) [wire] (signed | unsigned) <位宽> <端口名1> {,<端口名 i>}
output logic (signed | unsigned) <位宽> <端口名1> {,<端口名 i>}
```

后者指定数据类型 logic，而 logic 类型又可根据模块中使用它的上下文自动适应为变量或线网，因而可算是“万能”的整型输出端口定义方式了。

模块内容主要可以有：

- 数据定义(线网、变量)
- 数据类型定义(结构、联合等)
- 参数、常量定义
- 任务、函数定义
- 模块、接口实例化
- 持续赋值

- 过程
- 生成结构

parameter 型的参数定义也可以定义在模块定义的头部，一般形式是：

```
module <模块名> #(
    <parameter 型参数定义 1>{,
    <parameter 型参数定义 i>}
)[(
    (input | output | inout) (<线网定义 1> | <变量定义 1>){,
    (input | output | inout) (<线网定义 i> | <变量定义 i>)}
)];
    {<模块内容>}
endmodule[: <模块名>]
```

其中 parameter 型参数定义与 2.7 节中的形式一致。

例如代码 2-38 中的模块描述了一个带有使能和同步复位的时序逻辑加法器。

代码 2-38　参数化的时序逻辑加法器

```
1    module my_adder #(
2        parameter DW = 8                      // integer 类型参数,默认值 8
3    )(
4        input clk, rst, en,
5        input [DW - 1 :0] a, b,               // 使用参数定义位宽
6        output logic [DW : 0] sum             // 使用参数定义位宽
7    );
8        always_ff@(posedge clk) begin
9            if(rst) sum <= '0;
10           else if(en) sum <= a + b;
11       end
12   endmodule
```

上面例子先定义了参数 DW(意为数据宽度)，然后用 DW 来定义输入和输出端口的位宽。像这样用参数来定义模块的某些特征的好处是，当设计中多处需要功能相似但特征(比如位宽、系数等)不同的模块时，我们不必重复设计模块，而只需要在实例化时修改参数即可。参数化的模块设计显著提高了模块的可重用性。

模块实例化语句的一般形式为：

```
<模块名> [#(.<参数名 1>(<参数赋值 1>){, .<参数名 i>(参数赋值 i)})]
<实例名 1> [(
    .<端口名 1>(<实例 1 端口连接 1>){,
    .<端口名 i>(<实例 1 端口连接 i>)}
)]{,
<实例名 k> [(
    .<端口名 1>(<实例 k 端口连接 1>){,
    .<端口名 i>(<实例 k 端口连接 i>)}
)]};
```

其中参数名和端口名都是模块定义时指定的名字，参数值必须是常数或常量表达式，端口连接则是实例化该模块的上层模块中的线网或变量，也可以是常数或常量表达式。

对于没有参数的模块，不应有参数赋值部分，即“#(...)”部分；对于有参数的模块，如

果不需要修改模块定义时赋予参数的默认值，也可省略参数赋值部分。

相同参数的多个实例化可以写在一个模块实例化语句中，以逗号分隔多个实例名及其端口连接，如代码 2-39 所示。

代码 2-39 模块实例化示例

```
1   module test_sum_ff;
2       logic clk = '0;
3       always #5 clk = ~clk;
4       logic [7:0] a = '0, b = '0, sum_ab;
5       logic co_ab;
6       logic [11:0] c = '0, d = '0;
7       logic [12:0] sum_cd;
8       always begin
9           #10 a++; b++; c++; d++;
10      end
11      my_adder #(.DW(8)) the_adder_8b(
12          .clk(clk), .rst(1'b0), .en(1'b1),
13          .a(a), .b(b), .sum({co_ab, sum_ab})
14      );
15      my_adder #(.DW(12)) the_adder_12b(
16          .clk(clk), .rst(1'b0), .en(1'b1),
17          .a(c), .b(d), .sum(sum_cd)
18      );
19  endmodule
```

第 11 ~ 14 行实例化了 8 位加法器 the_adder_8b。注意 sum 输出端口连接使用了位拼接运算符，将 sum 的低 8 位连接到了 sum_ab，而第 9 位连接到了 co_ab。因为代码 2-38 中模块定义时，DW 参数的默认值就是 8，所以第 11 行中“#(. DW(8))”可以省略。

第 15 ~ 18 行实例化了 12 位加法器 the_adder_12b，其 sum 端口直接连接到了 13 位的 sum_cd。两个加法器的 rst 和 en 输入使用常数连接。

在上面的一般形式中，使用的参数和端口连接写法都是形如“. <名字>(<值/连接>)”，称为按名字的参数赋值和端口连接。此外还有按顺序的参数赋值和端口连接。例如代码 2-39 中的第 15 ~ 18 行还可以写成这样：

```
15      my_adder #(12) the_adder_12b(
16          clk, 1'b0, 1'b1,
17          c, d, sum_cd
18      );
```

此时，必须保证端口连接的书写顺序和端口定义时的顺序完全一致。

如果端口连接的线网或变量与端口名一致，还可以省略括号及其中内容，如：

```
15      my_adder #(.DW(12)) the_adder_12b(
16          .clk, .rst(1'b0), .en(1'b1),
17          .a(c), .b(d), .sum(sum_cd)
18      );
```

其中的 . clk 等价于 . clk(clk)。

有多个输出端口的模块在实例化时，可能有些端口并不需要引出，可以空缺括号中的内容，如“. outx()”。

注意，模块实例化中端口的连接并不是赋值，只是连线。端口和连接到端口的线网或变量中位宽较宽的，高位将获得值 z，对于 FPGA 一般将获得值 0。

2.14 接口

初学者可跳过此节，当觉得在很多模块中写一模一样的长长的端口定义很烦琐时，可再来学习本节。

接口用来将多个相关的端口组织在一起，为了说明接口的作用，先考虑下面代码：

代码 2-40 存储器及其测试

```
1   module mem #(
2       parameter LEN = 256, DW = 8
3   )(
4       input wire clk, rst,
5       input wire [$clog2(LEN) - 1 : 0] addr,
6       input wire [DW - 1 : 0] d,
7       input wire wr,
8       output logic [DW - 1 : 0] q
9   );
10      logic [DW - 1 : 0] m[LEN] = '{LEN{'0}};
11      always_ff@(posedge clk) begin
12          if(rst) m <= '{LEN{'0}};
13          else if(wr) m[addr] <= d;
14      end
15      always_ff@(posedge clk) begin
16          if(rst) q <= '0;
17          else q <= m[addr];
18      end
19  endmodule
20
21  module mem_tester #(
22      parameter LEN = 256, DW = 8
23  )(
24      input wire clk, rst,
25      output logic [$clog2(LEN) - 1 : 0] addr,
26      output logic [DW - 1 : 0] d,
27      output logic wr,
28      input wire [DW - 1 : 0] q
29  );
30      initial addr = '0;
31      always@(posedge clk) begin
32          if(rst) addr <= '0;
33          else addr <= addr + 1'b1;
34      end
35      assign wr = 1'b1;
36      assign d = DW'(addr);
37  endmodule
```

```
38
39  module testmem;
40      logic clk = '0, rst = '0;
41      always #5 clk = ~clk;
42      initial begin
43          #10 rst = '1;
44          #20 rst = '0;
45      end
46      logic [5:0] addr;
47      logic [7:0] d, q;
48      logic wr;
49      mem_tester #(64,8) the_tester(clk, rst, addr, d, wr, q);
50      mem #(64,8) the_mem(clk, rst, addr, d, wr, q);
51  endmodule
```

第一个模块 mem 描述了一个带有同步复位的存储器，存储单元是用数组描述的，输出是先读模式，模块内的代码应容易理解，此处不赘述。第二个模块 mem_tester 用测试存储器，它在 clk 的驱动下产生了递增的 addr 和数据，并一直将 wr 置 1。第三个模块是顶层，实例化前两者，并产生前两者共同需要的 clk 和 rst 信号。

从这个例子中可以看出，存储器需要用到的几个端口 addr、d、wr、q、clk 和 rst 在模块端口定义中出现了两次，在顶层模块中定义了它们，并在模块实例化时重复书写了两遍。对于更复杂的设计，可能存在更多的模块需要用到同样的端口，全部分散书写出来，降低了代码效率、可读性和可维护性。

接口可以将众多端口组织在一起，形成一个模板，在需要时实例化接口，便可使用一个标识符引用。

接口定义的常用形式如下：

```
interface <接口名> [#(
    <parameter 型参数定义 1>{,
    <parameter 型参数定义 i>}
)][(
    (input | output | inout) (<外部共享端口定义 1>){,
    (input | output | inout) (<外部共享端口定义 i>)}
)];
    {<线网或变量定义>;}
    {<其他内容>}
    {modport <角色名> ( .
        (input | output | inout) <端口 1>{,
        (input | output | inout) <端口 i>}
    );}
endinterface[:<接口名>]
```

其中，<其他内容>可以是参数/常量定义、任务或函数。接口内部定义的线网或变量是应用该接口的模块内需要用到的端口，而定义在接口头部的外部共享端口还可以在实例化接口时与接口外部的线网或变量连接。modport 关键字引导角色定义，用于指定不同端口在接口的不同角色(比如主、从、监听)下的方向。

接口的实例化与模块的实例化形式几乎一样，此处不赘述。在模块的端口定义列表中引用接口时，可使用“<接口名>.[<角色名>]”的形式，在模块中引用接口内的端口时，使用“<接口名>.[<端口名>]”的形式。

使用接口，可将代码 2-40 修改为代码 2-41。

代码 2-41 存储器及其测试

```
1   interface membus #(                                 // 定义名为 membus 的接口
2       parameter LEN = 256, DW = 8
3   )(
4       input wire clk, input wire rst                  // 外部共享端口 clk 和 rst
5   );
6       logic [$clog2(LEN) - 1 : 0] addr;
7       logic [DW - 1 : 0] d, q;
8       logic wr;
9       modport master(output addr, d, wr,              // 定义角色 master
10                 input clk, rst, q);
11      modport slave(input clk, rst, addr, d, wr,      // 定义角色 slave
12                 output q);
13  endinterface
14
15  module mem #(parameter LEN = 256, DW = 8)
16  (membus.slave bus);                                 // 引用接口,并命名为 bus
17      logic [DW - 1 : 0] m[LEN] = '{LEN{'0}};
18      always_ff@(posedge bus.clk) begin               // 引用 bus 中的 clk
19          if(bus.rst) m <= '{LEN{'0}};
20          else if(bus.wr) m[bus.addr] <= bus.d;
21      end
22      always_ff@(posedge bus.clk) begin
23          if(bus.rst) bus.q <= '0;
24          else bus.q <= m[bus.addr];
25      end
26  endmodule
27
28  module mem_tester #(parameter LEN = 256, DW = 8)
29  (membus.master bus);
30      initial bus.addr = '0;
31      always@(posedge bus.clk) begin
32          if(bus.rst) bus.addr <= '0;
33          else bus.addr <= bus.addr + 1'b1;
34      end
35      assign bus.wr = 1'b1;
36      assign bus.d = bus.addr;
37  endmodule
38
39  module testintfmem;
40      logic clk = '0, rst = '0;
41      always #5 clk = ~clk;
42      initial begin
43          #10 rst = '1;
44          #20 rst = '0;
45      end
46      membus #(64,8) the_bus(clk, rst);               // 实例化端口
```

```
47        mem_tester #(64,8) the_tester(the_bus);      // 在实例化模块时使用端口
48        mem #(64,8) the_mem(the_bus);                // 在实例化模块时使用端口
49    endmodule
```

2.15 生成块

初学者可跳过此节，当觉得在模块中重复写类似的有规律的内容比较烦琐时，再来学习本节。

生成块可根据一定的规律，使用条件生成语句、循环生成语句等，重复构造生成块的内容，等效于按照规律重复书写了生成块中的内容。考虑代码 2-42。

代码 2-42 8 位格雷码到二进制码转换

```
1    module gray2bin (
2        input wire [7:0] gray,
3        output logic [7:0] bin
4    );
5        assign bin[7] = ^gray[7:7];
6        assign bin[6] = ^gray[7:6];
7        assign bin[5] = ^gray[7:5];
8        assign bin[4] = ^gray[7:4];
9        assign bin[3] = ^gray[7:3];
10       assign bin[2] = ^gray[7:2];
11       assign bin[1] = ^gray[7:1];
12       assign bin[0] = ^gray[7:0];
13   endmodule
```

该代码描述了一个将 8 位格雷码转换到二进制码的组合逻辑，可以看到书写了 8 行很有规律的持续赋值。试想，如果需要像这样描述 64 位格雷码到二进制码的转换呢？如果需要参数化位数呢？生成块可完成类似的需求。

生成常用形式如下：

```
generate
    {<for 生成语句> | <if 生成语句> | <case 生成语句>}
endgenerate
```

其中，for 生成语句的形式为：

```
{for(genvar <生成变量>= <初始值>; <条件表达式>; <步进语句>) begin [:<块标识>]
    {<生成内容>}
end
```

这与过程中的 for 语句形式相似，不过，循环条件所用的变量必须使用 genvar 关键字定义，循环步进和条件必须只由生成变量决定。

if 生成语句和 case 生成语句的形式与过程中的 if 语句和 case 语句相似，不过，所有的条件表达式必须是常量表达式。

生成语句中的生成内容与模块中能包含的内容基本一致，生成内容中还可以再嵌套其他生成语句。

如果使用生成块，代码 2-42 可参数化，改写为代码 2-43。

代码 2-43 参数化位数的格雷码到二进制码转换

```
1    module gray2bin #(
2        parameter DW = 8
3    )(
4        input wire [DW - 1 : 0] gray,
5        output logic [DW - 1 : 0] bin
6    );
7        generate
```

```
 8          for(genvar i = 0; i < DW; i ++) begin :binbits
 9              assign bin[i] = ^gray[DW - 1 : i];
10          end
12      endgenerate
13  endmodule
```

2.16 任务和函数

任务和函数将一些语句实现的一定功能封装在一起，以便重复使用。任务和函数都只能在过程块中调用。

任务定义的一般形式：

```
task [static|automatic] <任务名> (
    (input|output|inout|[const] ref) <变量定义1>{,
    (input|output|inout|[const] ref) <变量定义i>}
);
    {<变量或常量定义>|<语句>}
endtask
```

函数定义的一般形式：

```
function [static|automatic] <数据类型符号位宽> <函数名> (
    (input|output|inout|[const] ref) <变量定义1>{,
    (input|output|inout|[const] ref) <变量定义i>}
);
    {<变量或常量定义>|<语句>|<函数名>=<表达式>|return <表达式>}
endfunction
```

其中的 static 和 automatic 关键字用于指定任务和函数的生命周期，使用 automatic 关键字的任务和函数中的变量均为局部变量，在每次任务或函数调用时均会重新初始化，可被多个同时进行的过程调用，或被递归调用，类似于编程语言的可重入。FPGA 开发工具一般只支持 automatic 类型的任务和函数。

任务和函数本身类似于顺序块，因而在顺序块中能使用的语句(过程赋值、流程控制等)都能在任务和函数中使用。

任务中可以有时序控制(延时、事件)，而函数中不能有。

代码 2-44 是任务和函数的例子。

代码 2-44 任务和函数示例

```
 1  module test_task_func;
 2      localparam DW = 8;
 3
 4      task automatic gen_reset(
 5          ref reset, input time start, input time stop
 6      );
 7          #start reset = 1'b1;
 8          #(stop - start) reset = 1'b0;
 9      endtask
10      logic rst = 1'b0;
12      initial gen_reset(rst, 10ns, 25ns);
```

```
13
14        function automatic [ $clog2(DW) - 1 : 0] log2(
15            input [DW - 1 : 0] x
16        );
17            log2 = 0;
18            while(x > 1) begin
19                log2 ++;
20                x >= 1;
21            end
22        endfunction
23        logic [DW - 1 : 0] a = 8'b0;
24        logic [ $clog2(DW) - 1 : 0] b;
25        always #10 a ++;
26        assign b = log2(a);
27    endmodule
```

第4行的任务gen_reset用于在reset上产生复位信号，第14行的函数用于求输入x的底2对数。

2.17 包

包(package)用来封装一些常用的常量变量定义、数据类型定义、任务和函数定义等，在需要使用时，可使用import关键字导入。

包定义的形式是:

```
package <包名>;
    <包内容,数据定义、数据类型定义、任务定义、函数定义等>
endpackage
```

引用包时，使用:

```
import <包名>::(<内容名>|* );
```

使用内容名(数据、数据类型、任务、函数等)时，只导入相应内容；使用"*"时，将导入包内全部内容。

import语句可以用在模块内，也可以用在模块头部。

代码2-45是包的例子。

代码2-45 包的示例

```
1    package Q15Types;
2        typedef logic signed [15:0] Q15;
3        typedef struct packed { Q15 re, im; } CplxQ15;
4        function CplxQ15 add(CplxQ15 a, CplxQ15 b);
5            add.re = a.re + b.re;
6            add.im = a.im + b.im;
7        endfunction
8        function CplxQ15 mulCplxQ15(CplxQ15 a, CplxQ15 b);
9            mulCplxQ15.re = (32'(a.re)*b.re - 32'(a.im)*b.im) >>> 15;
10           mulCplxQ15.im = (32'(a.re)*b.im + 32'(a.im)*b.re) >>> 15;
12       endfunction
13   endpackage
```

```
14
15    module testpackage;
16        import Q15Types::* ;
17        CplxQ15 a = '{'0, '0}, b = '{'0, '0};
18        always begin
19            #10 a.re + = 16'sd50;
20            a.im + = 16'sd100;
21            b.re + = 16'sd200;
22            b.im + = 16'sd400;
23        end
24        CplxQ15 c;
25        always_comb c = mulCplxQ15(a, b);
26        real ar, ai, br, bi, cr, ci, dr, di;
27        always@(c) begin
28            ar = real'(a.re) / 32768;
30            ai = real'(a.im) / 32768;
31            br = real'(b.re) / 32768;
32            bi = real'(b.im) / 32768;
33            cr = real'(c.re) / 32768;
34            ci = real'(c.im) / 32768;
35            dr = ar *br - ai *bi;
36            di = ar *bi + ai *br;
37            if(dr < 1.0 && dr > -1.0 && di < 1.0 && di > -1.0) begin
38                if(cr - dr > 1.0/32768.0 ||cr - dr < -1.0/32768.0)
39                    $display("err:\t", cr, "\t", dr);
40                if(ci - di > 1.0/32768.0 ||ci - di < -1.0/32768.0)
41                    $display("err:\t", ci, "\t", di);
42            end
43        end
44    endmodule
```

这个例子在 Q15Types 包中定义了 Q15(Q1.15 格式)和 CplxQ15 数据类型，并定义了 CplxQ15 的加法和乘法运算。第 15 行之后的 testpackage 模块中，对 CplxQ15 类型的乘法进行测试。

Verilog 规范中还定义了一些标准包，包括信号量、邮箱、随机和进程，可用于复杂测试代码的编写，读者可适当了解。

2.18 系统任务和函数

系统任务和函数是标准中定义的用于在仿真和编译过程中执行一些特殊功能的任务和函数，全部以“$”符号开头，有的可带参数，有的无参数，无参数或可不带参数的系统任务和函数在调用时可以不带括号。

大多数系统任务和函数都应该在过程中被调用。系统任务和函数本身都是不能综合成实际电路的，主要用于仿真测试。但部分任务和函数会干预综合过程，影响综合结果，是可综合的代码中有用的内容，比如类型转换和存储器相关函数和任务。

标准中定义的系统任务和函数有近两百个，这里介绍一些常用的。

1）显示相关：$display、$write、$strobe、$monitor。

2）文件相关：$fopen、$fclose、$fdisplay、$fwrite、$fstrobe、$fmonitor、$fscanf。

3）存储器相关：$readmemh、$readmemb、$writememh、$writememb。

4）仿真相关：$stop、$finish。

5）错误和信息：$fatal、$error、$warning、$info。

6）类型转换：$itor、$rtoi、$bitstoreal、$realtobits、$bitstoshortreal、$shortrealtobits。

7）数学：$clog2、$ceil、$floor、$ln、$log10、$exp、$pow、$sqrt、$sin、$cos、$tan、$asin、$acos、$atan、$atan2、$hypot、$sinh、$cosh、$tanh、$asinh、$acosh、$atanh。

其他部分系统任务和函数在后续章节中也会有些许提及，未提及的系统任务和函数读者可查阅标准适当了解。

2.18.1 显示相关

显示相关任务的一般使用形式是：

```
($display | $write | $strobe | $monitor)(<参数1>{, <参数i>});
```

这些任务将把待显示的内容输出到仿真环境的终端或仿真工具的控制台窗口。参数可以是字符串(以双引号包裹)、线网、变量或带有返回值的表达式。如果是字符串，还可在字符串中加入格式说明，每个格式说明将按次序对应后面一个参数，并按照一定的格式被后面的对应参数替换。没有对应格式说明的参数，如果是紧凑类型将按默认格式显示；如果是非紧凑类型，则只有字节数组会按照字符串显示，其他会被认为不合法。

$display 用于即时显示，并会在最后添加换行。

$write 用于即时显示，但不会添加换行。

$strobe 会在一个仿真时间步的最后显示，即当同时并行执行的所有语句执行完之后，它才会输出显示，常用于检测每个时间步线网或变量的变化结果。

$monitor 一经运行，便会在引用到的任何一个变量发生变化时，输出一次显示，可用于持续监测线网或变量的变化。

字符串中的格式说明均以“%”开始，常用的格式说明如表 2-12 所示。

表 2-12　格式说明符

说明符	说明	示例
%h	以十六进制显示	"%h", 16'd135→ 0087
%d	以十进制显示	"%d", 8'b10010110 → 150
%o	以八进制显示	"%o", 8'b10010110 → 226
%b	以二进制显示	"%b", 8'hC → 00001100
%c	以 ASCII 字符显示	"%c", 8'd65 → A
%v	显示驱动强度	形式：(Su | St | Pu | La | We | Me | Sm | Hi)(0 | 1 | X | Z | L | H)
%m	显示层次路径	以句点分隔的模块层次路径，如 testmem. mem_tester
%s	以字符串显示	"%s", "abc"→ abc; "%s", '{8'd65, 8'd66, 8'd67} → ABC
%t	以时间显示	"%t", $time → 10.000ns
%u	无格式二值显示	
%z	无格式四值显示	
%e	以科学计数法显示	"%e", 123.456 → 1.23456e2
%f	以浮点形式显示	"%f", 1.2e-5 → 0.000012
%g	自动选择上两种显示	"%g", 0.000012→ 1.2e-5; "%g", 1.2e-1 → 0.12

对于整数，显示宽度与该整数位宽下所能表达的最大数值的宽度一致，如对于 16 位无符号

数，十六进制宽 4 位、十进制宽 5 位、八进制宽 6 位、二进制宽 16 位。如果数值达不到显示位宽，则十进制高位填充空格，其他进制填充 0。也可指定最小显示位宽，形式为“% <最小位宽>(h| d| o| b)”，其中的最小位宽为非负整数，如果实际数值窄于这个值则填充空格或 0，如果实际数值宽于这个数值则扩展显示宽度。

二进制显示时，为 z 或 x 的位显示“z”或“x”。

八进制或十六进制显示时，如果对应的 3 位或 4 位：

- 全是 z 或 x 则显示“z”或“x”。
- 不全是但含有 x 则显示“X”。
- 不全是但含有 z 且不含 x 则显示“Z”。

十进制显示时，如果所有位：

- 全是 z 或 x 则显示“z”或“x”。
- 不全是但含有 x 则显示“X”。
- 不全是但含有 z 且不含 x 则显示“Z”。

字符串也可用同样的形式指定显示的宽度，窄于指定宽度的左侧填充空格，宽于指定宽度的扩展宽度显示。

对于浮点数，%e、%f、%g 可指定左右对齐、显示宽度和小数位数，形式为“%(+| -)<宽度>.<小数位>(e| f| g)”，其功能与 C 语言格式输出的格式说明完全兼容，规则较为复杂，在 FPGA 设计中也很少用到，读者可参考 C 语言相关资料，这里不赘述。

2.18.2　文件相关

文件相关任务和函数用于读写 EDA 工具运行的计算机上的文件，可用于读取激励文件、写仿真结果到文件等。

$fopen 用于打开文件，并返回一个用于后续访问打开的文件的描述符，形式如下：

```
<多通道描述符> = $fopen(<文件名>);
```

或：

```
<文件描述符> = $fopen(<文件名>, <类型>);
```

其中多通道描述符是 32 位二进制整数，每一位代表一个通道，第 0 位默认代表标准输出（同显示任务），采用多通道描述符，可以将输出信息同时写入多个文件（含标准输出）中，只需要将多个通道的描述符按位或用作描述符即可。文件描述符也是 32 位二进制整数，不过每个数值代表一个文件，0、1、2 默认为标准输入、标准输出和标准错误。

文件名和类型都是字符串，文件名可以带有相对路径或绝对路径，类型则如表 2-13 所示。

表 2-13　打开文件的类型

说明符	说明
"r"、"rb"	只读
"w"、"wb"	只写，文件存在则覆盖，不存在则创建
"a"、"ab"	追加，文件存在则从结尾追加内容，文件不存在则创建
"r+"、"r+b"、"rb+"	可读可写
"w+"、"w+b"、"wb+"	可读可写，文件存在则覆盖，不存在则创建
"a+"、"a+b"、"ab+"	可读可写，从文件结尾开始，文件不存在则创建

$close 用于关闭文件，形式如下：

```
$fclose(<多通道描述符>|<文件描述符>)
```

文件一旦关闭，便不能再读写，已使用 $fmonitor 和 $fstrobe 任务发起的读写操作将被隐式地取消。

$fdisplay、$fwrite、$fstrobe 和 $fmonitor 几个任务的使用方式如下：

```
($fdisplay|$fwrite|$fstrobe|$fmonitor)(<多通道或文件描述符>, <参数1>{, <参数i>});
```

除增加了多通道或文件描述符作为第一个参数，其他与对应的显示任务几乎一样，当然内容从显示到终端变成了写入文件。

$fscanf 用于以一定的格式从文件中读入数据，形式如下：

```
<integer 返回值> = $fscanf(<文件描述符>, <格式说明>, <变量1>{, <变量i>});
```

其中的格式说明与显示任务的格式说明类似，可以使用一连串多个格式说明符匹配多个变量，从文件中读取文本内容并按指定格式转换后赋值给变量。对于整数和字符串，每个说明符匹配到空白(空格、制表符、换行等)前的一段内容；对于字符，每个说明符匹配一个字符；对于时间，还将四舍五入到系统的时间精度；对于层次路径，直接返回当前层次路径，并不读文件。

Integer 类型的返回值表示成功匹配并赋值的变量个数，如果为 -1，表示文件已结束。

除了上述这些文件操作任务和函数外，还有二进制读函数 $fread、获取操作位置的函数 $ftell、设定操作位置的函数 $fseek 和重置操作位置的函数 $rewind，这里不赘述，读者可参考标准文档。

2.18.3 存储器相关

存储器相关的任务用于从文件中读取内容来初始化存储器或将存储器的内容保存到文件中。所谓存储器就是整型数组。

$readmemh 和 $readmemb 分别从文件中读取十六进制和二进制文本到存储器中。形式是：

```
($readmemh|$readmemb)(<文件名>, <数组名>[, <起始地址> [, <终止地址>]]);
```

其中文件名对应的文件的内容必须符合以下规则：

- 只能包含空白、注释(行注释或块注释)、“@”字符和常数，常数由 z、Z、x、X 和对应进制的数字组成。
- 被空白或注释分隔的数表达数据，每个数据内容对应数组中的一个元素。
- “@”字符后紧跟的数表达地址，必须是十六进制，指定下一个数据的地址。
- 未被指定地址的数据的地址为前一数据地址加 1，文件开头先出现数据时，该数据地址为 0。

典型的可用于 $readmemh 任务的文件内容(注意左侧为行号，并非文件内容)如下：

```
1    @0000  00
2    @0001  5A
3    @0002  7F
4    @0003  5A
```

```
5        @ 0004    00
6        @ 0005    A6
7        @ 0006    81
8        @ 0007    A6
```

$writememh 和 $writememb 分别将存储器中的内容以十六进制形式或二进制形式写入文件。形式是：

```
($writememh | $writememb)(<文件名>, <数组名>[, <起始地址> [, <终止地址>]]);
```

写到文件里的内容符合上面的规则，并且一般带有“@”开头的地址，除非数组元素为非紧凑类型。

2.18.4 仿真相关

$stop 用于暂停仿真，$finish 用于结束仿真，它们的使用形式如下：

```
($stop | $finish)[([0 | 1 | 2])];
```

可带圆括号或不带圆括号，可带参数或不带参数。带参数 0 表示不显示信息到终端，带参数 1 表示显示仿真时间和位置到终端，带参数 2 表示显示仿真时间、位置以及仿真占用计算机 CPU 和存储器的统计信息。不带参数等价于带参数 1。

2.18.5 错误和信息

$fatal、$error、$warning、$info 用于在编译期（准确地说是展述时）或在仿真运行时给出严重错误、错误、警告和信息。严重错误将终止展述或仿真；错误不会终止展述或仿真，但展述时如出现错误将不会启动仿真；警告和信息只给出信息。它们经常用来做编译时的常量和参数合法性的报告或运行时变量合法性的报告，也常常用来做测试时功能校验的报告。

它们都类似显示任务，可带有字符串或常量、变量表达式作为参数，并支持字符串中的格式说明符。$fatal 则多一个结束号参数。它们的使用形式如下：

```
$fatal[(<结束号>{, <参数>})];
($error | $warning | $info)[([<参数1>{, <参数i>}])];
```

2.18.6 类型转换和数学函数

1. 类型转换函数

$itor(x)，将整型数据 x 转换为 real 型（双精度浮点）。

$rtoi(x)，将 real 型数据 x 转换为 integer 型。

$bitstoreal(x)，将符合 IEEE 754 规范的 64 位编码 x 转换为 real 型。

$realtobits(x)，将 real 型数据 x 转换为符合 IEEE 754 规范的 64 位编码。

$bitstoshortreal(x)，将符合 IEEE 754 规范的 32 位编码 x 转换为 shortreal 型。

$shortrealtobits(x)，将 shortreal 型数据 x 转换为符合 IEEE 754 规范的 32 位编码。

例如：

```
$itor(123)→123.0
```

```
$rtoi(456.7)→ 457
$bitstoreal(64'h3fd8_0000_0000_0000) → 0.375
$realtobits(0.375) → 64'h3fd8_0000_0000_000
$bitstoshortreal(32'h3ec0_0000) → 0.375
$realtoshortbit(0.375)→ 32'h3ec0_0000
```

$cast、$signed 和 $unsigned 三个函数在 2.8 节已有介绍，此处不赘述。

2. 数学函数

$clog2(x)，返回不小于 *x* 的以 2 为底的对数的最小整数。

$ceil(x)，返回不小于 *x* 的最小整数。

$floor(x)，返回不大于 *x* 的最大整数。

以上三个返回值为整数，以下返回值均为 real 型。

$ln(x)，返回 *x* 的自然对数。

$log10(x)，返回 *x* 的常用对数。

$exp(x)，返回 e(自然对数的底)的 *x* 次幂。

$pow(x, y)，返回 *x* 的 *y* 次幂，等价于 *x*** *y*。

$sqrt(x)，返回 *x* 的平方根。

$sin(x)、$cos(x)、$tan(x)，返回 *x*(弧度)的正弦、余弦和正切。

$asin(x)、$acos(x)、$atan(x)，返回 *x* 的反正弦、反余弦和反正切(均为弧度)。

$atan2(y, x)，返回复数 *x*+*y*i 的辐角，值域为(-π, π)。

$hypot(x, y)，返回复数 *x*+*y*i 的模。

$sinh(x)、$cosh(x)、$tanh(x)，返回 *x* 的双曲正弦、双曲余弦和双曲正切。

$asinh(x)、$acosh(x)、$atanh(x)，返回 *x* 的反双曲正弦、反双曲余弦和反双曲正切。

2.19 编译指令

编译指令用来设置编译过程的一些属性、控制编译流程等，Verilog 所有的编译指令均以沉音符号“`”(ASCII 码 0x60)开头。注意不要将沉音符号与撇点“'”混淆。编译指令均独占一行，并不以分号结尾，可带有注释。这里简单介绍几个常用的编译指令。

- `default_nettype，设定默认线网类型
- `define、`undef 和`undefineall，宏定义。
- `include，包含文件。
- `ifdef、`ifndef、`elsif、`else 和`endif，条件编译。
- `timescale，时间单位和精度设置。
- `resetall，重置所有编译指令。

`default_nettype 用来设置默认的线网类型，形式为：

```
`default_nettype(<线网类型> | none)
```

2.13 节提到了模块端口的默认线网类型为 wire，便可以使用这个编译指令来更改。Verilog 有一个比较危险的特性是可以隐式定义线网，即编译器将把未定义过的标识符认定为默认类型的线网，因而任何地方一个笔误，都将形成一个默认类型的线网，这多半是不可预期的，所以建议初学者将线网类型的默认值设置为 none：

```
`default_nettype none
```

这样便杜绝了编译器将笔误认定为新线网，当然也使得我们在简写模块的端口定义时，不能省略 wire 关键字。

`define、`undef 和`undefineall 用来定义宏和解除宏定义，宏可以在代码中使用或用于条件编译指令中，编译器直接将宏按定义时的文本展开。它们的使用形式如下：

```
`define <宏名>[(<参数1>{, <参数i>})] <宏内容>
`undef <宏名>
`undefineall
```

其中`define 还可以带有参数，宏内容中参数部分会以使用时的参数内容替代，`undefineall 用于解除所有已定义的宏。例如：

```
`define PI 3.14159265358979324
`define MAX(a, b) ((a) > (b) ? (a) : (b))
`undefine PI
```

注意其中 MAX 宏的内容大量使用了括号，这是为了防止处于复杂表达式中的宏展开时优先级错乱。

使用宏的格式是：` <宏名>。注意宏名前面带有沉音符。

`include 用于包含文件，等同于直接将被包含的文件的全部内容替换在当前位置，当需要实例化位于其他文件中的模块、导入位于其他文件中的包时，往往需要使用该编译指令。一般形式为：

```
`include (<<文件路径和文件名>> | "<文件路径和文件名>")
```

其中文件路径可以是绝对路径或相对路径。使用双引号时，相对路径以编译器当前工作目录(常常是文件所在目录)为起点；使用尖括号时，以编译器和规范设定的目录为起点。

大多数 EDA 工具，特别是带有图形界面的工具，都以工程的形式管理多个源文件，在同一个工程中的任何源文件中均可直接实例化定义在其他源文件中的模块，并不需要使用`include 编译指令。

`ifdef、`ifndef、`elsif、`else 和`endif 为条件编译指令，常用形式为：

```
(`ifdef <宏名1> | `ifndef <宏名1>)
<代码段1>
{`elsif <i>
<代码段i>}
[`else
<代码段k>]
`endif
```

使用`ifdef 时，如果宏名 1 被定义，则代码段 1 将被编译，否则如果宏名 $i$ 被定义，代码段 $i$ 将被编译；如果宏名 1 至宏名 $i$ 均未定义，则代码段 $k$ 将被编译。使用`ifndef 时，如果宏名 1 未被定义，则代码段 1 将被编译，否则，如果宏名 i 被定义，代码段 i 将被编译；如果宏名 1 被定义而宏名 i 均未被定义，则代码段 k 将被编译。

`timescale 用于设定时间单位和精度，在 2.12.1 节中介绍延迟时，所有的时间都带有单位，比如 “ns”，而如果使用`timescale 编译指令设定了单位和精度，则可省略单位。一般形式是：

```
`timescale(1|10|100)[m|u|n|p|f]s / (1|10|100)[m|u|n|p|f]s
```

其中 m、u(μ)、n、p、f 为国际单位制词头，“/”左侧为时间单位，右侧为时间精度，时间精度必须不大于时间单位。定义了时间单位和精度之后，所有不带单位的时间均会乘以时间单位，所有时间均会被四舍五入到时间精度。例如：

代码 2-46　begin – end 块中延迟的示例

```
1    `timescale 10ns/1ns
2    initial begin
3        #1.55 a = 8'd10;        // 实际延迟量为 16ns
4    end
```

`resetall 用于重置除了宏定义以外所有被编译指令设置的项目到默认状态，形式为：

```
`resetall
```

ModelSim和仿真

本章介绍使用ModelSim软件进行仿真的方法，相当于ModelSim的简明入门教程。书中使用的ModelSim软件为ModelSim PE Student Edition 10.4a(以下简称ModelSim PESE或ModelSim)，它为免费的学生版，支持Windows操作系统，虽有仿真效率和代码长度的限制，但应对学习过程中涉及的小规模设计绰绰有余。

读者可在Mentor公司官方网站中ModelSim PESE相关页面下载安装文件。安装过程比较简单，可参照页面上的介绍。安装完成需填写相关表格，并通过电子邮件获取学生版授权文件。

本章介绍的仿真都是2.2节中提及的功能验证，至于门级时序验证，则需要结合具体的FPGA及其开发工具。

3.1 仿真和测试的相关概念

第2章已经提到，任何数字系统不可能设计完成就能保证正确，一定是需要经过测试的，仿真技术使得数字系统不必真实地把电路或芯片做出来就能做测试，而是在代码设计完成后或综合完成后便可使用EDA软件来模拟系统工作，以完成模拟测试，这样的模拟过程称为仿真。

真实的电路系统在测试时，需要信号源、专用测试系统甚至直接在真实工作环境产生电路系统所需的输入，并需要使用逻辑分析仪、示波器、专用测试系统甚至真实工作环境来监测和验证输出及系统内部状态的正确性。仿真测试过程中同样需要这样一套测试系统，总体来说，应包含以下三个部分：

- 被测设计(Design Under Test，DUT)。
- 激励产生部分，根据测试需求产生DUT需要的所有输入。
- 监测和校验部分，监测DUT的输入、输出甚至内部状态，并根据测试预期对它们进行校验。

这三个部分使用一个顶层模块来实现，这个顶层模块称为测试平台(testbench)。测试平台由EDA仿真工具来实例化，DUT在测试平台中被实例化，激励产生部分和监测校验部分也可以由更多的模块来实现，如图3-1所示。

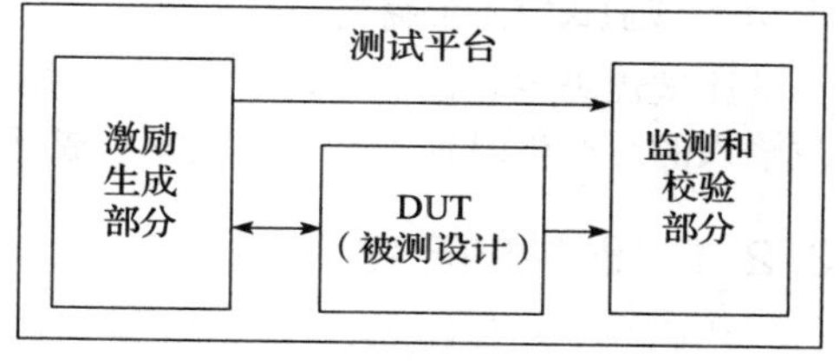

图3-1 测试平台

对于简单的设计，校验工作也可以由人工完成，人工观察输出结果和工作波形来判断设计的正确性；复杂设计的校验工作则往往需要写到测试平台之中，由测试平台代码自动完成校验并直接给出较宏观的判断。校验过程可以与仿真过程同步进行，称为实时校验(on the fly check)，也可以在仿真完成得到全部监测结果后校验，称为结束后校验(end of test check)。

整个系统的测试需求在系统规格设计时就应该同时明确，系统中模块的测试需求在上层设计阶段也应同时明确。稍大的系统或模块的测试需求往往也不是一次、一套测试平台就能完成的，要针对不同的功能方面、不同的运行环境、不同的极端状况等，设计多个测试用例(test case)，一个测试用例一般对应一次完整的仿真运行和校验过程。一个测试用例可以由一个测试平台实现，也可以多个测试用例共用一个测试平台，但分次按不同的设置(比如由条件编译指令控制)运行。

对大型系统的测试不可能覆盖所有可能的状况，因而每一个测试用例、测试平台应包含指定测试需求中尽量多的状况。对测试状况的涵盖程度称为覆盖率(coverage)。覆盖率常常又分为以下几个方面。

- 语句覆盖：各条语句是否执行。
- 分支覆盖：分支语句的各个分支是否执行。
- 条件覆盖：条件表达式的各种情况是否都遇到。
- 表达式覆盖：表达式引用的线网和变量所有可能的取值组合是否都遇到。
- 翻转覆盖：寄存器各个位翻转的情况，常常用于分析功耗。
- 状态机覆盖：状态机的各个状态是否达到，各个可能的状态转换是否都发生。

EDA 仿真工具一般也都支持对仿真覆盖率的分析功能。

测试同一个 DUT 的多个测试用例合称为测试集。测试集中每个测试用例的测试内容也是需要精心设计、合理分配的。一般来说，大型设计的测试集应包含以下测试内容。

- 兼容测试：测试 DUT 是否符合(兼容)系统规格。
- 真实工况测试：模拟真实工作条件下的激励，测试 DUT 是否正常工作，但往往设计者模拟的真实工况能涵盖的状况比较有限，还需要下面两种测试作为补充。
- 边界测试：在最复杂、最极端的情况(比如激励的边界条件)下，测试 DUT 工作是否正常。
- 随机测试：使用随机的激励测试 DUT 是否正常。
- 回归测试：在测试和修改设计的迭代过程中，常常会在修复一个错误的同时，不小心引入另一个错误，回归测试维护一个测试状况集甚至测试用例集，保证在每次添加新功能或修复错误时，引发错误的状况或用例被添加进测试状况集或测试用例集。

读者应了解，仿真测试工作的重要性完全不亚于设计编码工作，要花费的时间和精力常常比设计编码工作多，哪怕只是一个 100 行代码的设计。

3.2 测试代码编写

测试代码主要包含激励生成和监测校验两部分。几乎所有的数字逻辑 DUT 都是有时钟和复位输入的，产生时钟和复位是激励生成部分最基础的功能。

3.2.1 时钟的产生

代码 3-1 和代码 3-2 是典型的时钟产生代码。

代码 3-1 使用 always 产生时钟

```
1   `timescale 1ns/1ps
2   module code3_1;
3       logic clk = 1'b1;
4       always begin
5           #5 clk = ~clk;
6       end
7   endmodule
```

代码 3-2 使用 forever 产生时钟

```
1   `timescale 1ns/1ps
2   module code3_2;
3       logic clk = 1'b1;
4       initial begin
5           forever
6               #5 clk = ~clk;
7       end
8   endmodule
```

这两段代码都可以产生一个 100MHz 的时钟，起始相位均为 0，如需起始相位为 5ns，可将第 3 行初始值赋为 1'b0。

考虑代码 3-3：

代码 3-3 时钟对齐问题

```
1   `timescale 1ns/1ps
2   module code3_3;
3       logic clk = 1'b1;
4       initial forever #5 clk = ~clk;
5       logic [7:0] a = 8'b0, b, c;
6       always #10 a ++;
7       always_ff@(posedge clk) b <= a;
8       always_ff@(posedge clk) c <= b;
9   endmodule
```

如果在 ModelSim 中仿真，波形将如图 3-2 所示。

可以看到 a、b 和 clk 同在 10ns、20ns、…变化和上跳，b 锁定到的是 a 变化后的值，而 c 锁定到的是 b 变化前的值，这是因为“a ++”是阻塞赋值，将先于“b <= a”和“c <= b”这两个非阻塞赋值执行，而如果将“a ++”改为“a <= a + 8'b1”，则会形成如图 3-3 所示波形，这时 b 又锁定到 a 变化前的值。

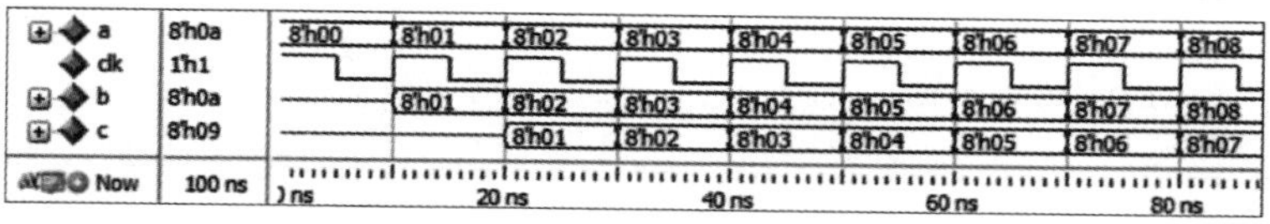

图 3-2 仿真中时钟对齐的问题 1

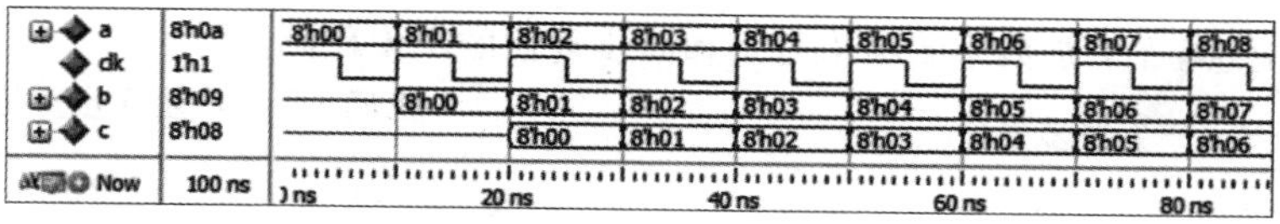

图 3-3 仿真中时钟对齐的问题 2

为避免这种不同对初学者理解时序产生困扰，可以将时钟相位移动一点，考虑代码 3-4。

代码 3-4 将时钟相位移动一点

```
1   `timescale 1ns/1ps
2   module code3_4;
3       logic clk = 1'b0;
4       initial begin
5           #2.5;
6           forever #5 clk = ~clk;
7       end
```

```
8        logic [7:0] a = 8'b0, b, c;
9        always #10 a ++;
10       always_ff@(posedge clk) b <= a;
11       always_ff@(posedge clk) c <= b;
12   endmodule
```

其仿真波形如图 3-4 所示，便不会造成理解困难了。

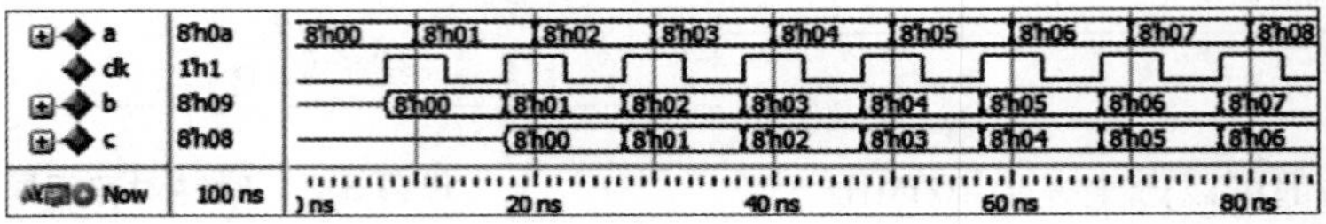

图 3-4 将时钟后移 2.5ns 的仿真波形

代码 3-4 中时钟产生部分还可以写成通用的任务，如代码 3-5 所示。

代码 3-5 使用任务产生时钟

```
1    `timescale 1ns/1ps
2    module code3_5;
3        task automatic GenClk(
4            ref logic clk, input realtime delay, realtime period
5        );
6            clk = 1'b0;
7            #delay;
8            forever #(period/2) clk = ~clk;
9        endtask
10       logic clk;
11       initial GenClk(clk, 2.5, 10);
12   endmodule
```

3.2.2 复位的产生

代码 3-6 和代码 3-7 是典型的异步复位和同步复位的产生代码。

代码 3-6 产生异步复位

```
1    `timescale 1ns/1ps
2    module code3_6;
3        logic arst = 1'b0;
4        initial begin
5            #10 arst = 1'b1;
6            #10 arst = 1'b0;
7        end
8    endmodule
```

代码 3-7 产生同步复位

```
1    `timescale 1ns/1ps
2    module code3_7;
3        logic rst = 1'b0;
4        initial begin
5            @(posedge clk) rst = 1'b1;
6            @(posedge clk) rst = 1'b0;
7        end
8    endmodule
```

代码 3-7 在过程赋值中使用了“@(posedge clk)”事件控制，使得同步复位信号 rst 由 clk 驱动产生，并持续一个周期。

有时我们需要持续较长的异步复位，可以使用任务产生复位，如代码 3-8 所示。

代码 3-8　使用任务产生异步复位

```
1    `timescale 1ns/1ps
2    module code3_8;
3        task automatic GenArst(                // 用于产生异步复位的任务
4            ref logic arst,                    // 复位信号作为参考输入
5            input realtime start,              // 指定开始时间
6            input realtime duration            // 指定持续时间
7        );
8            arst = 1'b0;
9            #start arst = 1'b1;
10           #duration arst = 1'b0;
11       endtask
12       logic arst;
13       initial GenArst(arst, 10, 20);         // 调用 GenArst
14   endmodule
```

而如果需要持续较长时间的同步复位，可用代码 3-9 所示的任务。

代码 3-9　使用任务产生同步复位

```
1    module code3_9;
2        import SimSrcGen::GenClk;              // 导入 SimSrcGen 包中的 GenClk 任务
3        task automatic GenRst(
4            ref logic clk,
5            ref logic rst,
6            input int start,
7            input int duration
8        );
9            rst = 1'b0;
10           repeat(start) @(posedge clk);
11           rst = 1'b1;
12           repeat(duration) @(posedge clk);
13           rst = 1'b0;
14       endtask
15       logic clk = 1'b0;
16       initial GenClk(clk, 2.5, 10);
17       logic rst;
18       initial GenRst(clk, rst, 2, 3);
19   endmodule
```

读者可以将类似“GenClk”“GenArst”“GenRst”这样通用的任务放进一个包(package)里并写进一个文件，在需要的时候用“`include”编译指令引用文件，并用 import 关键字导入包，便可使用它们了。

3.2.3　一般输入的产生

除时钟和复位之外，应送入其他输入端的激励则与 DUT 的功能息息相关，特别是在兼容测试和真实工况测试中，要根据 DUT 的功能规格和接口遵循的规范编制激励。比如为了测试一个 SPI 总线的从机，测试代码中需编制符合 SPI 总线主机行为的激励，或者说需要编写一个 SPI 主

机；为了测试一个解码器，需要编写一个编码器，或者编写一个测试代码能“播放”存储的码流的文件，等等。

对具体功能的测试需要具体的 DUT，在后面的章节讲到各种具体的设计时再讨论，这里先讲述用于随机测试的随机激励或循环激励的产生。

循环激励是按照一定模式循环输出测试激励，最简单的循环激励是计数输出，如果 DUT 只有少数几个输入，并且没有复杂的时序逻辑(比如只是组合逻辑或者简单的流水线)，使用计数作为激励测试可能就足够了。

比如代码 3-10 测试一个二进制码 - 格雷码的转换模块，就可以使用计数激励。

代码 3-10　使用计数激励测试二进制码 - 格雷码的转换模块

```
1   module code3_10;
2       import SimSrcGen::GenClk;
3       logic clk;
4       initial GenClk(clk, 2.5, 10);
5       logic [5:0] bin = '0;
6       always #10 bin ++;                          // 产生计数激励
7       logic [5:0] gray;
8       bin2gray #(6) the_b2g(clk, bin, gray);
9   endmodule
10
11  module bin2gray #(
12      parameter DW = 8
13  )(
14      input wire clk,
15      input wire [DW - 1 : 0] bin,
16      output logic [DW - 1 : 0] gray
17  );
18      always_ff@(posedge clk) begin
19          gray <= bin ^ (bin >> 1);
20      end
21  endmodule
```

第 6 行使用 always 过程产生计数，只需要 64 个周期即可测完 DUT 的所有输入情况。仿真波形如图 3-5 所示。

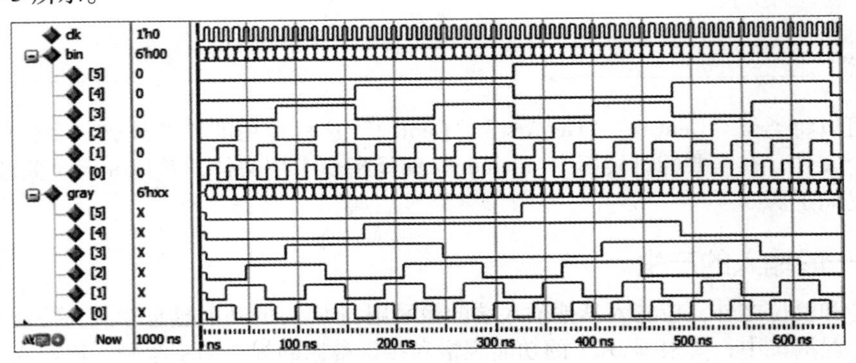

图 3-5　计数激励下的 6 位二进制码 - 格雷码转换

在第 2 章代码 2-45 中，为测试复数乘法产生的激励 a、b 也是循环激励。对于像这样的位宽较宽的数据计算，使用计数激励穷举所有输入状态是不实际的，两个 32 位宽共有 2^{64} 种状态，每 1ns 测试一种状态也需要近 600 年。这时可以使用随机激励。

产生随机数可以使用很多系统函数，多次调用它们返回的值将服从特定分布，它们的输入参数和返回值均为整数，因而下面除泊松分布本身为离散分布之外，其他连续分布的返回值均可理解为取整后的结果。这些函数如下。

（1）$random(<种子变量>)

返回 32 位有符号整型随机数，符合均匀分布。

（2）$dist_uniform(<种子变量>, <范围下限 m>, <范围上限 n>)

返回限定范围，服从均匀分布的随机数，上限必须不小于下限。

其概率密度：$\mathrm{psd}(x) = 1(n-m)$

（3）$dist_normal(<种子变量>, <平均值 μ>, <标准差 σ>)

返回指定平均值和标准差，服从正态分布的随机数，标准差必须大于 0。

其概率密度：$\mathrm{psd}(x) = \frac{1}{\sqrt{2\pi\sigma}} \mathrm{e}^{-\frac{(x-\mu)2}{2\sigma^2}}$

（4）$dist_exponential(<种子变量>, <平均值 E>)

返回指定平均值，服从指数分布的随机数，平均值必须大于 0。

其概率密度：$\mathrm{psd}(x) = \lambda\,\mathrm{e}^{-\lambda x}$，$\lambda = 1/E$

（5）$dist_poisson(<种子变量>, <平均值 λ>)

返回指定平均值，服从泊松分布的随机数，平均值必须大于 0。

其概率质量：$\mathrm{pmd}(X = k) = \frac{\mathrm{e}^{-\lambda}\lambda^k}{k!}$

（6）$dist_chi_square(<种子变量>, <自由度 k>)

返回指定自由度，服从卡方分布的随机数，自由度必须大于 0。

其概率密度：$\mathrm{psd}(x) = \frac{(12)^{k/2}}{\Gamma(k/2)} x^{k/2-1} \mathrm{e}^{-x/2}$

（7）$dist_t(<种子变量>, <自由度 ν>)

返回指定自由度，服从学生 t 分布的随机数，自由度必须大于 0。

其概率密度：$\mathrm{psd}(x) = \frac{\Gamma((v+1)2)}{\sqrt{\pi v}\,\Gamma(v/2)(1+x^2 v)^{(v+1)/2}}$

（8）$dist_erlang(<种子变量>, <阶数 k>, <平均值 E>)

返回指定阶和平均值，服从埃尔朗分布的随机数。

其概率密度：$\mathrm{psd}(x) = \frac{\lambda^k x^{k-1} \mathrm{e}^{-\lambda x}}{(k-1)!}$，$\lambda = k/E$

上述 $\Gamma(\cdot)$ 为伽马函数。

上述种子变量均为 ref 型参数，应为事先定义并赋值的变量，每次调用后值会更新，如果多次运行采用同样的初始值，则最终产生的随机数序列将一模一样，便于激励重现。

大多数时候使用均匀分布即可，正态分布在数字信号处理中可用于模拟白噪声。

代码 2-45 的第 17 ~ 23 行可修改为使用均匀分布的随机激励，如代码 3-11 所示。

代码 3-11　随机激励

```
 1    ...
 2        CplxQ15 a = '{'0, '0}, b = '{'0, '0};
 3        integer seed = 0;
 4        always begin
 5            #10 a.re = $dist_uniform(seed, -32767, 32767);
 6            a.im = $dist_uniform(seed, -32767, 32767);
 7            b.re = $dist_uniform(seed, -32767, 32767);
 8            b.im = $dist_uniform(seed, -32767, 32767);
 9        end
10    ...
```

图 3-6 是其仿真波形中的一段。

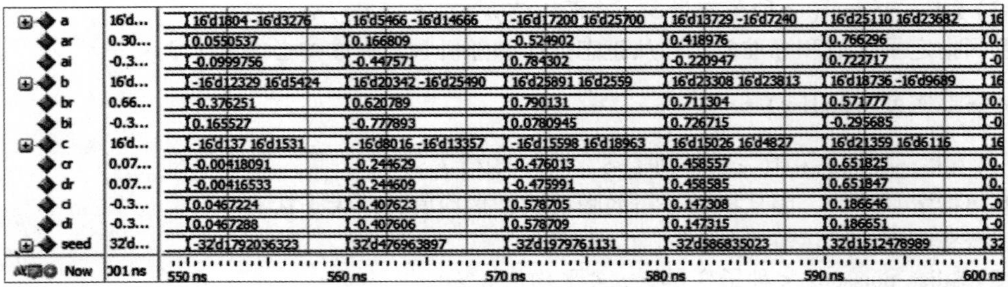

图 3-6　随机激励下的复数乘法测试

3.3　ModelSim 软件仿真流程

ModelSim 仿真可以基于工作库或基于工程，这里讲解基于工程的仿真流程。工程本身在计算机上也是一个文件（后缀为“.mpf”），工程将仿真相关的源文件和仿真配置组织在一起。在一个 ModelSim PESE 工程中可以包含源文件和仿真配置，源文件可以是 Verilog HDL（IEEE 1364-2004）文件（常用后缀为“.v”）或 SystemVerilog（IEEE 1800-2012）文件（常用后缀为“.sv”）。

下面介绍一个完整的仿真工作流程。

3.3.1　主界面简介

安装 ModelSim 并打开之后的界面如图 3-7 所示。

与大多数软件的图形界面一样，上方有菜单栏、工具栏，下方有状态栏。具体每一个菜单项和工具栏按钮的作用读者可参考帮助，中间目前有两个窗口 Library（库）和 Transcript（抄本），前者罗列了 ModelSim 内置的一些库，后者是主要的命令输入和消息输出途径。

ModelSim 内的窗口标题栏上都有“  ”标记，鼠标主键（一般即左键，惯用左手者可能设置为右键）拖曳这个标记可以自由排列窗口或将窗口分标签页合并，读者可自行尝试。如不慎关闭了某个需要用到的窗口，可以在菜单栏“View”菜单项中将其勾选出来。

工具栏上的按钮是按功能分组的，每组一个工具条，例如“  ”是编译相

关的工具条。每个工具条左侧的竖线也可用鼠标主键拖曳，使其在工具栏中自由排列。

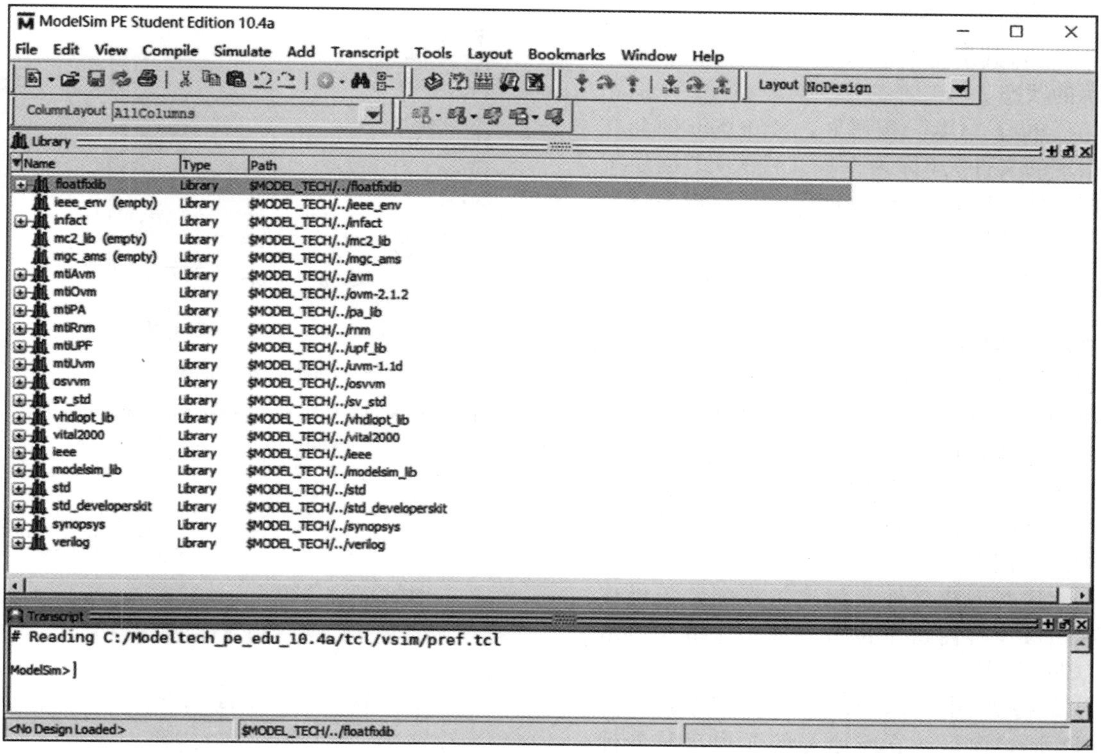

图 3-7　ModelSim 的主界面

在工具栏的空白位置单击鼠标次键(一般即右键，惯用左手者可能设置为左键)可弹出工具栏设置菜单，如图 3-8 所示。在该菜单里可选择当前显示哪些工具条，还可将工具栏复位(Reset)成当前工作场景的默认状态。有时经窗口缩放等操作使得工具条排列凌乱时，工具栏复位就很有用了。

选择菜单栏 “Tools” → “Edit Preferences” 项，可以打开偏好设置，设置各窗口界面的配色、字体字号，文件编辑时的缩进等许多项目。读者可自行探究。

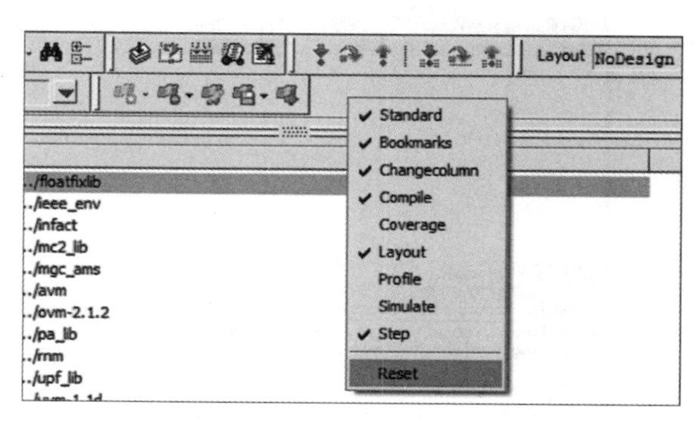

图 3-8　工具栏设置菜单和工具栏复位菜单项

3.3.2　创建工程

依次单击 “File” → “New” → “Project” 菜单项，弹出创建工程对话框，如图 3-9所示。

(1) 在 “ProjectName” 文本框中填入欲创建的工程的名字，比如 “helloVerilog”。

(2) 在 “ProjectLocation” 文本框中填入放置新工程的路径，比如 “Z:/projects/modelsim/

helloVerilog”，也可使用右侧的“Browse”按钮打开浏览文件夹对话框，选择文件夹。建议为每个工程创建一个新的文件夹。

(3)其余文本框和选项保持如图 3-9 所示的状态。

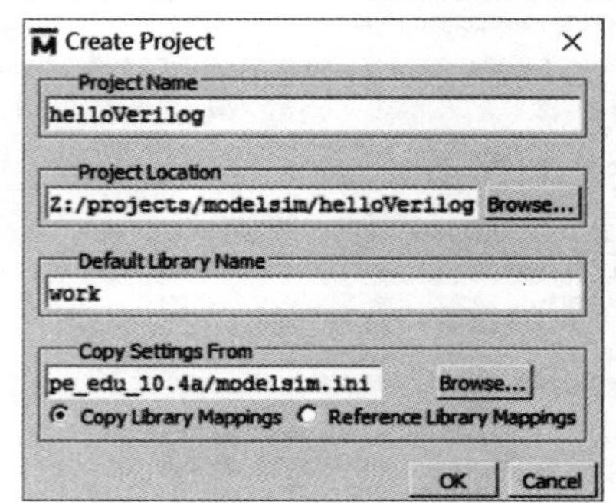

图 3-9 创建工程对话框

单击“OK”按钮后，ModelSim 便会在指定的文件夹(称为工程文件夹)中创建工程文件“helloVerilog.mpf”和工作库文件夹“work”，如图 3-10 所示。

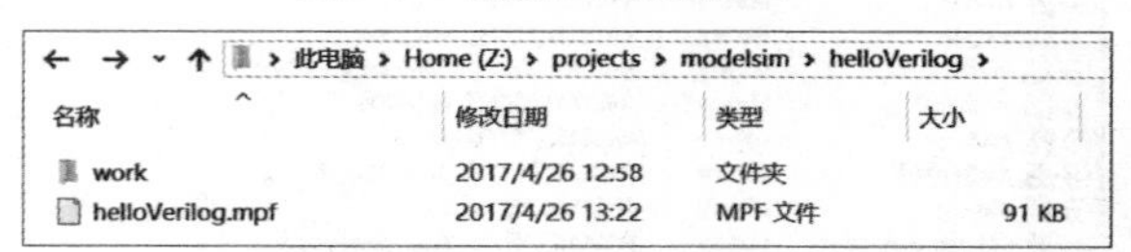

图 3-10 工程文件夹下的工程文件和工作库

同时，将弹出添加项目对话框，如图 3-11 所示。可为新创建的工程创建新的文本文件(源文件本身也是文本文件)，添加已有的文件，创建新的仿真配置以及创建新的文件夹。注意，这里创建的文件夹并不是计算机文件系统上的文件夹，只是 ModelSim 工程中组织文件的层次结构，文件夹中的文件一般还是在计算机文件系统中的工程文件夹中。

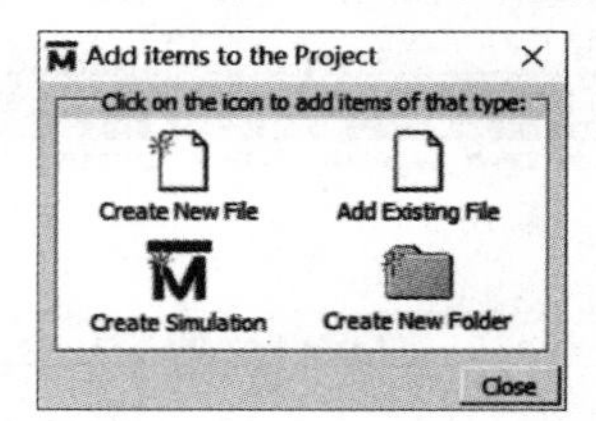

图 3-11 添加项目对话框

这些创建文件及创建仿真配置等操作在后续工程窗口中也可完成，这里先单击“Close”按钮关闭它。此时，ModelSim 主界面将如图 3-12 所示。新出现了工程(Project)窗口，它与原先的库窗口是分标签页合并在一起的，可由下方的标签选择。

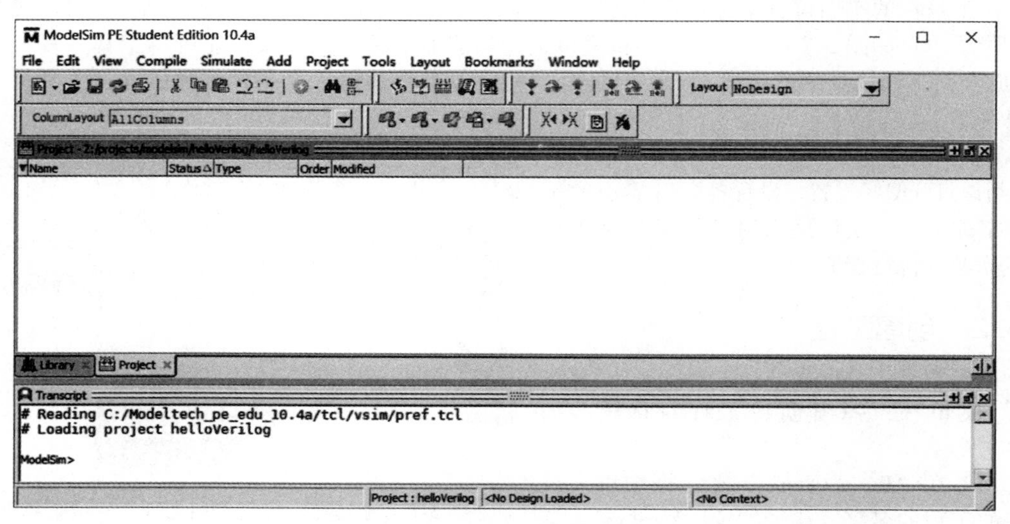

图 3-12 创建工程后的 ModelSim 主界面

3.3.3　向工程中添加文件

在工程窗口的空白处单击次键会弹出工程相关的上下文菜单，如图 3-13 所示，可执行编译相关命令、向工程中添加文件、设置工程属性等。

这里选择“Add to Project”→“New File”项，将弹出创建文件对话框，如图 3-14 所示。

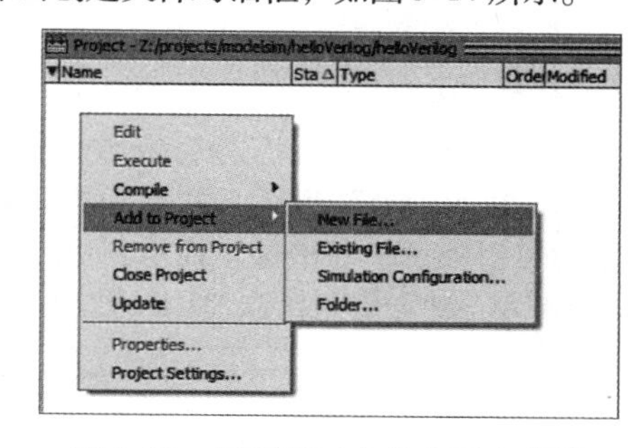

图 3-13　工程窗口中的上下文菜单

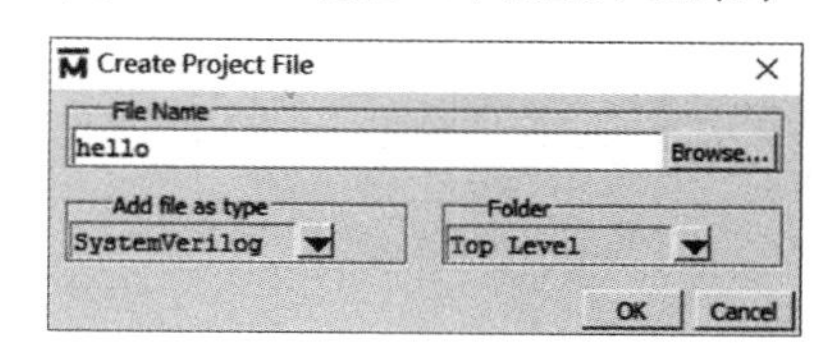

图 3-14　创建文件对话框

1）在“File Name”文本框中填入新文件的名字，如“hello”，并且必须包含后缀。

2）在“Add files as type”列表框中选择“SystemVerilog”，这样新的文件将被当作 SystemVerilog 源文件，并会自动添加文件名后缀“. sv”。

3）“Folder”用于选择在工程中新建的文件隶属的文件夹，因未向工程中添加文件夹，这里只有“Top Level”。

4）如果需要将新建的文件放置在工程文件夹以外的位置（虽然一般不会这么做），可在文件名文本框中填入包含完整路径的文件名，或单击右侧“Browse”按钮弹出浏览文件夹对话框来选择。

5）单击“OK”按钮，ModelSim 将在工程中创建新建文件，如图 3-15 所示。

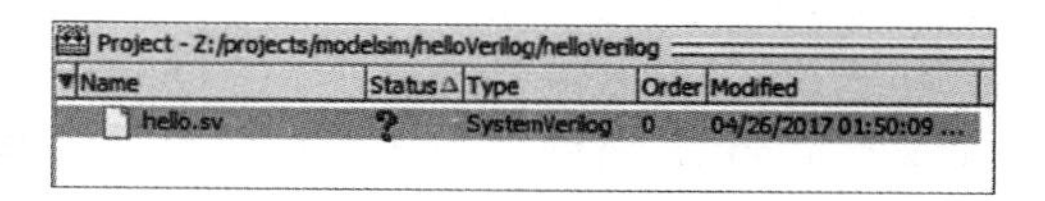

图 3-15　工程窗口中的 hello. sv 文件

可以看到工程窗口以列表形式显示着工程中的文件。列表共有 5 列，从左到右依次是：文件名、状态（编译状态）、文件类型、编译次序和修改时间。

双击文件名“hello. sv”即可打开编辑器编辑文件内容，编写一个名为“hello”、功能为显示输出“Hello Verilog!”字符串的模块。注意，编辑时输入法应在英文和半角符号状态，避免出现形似但实际不对的标点符号，难以查错。编辑完成后按 Ctrl + S 快捷键保存文件，如图 3-16 所示。

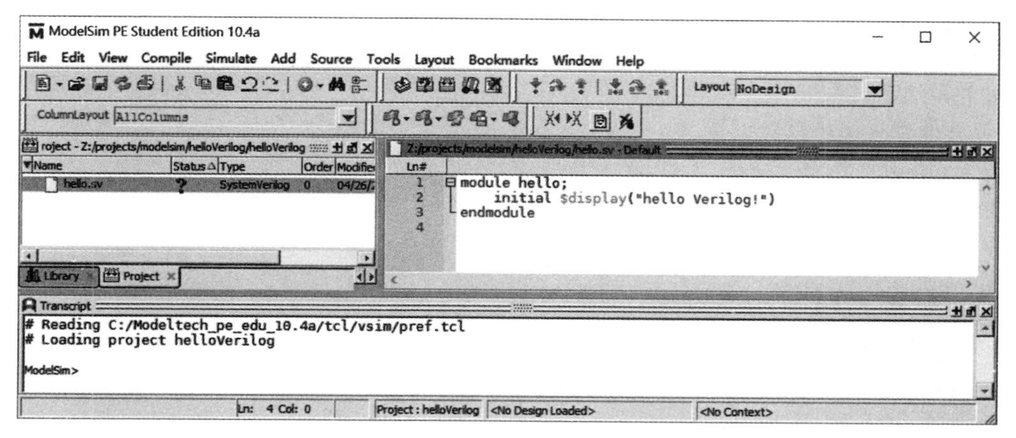

图 3-16　编写了 hello 模块的 hello. sv 文件

如果计算机中还安装有其他关联到“. sv”文件的软件，双击文件名可能会使得其他软件启动编辑它，很不方便。这时可在 Windows“控制面板”→“程序”→“默认程序”→“将文件类型或协议与程序关联”中，找到“. sv”并选中它，单击“更改程序”→“更多应用”→列表最下方“在这台电脑上查找其他应用”，选择 ModelSim 安装目录下的 vish. exe 文件(典型路径：C:\Modeltech_pe_edu_10. 4a\win32pe_edu\vish. exe)，将 . sv 文件类型与 ModelSim 关联。

保存好文件之后，可以单击工具栏编译工具条中的编译过时文件“ ”按钮，将新修改的文件全部编译。如无错误，在抄本窗口中将出现“Compile of hello. sv was successful.”提示，并且工程窗口中文件的状态会变成“ ”图标。如有错误，则将出现“Compile of hello. sv failed with ?? errors.”提示，并且工程窗口中文件的状态会变成“ ”图标。错误提示中的“??”为错误数量，双击这个提示，可弹出编译失败信息，如图 3-17 所示。根据提示的文件名、行数和错误信息定位到错误原因，修改之后再编译。

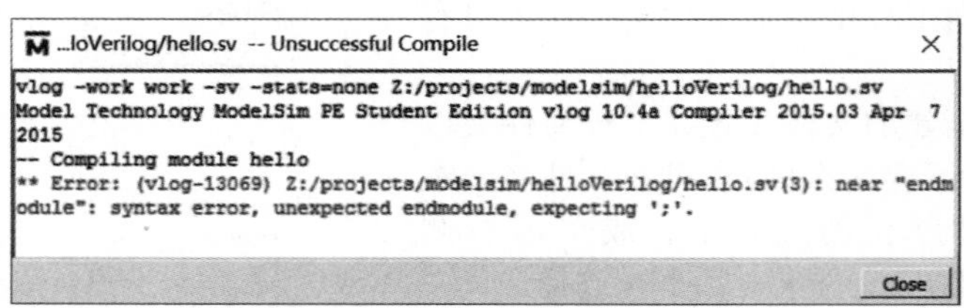

图 3-17　编译错误的信息

之后，向工程中添加仿真配置，在工程窗口的空白处单击次键，在弹出的上下文菜单中选择“Add to project”→“Simulation Configuration”，将弹出添加仿真配置对话框，如图 3-18 所示。

1）在“Simulation Configuration Name”文本框中，填入仿真配置的名字，例如“sim hello”。

2）在“Design Unit(s)”文本框中填入待仿真的顶层模块的名字，这里必须是刚刚编辑过的模块名“hello”。

3）其他选项保持默认设置。

单击“Save”按钮之后，工程窗口中便会多出一个名为“sim hello”的仿真配置，如图 3-19所示。

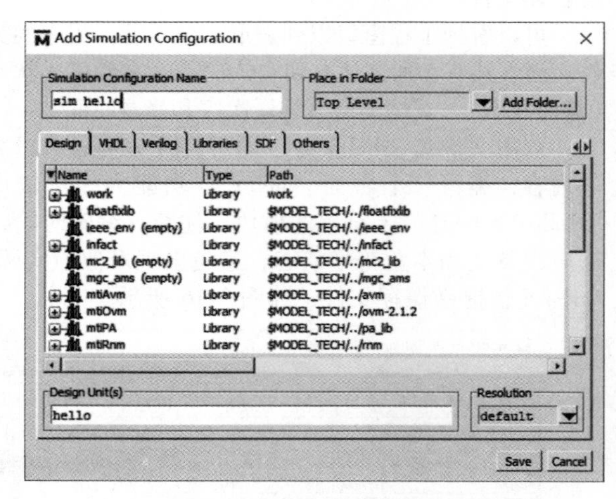

图 3-18　添加仿真配置对话框

3. 3. 4　开始仿真

在工程窗口中双击仿真配置，即可开始仿真，这时 ModelSim 进入仿真界面，如图 3-19 所示。

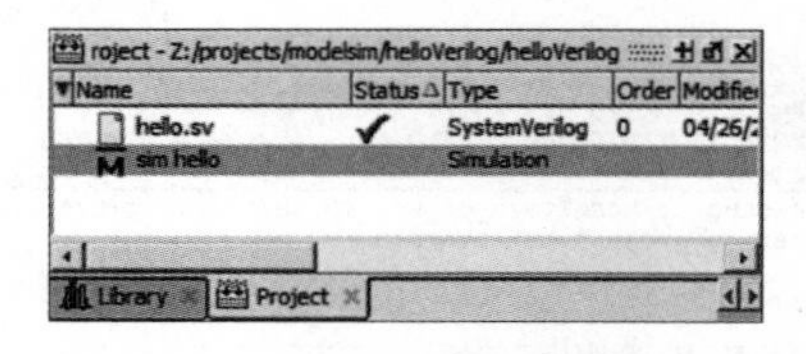

图 3-19　添加仿真配置后的工程窗口

注意，在上一小节中编译文件时，ModelSim 主要检查语法，并不会连接模块，所以如果仿真的代码中有模块连接错误，将会在开始仿真前检查出来，在抄本窗口中出现类似“Error loading design”的错误提示。

仿真界面中将出现几个新的窗口。

- 仿真(sim)窗口，默认与工程、库窗口分标签页合并在一起，其中以树状视图列出了仿真内容的层次结构。
- 对象(Objects)窗口，默认占据新的区域，其中以列表的形式罗列当前选中层次下的信号和常量。
- 过程(Processes)窗口，默认占据新的区域，其中以列表的形式罗列当前活动的过程。
- 波形(Wave)窗口，默认与文本编辑窗口分标签页合并在一起，可插入信号观察波形。

注意，默认的波形窗口配色与图 3-20 中是不一样的，笔者为了方便在书中插入波形截图，更改了它的配色。

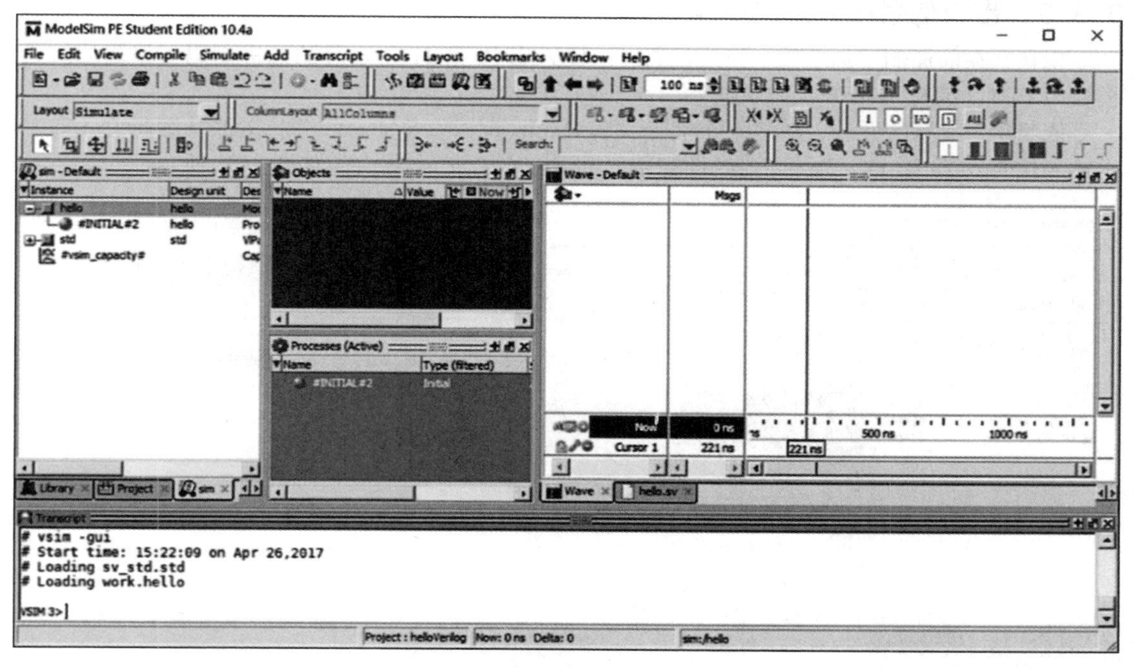

图 3-20　仿真状态下的界面

在此例中，并没有定义任何变量或常量，因而对象窗口是空的，也没有任何信号可添加进波形窗口中并显示。

注意，在底部状态栏显示了当前时间：“Now：0ns　Delta：0”，并且是停止的。

在工具栏也出现了一些新的工具条，这里先介绍仿真工具条中的几个按钮和文本框“ 100 ns ”，从左到右依次是：

- 重启仿真(Restart)，用于重置整个仿真，回到 0 时刻，并重新加载仿真的层次内容。

- 仿真时间输入框，用于设置一次运行的时间，使用数值加单位的格式，单位可以加国际单位制词头，如“fs”“ps”“ns”“us”(μs)和“ms”，而如果只用“s”则必须输入“sec”。
- 运行(Run)，单击一次，将仿真前面设置的时间。
- 继续运行(Continue Run)，暂停或断点暂停后继续运行。
- 运行全部(Run All)，运行到代码中主动停止(比如遇到 $stop 系统函数)或遇到严重错误，将忽略前面设置的运行时间。
- 中止编译或仿真(Break)。
- 停止(Stop)，在下一个时间步停止仿真。

此时单击运行按钮，时间将推进到 100ns 处停下，并且在抄本窗口出现“hello Verilog!”字符串，它是由 initial 块中的 $display 系统函数输出的。

至此，一个最简单的仿真流程便已完成。

3.3.5 带有信号和波形的例子

现在，在前面例子的基础上修改代码，以代码 3-10 第 11 行定义的二进制码 - 格雷码转换模块为 DUT，编写 Testbench 测试它。

依照 3.3.3 节的方法，新建一个名为“bin2gray.sv”的 SystemVerilog 文件并编辑它，在其中输入代码 3-10 第 11 ~ 21 行内容(即完整的 bin2gray 模块)并保存，如图 3-21 所示。

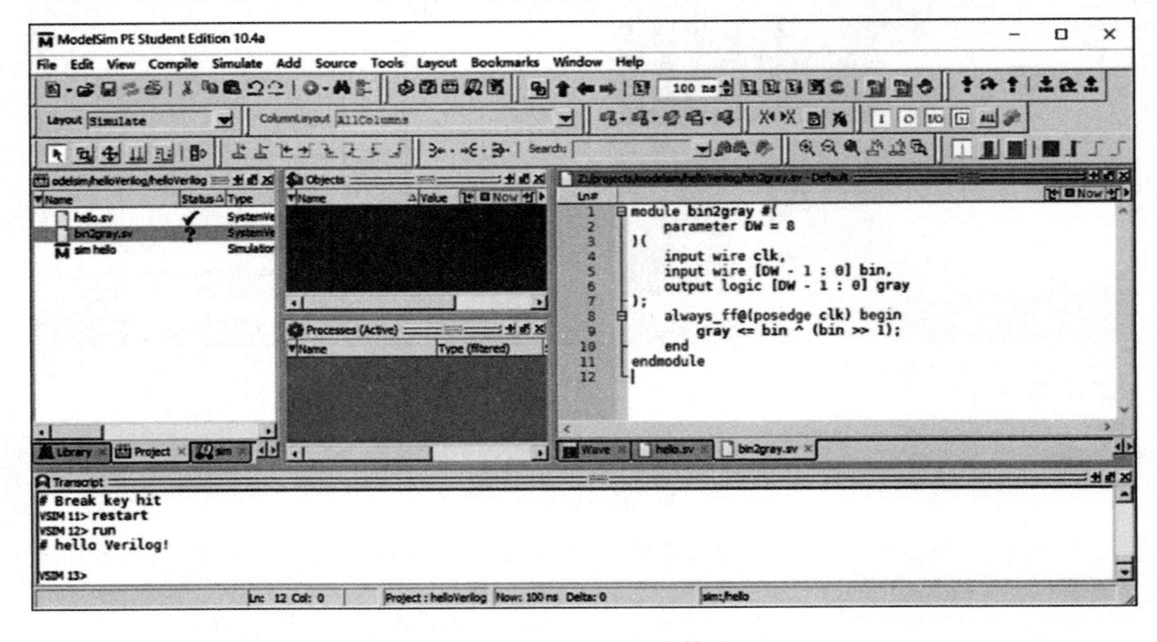

图 3-21 添加了 bin2gray 文件的工程

注释 hello.sv 中已有的内容，增加代码 3-12 的内容，并保存。这个 hello 模块即为 Testbench。

代码 3-12 测试 bin2gray 的 Testbench

```
1   module hello_testbench;
2       logic clk = 1'b0;
3       initial begin
4           #2.5;
5           forever clk = ~clk;
6       end
7       logic [5:0] bin = '0;
8       always #10 bin++;
9       logic [5:0] gray;
10      bin2gray #(6) the_b2g(clk, bin, gray);
11  endmodule
```

单击编译过时文件按钮“”，将两个文件编译，如图 3-22 所示。

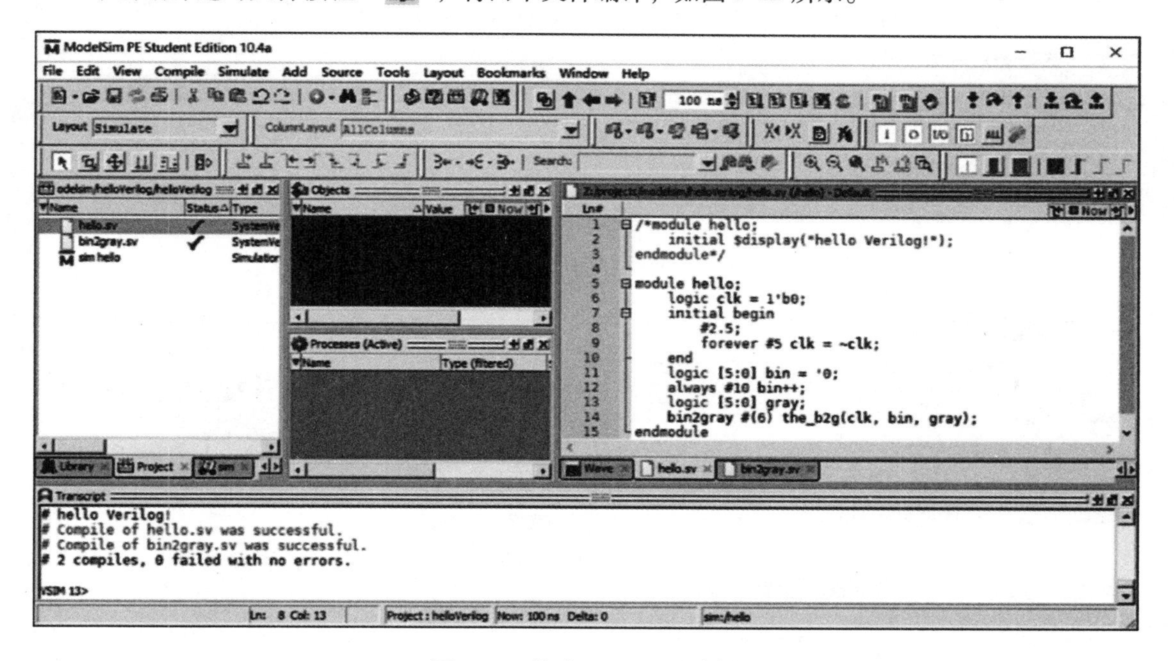

图 3-22 修改 hello. sv 后编译

然后单击重启仿真按钮“”，在弹出的重启仿真对话框中保持默认设置并单击“OK”按钮，回到 0 时刻，并加载层次结构，可以看到仿真窗口和对象窗口发生了变化，如图 3-23 所示。

此时对象窗口中显示的是顶层模块 hello 中的信号，在仿真窗口中单击选中其他层次，则可在对象窗口中看到其他层次中的信号。这里点选 hello 模块中的任何一个信号，然后按快捷键 Ctrl + A 全选对象窗口中的三个信号“bin”“clk”和“gray”，并用主键拖曳它们到波形窗口中，如图 3-24 所示。在波形窗口中信号排列的次序可以拖曳更改，选中信号按“Del”键可以移除信号。

然后在仿真时间输入框中将“100ns”修改为“1μs”，单击运行按钮“”，将运行至

1μs 并停止。此时，可以看到波形窗口出现仿真波形，如图 3-25 所示。

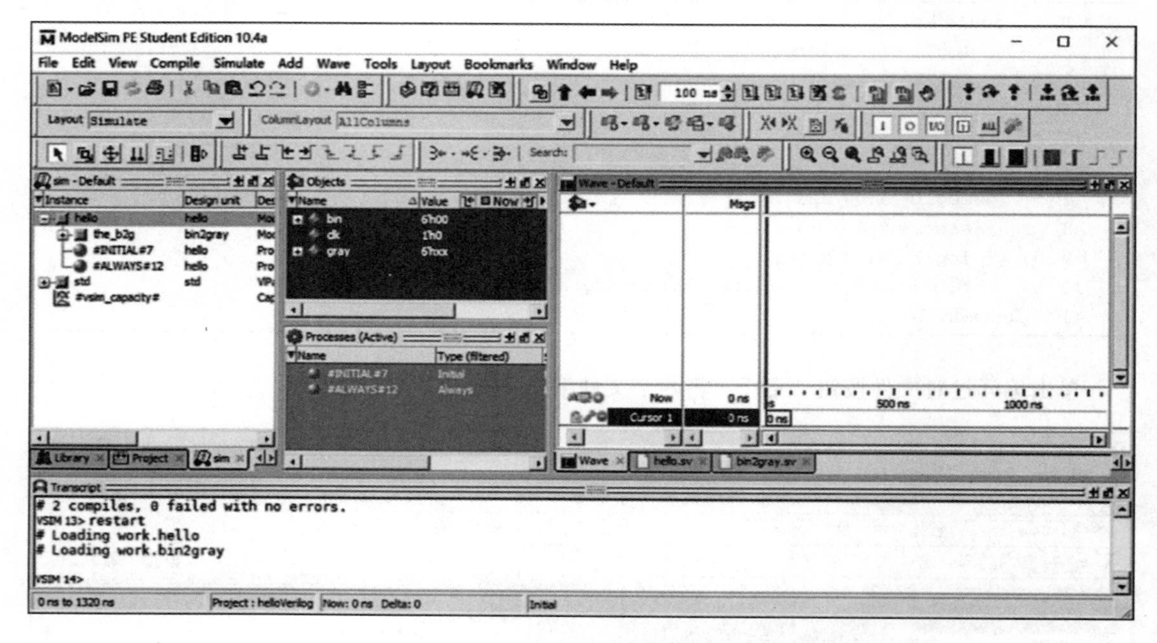

图 3-23　重启仿真后的界面

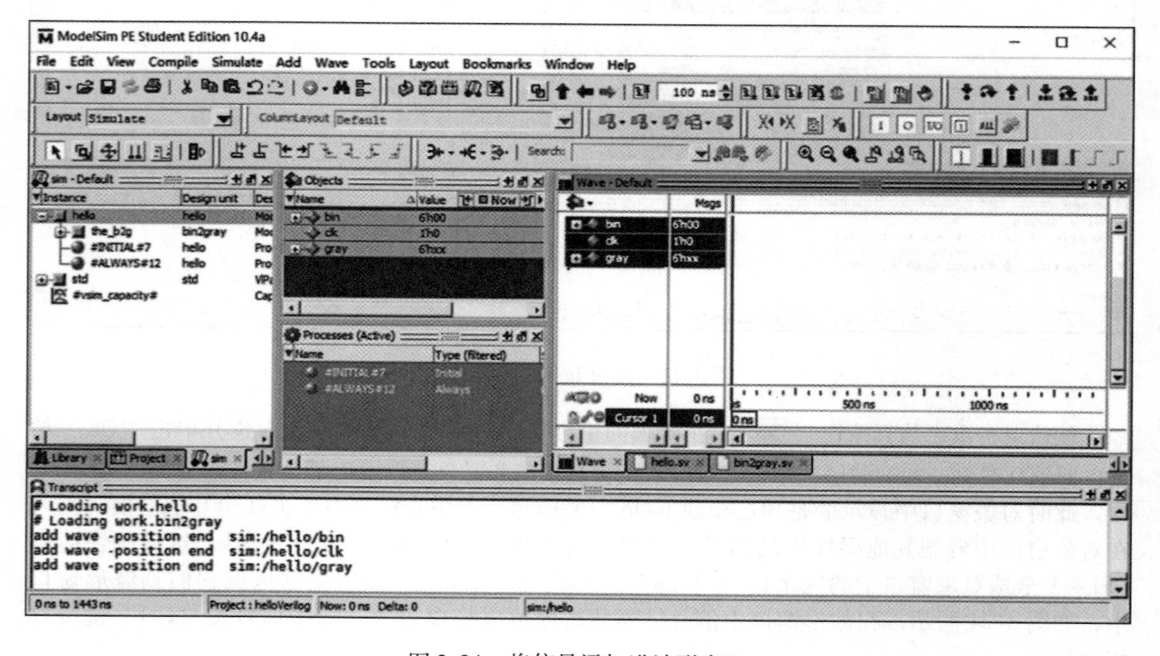

图 3-24　将信号添加进波形窗口

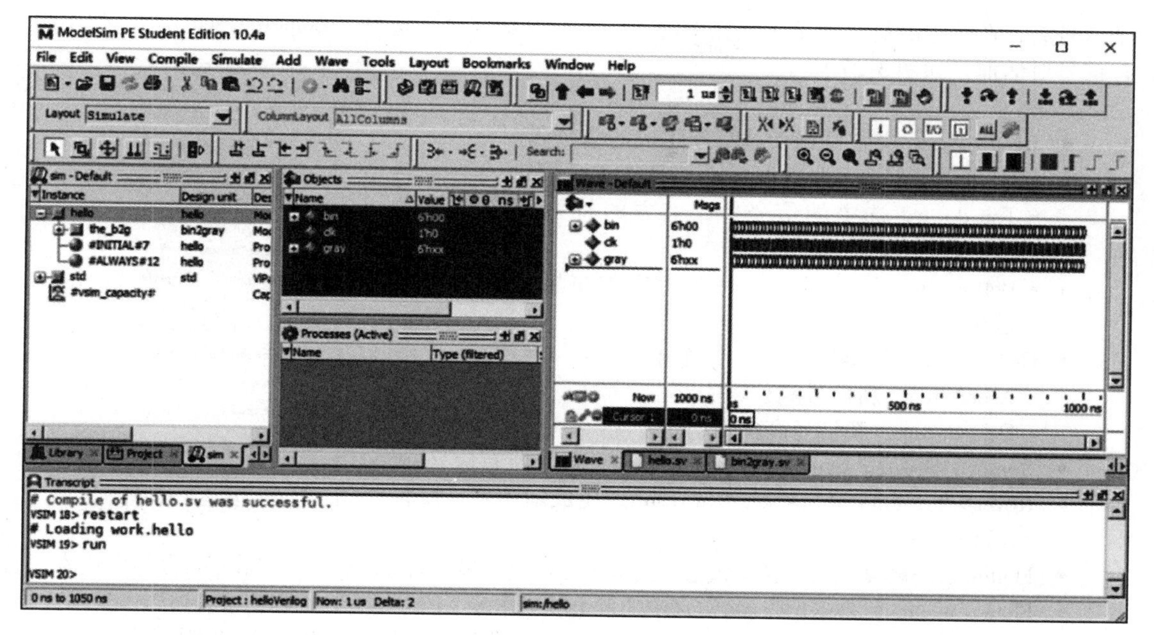

图 3-25　仿真了 1μs 的波形

工具栏中波形缩放工具条“　”可用于缩放波形，从左到右依次是：放大 2 倍、缩小 1/2、适应全部波形、以当前光标为中心放大 2 倍、适应两个光标之间的波形和适应其他窗口。此外，按住 Ctrl 键，拖曳鼠标主键也可以缩放：

- 向左下和右下方拖曳会放大到拖曳到的区域。
- 向左上方拖曳会适应全部波形。
- 向右上方拖曳可缩小，拖曳距离越大，缩小比率越大。

读者可自行尝试缩放操作。

3.4　波形和格式

波形窗口中的多位信号默认以总线形式显示，单击总线左侧的“　”按钮，可将其展开为多个一位信号，如图 3-26 所示。

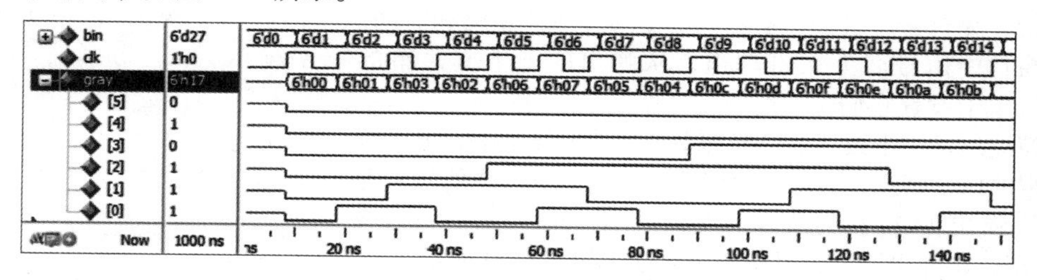

图 3-26　展开总线观察

多个信号也可以组合一个多位信号，按住 Ctrl 键选中多个信号，或按住 Shift 键选中连续多个信号后，在选中的信号上单击鼠标次键，弹出上下文菜单后选择“Combine Signals”，弹出组合信号对话框，如图 3-27 所示。

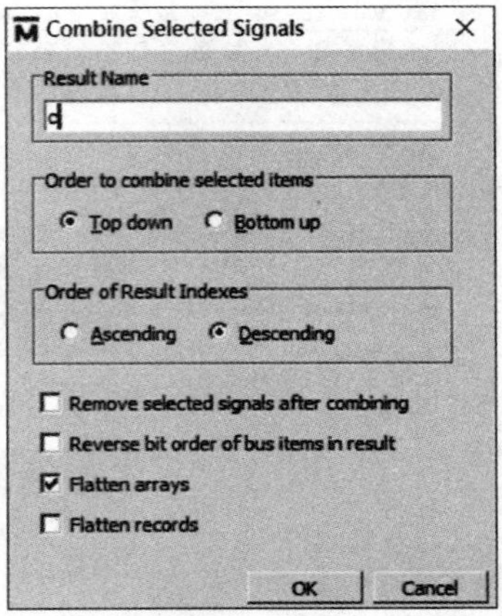

其中：

- Result Name 文本框用于填写新组成的信号名。
- Order to combine selected items 中两个单选框：
  - Top down，选中的信号中，上方的将置于新信号的高位。
  - Bottom up，选中的信号中，上方的将置于新信号的低位。
- Order of Result Indexes 中的两个单选框：
  - Ascending，新信号高位索引小。
  - Descending，新信号高位索引大。
- Remove selected signals after combining，移除原有信号。
- Reverse bit order of bus items in result，生成新信号后反转高低位。
- Flatten arrays，打平数组(将数组中的多个元素当作多个信号拼合，否则数组将被当作整体)。
- Flatten records，打平记录(将记录中的多个域当作多个信号拼合，否则记录将被当作整体)。

图 3-27　组合信号对话框

例如，将图 3-26 中的 bin 和 clk 按图 3-27 中的设置拼合，将形成如图 3-28 所示的信号 c。

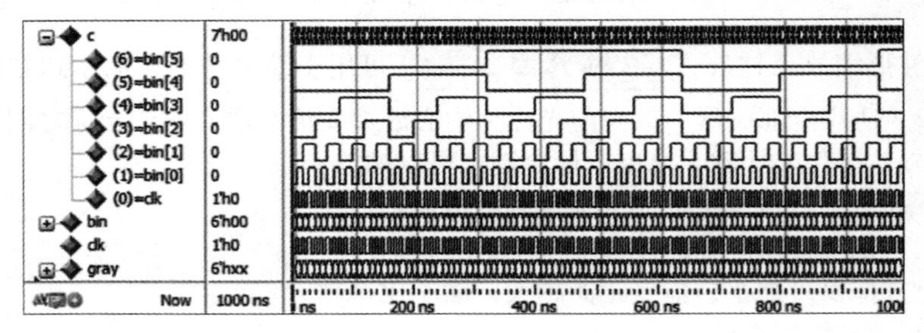

图 3-28　bin 和 clk 组合后的信号

多位信号的显示也有文字和模拟波形两种方式，文字方式是在数字波形中给出其表达的数值，模拟波形方式将数值序列绘制成模拟波形。

对 Verilog 来说，常用的进制和形式有二进制、八进制、十六进制、无符号十进制、有符号十进制、ASCII 码和时间。在波形窗口中信号名上次键单击，从弹出的上下文菜单的“Radix”项中设置它们。

模拟波形常用于数字信号处理系统的波形显示中，可设置波形占据的像素高度、显示的值域等，在波形窗口中信号名上右击，从弹出的上下文菜单中选择“Format”→“Analog (custom)”，将弹出模拟波形设置对话框，如图 3-29 所示。

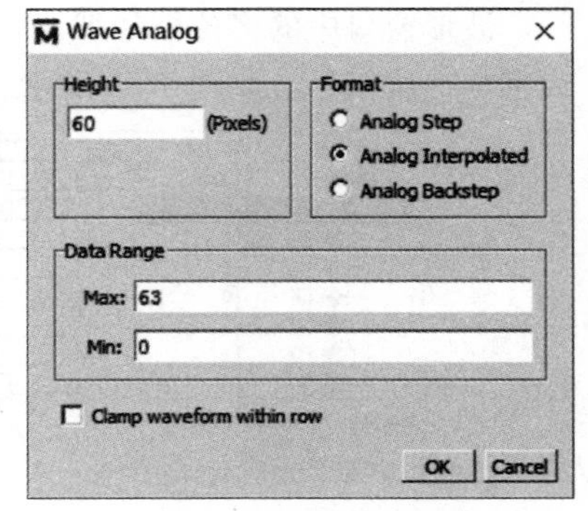

图 3-29　模拟波形设置对话框

其中：

- Height 文本框用于设置该信号显示区域(行)占据的

像素高度(文本形式显示时默认高度为17)。

- Format组里有三个单选框(区别如图3-30所示)。
  - Analog Step：每个数据以水平线向后保持到下一个变化，相当于0阶保持。
  - Analog Interpolated：每个数据和相邻数据间以直连段连接，相当于线性插值。
  - Analog Backstep：每个数据以水平线向前保持到前一个变化。
- Data Range中有两个文本框，分别用来设置显示区域上端和显示区域下端对应的数据值。
- Clamp waveform within row用来设置显示的波形是否限制在显示区域以内，选中时，超出Date Range范围的数据不会绘制到显示区域以外；未选中时，超出Data Range范围的数据绘制将超出显示区域。

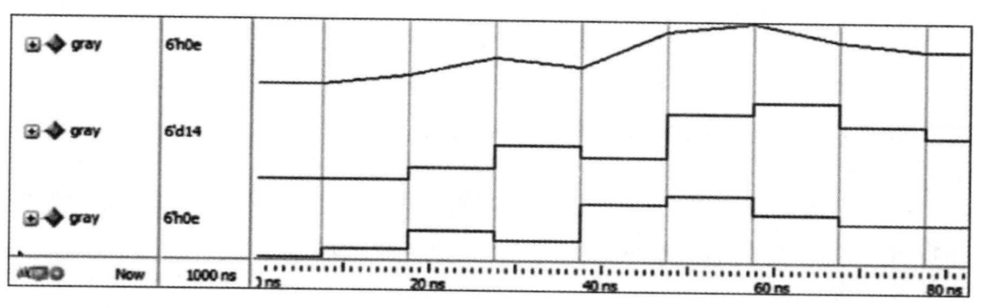

图3-30 同一信号设置模拟波形的三种格式(自上而下依次是Interpolated、Step和Backstep)

如果按图3-28设置bin和gray两个信号，将得到图3-31所示波形。可以看出，计数器其实就是数字域的锯齿波发生器，而格雷码的波形是不是像分形?

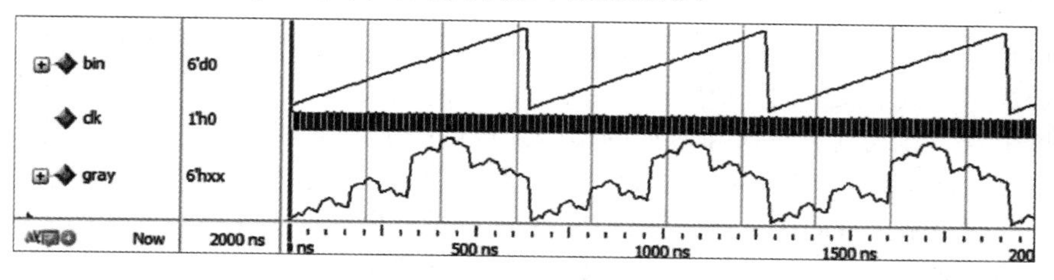

图3-31 将bin和gray设置为模拟波形显示

上述进制和模拟波形的设置也可在波形窗口中信号的属性中设置，即双击信号名或右击信号名在弹出的上下文菜单中选择“Properties”。

设置好的波形格式以及排列次序可以保存为脚本文件，以便下次仿真时直接使用，而不必重复烦琐的设置过程。在波形窗口为活动窗口时，选择菜单项“File”→“Save Format”或直接用快捷键Ctrl+S，即可将波形设置脚本保存为一个“.do”文件。需要加载文件设置波形格式时，选择菜单项“File”→“Load”→“Macro File”即可。

第4章 Chapter 4

Verilog 基本应用

本章将介绍许多基础的功能单元及其 Verilog 描述，由简到繁，后面小节的许多内容会依赖于前面小节讲过的内容，后面众多章节中的各种设计也会依赖于本章介绍的基础功能单元。通过学习本章，读者应能了解到 Verilog 描述数字逻辑系统的大致方法。本章及以后章节涉及的代码中的注释将统一使用英文，因 ModelSim 并不支持源码中的中文。

除介绍基础功能单元外，本章还将较为详细地介绍跨时钟域问题，跨时钟域的情况在数字系统中几乎是必然会涉及的，但初学时理解起来可能比较困难，初学者可先只作大概了解，不必深究，遇到实际问题时再来学习会更容易理解。

4.1 代码风格

在不违背语法的前提下，能写出的代码将风格各异甚至千奇百怪，为了确保代码的可读性、可维护性和可重用性，在一个项目或企业中，团队成员都应该遵循一致的代码风格。

代码风格是一套规则、建议和习惯的集合。规则一般是强制性的，任何情况下都必须遵循；建议则强制性稍弱，特殊情况下可以不必遵循；而习惯则承袭自前人的经验、个人偏好或团队文化。代码风格本身的优劣并没有一定的判断标准，但即便不是最好的代码风格也比没有代码风格、团队成员各自为政、甚至同一成员风格不确定要好。

代码风格主要有以下几个方面：

- 命名风格，包括文件命名，常量、变量、线网、模块、接口等标识符的命名。
- 格式风格，包括对齐缩进、空白、换行等。
- 结构和描述风格，代码结构和各种逻辑功能描述方式。

下面是本书后面的代码使用的风格，“★”为规则、“⅄”为建议，供读者参考。而对于初学者，强烈建议遵循这样的风格。

通用：

★ 使用一贯的风格，不随意变更。

★ 代码中包含必要的、简明易懂的注释。

⅄ 使用简单的语法结构。

⅄ 模块的代码规模不宜过大。

命名相关：

★ 命名必须是有意义的。
★ 变量、线网、端口使用小写字母和下划线命名，由多个单词构成的较长名字为保证可读性应在单词间增加下划线，例如 abc、spi_mosi、iic_sda、mem_write、axi4l_slv_wraddr 等。
★ 低电平有效的信号在结尾增加“_n”（或“_b”，但不要时而用“_n”时而用“_b”）。
★ 模块、接口、包、任务、函数以及自定义类型由大写字母开头的单词组成，例如 GrayToBin、Gray2Bin、Count1ms、IicBitGenerator、CoefMem、CplxQ15 等。
★ 常量使用全大写字母，例如 DW、FW、M、SADDR 等。
★ 特殊信号应使用一贯的名字。比如时钟使用 clk，而不是时而用 clk 时而用 clock；同步复位使用 rst，而不是时而用 rst 时而用 reset。
★ 位宽说明应使 msb 索引大于 lsb 索引(即“大数在左”)，并使 lsb 为零，如“logic [x: 0] ...”，而不是“logic [0: x] ...”。

格式相关：
▲ 每个端口一行。
▲ 端口定义时，按以下先后顺序：时钟、复位、使能、其他控制信号、地址、数据。端口包含多个不同功能分组时，同组的信号集中在一起。
★ 使用合适的缩进增强代码可读性，缩进可以是 2、3、4、6、8 字符(应统一)。
▲ 使用 4 字符缩进。
▲ 使用空格替代制表符用作缩进，防止不同编辑器中制表符宽度不一致。
★ 所有的“xxx”和“endxxx”之间的内容缩一级，所有的子语句和块内容缩一级。
▲ begin 独占一行(“Allman”风格)或位于行尾(“K&R”风格)。
▲ 即使子语句只有一条，也使用 begin-end 包裹，以免后期维护时出错。(为节约篇幅，本书中的代码一般不遵循此条。)
▲ 每行代码不宜过长，应限制在 80 字符以内，过长的语句应换行。

结构和描述相关：
▲ 大量通用的常量可以集中定义到一个文件中。
▲ 经常使用的组合逻辑功能写成函数或任务，封装成包。
▲ 尽量使用自动(automatic)函数和任务，在函数或任务中只引用函数或任务名、输入输出参数和其中的局部变量。
★ 使用参数或宏定义数据位宽，增强可重用性。
▲ 避免使用门级描述，非常不利于可读性。
★ 避免使用内容较长的循环，能使用数组实现的内容不要使用循环。
★ 只使用上升沿驱动触发器。
★ 只使用高电平有效的复位和使能。
▲ 尽量避免使用异步复位。
★ 复位只用来设置触发器的初始值，不能用于特定的功能(比如状态机的触发事件)。
★ 不使用门控时钟。
★ 不使用内部逻辑生成的时钟。
★ 整个设计中尽量使用同一个高频时钟，低频的工作以使能控制。
★ 不同时钟域间的多位数据同步使用双时钟 FIFO 或双时钟双口 RAM。

★ 不同时钟域间的 1bit 信号(一般是控制信号)使用两级触发器同步。
★ 除仿真必需的情况以外，不使用 initial 过程对触发器赋初值，而使用复位对触发器赋初值，initial 过程的可综合性不能保证。
★ 除测试平台外，不使用带有延时的语句，不使用带有事件的赋值语句。
▲ 除测试平台外，不使用通用 always 过程。
★ 除测试平台和顶层模块，不使用三态输出或 inout 端口。
★ 使用 always_comb 过程描述组合逻辑，并书写完备的分支(不要忘了 else 或 default)，或在过程开始时为变量赋初始值来避免出现锁存器。
★ 在描述组合逻辑的过程块中，全部使用阻塞赋值。
★ 使用 always_ff 过程描述触发器逻辑，在其中只使用非阻塞赋值。
▲ 能使用 case 语句时，不使用 if-else 语句，if-else 使用优先编码，占用较多逻辑资源，不过 if-else 有利于高优先级条件的时序。
★ 使用三段式状态机写法：状态驱动一段、状态转移一段、状态输出一段。
▲ 模块的数据输出使用触发器输出。
▲ 有数据使能配合的数据输入，模块不能要求使能无效时数据维持有效。
▲ 模块中，数据率低于时钟频率的输出在不更新数据的周期，最好保持有效数据，而不是将内部运作的中间数据暴露在模块外。

4.2 常用组合逻辑单元的描述

本节介绍第 1 章提到的常用组合逻辑的 Verilog 描述。主要是编码器、译码器和数据选择器，都较为简单。虽然示例代码以模块形式给出，但实际应用中一般不会独立形成模块。

对于算术计算和比较，一般一个运算符即可，至于具体电路实现的方式，编译器会择优处理，我们不必操心。对于定点小数的运算，则将在第 7 章中介绍。

4.2.1 编码器和译码器

代码 4-1 是参数化的优先编码器，使用 always_comb 过程描述，并在其中使用了 for 循环，从高到低逐位判断输入的位是否为 1。注意，因为 for 循环变量 i 定义为 32 位有符号整数，输入位数最多只能是 2147483648 位，当然，这不太可能发生。

代码 4-1 参数化的优先编码器

```
1   module Encoder #( parameter OUTW =4 )(
2       input wire [2** OUTW - 1 : 0] in,
3       output logic [OUTW - 1 : 0] out
4   );
5       always_comb begin
6           out = '0;
7           for(integer i = 2** OUTW - 1; i >= 0; i --) begin
8               if(in[i]) out = OUTW'(i);
9           end
10      end
11  endmodule
```

或者也可将优先编码器写成函数，将更灵活易用，但函数并不能参数化，因而可将整个函数定义为一个宏，如代码 4-2 所示。其中“\”为行连接符，用在行尾表示语法上与下一行本为同一行，使用行连接符将语法上的同一行拆分成多行有利于代码的可读性。

代码 4-2　宏化的优先编码器函数

```
1    `define DEF_PRIO_ENC(fname, ow) \
2    function automatic logic [ow - 1 : 0] fname( \
3        input logic [2**ow - 1 : 0] in \
4    ); \
5        fname = '0; \
6        for(integer i = 2**ow - 1; i >= 0; i --) begin \
7            if(in[i]) fname = ow'(i); \
8        end \
9    endfunction
```

在需要使用某种位宽的优先编码器函数时，使用 DEF_PRIO_ENC 宏定义一个即可。如代码 4-3 所示，第 3 行定义了一个名为“PrioEnc3”的 8-3 线优先编码器，并在第 4 行的 always_comb 过程中使用。

代码 4-4 是参数化的译码器，使用移位运算符实现。

代码 4-3　优先编码器函数定义宏的使用

```
1    module ...
2        ...
3        `DEF_PRIO_ENC(PrioEnc8to3, 3)
4        always_comb y = PrioEnc8to3(a);
5        ...
6    endmodule
```

代码 4-4　参数化的译码器

```
1    module Decoder #( parameter INW = 4 )(
2        input wire [INW - 1 : 0] in,
3        output logic [2**INW - 1 : 0] out
4    );
5        assign out = (2**INW)'(1) << in;
6    endmodule
```

4.2.2　数据选择器

代码 4-5 是参数化的数据选择器，输入端口定义为数组，数据选择器功能使用数组索引实现。

代码 4-5　参数化的数据选择器

```
1    module Mux #(
2        parameter DW = 8,
3        parameter CH = 4
4    )(
5        input wire [DW - 1 : 0] in[CH],
6        input wire [ $clog2(CH) - 1 : 0] sel,
7        output logic [DW - 1 : 0] out
8    );
9        assign out = in[sel];
10   endmodule
```

4.3　常用时序逻辑单元的描述

本节介绍第 1 章提到的常用时序逻辑的 Verilog 描述。这些代码均以模块的形式给出，但在实际设计中，也有可能只是复杂模块中的一部分。

4.3.1　移位寄存器

代码 4-6 是参数化的移位寄存器，对照第 1 章的图 1-117，这里的描述还增加了同步复位 rst 和移位使能 shift。由 if-else 语句判断 rst、load 或 shift 的有效与否来决定对 q 作复位、预置或移位操作。if-else 语句隐含优先逻辑，rst 信号优先于 load，load 优先于 shift，例如在 load 为高时，无论 shift 为何电平，都是对 q 作预置操作。

代码 4-6 参数化的移位寄存器

```
1    module ShiftReg #( parameter DW = 8 )(
2        input wire clk, rst, shift, load,
3        input wire [DW - 1 : 0] d,
4        input wire serial_in,
5        output logic [DW - 1 : 0] q
6    );
7        always_ff@(posedge clk) begin
8            if(rst) q <= '0;
9            else if(load) q <= d;
10           else if(shift) q <= {q, serial_in};
11       end
12   endmodule
```

4.3.2 延迟链

代码 4-7 是参数化的延迟链，使用生成块区分 LEN 为零和不为零分别描述，在第 17 行将数组中的连续元素当作整体赋值实现以元素为单位的“移位”。

代码 4-7 参数化的延迟链

```
1    module DelayChain #(
2        parameter DW = 8,
3        parameter LEN = 4
4    )(
5        input wire clk, rst, en,
6        input wire [DW - 1 : 0] in,
7        output logic [DW - 1 : 0] out
8    );
9        generate
10           if(LEN == 0) begin
11               assign out = in;
12           end
13           else begin
14               logic [DW - 1 : 0] dly[0 : LEN - 1];
15               always_ff@(posedge clk) begin
16                   if(rst) dly = '{LEN{'0}};
17                   else if(en) dly[0:LEN-1] <= {in, dly[0:LEN-2]};
18               end
19               assign out = dly[LEN - 1];
20           end
21       endgenerate
22   endmodule
```

4.3.3 计数器

代码 4-8 是参数化模的计数器的代码，包含使能输入和进位输出。

代码 4-8　参数化的计数器

```
1    module Counter #(
2        parameter M = 100
3    )(
4        input wire clk, rst, en,
5        output logic [$clog2(M) - 1 : 0] cnt,
6        output logic co
7    );
8        assign co = en & (cnt == M - 1);
9        always_ff@(posedge clk) begin
10           if(rst) cnt <= '0;
11           else if(en) begin
12               if(cnt < M - 1) cnt <= cnt + 1'b1;
13               else cnt <= '0;
14           end
15       end
16   endmodule
```

代码 4-9 则实现了类似第 1 章图 1 - 141 所示的秒、分、时计数。代码中假定时钟频率为 10Hz，使用模为 10 的计数器的进位输出作为秒计数的使能。

代码 4-9　秒、分、时计数

```
1    module CntSecMinHr(
2        input wire clk, rst,
3        output logic [5:0] sec,
4        output logic [5:0] min,
5        output logic [4:0] hr
6    );
7        logic en1sec, en1min, en1hr;
8        Counter #(10) cnt1sec (
9            .clk(clk), .rst(rst), .en(1'b1), .cnt(),    .co(en1sec))
10       Counter #(60) cnt60sec(
11           .clk(clk), .rst(rst), .en(en1sec), .cnt(sec), .co(en1min));
12       Counter #(60) cnt60min(
13           .clk(clk), .rst(rst), .en(en1min), .cnt(min), .co(en1hr));
14       Counter #(24) cnt24hr (
15           .clk(clk), .rst(rst), .en(en1hr), .cnt(hr), .co());
16   endmodule
```

图 4-1、图 4-2 和图 4-3 是代码 4-9 的仿真波形(测试平台代码略)，分别是秒计数、分计数和时计数的细节。在图 4-3 中还包含了秒计数向分计数和分计数向时计数两个进位信号为高的波形。

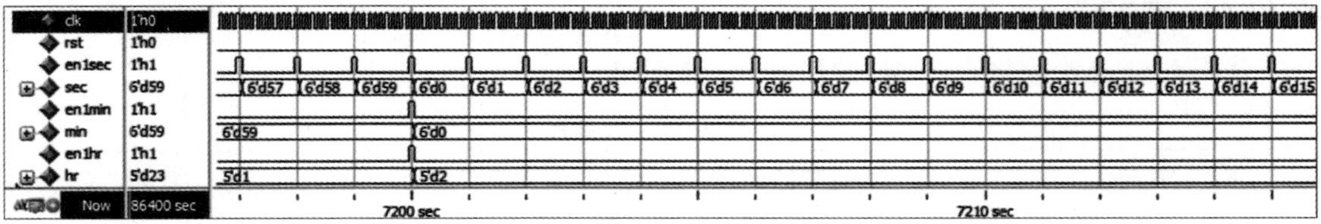

图 4-1　秒、分、时计数(秒计数的细节)

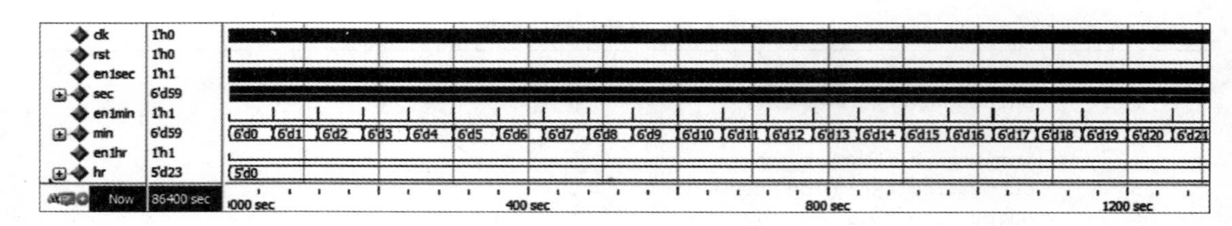

图 4-2　秒、分、时计数(分计数的细节)

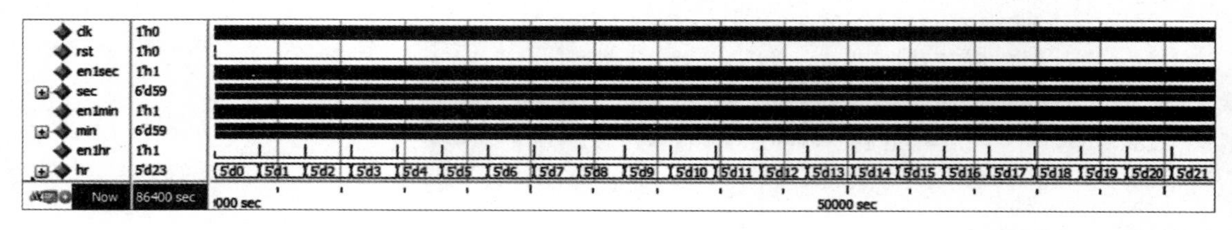

图 4-3　秒、分、时计数(时计数的细节)

有时可能需要用到可变模(作为输入端口)的计数器，如代码 4-10 所示。注意输入的并非模，而是最大值(模减去 1)，这样可以使得它与计数输出位宽一致。

代码 4-10　可变模计数器

```
1   module CounterMax #( parameter DW = 8 )(
2       input wire clk, rst, en,
3       input wire [DW - 1 : 0] max,
4       output logic [DW - 1 : 0] cnt,
5       output logic co
6   );
7       assign co = en & (cnt == max);
8       always_ff@(posedge clk) begin
9           if(rst) cnt <= '0;
10          else if(en) begin
11              if(cnt < max) cnt <= cnt + 1'b1;
12              else cnt <= '0;
13          end
14      end
15  endmodule
```

计数器是数字逻辑中最为重要的少数几个功能单元之一，代码 4-8 所示的代码初学者应读懂并能熟练默写。

4.3.4　累加器

代码 4-11 是参数化的累加器的代码，非常简单。

代码 4-11　累加器

```
1   module Accumulator #( parameter DW = 8 )(
2       input wire clk, rst, en,
3       input wire [DW - 1 : 0] d,
4       output logic [DW - 1 : 0] acc
```

```
5    );
6        always_ff@(posedge clk) begin
7            if(rst) acc <= '0;
8            else if(en) acc <= acc + d;
9        end
10   endmodule
```

代码 4-12 是特定模的累加器，不过特定模的累加器很少用。

代码 4-12　特定模的累加器

```
1    module AccuM #( parameter M = 100 )(
2        input wire clk, rst, en,
3        input wire [ $clog2(M) - 1 : 0] d,
4        output logic [ $clog2(M) - 1 : 0] acc
5    );
6        logic [ $clog2(M) - 1 : 0] acc_next;
7        always_comb begin
8            acc_next = acc + d;
9            if(acc_next >= M || acc_next < acc)
10               acc_next - = M;
11       end
12       always_ff@(posedge clk) begin
13           if(rst) acc <= '0;
14           else if(en) acc <= acc_next;
15       end
16   endmodule
```

在代码 4-12 中，第 7 行 always_comb 过程描述的组合逻辑驱动 acc_next 变量，用来“提前准备”好 acc 的新值，到下一个时钟上升沿到来时，第 12 行 always_ff 过程描述的触发器逻辑将驱动 acc 锁定这个新值。在 always_comb 过程中，先对 acc 加 d，之后“acc_next >= M”判断是否溢出 M，但未溢出 $2^{\$clog2(M)}$，“acc_next < acc”判断是否溢出 $2^{\$clog2(M)}$，如有溢出，减去 M。

图 4-4 是 M = 50 时的仿真波形片段。

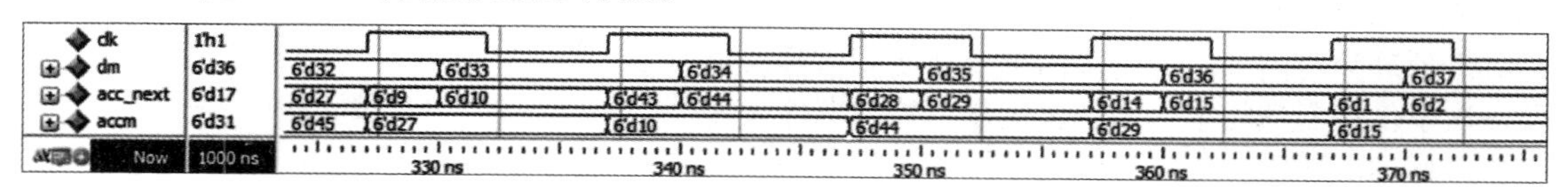

图 4-4　模 50 累加器的仿真波形片段

4.4　时钟域和使能

1.9.5 节提到了同步时序逻辑电路的优势，FPGA 的结构也是为适应大规模同步时序逻辑电路而设计的。同步时序逻辑电路的重要特点是电路中的触发器都使用同一个(或严格同步的)时钟来驱动，这样也极大地简化了静态时序分析，更容易保证电路时序的正确性。同步时序电路中时钟是最重要的信号，因而在 FPGA 中，时钟会使用专门设计的布线网络来传输。

当然限于某些逻辑功能单元对特殊频率时钟的依赖，也不可避免地会在一个 FPGA 设计中出现数个在不同时钟频率下工作的子系统。如音频子系统可能需要 24.576MHz、16.9344MHz

等；视频子系统可能需要27MHz、148.5MHz等；存储器可能需要100MHz、133.333MHz等；USB可能需要60MHz；以太网可能需要62.5MHz；…这样的每一个在不同时钟频率下工作的子系统称为一个时钟域。因而FPGA中专门的时钟布线网络也不会只有一个，大多数FPGA芯片会有近十个到数十个时钟网络，以适应多时钟域系统的需要。

时钟网络在FPGA中是稀缺资源，因而除非必要，应尽量减少系统中时钟域的数量，许多时候甚至只需要一个时钟域，即整个FPGA设计中的所有触发器使用同一个时钟驱动。

如果某个触发器、过程或模块需要工作在比域时钟频率低很多(比如1/2或更低)且为整数比率的频率下，应使用使能，而不应增加时钟域，更不应分频获得时钟。

如果某个触发器、过程或模块需要在特定"事件"触发下工作，也应使用使能来表达"事件"的发生，而不应以时钟跳沿来表达"事件"的发生，一次"事件"对应于单个时钟周期有效的使能，对应于相关逻辑功能的一次运作。当然，此时的使能已不是狭义地控制触发器工作，而应广义地理解为表达事件并控制相关逻辑功能运作。

4.3.3节中，秒、分、小时计数是使用使能来降低触发器(计数器)工作频率的典型例子，en1sec为每秒一次的事件(即cnt1sec的进位事件)，en1min为每分钟一次的事件，en1hr为每小时一次的事件。每次相应事件发生，这些信号出现一个单周期的高电平，控制后级计数器工作一次。

类似地，比如在100MHz时钟频率下，如果有功能单元(子系统、模块或过程块)需工作在1μs周期下，比如有1Msps采样率的数字信号处理子系统，可以用模100计数器的进位输出作为该功能单元的使能。

4.5　跨时钟域问题

不同时钟域之间的数据传递是FPGA设计中比较复杂的问题。时钟域外部甚至FPGA芯片外部的数据时序对于本时钟域的时钟来说，几乎是随机的，给域间传递造成了极大的困难。对于初学者，学习4.5.1节即可，后续三小节可先跳过，需要时再学。

4.5.1　域外慢速跳沿

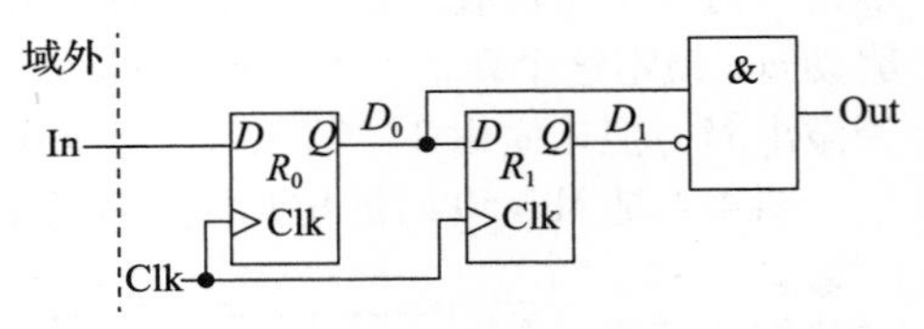

图4-5　外部跳沿转换为使能

对于域外慢速信号的跳沿，如软核处理器或外部MCU的GPIO跳沿、外部用户按键等，我们可以把外部跳沿处理为与内部时钟同步的单周期使能信号，以便一次事件控制功能单元的一次运作。外部事件大多是相对慢速的跳沿，考虑如图4-5所示电路。

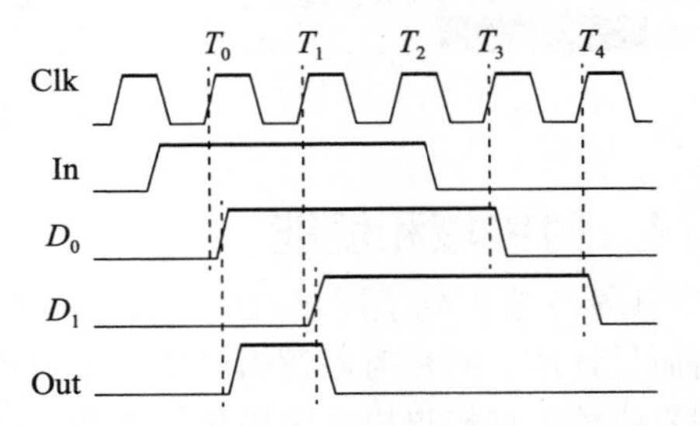

图4-6　外部跳沿转换为使能的波形

其工作波形如图4-6所示。此电路可将外部上升沿同步为单个clk周期的使能输出，输出的使能信号将被后续使用它的功能单元在T_1时刻捕捉。

显然，该电路要求域外慢速信号的高或低电平维持大于一个时钟周期，因而称为"慢速"。

但图4-5所示电路并不能保证万无一失，因为根本无法保证外部输入满足R_0的建立时间和保持时间要求，因而R_0可能在T_0时刻之后进入亚稳态，导致Out信号不确定，无法满足使用它的触发器对其建立时间和保持时间的要求，甚至由于D_0满足

不了 R_1 的建立时间和保持时间要求而导致 R_1 也进入亚稳态，如图4-7所示。

如果时钟周期较建立时间、保持时间和传输延迟大很多，则失效的概率会小很多，FPGA中的触发器设计也会尽量保证亚稳态时间尽量短，以降低失效概率。

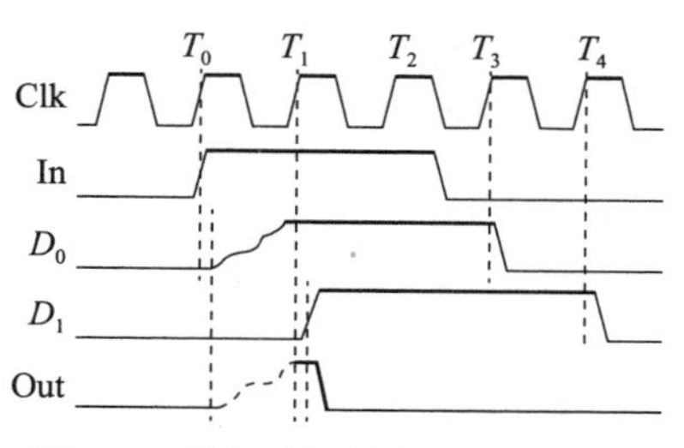

图4-7 外部跳沿转换为使能可能出现的亚稳态

连续两次故障之间的时间间隔的平均值，称为平均故障时间(Mean Time Between Failure，MTBF)，是常用来衡量失效概率的概念，是一个统计意义上的期望，显然MTBF越大越好。MTBF一般可通过下式计算：

$$\mathrm{MTBF} = \frac{\mathrm{e}^{T_{\mathrm{MET}} \cdot K_2}}{K_1 \cdot f_{\mathrm{clk}} \cdot f_{\mathrm{dat}}} \tag{4-1}$$

其中 $K_1(s^{-1})$ 与 $K_2(s)$ 是与芯片工艺和工作条件相关的系数；f_{clk} 是时钟频率；f_{dat} 是数据变化率。

T_{MET} 是 R_0 到 R_1 之间允许的亚稳态时间裕量。参考图4-6所示电路和图4-7所示波形，对于 D_1，$T_{\mathrm{MET}} \approx T_{\mathrm{Clk}} - T_{\mathrm{SU},R_1}$。对于后续使用Out信号的触发器，$T_{\mathrm{MET}}$ 还应扣除与门和触发器逻辑中Out的延迟，显然将使MTBF变小。

目前主流的FPGA，在 f_{clk} 约百兆赫兹、f_{dat} 数十兆赫兹、两级触发器直接级联时，MTBF至少在万年以上。与门和后续逻辑中Out的延迟如果也很小，MTBF也不会坏很多。因而可以认为图4-5所示电路是比较可靠的。如果需要进一步提高可靠性，还可在触发器 R_0 前面再增加一级触发器。

代码4-13是将上升沿转换为使能信号的模块，其中名为“SYNC_STG”的参数用于指定 R_1 之前的触发器级数。当SYNC_STG为1时，模块描述了图4-5所示电路。当SYNC_STG为2时，可进一步增大MTBF。有时也会需要在同一个时钟域中将较慢的跳变转换为单周期使能，此时，因输入信号本来就与时钟同步，可设定SYNC_STG为0，省略 R_0 触发器。模块还提供了经过同步后的输出。

注意第9行，使用问号运算符实现了在SYNC_STG为0时，选择{dly，in}与2'b01比较，而在SYNC_STG不为0时，选择dly的最高两位与2'b01比较。

代码4-13 外域上升沿-使能转换模块

```
1   module Rising2En #( parameter SYNC_STG = 1 )(
2       input wire clk, in,
3       output logic en, out
4   );
5       logic [SYNC_STG : 0] dly;
6       always_ff@(posedge clk) begin
7           dly <= {dly[SYNC_STG - 1 : 0], in};
8       end
9       assign en = (SYNC_STG? dly[SYNC_STG -:2] : {dly, in}) == 2'b01;
10      assign out = dly[SYNC_STG];
11  endmodule
```

如果需要将下降沿转换为使能信号，可将第9行“2'b01”改为“2'b10”，如代码4-14所示；或在实例化连接端口时，直接将待连接到In的信号取反，当然需要注意此时同步数据输出也会被反相。类似地，还可以有双沿转换为使能信号，如图4-15所示。

代码 4-14 外域下降沿-使能转换模块

```
1   module Falling2En #( parameter SYNC_STG = 1 )(
2       input wire clk, in,
3       output logic en, out
4   );
5       logic [SYNC_STG : 0] dly;
6       always_ff@(posedge clk) begin
7           dly <= {dly[SYNC_STG - 1 : 0], in};
8       end
9       assign en = (SYNC_STG? dly[SYNC_STG -:2] : {dly, in}) == 2'b10;
10      assign out = dly[SYNC_STG];
11  endmodule
```

代码 4-15 外域上升和下降沿-使能转换模块

```
1   module Edge2En #( parameter SYNC_STG = 1 )(
2       input wire clk, in,
3       output logic rising, falling, out
4   );
5       logic [SYNC_STG : 0] dly;
6       always_ff@(posedge clk) begin
7           dly <= {dly[SYNC_STG - 1 : 0], in};
8       end
9       assign rising = (SYNC_STG? dly[SYNC_STG -:2]:{dly, in}) ==2'b01;
10      assign falling =(SYNC_STG? dly[SYNC_STG -:2]:{dly, in}) ==2'b10;
11      assign out = dly[SYNC_STG];
12  endmodule
```

4.5.2 域间状态传递

所谓状态，是指只需关注当前值的数据，而无论发生次数多少。与事件(次数是重要信息)相对，状态只需“需时查询”。例如某个用户按键是否正被按下、某个功能单元是否正在忙碌等。

对于1bit状态，可使用图4-8所示电路进行域间传递。多个无关状态(不牵涉数据一致性)也可以当作多个1bit状态同样处理。

与图4-5类似，图4-8中 R_0 和 R_1 的直接级联将保证极大的MTBF。

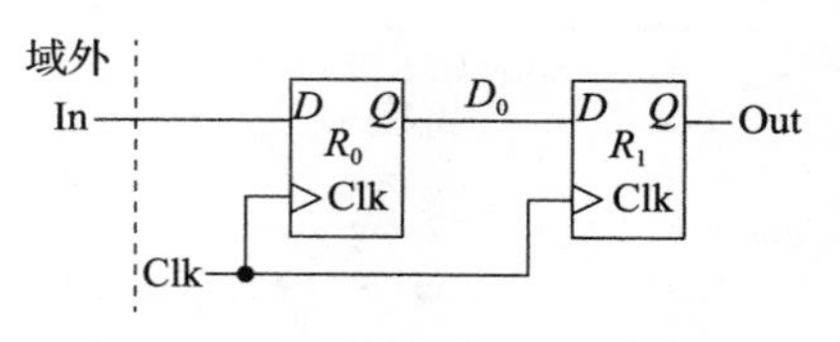

图4-8 1bit状态的域间传递

对于多位或多个相关的状态(以下均称为多位状态)，则不能简单地堆叠多个图4-8所示单元实现域间传递。主要原因是，如果有多个位正好在 R_0 的时钟上升沿附近发生变化，因各位延迟可能不同，将导致 R_0 的最后稳定到的可能是错误的，可能是并未出现过的状态。

如果能保证每次状态改变只有一位发生变化，则可以使用多个图4-8所示单元实现域间传递，显然几乎只有计数型状态(如存储器中的有效数据量)转换为格雷码后才满足这个条件，如图4-9所示是使用格雷码做域间计数型状态传递的电路。

代码4-16描述了图4-9所示的电路。

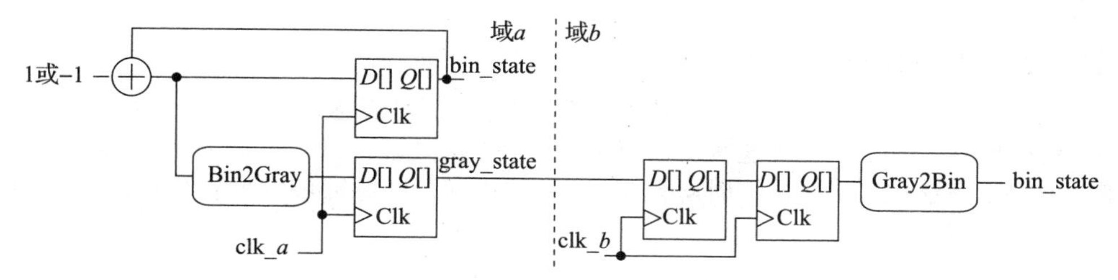

图 4-9　使用格雷码做计数状态的域间传递电路

代码 4-16　使用格雷码做计数状态的域间传递

```
1   module CrossClkCnt #( parameter W = 8 )(
2       input wire clk_a, clk_b, inc,
3       output logic [W - 1 : 0] cnt_a = '0, cnt_b
4   );
5       // === clk_a domain ===
6       logic [W - 1 : 0] bin_next;
7       logic [W - 1 : 0] gray, gray_next;
8       always_comb begin
9           bin_next = cnt_a + inc;
10          gray_next = bin_next ^ (bin_next >> 1);      // bin to gray
11      end
12      always_ff@(posedge clk_a) begin
13          cnt_a <= bin_next;
14          gray <= gray_next;
15      end
16      // === clk_b domain ===
17      logic [W - 1 : 0] gray_sync[2];
18      always_ff@(posedge clk_b) begin
19          gray_sync <= {gray, gray_sync[0]};
20      end
21      always_comb begin
22          for(int i = 0; i < W; i++)                   // gray to bin
23              cnt_b[i] = ^(gray_sync[1] >> i);
24      end
25  endmodule
```

图 4-10 所示是仿真波形片段，使用的 clk_a 和 clk_b 周期分别为 10ns 和 9ns，inc 随机，注意这里的仿真仅是功能性的，并不能仿真亚稳态。

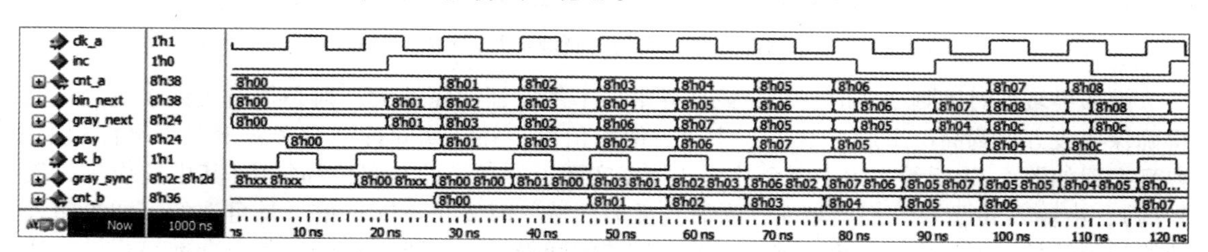

图 4-10　计数状态域间传递的仿真波形片段

4.5.3　域间事件传递

如果域外时钟频率确定，且能保证域外事件(由使能信号表达)间隔较长，则可转换为宽于时钟周期的高电平，然后当作慢速跳沿依照 4.5.1 节方法处理，如图 4-11 所示。如果在考虑时钟抖动的前提下还能保证 clk_a 的周期大于 clk_b 的周期，则脉冲展宽可省略；否则 In 脉冲应被展宽为原来的$\lceil T_{clk_b}/T_{clk_a} \rceil$倍。

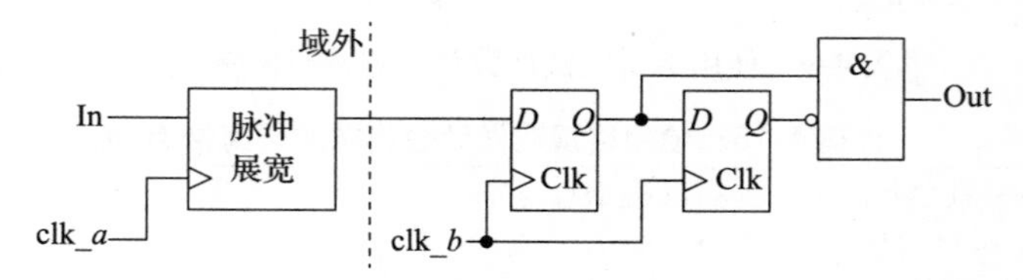

图 4-11　将域外事件展宽后当作跳沿处理

代码 4-17 描述了图 4-11 中的脉冲展宽模块，脉冲展宽功能使用到零停止的减计数器实现。注意，因为 cnt 要存储的最大值是 RATIO，因而“模”应为 RATIO + 1，所以在其位宽定义的 MSB 处，用了“ $clog2(RATIO + 1) - 1”而不是“ $clog2(RATIO) - 1”。

代码 4-17　脉冲展宽模块

```
1   module PulseWiden #( parameter RATIO = 1 )(
2       input wire clk, in,
3       output logic out
4   );
5       logic [ $clog2(RATIO + 1) - 1 : 0] cnt = '0;
6       always_ff@(posedge clk) begin
7           if(in) cnt <= RATIO;
8           else if(cnt > 0) cnt <= cnt - 1'b1;
9       end
10      assign out = cnt > 0;
11  endmodule
```

图 4-12 是代码 4-17 的仿真波形片段，其中 RATIO 设置为 4。

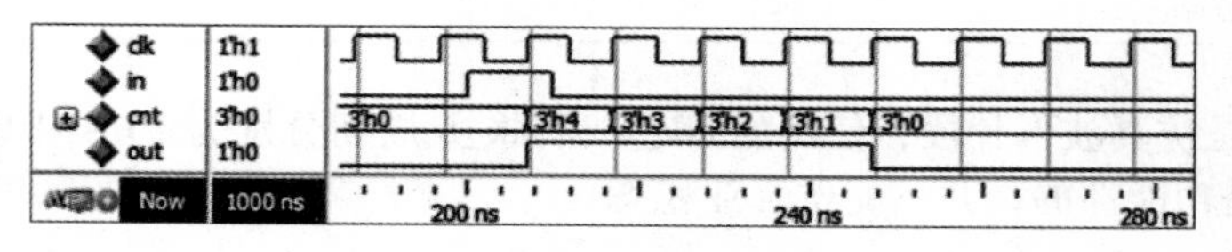

图 4-12　脉冲展宽模块的仿真波形片段(RATIO = 4)

而如果域外时钟频率实时变化，或域外事件不能保证间隔够大，则必须引入握手机制，使得确保接收方得到高电平后，发送方才撤去使能信号，并在期间抑制发送方下一个事件到来。典型实现如图 4-13 所示。图中两个数据选择器实际上实现了同步置位和复位(其中置位优先级较高)，由输入 in 置位，而当域 b 收到信号反馈回域 a 时复位。busy 信号是可选的，如果输入使能间隔较长，可省去，如果不能保证输入使能的间隔较长，则需要 busy 信号向前级反馈，让前级等待。

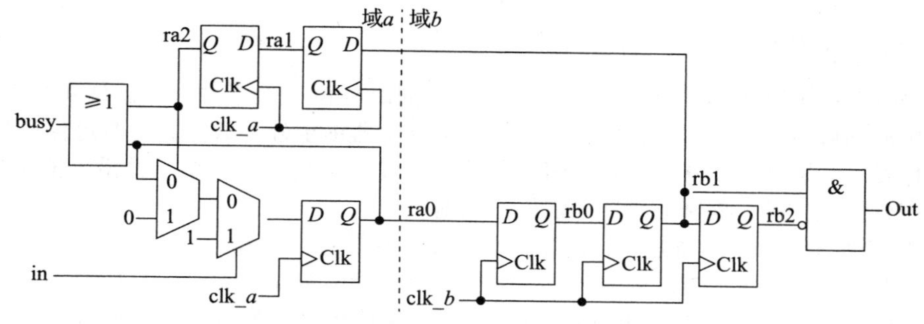

图 4-13　带有握手的域间事件传递

代码 4-18 描述了图 4-13 所示的电路。

代码 4-18　带有握手的域间事件传递模块

```
1   module CrossClkEvent (
2       input wire clk_a, clk_b,
3       input wire in,                  // domain a
4       output logic busy,              // domain a
5       output logic out                // domain b
6   );
7       logic ra0 = '0, ra1 = '0, ra2 = '0;
8       logic rb0 = '0, rb1 = '0, rb2 = '0;
9       // === clk_a domain ===
10      always_ff@(posedge clk_a) begin
11          if(in) ra0 <= 1'b1;
12          else if(ra2) ra0 <= 1'b0;
13      end
14      always_ff@(posedge clk_a) begin
15          {ra2, ra1} <= {ra1, rb1};
16      end
17      assign busy = ra0 | ra2;
18      // === clk_b domain ===
19      always_ff@(posedge clk_b) begin
20          {rb2, rb1, rb0} <= {rb1, rb0, ra0};
21      end
22      assign out = rb1 & ~rb2;
23  endmodule
```

图 4-14 是代码 4-18 的仿真波形片段，仿真中，clk_*a* 和 clk_*b* 周期分别是 10ns 和 12ns。

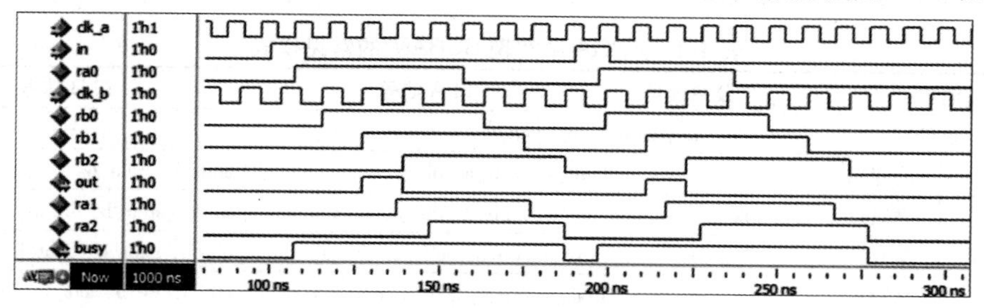

图 4-14　带握手的域间事件传递的仿真波形片段

4.5.4 域间数据传递

域外慢速数据可以用事件来同步，数据有效的同时置位一次事件，然后依 4.5.3 节所述，将该事件传递到域内，再用传递到域内的事件控制触发器锁定外部数据，此时可保证域外数据不会有变化发生，满足触发器的建立时间和保持时间需求。或给出一个上升沿，依 4.5.1 节所述在域内产生使能信号，控制触发器锁定外部数据。

如图 4-15 所示，data 准备好时，给出 ctrl 信号，并保持 data 稳定一段时间，ctrl 经由事件传递之后控制触发器锁定数据。因为可以保证触发器使能时数据是稳定的，所以不会出现亚稳态或锁定到不正确的数据。如果 ctrl 本身就是较宽的使能信号或慢速跳沿，则脉冲展宽模块可以省略。

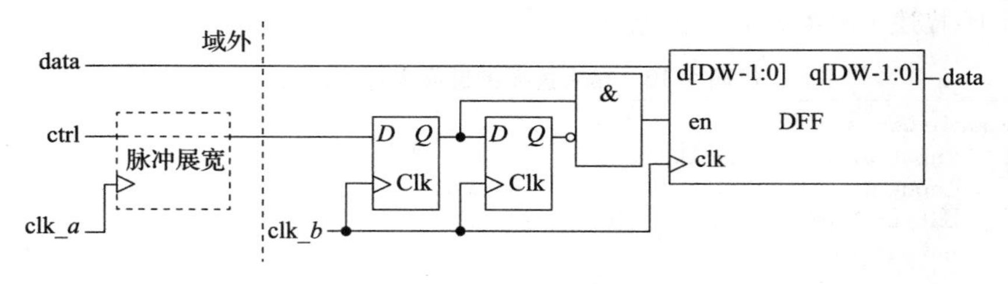

图 4-15 慢速数据的域间传递

如果域外数据更新速率接近域内时钟频率，则必须使用双时钟 FIFO(先入先出存储器)，这将在 4.9 节中介绍。

4.6 存储器及其初始化

Verilog 中可用变量数组来描述存储器，一般每个 bit 将综合形成一个 D 触发器。主流 FPGA 中也有专门的大容量 RAM 单元，避免大容量的存储器占用过多通用触发器资源，Verilog 描述的存储器如果符合一定的风格，是可以被 FPGA 编译工具识别(常称为“推断”)的，并视规模大小和资源情况选择用专用 RAM 单元或通用触发器实现。

本节介绍的模块代码均尽量符合 FPGA 编译工具推断存储器的风格要求，但有的编译工具还额外对模块端口的命名有特殊要求，有的 FPGA 专用 RAM 单元可能不支持下述多种模式的一种或几种，具体情况需查阅编译工具和 FPGA 手册。FPGA 中专用 RAM 单元实现的存储器一般不支持复位，因而下面的模块均未描述复位功能。

在 FPGA 中，只能实现同步 SRAM。SSRAM 在 FPGA 中，按单口、简/真双口和单双时钟，共可分为表 4-1 所示几种模式。

表 4-1 FPGA 中实现 SSRAM 的常见模式

模式		公共信号	口 A 信号	口 B 信号
单口		clk, we, addr, din, qout		—
单时钟	简双口	clk	we_a, addr_a, din_a	addr_b, qout_b
单时钟	真双口	clk	we_a, addr_a, din_a, qout_a	we_b, addr_b, din_b, qout_b
双时钟	简双口	—	clk_a, we_a, addr_a, din_a	clk_b, addr_b, qout_b
双时钟	真双口	—	clk_a, we_a, addr_a, din_a, qout_a	clk_b, we_b, addr_b, din_b, qout_b

先读、先写和不变模式则只在单时钟模式下或双时钟模式下口内有意义，单时钟真双口模式下，先读、先写还需要区分口内和口间。

4.6.1 各种模式的存储器描述

1. 单口 RAM

代码 4-19 描述了一个先读模式的单口 SSRAM。虽然表面上描述的结构不一样，但行为上与第 1 章的图 1-159 电路一致。

代码 4-19 单口 SSRAM(先读模式)

```
1   module SpRamRf #(
2       parameter DW = 8, WORDS = 256
3   )(
4       input wire clk,
5       input wire [$clog2(WORDS) - 1 : 0] addr,
6       input wire we,
7       input wire [DW - 1 : 0] din,
8       output logic [DW - 1 : 0] qout
9   );
10      logic [DW - 1 : 0] ram[WORDS];
11      always_ff@(posedge clk) begin
12          if(we) ram[addr] <= din;
13          qout <= ram[addr];
14      end
15  endmodule
```

代码 4-20 是简单的测试平台，用于测试上述 SpRamRf 模块。

代码 4-20 单口 SSRAM 的简单测试平台

```
1   module TestMem;
2       import SimSrcGen::* ;           // see ch3.2
3       logic clk;
4       initial GenClk(clk, 2, 10);     // see ch3.2
5       logic [7:0] a = 0, d = 0, q;
6       logic we = 0;
7       initial begin
8           #10 {we, a, d} = {1, 8'h01, 8'h10};
9           #10 {we, a, d} = {1, 8'h03, 8'h30};
10          #10 {we, a, d} = {1, 8'h06, 8'h60};
11          #10 {we, a, d} = {1, 8'h0a, 8'ha0};
12          #10 {we, a, d} = {1, 8'h0f, 8'hf0};
13          #10 {we, a, d} = {0, 8'h00, 8'h00};
14          forever #10 a ++;
15      end
16      SpRamRf theMem(clk, a, we, d, q);
17  endmodule
```

图 4-16 是仿真波形片段。注意其中未经写入的地址上的数据读出均为“X”，而如果是在实际 FPGA 上，未经写入(未初始化)的数据一般为 0。

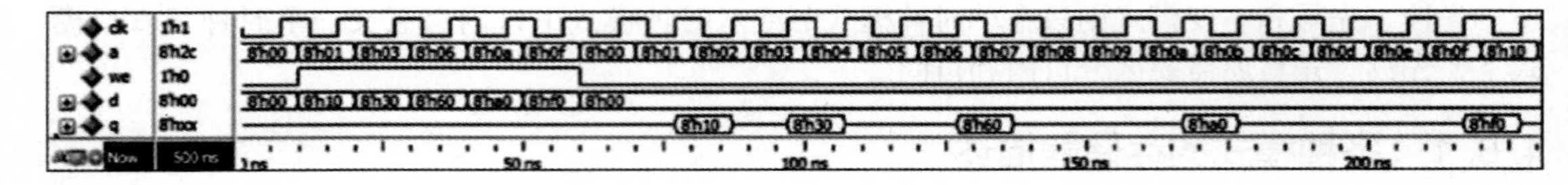

图 4-16 单口先读模式 SSRAM 的仿真波形片段

代码 4-21 描述了先写模式的单口 SSRAM。

代码 4-21 单口 SSRAM(先写模式)

```
1   module SpRamWf #(
2       parameter DW = 8, WORDS = 256
3   )(
4       input wire clk,
5       input wire [ $clog2(WORDS) - 1 : 0] addr,
6       input wire we,
7       input wire [DW - 1 : 0] din,
8       output logic [DW - 1 : 0] qout
9   );
10      logic [DW - 1 : 0] ram[WORDS];
11      always_ff@(posedge clk) begin
12          if(we) begin
13              ram[addr] <= din;
14              qout <= din;
15          end
16          else qout <= ram[addr];
17      end
18  endmodule
```

2. 单时钟简双口 RAM

代码 4-22 描述了先读模式的单时钟简双口 SSRAM。

代码 4-22 单时钟简双口 SSRAM(先读模式)

```
1   module SdpRamRf #(
2       parameter DW = 8, WORDS = 256
3   )(
4       input wire clk,
5       input wire [ $clog2(WORDS) - 1 : 0] addr_a,
6       input wire we_a,
7       input wire [DW - 1 : 0] din_a,
8       input wire [ $clog2(WORDS) - 1 : 0] addr_b,
9       output logic [DW - 1 : 0] qout_b
10  );
11      logic [DW - 1 : 0] ram[WORDS];
12      always_ff@(posedge clk) begin
13          if(we_a) begin
14              ram[addr_a] <= din_a;
15          end
16      end
17      always_ff@(posedge clk) begin
18          qout_b <= ram[addr_b];
```

```
19          end
20      endmodule
```

3. 单时钟真双口 RAM

代码 4-23 描述了口内先写、口间先读的单时钟真双口 SSRAM。注意，在第 17 行和第 24 行，如果 a、b 两口同时对同一地址写入不同数据，会产生未知结果。在 FPGA 中用专用 RAM 单元实现时，结果同样是不确定的。应在使用它的逻辑功能中保证不会出现这样的情况，或可以容忍写入结果的不确定性。

代码 4-23　单时钟真双口 SSRAM（口内先写、口间先读）

```
1   module DpRam #(
2       parameter DW = 8, WORDS = 256
3   )(
4       input wire clk,
5       input wire [$clog2(WORDS) - 1 : 0] addr_a,
6       input wire we_a,
7       input wire [DW - 1 : 0] din_a,
8       output logic [DW - 1 : 0] qout_a,
9       input wire [$clog2(WORDS) - 1 : 0] addr_b,
10      input wire we_b,
11      input wire [DW - 1 : 0] din_b,
12      output logic [DW - 1 : 0] qout_b
13  );
14      logic [DW - 1 : 0] ram[WORDS];
15      always_ff@(posedge clk) begin
16          if(we_a) begin
17              ram[addr_a] <= din_a;
18              qout_a <= din_a;
19          end
20          else qout_a <= ram[addr_a];
21      end
22      always_ff@(posedge clk) begin
23          if(we_b) begin
24              ram[addr_b] <= din_b;
25              qout_b <= din_b;
26          end
27          else qout_b <= ram[addr_b];
28      end
29  endmodule
```

4. 双时钟简双口 RAM

代码 4-24 描述了双时钟简双口 SSRAM。

代码 4-24　双时钟简双口 SSRAM

```
1   module SdcRam #(
2       parameter DW = 8, WORDS = 256
3   )(
4       input wire clk_a,
5       input wire [$clog2(WORDS) - 1 : 0] addr_a,
```

```
6       input wire wr_a,
7       input wire [DW - 1 : 0] din_a,
8       input wire clk_b,
9       input wire [ $clog2(WORDS) - 1 : 0] addr_b,
10      output logic [DW - 1 : 0] qout_b
11  );
12      logic [DW - 1 : 0] ram[WORDS];
13      always_ff@(posedge clk_a) begin
14          if(wr_a) ram[addr_a] <= din_a;
15      end
16      always_ff@(posedge clk_b) begin
17          qout_b <= ram[addr_b];
18      end
19  endmodule
```

5. 双时钟真双口 RAM

代码 4-25 描述了双时钟真双口 SSRAM。

代码 4-25　双时钟真双口 SSRAM(口内先读)

```
1   module DcRam #(
2       parameter DW = 8, WORDS = 256
3   )(
4       input wire clk_a,
5       input wire [ $clog2(WORDS) - 1 : 0] addr_a,
6       input wire wr_a,
7       input wire [DW - 1 : 0] din_a,
8       output logic [DW - 1 : 0] qout_a,
9       input wire clk_b,
10      input wire [ $clog2(WORDS) - 1 : 0] addr_b,
11      input wire wr_b,
12      input wire [DW - 1 : 0] din_b,
13      output logic [DW - 1 : 0] qout_b
14  );
15      logic [DW - 1 : 0] ram[WORDS];
16      always_ff@(posedge clk_a) begin
17          if(wr_a) ram[addr_a] <= din_a;
18          qout_a <= ram[addr_a];
19      end
20      always_ff@(posedge clk_b) begin
21          if(wr_b) ram[addr_b] <= din_b;
22          qout_b <= ram[addr_b];
23      end
24  endmodule
```

4.6.2 存储器的初始化

对存储器的内容初始化，最容易想到的方法是用数组字面量直接对 ram 数组赋初始值，但在 ram 数组较长时，代码会变得臃肿不易读。对大容量存储器的初始化一般使用 initial 过程和 $readmemh()、$readmemb()系统函数来实现，这样的初始化方法也被 FPGA 编译工具广泛支持，是可以被综合的。

在仿真平台中，对存储器的初始化，还可以使用各种数学函数。

代码 4-26 是使用 initial 过程和 $readmemh( )系统函数初始化存储器的例子，这个存储器的内容被初始化为一个正弦表，数据为 Q1.7 格式数据，因而使用了 signed 关键字。

代码 4-26　使用 $readmemh( ) 系统函数初始化存储器

```
1   module SpRamRfSine #(
2       parameter DW = 8, WORDS = 256,
3       parameter string INIT_FILE = "sindata8b256.dat"
4   )(
5       input wire clk,
6       input wire [$clog2(WORDS) - 1 : 0] addr,
7       input wire we,
8       input wire signed [DW - 1 : 0] din,
9       output logic signed [DW - 1 : 0] qout
10  );
11      logic signed [DW - 1 : 0] ram[WORDS];
12      initial $readmemh(INIT_FILE, ram);
13      always_ff@(posedge clk) begin
14          if(we) ram[addr] <= din;
15          qout <= ram[addr];
16      end
17  endmodule
```

代码 4-27 是 “sindata8b256.dat” 文件内容片段。类似的文件内容可以使用 Microsoft Office Excel（或 LibreOffice Calc Spreadsheet、MacOS Numbers）软件生成，使用公式中的数学函数和文本拼接函数；或可使用 Verilog 或其他编程语言的数学和文件操作函数生成，读者可自行学习。

代码 4-27　sindata8b256.dat 文件内容（注意左侧行编号不是文件内容）

```
1    @00000000 00        130  @00000081 FD
2    @00000001 03        131  @00000082 FA
3    @00000002 06        132  @00000083 F7
4    @00000003 09        133  @00000084 F4
...  ...                 ...  ...
61   @0000003C 7E        189  @000000BC 82
62   @0000003D 7F        190  @000000BD 81
63   @0000003E 7F        191  @000000BE 81
64   @0000003F 7F        192  @000000BF 81
65   @00000040 7F        193  @000000C0 81
66   @00000041 7F        194  @000000C1 81
67   @00000042 7F        195  @000000C2 81
68   @00000043 7F        196  @000000C3 81
69   @00000044 7E        197  @000000C4 82
...  ...                 ...  ...
126  @0000007D 09        253  @000000FC F4
127  @0000007E 06        254  @000000FD F7
128  @0000007F 03        255  @000000FE FA
129  @00000080 00        256  @000000FF FD
```

代码 4-28 所示的简单仿真平台，用于仿真初始化为正弦表后的存储器，将存储器数据逐地址读出。

代码 4-28　初始化为正弦表的存储器的仿真平台

```
1    module TestMem;
2        import SimSrcGen::* ;                    // 见第 3 章 3.2 节
3        logic clk;
4        initial GenClk(clk, 2, 10);              // GenClk 函数见第 3 章 3.2 节
5        logic [7:0] a = 0, d = 0, q;
6        logic we = 0;
7        initial forever #10 a ++;
8        SpRamRfSine theMem(clk, a, we, d, q);
9    endmodule
```

仿真波形如图 4-17 所示，其中 qout 输出使用了模拟波形显示。

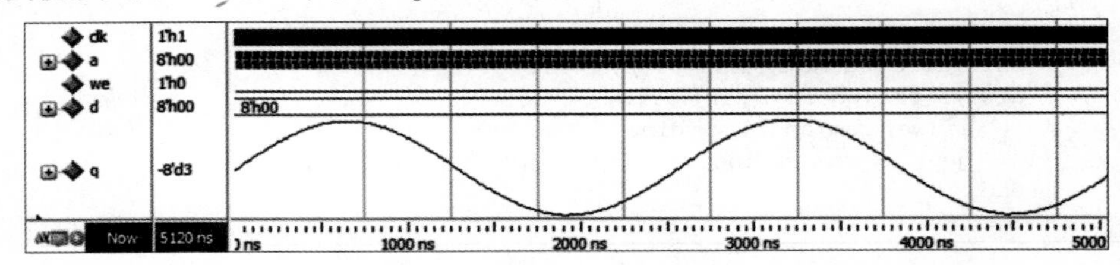

图 4-17　初始化为正弦表的存储器仿真波形片段

将存储了正弦表的存储器数据逐地址读出是最简单的在数字域产生正弦信号的方法，关于可控频率、相位和幅度的正弦信号生成将在第 7 章介绍。

用于测试平台的存储器初始化还可以直接使用 initial 过程配合数学相关系统函数完成，如代码 4-29 所示。这样的初始化过程虽然全部是常量计算，但目前主流 FPGA 开发工具还不支持。注意，因 always_ff 过程在语法上要求其中被驱动的变量不能在其他过程中驱动，所以第 17 行原来的 always_ff 被替换成了 always。

代码 4-29　initial 过程和数学系统函数初始化存储器

```
1    module SpRamRfSine #(
2        parameter DW = 8, WORDS = 256
3    )(
4        input wire clk,
5        input wire [ $clog2(WORDS) - 1 : 0] addr,
6        input wire we,
7        input wire signed [DW - 1 : 0] din,
8        output logic signed [DW - 1 : 0] qout
9    );
10       logic signed [DW - 1 : 0] ram[WORDS];
11       localparam real PI = 3.1415926535897932;
12       initial begin
13           for(int i = 0; i < WORDS; i++) begin
14               ram[i] = $sin(2.0*PI*i/WORDS) *(2**(DW-1)-1);
15           end
16       end
```

```
17        always@(posedge clk) begin
18            if(we) ram[addr] <= din;
19            qout <= ram[addr];
20        end
21    endmodule
```

4.7　用存储器实现延迟链

较长的延迟链在 FPGA 中用通用触发器实现也不经济，可以使用存储器实现。对于先读模式的存储器，如果用计数器驱动地址，以 din 为输入、qout 为输出，即为延迟链。代码 4-30 是使用先读模式存储器实现的参数化长度的延迟链和简单仿真平台。其中使用了生成块区分 LEN 的不同情况。

代码 4-30　使用先读模式存储器实现的延迟链和仿真平台

```
1    module DelayChainMem #( parameter DW = 8, LEN = 32 )(
2        input wire clk, en,
3        input wire [DW - 1 : 0] din,
4        output logic [DW - 1 : 0] dout
5    );
6        generate
7            if(LEN == 0) begin
8                assign dout = din;
9            end
10           else if(LEN == 1) begin
11               always_ff@(posedge clk) begin
12                   if(en) dout <= din;
13               end
14           end
15           else begin
16               logic [ $clog2(LEN) - 1 : 0] addr = '0;
17               SpRamRf #(DW, LEN) theRam( .clk(clk),
18                   .addr(addr), .we(en), .din(din), .qout(dout)
19               );
20               always_ff@(posedge clk) begin
21                   if(en) begin
22                       if(addr < LEN - 2) addr <= addr + 1'b1;
23                       else addr <= '0;
24                   end
25               end
26           end
27       endgenerate
28   endmodule
29
30   module TestDelayChainMem;
31       import SimSrcGen::* ;
32       logic [7:0] a, y;
33       logic clk, en = 0;
34       initial GenClk(clk, 2, 10);
35       initial begin
36           #10 en = '1;
37           #120 en = '0;
38           #20 en = '1;
```

```
39          end
40          always #10 a = $random();
41          DelayChainMem #(8, 11) dc(clk, en, a, y);
42      endmodule
```

图 4-18 所示是仿真波形的片段。

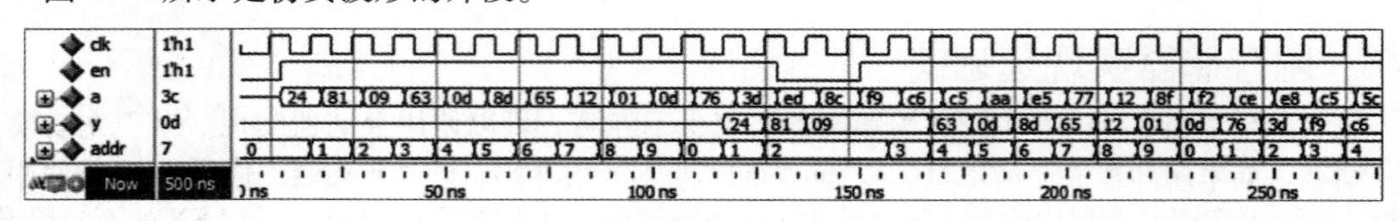

图 4-18　使用先读模式存储器实现的延迟链的仿真波形片段

4.8　单时钟 FIFO

FIFO(First In First Out)，即先入先出存储器，功能与软件数据结构中队列相似。FIFO 常用于突发数据的缓冲、流式数据和块式数据的转换，比如有时数据源端和受端并不能以一致的步调发收数据，但在较大时间尺度上平均吞吐率一致，比如音频数据流传递到 MPU 处理时一般先缓存为数据块。FIFO 也是很多算法依赖的重要数据结构。

din[DW-1:0]　dout[DW-1:0]
write　FIFO　read
wr_cnt[AW-1:0]　rd_cnt[AW-1:0]
full　empty
clk　data_cnt[AW-1:0]

图 4-19　FIFO

如图 4-19 所示，除时钟外，它还包含数据输入(din)、写入使能(write)、数据输出(dout)和读出使能(read)等信号。每次写入使能有效，将当时数据输入端的数据写入，同时 FIFO 中有效数据的数量增 1；每次读出使能有效，最先写入的、还未读出的数据将读出到数据输出口，同时 FIFO 中有效数据的数量减 1。

因为先读出的是最先写入的数据，所以称为先入先出存储器。

为了便于使用它的逻辑判断 FIFO 中有效数据的个数，还需要有写入计数和读出计数，以及由这两个计数衍生的数据个数、空、满等信号。

表 4-2 罗列了 FIFO 中常见的信号。

表 4-2　FIFO 的常见信号

信号	方向	意　义
clk	I	时钟
din[DW－1：0]	I	数据输入
write	I	写入使能
dout[DW－1：0]	O	数据输出
read	I	读出使能
wr_cnt[AW－1：0]	O	写入计数，每次写入增 1，计满溢出为 0
rd_cnt[AW－1：0]	O	读出计数，每次读出增 1，计满溢出为 0
data_cnt[AW－1：0]	O	有效数据数，可由(wr_cnt-rd_cnt)获得
full	O	FIFO 满标志，可由(data_cnt == CAPACITY)获得
empty	O	FIFO 空标志，可由(data_cnt == 0)获得

注意，虽然上述 wr_cnt、rd_cnt 在计满时会溢出回到0，但只要：①计数模为 2^{AW}，②不发生过写（FIFO 满时写入）或过读（FIFO 空时读出），便能保证由（wr_cnt-rd_cnt）计算得到的 data_cnt 不会出错。

例如 AW = 8：写入计数 255、读出计数 254 时，数据量为 255 - 254 = 1，这时再次写入，写入计数变为 0，数据量为 0 - 254 = 2（模 256）；写入计数 2、读出计数 255 时，数据量为 2 - 255 = 3（模 256），这时再次读出，读出计数变为 0，数据量为 2 - 0 = 2。

FIFO 的存储能力一般由 RAM 实现。FPGA 内的专用 RAM 单元往往提供额外的逻辑以方便实现 FIFO。FPGA 开发工具往往也会提供相应 IP 配置工具。自行用 Verilog 实现的 FIFO 未必能被编译工具很好地识别，导致不能充分利用专用 RAM 单元的相应功能和性能，所以如无特殊情况，建议使用开发工具提供的 IP 配置工具实现 FIFO。

自行实现 FIFO 可以用简双口 RAM，写入地址和读出地址各由一个计数器（即写入计数和读出计数）驱动，计数器则由 write、read 信号驱动增 1，如图 4-20 所示，其中使用了 1KiB 字深（AW = 10）的简双口 RAM，计数器也为 10bit。

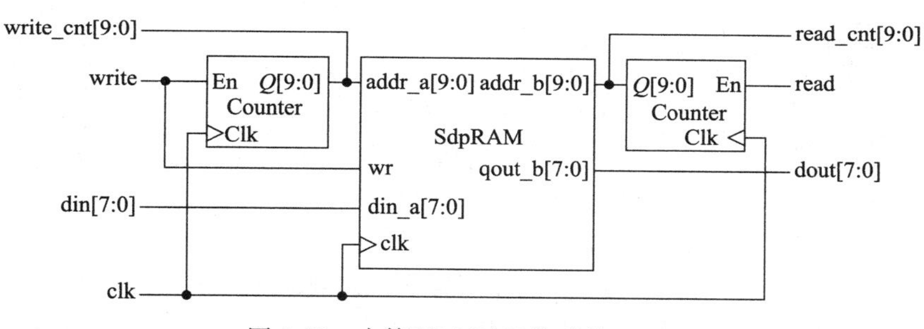

图 4-20 由简双口 RAM 构成的 FIFO

注意：

- 为匹配计数的模 2^{AW}，简双口 RAM 的数据字深也应为 2^{AW}。
- 为避免写入数据量为 2^{AW} 时，（wr_cnt-rd_cnt）为 0 造成与数据量 0 混淆，FIFO 的容量（即表 4-2 中 CAPACITY）应认定为 $2^{AW}-1$。
- 为避免过写或过读，使用 FIFO 的逻辑应保证 full 时不得写入，empty 时不得读出。

代码 4-31 描述了由简双口 RAM 构成的 FIFO。

代码 4-31 由简双口 RAM 构成的 FIFO

```
1   module ScFifo #( parameter DW = 8, parameter AW = 10 )(
2       input wire clk,
3       input wire [DW - 1 : 0] din, input wire write,
4       output logic [DW - 1 : 0] dout, input wire read,
5       output logic [AW - 1 : 0] wr_cnt = '0, rd_cnt = '0,
6       output logic [AW - 1 : 0] data_cnt,
7       output logic full, empty
8   );
9       localparam CAPACITY = 2**AW - 1;
10      always_ff@(posedge clk) begin
11          if(write) wr_cnt <= wr_cnt + 1'b1;
12      end
13      always_ff@(posedge clk) begin
```

```
14          if(read) rd_cnt <= rd_cnt + 1'b1;
15      end
16      assign data_cnt = wr_cnt - rd_cnt;
17      assign full = data_cnt == CAPACITY;
18      assign empty = data_cnt == 0;
19      SdpRamRf #(.DW(DW), .WORDS(2**AW)) theRam(
20          .clk(clk), .addr_a(wr_cnt), .wr_a(write),
21          .din_a(din), .addr_b(rd_cnt), .qout_b(dout)
22      );
23  endmodule
```

代码 4-32 是测试上述 ScFifo 模块的测试平台。

代码 4-32　ScFifo 测试平台

```
1   module TestScFifo;
2       import SimSrcGen::* ;
3       logic clk;
4       initial GenClk(clk, 8, 10);
5       logic [7:0] din = '0, dout; logic wr = '0, rd = '0;
6       logic [2:0] wc, rc, dc; logic fu, em;
7       initial begin
8           for(int i = 0; i < 10; i++) begin // try write 10 data
9               @(posedge clk) {wr, din} = {1'b1, 8'($random())};
10          end
11          @(posedge clk) wr = 1'b0;
12          for(int i = 0; i < 10; i++) begin // try read 10 data
13              @(posedge clk) rd = 1'b1;
14          end
15          @(posedge clk) rd = 1'b0;
16          for(int i = 0; i < 5; i++) begin // try write 5 data
17              @(posedge clk) {wr, din} = {1'b1, 8'($random())};
18          end
19          @(posedge clk) wr = 1'b0;
20          for(int i = 0; i < 5; i++) begin // try read 5 data
21              @(posedge clk) rd = 1'b1;
22          end
23          @(posedge clk) rd = 1'b0;
24          for(int i = 0; i < 5; i++) begin // try write 5 data
25              @(posedge clk) {wr, din} = {1'b1, 8'($random())};
26          end
27          @(posedge clk) wr = 1'b0;
28          for(int i = 0; i < 5; i++) begin // try read 5 data
29              @(posedge clk) rd = 1'b1;
30          end
31          @(posedge clk) rd = 1'b0;
32          #10 $stop();
33      end
34      ScFifo #(8, 3) theFifo(clk, din, wr & ~fu, dout, rd & ~em,
35          wc, rc, dc, fu, em);
36  endmodule
```

第 7 行开始的 initial 过程中，前后进行了一轮 10 次写入 10 次读出和两轮 5 次写入 5 次读出。在第 34 行，送至 ScFifo 的 wr 信号和 rd 信号分别与“非满”（~fu）和“非空”（~em）做“与”，保证了不过写且不过读。

图 4-21 是仿真波形。读者应自行理解每次读写操作、读写的数据、读写计数、数据量计数、满标志和空标志。

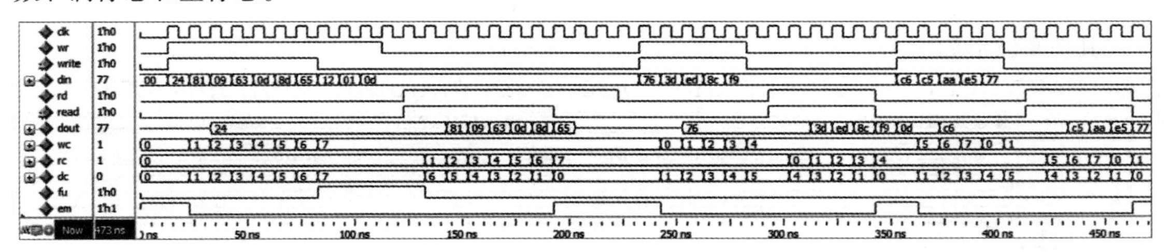

图 4-21　ScFifo 的仿真波形

不过图 4-21 所示的波形展示出这个 ScFifo 的一个不完备的地方：在 read 信号有效前，下一个要读出的数据已经存在于 dout 线上；read 信号无效时 dout 还可能因内部 rd_cnt 计数变化而更新，而并不会保持最后一次读出的数据，使用 FIFO 的逻辑往往并不希望这样。

代码 4-33 是改进之后的 ScFifo，其 dout 输出可保证 read 有效后才输出，并在 read 无效时保持最后一次读出的数据。实现方法是将 read 信号延迟一个周期得到 rd_dly，由 rd_dly 控制将简双口 RAM 的数据输出 qout_b 暂存为 qout_b_reg，再由 rd_dly 选择输出 qout_b 或 qout_b_reg。

代码 4-33　改进输出行为的 ScFifo

```
1   module ScFifo2 #( parameter DW = 8, parameter AW = 10 )(
2       input wire clk,
3       input wire [DW - 1 : 0] din, input wire write,
4       output logic [DW - 1 : 0] dout, input wire read,
5       output logic [AW - 1 : 0] wr_cnt = '0, rd_cnt = '0,
6       output logic [AW - 1 : 0] data_cnt,
7       output logic full, empty
8   );
9       localparam CAPACITY = 2**AW - 1;
10      always_ff@(posedge clk) begin
11          if(write) wr_cnt <= wr_cnt + 1'b1;
12      end
13      always_ff@(posedge clk) begin
14          if(read) rd_cnt <= rd_cnt + 1'b1;
15      end
16      assign data_cnt = wr_cnt - rd_cnt;
17      assign full = data_cnt == CAPACITY;
18      assign empty = data_cnt == 0;
19      logic rd_dly;
20      logic [DW - 1 : 0] qout_b, qout_b_reg = '0;
21      always_ff@(posedge clk) begin
22          rd_dly <= read;
23      end
24      always_ff@(posedge clk) begin
25          if(rd_dly) qout_b_reg <= qout_b;
26      end
```

```
27        SdpRamRf #(.DW(DW), .WORDS(2**AW)) theRam(
28            .clk(clk), .addr_a(wr_cnt), .wr_a(write),
29            .din_a(din), .addr_b(rd_cnt), .qout_b(qout_b)
30        );
31        assign dout = (rd_dly)? qout_b : qout_b_reg;
32    endmodule
```

其仿真波形如图4-22所示。

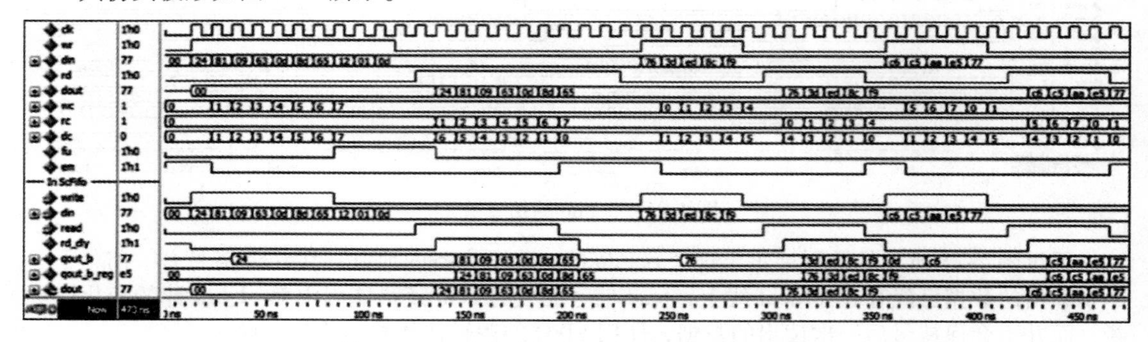

图4-22 改进输出行为后的ScFifo的仿真波形

4.9 双时钟FIFO

双时钟FIFO(DCFIFO)除能完成单时钟FIFO的常用功能外，还有一个最重要的作用是实现跨时钟域数据传递。一般写入端由一个时钟驱动，而读取端由另一个时钟驱动，读和写计数也应相互传递到另一端，以便每一端都可以有数据计数和空/满标志。计数状态的域间传递在4.5.2节中已介绍，存储单元可以由双时钟简双口RAM完成。

DCFIFO的一般构成如图4-23所示。通过格雷码将写/读计数传递到另一侧(另一时钟域)，每侧都有读写计数，写入侧的读计数是跨域传递而来，是有两个周期延迟的，同样读出侧的写计数也是跨域传递而来，也有两个周期延迟。但是需要注意，这并不会造成空/满判断错误，反而是更保守无误。

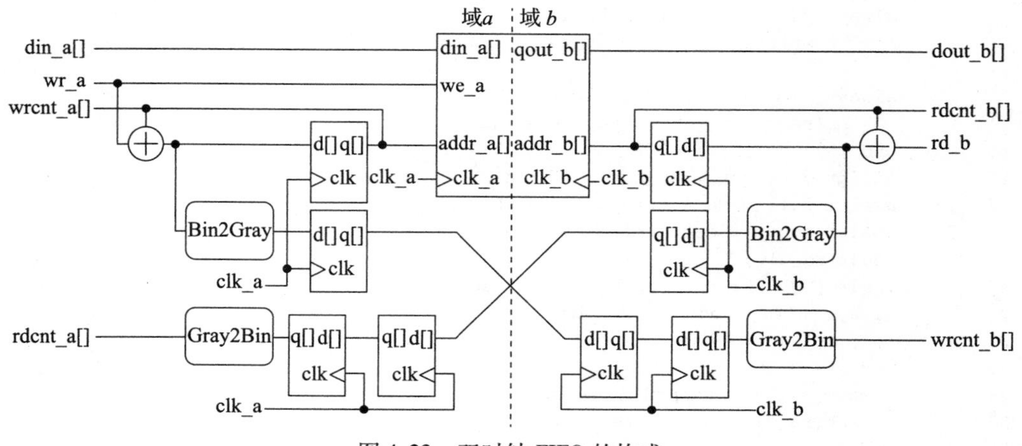

图4-23 双时钟FIFO的构成

FPGA 内的专用 RAM 单元一般也提供额外的逻辑以方便实现 DCFIFO，开发工具也会提供专门的 IP 配置工具。因为 FPGA 编译工具一般不提供推断 DCFIFO 的参考代码，自行用 Verilog 实现的 DCFIFO 未必能被编译工具很好地识别，导致不能充分利用专用 RAM 单元的相应功能和性能，所以如无特殊情况，建议使用开发工具提供的工具实现。

自行实现可参照图 4-23 编写代码，因各部分代码在前述章节已有详述，这里省略。

使用 DCFIFO 在域间传递数据非常方便，在数据计数或空/满标志的控制下，一侧写入，一侧读出即可。密集的事件或无规律的状态也可以编码成数据通过 DCFIFO 实现域间传递，熟悉计算机线程间通信的读者，还可将其与消息队列类比理解。

4.10　用户按键和数码 LED

首先要说明的是，用户接口(除高分辨率图形界面外)基本都是慢速和相对非实时的，处理用户接口并非 FPGA 所擅长。用 C/C++ 等语言在 CPU(包括 MCU、MPU 等)上少量代码能实现的功能可能用 Verilog 需要数倍甚至数十倍的代码量；且由于 CPU 和程序语言易于灵活分配 CPU 运行时(特别是在有 OS 时)，而 FPGA 的性能规划与资源分配则相对复杂得多，用 FPGA 处理慢速事件也容易造成性能浪费。一般 CPU 和 FPGA 协同系统中，用户接口都是交给 CPU 处理的，FPGA 则负责数据密集型计算和通信。

这里介绍用户按键和数码 LED 主要是因为初学时简单的用户接口在实验中必不可少，另外相关处理思路和方法也比较典型。

4.10.1　用户按键处理

处理按键，首先要“去抖”，按键在按下时，活动触点击打固定触点会有机械振动，因而造成输出波形抖动，因按键形态和触点材料的不同，抖动的过程一般会持续数毫秒，金属触点的按键可能达到 10ms，而软性触点(如导电橡胶或薄膜)则可能在 1ms 以内甚至没有抖动。如图 4-24 所示的按下高电平有效的按键电路，在按下时，可能出现类似图 4-25 所示波形。显然，这样的波形本身又只代表着一次事件，在数字逻辑里是难以直接使用的。

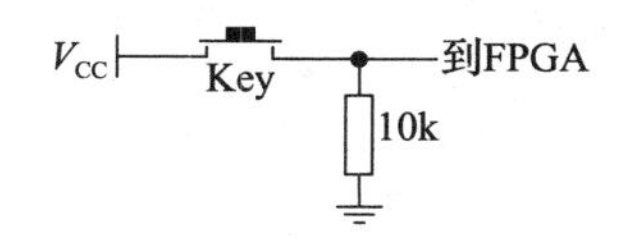

图 4-24　高电平有效的按键电路

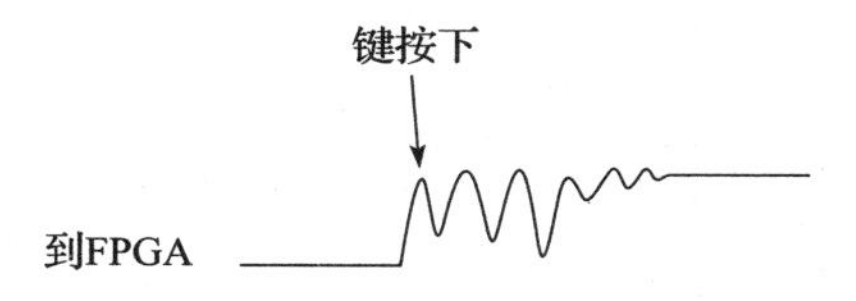

图 4-25　按键波形的抖动

学过 MCU 的读者可能学到过使用外部中断然后延时判断的去抖动方法，这种方法适用于中断应用的教学，但并不适用于实际应用。首先，为用户按键而占用本应用于应对高实时性事件的外部中断不划算；其次，延时如在中断中做，既浪费 CPU 运行时、又极有可能阻塞了其他低优先级中断的响应(是中断服务函数的大忌)。延时如挪到非中断线程中做，则提高了系统复杂性。

按键去抖动的实用做法是定时查询，定时器资源往往是极易复用的，一般十毫秒左右的查询间隔对于用户按键也是足够的，用户操作按键不可能达到 50 次每秒，按下的持续时间也不可能短于十毫秒。

在 FPGA 中，可以使用触发器(key_reg)在使能(en_10ms)的控制下间歇地锁定(即查询)输入以实现去抖。因抖动持续时间一般在 10ms 以内，可以使用 10ms 一次的使能控制触发器锁定输入信号，如图 4-26 和图 4-27 所示。

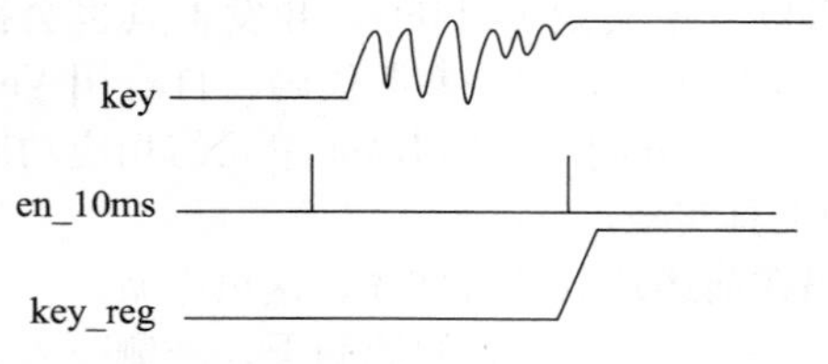

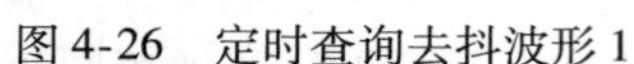

图 4-26　定时查询去抖波形 1

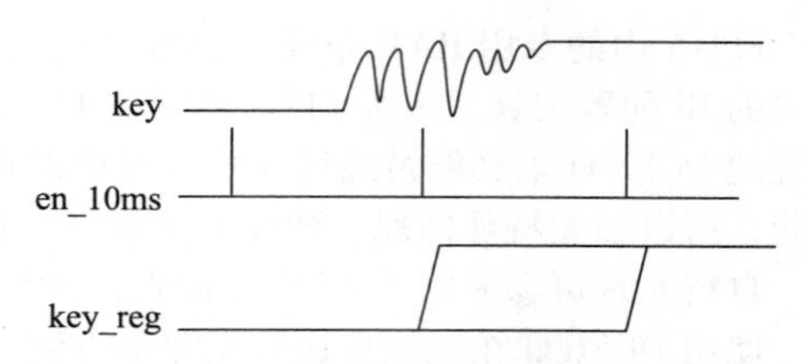

图 4-27　定时查询去抖波形 2

如果两次使能恰在抖动前和抖动后，则抖动后的使能将控制触发器锁定到高电平。而如果“不幸”某次使能处在抖动期间，则这次使能时触发器既有可能锁定到高电平也有可能锁定到低电平，而后一次使能时触发器将锁定到高电平。但无论在抖动期间锁定到的是高电平还是低电平，输出均不会有抖动，区别只是输出上升沿有 10ms 的时间差。

在得到无抖动的按键信号 key_reg 后，再依照 4.5.1 节所述，将其处理为使能信号即可在后续逻辑中方便地使用了。

代码 4-34 中描述了包含去抖和转换为使能功能的按键处理模块 KeyProcess，其中还包含测试平台。为便于快速仿真和观察波形，测试平台使用了 10kHz 时钟。

代码 4-34　按键处理模块及其仿真平台

```
1   `timescale 1ms/1us                    // time unit: 1ms
2   module TestKeyProcess;
3       import SimSrcGen::GenClk;
4       logic clk;
5       initial GenClk(clk, 0.02, 0.1); // to facilitate sim, use 10kHz
6       task automatic KeyPress(ref logic key, input realtime t);
7           for(int i = 0; i < 30; i++) begin // 30 bounces
8               #0.13ms key = '0; #0.12ms key = '1;
9           end
10          #t; key = '0;
11      endtask
12      logic key = '0, key_en;
13      initial begin
14          #10 KeyPress(key, 50);
15          #50 KeyPress(key, 50);
16      end
17      KeyProcess #(100, 1) theKeyProc(clk, key, key_en);
18  endmodule
19
20  module KeyProcess #(
21      parameter SMP_INTV = 1_000_000, // 10ms @ 100MHz
22      parameter KEY_NUM = 1
23  )(
24      input wire clk,
25      input wire [KEY_NUM - 1 : 0] key,
26      output logic [KEY_NUM - 1 :0] key_en
27  );
28      logic [ $clog2(SMP_INTV) - 1 : 0] smp_cnt = '0;
29      wire en_intv = (smp_cnt == SMP_INTV - 1);
30      always_ff@(posedge clk) begin
```

```
31            if(smp_cnt < SMP_INTV - 1) smp_cnt <= smp_cnt + 1'b1;
32            else smp_cnt <= '0;
33        end
34        logic [KEY_NUM - 1 : 0] key_reg[2] = '{2{'0}};
35        always_ff@(posedge clk) begin
36            if(en_intv) key_reg[0] <= key;
37            key_reg[1] <= key_reg[0];
38        end
39        assign key_en = ~key_reg[1] & key_reg[0];
40    endmodule
41
```

图 4-28 是其仿真波形片段。

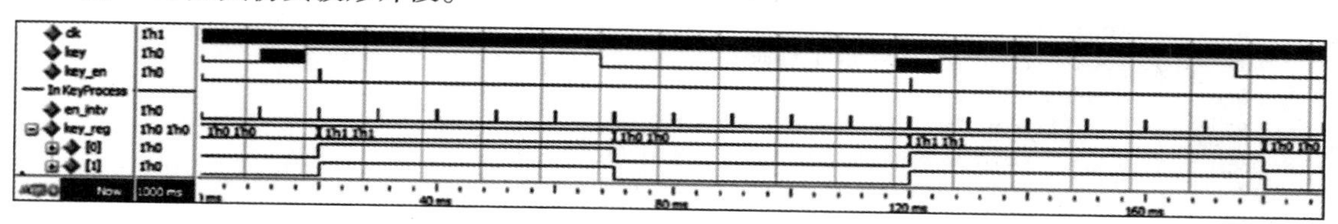

图 4-28 KeyProcess 模块仿真波形片段

4.10.2 数码 LED

数码 LED 是排列成可以显示数字和少量字母的 LED 阵列。最常见的数码 LED 是七段数码 LED，由七个 LED 排列而成，如图 4-29 所示。七段中的每一段被命名为 a ~ g，a ~ g 段的不同亮暗组合可以形成数字 0 ~ 9 和字母 a ~ f(但不能统一大小写)，许多七段数码 LED 还在数字右下角增加小数点。

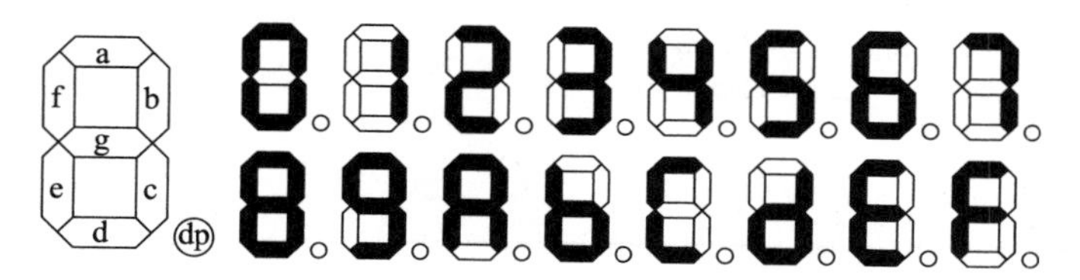

图 4-29 七段数码 LED 及 0 ~ 9 和 a ~ f 显示

如果要将数字逻辑中由二进制表达的数值显示到数码 LED 上，可选择十进制或十六进制。当然通常应使用十进制以符合用户习惯。

要做十进制显示，首先需要将二进制数值转换成 BCD 码表达的十进制。BCD 码使用 4 位二进制表达 1 位十进制，虽然 4 位二进制可表达 16 种状态，但 BCD 码仅使用其中的 0 ~ 9。例如：

$$(10011110)_2 = 158 = (0001,0101,1000)_{bcd}$$

如果将 BCD 码的二进制内容直接写成十六进制，则与十进制字面一致：

$$158 = (0001,0101,1000)_{bcd} \rightarrow (158)_{16}$$

目前 BCD 码几乎只用于十进制显示，在数字系统内部表达数据和计算应只使用二进制码。

代码 4-35 描述了一种二进制到 BCD 码转换模块。其思路是将输入二进制 bin 缓存到 bin_temp，然后逐周期将它与十进制 100、10、1 比较，若大则减去 100、10、1 并将 bcd_temp 加上十六进制 0x100、0x10、0x1（利用其十六进制与表达的十进制字面一致的特点），直至减为 0 时，将 bcd_temp 输出至 bcd 并清零以备下次转换。其缺点是不同数据转换所需的时钟周期数不一样，例如转换 100 仅需 2 个周期，而转换 99 则需 19 个周期，并且在转换期间发生的 bin 输入更改并不会予以响应。但因最终是为了显示给用户看，快到接近时钟频率没有意义，而短时出现的 bin 即使被转换和显示，肉眼也观察不到，所以并不影响预期功能。

代码 4-35　用于显示的二进制 - BCD 码转换模块

```
1    module Bin2Bcd (
2        input wire clk,
3        input wire [7 : 0] bin,
4        output logic [2 : 0][3 : 0] bcd
5    );
6        logic [7 : 0] bin_temp;
7        logic [2 : 0][3 : 0] bcd_temp;
8        always_ff@(posedge clk) begin
9            if(bin_temp >=          8'd100) begin
10               bin_temp <= bin_temp - 8'd100;
11               bcd_temp <= bcd_temp + 12'h100;
12           end
13           else if(bin_temp >=       8'd010) begin
14               bin_temp <= bin_temp - 8'd010;
15               bcd_temp <= bcd_temp + 12'h010;
16           end
17           else if(bin_temp >=       8'd001) begin
18               bin_temp <= bin_temp - 8'd001;
19               bcd_temp <= bcd_temp + 12'h001;
20           end
21           else begin
22               bin_temp <= bin;
23               bcd_temp <= 20'h0;
24               bcd <= bcd_temp;
25           end
26       end
27   endmodule
```

转换为 BCD 码之后的数据送至数码 LED 显示之前，还需要转换成段码，即将数值转换为 a ~ g段的亮暗组合。以 1 表达点亮为例，代码 4-36 描述的模块可将 4 二进制数值 0 ~ 15 转换为 0 ~ 9 和 a ~ f 对应的段码，送入 BCD 码则转换为显示十进制 0 ~ 9 的段码，送入 4 位二进制则转换为显示十六进制 0 ~ f 的段码。

代码 4-36　数码 LED 段码转换模块

```
1    module DigitalLedSeg (
2        input wire clk,
3        input wire [3 : 0] in,
4        output logic [6 : 0] seg
5    );
6        logic [6:0] segs[16] = '{
7            7'h3f, 7'h06, 7'h5b, 7'h4f, 7'h66, 7'h6d, 7'h7d, 7'h07,
8            7'h7f, 7'h6f, 7'h77, 7'h7c, 7'h39, 7'h5e, 7'h79, 7'h71};
```

```
9        always_ff@(posedge clk) seg <= segs[in];
10   endmodule
```

LED 适合电流源驱动，FPGA IO 口输出近似为电压源，需串接限流电阻才可以驱动 LED。

4.11　PWM 和死区

PWM 即脉冲宽度调制(Pulse Width Modulation)，是输出矩形波占空比与输入待调信号瞬时值呈线性关系的调制。可用待调信号与锯齿波作数值比较得到。如图 4-30 所示，锯齿波的频率也是 PWM 输出信号的频率。

PWM 常用于功率元件的驱动，如开关电源变换器中的开关器件，控制系统中的电机等。PWM 也可在低要求的场合用作数模转换，相当于采样率为 PWM 频率的 DAC。PWM 输出至片外，再经过低通重构滤波器可得到与占空比呈正比的输出电压(即与数字域待调信号呈线性关系)。

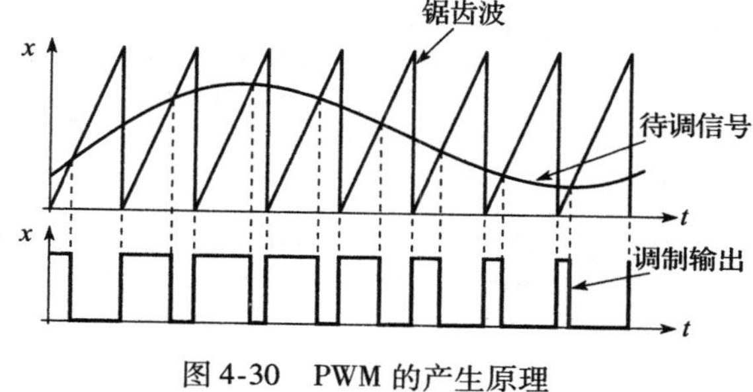

图 4-30　PWM 的产生原理

4.11.1　单端 PWM

计数器输出即是锯齿波，因此，PWM 调制器模块可以用计数器实现。如代码 4-37 所示，模块还提供了 co 输出，它与 PWM 周期同步，可用于协调前级控制系统的同步工作，用于直接或间接控制系统采样率。

其输出占空比：

$$\eta = \frac{\text{data}}{M}, \quad \text{data} \in [0, M-1] \tag{4-2}$$

其输出 PWM 的频率：

$$f_{\text{PWM}} = f_{\text{clk}}/M \tag{4-3}$$

本小节和 4.11.2 节所述的所有 PWM 发生器模块输出的 PWM 信号频率均符合式 (4-3)。

代码 4-37　参数化模的 PWM 发生器

```
1    module Pwm #( parameter M = 256 )(
2        input wire clk, rst,
3        input wire [ $clog2(M) - 1 : 0] data, // data range [0, M-1]
4        output logic pwm, co
5    );
6        logic [ $clog2(M) - 1 : 0] cnt = '0;
7        always_ff@(posedge clk) begin
8            if(rst) cnt <= '0;
9            else if(cnt < M - 1) cnt <= cnt + 1'd1;
10           else cnt <= '0;
11       end
12       always_ff@(posedge clk) pwm <= (data > cnt);
13       assign co = cnt == M - 1;
14   endmodule
```

有时也需要有符号输入的 PWM 发生器，如代码 4-38 所示，注意模 M 应为偶数。其输出占空比：

$$\eta = \frac{\text{data} + M/2}{M}, \quad \text{data} \in \left[-\frac{M}{2}, \frac{M}{2} - 1 \right] \tag{4-4}$$

代码 4-38 参数化模的有符号输入 PWM 发生器

```
1   module PwmSigned #( parameter M = 256 )(
2       input wire clk, rst,
3       input wire signed [ $clog2(M) - 1 : 0] data,
4       output logic pwm, co
5   );
6       logic signed [ $clog2(M) - 1 : 0] cnt = '0;
7       always_ff@(posedge clk) begin
8           if(rst) cnt <= '0;
9           else if(cnt < M / 2 - 1) cnt <= cnt + 1'd1;
10          else cnt <= -M / 2;
11      end
12      always_ff@(posedge clk) pwm <= (data > cnt);
13      assign co = cnt == M / 2 - 1;
14  endmodule
```

4.11.2 差分 PWM

功率元件也常常用全桥驱动，以便在单功率电源时获得双极性的驱动电压。驱动全桥则需要差分 PWM，差分 PWM 信号由 P(Positive)和 N(Negative)两个信号构成，表达的占空比范围为 [-1, 1]，表达形式也有多种。如图 4-31 所示，从左至右分别为差动时间、固定 P 相、固定 N 相、固定低电平和固定高电平形式的一个周期波形示例。

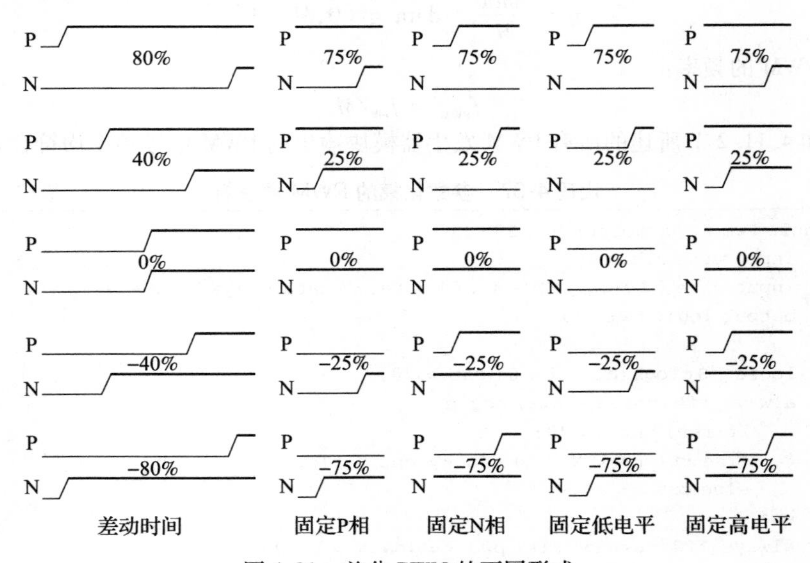

图 4-31 差分 PWM 的不同形式

表 4-3 罗列了不同形式下的 P、N 两相各自占空比与差分 PWM 表达的占空比 η 间的关系。

表 4-3 差分 PWM 不同形式下的各相占空比计算

形式	相	差分占空比 η		
		$\eta<0$	$\eta=0$	$\eta>0$
差动时间	P	$0.5+\eta/2$	0.5	$0.5+\eta/2$
	N	$0.5-\eta/2$	0.5	$0.5-\eta/2$
固定 P 相	P	0	0 或 1	1
	N	$-\eta$	同 P	$1-\eta$
固定 N 相	P	$1+\eta$	同 N	η
	N	1	0 或 1	0
固定低电平	P	0	0	η
	N	$-\eta$	0	0
固定高电平	P	$1+\eta$	1	1
	N	1	1	$1-\eta$

因电平和驱动能力限制，FPGA 的输出并不能直接驱动功率桥中的开关器件，一般还需要使用驱动电路或专用的 IC，将 FPGA、MCU 等 IO 电平的 PWM 信号转换为大电流和满足开关器件栅极(或基极)电压需求的驱动信号去驱动开关器件。多数驱动电路或 IC 支持上述五种方式中的任何一种，但有些因带有栅极电压自举电路，P 相和 N 相均不能接受接近 1 的占空比；有些会利用两相均为 1 的情况控制所有开关器件关断，实现驱动禁能(比如驱动电机相当于让电机依惯性滑行)。因而具体应使用哪种方式、有何限制，应该根据驱动电路或 IC 的需求而定。

差动时间方式可以用待调信号及其相反数与同一个计数比较得到，比较简单，如代码 4-39 所示(注意 M 应为偶数)。其输出的差分占空比：

$$\eta=\eta_p-\eta_n=\frac{\text{data}}{M/2},\quad \text{data}\in\left[-\frac{M}{2},\frac{M}{2}-1\right] \tag{4-5}$$

代码 4-39 差动时间形式的差分 PWM 发生器

```
1   module PwmDiffTime #( parameter M = 256 )(
2       input wire clk, rst,
3       input wire signed [ $clog2(M) - 1 : 0] data,
4       output logic pwm_p, pwm_n, co
5   );
6       logic signed [ $clog2(M) - 1 : 0] cnt = '0;
7       always_ff@(posedge clk) begin
8           if(rst) cnt <= '0;
9           else if(cnt < M / 2 - 1) cnt <= cnt + 1'd1;
10          else cnt <= -M / 2;
11      end
12      always_ff@(posedge clk) pwm_p <= (data > cnt);
13      always_ff@(posedge clk) pwm_n <= ( -data > cnt);
14      assign co = cnt == M / 2 - 1;
15  endmodule
```

其他方式则需要一定的条件判断。代码 4-40 描述了固定低电平方式的差分 PWM 发生器，注意其 M 不必为偶数，其 data 输入的范围是$[-M, M-1]$，较相同计数模的差动时间形式范围翻倍，可以认为其占空比分辨率提升了一倍。

其输出的差分占空比：

$$\eta = \eta_p - \eta_n = \frac{\text{data}}{M}, \quad \text{data} \in [-M, M-1] \tag{4-6}$$

代码 4-40　固定低电平形式的差分 PWM 发生器

```
1   module PwmDiffFixedLow #( parameter M = 256 )(
2       input wire clk, rst,
3       input wire signed [$clog2(M) : 0] data, // data range [-M, M-1]
4       output logic pwm_p, pwm_n, co
5   );
6       logic [$clog2(M) - 1 : 0] cnt = '0;
7       always_ff@(posedge clk) begin
8           if(rst) cnt <= '0;
9           else if(cnt < M - 1) cnt <= cnt + 1'd1;
10          else cnt <= '0;
11      end
12      always_ff@(posedge clk) begin
13          if(data >= 0) begin
14              pwm_p <= (data > cnt);
15              pwm_n <= '0;
16          end
17          else begin
18              pwm_p <= '0;
19              pwm_n <= (-data > cnt);
20          end
21      end
22      assign co = cnt == M - 1;
23  endmodule
```

代码 4-41 是测试上述四个 PWM 发生模块的测试平台，为便于观察仿真波形，PWM 发生模块的模均设置得较小。

代码 4-41　各种形式 PWM 发生器的测试平台

```
1   module TestPwm;
2       import SimSrcGen::*;
3       logic clk, rst;
4       initial GenClk(clk, 8, 10);
5       initial GenRst(clk, rst, 1, 1);
6       logic [3:0] udata = '0;
7       logic signed [3:0] sdata = '0;
8       logic signed [3:0] sdata_dt = '0;
9       logic signed [4:0] sdata_fl = '0;
10      logic co, co_s, co_dt, co_fl;
11      always@(posedge clk) if(co) udata ++;
12      always@(posedge clk) if(co_s) sdata ++;
13      always@(posedge clk) if(co_dt) sdata_dt ++;
14      always@(posedge clk) if(co_fl) sdata_fl ++;
15      logic pwm, pwm_s, pwm_dt_p, pwm_dt_n, pwm_fl_p, pwm_fl_n;
16      Pwm #(16)
```

```
17            thePwm(clk, rst, udata, pwm, co);
18        PwmSigned #(16)
19            thePwmS(clk, rst, sdata, pwm_s, co_s);
20        PwmDiffTime #(16)
21            thePwmDt(clk, rst, sdata_dt, pwm_dt_p, pwm_dt_n, co_dt);
22        PwmDiffFixedLow #(16)
23            thePwmFl(clk, rst, sdata_fl, pwm_fl_p, pwm_fl_n, co_fl);
24    endmodule
```

图 4-32 是仿真波形片段。

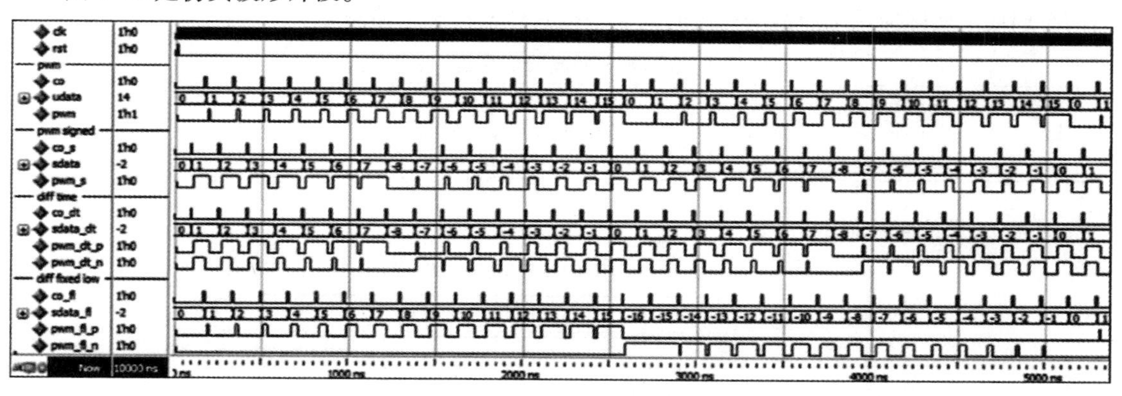

图 4-32　各种形式 PWM 发生器的仿真波形片段

4.11.3　死区

开关器件的开通和关断不可能在瞬间完成，都会有一个线性过渡区。桥臂的上下两个开关器件，如果在驱动其中一个开通的同时驱动另一个关断，则两者的线性过渡区会有重叠，形成从电源到地的电流通路，瞬时功耗极大，甚至会损坏器件。所以，必须将控制开关器件开通的跳沿延迟一小段时间，称为“死区时间”。另一方面，多数开关器件的开通要快于关断，也是需要增加死区时间的一个原因。

有的功率桥驱动电路或 IC 会带有死区时间控制功能，有的则没有，这时，也可在数字逻辑中增加这一功能。代码 4-42 描述了这一功能，实现方法与代码 4-17 所示的脉冲展宽模块类似，注意该模块在对上升沿延迟 DELAY 个 clk 周期的同时，也会对下降沿延迟 1 个 clk 周期。

代码 4-42　死区时间模块(上升沿延迟)

```
1     module RisingDelay #( parameter DELAY = 10 )(
2         input wire clk, rst,
3         input wire in,
4         output logic out
5     );
6         logic [ $clog2(DELAY + 1) - 1 : 0] dly = '0;
7         always_ff@(posedge clk) begin
8             if(rst) dly = '0;
9             else if(in) begin
10                if(dly < DELAY) dly <= dly + 1'b1;
```

```
11          end
12          else dly <= '0;
13      end
14      assign out = dly == DELAY;
15  endmodule
```

代码4-43是仿真平台的代码片段，代码中将PWM分成一个桥臂的上下两路pwm_up和pwm_lo，并认为上下两路均为高电平控制导通，上路直接由PWM增加死区时间得到，下路将PWM反相后增加死区时间得到。为方便观察仿真波形，两个死区时间控制模块均仅将上升沿延后两个周期。实际应用中所需的死区时间需根据具体器件和电路测算。

代码4-43 死区时间模块仿真平台片段

```
1      logic pwm_up, pwm_lo;
2      RisingDelay #(2) dtUp(clk, rst, pwm, pwm_up);
3      RisingDelay #(2) dtLo(clk, rst, ~pwm, pwm_lo);
```

图4-33是仿真波形的片段。

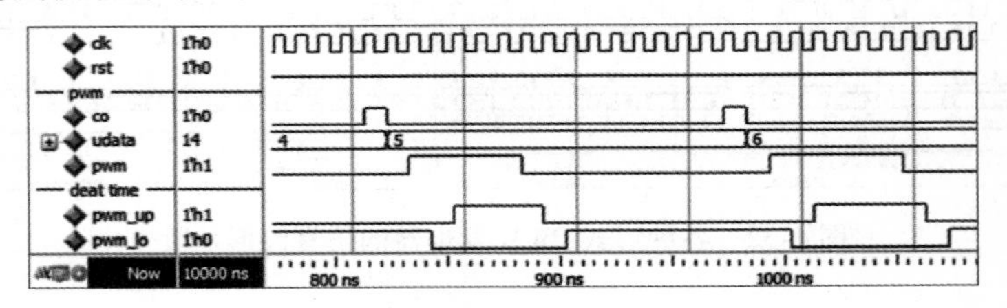

图4-33 死区时间模块仿真波形片段

4.12 正交增量编码器接口

编码器广泛应用于运动控制系统中的位置或速率反馈。

编码器分为绝对值编码器和增量编码器。前者直接反馈位置或角度，为避免竞争冒险，常用格雷码，接口较为简单，将格雷码转换为二进制码即可(当然要作同步)；后者反馈速度或角速度，当然也可积分后得到位置或角度，为确定位置零点，所以一般也会附有额外的零点检测。

正交增量编码器输出两个相差90°的脉冲，可根据相差的正负来判定速度或角速度的正负(即方向)。图4-34是典型的输出波形。

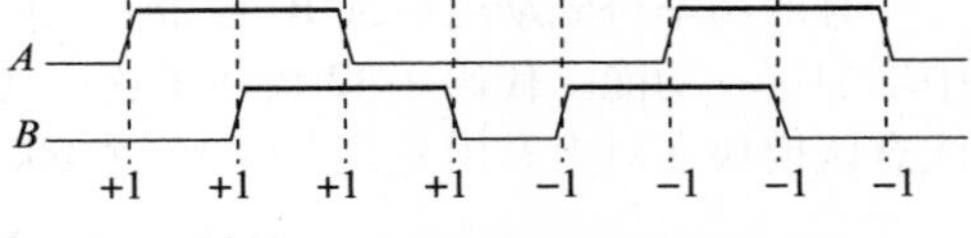

图4-34 正交增量编码器的输出波形

以正交增量旋转编码器为例。编码器会定义一个正转方向，正转时，A相超前于B相，反转时A相滞后于B相。旋转编码器一般使用等角度分布的扇形光栅或磁栅，一圈N格，并以分布夹角$(90° + k \cdot 360°)/N$的光敏或磁敏传感器检测，以实现脉冲输出。每个栅格又称为“一线”，每旋转过一线，A、B两相各会输出两个跳沿，共4个，旋转一圈共计会有$4N$个跳沿输出。

图4-34中，前4个跳沿是A相超前于B相的情况，增量+1；后4个跳沿是A相滞后于B相的情况，增量−1，因而可总结为表4-4。只要根据此表控制一个累加器累计增量便可获得编

码器的速率或位置信息。

表 4-4　正交增量编码器的增减情况

增减		电平			
		A = 0	A = 1	B = 0	B = 1
跳沿	A↑			+	–
	A↓			–	+
	B↑	–	+		
	B↓	+	–		

与按键类似，正交编码器的跳沿也可能有抖动，但只要两相的抖动不发生重叠，就不会影响累加器的正常累计。因为一相电平恒定时另一相反复上下跳，累加器会增减抵消，因此并不需要特别设计去抖动逻辑。

对于 FPGA 中动辄上百兆的时钟频率，编码器的脉冲频率是极低的，因此可参考 4.5.1 节的方法将处理编码器输出的跳沿处理为单周期使能信号，之后根据此信号和另一相的电平来决定计数的增减，如代码 4-44 所描述。

代码 4-44　正交增量编码器接口模块

```
1   module QuadEncIf #(
2       parameter CH = 1,
3       parameter ACCW = 16,
4       parameter SMP_INTV = 1_000_000
5   )(
6       input wire clk, rst,
7       input wire a[CH], b[CH],
8       output logic signed [ACCW - 1 : 0] acc[CH],
9       output logic acc_valid
10  );
11      logic co;
12      Counter #(SMP_INTV) theIntvCnt(clk, rst, 1'b1, , co);
13      logic [1:0] a_reg[CH], b_reg[CH];
14      logic a_rising[CH],a_falling[CH], b_rising[CH],b_falling[CH];
15      logic [ACCW - 1 : 0] iacc[CH];
16      generate
17          for(genvar ch = 0; ch < CH; ch ++) begin : channel
18              always_ff@(posedge clk) begin
19                  if(rst) begin
20                      a_reg[ch] <= 2'b00; b_reg[ch] <= 2'b00;
21                  end
22                  else begin
23                      a_reg[ch] <= {a_reg[ch][0], a[ch]};
24                      b_reg[ch] <= {b_reg[ch][0], b[ch]};
25                  end
26              end
27              assign a_rising[ch] = a_reg[ch] == 2'b01;
28              assign a_falling[ch] = a_reg[ch] == 2'b10;
29              assign b_rising[ch] = b_reg[ch] == 2'b01;
30              assign b_falling[ch] = b_reg[ch] == 2'b10;
```

```
31              always_ff@(posedge clk) begin
32                  if(rst) iacc[ch] <= '0;
33                  else if(co) iacc[ch] <= '0;
34                  else if(a_rising[ch])
35                      iacc[ch] <= iacc[ch] + (b_reg[ch][0]? -1 : 1);
36                  else if(a_falling[ch])
37                      iacc[ch] <= iacc[ch] + (b_reg[ch][0]? 1 : -1);
38                  else if(b_rising[ch])
39                      iacc[ch] <= iacc[ch] + (a_reg[ch][0]? 1 : -1);
40                  else if(b_falling[ch])
41                      iacc[ch] <= iacc[ch] + (a_reg[ch][0]? -1 : 1);
42              end
43              always_ff@(posedge clk) begin
44                  if(rst) acc[ch] <= '0;
45                  else if(co) acc[ch] <= iacc[ch];
46              end
47          end
48      endgenerate
49      always_ff@(posedge clk) acc_valid <= co;
50  endmodule
```

模块的输出acc是给定采样周期(由SMP_INVT指定)内的累积的脉冲个数(有增有减)，并可以同时与多个正交编码器连接(多通道)。模块还提供一个acc_valid信号，在每个采样周期acc更新的同时，输出一次有效，可用于控制后级控制系统的采样率。

第12行计数器用来产生控制采样周期的co信号。第16行开始的generate生成块用来处理不同通道，a_reg和b_reg形成两级触发器，用来将跳沿转换为单周期使能(第27~30行)。第31行开始的always_ff过程驱动内部累加器iacc，在每次co有效时，由第43行开始的always_ff过程更新到输出acc上，并将其清零以备下一周期累积。QuadEncIf模块的参数和端口说明见表4-5。

表4-5 QuadEncIf模块的参数和端口说明

端口/参数	方向	意义
CH	—	通道数，每通道可连接一个正交增量编码器
ACCW	—	端口acc的位宽，也是内部累加器的位宽
SMP_INTV	—	用于控制采样周期，采样周期 $T_s = \text{SMP\_INVT}/f_{\text{clk}}$
clk	I	时钟
rst	I	高电平有效的同步复位
a[CH]	I	编码器的A、B两相信号
b[CH]	I	
acc[CH][ACCW-1:0]	O	一个采样周期内的脉冲计数，一个正转脉冲增一，一个反转脉冲减一，与编码盘角速度的关系见式(4-7)
acc_valid	O	每个采样周期结束，acc更新的同时输出一个单周期脉冲

虽然输出名为acc，但实质上表达的是速度。以旋转编码器为例，如果编码器线数为N，

则每脉冲对应转子角为 $2\pi/(4N)=\pi/(2N)$，而采样周期为 $T_s=S_{intv}/f_{clk}$，所以编码器转子角速度：

$$\omega_{enc}=acc\cdot\frac{\pi}{2N\cdot T_s}=acc\cdot\frac{\pi\cdot f_{clk}}{2N\cdot S_{intv}} \tag{4-7}$$

其中，*acc* 为模块输出，S_{intv} 为参数 SMP_INVT 的值。

如果需要持续累积输出(相当于表达角度的输出)，可以直接输出 iacc，并且在每次 co 时，不对其清零。但此时应注意考虑长时间持续单向旋转会造成溢出。

代码 4-45 是正交编码器接口模块的测试平台。其中第 3 行 QuadEncGo 任务用来模拟编码器转过一线的情况，ccw 控制正反转，qprd 为转过一线所需时间的四分之一。

代码 4-45　正交增量编码器接口测试平台

```
1    module TestQuadEncIf;
2        import SimSrcGen::* ;
3        task automatic QuadEncGo(
4            ref logic a, b, input logic ccw, realtime qprd
5        );
6            a = 0; b = 0;
7            if(! ccw) begin
8                #qprd a = 1; #qprd b = 1; #qprd a = 0; #qprd b = 0;
9            end
10           else begin
11               #qprd b = 1; #qprd a = 1; #qprd b = 0; #qprd a = 0;
12           end
13       endtask
14       logic a0 = '0, b0 = '0, a1 = '0, b1 = '0;
15       initial begin
16           for(int i = 0; i < 40; i++) QuadEncGo(a0, b0, 0, 100);
17           for(int i = 0; i < 50; i++) QuadEncGo(a0, b0, 1, 80);
18           #1000 $stop();
19       end
20       initial begin
21           for(int i = 0; i < 30; i++) QuadEncGo(a1, b1, 0, 133.333);
22           for(int i = 0; i < 40; i++) QuadEncGo(a1, b1, 1, 100);
23       end
24       logic clk, rst;
25       initial GenClk(clk, 8, 10);
26       initial GenRst(clk, rst, 1, 1);
27       logic [7:0] acc0, acc1;
28       logic acc_valid;
29       QuadEncIf #(2, 8, 1000) theQei(
30           clk, rst, '{a1, a0}, '{b1, b0}, '{acc1, acc0}, acc_valid
31       );
32   endmodule
```

图 4-35 是其仿真波形片段。注意第二次输出的有效数据，两个通道分别是 10 和 5，也正确地表达了在这个采样周期内转速的平均值，因为两个“编码器”均正转了一段时间而后反转了

稍短的时间。

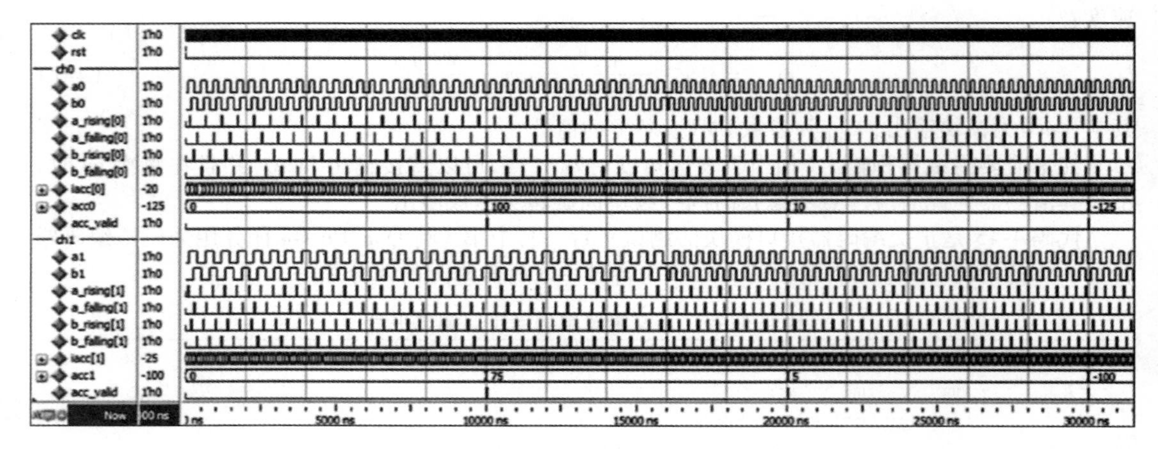

图 4-35 QuadEncIf 模块的仿真波形片段

4.13 有限状态机

数字逻辑里最重要的两个东西，一个是计数器，另一个是状态机。

状态机是产生复杂逻辑、时序和工作流程几乎必然的方法。

状态机记录当前状态，并依据输入和当前状态来切换状态，同时依据输入和当前状态来决定输出，如图 4-36 所示。依据输出与输入是否有直接关系分为 Mealy 型和 Moore 型，一般来说 Mealy 型经过合理增加状态，可转换为 Moore 型。

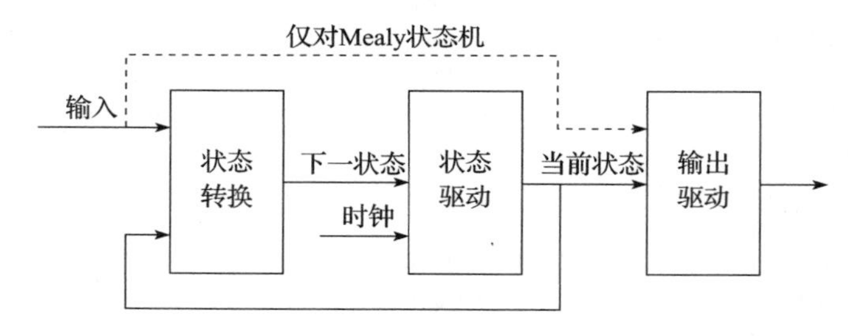

图 4-36 状态机

设计状态机一般应先对逻辑功能进行抽象并绘制出状态转换图，而后总结输出的关系。

状态机的输入信号一般是事件，而输出信号可以是状态或事件。状态类型的输出一般与当前状态相关，而事件类型的输出一般对应着状态转换。

用 Verilog 描述状态机时，一般也按照图 4-36 所示分为“状态转换”、“状态驱动”和“输出驱动”三段，称为“三段式状态机描述”。状态转换段由组合逻辑构成，根据当前状态和输入决定下一状态；状态驱动段由触发器逻辑构成，在时钟驱动下，将下一状态锁定到当前状态；输出驱动段可以是触发器逻辑也可以是组合逻辑，用于描述输出。

Moore 型状态机较 Mealy 型状态机易于描述，不要担心抽象的状态多，只要合理，状态越多，描述起来越简明。

以下通过两个例子来说明状态机的原理和设计。

4.13.1 秒表例子

考虑具备两个按键 k0(启停)和 k1(冻结)的秒表，功能如下：

1）按下 k0，计时开始；再次按下 k0，计时暂停；再次按下 k0，计时继续。

2）计时开始后，按下 k1，显示暂停，即显示的数字冻结，内部仍在计时；再次按下 k1，显示更新为新的计时时间，仍然冻结，内部仍继续计时。

3）计时暂停时，按下 k1，计时复位(归零)。

4）冻结显示时，按下 k0，恢复正常显示。

事实上大多数手持数显秒表的基本功能都是这样的，多数还额外有成绩存储回放功能。这里为便于演示状态机的设计过程，不考虑成绩存储回放功能。

根据上述功能容易知道，秒表应具备以下四种状态。

1）空闲状态：不计时，显示 0。

2）计时状态：计时，并实时显示。

3）计时暂停状态：计时暂停。

4）显示暂停状态：计时，但显示锁定。

状态转换可归纳为：

1）停止状态(Stop)时：按 k0，转换到计时状态。

2）计时状态(Run)时：按 k0，转换到计时暂停状态；按 k1，转换到显示暂停状态。

3）计时暂停状态(Pause)时：按 k0，转换到计时状态；按 k1，转换到停止状态。

4）显示暂停状态(Freeze)时：按 k0，转换到计时状态；按 k1，保持在显示暂停状态。

为了控制计时与否、显示冻结与否，需要两个状态输出：

1）计时(Timming)，定义为 1 计时 、0 停止。

2）冻结(Freezing)，定义为 1 冻结、0 实时显示。

此外还需要两个事件输出：

1）复位(Reset)，返回停止状态时，复位计时器。

2）更新(Update)，在显示暂停状态按 k1 时，更新显示。

以上状态、状态转换、状态和事件输出可以归纳为表 4-6。

表 4-6　秒表状态机的状态转换和输出

当前状态	状态输出	输入事件	下一状态	事件输出
S_STOP	Timing = 0, Freezing = 0	k0	S_RUN	无
S_RUN	Timing = 1, Freezing = 0	k0	S_PAUSE	无
		k1	S_FREEZE	无
S_PAUSE	Timing = 0, Freezing = 0	k0	S_RUN	无
		k1	S_STOP	Reset
S_FREEZE	Timing = 1, Freezing = 1	k0	S_RUN	无
		k1	S_FREEZE	Update

表 4-6 还可以绘制成图 4-37 所示的状态转换图。

在状态图中，状态由圆圈表示，起止状态一般为双线圆圈，状态名和此状态下的状态输出在圈内标出；状态转换由箭头连接，箭头上标出触发此转换的输入事件和发生此转换时应输出的事件。

代码 4-46 描述了上述秒表状态机，采用三段式描述。对于三段式描述的状态机，FPGA 编译工具一般都能很好地识别（主要是状态转移和状态驱动两段），并采用相应的优化措施。代码 4-46 中状态采用了独热码。对于 FPGA，独热码适合用作状态编码，但在代码中直接写出并不十分必要，因为一旦 FPGA 编译工具识别了状态机，会自行转换为合适的编码。

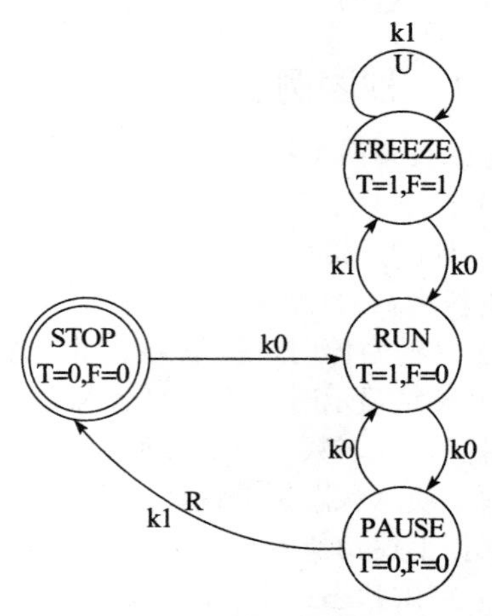

图 4-37　秒表的状态转换图

代码 4-46　秒表状态机

```
1    module StopWatchFsm(
2        input wire clk, rst, k0, k1,
3        output logic timming, freezing, reset, update
4    );
5        localparam S_STOP = 4'h1;
6        localparam S_RUN = 4'h2;
7        localparam S_PAUSE = 4'h4;
8        localparam S_FREEZE = 4'h8;
9        logic [3:0] state, state_nxt;
10       always_ff@(posedge clk) begin
11           if(rst) state <= S_STOP;
12           else state <= state_nxt;
13       end
14       always_comb begin
15           state_nxt = state;
16           case(state)
17           S_STOP:
18               if(k0) state_nxt = S_RUN;
19           S_RUN:
20               if(k0) state_nxt = S_PAUSE;
21               else if(k1) state_nxt = S_FREEZE;
22           S_PAUSE:
23               if(k0) state_nxt = S_RUN;
24               else if(k1) state_nxt = S_STOP;
25           S_FREEZE:
26               if(k0) state_nxt = S_RUN;
27               else if(k1) state_nxt = S_FREEZE;
28           default: state_nxt = state;
29           endcase
30       end
31       always_ff@(posedge clk)
```

```
32            timming <= (state == S_RUN) || (state == S_FREEZE);
33        always_ff@(posedge clk)
34            freezing <= (state == S_FREEZE);
35        always_ff@(posedge clk)
36            reset <= k1 && (state == S_PAUSE);
37        always_ff@(posedge clk)
38            update <= k1 && (state == S_FREEZE);
39    endmodule
```

整个秒表的实现则可参考图 4-38。计数器级联实现计时，计时与否由使能控制，显示冻结使用触发器实现。

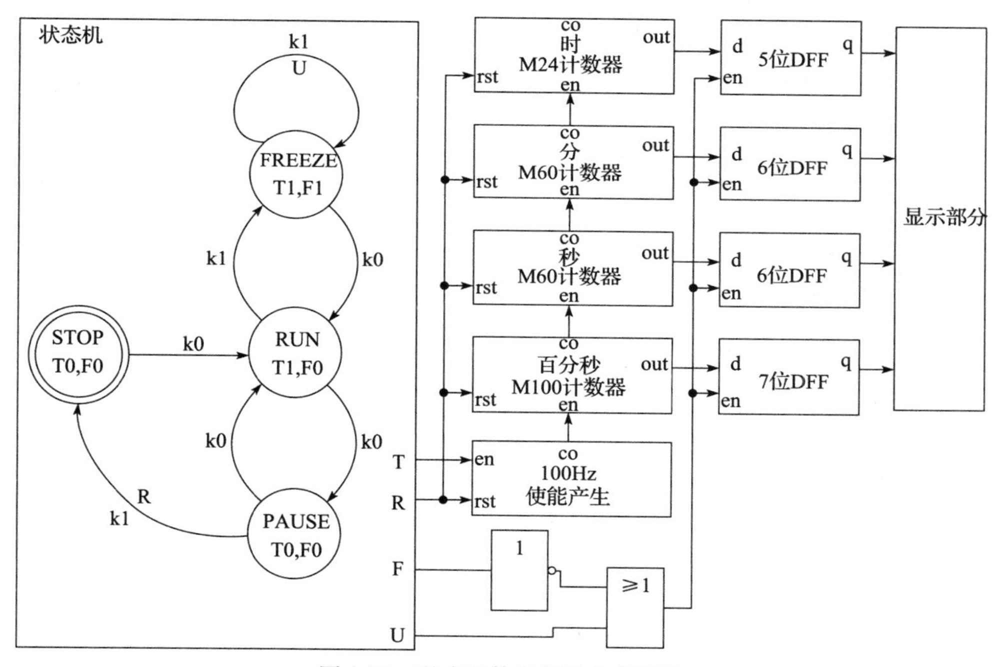

图 4-38 秒表整体实现的参考框图

代码 4-47 是秒表状态机的仿真平台，为了便于观察仿真波形，使用了 1kHz 时钟，并且只实现了百分秒和秒计时。其中用到了 4.10.1 节讲的模拟按键任务和按键处理模块。

代码 4-47 秒表状态机的仿真平台

```
1    `timescale 1ms/1us
2    module TestStopWatchFsm;
3        import SimSrcGen::* ;
4        logic clk, rst;
5        initial GenClk(clk, 0.8, 1);
6        initial GenRst(clk, rst, 1, 1);
7        logic k0 = '0, k1 = '0;
8        initial begin
9            #200 KeyPress(k0, 50); // start
10           #450 KeyPress(k0, 50); // pause
```

```
11            #220 KeyPress(k1, 50); // stop
12            #260 KeyPress(k0, 50); // start
13            #450 KeyPress(k1, 50); // freeze
14            #680 KeyPress(k1, 50); // freeze
15            #990 KeyPress(k0, 50); // run
16            #220 KeyPress(k0, 50); // pause
17            #120 KeyPress(k1, 50); // stop
18            #100 $stop();
19        end
20        logic k0en, k1en;
21        KeyProcess #(10, 2) key2en(clk, {k1, k0}, {k1en, k0en});
22        logic t, f, r, u;
23        StopWatchFsm sw_sm(clk, rst, k0en, k1en, t, f, r, u);
24        logic en_10ms;
25        Counter #(10) cntClk(clk, rst|r, t, , en_10ms);
26        logic en_1sec, en_1min;
27        logic [6:0] cnt_centisec;
28        logic [5:0] cnt_sec;
29        Counter #(100) cntCentiSec(
30            clk, rst|r, en_10ms, cnt_centisec, en_1sec);
31        Counter #(60) cntSec(clk, rst|r, en_1sec, cnt_sec, en_1min);
32        logic [6:0] centisec;
33        logic [5:0] sec;
34        always@(posedge clk) begin
35            if(rst) begin
36                centisec <= 7'b0;
37                sec <= 6'b0;
38            end
39            else if(~f|u) begin
40                centisec <= cnt_centisec;
41                sec <= cnt_sec;
42            end
43        end
44    endmodule
```

图 4-39 是其仿真波形，注意观察每次按键事件到来之后状态机的状态变化和计数的情况。

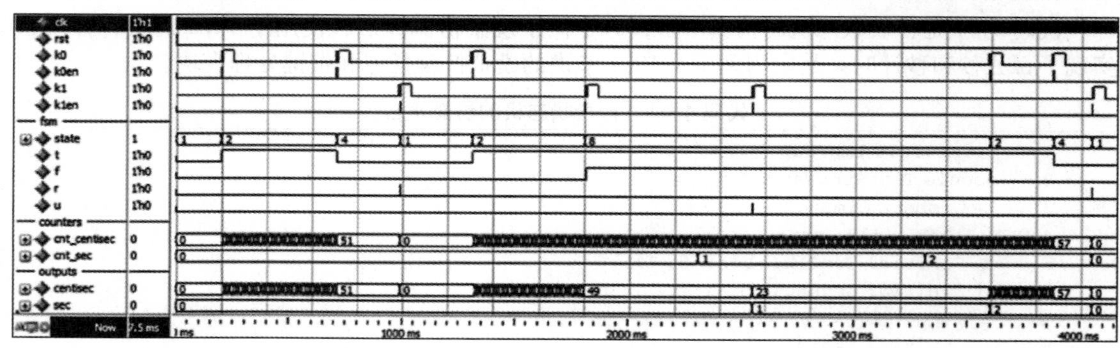

图 4-39　秒表状态机的仿真波形

4.13.2 数字示波器触发采样例子

触发系统在示波器中至关重要。对于周期性被测信号，信号时基和示波器的时钟一般是不同源的。即使同源。也不太可能与示波器显示的水平范围有着简单的整数比关系。如果没有触发系统控制，每屏采集的波形几乎一定是相位错乱的，于是在屏幕上形成“一团乱麻”。对于非周期性被测信号，如果没有触发系统控制，几乎不可能抓取到我们感兴趣的时刻。

触发系统实时监测输入信号，在输入信号发生特定事件时，存储一帧波形并显示到屏幕上。常用的特定事件包括：

- 上升/下降沿，输入信号上升穿越某个设定值。
- 脉冲宽度，输入信号持续高于或低于某个设定值的时间长于或短于某个设定值。
- 斜率，输入信号单位时间的变化大于或小于某个设定值。

除此之外，许多示波器还提供两个或多个通道联合的事件，比如建立时间和保持时间违例事件等。

采样系统一般持续接收数据。数据量超过设定的一帧数据量时，丢弃最早的数据，存入最新的数据，而在触发事件发生后，再持续接收一定量的数据后停止。这个量取决于用户设定的触发事件显示在屏幕上的水平位置。显示功能模块再获取这些数据予以显示。

因显示刷新率一般不会太高(限于人眼的响应能力)，两次触发采集之间必然有许多数据未被获取和显示。一段时间内，获取并用于显示的数据量与总数据量之比常常称为数字示波器的波形覆盖率。如果触发系统两次触发的时间间隔为t_{SI}，数据采样率为f_s，每次采样数据量为N，则波形覆盖率可定义为$N/(f_s \cdot t_{SI})$。数字荧光显示的示波器每次屏幕刷新显示的是很多次采样数据的综合信息，例如用色温图表达多次触发采集的波形出现在屏幕各处的概率，往往可以做到较高的覆盖率。

在水平刻度(秒每格)较大时，采样率低，持续刷新(滚动)显示时，肉眼也可观察，这时也可以不需要触发。

这里我们定义一个简化的数字示波器触发采样系统：

- 每次触发采集一帧共 DLEN 个数据。
- 上升沿触发功能可预置触发电平 level $\in [-127, 127]$。
- 可预置触发前保留的数据量，即用户设定的水平位置 hpos $\in [0, \text{DLEN}]$；
- 可预置触发超时时间 to $\in [0, 100\text{M}]$，单位为数据采样周期，达到超时时间则无论触发与否都采集一帧。

根据以上功能描述，可以抽象出四种状态：

1）空闲状态(IDLE)：不采集。

2）触发前采集状态(PRE)：确保能采满用户设定的需要在触发事件到来前保留的数据量，在此状态下还需要对采集的数据计数，以便达到数量转换状态。

3）等待触发状态(WAIT)：等待触发事件到来，同时也在采集数据，在此状态下也需要对已采集的数据计数，以便达到超时时间时转换状态。

4）触发后采集状态(TRIG)：采集触发事件后需要的数据量。

5）超时后采集状态(TOUT)：采集超时后需要的数据量。

数据采集存储可使用 FIFO 实现，采集与否由 FIFO 的 write 信号控制。上升沿触发功能使用比较器实现，实用的上升沿触发一般还需要输入滤波和迟滞比较，这里从简。表 4-7 是总结的状态转换和输出。

表 4-7 数字示波器简易触发采样状态机状态转换和输出

当前状态	状态输出	输入事件	下一状态	事件输出
S_IDLE	fifo_write = 0, data_cnting = 0, busy = 0	start	S_PRE	data_cnt_clr trigger_flag_clr
S_PRE	fifo_write = 1, data_cnting = 1, busy = 1	data_cnt == hpos	S_WAIT	data_cnt_clr
S_WAIT	fifo_write = 1, data_cnting = 1, busy = 1	trigger	S_TRIG	data_cnt_clr trigger_flag_set
		data_cnt == to && hpos + to < DLEN	S_TOUT	data_cnt_clr
		data_cnt == to && hpos + to >= DLEN	S_IDLE	无
S_TRIG	fifo_write = 1, data_cnting = 1, busy = 1	data_cnt == DLEN-hpos	S_IDLE	无
S_TOUT	fifo_write = 1, data_cnting = 1, busy = 1	data_cnt == DLEN - hpos - to	S_IDLE	无

其中状态输出：

- fifo_write，用于控制 FIFO 写入。
- data_cnting，用于控制数据计数 data_cnt 是否计数。
- busy，输出，用于指示触发采样系统是否正忙。

事实上，三个状态输出可合为一个。

事件输出：

- data_cnt_clr，对 data_cnt 清零。
- trigger_flag_clr，清除指示是否触发的状态标志。
- trigger_flag_set，置位指示是否触发的状态标志。

可画出状态转换图，如图 4-40 所示。

系统如图 4-41 所示。

图 4-41 中 FIFO 的数据计数与需要的总数据量比较，如果大于则读出，可以保证 FIFO 中永远保持最新的 DLEN 个数据。图中 en 用来控制系统采样率。

另外，虽然数据计数和触发标志严格来说不属于状态机的内容，但因只有状态机会用到它们，也将它们实现在状态机模块内。代码 4-48 描述了状态机模块。

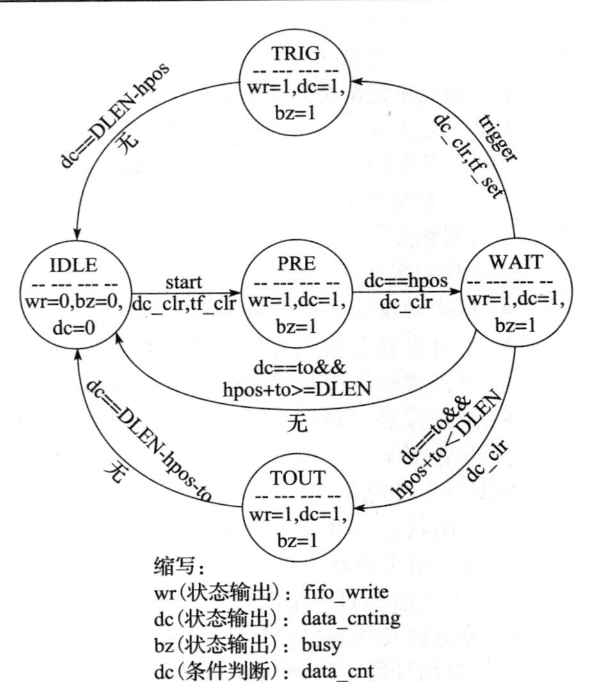

图 4-40 简易数字示波器触发采样状态机状态图

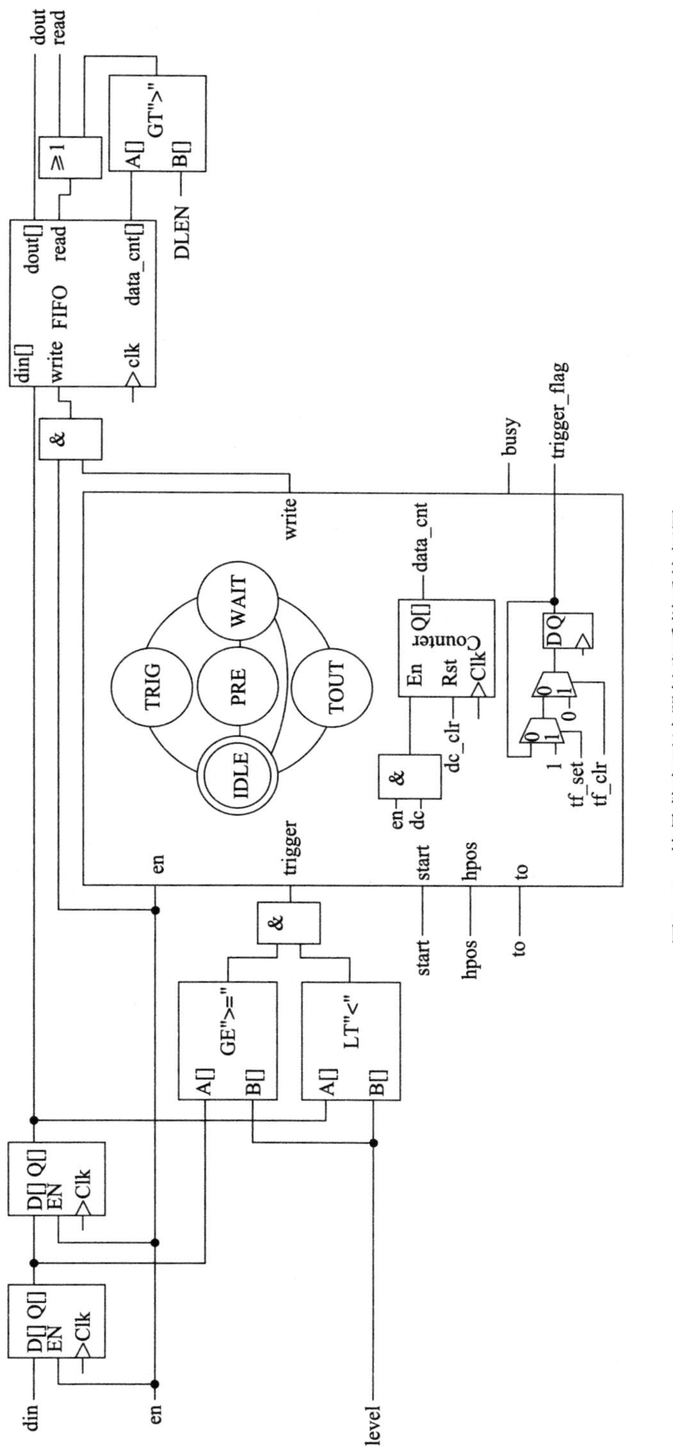

图4-41　简易数字示波器触发采样系统框图

代码 4-48 数字示波器简易触发采样状态机

```
1   module OscopeTrigSmpFsm #( parameter DLEN = 1000 )(
2       input wire clk, rst, en, start, trigger,
3       input wire [ $clog2(DLEN)-1 : 0] hpos,
4       input wire [26 : 0] to,
5       output logic fifo_write, busy,
6       output logic trigger_flag
7   );
8       localparam S_IDLE = 5'h1;
9       localparam S_PRE = 5'h2;
10      localparam S_WAIT = 5'h4;
11      localparam S_TRIG = 5'h8;
12      localparam S_TOUT = 5'h10;
13      logic [ $clog2(DLEN)-1 : 0] hpos_reg;
14      logic [26 : 0] to_reg;
15      logic [ $clog2(DLEN)-1 : 0] data_cnt;
16      always_ff@(posedge clk)    if(start) hpos_reg <= hpos;
17      always_ff@(posedge clk)    if(start) to_reg <= to;
18      logic [4:0] state, state_nxt;
19      // state driven
20      always_ff@(posedge clk) begin
21          if(rst) state <= S_IDLE;
22          else state <= state_nxt;
23      end
24      // state transfer
25      always_comb begin
26          state_nxt = state;
27          case(state)
28          S_IDLE:
29              if(start) state_nxt = S_PRE;
30          S_PRE:
31              if(en && data_cnt == hpos_reg) state_nxt = S_WAIT;
32          S_WAIT:
33              if(en && data_cnt == to) begin
34                  if(hpos_reg + to_reg < DLEN) state_nxt = S_TOUT;
35                  else state_nxt = S_IDLE;
36              end
37              else if(trigger) state_nxt = S_TRIG;
38          S_TRIG:
39              if(en && data_cnt == DLEN-hpos) state_nxt = S_IDLE;
40          S_TOUT:
41              if(en && data_cnt == DLEN-hpos-to) state_nxt = S_IDLE;
42          default: state_nxt = state;
43          endcase
44      end
45      // status outputs
46      assign fifo_write = (state == S_PRE ||state == S_WAIT ||
47                           state == S_TRIG ||state == S_TOUT);
48      assign busy = fifo_write;
49      wire data_cnting = fifo_write;
```

```
50        // event outputs
51        wire data_cnt_clr = ((state == S_IDLE && state_nxt == S_PRE) ||
52                             (state == S_PRE && state_nxt == S_WAIT) ||
53                             (state == S_WAIT && state_nxt == S_TRIG) ||
54                             (state == S_WAIT && state_nxt == S_TOUT));
55        wire trigger_flag_clr = (state == S_IDLE && state_nxt == S_PRE);
56        wire trigger_flag_set = (state == S_WAIT && state_nxt == S_TRIG);
57        // data_cnt driven
58        always_ff@(posedge clk) begin
59            if(rst) data_cnt <= '0;
60            else if(data_cnt_clr) data_cnt <= '0;
61            else if(data_cnting & en) data_cnt <= data_cnt + 1'b1;
62        end
63        // trigger flag driven
64        always_ff@(posedge clk) begin
65            if(rst) trigger_flag <= '0;
66            else if(trigger_flag_clr) trigger_flag <= '0;
67            else if(trigger_flag_set) trigger_flag <= '1;
68        end
69    endmodule
```

代码4-49是测试平台。其中OscopeTrigSmp模块实现了图4-41所示结构，测试平台顶层模块再实例化它。代码4-49中大量用到了前面各小节介绍的模块，包括生成“被测信号”的SpRamRfSine、用于数据存储的ScFifo2等。代码4-49测试了四种情况：正常等到触发、不等触发(比如在滚动显示模式下)、等不到触发且已存数据量不够而进入S_TOUT状态、等不到触发且已存数据量够而回到S_IDLE状态。

代码4-49 数字示波器简易触发采样状态机测试平台

```
1   module TestOscopeTrigSmp;
2       import SimSrcGen::* ;
3       logic clk, rst;
4       initial GenClk(clk, 8, 10);
5       initial GenRst(clk, rst, 1, 1);
6       logic smpEn;
7       Counter #(4) theSmpRateGen(clk, rst, 1'b1, , smpEn);
8       logic [7:0] addr;
9       Counter #(256) theSigGenAddr(clk, rst, smpEn, addr, );
10      logic signed [7:0] sig, dout;
11      SpRamRfSine theSig(clk, addr, 1'b0, 8'b0, sig);
12      logic start = '0, read = '0;
13      logic signed [7:0] level = '0;
14      logic [9:0] hpos = 10'd500;
15      logic [26:0] to = '0;
16      logic busy, trig_flag;
17      OscopeTrigSmp theOscpTrigSmp(clk, rst, sig, smpEn,
18          start, level, hpos, to, dout, read, busy, trig_flag);
19      initial begin
20          repeat(5) @(posedge clk);
21          // normal trigger
```

```
22              @(posedge clk)
23                  {start,level,hpos,to} <= {'1,8'sd100,10'd250,27'd300};
24              @(posedge clk) start <= '0;
25              @(negedge busy);
26              repeat(1000) @(posedge clk) read = '1;
27              @(posedge clk) read = '0;
28              // scroll mode
29              @(posedge clk)
30                  {start,level,hpos,to} <= {'1,8'sd50,10'd250,27'd0};
31              @(posedge clk) start <= '0;
32              @(negedge busy);
33              repeat(1000) @(posedge clk) read = '1;
34              @(posedge clk) read = '0;
35              // time out & S_WAIT -> S_TOUT
36              @(posedge clk)
37                  {start,level,hpos,to}<={'1, -8'sd128,10'd250,27'd300};
38              @(posedge clk) start <= '0;
39              @(negedge busy);
40              repeat(1000) @(posedge clk) read = '1;
41              @(posedge clk) read = '0;
42              // time out & S_WAIT -> S_IDLE
43              @(posedge clk)
44                  {start,level,hpos,to}<={'1, -8'sd128,10'd750,27'd300};
45              @(posedge clk) start <= '0;
46              @(negedge busy);
47              repeat(1000) @(posedge clk) read = '1;
48              @(posedge clk) read = '0;
49              @(posedge clk) $stop();
50          end
51      endmodule
52
53      module OscopeTrigSmp(
54          input wire clk, rst,
55          input wire signed [7:0] din,
56          input wire en, start,
57          input wire signed [7:0] level,
58          input wire [9:0] hpos,
59          input wire [26:0] to,
60          output logic signed [7:0] dout,
61          input wire read,
62          output logic busy, trig_flag
63      );
64          localparam DLEN = 1000;
65          logic signed [7:0] d_reg[2];
66          always_ff@(posedge clk) begin
67              if(rst) d_reg <= '{2{'0}};
68              else if(en) d_reg <= '{din, d_reg[0]};
69          end
70          wire trig = en & (d_reg[1] < level && d_reg[0] >= level);
71          logic write;
72          logic [9:0] fifo_dc;
73          ScFifo2 #(8, 10) theFifo(clk, d_reg[1], write & en, dout,
```

```
74            fifo_dc > DLEN ||read, , , fifo_dc, , );
75        OscopeTrigSmpFsm #(DLEN) theFsm(clk, rst, en,
76            start, trig, hpos, to, write, busy, trig_flag);
77    endmodule
```

图 4-42 是其仿真波形。

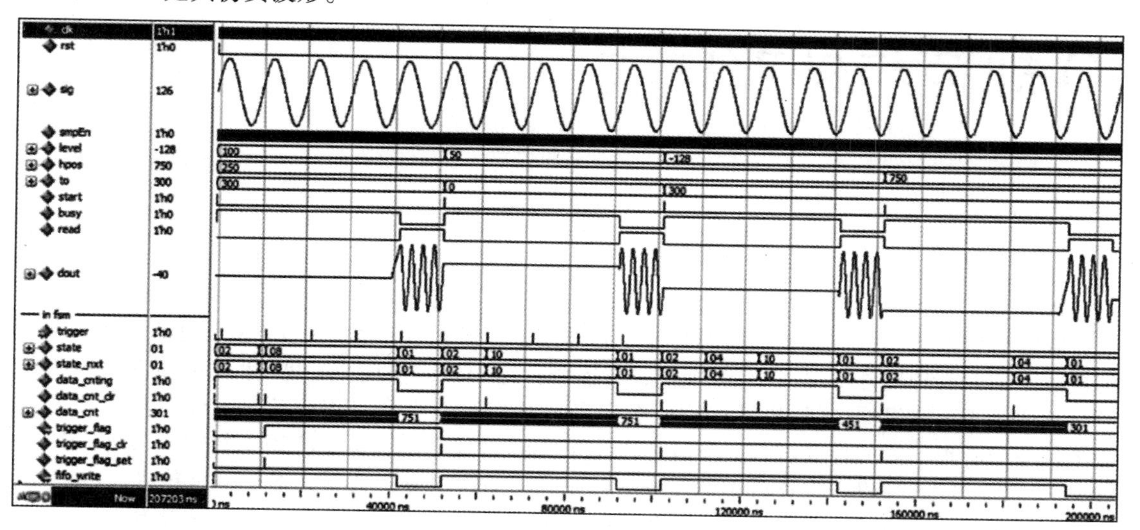

图 4-42　数字示波器简易触发采样状态机仿真波形

第5章 Chapter 5

IO 规范与外部总线

本章前4节介绍常用的单端和差分电平规范，并在差分电平规范的基础上介绍高速串行传输，同时简单涉及高速信号传输时的信号完整性问题。后4节介绍 UART、SPI、I^2C 和 I^2S 这四种最常用的微处理器外部接口/总线规范，并逐个介绍相应的通用收发器/主从机的设计和仿真过程。这些通用收发器/主从机模块均比较完备，并都经过实际工程检验，不仅可帮助读者理解稍复杂的逻辑功能的设计过程，还能直接用于实际工程之中。至于应用于特定型号外设的专用主从机，因较为简单，读者可参照外设的时序和功能需求专门实现，本章不作介绍。

本章涉及的代码会大量引用第4章介绍的基础功能模块，应在充分理解第4章相关代码的前提下理解和学习。

5.1 单端信号和地

电子电路中一般使用随时间变化的电压来表达信号。电压(即电势)是一个相对概念，自然界中并没有绝对的电势零点，那么信号的电压一般也要有一个相对参考。在电路中，大多数信号以同一个节点的电压为参考，这个节点称为“地”，是电路中人为定义的电势零点。以地为参考的信号，只需要一根导线便能传递(除了公共的地外)，称为“单端信号”。

数字电路表达二进制时使用高、低电平代表1和0。对于单端信号，高电平一般意味着电压接近电源电压，而低电平则意味着电压接近地(即0V)。不过电路系统中往往不止一个电源电压，不同的IC可能有不同的供电电压需求，随着IC制程越来越小，数字IC的供电电压也越来越低，从最初的5V甚至12V，到现在主流的3.3V、2.5V、1.8V以及更低，因而所谓高低电平也不是只有一种标准。

除电压区分外，不同的工艺下，电平标准也不一样，目前最常用的是 LVCMOS(低压互补金属压化物半导体)和 LVTTL(低压晶体管-晶体管逻辑)，虽然现在已经几乎见不到 TTL 工艺的数字 IC，但为了兼容，3.3V 及以上的 TTL 电平规范还很常见。

在同一标准下，对输出的要求较输入也会苛刻一些，以便互连时确保电平互认，即输出的高电平比输入高电平的要求更高，而输出的低电平比输入低电平的要求更低。遵循同一标准的不同器件也可能有不同，但互连时应该是兼容互认的。

JEDEC(固态技术协会)定义了不同供电电压的一系列单端电平规范，大多数数字 IC 的 IO 均兼容此规范，图5-1总结了一些常用单端电平规范的输入输出电平范围。因输出电平会受到输出电流(由负载决定)的影响，图中给出输出的高低电平范围均对应于相应的输出电流，在输出电流更小时，输出电平会更接近电源轨。通常情况下，输出高电平时电流方向向外，称为“拉电流”，定义为负；输出低电平时电流方向向内，称为“灌电流”，定义为正。

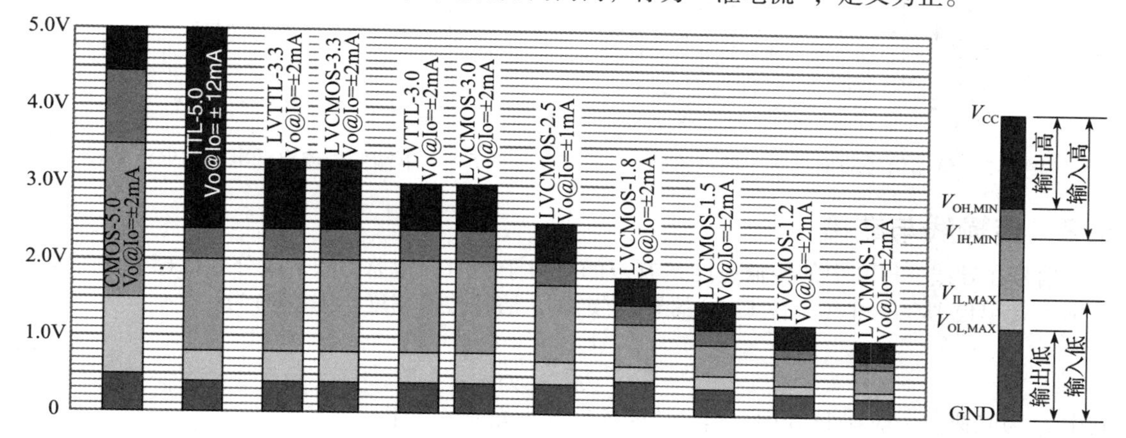

图 5-1　常见单端电平规范中输入输出高低电平范围

图 5-1 中：

- V_{OL}：输出低电平最大值。
- V_{OH}：输出高电平最小值。
- V_{IL}：输入低电平最大值。
- V_{IH}：输入高电平最小值。

可以看到，TTL 电平从 3.0V 到 5V，以及 LVCMOS 的 3.3V 和 3.0V，如果低压器件能容忍高压器件的较高输入，则它们的电平是完全兼容的。事实上，在设计时确实有不少 3.3V 器件的输入可容忍 5V，以便可以接收 5V 器件的输出。TTL-5V 器件的输入则可以直接接收 3.3V、3.0V 器件的输出。

1.8V 及以下器件的 V_{OL}、V_{IL}、V_{IH}和 V_{OH}均定义为 $0.25V_{CC}$、$0.35V_{CC}$、$0.65V_{CC}$和 $0.75V_{CC}$。

FPGA 芯片往往会将 IO 口划分为多组，在芯片封装上一般也是一组一块区域，每组均有各自的供电，以便同一个芯片可以与不同 IO 电平规范的外部芯片互连，这样的组称为“Bank”。当前主流的 FPGA IO Bank 都能支持 1.2V 至 3.3V 电平，部分 FPGA 的高性能 IO Bank 可能只支持 1.8V 以下的电平。

单端信号以地为参考，输出高电平，特别是信号上跳时，一般电流在信号线上从源端流向末端(负载)；而输出低电平，特别是信号下跳时，电流在信号线上从末端流向源端，但电流必须形成闭合回路，回流的电流会从地流回，如图 5-2 和图 5-3 所示。

为使回路电阻和感抗尽量小，以便高速信号顺利传递，回路圈围成的面积应尽量小，一般通过完整的地平面或铺地来实现。图 5-2 和图 5-3 中电流回路在电源和地之间的流动路径没有画出，电源和地之间的直流电流在电源中流过，而高频交流电流则主要在 IC 附近的电源去耦电容中流过，电源去耦是高速数字 PCB 设计的一个重要议题。这些知识属于 PCB 设计和信号完整性范畴，深入的探讨已超出本书的讨论范围，这里不赘述，但作为 FPGA 系统设计者，应对这些知识有所了解。

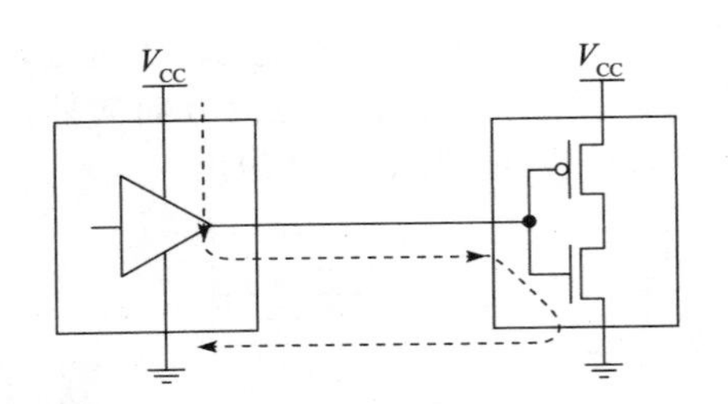

图 5-2 单端信号输出高电平的电流路径

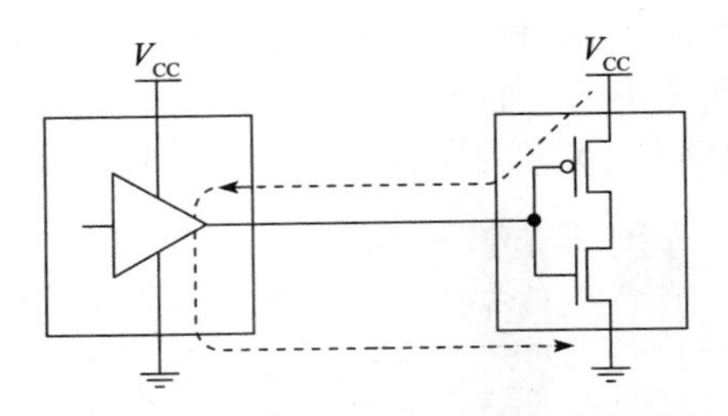

图 5-3 单端信号输出低电平的电流路径

5.2 传输线与端接

信号在导线、PCB 中的传输速度是有限的，对于相对介电常数 ε，或分布电感和分布电容分别为 l(单位 H/m)和 c(单位 F/m)的导线/走线，信号传输速度(相速度)为：

$$v_{pr} = \frac{c_0}{\sqrt{\varepsilon}} = \frac{1}{\sqrt{l \cdot c}} \tag{5-1}$$

其中 c_0 为光速。一般在 PCB 中，信号传输速度约为光速的一半。

衡量高速数字信号的“高速”，除频率外，有一个在信号完整性方面更重要的参数，称为上升时间。它一般定义为上升沿时电压从总变化(即 $V_{HL} = V_{OH} - V_{OL}$)的 10% ($V_{OL} + 0.1V_{HL}$)变化至 90% ($V_{OL} + 0.9V_{HL}$)的时间。下降时间与上升时间相同，较少提及，如图 5-4 所示。上升时间在很大程度上决定了数字信号中的高频率成分，上升越快，高频分量越多。上升沿一般不是直线，但这里按直线估算，那么对于上升时间为 T_r 的数字信号，其斜率(又称为摆率)$S_r = 0.8V_{HL}/T_r$。

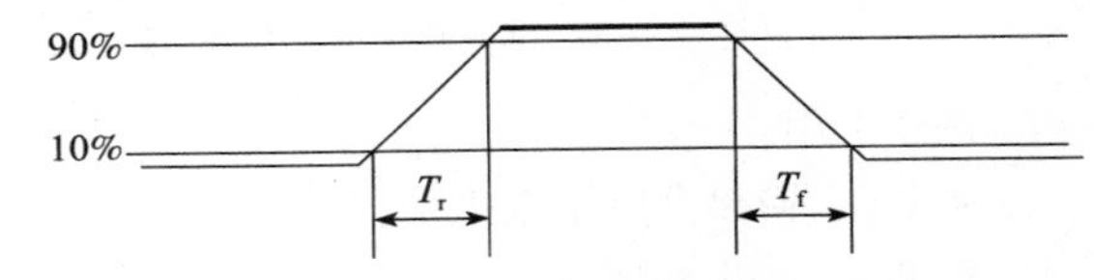

图 5-4 信号的上升和下降时间

如有导线的长度为 X，则信号传输的时间为：$t = X/v_{pr}$。

上升时间为 T_r 的数字信号在长度 X 的导线两端将出现电压差：

$$\Delta V = S_r \cdot t = \frac{0.8V_{HL} \cdot X}{T_r \cdot v_{pr}}$$

这个电压差将可能造成信号在传输时发生反射，形成信号振铃甚至自激振荡，造成信号无法较好地由末端接收。关于反射的详细成因不是本书内容，这里不介绍。

如果 $\Delta V \ll V_{HL}$，则可以认为反射不会对信号传输造成太大影响，比如 $\Delta V < 0.2V_{HL}$时：

$$\Delta V = S_r \cdot t = \frac{0.8V_{HL} \cdot X}{T_r \cdot v_{pr}} < 0.2V_{HL}$$

所以：

$$X < \frac{T_r \cdot v_{pr}}{4}$$

如果 $v_{pr} = c_0/2 \approx 150\text{Mm/s}$，则：

$$X < \frac{T_r \cdot v_{pr}}{4} \approx T_r \cdot 40\text{Mm/s} \tag{5-2}$$

对于数字 IC(包括 FPGA)，T_r 一般会在数据手册中给出，对于最大翻转频率 f 的高频数字信号，一般也可以估计为 $1/(10f)$。

注意，式(5-2)是一种粗略计算方法的结果，有些书籍资料得到的公式可能与之在数值上有些差异，这是正常的。

如果导线尺度 X 满足式(5-2)，不必对其做特殊处理即可较为理想地传输信号。

而如果不满足，则应考虑导线的分布参数，以传输线理论进行分析。一般需要导线具备稳定均一的特征阻抗，并在源端和末端进行阻抗匹配才能消除反射，完好地传输信号。

从式(5-2)中可以看出，在信号完整性方面，信号的上升时间值应越大越好，而在速率和时序方面，则又要求它不能太大。许多 FPGA 支持 IO 口输出的摆率控制和驱动电流强度控制，驱动电流强度也可间接地控制信号摆率，在满足速率和时序的前提下，应尽量降低摆率以提高信号完整性。

如果导线的分布电感 l、分布电容 c、分布电阻 r 和分布电导 g 在整个长度上保持不变，则该导线称为均匀传输线，定义其特征阻抗：

$$Z_0 = \sqrt{\frac{r + \mathrm{j}\omega l}{g + \mathrm{j}\omega c}} \tag{5-3}$$

它与信号的频率成分有关。在 r 和 g 较小时：

$$Z_0 \approx \sqrt{l/c} \tag{5-4}$$

它基本上是一个纯电阻，且与信号的频率成分无关。根据传输线理论，如果要信号在传输线两端均不发生反射，则驱动源的输出阻抗和末端负载的输入阻抗均应等于 Z_0。

在 PCB 上可以用微带线或带状线实现均匀传输线，板间连接则常用同轴电缆，它们的特征阻抗与其几何参数、导体和介质的性质都有关系，最常用的特征阻抗是 50Ω。因而，高速单端信号的传输应按图 5-5 所示连接。

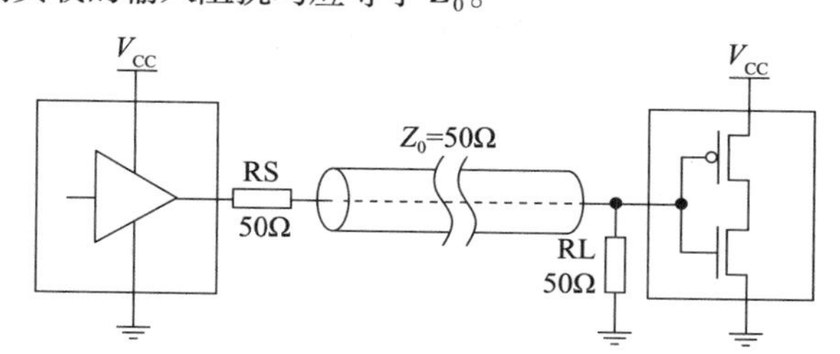

图 5-5　两端带有匹配电阻的传输线

图 5-5 中 RS 称为源端匹配电阻，RL 称为末端匹配电阻。该连接方式有一个缺点——末端得到的电压只有源端输出的一半，对于单端数字信号来说，这显然是不能容忍的。在实际应用中，如果末端匹配良好，可以省略源端匹配电阻，如图 5-6 所示。

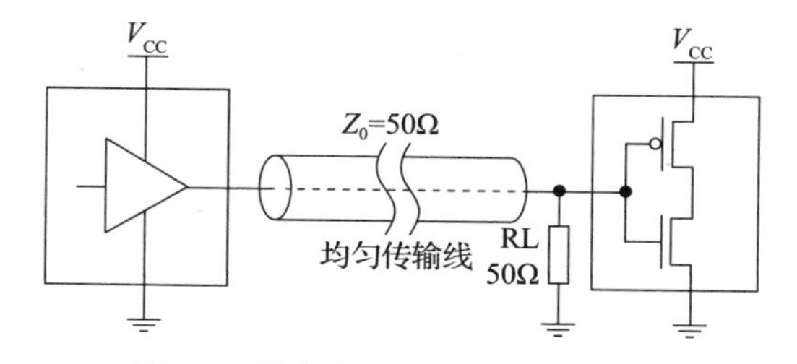

图 5-6　带有末端匹配电阻的传输线

5.3　差分信号

大量单端信号共用地作为电平参考和电流回流路径，会导致信号之间电流路径相互干扰，增加维持信号完整性的难度，特别在多高速信号时尤为严重。差分信号则是使用两个电平互补的电压传递信号(称为 P 相和 N 相)，合称为一个差分对，有效信号表示为两者之差，称为差模电压：

$$v_D = v_P - v_N$$

两者均不以地为参考，而是互为参考，互为电流回流路径。两者之均值称为共模电压：

$$V_{CM} = (v_P + v_N)/2$$

共模电压一般为常量或变化不大不快，且接收端都会设计为只关注差模电压而对共模电压不敏感。

在 PCB 上，差分对紧贴在一起布线，如果受到干扰，P、N 两相干扰几乎一致，只会影响共模电压而不会影响差模电压，因而具有较好的抗干扰能力。

也有将一组信号共用一个电平固定的参考(除地以外)，这常称为“伪差分”，这个固定的参考一般记为 V_{REF}。上述使用两个互补电压传递的差分信号又称为“真差分”，与伪差分相对。伪差分信号表达的有效信号为 $v_D = v - v_{REF}$。

在 FPGA 中常用的伪差分电平规范有 SSTL(Stub Series Terminated Logic)、HSTL(High Speed Transceiver Logic)、HSUL(High Speed Unterminated Logic)，多用于高速存储器接口。常用的差分电平规范有 LVDS(Low-Voltage Differential Signaling)、Mini-LVDS、RSDS(Reduced Swing Differential Signaling)、LVPECL、MLVDS(Multipoint LVDS)、Bus-LVDS。差分电平规范一般只用于高速数字信号传输，如 100MHz 以上，因而大多要做阻抗匹配，并且大多差分输出为电流驱动，输出电平也取决于合适的末端电阻(同时做末端阻抗匹配)。差分信号的连接如图 5-7 和图 5-8 所示，其中 Rt 一般为 100Ω。

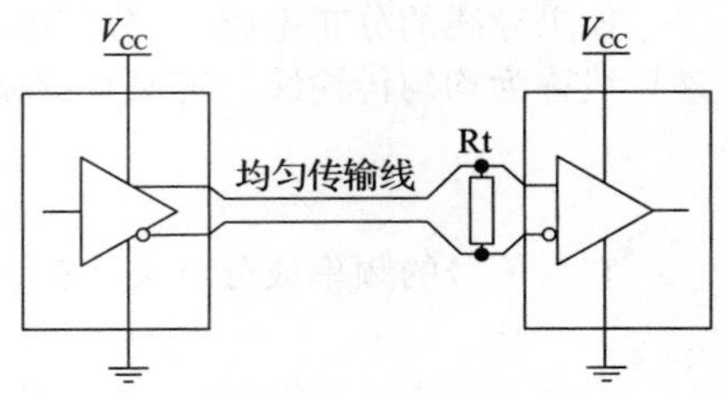

图 5-7 差分信号传输

MLVDS 和 Bus-LVDS 是总线形式的差分规范，可以有多个收发器共用总线，它们的连接形式一般如图 5-9 所示，其中 Rt 一般为 100Ω(注意有两个)。

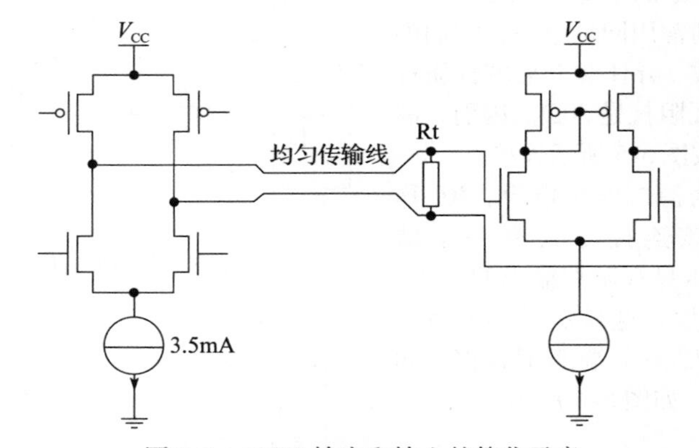

图 5-8 LVDS 输出和输入的简化示意

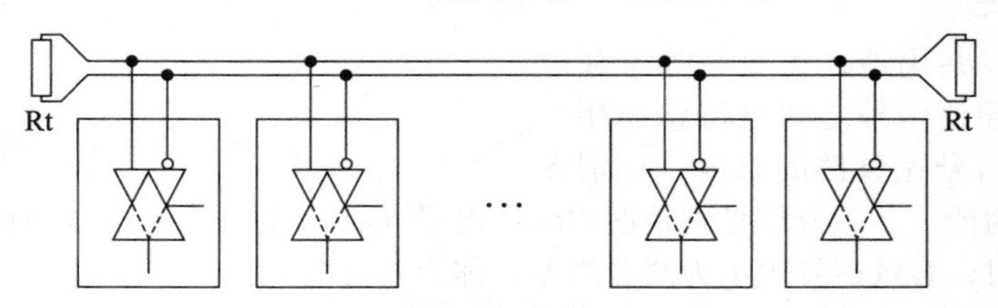

图 5-9 总线型差分信号的连接

伪差分的连接形式如图 5-10 所示，其中 Rt 一般为 50Ω，源端对地的电阻常常并不需要。对于 HSUL，两个端接电阻均不需要。

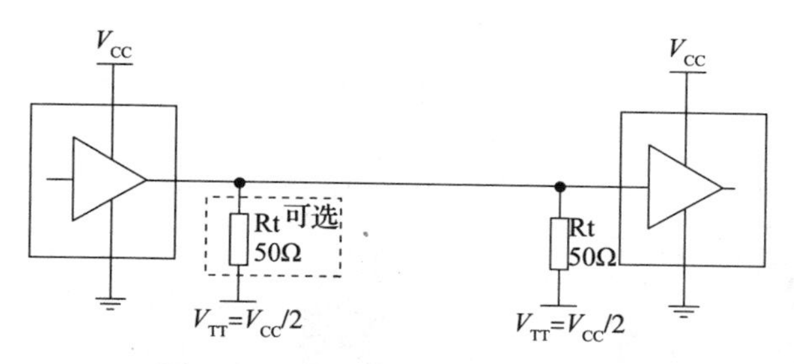

图 5-10　大多数伪差分信号的连接

常见差分电平规范的输入输出共模和差模电平范围总结如图 5-11 所示。其中 LVPECL 和 MLVDS 在 FPGA 中比较少见，其他几种 FPGA 大多数都支持。

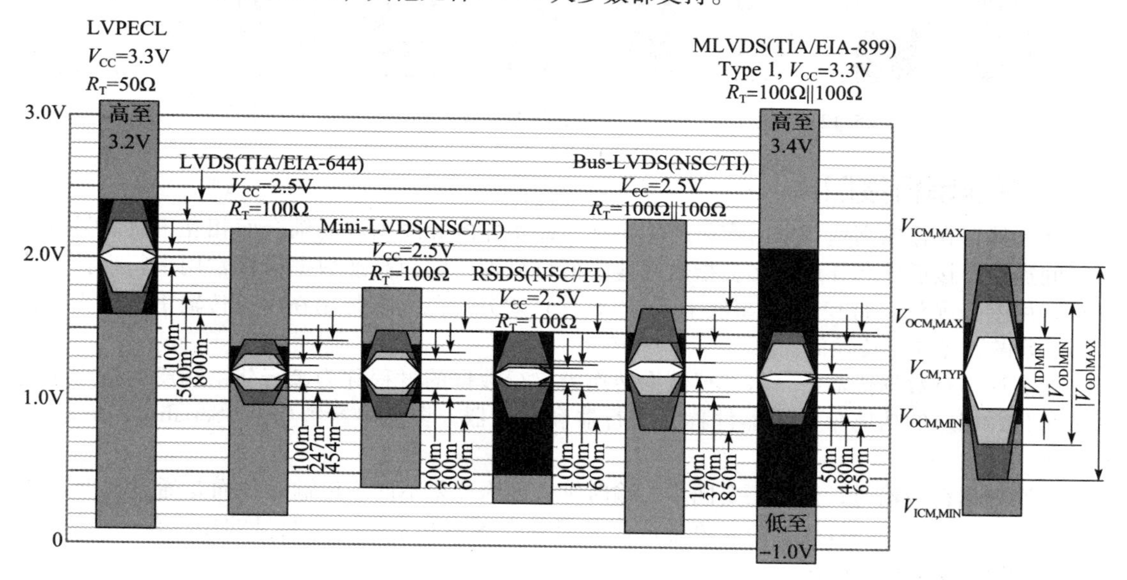

图 5-11　常见差分电平规范中输入输出共模和差模电平范围

图 5-11 中，$|V_{ID}|_{MIN}$为差分输入电压绝对值的最小值，差分输入电压 $v_D \geq |V_{ID}|_{MIN}$时，可被接收端识别为高电平，$v_D \leq -|V_{ID}|_{MIN}$时，可被接收端识别为低电平。$|V_{OD}|_{MIN}$、$|V_{OD}|_{MAX}$分别为差分输出电压绝对值的最小值和最大值，是对发送端输出的要求。$|V_{ID}|_{MIN}$、$|V_{OD}|_{MIN}$、$|V_{OD}|_{MAX}$在图中均表达为一个六边形的高度，六边形的上下两边即为 P 相或 N 相电压，整个六边形可理解为由 P、N 两相的跳沿和一定时间的稳定电压构成，常称为“眼图”。图中，这些眼图均以共模电压典型值 $V_{CM,TYP}$（六边形的左右两个顶点）为基准，而实际上，它们可在相应的共模电压范围内上下平移。

图 5-12 总结了常见的伪差分信号的参考电压范围和输入输出的高低电平范围。伪差分信号对参考电压的要求比较高，一般要求为供电电压的 49% ~51%。图中指示的参考电压范围还计入了供电电压允许的波动范围，在供电电压确定时，参考电压允许的范围会比图中所示更狭小。

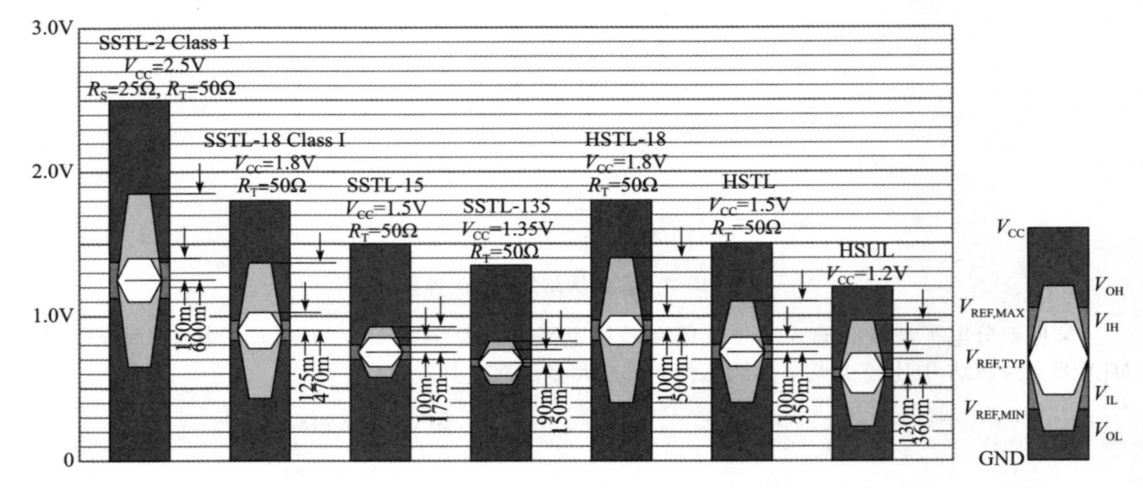

图 5-12　常见伪差分电平规范中参考、输入输出高低电平范围

5.4　高速串行接口

并行接口在传输高速信号时容易产生串扰，即相邻的导线因电场耦合而相互干扰。另外对于板间连接，接插件和导线增多会指数级地降低可靠性，因而高速数据传输常用串行形式，电平也常用差分规范，如 LVDS。事实上，LVDS 等真差分规范大多都用在串行传输中，很少有使用 LVDS 做纯粹并行传输的。

在高速串行数据传输中，将并行数据转换为串行数据的过程称为**串行化**，相反的过程称为**解串行化**，相应的功能单元或器件称为串行器和解串器，合称串行解串器(Serializer/Deserializer，SerDes)。

高速数据在传输时，往往还要同步传输时钟，因为如果不同步传输时钟而是通过在 PCB 上另行走线分配时钟，些许线长差异将造成高频时钟在源端和末端出现明显的相位差(称为时钟偏斜)，从而导致时序困难。

图 5-13 示意了高速串行传输的过程。

其中 PLL 为锁相环，用于时钟频率和相位变换。注意其中的位时钟，一般为数据率的一半，即在时钟上升沿和下降沿各同步一次数据，称为 DDR(双倍数据率)，使用 DDR 能增加时钟的上升沿/下降沿时间以改善信号完整性。位时钟常常不传输(因为位时钟并不包含帧同步信息)，而只传输帧时钟，之后在接收端由锁相环倍频恢复位时钟。

移位寄存器是最简单的串行器和解串器，解串时需要上升沿和下降沿均有效，实际中的串行器和解串器也常用数据选择器和分配器实现。

容易知道，对于并行数据率 f_{DATA}、一帧 N 位的串行 DDR 数据，串行数据率为 $f_{\mathrm{SDATA}}=N\cdot f_{\mathrm{DATA}}$，帧时钟频率为 $f_{\mathrm{FCLK}}=f_{\mathrm{DATA}}$，而位时钟频率为 $f_{\mathrm{BCLK}}=\dfrac{N}{2}\cdot f_{\mathrm{DATA}}$。

时钟的传输还可以嵌入到数据之中，这样仅使用一对差分线即可完成数据的同步传输。嵌入时钟的串行传输需要使用特定的编码才能实现，并且会稍稍增加数据量。最常用的编码是 8b/10b 编码，它将每字节(8 位)编码为 10 位。8b/10b 编码还可以保证编码没有直流分量，便于接收端判决电平。8b/10b编码广泛用于各种高速串行传输场合，比如USB3.0、SATA、PCI Express、千兆以太网（部分规范）、DVI、HDMI、DisplayPort等。除8b/10b编码外，还有64b/66b、128b/130b、128b/132b编码，用于更高速的10G以太网、PCI Express 3.0和USB 3.1中。图5-14是嵌入时钟的高速串行传输示意。

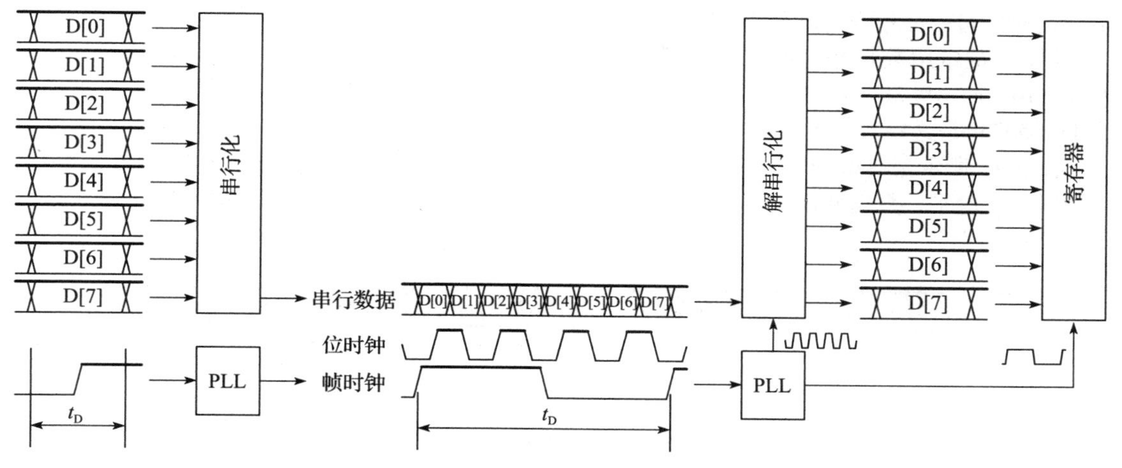

图5-13 高速串行传输示意（同步传输时钟）

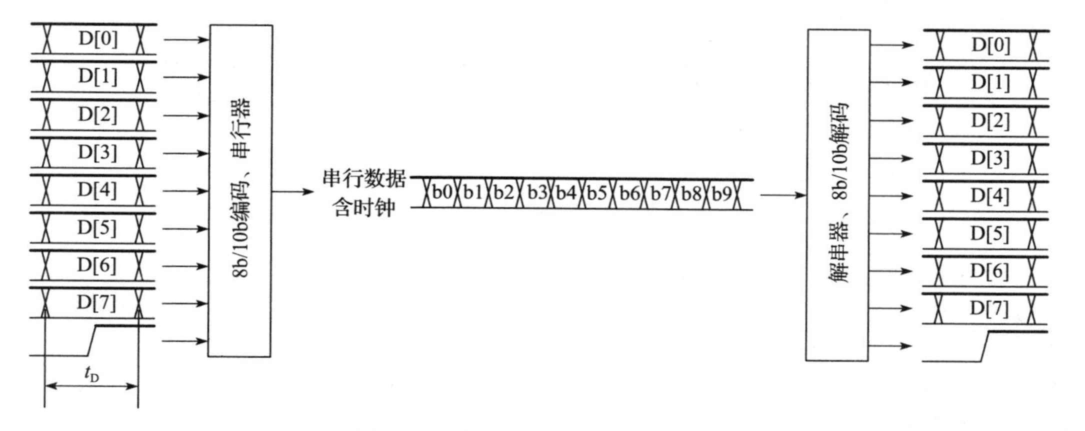

图5-14 嵌入时钟的高速串行传输

大多数FPGA的IO口均支持LVDS高速串行传输，其中要用到的串行器和解串器在开发工具中均会提供，因要用到专用功能单元，并不适宜用Verilog描述。嵌入时钟的高速数据传输单元常称为高速收发器（Gigabit Transceiver），一般由固化的硬件实现，往往只在中高端FPGA中提供。

5.5 UART

5.5.1 UART规范介绍

UART（Universal Asynchronous Receiver/Transmitter），即通用异步收发器，是低速串行数据

传输中最常用的数据规范。长距离传输时，常配合 RS-232、RS-422、RS-485 电平/物理接口规范。板内或短距离传输也常常使用前述的各种单端电平规范。

作为异步传输，UART 并不传输用于同步位的时钟，而是事先收发双方约定数据率，逐帧由“起始位”和“停止位”去对齐收发两侧存在的时钟相差，因而收发两端的数据率可以存在少许差异。起始位和停止位还负责帧同步。

UART 的常用数据率(bit/s，传输二进制时等同于波特率)有 1.2k、2.4k、4.8k、7.2k、9.6k、14.4k、19.2k、38.4k、57.6k、115.2k 等，常有 MCU 系统使用 11.0592MHz 时钟便是因为 11.0592M 是这些数据率的一个公倍数。

图 5-15 所示是典型的使用单端电平规范(如 LVTTL 或 LVCMOS)传输 UART 信号的波形，空闲时为高电平，数据帧占用 10 位。除 8 位数据外，还包括 1 位低电平起始位“S”和 1 位高电平停止位“P”。

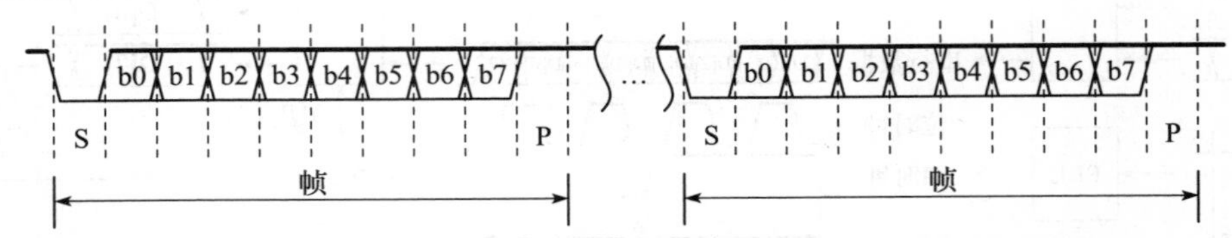

图 5-15　使用普通单端电平规范传输 UART 信号的典型波形

如果是连续的帧传送，则如图 5-16 所示，可以看到停止位和起始位可以保证在帧间出现一个下跳沿，以便接收方同步数据相位和同步帧。

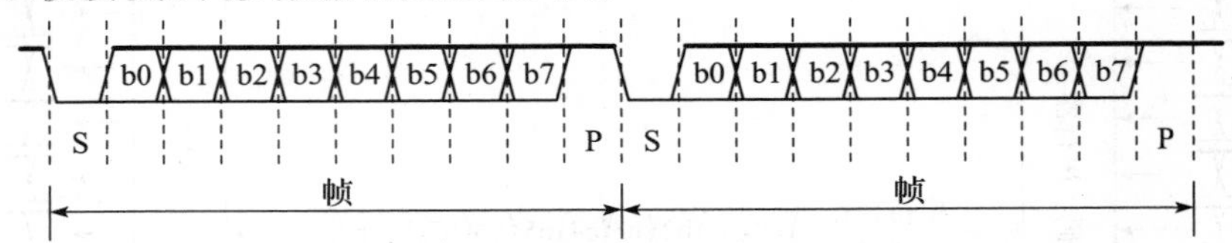

图 5-16　UART 连续传输的典型波形(使用普通单端电平)

UART 的每帧数据位数也可以是除 8 以外的其他值，数据一般是 LSB 在先。起始位、停止位位数也可以是 1.5 位或 2 位，还可以在停止位前增加奇或偶校验位。只要收发两端事先约定好即可。图 5-17 是包含奇/偶校验位的 UART 帧示意图。

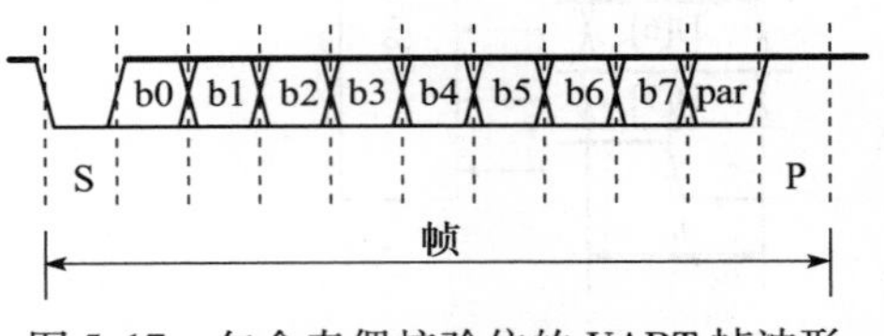

图 5-17　包含奇偶校验位的 UART 帧波形

奇偶校验判断数据中 1 的个数，如为奇数，则奇校验位为 1、偶校验位为 0，如为偶数，则偶校验位为 1、奇校验位为 0。

UART 几乎是计算机领域最为常用的数据规范，几乎每一款 MCU(微控制器，如单片机)、MPU(微处理器，如 DSP)、AP(应用处理器，如手机的处理器)都会提供 UART 接口。在计算机上，虽然原生的 UART 接口基本销声匿迹，但通过 USB、蓝牙等转换而来的 UART 接口却一直存在。UART 作为终端用户接口越来越少，但因其协议简单，开发容易，在许多底层调试工作中的应用从未削减，在一些电路模块间的通信中也应用广泛。

5.5.2　发送器的设计

我们先定义模块功能，确定参数和接口，如表 5-1 所示。模块可为参数配置校验位，而数据位、起始位和停止位分别固定为 8 位、1 位和 1 位。

表 5-1　UartTx 模块的参数和端口说明

端口/参数	方向	意义
PARITY	—	校验位，0——无校验位，1——奇校验，2——偶校验
BR_DIV	—	波特率分频，实际波特率 $=f_{clk}/BR\_DIV$
clk	I	时钟
rst	I	高电平有效的同步复位
din[7:0]	I	待发送的数据输入
start	I	控制发送开始，将 start 为高时出现在 din 上的数据发送出去
busy	O	指示发送状态，start 过后 busy 变高，直到发送完成，恢复低电平。用于反馈状态至上游逻辑
txd	O	UART 数据输出

因为 UART 数据率较 FPGA 工作时钟频率低很多，所以使用一个计数器 br_cnt 的进位信号控制波特率，之后使用位计数器 bit_cnt 控制数据逐位移位输出。start 信号触发一次发送，start 为高时，置 busy 为高，并计算校验位以及将数据和校验位赋给移位寄存器 shift_reg。发送结束时 bit_cnt 会产生进位 bit_co，此时，置 busy 为低。在 start 或 busy 为高时使能 br_cnt 和 bit_cnt 计数。每次 br_cnt 进位产生 br_en 时，shift_reg 移位。预期的工作波形如图 5-18 所示。

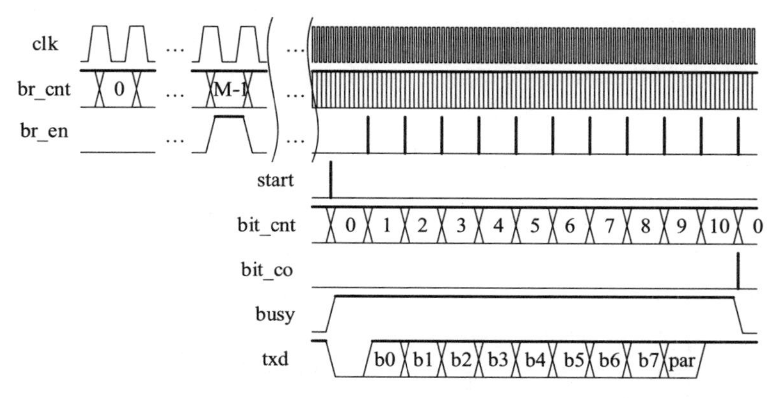

图 5-18　UartTx 模块预期工作波形

模块的组成如图 5-19 所示。注意，clk 和 rst 的连接在图中省略了。

模块描述如代码 5-1 所示，读者应逐句理解。

代码 5-1　UartTx 模块

```
1   module UartTx #(
2       parameter BR_DIV = 868,              // 115200 @ 100MHz
3       // parity: 0 - none, 1 - odd, 2 - even
4       parameter PARITY = 0
5   )(
6       input wire clk, rst,
7       input wire [7:0] din,
```

```
 8         input wire start,
 9         output logic busy, txd
10     );
11         localparam [3:0] BC_MAX = PARITY ? 4'd10 : 4'd9;
12         logic br_en, bit_co;
13         Counter #(BR_DIV) theBrCnt(clk, rst, start |busy, , br_en);
14         Counter #(BC_MAX + 1) theBitCnt(
15             clk, rst, br_en, , bit_co);
16         // busy driven
17         always_ff@ (posedge clk) begin
18             if(rst) busy <= 1'b0;
19             else if(bit_co) busy <= 1'b0;
20             else if(start) busy <= 1'b1;
21         end
22         // shift_reg & parity
23         logic [10:0] shift_reg;              // {stop, par?, din[7:0], start}
24         always_ff@ (posedge clk) begin
25             if(rst) shift_reg <= '1;
26             else if(start & ~busy) begin
27                 case(PARITY)
28                 1: shift_reg <= {1'b1, ^din, din, 1'b0};
29                 2: shift_reg <= {1'b1, ~^din, din, 1'b0};
30                 default: shift_reg <= {2'b11, din, 1'b0};
31                 endcase
32             end
33             else if(br_en) shift_reg <= shift_reg >> 1;
34         end
35         // txd output
36         always_ff@ (posedge clk) begin
37             if( ~busy) txd <= 1'b1;          // idle
38             else txd <= shift_reg[0];        // data & parity
39         end
40     endmodule
```

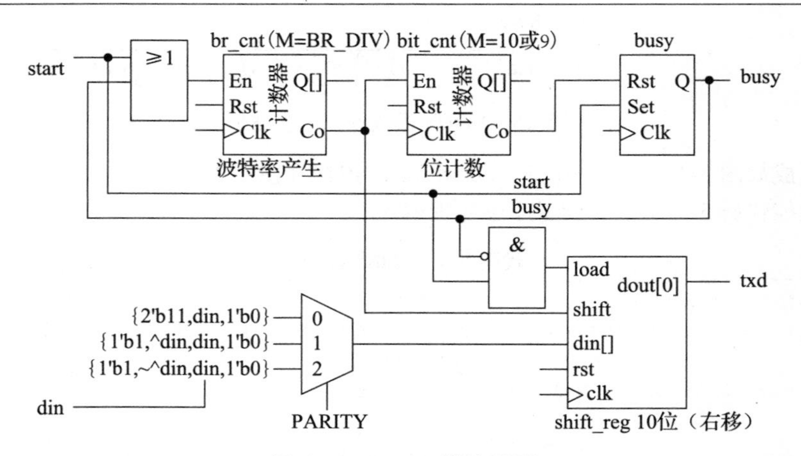

图 5-19　UartTx 模块框图

5.5.3 接收器的设计

与发送器类似，端口定义如表 5-2 所示。

表 5-2 UartRx 模块的参数和端口说明

端口/参数	方向	意义
PARITY	—	校验位，0——无校验位，1——奇校验，2——偶校验
BR_DIV	—	波特率分频，实际波特率 =f_{clk}/BR_DIV
clk	I	时钟
rst	I	高电平有效的同步复位
rxd	I	UART 数据输入
dout[7:0]	I	接收到的数据输出，将在接收到一帧 8 位数据和校验位(可选)后更新
dout_valid	O	指示接收到的数据更新，将在数据更新时有效一次
par_err	O	指示是否出现校验错误，0——无误，1——有误，与数据输出同时更新
busy	O	指示接收状态，起始位下跳时 busy 变高，直到收完 8 位数据和校验位(可选)，恢复低电平

与发送器类似地，使用 br_cnt 控制波特率，使用 bit_cnt 计位。输入 rxd 信号经过同步，并将下降沿转换为使能 rxd_falling 后，将 rxd_falling 事件作为接收过程的起始。rxd_falling 控制 busy 变高，并控制波特率计数清零，以实现位同步。为了正确稳定地采集到 rxd 电平，移位寄存器 shift_reg 在 br_cnt 计数到一半时，即在每一位的中央锁定 rxd 输入。bit_cnt 的进位输出指示着接收过程的结束，因而使用 bit_co 清除 busy，并更新最后的输出。预期的工作波形如图 5-20所示。

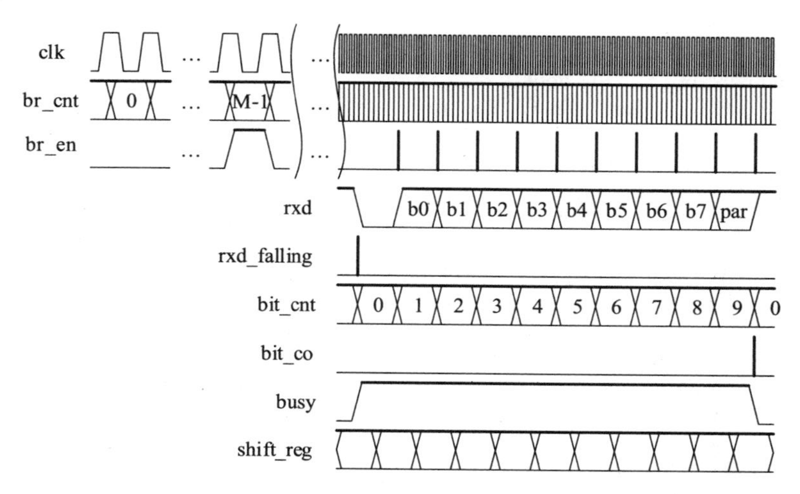

图 5-20 UartRx 模块预期工作波形

整个模块结构如图 5-21 所示。

代码 5-2 描述了 UartRx 模块，读者应逐句理解。

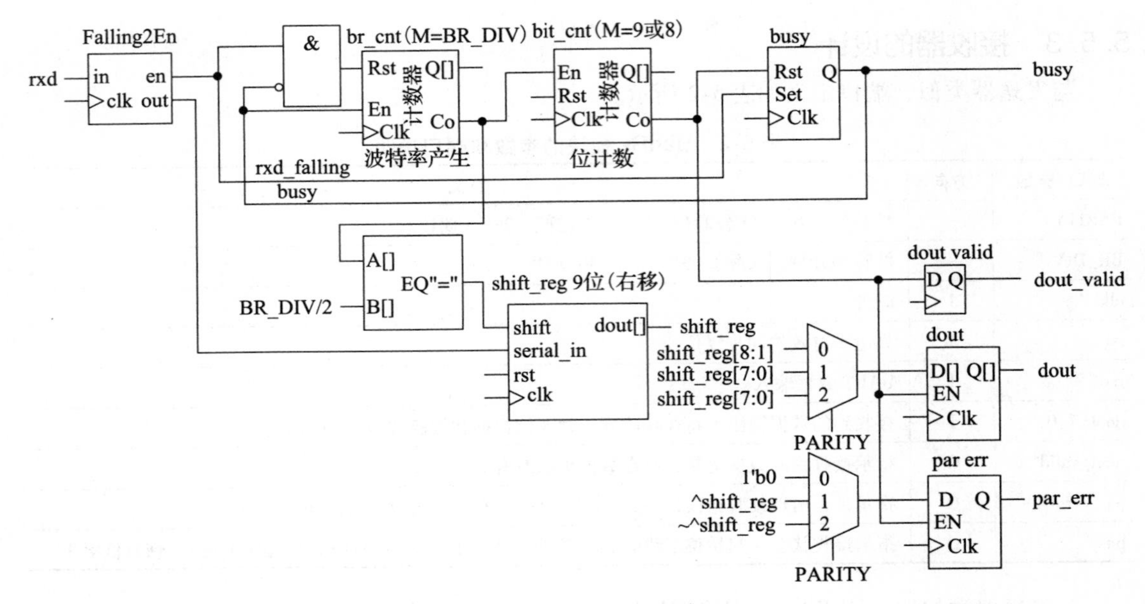

图 5-21 UartRx 模块框图

代码 5-2 UartRx 模块

```
1    module UartRx #(
2        parameter BR_DIV = 868,              // 115200 @ 100MHz
3        // parity: 0 - none, 1 - even, 2 - odd
4        parameter PARITY = 0
5    )(
6        input wire clk, rst, rxd,
7        output logic [7:0] dout,
8        output logic dout_valid, par_err, busy
9    );
10       // input sync & falling edge detect
11       logic rxd_falling, rxd_reg;
12       Falling2En #(2) theFallingDet(clk, rxd, rxd_falling, rxd_reg);
13       // bitrate counter & bit counter
14       localparam [3:0] BC_MAX = PARITY ? 4'd9 : 4'd8;
15       logic br_en, bit_co;
16       logic [ $clog2(BR_DIV) - 1 : 0] br_cnt;
17       Counter #(BR_DIV) theBrCnt(
18           clk, rst | (rxd_falling & ~busy), busy, br_cnt, br_en);
19       Counter #(BC_MAX + 1) theBitCnt(clk, rst, br_en, , bit_co);
20       // busy driven
21       always_ff@ (posedge clk) begin
22           if(rst) busy <= 1'b0;
23           else if(bit_co) busy <= 1'b0;
24           else if(rxd_falling) busy <= 1'b1;
25       end
26       // data sampling
27       logic [8:0] shift_reg;
```

```
28        always_ff@ (posedge clk) begin
29            if(rst) shift_reg <= '0;
30            // sampling at middle of data bit
31            else if(br_cnt == BR_DIV / 2)
32                shift_reg <= {rxd_reg, shift_reg[8:1]};
33        end
34        // output
35        always_ff@ (posedge clk) begin
36            if(rst) begin
37                dout <= 8'd0; dout_valid <= 1'b0; par_err <= 1'b0;
38            end
39            else if(bit_co) begin
40                dout_valid <= 1'b1;
41                case(PARITY)
42                1: {par_err, dout} <= {^shift_reg, shift_reg[7:0]};
43                2: {par_err, dout} <= { ~^shift_reg, shift_reg[7:0]};
44                default: {par_err, dout} <= {1'b0, shift_reg[8:1]};
45                endcase
46            end
47            else dout_valid <= 1'b0;
48        end
49    endmodule
```

5.5.4 UART 收发仿真

代码 5-3 是上述收发器的仿真平台。在该平台中演示了 UartTx、UartRx 模块与 ScFifo 的配合使用。在数据收发器前后增加 FIFO 将有助于提高模块的易用性，因为接口统一成了 FIFO 读/写口。另外，如果以后将它们作为微处理器的外设，FIFO 的引入还将大幅降低处理器的运行时占用。

该仿真平台的结构如图 5-22 所示，注意理解其中 TxFifo 的 read 信号和 UartTx 的 start 信号的产生，意为如果 TxFifo 不空，且 UartTx 模块空闲，则从 TxFifo 中读取一个数据，因数据将在 read 的后一个周期出现，所以 UartTx 的 start 是将 read 延迟一个周期得到的，而一旦 start 有效，则立即停止 read 信号，直到 UartTx 模块恢复空闲并且 TxFifo 不空，保证一次只读出一个数据。

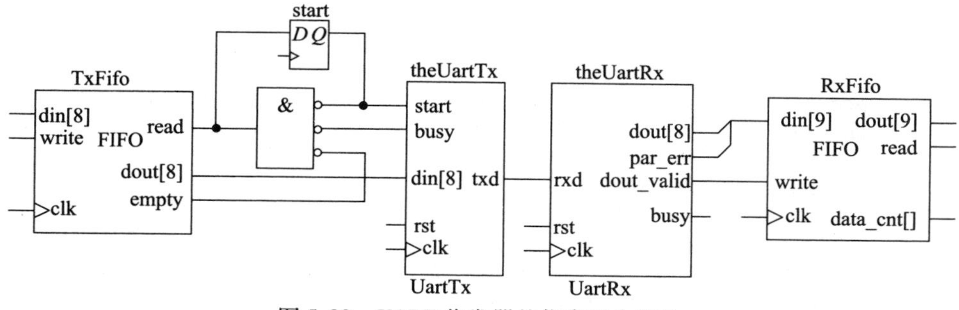

图 5-22　UART 收发器的仿真平台结构

代码 5-3 中，第 27 行和第 28 行首先连续向 TxFifo 中写入两个数据，等待 UartTx 模块发送。第 32 行又写入一个数据则是在延迟较长时间之后。

在 RxFifo 一侧，则是等待收到全部三个数据后才读出。

收发器的目标波特率是 921 600bit/s，在 100MHz 时钟下，理想的分频比约为 108.51，仿真平台中实例化 UartTx 和 UartRx 模块时，实际用的分频比 BR_DIV 分别为 108 和 109，实际波特率约为 925 926bit/s 和 917 431bit/s，误差分别约为 4.5‰和 -5.5‰。经过仿真可以看出，这些误差并不影响数据的正确收发。

代码 5-3　UART 收发器仿真平台

```
1   module TestUart;
2       import SimSrcGen::* ;
3       logic clk, rst;
4       initial GenClk(clk, 8, 10);
5       initial GenRst(clk, rst, 1, 1);
6       logic [7:0] tx_fifo_din, tx_fifo_dout;
7       logic [8:0] rx_fifo_din, rx_fifo_dout;
8       logic tx_fifo_write = '0, tx_fifo_read, tx_fifo_empty;
9       logic rx_fifo_write, rx_fifo_read = '0;
10      logic [3:0] rx_fifo_dc;
12      ScFifo2 #(8, 4) theTxFifo(clk,
13          tx_fifo_din, tx_fifo_write, tx_fifo_dout, tx_fifo_read,
14          , , , , tx_fifo_empty);
15      ScFifo2 #(9, 4) theRxFifo(clk,
16          rx_fifo_din, rx_fifo_write, rx_fifo_dout, rx_fifo_read,
17          , , rx_fifo_dc, , );
18      logic start, uart, tx_busy, rx_busy, par_err;
19      assign tx_fifo_read = ~tx_fifo_empty & ~tx_busy & ~start;
20      always_ff@ (posedge clk) start <= tx_fifo_read;
21      UartTx #(108, 1) theUartTx(clk, rst,
22          tx_fifo_dout, start, tx_busy, uart);
23      UartRx #(109, 1) theUartRx(clk, rst, uart,
24          rx_fifo_din[7:0], rx_fifo_write, rx_fifo_din[8], rx_busy);
25      initial begin
26          repeat(100) @ (posedge clk);
27          @ (posedge clk) {tx_fifo_write,tx_fifo_din} = {1'b1,8'ha5};
28          @ (posedge clk) {tx_fifo_write,tx_fifo_din} = {1'b1,8'hc3};
30          @ (posedge clk) tx_fifo_write = 1'b0;
31          repeat(2500) @ (posedge clk);
32          @ (posedge clk) {tx_fifo_write,tx_fifo_din} = {1'b1,8'h37};
33          @ (posedge clk) tx_fifo_write = 1'b0;
34      end
35      initial begin
36          wait(rx_fifo_dc >= 4'd3);
37          repeat(3) begin
38              @ (posedge clk) rx_fifo_read = 1'b1;
39          end
40          @ (posedge clk) rx_fifo_read = 1'b0;
41          repeat(100) @ (posedge clk);
42           $stop();
43      end
44   endmodule
```

图 5-23 所示是仿真波形的整体情况。注意观察分辨 UART 信号的起始位、数据位和停止位，并尝试在 UART 信号上读出传输的数据。

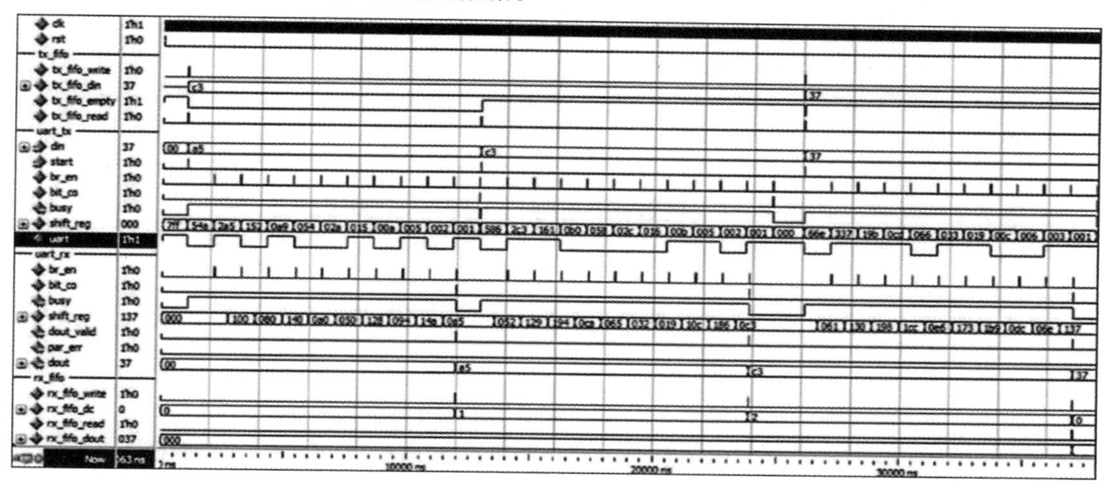

图 5-23　UART 收发器仿真总体情况

图 5-24 和图 5-25 所示是第二个数据开始发送时的细节和最终从 RxFifo 中读出数据时的细节。

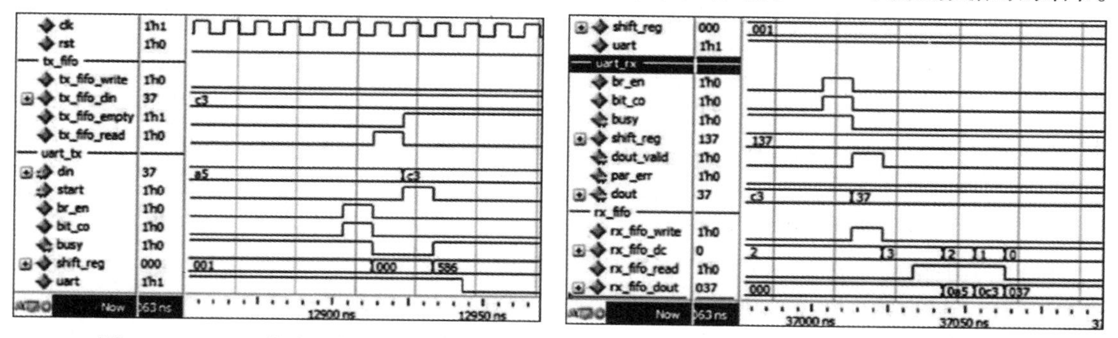

图 5-24　UART 收发器仿真第二个数据开始发出时的细节

图 5-25　UART 收发器仿真从 RxFifo 读出 3 个数据的细节

5.6　SPI

5.6.1　SPI 规范介绍

串行外设接口(Serial Peripheral Interface，SPI)是一种同步的串行接口，与 UART 不同的是，它区分主机和从机，并且主从之间可双向传输数据。UART 如要实现双向传输，则需要两对收发器。SPI 总线常用于微处理器与片外外设的连接，一个 SPI 主机可以在总线上以星形或菊花链形连接多个从机。绝大多数从机都可以进行星形连接；而菊花链形连接则需要从机在功能上支持，且常常用于多个同型号从机的连接。

SPI 总线数据率一般可达 25Mbit/s，少数外设甚至可支持到 100Mbit/s 以上。

SPI 总线包含以下几个信号：

- SCLK(Serial Clock)，用于同步整个总线的数据传输，频率等于数据率。
- MOSI(Master Output Slave Input)，主机发向从机的数据出现在该信号线上，对于主机(Master)它是输出，对于从机(Slave)它是输入。
- MISO(Master Input Slave Output)，从机发向主机的数据出现在该信号线上，对于主机它是输入，对于从机它是输出。
- $\overline{SS}$(Slave Select)，低电平有效，用于选择待操纵的从机，因许多 SPI 从机都是独立的 IC，所以也常常称为“片选”，被选中的从机接收 MOSI 上的数据和向 MISO 发送数据，而未被选中的从机应忽略 MOSI 上的数据，并保持 MISO 为高阻态。

SPI 总线信号的电平并没有严格定义，常用 3.3V LVCMOS 或 LVTTL，根据系统需求也可使用前述任何一种电平规范。

图 5-26 和图 5-27 所示是 SPI 总线的典型连接。星形连接需要多个$\overline{SS}$信号，而菊花链形连接只需要一个$\overline{SS}$信号。

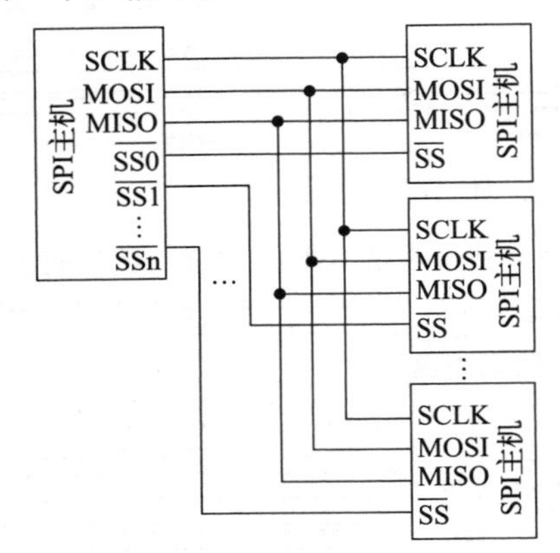

图 5-26　SPI 连接(星形)

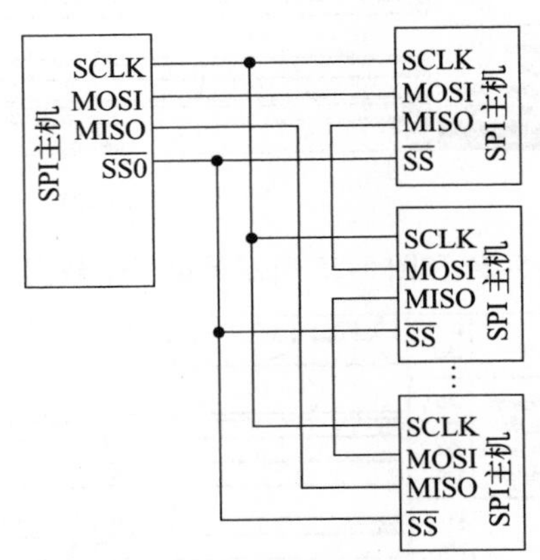

图 5-27　SPI 连接(菊花链形)

SPI 的数据帧长一般为 8 位的整数倍，$\overline{SS}$下跳表示一帧开始，上跳表示一帧结束，每次传输帧长可以不同，帧内数据也可以是 MSB 在先或 LSB 在先，这取决于从机的功能定义。MOSI 和 MISO 线可同时传输数据，因而主机在向从机发送数据的同时，也一定能收到来自从机的同样位数的数据，至于是否为有效数据，则取决于从机的功能定义。

SCLK 的空闲电平(CPOL)以及数据与 SCLK 的相位关系(CPHA)也各有两种不同类型，因而总共有四种不同类型。图 5-28 所示是 SPI 总线的典型工作波形，其中还表明了 CPOL 和 CPHA 各两种不同的类型。

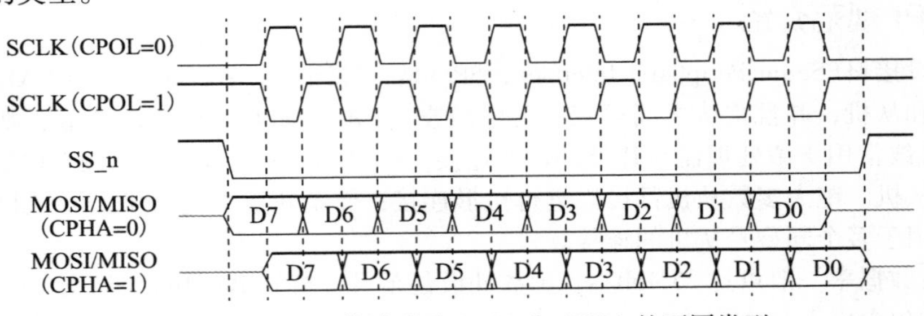

图 5-28　SPI 工作波形及 CPOL 和 CPHA 的不同类型

5.6.2　通用 SPI 主机设计

这里定义一个通用的 SPI 主机的功能如下。

1）具有多个$\overline{SS}$输出，如 24 个（$\overline{SS0}$～$\overline{SS23}$）。

2）可控制每帧（$\overline{SS}$低电平期间）收发的字节数，范围为 1～256。

3）使用 start 信号控制一帧数据收发，start 有效时：一个 24 位输入口的数据表示要操纵的从机（控制$\overline{SS}$），一个 8 位输入口的数据表示此次收发的字节数 N（$N \in [1, 256]$，用 0～255 表示）。

4）之后会进行 N 次如下操作：

- 从一个 8 位数据输入口读入字节，然后逐位从 MOSI 发送出去，读入数据前一周期会提供一次 read 信号。
- 从一个 8 位数据输出口输出来自 MISO 的字节数据，数据更新的同时会提供一次 valid 信号。
- 数据均为 LSB 在先（如需 MSB 在先，在模块外处理即可）。

5）提供两个 SCLK 输出，分别为 CPOL＝0 和 CPOL＝1，按需使用，CPHA 则由参数配置。

根据上一节 UART 收发器的设计经验，我们依然使用 br_cnt 和 bit_cnt 来进行整个收发过程的控制。由图 5-28 可知，时序中最小的时间单位应为位周期的一半，因而将 br_cnt 和 bit_cnt 更改为 hbr_cnt 和 hbit_cnt，意为半位率计数和半位计数，如图 5-29 所示。注意，为了确保传输结束后$\overline{SS}$信号高电平的长度，8 位数据传输总共需要 18 个半位，N 个 8 位传输则需要 $2+16N$ 个半位。

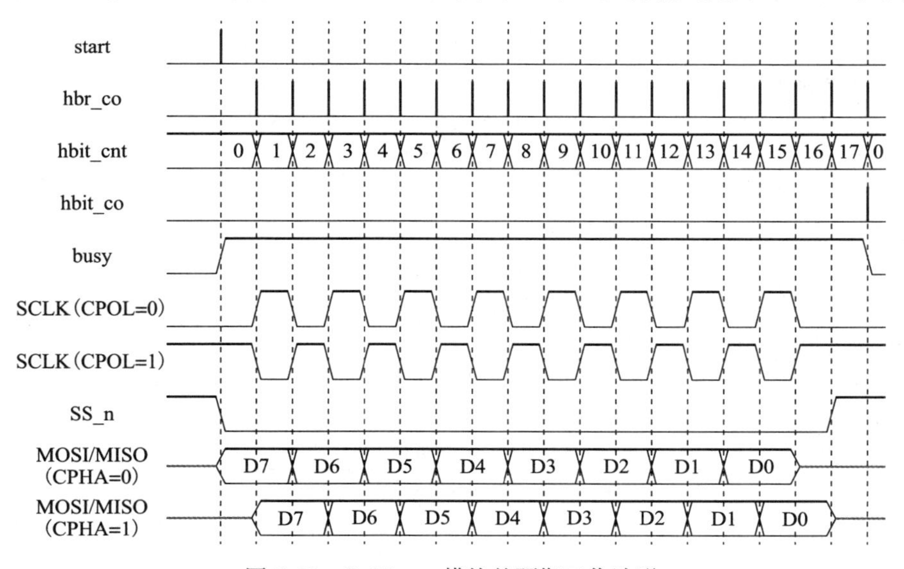

图 5-29　SpiMaster 模块的预期工作波形

CPHA＝0 时，read 信号在 start 和 hbit_cnt＝$16k-1$ 的 hbr_co 时有效（除最后一次）；MOSI 数据输出移位操作在 hbit_cnt 为奇数的 hbr_co 时进行；MISO 数据输入移位在 hbit_cnt 为奇数的 hbr_co 时进行；valid 信号和字节输出则在 hbit_cnt＝$16k-1$ 的 hbr_co 时有效。

注意理解为何在 hbit_cnt 为奇数的 hbr_co（即 SCLK 有效沿变化的前一周期）时，移入 MISO 数据，而不是像 UART 那样在位中央移入数据。这是因为从机给出的 MISO 数据在此 SCLK 跳沿驱动下输出，算上 SCLK 传过去和 MISO 传回来这一来一去的延迟，此时的 MISO 已经过 1 个位周期的稳定时间，且一定不会发生新的变化，是最可靠的。

CPHA = 1 时，read 信号在 hbit_cnt = 16k 的 hbr_co 时有效(除最后一次)；MOSI 数据输出移位操作在 hbit_cnt 为偶数的 hbr_co 时进行；MISO 数据输入移位在 hbit_cnt 为偶数的 hbr_co 时进行；valid 信号和字节输出则在 hbit_cnt = 16*k* 的 hbr_co 时有效(除 k = 0 时)。

可总结它们如表 5-3 所示，其中 hbit_cnt_max = 1 + 16*N*，在 start 时设置。

表 5-3 SpiMaster 模块内部的工作事件

	事件	条件
CPHA = 0	read	start | (hbit_cnt[3:0] == 4'd15 & hbr_co & hbit_cnt < hbit_cnt_max - 16)
	out_shift	hbit_cnt[0] == 1'd1 & hbr_co
	in_shift	hbit_cnt[0] == 1'd1 & hbr_co
	out_valid	hbit_cnt[3:0] == 4'd15 & hbr_co(需继续右移一位输出)
CPHA = 1	read	hbit_cnt[3:0] == 4'd0 & hbr_co & hbit_cnt < hbit_cnt_max - 16
	out_shift	hbit_cnt[0] == 1'd0 & hbr_co
	in_shift	hbit_cnt[0] == 1'd0 & hbr_co
	out_valid	hbit_cnt[3:0] == 4'd0 & hbr_co & hbit_cnt > 0(需继续右移一位输出)

端口和参数定义如表 5-4 所示。

表 5-4 SpiMaster 模块的参数和端口说明

端口/参数	方向	意义
CPHA	—	0：$\overline{SS}$有效时数据出现，1：$\overline{SS}$有效后的第一个 SCLK 跳沿数据出现
HBR_DIV	—	半位率分频，实际位率 = f_{clk}/(2 · HBR_DIV)
clk	I	时钟
rst	I	高电平有效的同步复位
start	I	控制发送开始，将 start 为高时出现在 din 上的数据发送出去
ss_mask[24]	I	为 1 的位对应的$\overline{SS}$将在数据收发期间为低，$\overline{SS}$可同时多个有效(如果被选的多个从机支持)
trasn_len[8]	I	待传输的数据长度(字节数)
read	O	读入数据，待发送到 MOSI 的数据应在 read 的下一个周期出现在 tx_data 上
tx_data[8]	I	待发送到 MOSI 的数据
valid	O	从 MISO 接收到的数据有效，每次数据更新仅有效一次
rx_data[8]	O	从 MISO 接收到的数据，在 valid 有效的同时更新
busy	O	指示发送状态，start 过后 busy 变高，直到一帧数据收发完成，并且$\overline{SS}$恢复为高半个位周期后，恢复低电平
sclk0	O	CPOL = 0 的 SCLK
sclk1	O	CPOL = 1 的 SCLK
mosi	O	MOSI
mosi_tri	O	在空闲时输出高，控制顶层 mosi 端口输出高阻态
miso	I	MISO
ss_n[24]	O	$\overline{SS0}$ ~ $\overline{SS23}$

代码 5-4 描述了 SpiMaster 模块，读者应逐句理解。

代码 5-4 SpiMaster 模块

```
1   module SpiMaster #(
2       parameter HBR_DIV = 5,                    // default:10Msps@ 100MHz
3       parameter CHPA = 0
4   )(
5       input wire clk, rst, start,
6       input wire [23:0] ss_mask,
7       input wire [7:0] trans_len,
8       output logic read,
9       input wire [7:0] tx_data,
10      output logic valid,
11      output logic [7:0] rx_data,
12      output logic busy,
13      output logic sclk0, sclk1, mosi, mosi_tri,
14      input wire miso,
15      output logic [23:0] ss_n
16  );
17      // hbr_cnt & hbit_cnt
18      logic hbr_co, hbit_co;
19      logic [12:0] hbit_cnt;                    // 2 + 16 *256 = 4098 -> 13bit
20      logic [12:0] hbit_cnt_max;
21      always_ff@ (posedge clk) begin
22          if(rst) hbit_cnt_max <= '0;
23          else if(start)
24              hbit_cnt_max <= 13'd1 + ((13'(trans_len)+13'd1) << 4);
25      end
26      Counter #(HBR_DIV) hbrCnt(clk, rst, busy, , hbr_co);
27      CounterMax #(13) hbitCnt(
28          clk, rst, hbr_co, hbit_cnt_max, hbit_cnt, hbit_co);
29      // busy driven
30      always_ff@ (posedge clk) begin
31          if(rst) busy <= '0;
32          else if(start) busy <= '1;
33          else if(hbit_co) busy <= '0;
34      end
35      // tx_data & mosi
36      assign read = (CHPA == 0)?
37                      start | (hbit_cnt[3:0] == 4'd15
38                      & hbr_co & hbit_cnt < hbit_cnt_max - 13'd16)
39                      : hbit_cnt[3:0] == 4'd0 & hbr_co
40                      & hbit_cnt < hbit_cnt_max - 16;
41      logic read_dly;
42      always_ff@ (posedge clk) read_dly <= read;
43      wire out_shift = (CHPA == 0)? hbit_cnt[0] == 1'd1 & hbr_co
44                                  : hbit_cnt[0] == 1'd0 & hbr_co;
45      logic [7:0] mosi_shift_reg;
46      always_ff@ (posedge clk) begin
47          if(rst) mosi_shift_reg <= '0;
48          else if(read_dly) mosi_shift_reg <= tx_data;
49          else if(out_shift) mosi_shift_reg <= mosi_shift_reg >> 1;
```

```
50        end
51        assign mosi_tri = ~busy;
52        always_ff@ (posedge clk) mosi <= mosi_shift_reg[0];
53        // miso & rx_data
54        wire in_shift = (CHPA == 0)? hbit_cnt[0] == 1'd1 & hbr_co
55                      : hbit_cnt[0] == 1'd0 & hbr_co;
56        wire out_valid = (CHPA == 0)? hbit_cnt[3:0] == 4'd15 & hbr_co
57                      : hbit_cnt[3:0] == 4'd0 & hbr_co & hbit_cnt > 0;
58        always_ff@ (posedge clk) valid <= out_valid;
59        logic [7:0] miso_shift_reg;
60        always_ff@ (posedge clk) begin
61            if(rst) miso_shift_reg <= '0;
62            else if(in_shift)
63                miso_shift_reg <= {miso, miso_shift_reg[7:1]};
64        end
65        always_ff@ (posedge clk) begin
66            if(rst) rx_data <= '0;
67            else if(out_valid) rx_data <= {miso, miso_shift_reg[7:1]};
68        end
69        // sclk & ss
70        logic [23:0] ss_mask_reg;
71        always_ff@ (posedge clk) begin
72            if(rst) ss_mask_reg <= '0;
73            else if(start) ss_mask_reg <= ss_mask;
74        end
75        always_ff@ (posedge clk) begin
76            if(rst) begin sclk0 <= '0; sclk1 <= '1; end
77            else if(hbit_cnt < hbit_cnt_max) begin
78                sclk0 <= hbit_cnt[0];
79                sclk1 <= ~hbit_cnt[0];
80            end
81        end
82        always_ff@ (posedge clk) begin
83            if(rst) ss_n <= '1;
84            else if(busy && hbit_cnt < hbit_cnt_max)
85                ss_n <= ~ss_mask_reg;
86            else ss_n <= '1;
87        end
88    endmodule
```

5.6.3 通用 SPI 从机设计

从机不必产生时钟和位率，可以通过检测$\overline{SS}$和 SCLK 的跳沿来完成位计数和控制工作状态，预期的工作波形如图 5-30 所示。注意，因为外部信号输入同步并检测得到跳沿有效一般需要两个时钟周期，这样设计的模块能接收的半位周期应至少有三个时钟周期(时序逻辑驱动数据输出还需要一个周期)，所以假如时钟频率为 100MHz，则 SCLK 最高只能是 16.667MHz。

与主机类似，待通过 MISO 送出的数据，使用一个 read 信号从 tx_data 读得，而由 MOSI 收到的数据由 valid 信号指示更新。内部使用移位寄存器完成数据收发。对照图 5-30，内部几个重要的工作事件如表 5-5 所示。

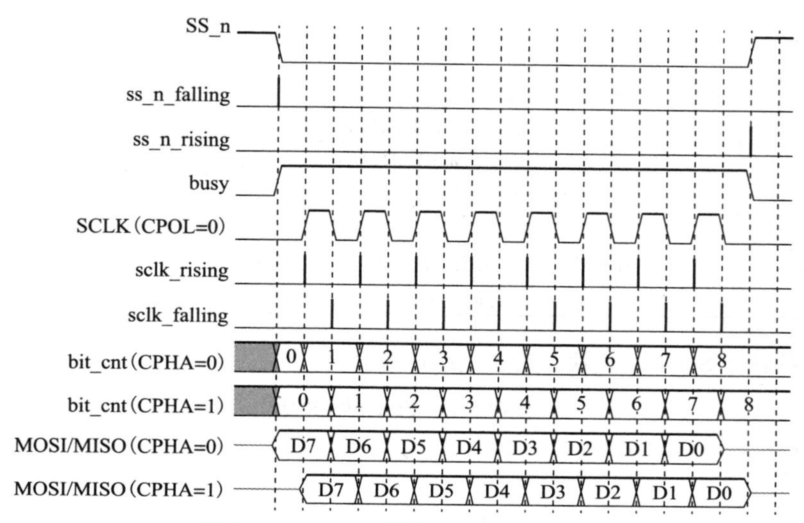

图 5-30　SpiSlave 模块的预期工作波形

表 5-5　SpiSlave 模块内部的工作事件

	事件	条件
CPHA = 0	read	ss_n_falling | (sclk_falling & bit_cnt[2:0] == 3'd0)
	out_shift	sclk_falling
	in_shift	sclk_rising
	out_valid	sclk_rising && bit_cnt[2:0] == 3'd7(需继续移一位输出)
CPHA = 1	read	sclk_rising & bit_cnt[2:0] == 3'd0
	out_shift	sclk_rising
	in_shift	sclk_falling
	out_valid	sclk_rising && bit_cnt[2:0] == 3'd7(需继续移一位输出)

需要注意的是，从机无法预知一次传输将收发多少字节，对照表 5-5 和图 5-30 可知，CPHA = 0 时，每次一字节通过 MISO 发送完成后，都会再 read 一次数据，而 CPHA = 1 时却不会，所以这个 read 应在上层逻辑中忽略(给出一个无效/重复的数据即可)。如果使用 FIFO 来提供数据，可使用 empty 信号屏蔽掉这个 read。

表 5-6 是模块的参数和端口说明。

表 5-6　SpiSlave 模块的参数和端口说明

端口/参数	方向	意义
CPHA		0：$\overline{SS}$有效时数据出现、1：$\overline{SS}$有效后的第一个 SCLK 跳沿数据出现
clk	I	时钟
rst	I	高电平有效的同步复位
ss_n	I	$\overline{SS}$输入，ss_n 为高时，整个模块将不响应
sclk0	I	SCLK(CPOL = 0)，连接 CPOL = 1 的主机时，将 sclk 反相送入即可
mosi	I	MOSI

（续）

端口/参数	方向	意义
miso	O	MISO
miso_tri	O	在 ss_n 为高时输出高，控制顶层 miso 端口输出高阻态
read	O	读入数据，待发送到 MISO 的数据应在 read 的下一个周期出现在 tx_data 上
tx_data[8]	I	待发送到 MISO 的数据
valid	O	从 MOSI 接收到的数据有效，每次数据更新仅有效一次
rx_data[8]	O	从 MOSI 接收到的数据，在 valid 有效的同时更新
busy	O	指示接收状态，ss_n 为低期间 busy 变高

代码 5-5 描述了 SpiSlave 模块，读者应逐句理解。

代码 5-5　SpiSlave 模块

```
1    module SpiSlave #(
2        parameter CHPA = 0
3    )(
4        input wire clk, rst, ss_n,
5        input wire sclk0, mosi,
6        output logic miso, miso_tri,
7        output logic read,
8        input wire [7:0] tx_data,
9        output logic valid,
10       output logic [7:0] rx_data,
11       output logic busy
12   );
13       logic ss_n_reg; always_ff@ (posedge clk) ss_n_reg <= ss_n;
14       logic mosi_reg; always_ff@ (posedge clk) mosi_reg <= mosi;
15       // ss_n & sclk rising & falling
16       logic sclk_r, sclk_f, ss_n_rising, ss_n_falling;
17       wire sclk_rising = sclk_r & ~ss_n_reg;
18       wire sclk_falling = sclk_f & ~ss_n_reg;
19       Edge2En #(1)
20           ssnEdgeDet(clk, ss_n, ss_n_rising, ss_n_falling, ),
21           sclkEdgeDet(clk, sclk0, sclk_r, sclk_f, );
22       // bit_cnt
23       logic [11:0] bit_cnt;
24       wire bit_cnt_en =
25           ~ss_n_reg & ((CHPA == 0) ? sclk_rising : sclk_falling);
26       Counter #(4096) bitCnt(
27           clk, rst | ss_n_falling, bit_cnt_en, bit_cnt, );
28       // busy driven
29       always_ff@ (posedge clk) begin
30           if(rst) busy <= '0;
31           else if(ss_n_falling) busy <= '1;
32           else if(ss_n_rising) busy <= '0;
33       end
34       // tx_data & miso
35       assign read = (CHPA == 0)?
36           ss_n_falling | (sclk_falling && bit_cnt[2:0] == 3'd0)
37           : sclk_rising && bit_cnt[2:0] == 3'd0;
38       logic read_dly;
```

```
39        always_ff@ (posedge clk) read_dly <= read;
40        wire out_shift = (CHPA == 0)? sclk_falling : sclk_rising;
41        logic [7:0] miso_shift_reg;
42        always_ff@ (posedge clk) begin
43            if(rst) miso_shift_reg <= '0;
44            else if(read_dly) miso_shift_reg <= tx_data;
45            else if(out_shift & ~read)
46                miso_shift_reg <= miso_shift_reg >> 1;
47        end
48        assign miso = miso_shift_reg[0];
49        assign miso_tri = ss_n_reg;
50        // mosi & rx_data
51        wire in_shift = (CHPA==0)? sclk_rising : sclk_falling;
52        wire out_valid = (CHPA==0)? sclk_rising && bit_cnt[2:0]==3'd7
53                                  : sclk_falling && bit_cnt[2:0]==3'd7;
54        always_ff@ (posedge clk) valid <= out_valid;
55        logic [7:0] mosi_shift_reg;
56        always_ff@ (posedge clk) begin
57            if(rst) mosi_shift_reg <= '0;
58            else if(in_shift)
59                mosi_shift_reg <= {mosi, mosi_shift_reg[7:1]};
60        end
61        always_ff@ (posedge clk) begin
62            if(rst) rx_data <= '0;
63            else if(out_valid) rx_data <= {mosi, mosi_shift_reg[7:1]};
64        end
65    endmodule
```

5.6.4 通用 SPI 主从机仿真

代码 5-6 是 SpiMaster 和 SpiSlave 模块的仿真平台。

代码 5-6　SpiMater 和 SpiSlave 模块的仿真平台

```
1     module TestSpi;
2         import SimSrcGen::* ;
3         logic clk, rst;
4         initial GenClk(clk, 8, 10);
5         initial GenRst(clk, rst, 1, 1);
6         logic [7:0] mtx_data[6] = '{
7             8'hff, 8'ha5, 8'h3c, 8'h5a, 8'h0f, 8'hf0};
8         logic [7:0] mrx_data[6];
9         logic [7:0] stx_data[6] = '{
10            8'hff, 8'h33, 8'haa, 8'h55, 8'hff, 8'h00};
11        logic [7:0] srx_data[6];
12        logic start = '0, mread, sread, mvalid, svalid, mbusy, sbusy;
13        logic [7:0] mtx_d, mrx_d, stx_d, srx_d;
14        logic [23:0] ss_mask = '0, ss_n;
15        logic [7:0] trans_len = '0;
16        logic mmosi, mmosi_tri, smiso, smiso_tri;
17        logic sclk0, mosi, miso;
18        assign mosi = mmosi_tri? 'z : mmosi;
19        assign miso = smiso_tri? 'z : smiso;
```

```
20        SpiMaster #(4, 1) theMaster(
21            clk, rst, start, ss_mask, trans_len,
22            mread, mtx_d, mvalid, mrx_d, mbusy,
23            sclk0, , mmosi, mmosi_tri, miso, ss_n);
24        SpiSlave #(1) theSlave(
25            clk, rst, ss_n[3], sclk0, mosi, smiso, smiso_tri,
26            sread, stx_d, svalid, srx_d, sbusy);
27        initial begin
28            repeat(10) @ (posedge clk);
29            @ (posedge clk){start,ss_mask,trans_len} = {1'b1,24'd4,8'd0};
30            @ (posedge clk){start,ss_mask,trans_len} = {1'b0,24'd0,8'd0};
31            @ (posedge clk);
32            wait( ~mbusy);
33            @ (posedge clk){start,ss_mask,trans_len} = {1'b1,24'd8,8'd0};
34            @ (posedge clk){start,ss_mask,trans_len} = {1'b0,24'd0,8'd0};
35            @ (posedge clk);
36            wait( ~mbusy);
37            @ (posedge clk){start,ss_mask,trans_len} = {1'b1,24'd8,8'd3};
38            @ (posedge clk){start,ss_mask,trans_len} = {1'b0,24'd0,8'd0};
39            @ (posedge clk);
40            wait( ~mbusy);
41            repeat(50) @ (posedge clk); $stop();
42        end
43        logic [2:0] mtx_idx = '0, mrx_idx = '0, stx_idx = '0, srx_idx = '0;
44        always_ff@ (posedge clk) if(mread) mtx_d = mtx_data[mtx_idx++];
45        always_ff@ (posedge clk) if(sread) stx_d = stx_data[stx_idx++];
46        always_ff@ (posedge clk) if(mvalid) mrx_data[mrx_idx++] = mrx_d;
47        always_ff@ (posedge clk) if(svalid) srx_data[srx_idx++] = srx_d;
48    endmodule
```

仿真时钟为 100MHz，SpiMaster 的 SCLK 频率设置为 12.5MHz。

从机的 ss_n 连接到主机的 ss_n[3]，在第 29 行，发起的传输并不选择 ss_n[3]，从机将不响应。在第 33 行，发起 1 字节的传输。在第 37 行，发起 4 字节的传输。第 18、19 行演示了 mosi 和 miso 的三态控制，如果将模块用于实际 FPGA 工程，这两行应在最顶层模块中出现。

图 5-31 是其仿真波形。

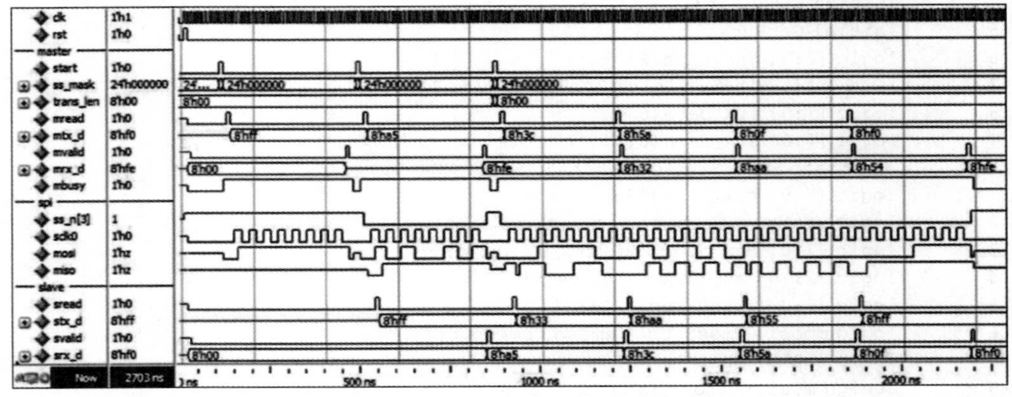

图 5-31　SpiMaster 和 SpiSlave 的仿真波形

5.7 I^2C

5.7.1 I^2C 规范介绍

I^2C(Inter-Integrated Circuit)是一种只使用两根信号线的多主机、多从机总线。两根线分别为 SDA(串行数据)和 SCL(串行时钟)，虽然有名为时钟的 SCL 线，但本质上并不能称为同步串行总线，因为 SCL 还参与了许多协议内容。

I^2C 总线使用线与逻辑，充分利用了 SDA、SCL 这两根线，实现了许多较为复杂的协议内容，包括：

- 多从机(7 位或 10 位编址)，从机寻址和应答。
- 时钟同步。
- 多主机和冲突仲裁。
- 支持主从一体。
- 不同速率从机混合使用。
- 数据应答。
- 广播；等等。

下面将介绍 I^2C 规范中常用的一些内容。对于完整的规范，读者应参阅规范文档。

1. I^2C 电气连接

图 5-32 是 I^2C 总线的典型连接。所有主从机的 SDA 和 SCL 均为漏极开路输出。所有 SDA 连接在一起、SCL 连接在一起，并由 R_P 电阻上拉，构成线与。任何一个主机或从机下拉，将使得总线变低，所有主、从机均释放总线时才会由电阻上拉到高。V_{CC} 由主机和从机的工作电压决定，常见为3.3V、3.0V、2.5V 或5V，R_P 的取值与 V_{CC} 和总线速度有关，V_{CC} 越低或速度越快 R_P 越小，R_P 也可替换为 1mA 至 3mA 的电流源。R_S 可用于消除主从机之间的些许时序差异导致的毛刺。

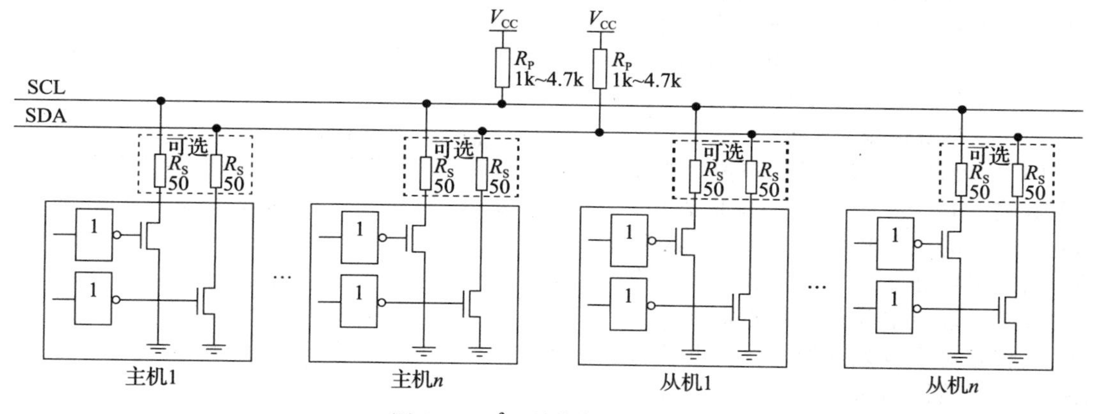

图 5-32 I^2C 总线的电气连接

I^2C 总线的数据率(即 SCL 频率)在规范中定义的有标准速率(100kHz)、快速(400kHz)和高速(3.4MHz)三种。

2. I^2C 位定义

SCL 和 SDA 在空闲时均为高电平(所有主从机均释放总线)。数据位传输时，要求在 SCL 为高电平期间 SDA 保持稳定，即 SDA 只能在 SCL 为低电平时跳变，如图 5-33 所示。SCL 为高时的 SDA 跳变则被专门定义为一次传输的起始和停止，称为起始位和停止位，如图 5-34 和图 5-35所示。

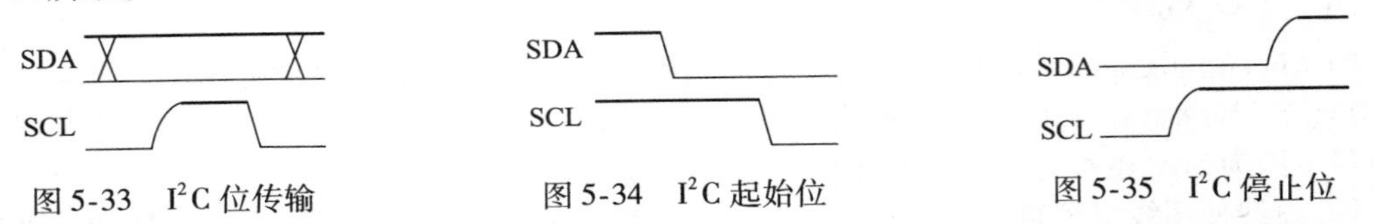

图 5-33　I²C 位传输　　图 5-34　I²C 起始位　　图 5-35　I²C 停止位

注意图 5-33 ~ 图 5-35 中上跳沿为曲线段，而下降沿为直线段。曲线段代表了释放总线由外部电阻上拉到高的过程。

因而一次 I²C 传输过程的波形将如图 5-36 所示。其中还以快速模式(400kHz)为例标注了一些重要的时序要求。

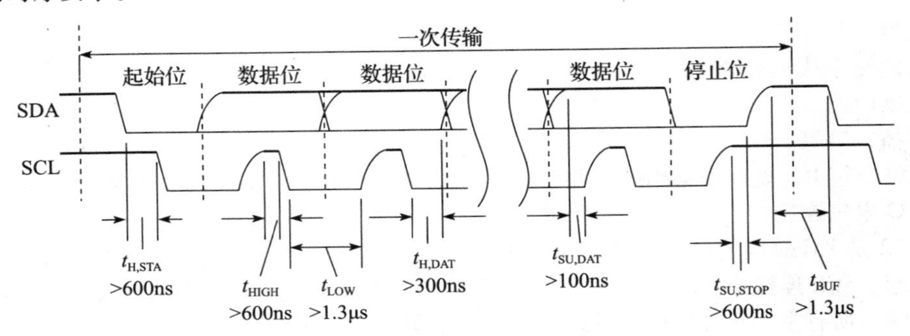

图 5-36　I²C 传输波形和时序(以 400kHz 速率为例)

除正常的起始位之外，还可以有重复起始位。在一次传输结束时，不发送停止位而发送起始位，紧接着进行下一次传输，称为**重复起始位**。重复起始位用于直接发起下一次传输而不让总线回到空闲状态，这样主机可以一直掌握总线控制权，避免进入空闲状态后被其他主机抢夺控制权。图 5-37 所示是重复起始位。

3. I²C 字节传输和寻址

I²C 的数据传输以字节为单位，并且 MSB 在先，每个字节后附一位应答位，因此传输中的位以 9 位为一组，一次完整传输的位数必然是 9 的整数倍。应答位的意义在规范中并没有严格定义，可以是接收方对字节数据的确认，也可以是接收方表达欲结束传输之意图，甚至还可以是发送方发送的附加信息，这都取决于从机的功能定义。应答位的“确认”、“应答”之含义，一般以低电平表达，记为“ACK”；“不确认”、“无应答”则以高电平表达，记为“NAK”。

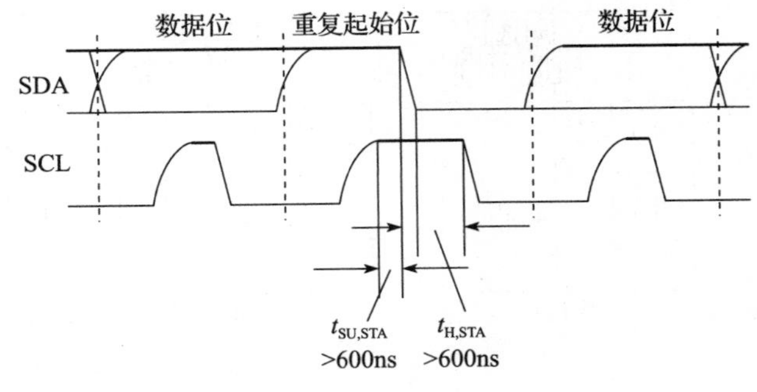

图 5-37　重复起始位

在 7 位从机地址寻址的模式下，每次 I²C 传输的第一个字节用作从机寻址。这个字节的高 7

位为从机地址，而最低位则指示本次传输中后续数据的方向是主机向从机发送数据（称为写操作，理解为主机视角）还是从机向主机发送数据（称为读操作），写操作以低电平表示，读操作以高电平表示。

总线上的从机均会至少监听每次传输的第一字节，如果其中的高 7 位与某个从机预先分配的地址一致，则该从机会在第一字节后的应答位给出 ACK（低电平），并配合主机完成后续数据传输；如果没有从机地址吻合，则总线上不会有应答，主机应忽略此次操作，可立即发送停止位，或走完预先的传输流程（当然后续也得不到任何有效数据或应答）。

7 位一共可以表达 128 个地址，但其中有十余个地址在规范中定义为特殊用途（如广播、高速模式主机码、10 位寻址扩展等），并不能作为从机地址。

图 5-38 所示是一次包含一字节数据写（从主机到从机）操作的传输，从机应答了寻址和数据。其中从机的 7 位地址为 0b1001101 = 0x4d，传输的数据为 0xa5。有时也常常将一个从机的读写分开表述为两个 8 位地址，即读地址和写地址，那么这个从机的读地址和写地址就分别为 0b10011011 = 0x9b 和 0b10011010 = 0x9a。注意在第一个应答前，主机释放 SDA 上升，而后从机拉低 SDA 应答而产生了一个小毛刺，是正常现象。

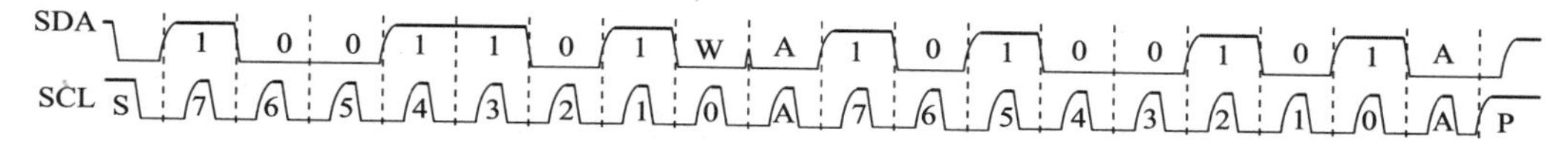

图 5-38　向从机 0x4d 写一字节数据 0xa5 的示例

图 5-38 中“S”表示起始位（**S**tart），“P”表示停止位“sto**P**”。

图 5-39 所示则是向从机写入一个字节后立即重复起始条件，然后向同一个从机读取一字节的例子。在这个例子中，主机从从机读取到的字节数据为 0xf5，但最后主机给出 NAK，可以表达“即将结束传输不必准备下一个数据”之意。

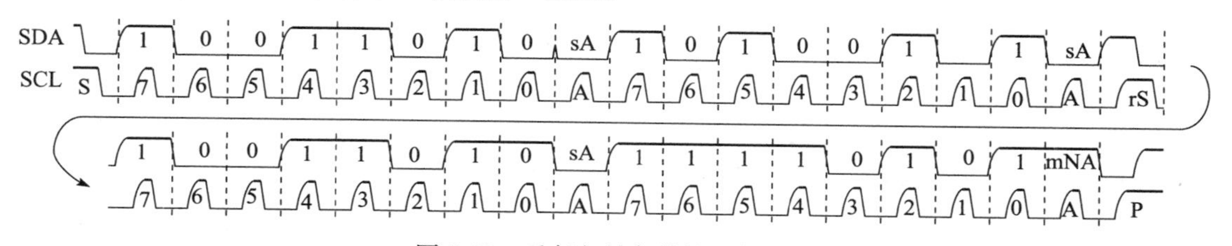

图 5-39　重复起始条件的示例波形

图 5-39 中“sA”表示来自从机的 ACK，“mNA”表示来自主机的 NAK，“rS”表示重复起始位（repeat Start）。

图 5-39 所示的 I^2C 总线波形也常简化为图 5-40 所示的图形，其中灰色部分为主机操纵 SDA，白色部分为从机操纵 SDA。

图 5-40　简化的 I^2C 总线操作波形

4. 从机内部地址

数据字节是否有进一步的意义，一般不是 I^2C 规范的范畴，这取决于从机的功能。例如，有些从机是存储设备，或内部有大量寄存器构成一个地址空间，则往往将写操作中的前一个或数个数据字节用作内部地址寻址。

例如一个 256 字节存储器会使用写操作中的第一个数据字节作为内部地址，当它接收到这个表达内部地址的字节时，会将内部操作指针指向这个内部地址，以便以后的写或读操作在这个地址上进行。

图 5-41 演示了向一个从机地址为 0x52 的存储器的内部地址 0x39 处写入数据 0x7a 的操作。

图 5-41 带有内部地址的从机的写数据操作

而图 5-42 则演示了从该存储器内部地址 0x76 处读取数据的操作。因设定内部地址需要用 I^2C 写传输而读取数据需要用 I^2C 读传输，因而整个操作用一个重复起始位拆分成两次 I^2C 传输，且不会丢失总线控制权。读出的数据为 0xcf。

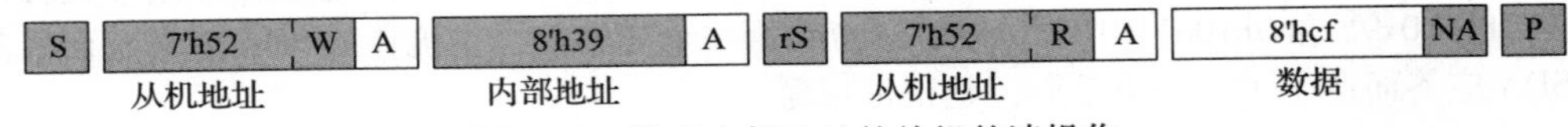

图 5-42 带有内部地址的从机的读操作

大多数带有内部地址的从机，在每次写进数据后，或在读出数据并收到主机 ACK 时，会将内部操作指针自增 1，以便主机向连续地址上写入或读取多个数据。图 5-43 演示了向上述存储器的内部地址 0x39 ~ 0x3b 分别写入 0xf2、0xf3、0xf4 的操作。

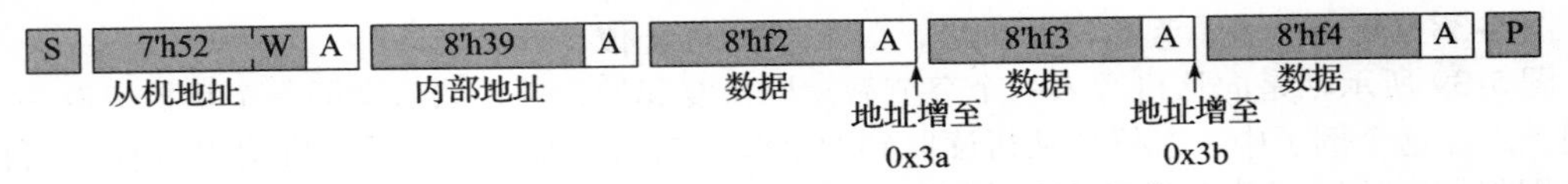

图 5-43 带有内部地址的从机的连续写数据操作

图 5-44 则演示了从上述存储器的内部地址 0x39 ~ 0x3b 读出数据的操作。读出的数据为 0xf2、0xf3 和 0xf4。

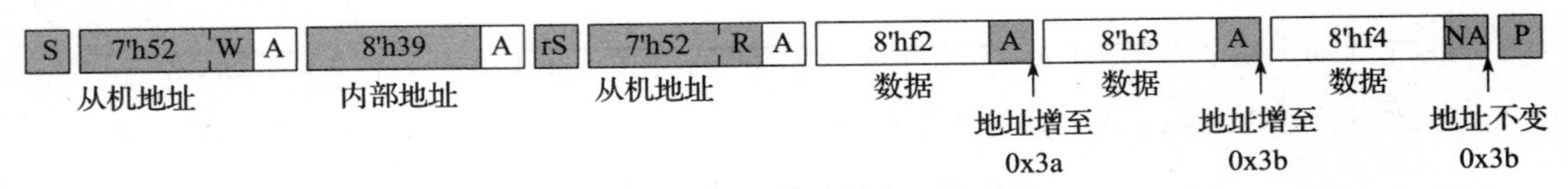

图 5-44 带有内部地址的从机的连续读数据操作

5. 时钟同步和仲裁

这里简单介绍时钟同步机制和多主机的仲裁机制。

当多个主机同时操作从机时，如果两者 SCL 步调不一致，根据线与逻辑，只要有一个将 SCL 拉低，SCL 线便为低，因而先下拉 SCL 的主机将导致 SCL 下跳，而后释放 SCL 的主机，才会使 SCL 上跳。

如图 5-45 所示，在 T_0 时刻主机 1 拉低 SCL，SCL 即刻下跳，同时运作的主机 2 在 T_1 时刻监测到 SCL 为低，与自身意图不一致，立即开始其低电平周期，与主机 1 同步下降沿。在 T_2 时刻主机 1 意图释放 SCL，但主机 2 仍然拉低 SCL，此时主机 1 监测到 SCL 电平与自身意图不一致，便进入等待，直到主机 2 释放 SCL 才继续自己的高电平周期，与主机 2 同步上升沿。最终 SCL 的低电平时间由低电平最长的主机决定，而高电平时间由高电平最短的主机决定。

从机也可在 SCL 为低时下拉住 SCL 线，使得主机释放 SCL 时，SCL 不上跳，迫使主机进入等待。如图 5-46 所示，T_1 时刻，从机可能因内部逻辑忙而跟不上主机的节奏，于是拉低 SCL，到 T_2 时刻主机意图释放 SCL，但从机仍然拉低 SCL，迫使主机进入等待，直到 T_3 时刻，从机准备好继续传输过程而释放 SCL。

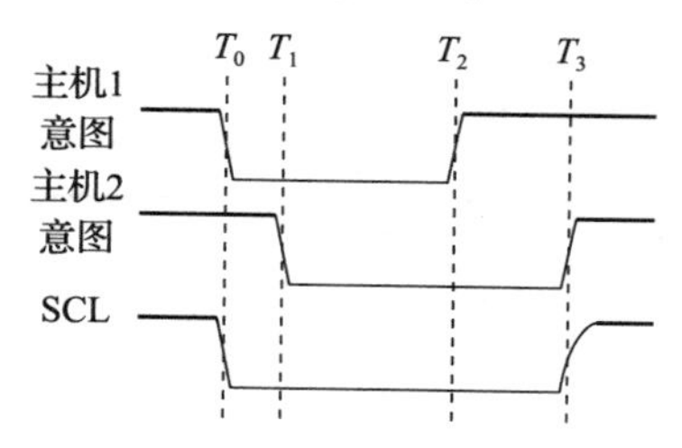

图 5-45　I²C 主机间的时钟同步

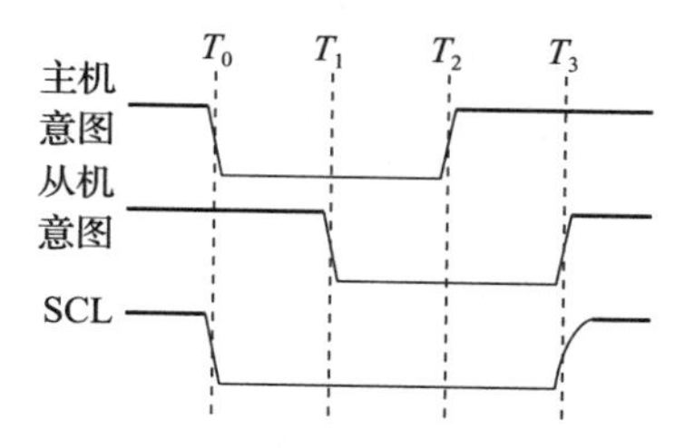

图 5-46　I²C 从机迫使主机等待

主机只能在总线空闲的时候发起传输，因而前述的重复起始位可以避免总线回到空闲状态，从而避免后面可能与别的主机抢夺控制权失败。

在 SCL 线为高电平期间，主机们也会监测 SDA 电平是否与自身意图一致，监测到与自身意图不一致的主机丧失控制权，剩下的主机们继续，直到最终剩余一个主机，或者剩下的主机都对同一个外设做一模一样的操作并完成传输。这个过程称为**仲裁**。容易想到，访问小地址值从机的主机会赢得仲裁。

输掉仲裁的主机可以继续控制 SCL 直到当前字节完成。主从一体机在作为主机输掉仲裁时，有可能检测到赢得仲裁的主机欲访问的就是自身的从机角色，此时它应立即切换到从机角色，发送应答，并配合赢得仲裁的主机完成传输。

5.7.2　通用 I²C 主机设计

这里我们定义一个命令 FIFO 驱动的 I²C 主机，向 FIFO 中写入命令来控制 I²C 主机工作，这些命令包括：

- 产生起始位/重复起始位。
- 产生停止位。
- 写字节并写 ACK。
- 写字节并读 ACK（读 ACK 也等同于发送 NAK）。
- 读字节并写 ACK。
- 读字节并读 ACK（读 ACK 也等同于发送 NAK）。

上层逻辑只需将所需的 I²C 操作转换为上述 6 种命令的序列写入 FIFO 即可控制 I²C 完成工作。

从 I²C 总线读到的数据（8 位数据和 1 位应答位）将被 I²C 主机写入到一个数据 FIFO，因写出字节时可能更需要读入应答位，所以 I²C 主机并不区分读写的数据，而是会记录总线上的每次字节传输及其应答位，以供上层逻辑根据上层协议选择分析。

我们定义命令 FIFO 中的命令格式如表 5-7 所示，每个命令均为 10 位。从表中可以看到，发送数据 0xff 与读入数据并没有区别，因为对于 I²C 总线来说，都是释放 SDA。

I²C 协议和时序相对复杂，因此这里并不能像前两节介绍的 UART 或 SPI 主机那样依赖简单的计数来产生时序。为降低模块复杂度，可将位时序生成和字节处理均独立成模块，分别取名为位引擎（Bit Engine）模块和字节引擎（Byte Engine）模块。

表 5-7 I²C 主机的控制命令

命令名	数据格式	意义
WbAck	0b0_dddd_dddd_0	发送数据 d，并发送 ACK
WbNak	0b0_dddd_dddd_1	发送数据 d，并发送 NAK（或接收 ACK）
RbAck	0b0_1111_1111_0	接收数据，并发送 ACK
RbNak	0b0_1111_1111_1	接收数据，并发送 NAK（或接收 ACK）
Start	0b1_0xxx_xxxx_x	发送起始位/重复起始位
Stop	0b1_1xxx_xxxx_x	发送停止位

对于位时序生成，参见图 5-47，可将起始位、停止位和数据位的各个时序要求总结为图中所示的 9 个时间段。

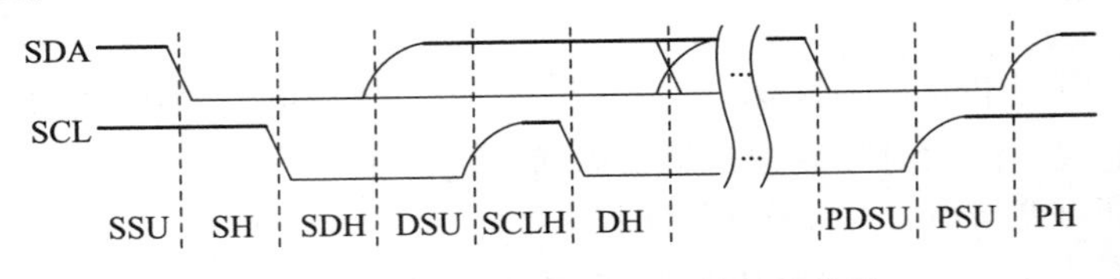

图 5-47 I²C 主机 BitEngine 的时序分段

这 9 个时间段如下。

- 起始位相关：SSU，起始位建立时间；SH，起始位保持时间；SDH，起始位后的 SDA 保持时间。
- 数据位相关：DSU，数据建立时间；SCLH，数据位中 SCL 的高电平时间；DH，数据保持时间。
- 停止位相关：PDSU，停止位前的数据保持时间；PSU，停止位建立时间；PH，停止位保持时间。

定义好这 9 个时间段的长度即可保证 I²C 总线时序。

在位引擎中，使用一个 9 状态的状态机来完成时序的生成，状态机的状态转换如图 5-48 所示。状态转换依赖一个计数器 t_cnt，用于计每一个状态所需的时间，这些时间以参数形式在模块中给出。根据前述的 I²C 时序，SDH 时间和 DH 时间、PSDU 时间和 DSU 时间可合用同一个参数。

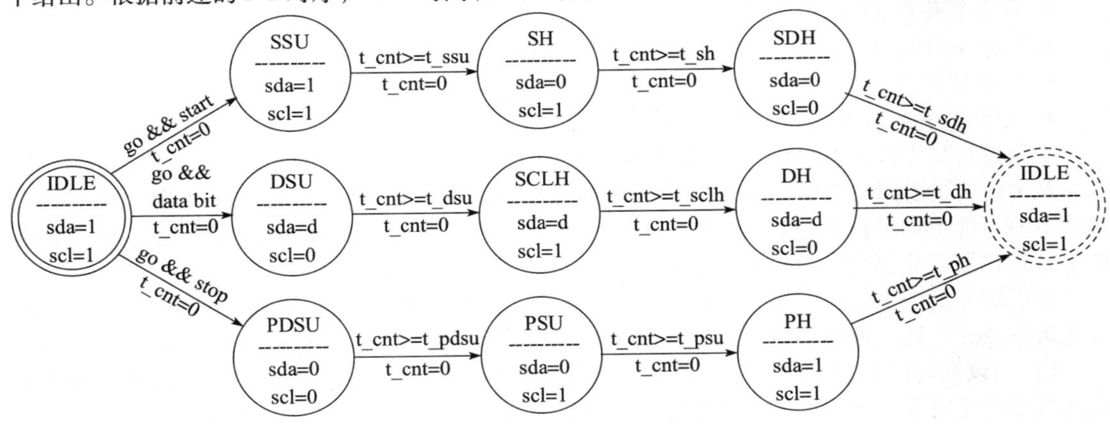

图 5-48 BitEngine 的状态机

位引擎模块的参数和端口定义如表 5-8 所示。

表 5-8　BitEngine 模块的参数和端口说明

<table>
<tr><th>端口/参数</th><th>方向</th><th>意义</th></tr>
<tr><td>CLK_FREQ</td><td></td><td>clk 的时钟频率，配合另外几个参数确定各时序状态的时间</td></tr>
<tr><td>T_SSU</td><td></td><td>SSU 时间，实数，单位 s</td></tr>
<tr><td>T_SH</td><td></td><td>SH 时间，实数，单位 s</td></tr>
<tr><td>T_DSU</td><td></td><td>DSU 时间，实数，单位 s</td></tr>
<tr><td>T_SCLH</td><td></td><td>SCLH 时间，实数，单位 s</td></tr>
<tr><td>T_DH</td><td></td><td>DH 时间，实数，单位 s</td></tr>
<tr><td>T_PSU</td><td></td><td>PSU 时间，实数，单位 s</td></tr>
<tr><td>T_PH</td><td></td><td>PH 时间，实数，单位 s</td></tr>
<tr><td>clk</td><td>I</td><td>时钟</td></tr>
<tr><td>rst</td><td>I</td><td>高电平有效的同步复位</td></tr>
<tr><td>iic_bit[2]</td><td>I</td><td>将发出的 I^2C 位的类型：<table><tr><td>iic_bit[2]</td><td>2'b00</td><td>2'b01</td><td>2'b10</td><td>2'b11</td></tr><tr><td>意义</td><td>SDA 下拉</td><td>SDA 释放</td><td>起始位</td><td>停止位</td></tr></table></td></tr>
<tr><td>go</td><td>I</td><td>控制模块开始产生一个 I^2C 位</td></tr>
<tr><td>idle</td><td>O</td><td>go 之后 idle 变为 0，直到一个 I^2C 位结束后恢复 1</td></tr>
<tr><td>scl</td><td>I</td><td>总线上实际的 scl 值</td></tr>
<tr><td>scl_out</td><td>O</td><td>scl 状态控制输出，0——下拉；1——释放</td></tr>
<tr><td>sda_out</td><td>O</td><td>sda 状态控制输出，0——下拉；1——释放</td></tr>
</table>

根据上述说明，BitEngine 模块描述为代码 5-7，注意这个位引擎并未实现多主机的时钟同步和仲裁。对于几个用来设定时序的参数，应遵循以下限制：

- T_{DSU}应不小于其他 6 个参数。
- T_{DSU}最大为 1023/CLK_FREQ(因 t_cnt 为 10 位)。

总线空闲的时间为 $T_{SSU}+T_{PH}$，总线时钟频率为 $1(T_{DSU}+T_{SCLH}+T_{DH})$。

代码 5-7　I^2C 主机的 BitEngine 模块

```
1   module IicMasterBitEngine #(
2       parameter real CLK_FREQ = 100e6,
3       parameter real T_SSU = 0.6e-6,                  T_SH = 0.6e-6,
4       parameter real T_DSU = 1.3e-6, T_SCLH = 0.9e-6, T_DH = 0.3e-6,
5       parameter real T_PSU = 0.6e-6,                  T_PH = 0.7e-6
6   )(
7       input wire clk, rst,
8       // iic_bit: 00: clr dat; 01: rls dat; 10: start; 11: stop
9       input wire [1:0] iic_bit,
10      input wire go,
11      output logic idle,
12      input wire scl,
13      output logic scl_out, sda_out
```

```
14  );
15      wire [9:0] t_ssu_limit = (CLK_FREQ * T_SSU);
16      wire [9:0] t_sh_limit = (CLK_FREQ * T_SH);
17      wire [9:0] t_dsu_limit = (CLK_FREQ * T_DSU);
18      wire [9:0] t_sclh_limit = (CLK_FREQ * T_SCLH);
19      wire [9:0] t_dh_limit = (CLK_FREQ * T_DH);
20      wire [9:0] t_psu_limit = (CLK_FREQ * T_PSU);
21      wire [9:0] t_ph_limit = (CLK_FREQ * T_PH);
22      logic [$clog2(integer'(CLK_FREQ* T_DSU+1)) - 1 : 0] t_cnt = '0;
23      localparam S_IDLE = 4'd0;
24      localparam S_SSU = 4'd1, S_SH = 4'd2, S_SDH = 4'd3;
25      localparam S_DSU = 4'd4, S_SCLH = 4'd5, S_DH = 4'd6;
26      localparam S_PDSU = 4'd7, S_PSU = 4'd8, S_PH = 4'd9;
27      logic [3:0] state = S_IDLE, state_nxt = S_IDLE;
28      assign idle = (state == S_IDLE) | (state_nxt == S_IDLE);
29      always_ff@ (posedge clk) begin
30          if(rst) state <= S_IDLE;
31          else state <= state_nxt;
32      end
33      always_comb begin
34          state_nxt = state;
35          case(state)
36          S_IDLE:
37              if(go) begin
38                  if(iic_bit == 2'b10) state_nxt = S_SSU;
39                  else if(iic_bit == 2'b11) state_nxt = S_PDSU;
40                  else state_nxt = S_DSU;
41              end
42          S_SSU: if(t_cnt == t_ssu_limit -4'h1) state_nxt = S_SH;
43          S_SH: if(t_cnt == t_sh_limit -4'h1) state_nxt = S_SDH;
44          S_SDH: if(t_cnt == t_dh_limit -4'h5) state_nxt = S_IDLE;
45          S_PDSU: if(t_cnt == t_dsu_limit -4'h1) state_nxt = S_PSU;
46          S_PSU: if(t_cnt == t_psu_limit -4'h1) state_nxt = S_PH;
47          S_PH: if(t_cnt == t_ph_limit -4'h5) state_nxt = S_IDLE;
48          S_DSU: if(t_cnt == t_dsu_limit -4'h1) state_nxt = S_SCLH;
49          S_SCLH: if(t_cnt == t_sclh_limit-4'h1) state_nxt = S_DH;
50          S_DH: if(t_cnt == t_dh_limit -4'h2) state_nxt = S_IDLE;
51          default: state_nxt = S_IDLE;
52          endcase
53      end
54      always_ff@ (posedge clk) begin
55          if(rst) t_cnt <= 1'b0;
56          else begin
57              if((state == S_IDLE) || (state_nxt != state))
58                  t_cnt <= 1'b0;
59              else if(scl == scl_out)       // clk sync
60                  t_cnt <= t_cnt + 1'b1;
61          end
62      end
63      always_ff@ (posedge clk) begin
64          if(rst) begin scl_out <= 1'b1; sda_out <= 1'b1; end
65          else begin
```

```
66                  case(state_nxt)
67                  S_SSU: begin scl_out <= 1'b1; sda_out <= 1'b1; end
68                  S_SH: begin scl_out <= 1'b1; sda_out <= 1'b0; end
69                  S_SDH: begin scl_out <= 1'b0; sda_out <= 1'b0; end
70                  S_PDSU:begin scl_out <= 1'b0; sda_out <= 1'b0; end
71                  S_PSU: begin scl_out <= 1'b1; sda_out <= 1'b0; end
72                  S_PH: begin scl_out <= 1'b1; sda_out <= 1'b1; end
73                  S_DSU: begin scl_out <= 1'b0; sda_out <= iic_bit[0];end
74                  S_SCLH:begin scl_out <= 1'b1; sda_out <= iic_bit[0];end
75                  S_DH: begin scl_out <= 1'b0; sda_out <= iic_bit[0];end
76                  endcase
77              end
78          end
79      endmodule
```

对于字节引擎，功能定义为从 FIFO 读取命令并控制位引擎工作，也使用一个状态机来控制其工作流程。状态转换如图 5-49 所示。

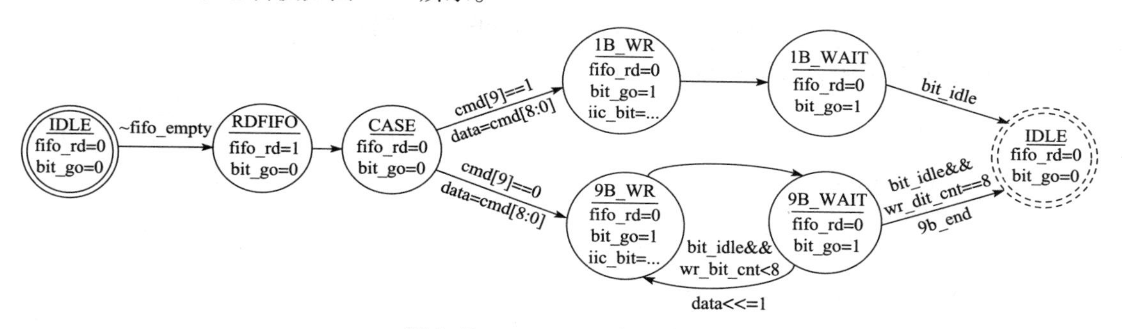

图 5-49　ByteEngine 的状态机

其中的状态输出：

- fifo_rd：读取命令 FIFO，因 RDFIFO 状态只会持续一个周期，fifo_rd 为单周期。
- bit_go：控制 BitEngine 开始产生一个 I^2C 位。
- iic_bit：根据 data 记录的命令 FIFO 中的命令，向 BitEngine 给出位类型（连接至 BitEngine 的 iic_bit 输入端口）。

其中的事件：

- 9b_end：输出事件，表示一次 9 位传输结束，用于指示将收到的数据写到数据 FIFO。
- data = cmd[8:0]：内部事件，将命令 FIFO 读到的命令中的内容赋给 data，data 将用作移位寄存器参与构造 iic_bit。
- data <<= 1：内部事件，将 data 左移一位。

字节引擎模块的端口定义如表 5-9 所示。

表 5-9　ByteEngine 模块的端口说明

端口	方向	意义
clk	I	时钟
rst	I	高电平有效的同步复位

（续）

<table>
<tr><th>端口</th><th>方向</th><th>意义</th></tr>
<tr><td>fifo_q[10]</td><td>I</td><td>连接自外部命令 FIFO 的数据输出</td></tr>
<tr><td>fifo_rd</td><td>O</td><td>连接至外部命令 FIFO 的读使能，控制从 FIFO 读取命令</td></tr>
<tr><td>fifo_empty</td><td>I</td><td>连接自外部命名 FIFO 的空状态指示</td></tr>
<tr><td>iic_bit[2]</td><td>O</td><td>连接至 BitEngine 模块的 iic_bit，代表将发出的 I²C 位的类型：
<table>
<tr><td>iic_ bit[2]</td><td>2'b00</td><td>2'b01</td><td>2'b10</td><td>2'b11</td></tr>
<tr><td>意义</td><td>SDA 下拉</td><td>SDA 释放</td><td>起始位</td><td>停止位</td></tr>
</table></td></tr>
<tr><td>bit_go</td><td>O</td><td>连接至 BitEngine 的 go，促使 BitEngine 产生一位时序</td></tr>
<tr><td>bit_idle</td><td>I</td><td>连接自 BitEngine 的 idle，获得 BitEngine 的工作状态</td></tr>
<tr><td>w9bit_end</td><td>O</td><td>对外通知一个 9bit 收发完成</td></tr>
</table>

IicByteEngine 的描述如代码 5-8 所示。

代码 5-8　I²C 主机的 ByteEngine 模块

```
 1  module IicMasterByteEngine (
 2      input wire clk, rst,
 3      input wire [9:0] fifo_q,
 4      output logic fifo_rd,
 5      input wire fifo_empty,
 6      output logic [1:0] iic_bit,
 7      output logic bit_go,
 8      input wire bit_idle,
 9      output logic w9bit_end
10  );
11      localparam S_IDLE       = 3'd0;
12      localparam S_RDFIFO     = 3'd1;
13      localparam S_CASE       = 3'd2;
14      localparam S_1BIT_WR    = 3'd3;
15      localparam S_1BIT_WAIT  = 3'd4;
16      localparam S_9BIT_WR    = 3'd5;
17      localparam S_9BIT_WAIT  = 3'd6;
18      logic [8:0] data = 9'b0;
19      logic [3:0] bit_cnt = 4'b0;
20      logic [2:0] state = S_IDLE, state_nxt = S_IDLE;
21      always_ff@ (posedge clk) begin
22          if(rst) state <= S_IDLE;
23          else state <= state_nxt;
24      end
25      always_comb begin
26          state_nxt = state;
27          case(state)
28          S_IDLE: if( ~fifo_empty)     state_nxt = S_RDFIFO;
29          S_RDFIFO:                    state_nxt = S_CASE;
30          S_CASE: if(fifo_q[9])        state_nxt = S_1BIT_WR;
31                  else                 state_nxt = S_9BIT_WR;
32          S_1BIT_WR:                   state_nxt = S_1BIT_WAIT;
```

```
33          S_1BIT_WAIT: if(bit_idle)   state_nxt = S_IDLE;
34          S_9BIT_WR:                  state_nxt = S_9BIT_WAIT;
35          S_9BIT_WAIT:
36              if(bit_idle) begin
37                  if(bit_cnt == 4'h8) state_nxt = S_IDLE;
38                  else                state_nxt = S_9BIT_WR;
39              end
40          default:                    state_nxt = S_IDLE;
41          endcase
42      end
43      assign fifo_rd = (state == S_RDFIFO);
44      always_ff@ (posedge clk) begin
45          if(state == S_CASE) begin
46              data <= fifo_q[8:0];
47              bit_cnt <= 4'b0;
48          end
49          else if(state == S_9BIT_WAIT && state_nxt == S_9BIT_WR) begin
50              data <= {data[7:0], 1'b1};
51              bit_cnt <= bit_cnt + 1'b1;
52          end
53      end
54      always_comb begin
55          if(state == S_1BIT_WR || state == S_9BIT_WR) bit_go = 1'b1;
56          else                                         bit_go = 1'b0;
57      end
58      always_comb begin
59          if(state == S_1BIT_WR || state == S_1BIT_WAIT)
60              iic_bit = {1'b1, data[8]};
61          else/* if(state == S_9BIT_WR || state == S_9BIT_WAIT)*/
62              iic_bit = {1'b0, data[8]};
63      end
64      assign w9bit_end = (state == S_9BIT_WAIT && state_nxt == S_IDLE);
65  endmodule
```

最后，将 BitEngine 和 ByteEngine 模块实例化到一个完整的 IicMaster 模块中，并使用一个简单的移位寄存器模块记录总线上的数据。表 5-10 是其参数和端口定义。

表 5-10　IicMaster 模块的端口说明

端口/参数	方向	意义
CLK_FREQ		clk 的时钟频率，配合另外几个参数确定各时序状态的时间
T_SSU		SSU 时间，实数，单位 s
T_SH		SH 时间，实数，单位 s
T_DSU		DSU 时间，实数，单位 s 不应小于其他 6 个时间参数；不应大于 1023/CLK_FREQ
T_SCLH		SCLH 时间，实数，单位 s
T_DH		DH 时间，实数，单位 s
T_PSU		PSU 时间，实数，单位 s

（续）

端口/参数	方向	意义
T_PH		PH 时间，实数，单位 s
clk	I	时钟
rst	I	高电平有效的同步复位
cmd_fifo_q[10]	I	连接自外部命令 FIFO 的数据输出
cmd_fifo_rd	O	连接至外部命令 FIFO 的读使能，控制从 FIFO 读取命令
cmd_fifo_empty	I	连接自外部命名 FIFO 的空状态指示
recv_fifo_data[9]	O	连接至外部数据 FIFO 的数据输入 数据高 8 位为 I^2C 总线上传输的字节数据，最低位为应答位
recv_fifo_wr	O	连接至外部数据 FIFO 的写使能，控制 FIFO 数据写入
iic. scl_i	I	连接自 SCL 线
iic. scl_o	O	控制 SCL 的输出三态门，模拟开漏输出 scl_o 连接至三态门的输入，scl_t 控制三态门输出高阻态
iic. scl_t	O	
iic. sda_i	I	连接自 SDA 线
iic. sda_o	O	控制 SDA 的输出三态门，模拟开漏输出 sda_o 连接至三态门的输入，sda_t 控制三态门输出高阻态
iic. sda_t	O	

代码 5-9 是完整的 IicMaster 代码。其中，将 I^2C 总线信号定义到了一个名为 IicBus 的接口中，因无论主从机，SCL 和 SDA 的形态均一样，所以并不需要使用 modport 关键字定义角色，IicBus 中将 SCL 和 SDA 的读、写和三态控制分开定义，应在整个工程的顶层模块中使用它们实例化三态门实现模拟漏极开路输入。

代码 5-9　完整的 IicMaster 模块

```
1    interface IicBus;
2        logic scl_i, scl_o, scl_t, sda_i, sda_o, sda_t;
3    endinterface
4
5    module IicMaster #(
6        parameter real CLK_FREQ = 100e6,
7        parameter real T_SSU = 0.6e-6,                    T_SH = 0.6e-6,
8        parameter real T_DSU = 1.3e-6, T_SCLH = 0.9e-6, T_DH = 0.3e-6,
9        parameter real T_PSU = 0.6e-6,                    T_PH = 0.7e-6
10   )(
11       input wire clk, rst,
12       input wire [9:0] cmd_fifo_q,
13       output logic cmd_fifo_rd,
14       input wire cmd_fifo_empty,
15       output logic [8:0] recv_fifo_data,
16       output logic recv_fifo_wr,
17       IicBus iic
18   );
19       logic [1:0] iic_bit;
20       logic bit_go, bit_idle;
21       assign iic.scl_t = iic.scl_o;
```

```
22        assign iic.sda_t = iic.sda_o;
23        IicMasterByteEngine theByteEngine (
24            .clk(clk), .rst(rst),
25            .fifo_q(cmd_fifo_q), .fifo_rd(cmd_fifo_rd),
26            .fifo_empty(cmd_fifo_empty),
27            .iic_bit(iic_bit), .bit_go(bit_go), .bit_idle(bit_idle),
28            .w9bit_end(recv_fifo_wr)
29        );
30        IicMasterBitEngine #(
31            .CLK_FREQ(CLK_FREQ),
32            .T_SSU(T_SSU),                      .T_SH(T_SH),
33            .T_DSU(T_DSU), .T_SCLH(T_SCLH), .T_DH(T_DH),
34            .T_PSU(T_PSU),                      .T_PH(T_PH)
35        ) theBitEngine (
36            .clk(clk), .rst(rst),
37            .iic_bit(iic_bit), .go(bit_go), .idle(bit_idle),
38            .scl_out(iic.scl_o), .sda_out(iic.sda_o), .scl(iic.scl_i)
39        );
40        IicMasterRecvShifter recv_shift_inst (
41            .clk(clk), .rst(rst), .scl(iic.scl_i), .sda(iic.sda_i),
42            .shifter(recv_fifo_data)
43        );
44    endmodule
45
46    module IicMasterRecvShifter (
47        input wire clk, rst, scl, sda,
48        output logic [8:0] shifter = '0
49    );
50        logic scl_dly = 1'b1;
51        wire scl_falling = (scl_dly & ~scl);
52        always_ff@ (posedge clk) begin
53            if(rst) scl_dly <= 1'b1;
54            else  scl_dly <= scl;
55        end
56        always_ff@ (posedge clk) begin
57            if(scl_falling) shifter <= {shifter[7:0], sda};
58        end
59    endmodule
```

5.7.3 通用 I^2C 从机设计

这里我们定义一个 I^2C 从机(IicSlave 模块)的功能如下:

- 7 位从机地址，参数化设定。
- 可配置内部地址位宽，或无内部地址。
- 提供一个存储器读写口：如配置为有内部地址，则可直接连接存储器；如配置为无内部地址，则由其写信号指示从 I^2C 总线获取的数据更新到了写数据口上。

与前述的 UART 接收器、SPI 从机类似，通过将 SCL 和 SDA 的跳沿转换为使能信号来控制模块的工作。但 I^2C 协议较复杂，还需要使用状态机，根据上述功能定义和 I^2C 协议，可总结出状态机的转换图如图 5-50 所示。当然这个状态机的工作还需要两个位计数(数据位计数 bit_ cnt 和内部地址位计数 ia_bit_cnt)来配合，因较为复杂，在图中并未画出它们的驱动事件，应对照图 5-51 和后文代码来理解。

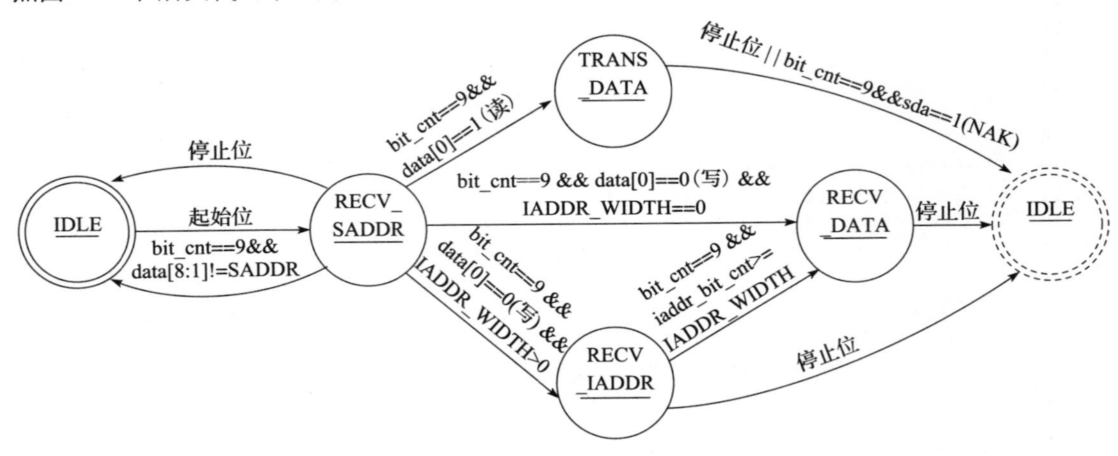

图 5-50 IicSlave 模块中的状态机

数据位计数、内部地址计数以及状态变化的波形如图 5-51 所示。图中以 IADDR_WIDTH = 8 为例。

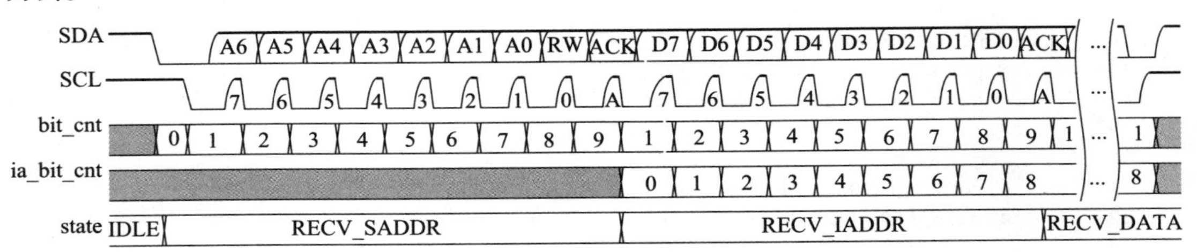

图 5-51 IicSlave 模块的工作波形

IicSlave 模块的参数和端口定义如表 5-11 所示。

表 5-11 IicSlave 模块的参数和端口说明

参数/端口	方向	意义
SLV_ADDR		从机地址
IADDR_WIDTH		内部地址位宽，为 0 则表示无内部地址
clk	I	时钟
rst	I	高电平有效的同步复位
iic. scl_i	I	连接自 SCL 线
iic. scl_o	O	控制 SCL 的输出三态门，模拟开漏输出 scl_o 连接至三态门的输入，scl_t 控制三态门输出高阻态
iic. scl_t	O	
iic. sda_i	I	连接自 SDA 线
iic. sda_o	O	控制 SDA 的输出三态门，模拟开漏输出 sda_o 连接至三态门的输入，sda_t 控制三态门输出高阻态
iic. sda_t	O	

（续）

参数/端口	方向	意义
m_address[IADDR_WIDTH]	O	内部存储器/寄存器地址
m_writedata[8]	O	写入内部存储器/寄存器的数据
m_write	O	内部存储器/寄存器的写使能
m_readdata[8]	I	从内部存储器/寄存器读到的数据
m_read	O	内部存储器/寄存器的读请求

IicSlave 模块的描述如代码 5-10 所示。注意其中的状态机部分的状态驱动和状态转移两段，为节约篇幅，将 state、bitcnt 和 ia_bitcnt 都写在了同一个过程里，与前述的带有辅助计数器的状态机稍有不同，读者应着重理解。

代码 5-10　IicSlave 模块

```
1    module IicSlave #(
2        parameter integer SLV_ADDR = 127,          // 7-bit slave address
3        parameter integer IADDR_WIDTH = 8
4    )(
5        input wire clk, rst,
6        IicBus iic,
7        output logic [IADDR_WIDTH - 1 : 0] m_address,
8        output logic [7:0] m_writedata,
9        output logic m_write,
10       input wire [7:0] m_readdata,
11       output logic m_read
12   );
13       assign iic.scl_o = 1'b1, iic.scl_t = 1'b1;
14       assign iic.sda_t = iic.sda_o;
15       logic sda_rising, sda_falling, scl_rising, scl_falling;
16       logic sda, scl;
17       Edge2En e2eSda(clk, iic.sda_i, sda_rising, sda_falling, sda);
18       Edge2En e2eScl(clk, iic.scl_i, scl_rising, scl_falling, scl);
19       wire start = scl & sda_falling;
20       wire stop = scl & sda_rising;
21       localparam S_IDLE       = 3'd0;
22       localparam S_RECV_SADDR = 3'd1;
23       localparam S_RECV_IADDR = 3'd2;
24       localparam S_RECV_DATA  = 3'd3;
25       localparam S_TRANS_DATA = 3'd4;
26       logic [7 : 0] outdata;
27       logic [2 : 0] state, state_nxt;
28       logic [3 : 0] bitcnt, bitcnt_nxt;
29       logic [$clog2(IADDR_WIDTH+1)-1 : 0] ia_bitcnt, ia_bitcnt_nxt;
30       // m_address
31       always_ff@ (posedge clk) begin
32           if(state == S_RECV_IADDR && bitcnt == 4'd9 && scl_rising)
33               m_address <= (m_address << 8) |m_writedata;
34           else if(m_write |m_read)
35               m_address <= m_address + 1'b1;
```

```
36        end
37        // m_write
38        always_ff@ (posedge clk) begin
39            if(state == S_RECV_DATA && bitcnt == 4'd9 && scl_rising)
40                m_write <= 1'b1;
41            else
42                m_write <= 1'b0;
43        end
44        // m_writedata
45        always_ff@ (posedge clk) begin
46            if(bitcnt < 4'd9 && scl_rising)
47                m_writedata <= (m_writedata << 1) | sda;
48        end
49        // m_read
50        always_ff@ (posedge clk) begin
51            if(bitcnt == 4'd9 && scl_rising) begin
52                if(state == S_TRANS_DATA && ( ~sda))
53                    m_read <= 1'b1;
54                else if(state == S_RECV_SADDR &&
55                    (m_writedata[7 : 1] == SLV_ADDR) && m_writedata[0])
56                    m_read <= 1'b1;
57                else
58                    m_read <= 1'b0;
59            end
60            else m_read <= 1'b0;
61        end
62        // m_readdata
63        logic m_read_dly; always_ff@ (posedge clk) m_read_dly <= m_read;
64        always_ff@ (posedge clk) begin
65            if(bitcnt > 4'd0 && bitcnt < 4'd9 && scl_falling)
66                outdata <= (outdata << 1);
67            else if(m_read_dly)
68                outdata <= m_readdata;
69        end
70        // iic.sda_o
71        always_ff@ (posedge clk) begin
72            if(bitcnt < 4'd9) begin
73                if(state == S_TRANS_DATA) iic.sda_o = outdata[7];
74                else                      iic.sda_o = 1'b1;
75            end
76            else begin
77                case(state)
78                S_IDLE: iic.sda_o = 1'b1;
79                S_RECV_SADDR:
80                    if(m_writedata[7:1] == SLV_ADDR) iic.sda_o = 1'b0;
81                    else iic.sda_o = 1'b1;
82                S_RECV_IADDR: iic.sda_o = 1'b0;
83                S_RECV_DATA: iic.sda_o = 1'b0;
84                S_TRANS_DATA: iic.sda_o = 1'b1;
85                endcase
86            end
```

```
87        end
88        // state machine
89        always_ff@ (posedge clk) begin
90            if(rst) begin
91                state <= S_IDLE; bitcnt <= '0; ia_bitcnt <= '0;
92            end
93            else begin
94                state <= state_nxt;
95                bitcnt <= bitcnt_nxt;
96                ia_bitcnt <= ia_bitcnt_nxt;
97            end
98        end
99        always_comb begin
100           state_nxt = state;
101           bitcnt_nxt = bitcnt;
102           ia_bitcnt_nxt = ia_bitcnt;
103           if(stop) state_nxt = S_IDLE;
104           else if(start) begin
105               state_nxt = S_RECV_SADDR;
106               bitcnt_nxt = 1'b0;
107           end
108           else if(scl_falling) begin
109               if(bitcnt < 4'd9) begin
110                   bitcnt_nxt = bitcnt + 1'b1;
111                   ia_bitcnt_nxt = ia_bitcnt + 1'b1;
112               end
113               else begin                          // bitcnt == 9
114                   bitcnt_nxt = 4'd1;
115                   case(state)
116                   S_RECV_SADDR: begin
117                       if(m_writedata[7 : 1] ! = SLV_ADDR)
118                           state_nxt = S_IDLE;
119                       else if(m_writedata[0])     // read
120                               state_nxt = S_TRANS_DATA;
121                       else begin                  // write
122                           if(IADDR_WIDTH == 0)
123                               state_nxt = S_RECV_DATA;
124                           else begin
125                               state_nxt = S_RECV_IADDR;
126                               ia_bitcnt_nxt = 1'b0;
127                           end
128                       end
129                   end
130                   S_RECV_IADDR: begin
131                       if(ia_bitcnt >= IADDR_WIDTH)
132                           state_nxt = S_RECV_DATA;
133                   end
134                   S_TRANS_DATA: begin
135                       if(sda) state_nxt = S_IDLE;  // nak
136                   end
137                   default: state_nxt = state;
```

```
138                     endcase
139                 end
140             end
141         end
142     endmodule
```

5.7.4 通用 I²C 主从机仿真

代码 5-11 是上述 IicMaster 和 IicSlave 的仿真平台。

在 IicMaster 一侧，使用了 10 位 64 字深的 SCFIFO 作为命令 FIFO 和 9 位 64 字深的 SCFIFO 作为数据 FIFO，并将写入数据 FIFO 的数据高 8 位和最低位(应答位)互换了位置，以便于在十六进制显示下观察仿真结果。

在 IicSlave 一侧，使用了一个单口 RAM 演示了内部地址的使用。

在第 9 行，使用 pullup 关键字定义了两个上拉源，用来模拟上拉电阻(或上拉电流源)。

第 23 ~ 25 行和第 88 ~ 90 行，演示了使用三态门模拟开漏输出的方法，对于实际的 FPGA 工程，这几行应出现在工程的最顶层模块。

仿真平台中一共模拟了三次操作，一次面向总线上不存在的外设，后两次面向从机地址设置为 0x5a 的 IicSlave 实例 theSlave。这两次面向 theSlave 的传输，第一次类似图 5-43，从其内部地址 0x39 开始，写入了两字节 0xc9 和 0x65；第二次类似图 5-44，从其内部地址 0x39 开始，读出三字节，并在最后一字节后给出 NAK，如果无误，应读到刚刚写入的 0xc9、0x65 和未曾写入的 0x00(为 Ram 的初始化值)。

代码 5-11　IicMaster 和 IicSlave 的仿真平台

```
1    module TestIicMasterSlave;
2        import SimSrcGen::* ;
3        logic clk;
4        initial GenClk(clk, 8, 10);
5        logic rst;
6        initial GenRst(clk, rst, 1, 2);
7        // ======== iic wires ========
8        wire scl, sda;
9        pullup resScl(scl), resSda(sda);              // pullup resistor
10       // ======== master side ========
11       logic cfifo_write = '0, cfifo_read, cfifo_empty;
12       logic dfifo_write, dfifo_read = '0;
13       logic [9:0] cfifo_din, cfifo_dout;
14       logic [8:0] dfifo_din, dfifo_dout;
15       logic [5:0] dfifo_dc;
16       ScFifo2 #(10, 6) theCmdFifo(
17           clk, cfifo_din, cfifo_write, cfifo_dout, cfifo_read,
18           , , , , cfifo_empty);
19       ScFifo2 #(9, 6) theDataFifo(
20           clk, {dfifo_din[0], dfifo_din[8:1]}, dfifo_write,
21           dfifo_dout, dfifo_read, , , dfifo_dc, , );
22       IicBus miic();
23       assign scl = miic.scl_t ? 'z : miic.scl_o;
24       assign sda = miic.sda_t ? 'z : miic.sda_o;
```

```
25      assign miic.scl_i = scl, miic.sda_i = sda;
26      IicMaster theMaster(clk, rst, cfifo_dout, cfifo_read,
27          cfifo_empty, dfifo_din, dfifo_write, miic);
28      initial begin
29          repeat(100) @ (posedge clk);
30          // access nonpresent slave
31          @ (posedge clk) {cfifo_write, cfifo_din}
32              = {1'b1, 10'b1_0000_0000_0};          // start
33          @ (posedge clk) {cfifo_write, cfifo_din}
34              = {1'b1, 10'b0_1011011_0_1};          // sa =0x5b, wr, read ack
35          @ (posedge clk) {cfifo_write, cfifo_din}
36              = {1'b1, 10'b0_0011_1001_1};          // any data, read ack
37          @ (posedge clk) {cfifo_write, cfifo_din}
38              = {1'b1, 10'b1_1000_0000_0};          // stop
39          // access the slave, write 0xc9, 0x65 to 0x39, 0x3a
40          @ (posedge clk) {cfifo_write, cfifo_din}
41              = {1'b1, 10'b1_0000_0000_0};          // start
42          @ (posedge clk) {cfifo_write, cfifo_din}
43              = {1'b1, 10'b0_1011010_0_1};          // sa =0x5a, wr, read ack
44          @ (posedge clk) {cfifo_write, cfifo_din}
45              = {1'b1, 10'b0_0011_1001_1};          // ia =0x39, read ack
46          @ (posedge clk) {cfifo_write, cfifo_din}
47              = {1'b1, 10'b0_1100_1001_1};          // data =0xc9, read ack
48          @ (posedge clk) {cfifo_write, cfifo_din}
49              = {1'b1, 10'b0_0110_0101_1};          // data =0x65, read ack
50          @ (posedge clk) {cfifo_write, cfifo_din}
51              = {1'b1, 10'b1_1000_0000_0};          // stop
52          // access the slave, read data from 0x39
53          @ (posedge clk) {cfifo_write, cfifo_din}
54              = {1'b1, 10'b1_0000_0000_0};          // start
55          @ (posedge clk) {cfifo_write, cfifo_din}
56              = {1'b1, 10'b0_1011010_0_1};          // sa =0x5a, wr, read ack
57          @ (posedge clk) {cfifo_write, cfifo_din}
58              = {1'b1, 10'b0_0011_1001_1};          // ia =0x39, read ack
59          @ (posedge clk) {cfifo_write, cfifo_din}
60              = {1'b1, 10'b1_0000_0000_0};          // repeat start
61          @ (posedge clk) {cfifo_write, cfifo_din}
62              = {1'b1, 10'b0_1011010_1_1};          // sa =0x5a, rd, read ack
63          @ (posedge clk) {cfifo_write, cfifo_din}
64              = {1'b1, 10'b0_1111_1111_0};          // read data, send ack
65          @ (posedge clk) {cfifo_write, cfifo_din}
66              = {1'b1, 10'b0_1111_1111_0};          // read data, send ack
67          @ (posedge clk) {cfifo_write, cfifo_din}
68              = {1'b1, 10'b0_1111_1111_1};          // read data, send nak
69          @ (posedge clk) {cfifo_write, cfifo_din}
70              = {1'b1, 10'b1_1000_0000_0};          // stop
71          @ (posedge clk) cfifo_write = 1'b0;
72      end
73      initial begin
74          wait(dfifo_dc >= 6'd12);
75          repeat(12) begin
```

```
76                  @ (posedge clk) dfifo_read = 1'b1;
77              end
78              @ (posedge clk) dfifo_read = 1'b0;
79              repeat(1000) @ (posedge clk);              // wait iic transaction finish
80               $stop();
81          end
82          // ======== slave side ========
83          logic [7:0] iaddr, iwrdata, irddata;
84          logic iwr, ird;
85          SpRamRf #(8, 256) innerRam(clk, iaddr, iwr, iwrdata, irddata);
86          initial innerRam.ram = '{256{'0}};
87          IicBus siic();
88          assign scl = siic.scl_t ? 'z : siic.scl_o;
89          assign sda = siic.sda_t ? 'z : siic.sda_o;
90          assign siic.scl_i = scl, siic.sda_i = sda;
91          IicSlave #(8'h5a, 8) theSlave(
92              clk, rst, siic, iaddr, iwrdata, iwr, irddata, ird);
93      endmodule
```

仿真波形的整体情况如图 5-52 所示。注意上拉为高，在 ModelSim 波形中显示为虚线。读者应练习在 SDA、SCL 线上观察数据和理解 I^2C 的传输过程，图中用光标标出了三次传输的边界，以便于观察。

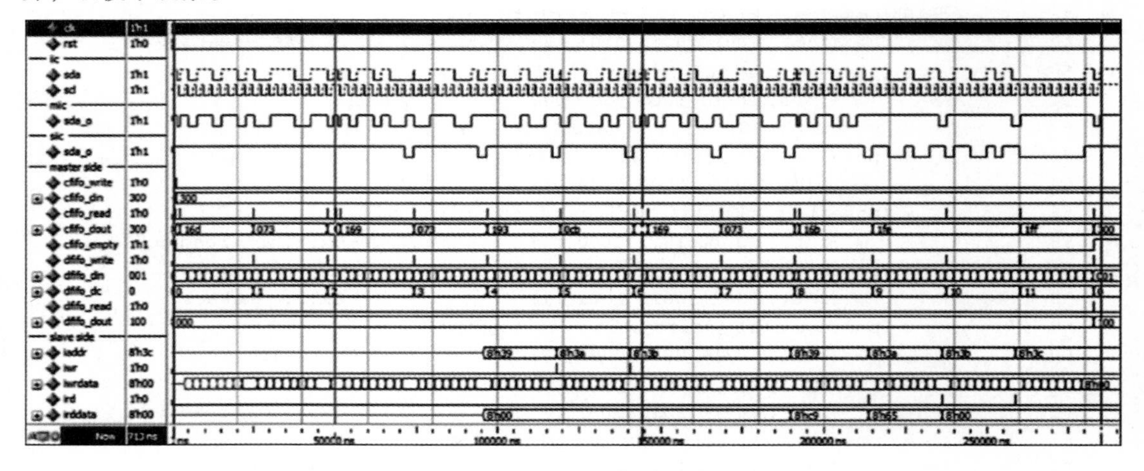

图 5-52 IicMaster 和 IicSlave 测试平台的仿真波形全貌

图 5-53 和图 5-54 则是两次传输边界处的细节和最后从数据 FIFO 读出数据的细节。图 5-54 中 dfifo_dout 的数据最高位为应答位，低 8 位为相应的字节。可以看到前两次(dfifo_dc 值 11 和 10 处)字节传输没有从机响应。随后的 0x0b4、0x039、0x0c9、0x065 为第一次向 theSlave 内部地址 0x39 开始写入两字节 0xc9、0x65 的操作，均被回复 ACK。再后来的 0x0b4、0x039、0x0b5、0x0c9、0x065、0x100 位第二次操作(包含一次重复起始位)，从 theSlave 中读出了三字节 0xc9、0x65、0x00，最后一字节主机并未给出 NAK。

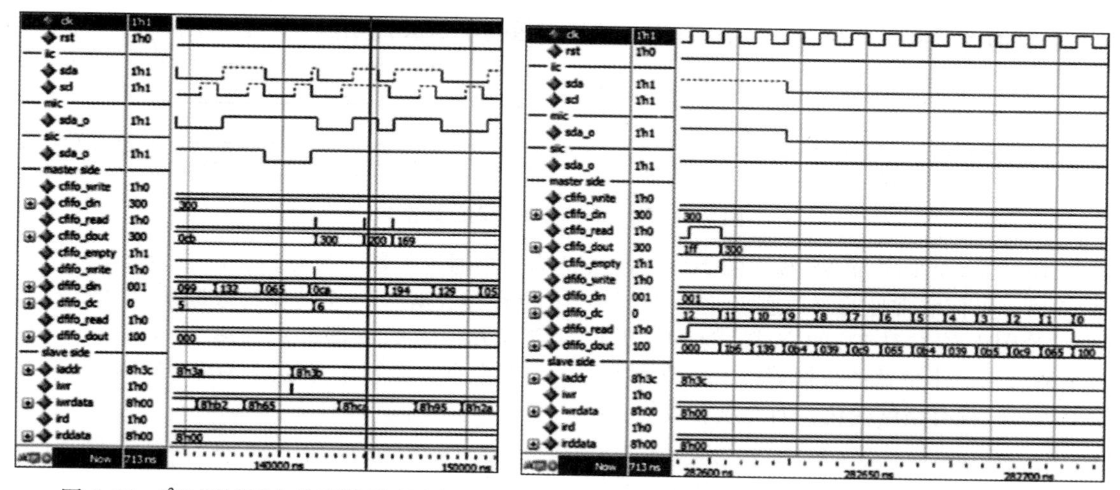

图 5-53　I²C 测试平台仿真波形(两次传输边界处的细节)

图 5-54　I²C 测试平台仿真波形(最后从数据 FIFO 读出数据的细节)

5.8　I²S

5.8.1　I²S 接口介绍

I²S 接口主要用于双声道音频信号传输。许多音频 ADC 和 DAC 也会用它作为数据接口。I²S 接口共有以下三个信号:

- SCK(也常被称为 BCK),位时钟,每位数据对应一个时钟周期。
- WS(也常被称为 LRCK),帧时钟,每个音频采样周期对应一个时钟周期,并且一般使用其低电平期间传输左声道数据,高电平期间传输右声道数据(实际要求 SD 较 WS 滞后一个 SCK 周期)。
- SD(也常被称为 SDATA、DATA),串行传输的补码表达的有符号数据,采用高位在先的次序,与 BCK 同步。

SCK 和 WS 可由发送端输出、由接收端输出或由第三方输出。典型的连接如图 5-55 ~ 图 5-57所示。事实上,发送端输出时钟和接收端输出时钟也可以理解为产生时钟的“第三方”在发送端或接收端内。

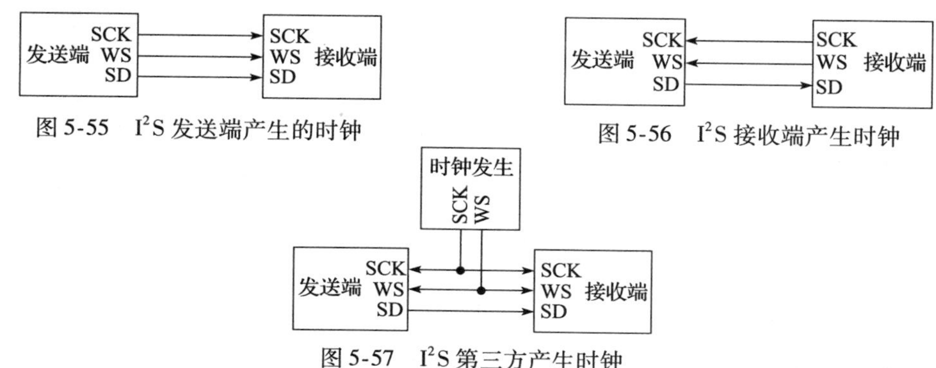

图 5-55　I²S 发送端产生的时钟

图 5-56　I²S 接收端产生时钟

图 5-57　I²S 第三方产生时钟

典型的波形如图 5-58 所示，注意 SD 比 WS 滞后一个 SCK 周期。

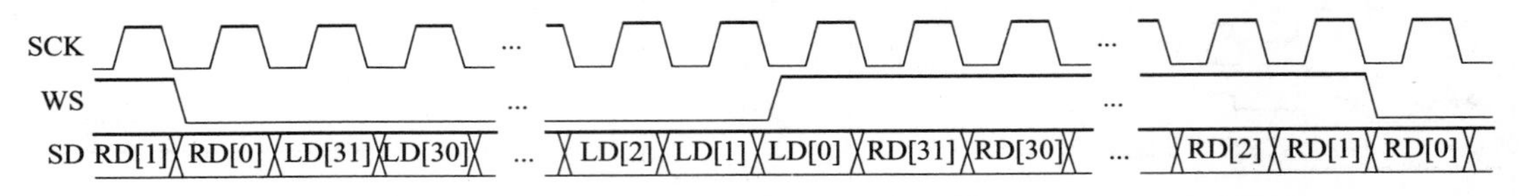

图 5-58 I²S 工作波形(32 位数据)

SCK 频率至少应为 WS 频率的 2DW 倍。DW 为一个通道的数据位宽，所以最为常用的倍数是 64 倍，可传输常见的双声道 32 位、24 位或 16 位音频数据。SD 上传输的数据采用 MSB 对齐（即波形图上的左对齐）的方式，这样，无论收发双方预定的数据位宽为多少均可兼容。如图 5-59所示，小位宽的数据等价于低位为零的大位宽数据，数据本身通过 ADC 或 DAC 映射到模拟域时，仅有精度变化，而无显著数值变化。

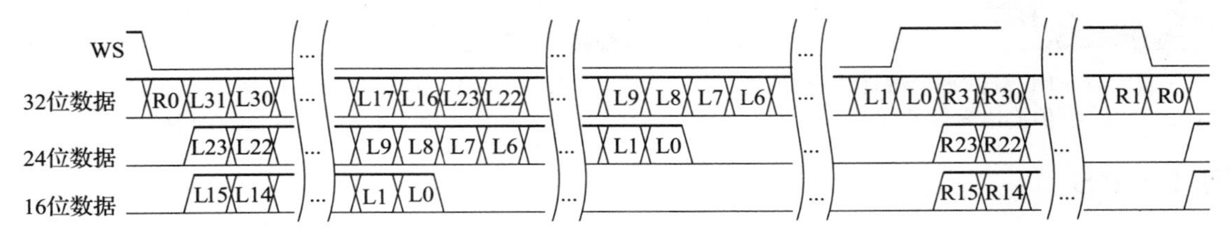

图 5-59 I²S 不同数据位宽的 MSB 对齐传输($f_{SCK}=64\times f_{WS}$)

音频系统还常常使用一个比 SCK 更高频率的时钟作为系统时钟，称为“MCK”，可以是采样率的 128 ~ 3072 倍，最常用的频率有 24.576MHz、16.9344MHz 等。常见的一些音频采样率（即 WS 频率）、SCK 频率和 MCK 频率组合见表 5-12。

表 5-12 I²S 常用采样率、SCK 频率和 MCK 频率组合

采样率	SCK		MCK	
f_{WS}/Hz	f_{SCK}/f_{WS}	f_{SCK}/Hz	f_{MCK}/f_{SCK}	f_{MCK}/Hz
8k	×64	512k	×48	24.576M
16k	×64	1.024M	×24	24.576M
22.05k	×64	1.4112M	×12	16.9344M
32k	×64	2.048M	×12	24.576M
44.1k	×32	1.4112M	×12	16.9344M
	×48	2.1168M	×8	16.9344M
	×64	2.8224M	×6	16.9344M
48k	×32	1.536M	×16	24.576M
	×48	2.304M	×8	18.432M
	×64	3.072M	×8	24.576M
96k	×48	4.608M	×4	18.432M
	×64	6.144M	×4	24.576M
192k	×48	9.216M	×2	18.432M
	×64	12.288M	×2	24.576M

5.8.2 I^2S 收发器设计和仿真

I^2S 收发器的设计非常简单，这里分为时钟发生器、接收器和发送器三个模块来设计。实际应用中，时钟发生器与发送器同处发送一侧。

时钟发生器使用 MCK 输入，因 SCK 和 WS 对于 FPGA 来说，慢速且并不驱动内部逻辑，所以直接分频得到。驱动内部发送器工作时，使用分频计数器的使能产生帧同步和 SCK 下降沿信号，如代码 5-12 所示。注意，帧同步 frame_sync 较 sck_fall 提前一个周期，是为了方便发送器提前一个周期产生从外部读取数据的信号。

代码 5-12　I^2S 时钟发生器模块

```
1   module IisClkGen #(
2       parameter SCK_TO_WS = 64,
3       parameter MCK_TO_SCK = 8
4   )(
5       input wire mck,
6       output logic sck,
7       output logic ws,
8       output logic sck_fall,
9       output logic frame_sync
10  );
11      localparam SCKW = $clog2(MCK_TO_SCK);
12      localparam WSW = $clog2(SCK_TO_WS);
13      logic [SCKW - 1 : 0] cnt_sck;
14      logic cnt_sck_co;
15      logic [WSW - 1 : 0] cnt_ws;
16      always_ff@ (posedge mck) sck <= cnt_sck >= SCKW'(MCK_TO_SCK/2);
17      always_ff@ (posedge mck) ws <= cnt_ws >= WSW'(SCK_TO_WS / 2);
18      always_ff@ (posedge mck) sck_fall <= cnt_sck_co;
19      Counter #(MCK_TO_SCK) cntSck(
20          mck, 1'b0, 1'b1, cnt_sck, cnt_sck_co);
21      Counter #(SCK_TO_WS) cntWs(
22          mck, 1'b0, cnt_sck_co, cnt_ws, );
23      assign frame_sync = (cnt_ws == 0) && cnt_sck_co;
24  endmodule
```

发送器如代码 5-13 所示。它使用时钟发生器产生的帧同步和 SCK 下降沿同步信号控制移位寄存器移出数据。发送器还产生一个 data_rd 信号，用于从外部逻辑(如 FIFO)读取待发送的数据。

代码 5-13　I^2S 发送器模块

```
1   module IisTransmitter (
2       input wire mck,
3       input wire sck_fall,
4       input wire frame_sync,
5       input wire signed [31:0] data[2],           // data[0]:left; data[1]:right
6       output logic data_rd,
7       output logic iis_sd
8   );
9       assign data_rd = frame_sync;
```

```
10       logic data_rd_dly;
11       logic [63:0] shift_reg;
12       always_ff@ (posedge mck) data_rd_dly <= data_rd;
13       always_ff@ (posedge mck) begin
14           if(data_rd_dly) shift_reg <= {data[0], data[1]};
15           else if(sck_fall) shift_reg <= {shift_reg[62:0], 1'b0};
16       end
17       assign iis_sd = shift_reg[63];
18   endmodule
```

接收器如代码 5-14 所示。它使用 Edge2En 模块将输入的 sck、ws 和 sd 经过两级寄存器同步，同时获取 sck 的上升沿使能，用来控制移位寄存器，获取 ws 的下降沿用来控制位计数的复位。

代码 5-14　I²S 接收器模块

```
1    module IisReceiver (
2        input wire mck, iis_sck, iis_ws, iis_sd,
3        output logic signed [31:0] data[2],
4        output logic data_valid
5    );
6        logic sck_rising, sck_reg, ws_falling, sd_reg;
7        Rising2En #(2) sckRising(mck, iis_sck, sck_rising, sck_reg);
8        Falling2En #(2) wsFalling(mck, iis_ws, ws_falling, );
9        Rising2En #(2) sdSync(mck, iis_sd, , sd_reg);
10       logic [7:0] bit_cnt;
11       Counter #(256) bitCnt(mck, ws_falling, sck_rising, bit_cnt, );
12       logic frame_end;
13       always_ff@ (posedge mck)
14           frame_end <= (bit_cnt == 8'd0) & sck_rising;
15       always_ff@ (posedge mck) data_valid <= frame_end;
16       logic [63:0] shift_reg;
17       always_ff@ (posedge mck) begin
18           if(frame_end) {data[0], data[1]} <= shift_reg;
19           else if(sck_rising) shift_reg <= {shift_reg[62:0], sd_reg};
20       end
21   endmodule
```

代码 5-15 是仿真平台，使用随机数作为发送的数据。

代码 5-15　I²S 接口仿真平台

```
1    module TestIis;
2        import SimSrcGen::* ;
3        logic clk;
4        initial GenClk(clk, 10ns, 40.69ns);            // 24.576M
5        // ==== transmitter side ====
6        logic sck, ws, sd, sck_fall, f_sync, txdata_rd;
7        // sck 3.072M, ws 48k
8        IisClkGen #(64, 8) iisClk(clk, sck, ws, sck_fall, f_sync);
9        logic signed [31:0] txdata[2];
10       IisTransmitter iisTrans(
11           clk, sck_fall, f_sync, txdata, txdata_rd, sd);
```

```
12      // ==== receiver side ====
13      logic signed [31:0] rxdata[2];
14      logic rxdata_valid;
15      IisReceiver iisRecv(
16          clk, sck, ws, sd, rxdata, rxdata_valid);
17      // ==== transmitter side data ====
18      always_ff@ (posedge clk) begin
19          if(txdata_rd) txdata = '{ $random(), $random()};
20      end
21  endmodule
```

如图 5-60 所示是仿真中一个 WS 周期的波形。

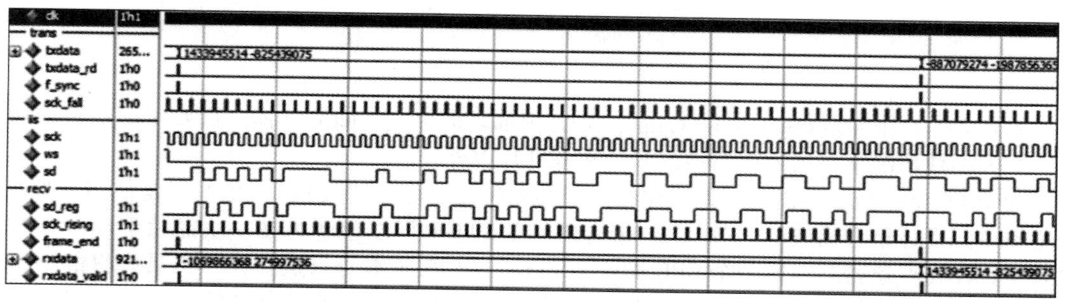

图 5-60 I²S 接口仿真波形(一个 WS 周期)

如图 5-61 所示是帧边缘的波形细节。

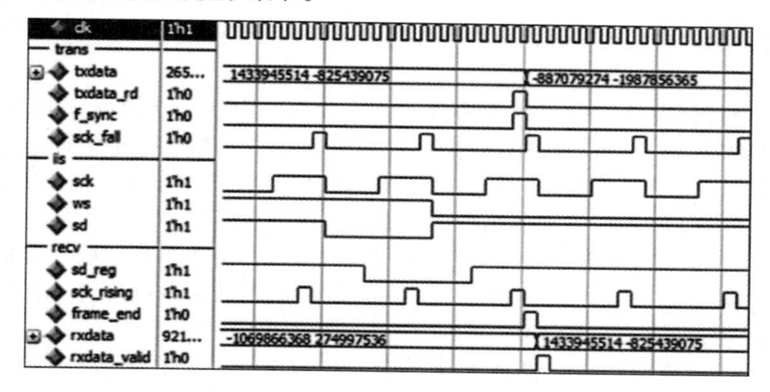

图 5-61 I²S 接口仿真波形(帧边缘的细节)

第6章 Chapter 6

片上系统的内部互连

本章介绍片上系统(System on Chip , SoC)内部功能单元之间的互连。这些所谓的内部功能单元在大多数情况下是指处理器核(CPU)和各种片内外设。

对于FPGA，微处理器可以是固化在内部的处理器，称为“硬核”，也可以是使用FPGA通用逻辑单元设计组合而成的“软核”。带有硬核的FPGA可以理解为在一块晶片上或一个芯片封装里，存在着紧密互连的一个CPU和一个FPGA。而软核本身只是存在于工具库里的一个设计，在FPGA芯片上本不存在，在用户工程中需要一个处理器时再实例化它，然后编译配置到FPGA中。软核占用FPGA的逻辑资源，性能较硬核弱，但使用灵活，一般由FPGA厂商针对自己的FPGA预先设计好，并且高度可配置，同时也会配套许多外设，以便用户自由组合成复杂的微处理器系统。无论硬核还是软核，处理器与外设、外设与外设甚至多个处理器之间都需要数据互连。

本章将从一个自行设计的简单互连协议入手，介绍AMBA AXI协议中的AXI4、AXI4-Lite和AXI4-Stream接口。因AXI协议本身较复杂且涵盖内容多，本章在介绍时会做出合理的简化并回避复杂的问题，以便读者理解。准确的细节应以ARM公司发布的协议原文为准。

AXI4接口是目前FPGA内处理器系统中应用最广泛的总线。

AXI4和AXI4-Lite属于存储器映射(Memory Map)接口，用于主从结构的多地址互连，区分主接口(Master)和从接口(Slave)；而AXI4-Stream属于流式(Stream)接口，用于流式数据传输，区分源接口(Source)和汇接口(Sink)。

在掌握AXI4接口关键特征和设计方法之后，读者再去学习其他接口(如Avalon或Wishbone)就很简单了。

这些互连也不一定需要处理器参与，数字逻辑功能单元之间的互连也可以使用这些互连协议，只要主从匹配或源汇匹配即可。

6.1 简单存储器映射接口

本节介绍一个简单的存储器映射接口(以下简称MM接口)从无到有的设计过程。然后用它和前几章介绍的一些功能模块构建了一个MM互连系统，并进行仿真。

这个简单的MM接口不包含握手机制，也不支持多主机互连——支持多主机需引入握手、仲裁甚至服务质量管控机制。它虽然简单，但已经可以兼容一些典型的开源或商用MM接口了，比如开源的 Wishbone 接口（增加少数几个门）和 Altera 公司的 Avalon MM 接口（完全兼容其固定时序的接口）。

6.1.1 从接口

主机（处理器或其他主控单元）访问存储器时自然采用存储器接口，而在操纵其他外设时，往往也将这些外设的功能控制抽象成对一个个寄存器的控制。这些寄存器合在一起可以理解为一个小容量的存储器，便于主机访问。

代码 6-1 将第 4 章代码 4-37 进行了修改，改成了一个可以设置输出频率和占空比的 PWM 模块。

代码 6-1　可设定输出频率和占空比的 PWM 发生器

```
1   module Pwm2 (
2       input wire clk, rst,
3       input wire [31 : 0] max,
4       input wire [31 : 0] data,
5       output logic pwm, co
6   );
7       logic [31 : 0] cnt = '0;
8       always_ff@ (posedge clk) begin
9           if(rst) cnt <= '0;
10          else if(cnt < max) cnt <= cnt + 1'd1;
11          else cnt <= '0;
12      end
13      always_ff@ (posedge clk) pwm <= (data > cnt);
14      assign co = cnt == max;
15  endmodule
```

为了便于主机访问它并实现对输出频率和占空比的控制，我们先将其连接到两个寄存器——period_reg 和 duty_reg，再添加一些简单的逻辑，将这两个寄存器“伪装”成一个地址位宽为 1 的存储器，如图 6-1 所示。

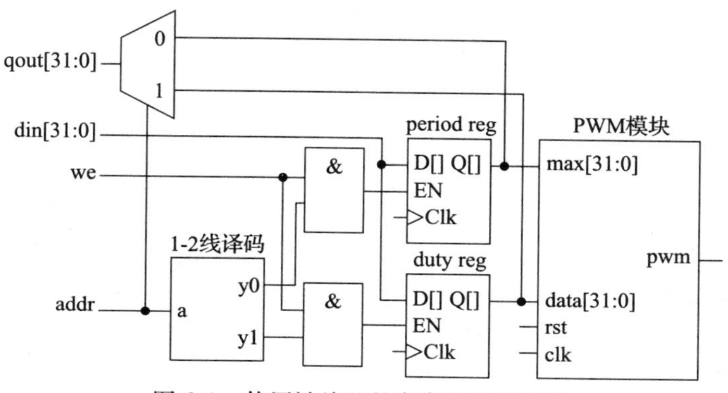

图 6-1　使用被编址的寄存器控制外设

这样，我们便实现了一个能像访问存储器一样被访问和控制的简单 PWM 外设。而这个由 addr、we、din 和 dout 口组成的接口其实就是一个最简单的 MM 从接口。

代码 6-2 描述了图 6-1。为了体现一般性，we、din 和 dout 端口被改名为 write、wrdata 和 rddata。

代码 6-2 具有 MM 从接口的 PWM 发生器

```
1   module PeriphPwm (
2       input wire clk, rst,
3       input wire addr,
4       input wire [31 : 0] wrdata,
5       input wire write,
6       output logic [31 : 0] rddata,
7       output logic pwm, co
8   );
9       logic [31 : 0] period, duty;
10      always_ff@ (posedge clk) begin
11          if(rst) begin
12              period <= '0;
13              duty <= '0;
14          end
15          else if(write) begin
16              case(addr)
17              0: period <= wrdata;
18              1: duty <= wrdata;
19              endcase
20          end
21      end
22      assign rddata = addr == 0 ? period : duty;
23      Pwm2 thePwm(clk, rst, period, duty, pwm, co);
24  endmodule
```

如果与之连接的主接口产生如图 6-2 所示波形，且时钟频率为 100MHz，则可将 PeriphPwm 外设的输出设置为 100kHz、25% 占空比。

上述例子将 period 和 duty 作为纯粹的数据来访问，由数据影响后面 Pwm2 模块的行为。

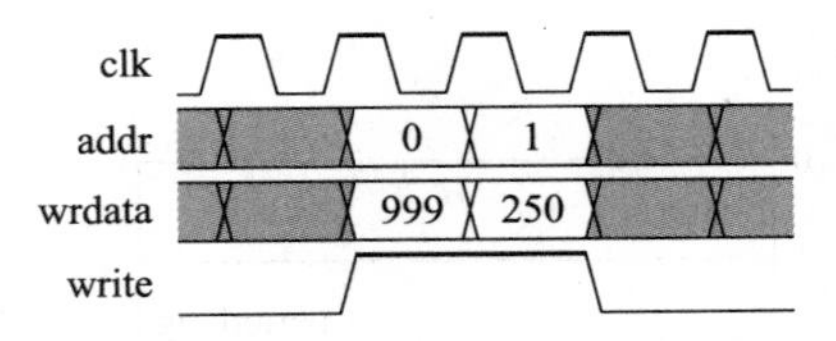

图 6-2 通过简单的 MM 从接口设置 PWM 周期和占空比

有的外设还需要事件来驱动，比如第 5 章介绍的 SPI 主机 SpiMaster。如果将其与两个数据收发 FIFO 连接，如图 6-3 所示，那么 tx_fifo 的 write、rx_fifo 的 read 和 SpiMaster 的 start 都是事件触发的，可以将 MM 从接口地址译码后与读/写信号相“与”得到，因为 MM 接口的读、写信号也理应是事件。注意，我们在前面最简 MM 从接口的基础上增加了一个必要的读信号 read。

这样产生的事件信号虽占用了地址，但未必真实对应一个寄存器。比如图 6-3 中：写地址 0，作用是向 tx_fifo 写入数据；读地址 0，作用是从 rx_fifo 读出数据；写地址 1，作用是设定 ss_mask 和 trans_len，同时发起一次 Spi 传输；读地址 1，作用是读出之前的 ss_mask 和 trans_len 设定。可总结如表 6-1 所示。

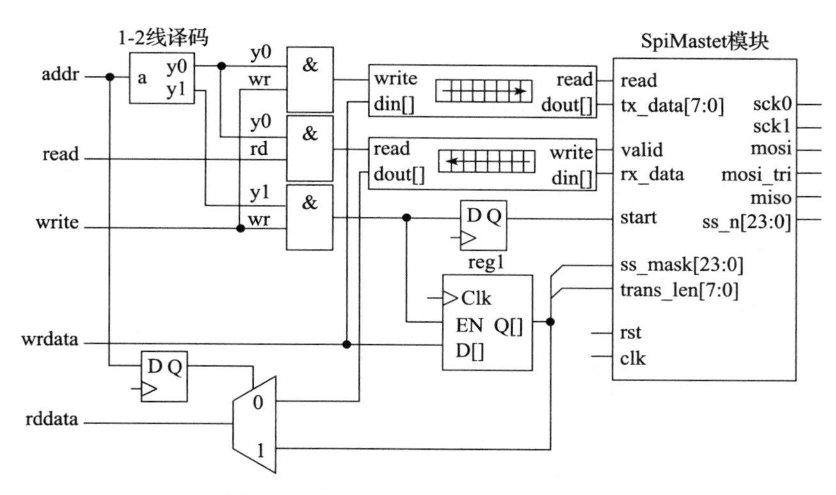

图 6-3 为 SpiMaster 增加 MM 从接口

表 6-1 带有 MM 从接口的 SpiMaster 外设的寄存器

地址	读写	意义
0	读	从 rx_fifo 读出数据
	写	向 tx_fifo 写入数据
1	读	读出之前设置的 ss_mask 和 trans_len
	写	设置 ss_mask 和 trans_len：{trans_len[7：0]，ss_mask[23：0]} < = wrdata，同时发起一次传输

注意图 6-3 中的一些细节处理：

- “写地址 1”信号被延迟一个时钟周期后才送至 start，是为了与 reg1 匹配，在 ss_mask、trans_len 得到正确数据的同一个周期使得 start 信号有效。
- 读地址 0 时，读 rx_fifo，而其数据需一个周期后出现，所以 rddata 之前的数据选择器的选择信号也应由 addr 经过一个周期延迟得到，当然这也使得对 ss_mask 和 tx_len 的读出延迟了一个周期。
- wrdata 和 rddata 均为 32 位，但 tx_fifo 和 rx_fifo 数据均为 8 位，因而将 wrdata 和 rddata 的低 8 位与之连接(图 6-3 中并未明示)。

代码 6-3 描述了图 6-3，代码写出来也很简明。读者应开始慢慢习惯直接通过代码来理解逻辑。

代码 6-3 具有 MM 从接口的 SpiMaster 外设

```
1    module PeriphSpiMaster(
2        input wire clk, rst,
3        input wire addr,
4        input wire [31:0] wrdata,
5        input wire write,
6        output logic [31:0] rddata,
7        input wire read,
8        output logic sclk0, sclk1, mosi, mosi_tri,
9        input wire miso,
```

```
10          output logic [23:0] ss_n,
11          output logic busy
12      );
13          logic start, txf_write, txf_read, rxf_write, rxf_read;
14          logic [23:0] ss;
15          logic [7:0] tx_len;
16          logic [7:0] txf_din, txf_dout, rxf_din, rxf_dout;
17          SpiMaster theSpiMaster(clk, rst, start, ss, tx_len,
18              txf_read, txf_dout, rxf_write, rxf_din,
19              busy, sclk0, sclk1, mosi, mosi_tri, miso, ss_n);
20          ScFifo2 #(8, 8) tx_fifo(
21              clk, txf_din, txf_write, txf_dout, txf_read, , , , , );
22          ScFifo2 #(8, 8) rx_fifo(
23              clk, rxf_din, rxf_write, rxf_dout, rxf_read, , , , , );
24          // write addr 0
25          assign txf_write = write & (addr == 0);
26          assign txf_din = wrdata[7:0];
27          // write addr 1
28          always_ff@ (posedge clk) begin
29              if(rst) {tx_len, ss} <= '0;
30              else if(write && (addr == 1)) {tx_len, ss} <= wrdata;
31          end
32          always_ff@ (posedge clk) start <= (write && (addr == 1));
33          // read
34          logic addr_reg;
35          always_ff@ (posedge clk) addr_reg <= addr;
36          assign rxf_read = read & (addr == 0);
37          assign rddata = addr_reg ? {tx_len, ss} : rxf_dout;
38      endmodule
```

如果与之连接的主接口产生如图 6-4 所示波形，则可让 SpiMaster 发起一次长度为 2 字节的传输，发送的数据为 0x24 和 0xa3。传输完成之后，又从 rx_fifo 读出收到的 2 字节。图中假设收到的数据为 0x96 和 0x7f(注意读数据有一个时钟周期的延迟)。

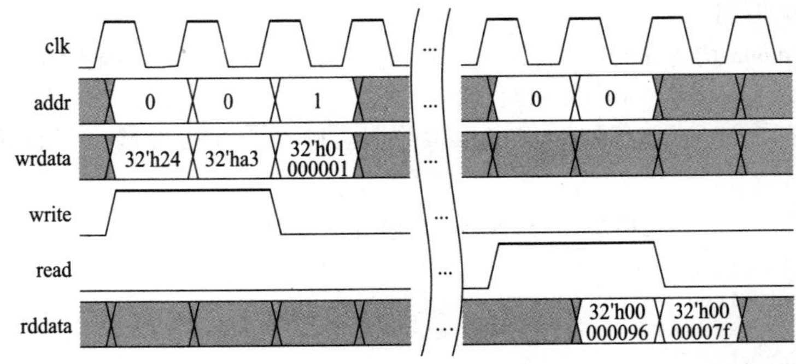

图 6-4　通过 MM 从接口控制 SpiMaster 发起传输的波形示例

有可能主机还希望能查询到 tx_fifo 和 rx_fifo 的 data_cnt 以及 busy 信号，于是我们还可以定义寄存器分配如表 6-2 所示。

表 6-2　重新定义的 SpiMaster 外设寄存器分配

地址	读写	意义
0	读	从 rx_fifo 读出数据
	写	向 tx_fifo 写入数据
1	读	读出之前设置的 ss_mask 和 trans_len
	写	设置 ss_mask 和 trans_len：{trans_len[7:0], ss_mask[23:0]} < = wrdata，同时发起一次传输
2	读	读出两个 fifo 中的数据量和 busy 信号： rddata < = {15'h0, busy, rx_dc[7:0], tx_dc[7:0]}
	写	无意义

代码 6-4 是修改后的 SpiMaster 外设。

代码 6-4　可查询状态的 SpiMaster 外设

```
1   module PeriphSpiMaster2(
2       input wire clk, rst,
3       input wire [1:0] addr,
4       input wire [31:0] wrdata,
5       input wire write,
6       output logic [31:0] rddata,
7       input wire read,
8       output logic sclk0, sclk1, mosi, mosi_tri,
9       input wire miso,
10      output logic [23:0] ss_n,
11      output logic busy
12  );
13      logic start, txf_write, txf_read, rxf_write, rxf_read;
14      logic [23:0] ss;
15      logic [7:0] tx_len;
16      logic [7:0] txf_din, txf_dout, rxf_din, rxf_dout;
17      logic [7:0] txf_dc, rxf_dc;
18      SpiMaster theSpiMaster(clk, rst, start, ss, tx_len,
19          txf_read, txf_dout, rxf_write, rxf_din,
20          busy, sclk0, sclk1, mosi, mosi_tri, miso, ss_n);
21      ScFifo2 #(8, 8) tx_fifo(clk, txf_din, txf_write,
22          txf_dout, txf_read, , , txf_dc, , );
23      ScFifo2 #(8, 8) rx_fifo(clk, rxf_din, rxf_write,
24          rxf_dout, rxf_read, , , rxf_dc, , );
25      // write addr 0
26      assign txf_write = write & (addr == 0);
27      assign txf_din = wrdata[7:0];
28      // write addr 1
29      always_ff@ (posedge clk) begin
30          if(rst) {tx_len, ss} <= '0;
31          else if(write && (addr == 1)) {tx_len, ss} <= wrdata;
32      end
33      always_ff@ (posedge clk) start <= (write && (addr == 1));
34      // read
35      logic [1:0] addr_reg;
36      always_ff@ (posedge clk) addr_reg <= addr;
```

```
37        assign rxf_read = read & (addr == 0);
38        always_comb begin
39            case(addr_reg)
40            0: rddata = rxf_dout;
41            1: rddata = {tx_len, ss};
42            2: rddata = {busy, rxf_dc, txf_dc};
43            default: rddata = '0;
44            endcase
45        end
46    endmodule
```

6.1.2 与主机互连

如果有一个主机提供了一个主接口，但它希望能同时连接到以下三个外设：

- 一个 64KiB = 16Ki × 32bit 的存储器。
- 一个上述 PeriphPwm 外设。
- 一个上述 PeriphSpiMaster 外设。

并要能随时对其中任何一个进行访问，该如何设计呢？

我们可以将这三个外设统一分配到一个更广的地址空间上，比如在 32 位字节地址寻址的 4GiB 空间中按表 6-3 分配。然后使用一定的互连逻辑完成地址译码和 1 对 3 的连接。显然这个互联器需要 1 个从接口（连接主机的主接口）和 3 个主接口（连接 3 个外设的从接口）。

表 6-3 1-3 互联器的地址分配

地址		从机	从机寄存器	
起	止		地址	意义
0x0000_0000	0x0000_ffff	16Ki × 32bit 存储器		
0x0001_0000	0x0000_0007	PeriphPwm	0x0001_0000	period 寄存器
			0x0001_0004	duty 寄存器
0x0001_0010	0x0000_000b	PeriphSpiMaster	0x0001_0010	数据 FIFO 读写
			0x0001_0014	设置片选和发起传输
			0x0001_0018	查询 FIFO 数据量和忙信号

注意，这里所说的 32 位地址是字节地址，而我们从上一节开始使用的数据端口 rddata 和 wrdata 都是 32 位的，寄存器也定义为 32 位（若用不满 32 位的，多余的位也填充了无意义的 0），所以转换为对寄存器的访问，每个寄存器对应 4 字节地址。

上述几个外设的代码中，从接口输入的地址均为寄存器地址，如果与这个互联器连接，则需将互联器的主接口输出的字节地址右移两位，转换为寄存器地址。

而对于存储器类型的外设，如果需要能独立访问 32 位数据中的某字节或多字节，则需要在 MM 接口中传递额外的字节使能信号，这里从简。

对于这个互联器，主要需要完成的功能就是将主机对从接口的访问按地址区间分配到 3 个主接口上，分为写和读两个方面：

- 写，从接口 write 有效时，当从接口的 addr 落在某个主接口分配的地址段以内时，该主接口 write 才有效。

- 读，从接口 read 有效时，当从接口的 addr 落在某个主接口分配的地址段以内时，该主接口 read 才有效，并且在下一个周期(假定读延迟为 1)，从接口的 rddata 根据 addr 来选用主接口的 rddata。

注意，由于存储器和 PeriphSpiMaster 的读操作均有一个周期的延迟，而 PeriphPwm 的读操作则没有，所以，这里我们需要修改 PeriphPwm 的行为，使得它的读操作也有一个周期的延迟(增加一个输出寄存器即可)，便于简化这个例子。

根据上述功能描述，可以得到代码 6-5。

代码 6-5　PicoMmIf 接口和 PicoMm1-3 互联器

```
1    interface PicoMmIf#(parameter AW = 16)( input wire clk, rst );
2        logic [AW-1:0] addr;
3        logic write; logic [31:0] wrdata;
4        logic read; logic [31:0] rddata;
5        modport master(input clk, rst, rddata,
6            output addr, write, wrdata, read);
7        modport slave(input clk, rst, addr, write, wrdata, read,
8            output rddata);
9        task automatic Write(
10           input logic [31:0] a, input logic [31:0] d);
11           addr = a; wrdata = d; write = 1'b1;
12           @ (posedge clk) write = 1'b0;
13       endtask
14       task automatic Read(
15           input logic [31:0] a);
16           addr = a; read = 1'b1;
17           @ (posedge clk) read = 1'b0;
18       endtask
19   endinterface
20
21   module PicoMmInterconnector1to3 (
22       PicoMmIf.slave s,
23       PicoMmIf.master m[3]
24   );
25       assign m[0].wrdata = s.wrdata;
26       assign m[1].wrdata = s.wrdata;
27       assign m[2].wrdata = s.wrdata;
28       always_comb begin
29           casez(s.addr)
30           32'h0000_????: begin
31               m[0].write = s.write;
32               m[0].read = s.read;
33               m[0].addr = s.addr[m[0].AW-1:0];
34           end
35           32'h0001_000?: begin
36               m[1].write = s.write;
37               m[1].read = s.read;
38               m[1].addr = s.addr[m[1].AW-1:0];
39           end
40           32'h0001_001?: begin
41               m[2].write = s.write;
```

```
42              m[2].read = s.read;
43              m[2].addr = s.addr[m[2].AW-1:0];
44          end
45          default: begin
46              m[2].write = '0;
47              m[2].read = '0;
48              m[2].addr = '0;
49          end
50          endcase
51      end
52      logic [31:0] addr_reg;
53      always_ff@ (posedge s.clk) addr_reg <= s.addr;
54      always_comb begin
55          casez(addr_reg)
56          32'h0000_????: s.rddata = m[0].rddata;
57          32'h0001_000?: s.rddata = m[1].rddata;
58          32'h0001_001?: s.rddata = m[2].rddata;
59          default: s.rddata = '0;
60          endcase
61      end
62  endmodule
```

在代码 6-5 中，我们将上述 MM 接口取名为 PicoMmIf，并定义了 interface，将上述接口的多个信号封装在一起。因各个信号在主从角色不同时都有方向区别，所以也使用了 modport 关键字定义了 master 和 slave 两个角色。另外还定义了两个任务，仿真中用来模拟主机的写时序和读时序。

注意代码 6-5 中使用了接口数组，目前主流 FPGA 编译工具还不支持(相信不久后就能支持了)，不过很容易可以改为 3 个单独接口，用于 FPGA 工程。

在代码 6-5 中，对 3 个主接口的地址译码语句非常简单，一个 casez 语句即可。显然，要做到这样简单地用 casez 进行地址译码，必须具备以下三个条件：

1）对于有 N 个 32 位寄存器的外设，占用的字节地址的位宽 AW 应为不小于$\log_2 4N$ 的最小整数，即 $AW = 2 + \lceil \log_2 N \rceil$。

2）起始地址 BA 的最低 AW 位必须为0，即要求 $BA\&(2^{AW}-1)=0$，那么，外设的地址区间为$[BA, BA+2^{AW}-1]=[BA, BA\,|\,(2^{AW}-1)]$。

3）所有外设的地址区间不能重叠。

在第 2 个条件中，“&” 和 “|” 为按位与和按位或。

这样便能保证像代码 6-5 中那样的 casez 语句的各个条件都是互斥的。

例如，5 个寄存器将占用 8 个寄存器地址(浪费 3 个)，即 32 字节地址，将有 5 位地址线；16 个寄存器，将占用 16 个寄存器地址，即 64 字节地址，将有 6 位地址线。

如果不满足上述前两条(第 3 条显然是必须满足的)，则地址译码可能要用复杂的数值比较才能实现了。

代码 6-5 还可以改成如代码 6-6 所示的参数化的互联器，更通用。

代码 6-6　参数化的通用 PicoMm 互联器

```
1   module PicoMmIntercon #(
```

```
2       parameter M_NUM = 4,
3       parameter [31:0] BA[M_NUM]                  // base adderss of each master if
4   )(
5       PicoMmIf.slave s, PicoMmIf.master m[M_NUM]
6   );
7       logic [M_NUM-1 : 0] sel;
8       logic [31:0] addr_reg;
9       logic [31:0] rddata[M_NUM];
10      always_ff@ (posedge s.clk) addr_reg <= s.addr;
11      generate
12          for(genvar i = 0; i < M_NUM; i ++) begin
13              always_comb begin
14                  sel[i] = s.addr[31:m[i].AW] == BA[i][31:m[i].AW];
15                  m[i].addr = s.addr[m[i].AW - 1 : 0];
16                  m[i].wrdata = s.wrdata;
17                  m[i].write = s.write & sel[i];
18                  m[i].read = s.read & sel[i];
19                  rddata[i] = m[i].rddata;
20              end
21          end
22      endgenerate
23      always_comb begin
24          s.rddata = '0;
25          for(int i = 0; i < M_NUM; i ++) begin
26              if(sel[i]) s.rddata = rddata[i];
27          end
28      end
29  endmodule
```

6.1.3 主接口与仿真

这里我们使用前述的互联器和三个外设构建一个简单的系统，如图 6-5 所示。

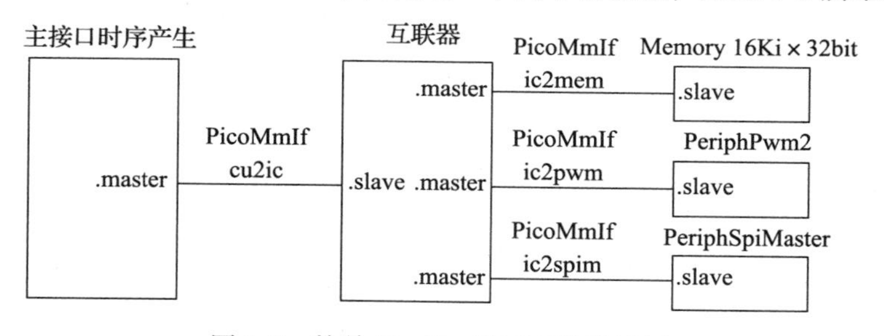

图 6-5　简单 PicoMm 接口互连的示例

主机可以是一个复杂的处理器，也可以是各种各样的逻辑功能单元。在下面的仿真中，我们并不实现一个具体功能的主机，而是模拟一个主机通过 MM 主接口对几个外设访问的时序。

PeriphPwm2 是使用 PicoMmIf 接口作为端口并增加了读出延迟的 PWM 外设。

PeriphSpiMaster3 是使用 PicoMmIf 接口作为端口的 SpiMaster 外设。

代码 6-9 描述了如图 6-5 所示的仿真平台。

代码 6-7 使用 PicoMmIf 的 PWM 外设

```
1   module PeriphPwm2 (
2       PicoMmIf.slave s,
3       output logic pwm, co
4   );
5       wire addr = s.addr >> 2;
6       logic [31 : 0] period, duty;
7       always_ff@ (posedge s.clk) begin
8           if(s.rst) begin
9               period <= '0;
10              duty <= '0;
11          end
12          else if(s.write) begin
13              case(addr)
14              0: period <= s.wrdata;
15              1: duty <= s.wrdata;
16              endcase
17          end
18      end
19      always_ff@ (posedge s.clk) s.rddata <= addr ==0 ? period : duty;
20      Pwm2 thePwm(s.clk, s.rst, period, duty, pwm, co);
21  endmodule
```

代码 6-8 使用 PicoMmIf 的 SpiMaster 外设

```
1   module PeriphSpiMaster3(
2       PicoMmIf.slave s,
3       output logic sclk0, sclk1, mosi, mosi_tri,
4       input wire miso,
5       output logic [23:0] ss_n,
6       output logic busy
7   );
8       wire [1:0] addr = s.addr >> 2;
9       logic start, txf_write, txf_read, rxf_write, rxf_read;
10      logic [23:0] ss;
11      logic [7:0] tx_len;
12      logic [7:0] txf_din, txf_dout, rxf_din, rxf_dout;
13      logic [7:0] txf_dc, rxf_dc;
14      SpiMaster theSpiMaster(s.clk, s.rst, start, ss, tx_len,
15          txf_read, txf_dout, rxf_write, rxf_din,
16          busy, sclk0, sclk1, mosi, mosi_tri, miso, ss_n);
17      ScFifo2 #(8, 8) tx_fifo(s.clk, txf_din, txf_write,
18          txf_dout, txf_read, , , txf_dc, , );
19      ScFifo2 #(8, 8) rx_fifo(s.clk, rxf_din, rxf_write,
20          rxf_dout, rxf_read, , , rxf_dc, , );
21      // write addr 0
22      assign txf_write = s.write & (addr == 0);
23      assign txf_din = s.wrdata[7:0];
24      // write addr 1
25      always_ff@ (posedge s.clk) begin
26          if(s.rst) {tx_len, ss} <= '0;
```

```
27            else if(s.write & (addr == 1)) {tx_len, ss} <= s.wrdata;
28        end
29        always_ff@ (posedge s.clk) start <= (s.write && (addr == 1));
30        // read
31        logic [1:0] addr_reg;
32        always_ff@ (posedge s.clk) addr_reg <= addr;
33        assign rxf_read = s.read & (addr == 0);
34        always_comb begin
35            case(addr_reg)
36            0: s.rddata = rxf_dout;
37            1: s.rddata = {tx_len, ss};
38            2: s.rddata = {busy, rxf_dc, txf_dc};
39            default: s.rddata = '0;
40            endcase
41        end
42    endmodule
```

代码 6-9 PicoMm 互连小系统的仿真平台

```
1   module TestPicoMmIf;
2       import SimSrcGen::* ;
3       logic clk, rst;
4       initial GenClk(clk, 8, 10);
5       initial GenRst(clk, rst, 1, 1);
6       PicoMmIf #(32) pico_cu2ic(clk, rst);
7       PicoMmIf pico_ic2per[3](clk, rst);
8       defparam pico_ic2per[0].AW = 16;
9       defparam pico_ic2per[1].AW = 4;
10      defparam pico_ic2per[2].AW = 4;
11      PicoMmIntercon #(3,
12      '{32'h0000_0000, 32'h0001_0000, 32'h0001_0010})
13      theIc( pico_cu2ic, pico_ic2per);
14      SpRamRf #(32, 16384) theMem( pico_ic2per[0].clk,
15          pico_ic2per[0].addr[15:2], pico_ic2per[0].write,
16          pico_ic2per[0].wrdata, pico_ic2per[0].rddata);
17      logic pwm, co;
18      PeriphPwm2 thePwm(pico_ic2per[1], pwm, co);
19      logic sclk0, sclk1, mosi, mosi_tri, miso = '1, busy;
20      logic [23:0] ss_n;
21      PeriphSpiMaster3 theSpim(pico_ic2per[2],
22          sclk0, sclk1, mosi, mosi_tri, miso, ss_n, busy);
23      initial begin
24          repeat(10) @ (posedge clk);
25          // ==== test memory ====
26          // write 2 data
27          pico_cu2ic.Write(32'h0000_0c00, 32'h1234_5678);
28          pico_cu2ic.Write(32'h0000_0c04, 32'h9abc_edf0);
29          // read 2 data
30          pico_cu2ic.Read(32'h0000_0c00);
31          pico_cu2ic.Read(32'h0000_0c04);
32          // ==== test pwm ====
33          // set period = 100 clks, duty = 33%
```

```
34          pico_cu2ic.Write(32'h0001_0000, 32'd99);
35          pico_cu2ic.Write(32'h0001_0004, 32'd33);
36          // read settings
37          pico_cu2ic.Read(32'h0001_0000);
38          pico_cu2ic.Read(32'h0001_0004);
39          // ==== test spi ====
40          // prepare 2 data in tx fifo
41          pico_cu2ic.Write(32'h0001_0010, 32'h7c);
42          pico_cu2ic.Write(32'h0001_0010, 32'h5b);
43          // start transaction
44          pico_cu2ic.Write(32'h0001_0014, 32'h01_000001);
45          // wait while SpiMaster busy
46          do begin
47              pico_cu2ic.Read(32'h0001_0018);
48              @ (posedge clk);
49          end while( pico_cu2ic.rddata[16] );
50          // read data from rx fifo
51          pico_cu2ic.Read(32'h0001_0010);
52          pico_cu2ic.Read(32'h0001_0010);
53          repeat(100) @ (posedge clk);
54           $stop();
55      end
56  endmodule
```

测试平台先后对存储器、PWM外设和SpiMaster外设进行了访问。对存储器访问时先写入两个数据，然后从同样地址读出数据；对PWM外设访问时，将PWM输出周期设置为100个时钟周期，占空比设置为33%；对SpiMaster外设访问时，先向tx_fifo中写入了两个待发送的数据，然后发起对连接到ss_n[0]外设的一次传输，之后不断检查busy标志，等待外设空闲，在busy变为0之后，从rx_fifo读出SpiMaster收到的两字节。

图6-6所示是访问存储器的波形细节。图6-7所示是访问PWM外设的波形细节。

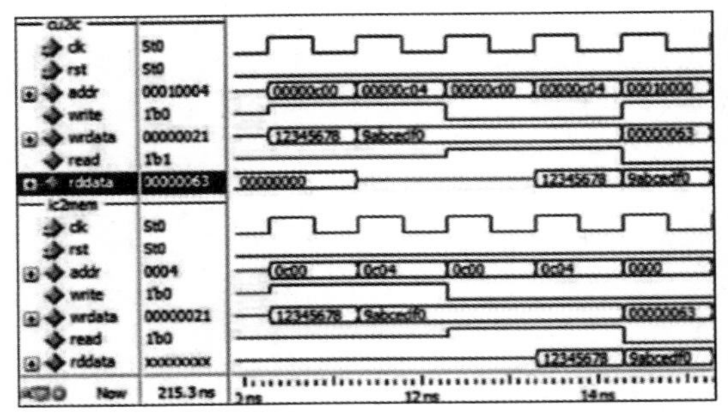

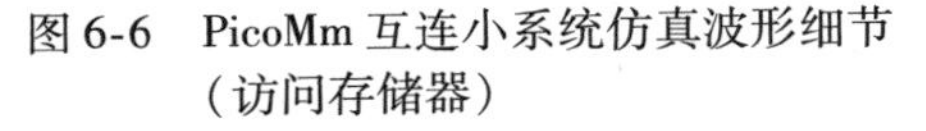
图6-6 PicoMm互连小系统仿真波形细节（访问存储器）

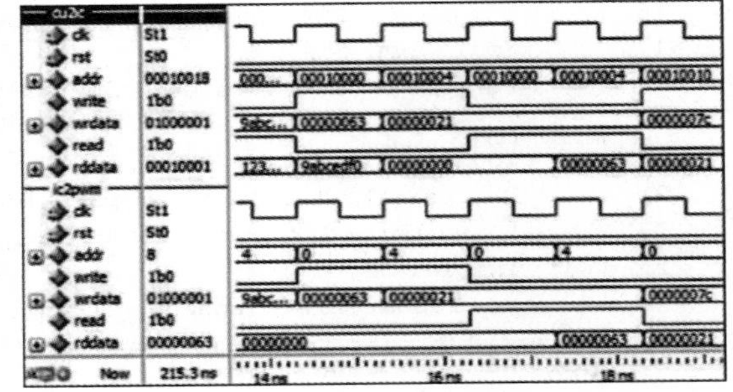

图6-7 PicoMm互连小系统仿真波形细节（访问PWM外设）

图6-8所示是向SpiMaster准备数据和发起传输的波形细节。图6-9所示是等待SpiMaster完成传输之后（读出的busy位变为0）读出数据的波形细节。因并没有给MISO特别的激励，只是给了恒定的1，因而读出的两个数据均为0xff。

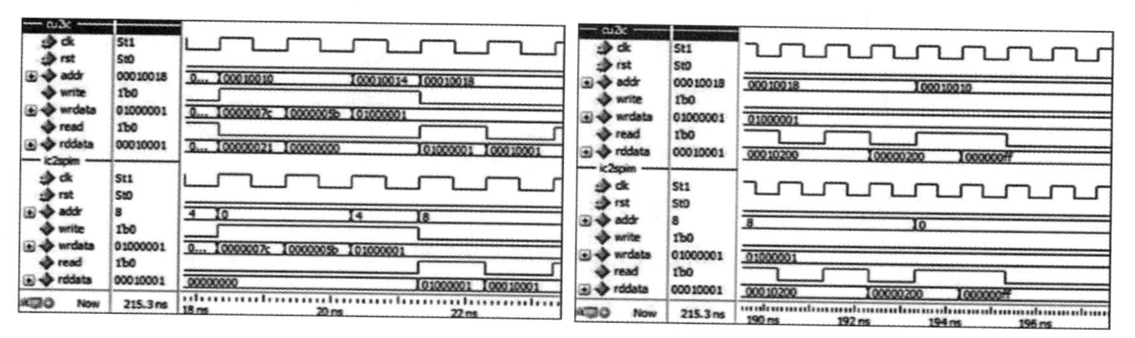

图 6-8　PicoMm 互连小系统仿真波形细节（SpiMaster 外设数据和发起传输）

图 6-9　PicoMm 互连小系统仿真波形细节（读取 SpiMaster 外设数据）

图 6-10 所示是整个仿真的全貌。注意观察 PWM 和 SpiMaster 的输出行为。

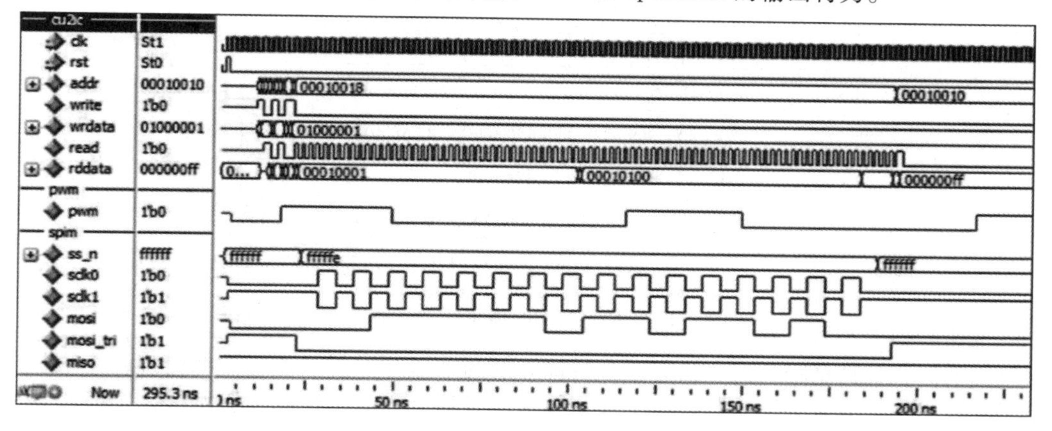

图 6-10　PicoMm 互连小系统仿真波形全貌

6.2　流水线与流式数据

流式接口用于流式数据的传输。所谓流式数据，是指在一定的时间尺度上持续地从一点传递到另一点的数据，就像流水一样，如音频数据流和视频数据流。以 48ksps、16 位的双声道音频数据为例，每隔一个采样周期(约 20.833μs)，便会有两个 16 位数据从“上游”处理单元传递到“下游”处理单元，那么在采样周期这个量级的时间尺度上，它是持续不断地在“流动”。

上游处理单元输出数据的端口称为“**源端口**”，与之连接的下游处理单元的数据输入端口称为“**汇端口**”。

数字逻辑天然地适合用作流式数据处理，由一串触发器级联而成的延迟链其实就是最简单的流式数据处理——在时钟节拍控制下，数据由输入逐级移向输出。

图 6-11 所示的流水线则是在延迟链的基础上更进了一步，除了延迟，还做了一定的数据处理——求平方和。

图 6-12 所示是其工作波形。

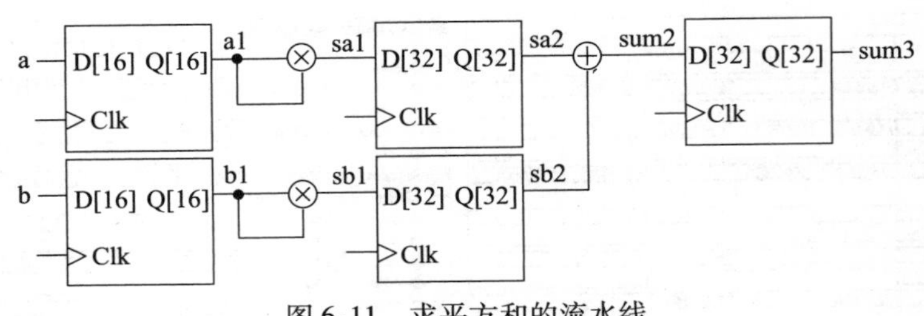

图 6-11　求平方和的流水线

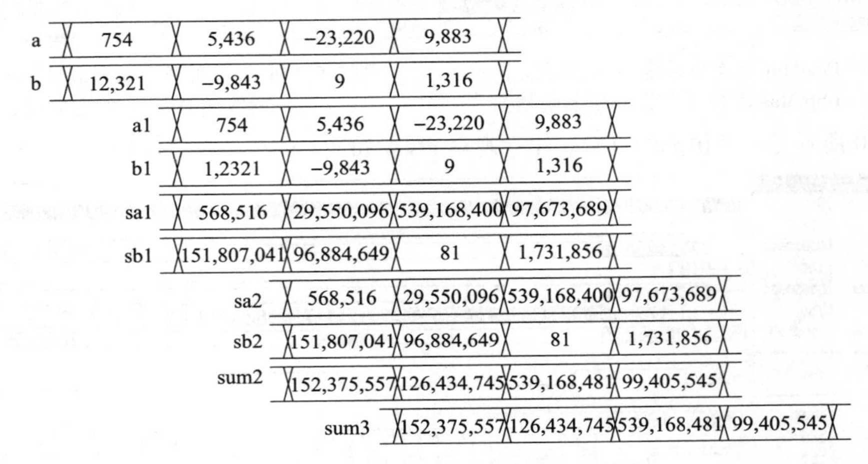

图 6-12　求平方和的流水线的工作波形

可以看到，数据从输入到输出有 3 个时钟周期的延迟，但仍然能每周期处理一个数据。像这样将复杂功能拆分成多个步骤，每个步骤间由触发器分隔的结构称为**流水线**，中间步骤一般是组合逻辑，与整个功能用一个复杂的组合逻辑完成，流水线虽然增加了输出延迟，但并不牺牲数据吞吐率(即输入和输出的数据率)，而且还能显著提高工作频率。

考虑将图 6-11 改成由一个组合逻辑完成求平方和，如图 6-13 所示。如果乘法器延迟 5ns，加法器延迟 4ns，触发器建立、保持时间和传输延迟分别为 1ns、0ns 和 1ns，那么两者的工作波形将分别如图 6-14 和图 6-15 所示。在每个时钟周期内，扣除各种延迟后，要保证每个触发器的建立时间，容易知道，前者可工作在约 143MHz (7ns)，而后者只能工作在约 91MHz (11ns)。两者均为一个周期处理一次数据，显然前者的计算速率更高。

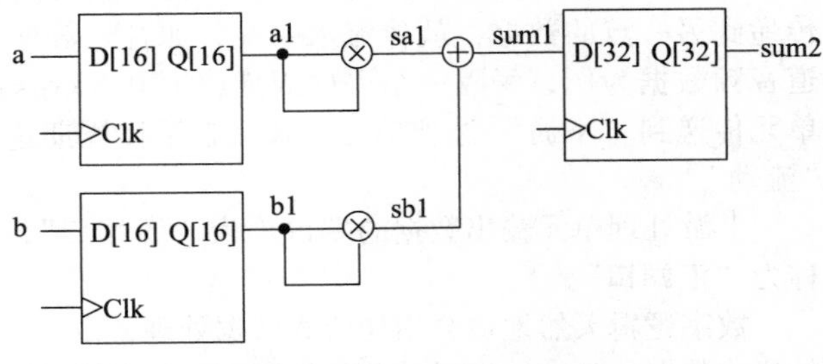

图 6-13　一级组合逻辑求平方和

有的数据流需要控制数据率/采样率，则可以用触发器的使能来实现。

有的数据源(如外部数据输入接口)或数据处理单元的输出数据率受外界数据源或输入的实时数据影响，可以使用“数据有效标志”作为下游的使能输入来控制下游数据率与之同步。第 5 章介绍的 I^2S 接口便是典型例子。

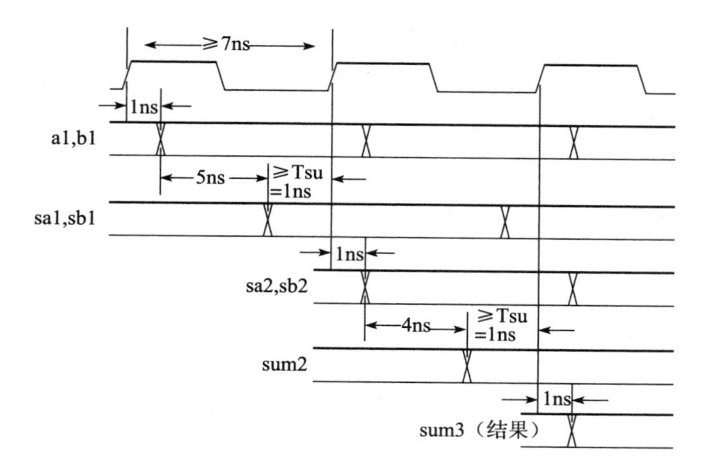

图6-14 两级流水线求平方和的波形

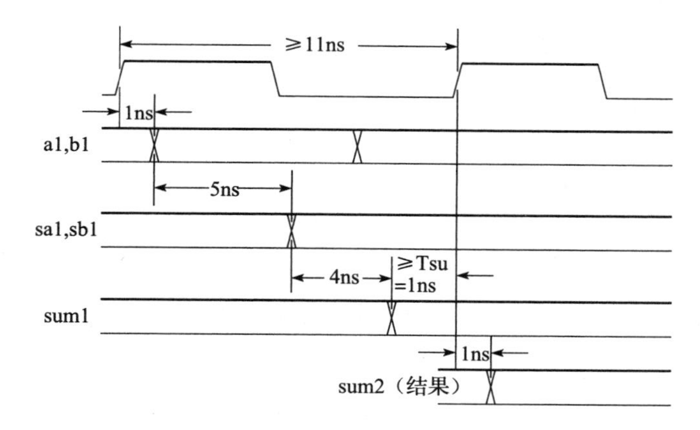

图6-15 一级组合逻辑求平方和的波形

有时因内部逻辑或功能需要，或因下游处理单元不能及时接收数据，数据处理单元可能需要上游单元暂停输出，这种情况就需要“握手”机制了。第5章UART发送器和FIFO的连接便存在简单的握手机制——上游有数据且下游空闲则传递一次数据。

有的处理单元不能恒定地接收数据，比如许多数学变换需积攒一帧才能开始，而处理过程又比较快。换句话说，它们工作在“突发模式”，等待一帧数据时，它们空闲，数据攒齐一帧后它们迅速工作。空闲时，它们的吞吐率为0，工作时吞吐率又很大，这种上下游短时吞吐率的不匹配可以使用FIFO来进行缓冲。

如图6-16所示，FIFO上游数据率恒定为时钟频率的1/4。下游为突发模式，每积累四个数据进行一次处理，在处理过程中，数据率等于时钟频率，但积累过程中数据率等于0。当然，FIFO两端的长时平均数据率应是相等的，不然FIFO必然会过写或过读，造成数据错误。类似地，如果上游突发工作，而下游数据率恒稳，或上下游均突发工作但步调不一致，也可以用FIFO来作数据缓冲。

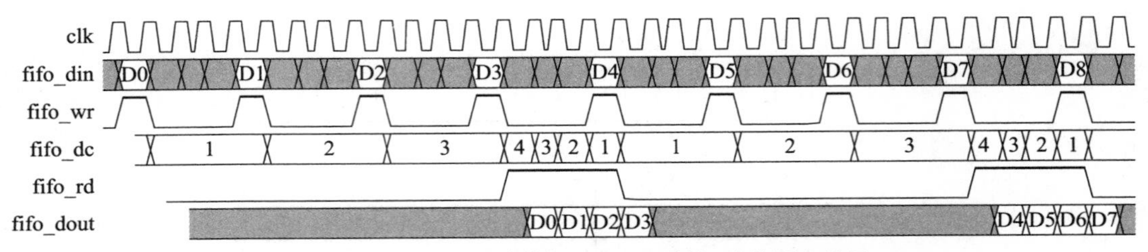

图 6-16　用 FIFO 缓冲数据，匹配两侧短时数据率差异

6.3　等待、延迟和握手

6.3.1　等待和延迟

6.1 节中的 PicoMm 主从接口的读写时序都是确定的：

- 写只需 1 个周期。
- 读只需 1 个周期。
- 读出的数据延迟 1 个周期。

有的从接口，因内部逻辑，在写操作时需要地址 addr、数据 wrdata 和写使能 write 持续多个周期，这称为**写等待**，如图 6-17 所示。

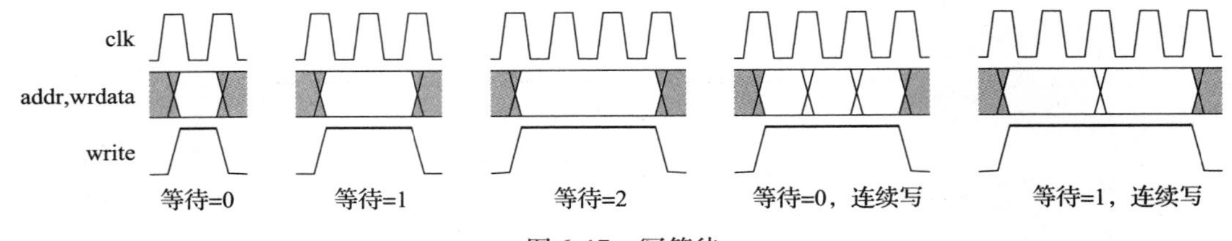

图 6-17　写等待

有的从接口，因内部逻辑，在读操作时需要地址 addr 和读使能 read 持续多个周期，这称为**读等待**。

有的从接口，在 read 有效的最后一个周期，数据即可出现在 rddata 上，则其读延迟为 0(如代码 6-2 所示的 PWM 外设)，有的在 read 有效的最后一个周期后的第 N 个周期出现在 rddata 上，称其**读延迟**为 N。

图 6-18 则是混合了读延迟和读等待的情况。

6.3.2　握手

上述等待和延迟仍然为预知的常数，有的接口的等待和延迟并不能预知，而是与实时工作的状况有关，这时就需要引入握手机制。

第 5 章图 5-22 所示的连接便存在握手机制，不过其握手机制是由两个外部的与门和触发器实现的，并未在两者内部实现。图 6-19 是其“握手”过程的波形。

在 T_1 时刻 FIFO 中有了有效数据，它拉低了 empty 信号，指示 UART 发送器来读，但此时 UART 发送器 busy，于是等到 T_3 时刻 busy 变低，与门产生 read 信号，从 FIFO 读出数据，下一周期即 T_4 后数据有效，同时 read 信号也经延迟而与数据同步产生 start 信号触发 UART 发送器

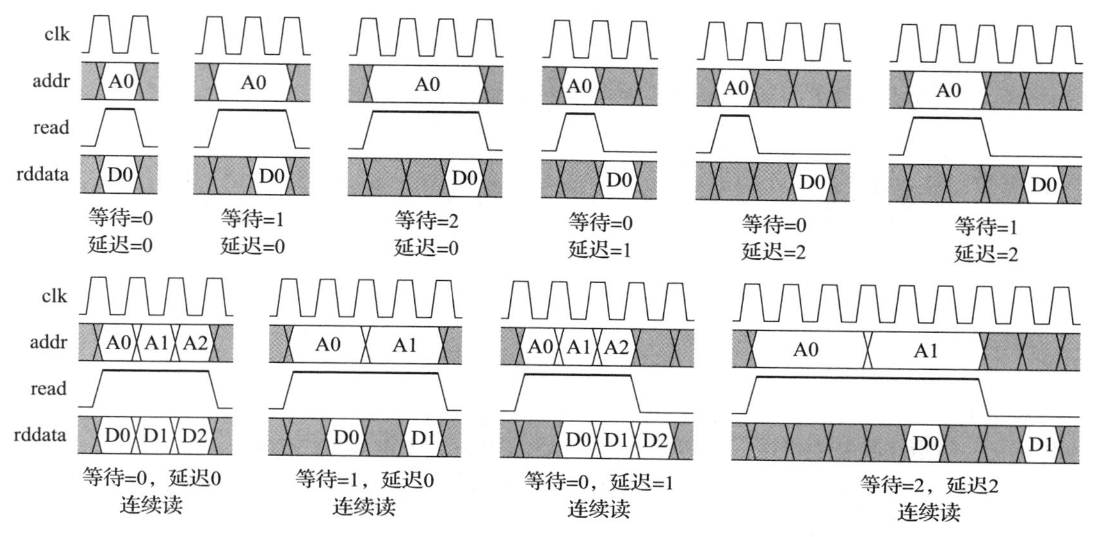

图 6-18　读等待和读延迟

工作。start 信号也反馈到与门，迫使 read 信号无效，保证 read 信号只在一个周期有效。可以看到这个“握手”过程似乎比较晦涩而且稍复杂，是因为它与 FIFO 的读信号产生和 UART 发送器的 start 信号产生牵扯在了一起。

这里我们可以提炼出一种更一般和专用的握手机制，即“valid”和“ready”握手机制——AXI 总线使用的机制。

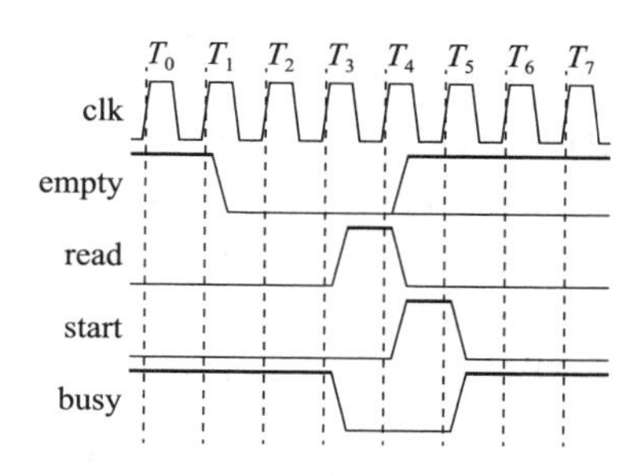

图 6-19　第 5 章 UART 发送器和 FIFO 的“握手”

valid 信号由主接口或源接口产生，ready 信号则由从接口或汇接口产生，一般定义为高电平有效。

在 valid-ready 握手机制中：

- valid 为“数据有效”之意，一旦数据有效便置位，然后持续到握手成功才可能会清除。
- ready 为“可以接收”之意，具备接收数据的条件时置位。
- valid 和 ready 同时置位，则两者传递一次数据（在即将到来的时钟有效沿）称为一次握手。
- 握手后如果下一个周期数据仍是有效数据，valid 可继续置位，否则应清除。
- 握手后如果下一个周期仍然可以接收数据，ready 可继续置位，否则应清除。
- valid 置位不得依赖于 ready 的状态，任何时刻数据有效，valid 应被置位，而不能等待 ready。
- ready 置位可依赖于 valid 的状态，接收端可以等待 valid 置位后置位 ready。
- valid 清除依赖于 ready 的状态，valid 清除只能发生在握手成功之后，以确保有效数据被接收。
- ready 清除不依赖于 valid 的状态，任何时候不具备接收数据的条件，ready 可被清除。

读者对 valid 信号应不陌生，前面章节许多模块都用到了它，意为“数据有效”，但那些模块均认定与其连接的接口（从本章的角度来讲，即从接口或下游的汇接口）随时能接收这个数据（隐含 ready 一直有效的意思），所以 valid 一旦有效，数据便被下游接收，所以对于一次有效数据，valid 仅持续一个周期。了解 valid-ready 握手机制之后，之前这些模块的 valid 信号可以理解为退化了的 valid-ready 握手。

图 6-20 所示是典型的 valid-ready 握手机制的波形。

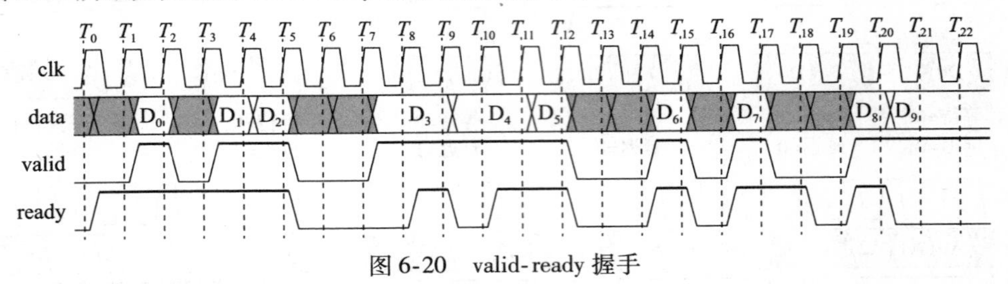

图 6-20　valid-ready 握手

D_0 至 D_8 为已传递的有效数据，T_{22} 之后 D_9 仍在等待握手中。在 T_8、T_{10}、T_{21}、T_{22} 时刻，ready 无效，主接口/源接口需保持数据和 valid 继续等待。无论 ready 为高或低，valid 均可上跳，而只有在握手之后，valid 才可下跳；无论 valid 为高或低，ready 均可上跳或下跳。

6.4　AXI4-Lite 接口

6.4.1　AXI4-Lite 接口介绍

AXI4-Lite 接口是 AXI4 接口的简化子集。与 AXI4 接口相比，它更适用于寄存器映射的外设控制，也可用于对访问速度没有很高要求的存储器。

AXI4-Lite 接口由写地址、写数据、写响应、读地址、读数据 5 个通道和时钟、复位构成，每个通道都包括一对 valid-ready 握手，通道内的所有其他信息传递均由这对握手信号控制。表 6-4是 32 位的 AXI4-Lite 接口信号列表。

表 6-4　AXI4-Lite 接口信号列表(以 32 位为例)

通道	信号	方向		说明
		主	从	
全局	aclk	I	I	AXI 时钟
	areset_n	I	I	AXI 复位(低有效)，复位期间所有 valid 信号必须清零
写地址	awaddr[32]	O	I	写地址，为字节地址，一般情况下低 2 位应为 0
	awprot[3]	O	I	写保护信息(权限、保护、指令/数据)
	awvalid	O	I	写地址通道的握手信号
	awready	I	O	
写数据	wdata[32]	O	I	写数据
	wstrb[4]	O	I	写字节使能，每位依序对应 32 位写数据中的一字节
	wvalid	O	I	写数据通道的握手信号
	wready	I	O	
写响应	bresp[2]	I	O	写响应(操作成功与否)
	bvalid	I	O	写响应通道的握手信号
	bready	O	I	

（续）

通道	信号	方向		说明
		主	从	
读地址	araddr[32]	O	I	读地址，为字节地址，一般情况下低 2 位应为 0
	arprot[3]	O	I	读保护信息(权限、保护、指令/数据)
	arvalid	O	I	读地址通道的握手信号
	arready	I	O	
读数据	rdata[32]	I	O	读数据
	rresp[2]	I	O	读响应(操作成功与否)
	rvalid	I	O	读数据通道的握手信号
	rready	O	I	

AXI4 协议要求接口中任何输出信号与输入信号之间不得有纯组合逻辑路径，比如在从接口中不得出现“assign wready = wvalid”。

awprot 和 arprot 对于多数外设用不到，其意义见表 6-5。

表 6-5　awprot 和 arprot 的意义

awprot/arprot		意义
第 0 位	0	非特权访问
	1	特权访问
第 1 位	0	安全访问
	1	非安全访问
第 2 位	0	数据访问
	1	指令访问

bresp 和 rresp 用来指示写操作和读操作成功与否，其意义见表 6-6。

表 6-6　bresp 和 rresp 的意义

bresp/rresp	意义
2'b00	“OKAY”，操作成功
2'b01	“EXOK”，独占操作成功(仅 AXI4 支持)，AXI4-Lite 不支持独占操作，操作成功一律反馈“OKAY”
2'b10	从接口错误
2'b11	地址译码错误(用于互联器)

每次写操作包括三个阶段：

1）地址阶段：主接口通过写地址通道传输待写的地址和保护信息。

2）数据阶段：主接口通过写数据通道传输待写的数据。

3）响应阶段：从接口通过写响应通道传输操作结果(成功与否)。

地址阶段和数据阶段可先后也可同时，它们的握手可先后发生也可同时发生；而响应阶段的 valid 信号必须在数据阶段和地址阶段均发生握手之后。

每次读操作包括两个阶段：

1）地址阶段：主接口通过读地址通道传输待读的地址和保护信息。

2）数据阶段：从接口通过读数据通道传输读出的数据和操作结果(成功与否)。

数据阶段的 valid 信号必须在地址阶段握手之后。

图 6-21 所示是典型的 AXI4-Lite 写操作波形。

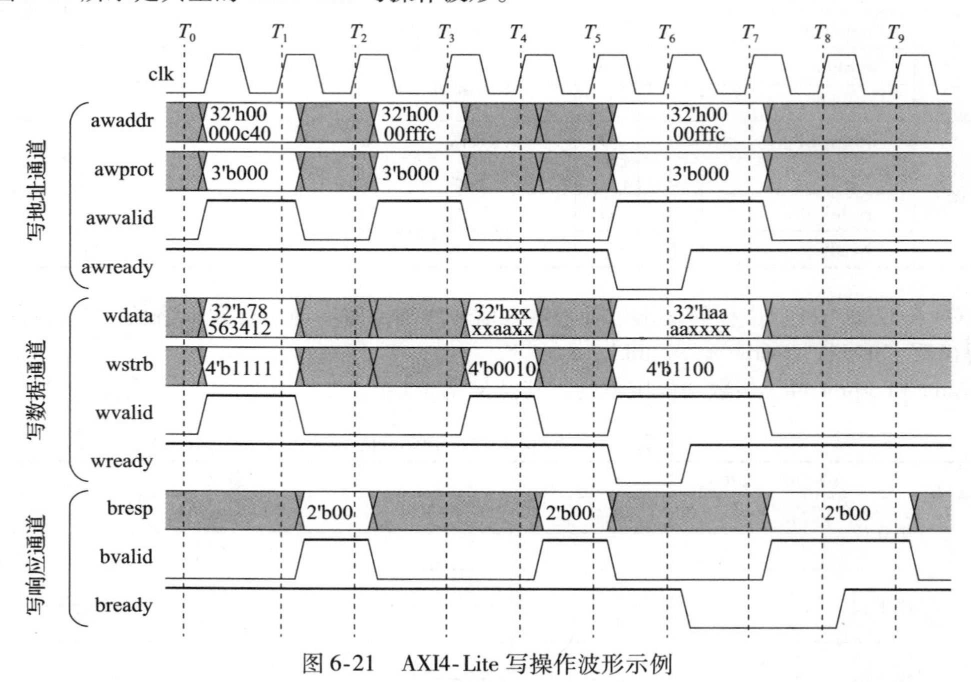

图 6-21　AXI4-Lite 写操作波形示例

第一次写操作，三个通道的 ready 信号一直有效，地址和数据阶段同时握手，而后响应阶段握手，这次操作向地址 0x00000c40 开始的 4 个字节写入了 32 位数据 0x78563412。第二次写操作，三个通道的 ready 信号仍然一直有效，地址、数据和响应阶段依次握手，这次操作向地址 0x0000fffd 写入字节 0xaa(注意字节使能 wstrb)。第三次写操作，ready 信号并非一直有效，因而 valid 信号均有等待，地址和数据阶段同时握手，而响应阶段两个周期后握手，这次操作向地址 0x0000fffe 开始的 2 个字节写入了 16 位数据 0xaaaa(注意字节使能 wstrb)。

图 6-22 所示是典型的 AXI4-Lite 读操作波形。

第一次读操作，两个通道的 ready 信号一直有效，数据阶段握手在地址阶段握手之后，这次操作从地址 0x00000c40 读出了数据 0x78563412。第二次读操作，两个通道的 ready 信号仍然一直有效，不过数据阶段的 valid 出现在地址阶段握手两个周期后，这次操作从地址 0x0000fffc 读出了数据 0xaaaaaa00。第三次读操作，ready 信号并非一直有效，因而 valid 信号都有等待，数据阶段握手在地址阶段握手两个周期后，这次操作仍是从地址 0x0000fffc 读出了数据 0xaaaaaa00。

6.4.2　从机范例

在介绍从机范例之前，我们先定义 AXI4-Lite 接口，如代码 6-10 所示，这个接口可参数化地址位宽，但数据位宽固定为 32。

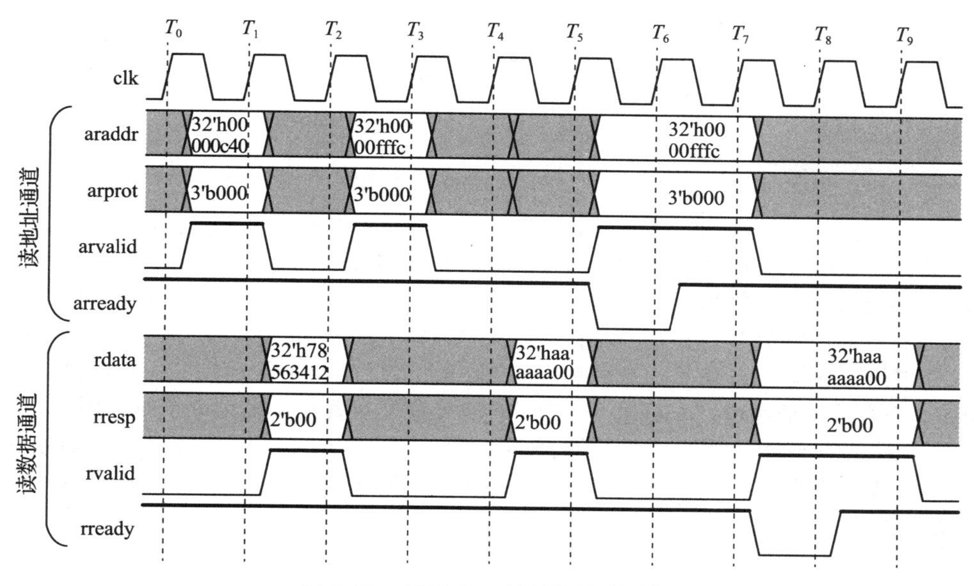

图 6-22　AXI4-Lite 读操作波形示例

代码 6-10　AXI4-Lite 接口定义

```
1   interface Axi4LiteIf #( parameter AW = 32)(
2       input wire clk, reset_n
3   );
4       logic [AW -1:0] awaddr;
5       logic [2:0] awprot;
6       logic awvalid = '0, awready;
7       logic [31:0] wdata;
8       logic [3:0] wstrb;
9       logic wvalid = '0, wready;
10      logic [1:0] bresp;
11      logic bvalid = '0, bready;
12      logic [AW -1:0] araddr;
13      logic [2:0] arprot;
14      logic arvalid = '0, arready;
15      logic [31:0] rdata;
16      logic [1:0] rresp;
17      logic rvalid = '0, rready;
18      modport master(
19          input clk, reset_n,
20          output awaddr, awprot, awvalid, input awready,
21          output wdata, wstrb, wvalid, input wready,
22          input bresp, bvalid, output bready,
23          output araddr, arprot, arvalid, input arready,
24          input rdata, rresp, rvalid, output rready
25      );
26      modport slave(
27          input clk, reset_n,
28          input awaddr, awprot, awvalid, output awready,
```

```
29          input wdata, wstrb, wvalid, output wready,
30          output bresp, bvalid, input bready,
31          input araddr, arprot, arvalid, output arready,
32          output rdata, rresp, rvalid, input rready
33      );
34  endinterface
```

代码6-11是寄存器映射的AXI4-Lite从机，可参数化配置寄存器数量，代码中使用waddr_reg和raddr_reg寄存从写地址通道和读地址通道传来的地址，并使用寄存的地址选择待操纵的寄存器。在这个从机中，写地址通道ready信号永远有效，只要主机给出valid信号便寄存awaddr，awaddr寄存后，写数据通道ready信号置位，等待与valid信号握手。握手后写入数据、清除ready并置位写响应valid信号。与写响应ready信号握手后，清除写响应valid信号，完成整个写操作。而在读地址通道，ready信号在valid信号置位后置位，多出一个时钟周期用于寄存araddr，握手后清除ready信号，并读出数据、置位读数据通道的valid信号，与ready信号握手后清除，完成整个读操作。因为这个从机一定会正确响应所有的读写操作，所以写响应和读响应均恒为2'b00。

代码6-11　寄存器映射的AXI4-Lite从机

```
1   module Axi4LiteSlave #(parameter REG_NUM = 8)(
2       Axi4LiteIf.slave s,
3       output logic [31:0] regs[REG_NUM]
4   );
5       logic regs_wr, regs_rd;
6       // ==== aw channel ====
7       assign s.awready = 1'b1;                              // aw channel always ready
8       logic [s.AW-3 : 0] waddr_reg;
9       always_ff@ (posedge s.clk) begin
10          if(~s.reset_n) waddr_reg <= '0;
11          else if(s.awvalid) waddr_reg <= s.awaddr[s.AW-1 : 2];
12      end
13      // ==== w channel ====
14      assign regs_wr = s.wvalid & s.wready;
15      always_ff@ (posedge s.clk) begin
16          if(~s.reset_n) s.wready <= 1'b0;
17          else if(s.awvalid) s.wready <= 1'b1;              // waddr got
18          else if(s.wvalid & s.wready) s.wready <= 1'b0;    // handshake
19      end
20      // ==== b ch ====
21      assign s.bresp = 2'b00;                               // always ok
22      always_ff@ (posedge s.clk) begin
23          if(~s.reset_n) s.bvalid <= 1'b0;
24          else if(s.wvalid & s.wready) s.bvalid <= 1'b1;    // wdata got
25          else if(s.bvalid & s.bready) s.bvalid <= 1'b0;    // handshake
26      end
27      // ==== ar ch ====
28      logic [s.AW-3 : 0] raddr_reg;
29      always_ff@ (posedge s.clk) begin
30          if(~s.reset_n) raddr_reg <= 1'b0;
31          else if(s.arvalid) raddr_reg <= s.araddr[s.AW-1 : 2];
```

```
32        end
33        always_ff@ (posedge s.clk) begin
34            if(~s.reset_n) s.arready <= 1'b0;
35            else if(s.arvalid & ~s.arready) s.arready <=1'b1;// raddr got
36            else if(s.arvalid & s.arready) s.arready <=1'b0; // handshake
37        end
38        assign regs_rd = s.arvalid & s.arready;
39        // === r ch ===
40        assign s.rresp = 2'b00;                              // always ok
41        always_ff@ (posedge s.clk) begin
42            if(~s.reset_n) s.rvalid <= 1'b0;
43            else if(regs_rd) s.rvalid <= 1'b1;
44            else if(s.rvalid & s.rready) s.rvalid <= 1'b0;
45        end
46        always_ff@ (posedge s.clk) begin
47            if(regs_rd) s.rdata <= regs[raddr_reg];
48        end
49        // === regs ===
50        always_ff@ (posedge s.clk) begin
51            if(~s.reset_n) regs = '{REG_NUM{'0}};
52            else if(regs_wr) begin
53                if(s.wstrb[0]) regs[waddr_reg][0 +:8] <= s.wdata[0 +:8];
54                if(s.wstrb[1]) regs[waddr_reg][8 +:8] <= s.wdata[8 +:8];
55                if(s.wstrb[2]) regs[waddr_reg][16 +:8] <=s.wdata[16 +:8];
56                if(s.wstrb[3]) regs[waddr_reg][24 +:8] <=s.wdata[24 +:8];
57            end
58        end
59    endmodule
```

6.4.3 主机范例

这里描述一个简单的主机，其功能是从与之连接的从机读取寄存器，将其数值取相反数后写回，连续读写 8 个寄存器，如代码 6-12 所示。它在外部 start 信号的触发下开始工作，对每个地址的操作，从发送读地址开始到收到写响应为止共有五个阶段：发送读地址、接收读数据、发送写地址、发送写数据、接收写响应。每个阶段的 valid 信号均在前一阶段的握手后置位，最后写响应的握手(bvalid & bready)之后开始对下一个地址操作，同时写响应的握手还主要用作地址计数器的使能，使得地址增加。

代码 6-12 AXI4-Lite 主机示例

```
1    module Axi4LiteMasterEg (
2        Axi4LiteIf.master m,
3        input wire start
4    );
5        localparam [31:0] START_ADDR = 0;
6        localparam LEN = 8;
7        logic [7:0] acnt;
8        logic acnt_co;
9        CounterMax #(8) addrCnt(m.clk, ~m.reset_n | start,
10           m.bvalid & m.bready, 8'd7, acnt, acnt_co);
```

```
11        // ==== ar channel ====
12        assign m.araddr = (acnt + START_ADDR) << 2;
13        assign m.arprot = 3'b0;
14        always_ff@ (posedge m.clk) begin
15            if(~m.reset_n) m.arvalid <= '0;
16            else if(start |(m.bvalid&m.bready& ~acnt_co)) m.arvalid <= '1;
17            else if(m.arvalid & m.arready) m.arvalid <= '0;
18        end
19        // ==== r channel ====
20        assign m.rready = '1;
21        logic signed [31:0] data;
22        always_ff@ (posedge m.clk) begin
23            if(~m.reset_n) data <= '0;
24            else if(m.rvalid) data <= m.rdata;
25        end
26        // ==== aw channel ====
27        assign m.awaddr = (acnt + START_ADDR) << 2;
28        assign m.awprot = 3'b0;
29        always_ff@ (posedge m.clk) begin
30            if(~m.reset_n) m.awvalid <= '0;
31            else if(m.rvalid) m.awvalid <= '1;
32            else if(m.awvalid & m.awready) m.awvalid <= '0;
33        end
34        // ==== w channel ====
35        assign m.wdata = -data;
36        assign m.wstrb = 4'b1111;
37        always_ff@ (posedge m.clk) begin
38            if(~m.reset_n) m.wvalid <= '0;
39            else if(m.rvalid) m.wvalid <= '1;
40            else if(m.wvalid & m.wready) m.wvalid <= '0;
41        end
42        // ==== b channel ====
43        assign m.bready = '1;
44    endmodule
```

6.4.4 主从机仿真

代码6-13是仿真平台，注意第12行initial过程块，在复位完成之后对从机中的寄存器进行初始化，便于观察主机的工作效果。

代码6-13 AXI4-Lite主从机的仿真平台

```
1     module TestAxi4Lite;
2         import SimSrcGen::* ;
3         logic clk;
4         logic rst;
5         initial GenClk(clk, 8, 10);
6         initial GenRst(clk, rst, 2, 2);
7         Axi4LiteIf #(5) theIf(clk, ~rst);
8         logic start = '0;
9         Axi4LiteMasterEg theMas(theIf, start);
```

```
10        logic [31:0] regs[8];
11        Axi4LiteSlave #(8) theSla(theIf, regs);
12        initial begin
13            wait(rst); wait(~rst);
14            theSla.regs = '{
15                123, -2334, 48327342, -218377853,
16                232889, 33612, -812, -456783321};
17        end
18        initial begin
19            repeat(10) @ (posedge clk);
20            start = '1;
21            @ (posedge clk) start = '0;
22            repeat(100) @ (posedge clk);
23             $stop();
24        end
25    endmodule
```

图 6-23 所示是其仿真波形。注意理解各通道的握手信号。

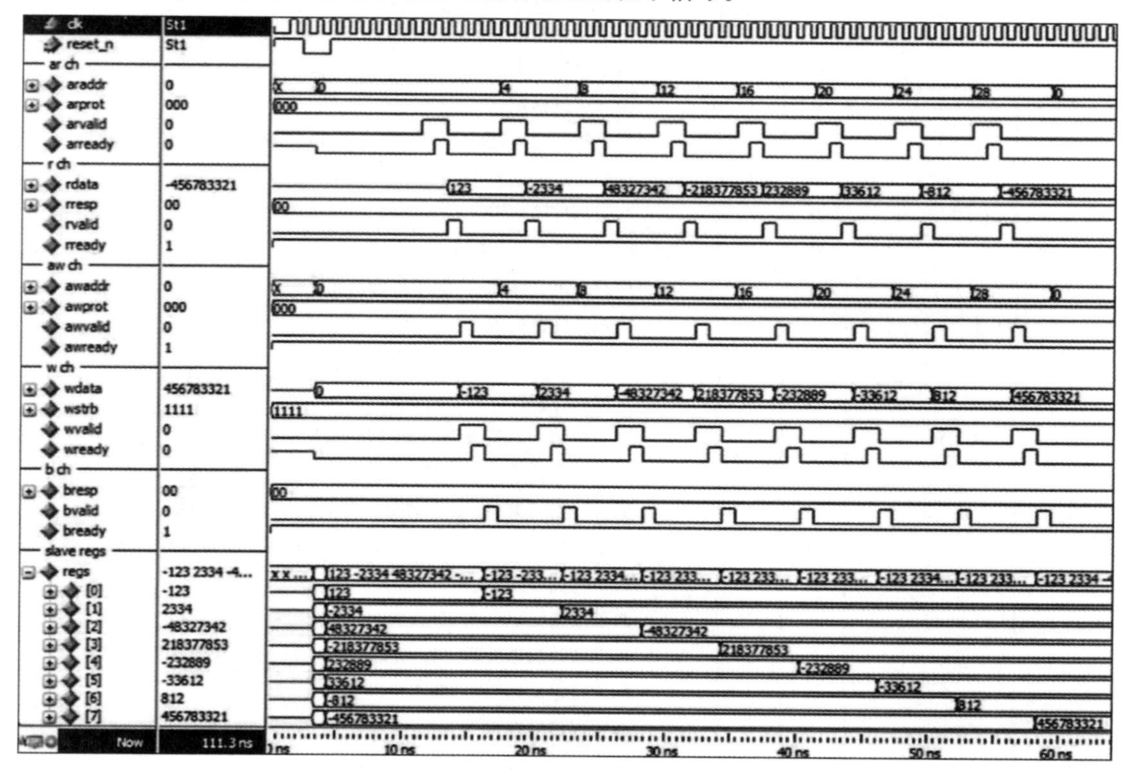

图 6-23　AXI4-Lite 主从机的仿真波形

6.5　AXI4 接口

AXI4 接口与 AXI4-Lite 接口相比，增加了以下特性：

- 突发传输，即一次地址、多次数据(SAMD)，极大地提高了接口吞吐率。
- 独占访问，用于检验“读出-写回”过程中该数据是否被篡改，实现对数据的原子操作。
- 传输排序和交织，不同 ID 的传输，数据和响应阶段不必与地址阶段同序，不同传输的各个阶段可以交织在一起。

与 AXI4-Lite 相对，AXI4 有时也称为 AXI4-Full。

与 AXI4-Lite 接口相比，AXI4 接口有同样的 5 个通道，但每个通道都增加了一些信号，如表 6-7 所示，其中位宽标为“?”的是可根据需要(在一定范围内)选择不同位宽的。

表 6-7　AXI4 接口较 AXI4-Lite 接口增加的信号

通道	信号	方向		说明
		主	从	
写地址	awid[?]	O	I	写地址传输标识
	awlen[8]	O	I	突发传输的长度(数据握手的次数) = awlen + 1
	awsize[3]	O	I	每次握手传递的字节数 = 2^{awsize}，不得超过数据宽度
	awburst[2]	O	I	突发传输的类型，固定地址、地址自增、地址包绕
	awlock	O	I	用于标记独占传输，0 - 非独占传输；1 - 独占传输
	awcache[4]	O	I	指示存储器类型
	awqos[4]	O	I	服务质量标识
	awregion[4]	O	I	提供额外的地址码，为物理从接口划分多个逻辑接口
	awuser[?]	O	I	用户自定义信息(一般不推荐使用)
写数据	wid[?]	O	I	写数据传输标识
	wlast	O	I	标记突发传输中的最后一次数据
	wuser[?]	O	I	用户自定义信息(一般不推荐使用)
写响应	bid[?]	I	O	写响应传输标识
	buser[?]	I	O	用户自定义信息(一般不推荐使用)
读地址	arid[?]	O	I	读地址传输标识
	arlen[8]	O	I	突发传输的长度(数据握手的次数) = arlen + 1
	arsize[3]	O	I	每次握手传递的字节数 = 2^{arsize}，不得超过数据宽度
	arburst[2]	O	I	突发传输的类型，固定地址、地址自增、地址包绕
	arlock	O	I	用于标记独占传输，0 - 非独占传输；1 - 独占传输
	arcache[4]	O	I	指示存储器类型
	arqos[4]	O	I	服务质量标识
	arregion[4]	O	I	提供额外的地址码，为物理从接口划分多个逻辑接口
	aruser[?]	O	I	用户自定义信息(一般不推荐使用)
读数据	rid[?]	I	O	读数据传输标识
	rlast	I	O	标记突发传输中的最后一次数据
	ruser[?]	I	O	用户自定义信息(一般不推荐使用)

突发传输的地址计算

突发传输有三种，由 awburst 或 arburst 指定，如表 6-8 所示。

表 6-8　突发传输的类型

a? burst	
2'b00	FIXED，固定访问地址的连续读写
2'b01	INCR，地址自增的连续读写，但不得穿越 4KiB 地址边界
2'b10	WRAP，地址包绕的连续读写，在一小块地址内循环
2'b11	保留

在突发传输中，地址信息只传递一次，因而实现突发传输的关键是后续数据对应的地址和字节使能的计算。

在突发传输中，每次握手传输的字节数由 size(awsize 或 arsize)决定：

$$N_B = 2^{\text{size}}$$

实际的起始地址应对齐到 N_B：

$$A_0 = \lfloor \text{addr}/N_B \rfloor \cdot N_B$$

其中⌊·⌋为下取整，addr 为 awaddr 或 araddr。

对于自增和包绕，每次地址增量 N_B，因而第 n 次(从 0 开始)地址：

$$A_n = A_0 + n \cdot N_B$$

除非自增达到 4KiB 边界，或包绕达到地址块上边界：

- 地址自增的传输中：

$$A_n = \text{rem}(A_0 + n \cdot N_B, 4096), \quad n \in [0, \text{len})$$

  其中 rem(a, b)为 a 除以 b 的正余数，len 为 awlen + 1 或 arlen + 1。

- 地址包绕的传输中，len ∈ {2, 4, 8, 16}，地址 $A_n \in [A_L, A_H)$，其中：

$$\begin{cases} A_L = \left\lfloor \dfrac{\text{addr}}{N_B \cdot \text{len}} \right\rfloor \cdot N_B \cdot \text{len} \\ A_H = A_L + N_B \cdot \text{len} \end{cases}$$

  因而：

$$A_n = A_L + \text{rem}(A_0 + n \cdot N_B, N_B \cdot \text{len}), \quad n \in [0, \text{len})$$

而 strb(字节使能)与字节地址 A_n 和 N_B 的关系(以 32 位为例)：

$$\begin{cases} \text{strb} = 2^{\text{rem}(\text{addr}, \text{DW}/8)}(2^{N_B} - 1) & n = 0 \\ \text{strb} = 2^{\text{rem}(A_n, \text{DW}/8)}(2^{N_B} - 1) & n > 0 \end{cases}$$

其中，DW 为数据位宽。

综上所述，我们可以定义出在突发传输中计算地址和字节使能的模块，如代码 6-14 所示。

代码 6-14　AXI4 突发传输的地址计算

```
1    module Axi4BurstAddrGen(
2        input wire clk, rst,
3        input wire start,            // awvalid & awready | arvalid & arready
4        input wire inc,              // wvalid & wready | rvalid & rready
5        input wire [31:0] addr,
6        input wire [7:0] xlen,
7        input wire [2:0] size,       // NB = 2** size
8        input wire [1:0] burst,
9        output logic [31:0] aout,
```

```
10          output logic [3:0] strb,
11          output logic last
12      );
13          localparam [1:0] B_FIXED = 0, B_INCR = 1, B_WRAP = 2;
14          logic [31:0] a, a_nxt, al, a4kl;
15          logic [2:0] nb;             // 1 ~4, = 1 << size
16          logic [6:0] wl;             // for wrap, = nb * len = (1 + xlen) << size
17          logic [1:0] b;              // burst
18          logic [7:0] inc_cnt, inc_max;
19          logic [3:0] strb0;
20          always_ff@ (posedge clk) begin
21              if(rst) inc_cnt <= 8'd0;
22              else if(start) begin
23                  inc_cnt <= 8'd0; inc_max <= xlen;
24              end
25              else if(inc) begin
26                  if(inc_cnt < inc_max) inc_cnt <= inc_cnt + 8'd1;
27              end
28          end
29          assign last = inc_cnt == inc_max;
30          always_ff@ (posedge clk) begin
31              if(rst) a <= 32'b0;
32              else if(start) begin
33                  // floor(a/nb)* nb
34                  a <= addr & ~((32'b1 << size) - 32'b1);
35                  // (2 ^ (2 ^ size) - 1) * 2 ^ rem(a, 4)
36                  strb0 <= ((5'b1 << (3'b1 <<size)) - 5'b1) << addr[1:0];
37                  // floor(a / (nb * len)) * (nb * len)
38                  al <= addr & ~(((32'b1 + xlen) << size) - 32'b1);
39                  a4kl <= addr & ~32'd4095;
40                  nb <= 3'b1 << size;
41                  wl <= (32'b1 + xlen) << size;
42                  b <= burst;
43              end
44              else if(inc & ~last) a <= a_nxt;
45          end
46          always_comb begin
47              case(b)
48              B_FIXED: a_nxt = a;
49              B_INCR: begin
50                  if(a == a4kl + 32'd4096 - nb) a_nxt = a4kl;
51                  else a_nxt = a + nb;
52              end
53              B_WRAP: begin
54                  if(a == al + wl - nb) a_nxt = al;
55                  else a_nxt = a + nb;
56              end
57              default: a_nxt = a;
58              endcase
59          end
60          assign aout = a;
61          assign strb = inc_cnt == 8'd0 ? strb0 :
```

```
62                  // (2 ^ nb - 1) * 2 ^ rem(a, 4)
63                      ((5'b1 << nb) - 5'b1) << a[1:0];
64      endmodule
```

图 6-24 是地址自增传输，$N_B=1$ 时起始地址 4003 的例子。

a	4000	4003	4004	4005	4006	4007	4008	4009	4010	4011	4012	4013	4014	4015	4016	4017	4018
be	1111	1000	0001	0010	0100	1000	0001	0010	0100	1000	0001	0010	0100	1000	0001	0010	0100
inc...	15	0	1	2	3	4	5	6	7	8	9	10	11	12	13	14	15

图 6-24　INCR 突发传输中的地址和字节使能（$N_B=1$，addr = 4003）

图 6-25 是地址自增传输，$N_B=2$ 时起始地址 4003 的例子，因起始地址未对齐到 2 字节，第 0 次实际只传输了地址 4003 上的一字节。

a	4000	4002	4004	4006	4008	4010	4012	4014	4016	4018	4020	4022	4024	4026	4028	4030	4032
be	1111	1000	0011	1100	0011	1100	0011	1100	0011	1100	0011	1100	0011	1100	0011	1100	0011
inc...	15	0	1	2	3	4	5	6	7	8	9	10	11	12	13	14	15

图 6-25　INCR 突发传输中的地址和字节使能（$N_B=2$，addr = 4003）

图 6-26 是地址自增传输，$N_B=4$ 时起始地址 4003 的例子，因起始地址未对齐到 4 字节，第 0 次实际只传输了地址 4003 上的一字节。

a	4000	4000	4004	4008	4012	4016	4020	4024	4028	4032	4036	4040	4044	4048	4052	4056	4060
be	1111	1000	1111														
inc...	15	0	1	2	3	4	5	6	7	8	9	10	11	12	13	14	15

图 6-26　INCR 突发传输中的地址和字节使能（$N_B=4$，addr = 4003）

图 6-27 是地址包绕传输，$N_B=1$、长度 16，起始地址 4007 的例子，地址范围为［4000，4016）。

a	4000	4007	4008	4009	4010	4011	4012	4013	4014	4015	4000	4001	4002	4003	4004	4005	4006
be	1111	1000	0001	0010	0100	1000	0001	0010	0100	1000	0001	0010	0100	1000	0001	0010	0100
inc...	15	0	1	2	3	4	5	6	7	8	9	10	11	12	13	14	15

图 6-27　WRAP 突发传输中的地址和字节使能（$N_B=1$，a?len = 15，addr = 4007）

图 6-28 是地址包绕传输，$N_B=2$，长度 16，起始地址 4007 的例子，地址范围为［4000，4032）。

a	4000	4006	4008	4010	4012	4014	4016	4018	4020	4022	4024	4026	4028	4030	4000	4002	4004
be	1111	1000	0011	1100	0011	1100	0011	1100	0011	1100	0011	1100	0011	1100	0011	1100	0011
inc...	15	0	1	2	3	4	5	6	7	8	9	10	11	12	13	14	15

图 6-28　WRAP 突发传输中的地址和字节使能（$N_B=2$，a?len = 15，addr = 4007）

图 6-29 是地址包绕传输，$N_B=4$，长度 16，起始地址 4007 的例子，地址范围为［3968，4032）。

a	4000	4004	4008	4012	4016	4020	4024	4028	3968	3972	3976	3980	3984	3988	3992	3996	4000
be	1111	1000	1111														
inc...	15	0	1	2	3	4	5	6	7	8	9	10	11	12	13	14	15

图 6-29　WRAP 突发传输中的地址和字节使能（$N_B=4$，a?len = 15，addr = 4007）

图 6-30 是 INCR 突发写传输的波形示例，$N_B=2$，addr = 4003，长度 16。

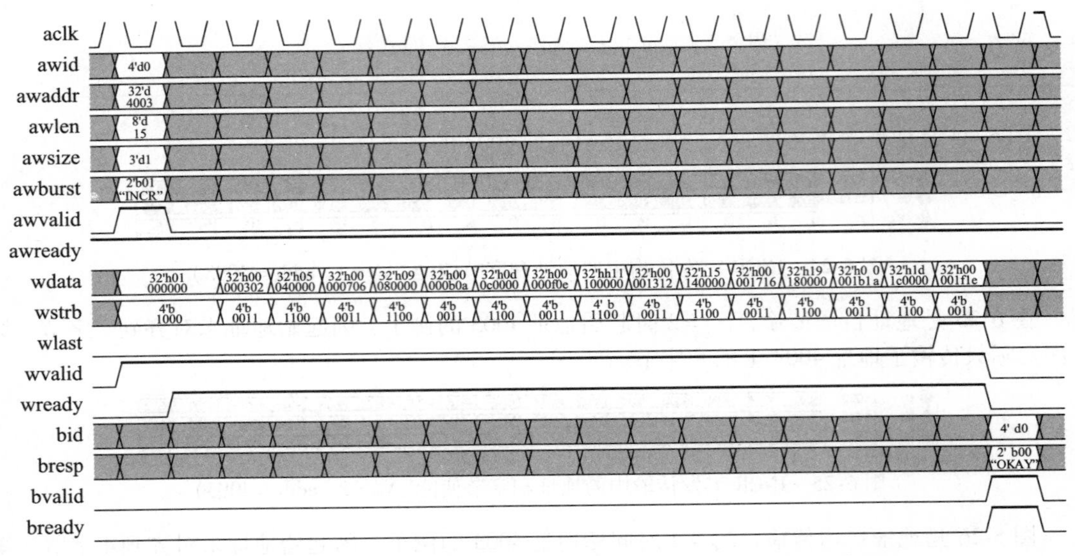

图 6-30 INCR 突发写传输的波形示例($N_B=2$，addr = 4003，长度 16)

图 6-31 是 WRAP 突发读传输的波形示例，$N_B=4$，addr = 4007，长度 16。

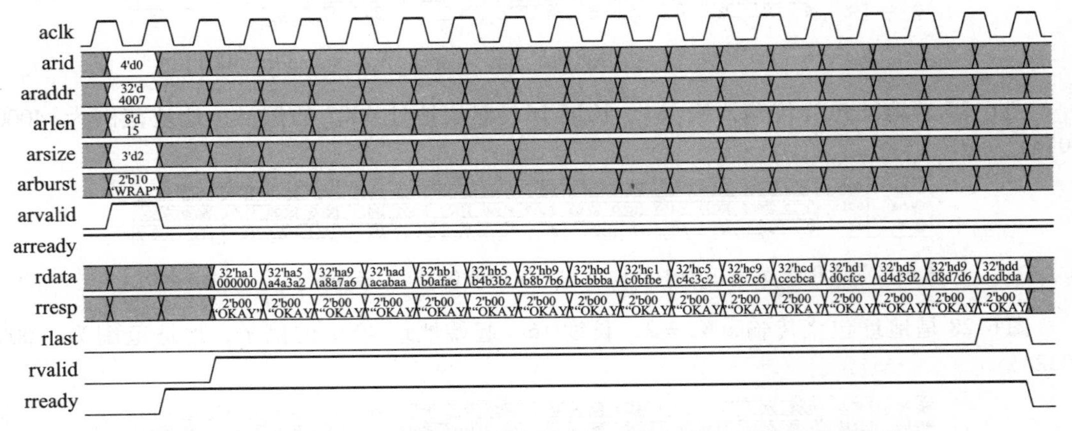

图 6-31 WRAP 突发读传输的波形示例($N_B=4$，addr = 4007，长度 16)

排序和交织、独占传输和存储器类型等内容这里不作介绍，这些方面涉及许多处理器系统甚至计算机操作系统相关知识，比如缓存系统、存储空间和映射、操作系统和多线程等，如需了解，可参阅 ARM 公司发布的协议原文，并学习现代处理器和操作系统相关知识以助理解。

自行设计的主机或从机，如果：

- 不需要排序和交织特性，主机可固定以 id = 0 发起传输，从机按传输次序逐个响应即可。
- 不需要独占传输特性，主机不发起独占传输，从机只返回 resp = 2'b00 即可。
- 不需要多存储器类型，主机设置 awcache 和 arcache 均为 4'b0010(非缓存非缓冲)，从机忽略 awcache 和 arcache 即可。

因而掌握上述突发传输的地址处理后，结合前面 AXI4-Lite 接口的设计经验，AXI4 主、从接口便容易设计了。

6.6　AXI4-Stream 接口

6.6.1　AXI4-Stream 接口介绍

相对于 AXI4-Lite 和 AXI4 接口，AXI4-Stream 比较简单，信号也不多。表 6-9 是 32 位的 AXI4-Stream 的信号列表，其中带有“ * ”号的信号是可选的。

表 6-9　AXI4-Stream 接口信号列表(以 32 位为例)

<table>
<tr><th rowspan="2">信号</th><th colspan="2">方向</th><th rowspan="2" colspan="2">说明</th></tr>
<tr><th>源</th><th>汇</th></tr>
<tr><td>aclk</td><td>I</td><td>I</td><td colspan="2">AXI 时钟</td></tr>
<tr><td>areset_n</td><td>I</td><td>I</td><td colspan="2">AXI 复位(低有效)，复位期间所有 valid 信号必须清零</td></tr>
<tr><td>tvalid</td><td>O</td><td>I</td><td rowspan="2" colspan="2">握手信号</td></tr>
<tr><td>tready</td><td>I</td><td>O</td></tr>
<tr><td>tdata[32]</td><td>O</td><td>I</td><td colspan="2">数据</td></tr>
<tr><td>tstrb[4] *</td><td>O</td><td>I</td><td>字节有效</td><td rowspan="2">无效但保持的字节称为占位字节，不能从流中移除；不保持的字节可从流中移除。strb = 1，keep = 0 是不允许的</td></tr>
<tr><td>tkeep[4] *</td><td>O</td><td>I</td><td>字节保持</td></tr>
<tr><td>tlast</td><td>O</td><td>I</td><td colspan="2">分隔数据组，如指示一帧或一包数据中的最后一个</td></tr>
<tr><td>tid[?] *</td><td>O</td><td>I</td><td colspan="2">传输标识，可用来指示不同逻辑通道，最多 8 位</td></tr>
<tr><td>tdest[?] *</td><td>O</td><td>I</td><td colspan="2">路由信息，最多 4 位</td></tr>
<tr><td>tuser[?] *</td><td>O</td><td>I</td><td colspan="2">用户自定义信息</td></tr>
</table>

图 6-32 所示是 AXI4-Stream 接口波形的例子。

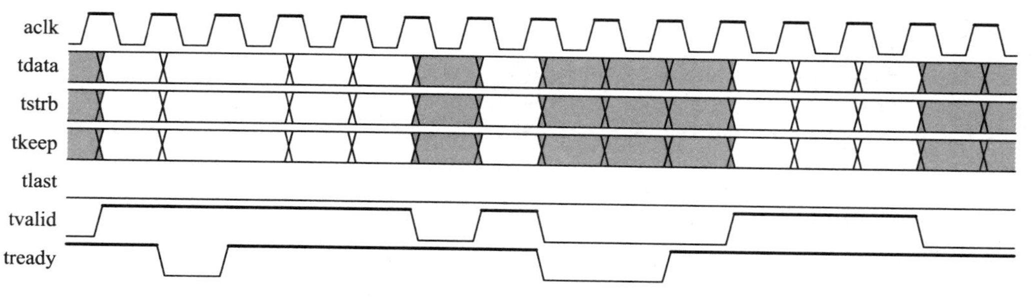

图 6-32　AXI4-Stream 接口波形示例

6.6.2　范例和仿真

这里以一个 AXI4-Stream 接口的 FIFO 来演示 AXI4-Stream 接口设计。AXI4-Stream 接口的 FIFO 非常典型和实用，并且也不复杂。FIFO 前后两端分别设计成汇接口和源接口。

在汇接口一侧，FIFO 的 full 信号取反可直接作为 tready 信号，而握手(tvalid & tready)则可直接作为 FIFO 的 write 信号。

在源接口一侧，情况则稍稍复杂。接口逻辑必须在 FIFO 非空且上一个数据被传输时主动产生 read 信号读出 FIFO 中的数据：非空且正在发生握手（~empty & tvalid & tready）时应给出 read 信号，以便下一周期输出新数据；非空且之前发生过握手（~empty & ~tvalid）时也应给出 read 信号。read 有效的下一个周期应置位 tvalid，read 无效且有握手时，清除 tvalid。

代码 6-15 是 AXI4-Stream 接口 FIFO 代码，前面还定义了名为 Axi4StreamIf 的接口。这个 AXI4-Stream 接口 FIFO 并未包含 tstrb 和 tkeep 信号，如果需要，FIFO 换成 41 位即可。为了便于后续仿真能观察到 FIFO 满和空的情况，FIFO 有效深度仅设置为 7（AW = 3）。当然在真实设计中，应合理估计需要的 FIFO 深度，不应让 FIFO 轻易出现满的情况。

代码 6-15 AXI4-Stream 接口 FIFO

```
 1  interface Axi4StreamIf #(
 2      parameter IDW = 8, DESTW = 4, USERW = 8
 3  )(
 4      input wire clk, reset_n
 5  );
 6      logic [31:0] tdata;
 7      logic tvalid = '0, tready, tlast;
 8      logic [3:0] tstrb, tkeep;
 9      logic [IDW - 1 : 0] tid;
10      logic [DESTW - 1 : 0] tdest;
11      logic [USERW - 1 : 0] tuser;
12      modport source(
13          input clk, reset_n, tready,
14          output tdata, tvalid, tlast, tstrb, tkeep,
15                  tid, tdest, tuser
16      );
17      modport sink(
18          input clk, reset_n, tdata, tvalid, tlast,
19                  tstrb, tkeep, tid, tdest, tuser,
20          output tready
21      );
22      task static Put(logic [31:0] data, logic last);
23      begin
24          tdata <= data; tlast <= last;
25          tvalid <= '1;
26          do @ (posedge clk);
27          while(~tready);
28          tvalid <= '0;
29      end
30      endtask
31      task static Get();
32      begin
33          tready <= '1;
34          do @ (posedge clk);
35          while(~tvalid);
36          tready <= '0;
37      end
38      endtask
39  endinterface
```

```
40
51    module Axi4sFifo (
52        Axi4StreamIf.sink snk,
53        Axi4StreamIf.source src
54    );
55        logic full, empty;
56        always_comb snk.tready = ~full;
57        wire wr = snk.tready & snk.tvalid;
58        wire rd = ~empty & ( ~src.tvalid | src.tvalid & src.tready);
59        ScFifo2 #(33, 3) theFifo(
60            snk.clk, {snk.tdata, snk.tlast}, wr,
61            {src.tdata, src.tlast}, rd,
62            , , , full, empty);
63        always_ff@ (posedge src.clk) begin
64            if( ~src.reset_n) src.tvalid <= '0;
65            else if(rd) src.tvalid <= '1;
66            else if(src.tready) src.tvalid <= 0;
67        end
68    endmodule
```

代码 6-16 是 Axi4sFifo 的仿真平台。在第 14、25 行，使用泊松分布的随机数模拟了上游源接口 valid 和下游汇接口 ready 可能的时钟周期间隔，使得它们时而连续有效，时而间隔多个周期。上游源接口的数据采用了计数激励(第 15 行)，便于在下游检验数据是否遗失或重复(第 30 行 always_ff 过程)。

代码 6-16　AXI4-Stream 接口 FIFO 的仿真平台

```
1     module TestAxi4StreamFifo;
2         import SimSrcGen::* ;
3         logic clk, rst;
4         initial GenClk(clk, 8, 10);
5         initial GenRst(clk, rst, 2, 2);
6         Axi4StreamIf us(clk, ~rst), ds(clk, ~rst);
7         Axi4sFifo theAxi4sFifo(us.sink, ds.source);
8         int seed0 = 123, seed1 = 432;
9         logic [31:0] updata = '0;
10        initial begin
11            us.tvalid = '0;
12            repeat(10) @ (posedge clk);
13            repeat(1000) begin
14                repeat( $dist_poisson(seed0, 2)) @ (posedge clk);
15                us.Put(updata++, 1'b0);
16            end
17            repeat(10) @ (posedge clk);
18            $stop();
19        end
20        logic [31:0] downdata;
21        initial begin
22            ds.tready = '0;
23            repeat(10) @ (posedge clk);
24            repeat(1000) begin
```

```
25                repeat ( $dist_poisson(seed1, 2)) @ (posedge clk);
26                ds.Get();
27                downdata <= ds.tdata;
28            end
29        end
30        always_ff@ (posedge clk) begin
31            if(ds.tready & ds.tvalid & ds.tdata != downdata + 1)
32                $display("data error.");
33        end
34    endmodule
```

图 6-33 是仿真波形全貌。可以看到，上、下游数据率在期望为 2 的泊松分布随机间隔的控制下，短时造成的数据率不匹配，让深度仅为 7 的 FIFO 经常出现满或空。

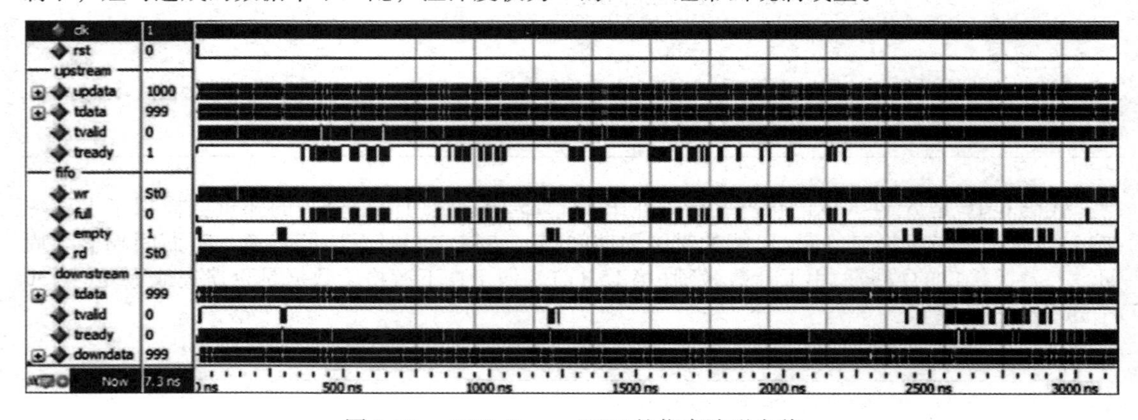

图 6-33　AXI4-Stream FIFO 的仿真波形全貌

图 6-34 所示是仿真波形中，上游 tready 出现无效(FIFO 满)的部分细节。

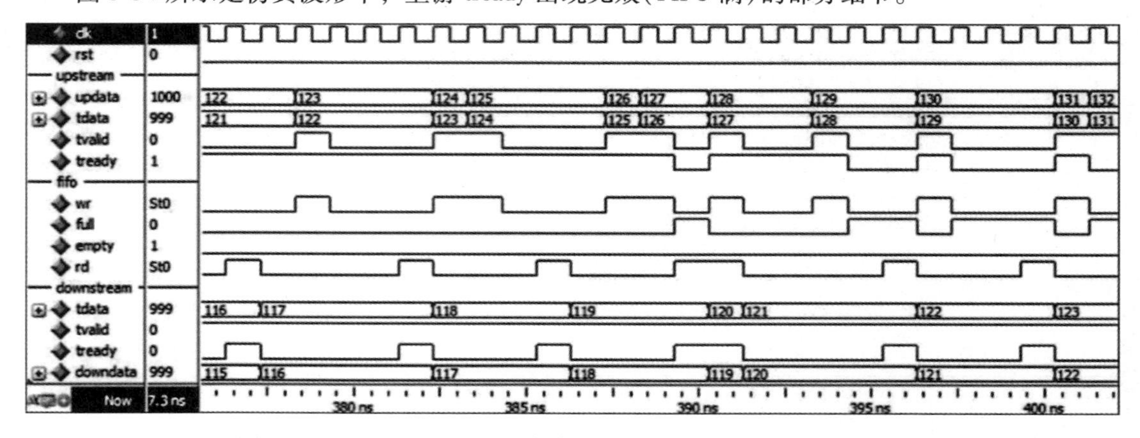

图 6-34　AXI4-Stream FIFO 仿真中上游 tready 出现无效时的细节

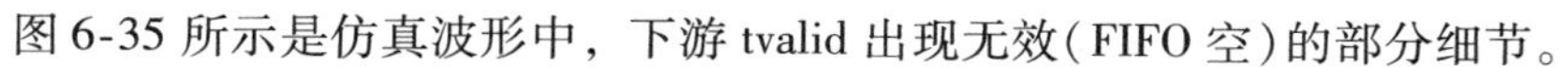

图 6-35 所示是仿真波形中，下游 tvalid 出现无效（FIFO 空）的部分细节。

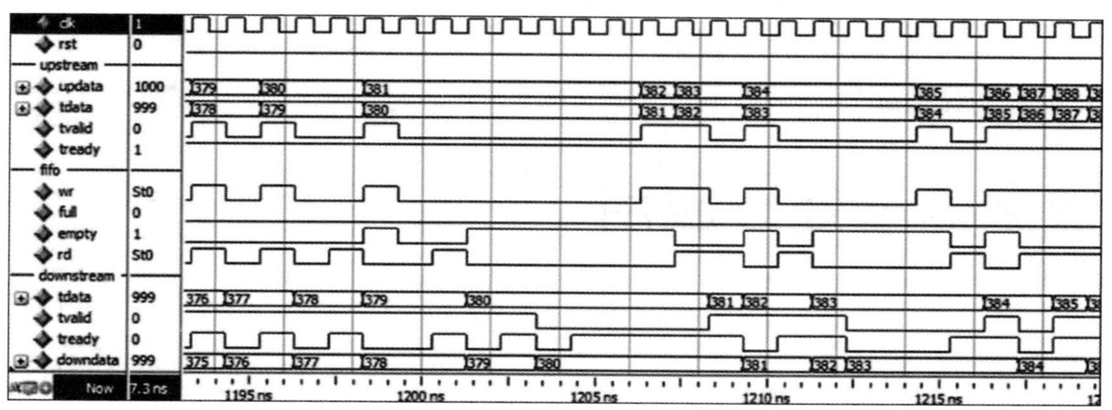

图 6-35　AXI4-Stream FIFO 仿真中下游 tvalid 出现无效时的细节

第 7 章 Chapter 7

数字信号处理应用

本章介绍 Verilog 在数字信号处理方面的应用，涉及的设计实例会大量复用第 4 章介绍的基础模块，读者务必先完成第 4 章的学习。

7.1 基础知识简介

本节将简单介绍数字信号处理的一些基础知识，便于尚未系统学习数字信号处理的读者快速掌握一些基本概念，以便初步理解后文 Verilog 在数字信号处理中的应用。如要深入了解数字信号处理及其应用，务必系统地学习相关课程。

7.1.1 信号、系统和传输函数

在第 1 章已经介绍，数字域的信号就是时间离散、取值量化的一个数值序列，例如第 1 章图 1-4的序列：

$$\{x[n]\} = \{-51, -44, -13, -4, 37, 49, 49, 13, \cdots\}$$

1. 单位冲激信号

单位冲激信号：

$$\delta[n] = \begin{cases} 1, & n = 0 \\ 0, & n \neq 0 \end{cases} \tag{7-1}$$

如图 7-1 所示，图中每个小圆圈代表一个采样数据。

2. 线性时不变离散时间系统

本章提到的系统都是离散时间系统(以下简称系统)，在多数情况下，我们讨论的系统都包含单个输入和单个输出(SISO)。如图 7-2 所示，SISO 系统的作用是处理一个输入序列 $x[n]$ 而产生一个输出序列 $y[n]$，记为：

$$y[n] = S\{x[n]\}$$

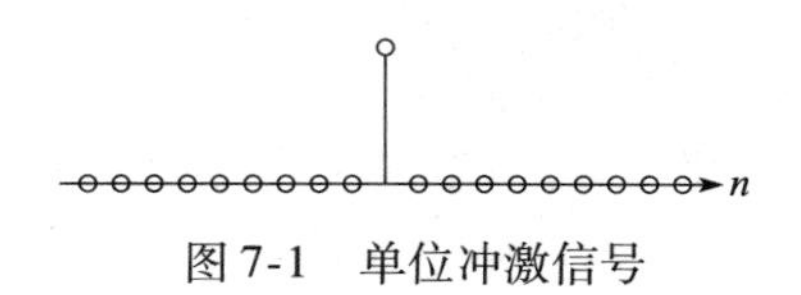

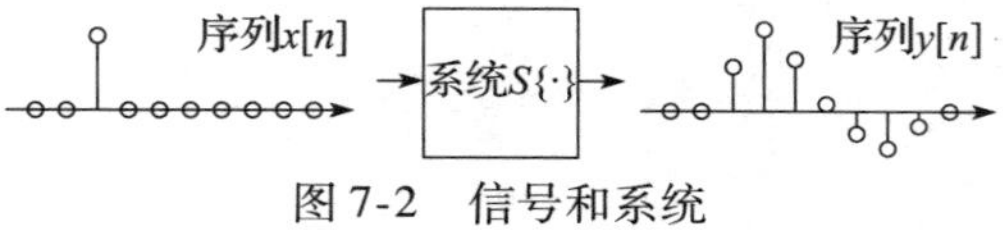

图 7-1　单位冲激信号

其中，输入序列 $x[n]$ 称为激励，而输出序列 $y[n]$ 称为响应。

图 7-2　信号和系统

如果对于系统 $S\{\cdot\}$ 有：$S\{x_i[n]\} = y_i[n]$，

那么满足：

$$S\{ax_1[n] + bx_2[n]\} = ay_1[n] + by_2[n]$$

的系统称为线性系统；满足：

$$S\{x_1[n - n_0]\} = y_1[n - n_0]$$

的系统称为时不变系统；如果同时满足两者，即：

$$S\{\sum a_i x_i[n - n_0]\} = \sum a_i y_i[n - n_0] \tag{7-2}$$

则称系统 $S\{\cdot\}$ 为线性时不变系统，简称 **LTI 系统**。以下提到的系统，如不特殊说明，均指 LTI 系统，现实中许多系统都或者是 LTI 系统，或者在特定情况下可以近似为 LTI 系统。

3. LTI 系统的冲激响应

对系统输入单位冲激信号 $\delta[n]$，其响应

$$h[n] = S\{\delta[n]\}$$

称为系统的单位冲激响应。图 7-2 所绘正是这种情况。

4. 卷积

任何输入信号均可表述为无穷个单位冲激信号的加权平移之和：

$$x[n] = \sum_{k=-\infty}^{\infty} x[k]\delta[n - k]$$

因而根据图 7-2，有：

$$S\{x[n]\} = y[n] = \sum_{k=-\infty}^{\infty} x[k]h[n - k] \tag{7-3}$$

其中 $h[n] = S\{\delta[n]\}$ 为系统的单位冲激响应。

根据式(7-3)，在已知系统单位冲激响应的前提下，可以求得系统对任何激励 $x[n]$ 的响应 $y[n]$。因而系统的单位冲激响应是表征系统特性的一种重要且便利的方式。

式(7-3)中求积之和的过程又称为**离散卷积**，定义为：

$$x[n] * h[n] \stackrel{\text{def}}{=} \sum_{k=-\infty}^{\infty} x[k]h[n - k] \tag{7-4}$$

因而 $S\{x[n]\} = y[n] = x[n] * h[n]$，这样系统运算 $S\{\cdot\}$ 便可以被一个过程明确的卷积运算所替代了。

5. z 变换和传输函数

定义变量 $z = re^{j\Omega} = r(\cos\Omega + j\sin\Omega)$，其中 j 为虚数单位。

$$Z\{x[n]\} \stackrel{\text{def}}{=} \sum_{n=-\infty}^{\infty} x[n]z^{-n} \tag{7-5}$$

称为 **z 变换**。z 变换将一个序列变换成了复变量 z 的函数。

对系统的单位冲激响应 $h[n]$ 作 z 变换：

$$H(z) = Z\{h[n]\} = \sum_{n=-\infty}^{\infty} h[n]z^{-n} \tag{7-6}$$

得到的关于 z 的函数(也称为 z 域函数) $H(z)$ 称为系统的**传输函数**。

单位冲激响应 $h[n]$ 是系统特性在时域的表达，而传输函数 $H(z)$ 则是系统特性在复频域的表达。

6. 幅频响应和相频响应

一般情况下：

$$A(\Omega) = |H(e^{j\Omega})| \tag{7-7}$$

即是系统的幅度－频率响应，意为系统对信号中归一化角频率为 Ω 的分量的增益，当系统输入归一化角频率为 Ω 单频率信号时，$A(\Omega)$ 即为系统对该单频信号的增益。

$$P(\Omega) = \angle H(e^{j\Omega}) \tag{7-8}$$

即是系统的相位－频率响应，意为系统对信号中归一化角频率为 Ω 的分量的相移，当系统输入归一化角频率为 Ω 单频率信号时，$P(\Omega)$ 即为输出信号与输入信号之相差。

7.1.2 基本元件的传输函数

表 7-1 是常见基本元件和连接的传输函数，使用这几种基本元件几乎可以构建任何传输函数(即任何 LTI 离散时间系统)。为理解本章后续内容，读者务必熟记它们。

表 7-1 常见基本元件和连接的传输函数

元件/连接	时域	z 域(传输函数)
增益	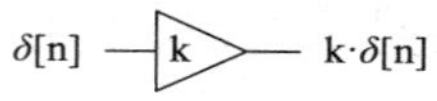 δ[n] —[k▷]— k·δ[n]	—[k▷]—
单位延迟器(D 触发器)	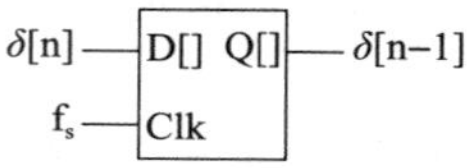 δ[n] — D[] Q[] — δ[n−1]; f_s — Clk	z^{-1}
累加器(积分器)	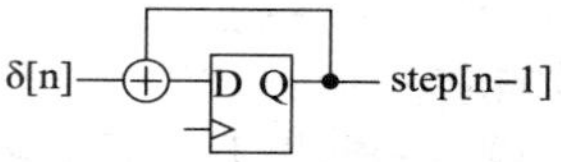 δ[n] —⊕— D Q —●— step[n−1]	$\frac{1}{z-1}$
	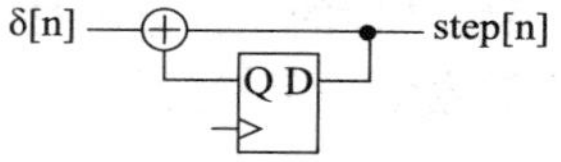 δ[n] —⊕—●— step[n]; Q D	$\frac{1}{1-z^{-1}}$
差分器(微分器)	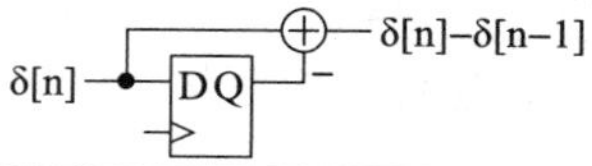 δ[n] —●— D Q —(−)⊕— δ[n]−δ[n−1]	$1-z^{-1}$
系统并联	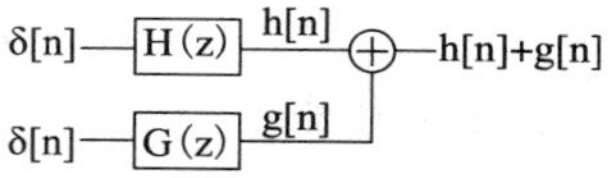 δ[n] — H(z) — h[n]; δ[n] — G(z) — g[n]; ⊕ — h[n]+g[n]	H(z)+G(z)
系统级联	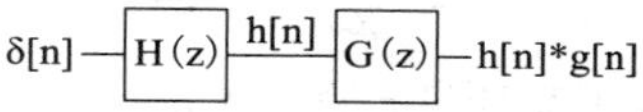 δ[n] — H(z) — h[n] — G(z) — h[n]*g[n]	H(z)G(z)

7.1.3 采样率和采样定律

1. 采样率和归一化频率

序列中两个相邻数值的时间差称为**采样周期**，其倒数即为**采样率**，单位为 Hz，工程中也常用 sps(samples per second)或 Sa/s(Samples/s)，使用 sps 或 Sa/s 可凸显“采样率”之意，以示与信号频率区分。

试想一个采样率为 1Msps 的系统，如果对 100kHz 模拟信号的采样序列(即数字域的 100kHz

信号)的增益是A，那么直接将系统工作频率提升一倍，采样率达到2Msps，对200kHz信号的增益也必然是A，因为1Msps下100kHz信号的序列与2Msps下200kHz信号的序列是没有区别的。因而在数字信号处理中，常用归一化频率或归一化角频率，而不是信号本身的频率。

采样周期$T_s=1/f_s=2\pi/\Omega_s$下信号$A\cdot\cos(\omega t+\phi)=A\cdot\cos(2\pi ft+\phi)$的采样序列：

$$\begin{aligned} x[n] &= A\cdot\cos(\omega nT_s+\phi) = A\cdot\cos\left(2\pi\frac{\omega}{\Omega_s}n+\phi\right) \\ &= A\cdot\cos(2\pi fnT_s+\phi) = A\cdot\cos\left(2\pi\frac{f}{f_s}n+\phi\right) \end{aligned} \tag{7-9}$$

其中：

$$2\pi\frac{\omega}{\Omega_s} = 2\pi\frac{f}{f_s} \overset{\text{def}}{=\!=} \Omega \tag{7-10}$$

称为**归一化角频率**，因而：

$$x[n] = A\cdot\cos(\Omega n+\phi) \tag{7-11}$$

而：

$$\frac{f}{f_s} \overset{\text{def}}{=\!=} f_n \tag{7-12}$$

称为**归一化频率**，因而：

$$x[n] = A\cdot\cos(2\pi f_n n+\phi) \tag{7-13}$$

归一化角频率和归一化频率都将模拟信号表达式中的自变量时间转换为数字序列的下标。

注意，有些书籍文献和软件工具常常还会使用另一种归一化频率的方法：

$$f_n' \overset{\text{def}}{=\!=} \frac{2f}{f_s} \tag{7-14}$$

式(7-12)将实际频率$0\sim f_s$归一化到$0\sim1$，而式(7-14)将实际频率$0\sim f_s/2$归一化到$0\sim1$。为了避免混淆，本书中弃两者不用，一律使用归一化角频率来描述，读者务必充分理解这三种归一化方法，并能熟练转换。

2. 零阶保持器特性

真实的DAC在将数字信号转换为模拟信号时，无法输出理想的冲激信号，只能将输出信号保持一个采样周期，这样的特性称为零阶保持特性，如图7-3所示。图中粗线段即为DAC的输出波形。

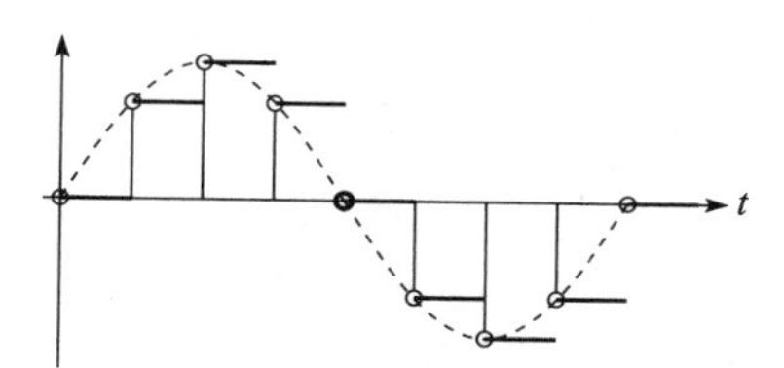

图7-3　DAC的零阶保持特性

3. 奈奎斯特采样定律

根据式(7-13)，频率为f的信号在采样率f_s下得到的序列：

$$A\cdot\cos\left(2\pi\frac{f}{f_s}n+\phi\right) = A\cdot\cos\left(2k\pi\pm\left(2\pi\frac{f}{f_s}n+\phi\right)\right) = A\cdot\cos\left(2\pi\frac{kf_s\pm f}{f_s}n\pm\phi\right), k\in\mathbf{Z}$$

因而频率$kf_s\pm f$的信号在采样率f_s下得到的序列将有相同的频率！

同样，在使用DAC将频率为f的信号的采样序列还原成模拟信号时，信号中也将存在频率$kf_s\pm f$的分量。这些分量称为**频谱镜像**。如图7-4所示，图中虚线是实际DAC的幅频响应(因其零阶保持特性)，每两个相邻点划线中间的区域称为一个**镜像域**。

为了在DAC后还原出频率f的模拟信号，需要使用模拟低通滤波器将f_s-f及更高频率的镜像成分滤除，称为**重构滤波器**，而如果f增加使得它与$f_s - f$越来越接近，这个重构滤波器的过渡带就会越来越窄，越来越难以实现。容易知道，信号无法重构的极限是$f = f_s/2$。因而$f_s > 2f$才能保证信号顺利重构。这个$f_s/2$称为采样系统的**奈奎斯特频率**。

应用傅里叶级数，有限带宽的模拟信号总可以表达为正/余弦分量的加权和$x(t) = \sum_i A_i \sin(2\pi f_i t + \phi_i)$，为了能从采样后的序列$\{x[n]\}$中重构出$x(t)$，采样频率$f_s$应大于$x(t)$中所有分量频率中的最高者$\max\{f_i\}$的两倍。

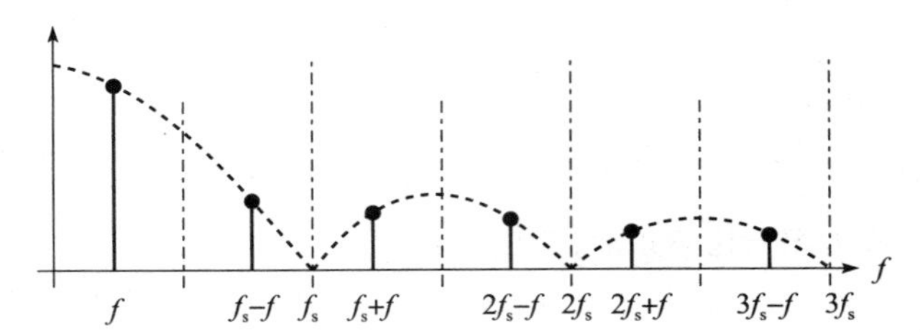

图 7-4　DAC 输出数字信号序列时的频谱镜像

事实上，对于相对窄带甚至单频信号，使用比信号频率低的采样率也是可以的，例如，使用 1Msps 的采样率采集中心频率为 1.25MHz、带宽为 400kHz 的信号，如图 7-5 所示。

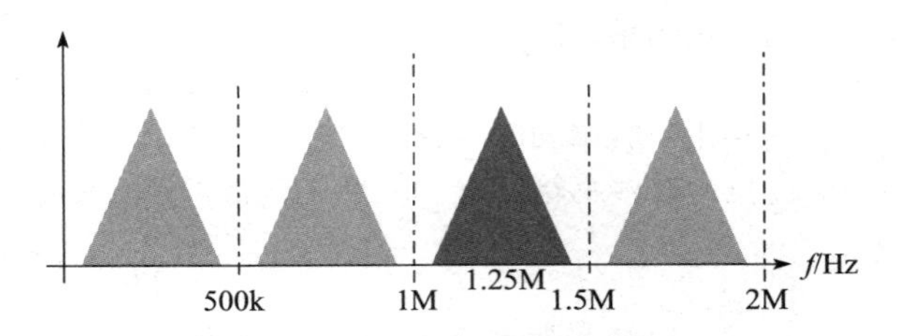

图 7-5　低采样率和高频窄带信号

虽然得到的序列将与中心频率 250kHz、带宽 400kHz 的信号一样，但如果最终重构时采用通带 1.05MHz ~ 1.45MHz 的带通滤波器，一样可以还原出原始信号。这种使用低采样率去采集较高频率但窄带宽的信号的方法在数字通信中常常用到，称为**直接中频采样**。

所以，采样的关键是：信号带宽$<f_s/2$，并且信号频带不覆盖$kf_s/2$频点。

如果一个信号的频带上限是f_H，下限是f_L，容易知道，采样率f_s应满足$nf_s/2 < f_L$且$(n+1)f_s/2 > f_H$，即：

$$\frac{2f_H}{n+1} < f_s < \frac{2f_L}{n}, \quad n \in \left[0, \left\lfloor \frac{f_L}{f_H - f_L} \right\rfloor\right] \cap \mathbb{Z} \tag{7-15}$$

其中，在$n = 0$时$2f_L/n \stackrel{\text{def}}{=\!=} \infty$。

但是模拟信号通常还包含我们感兴趣的频带$[f_L, f_H]$以外的信号，所以在使用 ADC 采集信号时，一般需要在 ADC 之前使用通带为$[f_L, f_H]$的带通滤波器来滤除带外频率成分。在$n = 0$时，则可使用通带$[0, f_H]$的低通滤波器，称为**抗混叠滤波器**，避免兴趣频带所在镜像域之外的信号混叠进兴趣频带。

7.1.4 离散量化信号的信噪比

不失一般性，考虑一个幅度为 1、频率为 1 的正弦信号$a(t) = \sin(2\pi t)$，经过采样周期T_s的采样离散化之后，如果被 DAC 以零阶保持特性输出，将得到信号：

$$x_d(t) = \sin\left(2\pi \left\lfloor \frac{t}{T_s} \right\rfloor T_s\right) = \sin\left(2\pi \frac{\lfloor f_s t \rfloor}{f_s}\right)$$

如果还经过分辨力δ的量化，取最接近的量化阶梯，将得到信号：

$$x(t) = \left\lfloor \sin\left(2\pi \left\lfloor \frac{t}{T_s} \right\rfloor T_s\right) / \delta \right\rceil \cdot \delta$$

其中⌊·⌉符号表示取最接近自变量的整数。

显然，信号 $x(t)$ 与原信号 $a(t)$ 存在偏差：

$$e(t) = x(t) - a(t)$$

这个偏差也称为**量化噪声**。

图 7-6 所示是 $T_s = 0.05$、$\delta = 0.05$ 时 $a(t)$、$x(t)$ 和 $e(t)$ 的波形。

显然，T_s 越小，δ 越小，DAC 输出信号的偏差越小，这些偏差在频域中主要是上节所述的频谱镜像。虽然可以通过模拟滤波器滤除大部分，但这就是系统设计者需要考虑的数字系统复杂度和模拟系统复杂度的平衡问题了。采样率越大，量化分辨率越大，DAC 输出的量化噪声越小，对模拟重构滤波器的要求越低，但数字系统复杂度高；而如果降低数字系统复杂度，降低采样率和量化分辨率，对模拟重构滤波器的要求就会变高。

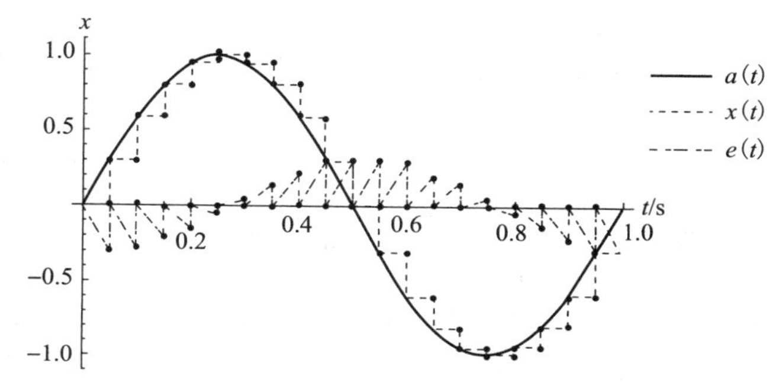

图 7-6 信号的量化误差

$a(t)$ 的能量和 $e(t)$ 的能量之比，称为这个单频信号的**信噪比**：

$$\mathrm{SNR} \overset{\mathrm{def}}{=\!=} \frac{\int_0^1 a^2(t)\,\mathrm{d}t}{\int_0^1 e^2(t)\,\mathrm{d}t}$$

信噪比常取对数单位：

$$\mathrm{SNR(dB)} \overset{\mathrm{def}}{=\!=} 10 \cdot \log_{10} \frac{\int_0^1 a^2(t)\,\mathrm{d}t}{\int_0^1 e^2(t)\,\mathrm{d}t}$$

它与 T_s 和 δ 相关：

$$\lim_{T_s \to 0} \mathrm{SNR(dB)} \approx 7.78 - 6.02 \cdot \log_2 \delta \tag{7-16}$$

对于 N 位的 ADC 或 DAC，如果量化范围正好与正弦信号值域吻合（常称为“满动态输入”），满足 $\delta = 2/2^N$，则有：

$$\lim_{T_s \to 0} \mathrm{SNR(dB)} \approx 6.02N + 1.76 \tag{7-17}$$

7.3.1 节还将结合 DDS 的例子给出在不同 δ 下 T_s 对 SNR 影响的曲线。

7.2 数值计算

7.2.1 乘法

在 FPGA 中做乘法，使用乘法运算符“ * ”即可，前面已有很多例子了。如果是变量和变量的乘法，FPGA 编译工具会根据情况选择使用专用乘法单元（如果有）或者使用通用逻辑单元实现。

如果是变量和常量的乘法，常用移位求和的方法：

$$x \cdot \sum_{i=-F}^{I-1} b_i \cdot 2^i = \sum_{i=-F}^{-1} b_i \cdot (x >>> -i) + \sum_{j=0}^{I-1} b_j \cdot (x <<< j)$$

其中“ >>> ”和“ <<< ”分别为算术右移和算术左移运算符。

考虑常量 b =0b0.0111，如果直接用上式计算：

$$x \cdot 0b0.0111 = x >>> 2 + x >>> 3 + x >>> 4$$

共需要 3 次移位和 3 次加法。而 b =0b0.0111 =0b0.1 −0b0.0001，所以：

$$x \cdot 0b0.0111 = 0b0.1 - 0b0.0001 = x >>> 1 - x >>> 4$$

仅使用两次移位和两次加法(减法同加法)。

再比如：0b1011100111 =$0b10\bar{1}00\bar{1}0100\bar{1}$，“$\bar{1}$”位表示减去该位的权，这种二进制数值表达法称为 **CSD 表达**。依据常量的 CSD 表达来进行移位加减，计算变量与常量之积的乘法器称为 CSD 乘法器，CSD 乘法器比直接移位相加在数量上平均节省 1/3 的加法器。

遇到变量和常量乘法，FPGA 工具一般会自行使用通用逻辑单元来实现 CSD 乘法器，仍然是一个乘法运算符“ * ”即可。

使用乘法运算符“ * ”实现的乘法器，无论是专用乘法单元实现的还是通用逻辑单元实现的，都主要是组合逻辑、单周期计算。FPGA 中专用乘法单元有限，有的低端 FPGA 甚至并不提供专用乘法单元，而用通用逻辑单元实现的组合逻辑乘法器，特别是变量与变量相乘时，占用逻辑单元较多。在对速度要求不高时，还可以考虑使用时序逻辑多周期计算一次乘法，往往可以节约逻辑资源。

代码 7-1 是多周期计算乘法的代码，仍然使用移位相加的方法，不过是逐周期判断乘数位，以决定是否将经过移位的另一个乘数加到累加器中。

这个乘法器是无符号数乘以无符号数的乘法器，如果需要有符号乘法，读者可自行修改，或使用一个简单的上层模块包裹它，并处理符号。

代码 7-1　多周期乘法器

```
1    module SlowMult #( parameter W = 16 )(
2        input wire clk, rst,
3        input wire [W - 1 : 0] multiplicand, multiplier,
4        input wire start,
5        output logic [W * 2 - 1 : 0] product,
6        output logic valid, busy
7    );
8        logic [W - 1 : 0] mer;
9        logic [W * 2 - 2 : 0] sum, mcand;
10       logic [ $clog2(W) - 1 : 0] bit_cnt;
11       logic bit_co;
12       Counter #(W) bitCnt(clk, rst |start& ~busy, busy,bit_cnt,bit_co);
13       always_ff@ (posedge clk) begin
14           if(rst) busy <= '0;
15           else if(start) busy <= '1;
16           else if(bit_co) busy <= '0;
17       end
18       always_ff@ (posedge clk) begin
19           if(busy) begin
20               mcand <= mcand << 1;
21               mer <= mer >> 1;
22           end
23           if(start) begin
24               mcand <= multiplicand;
```

```
25              mer <= multiplier;
26          end
27      end
28      always_ff@ (posedge clk) begin
29          if(busy) begin
30              sum <= sum + (mer[0] ? mcand : '0);
31          end
32          else if(start) sum <= '0;
33      end
34      always_ff@ (posedge clk) begin
35          if(bit_co) product <= sum + (mer[0] ? mcand : '0);
36      end
37      always_ff@ (posedge clk) valid <= bit_co;
38  endmodule
```

图 7-7 所示是其仿真波形中一次完整计算的过程(以 8 位数乘 8 位数为例，仿真平台略)。

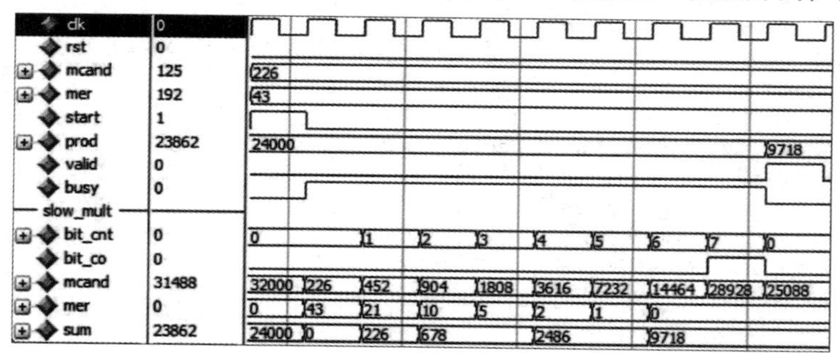

图 7-7　多周期乘法器的仿真波形

7.2.2　除法

与上述多周期乘法器一样，这里也实现一个多周期除法器，以便用于性能要求不高但资源有限的场合。

代码 7-2 是其代码，采用的计算方法是二进制笔算除法，即从高位至低位逐次比较移位被除数和移位除数的大小而得到商的各个位。

代码 7-2　多周期除法器

```
1   module SlowDiv #( parameter W = 16 )(
2       input wire clk, rst,
3       input wire [W - 1 : 0] dividend,
4       input wire [W - 1 : 0] divisor,
5       input wire start,
6       output logic [W - 1 : 0] quotient,
7       output logic [W - 1 : 0] remainder,
8       output logic valid, busy
9   );
10      logic [W - 1 : 0] ddend, quot;
11      logic [W * 2 - 2 : 0] dsor;
12      logic bit_co;
13      logic [ $clog2(W) -1 : 0] bit_cnt;
```

```
14      Counter #(W) cntBit(clk, rst |start& ~busy, busy,bit_cnt,bit_co);
15      always_ff@ (posedge clk) begin
16          if(rst) busy <= '0;
17          else if(bit_co) busy <= '0;
18          else if(start) busy <= '1;
19      end
20      always_ff@ (posedge clk) begin
21          if(busy) begin
22              dsor <= dsor >> 1;
23              if(ddend >= dsor) begin
24                  ddend <= ddend - dsor;
25                  quot <= (quot << 1) |1'b1;
26              end
27              else quot <= quot << 1;
28          end
29          else if(start) begin
30              ddend <= dividend;
31              dsor <= {divisor, (W-1)'(0)};
32              quot <= '0;
33          end
34      end
35      always_ff@ (posedge clk) begin
36          if(bit_co) begin
37              if(ddend >= dsor) begin
38                  remainder <= ddend - dsor;
39                  quotient <= (quot << 1) |1'b1;
40              end
41              else begin
42                  remainder <= ddend;
43                  quotient <= quot << 1;
44              end
45          end
46      end
47      always_ff@ (posedge clk) valid <= bit_co;
48  endmodule
```

图 7-8 所示是其仿真波形中一次完整计算的过程(以 8 位数除以 8 位数为例，仿真平台略)。

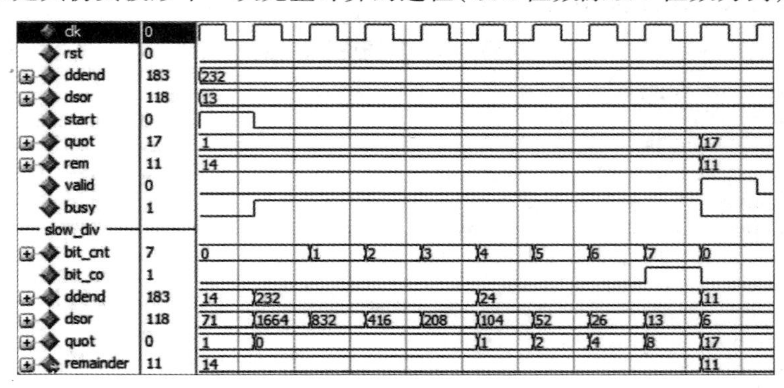

图 7-8　多周期除法器的仿真波形

7.2.3　平方根

这里实现的平方根运算算法同样基于笔算开平方算法，与十进制笔算开平方算法类似，同样是多周期计算的。

假设原数为 num，最终获得结果的工作变量为 res，初始与 num 同位宽、值为 0，计算步骤如下。

1）从第 0 位开始，将数值两位一组分段，最终结果可能的最大位数将与段数一致，从最高段开始计算。

2）置 res 中此段对应的位为 1 后，把其值设为 res'。如果 res'小于或等于 num，从 num 中减去 res'，res 右移一位后置此段对应位为 1；否则，num 不变，res 右移一位。

进入下一段计算，直至最后一段。

置位为 1 相当于尝试给 res 增加一个值 Δr，在某段，res 右移位之前相当于 2 乘以 res，右移还能使得最终结果位数与 num 段数一致。与前一步余下的 num 比较的过程，相当于将 $(\text{res} + \Delta r)^2 = \text{res}^2 + 2 \cdot \text{res} \cdot \Delta r + \Delta r^2$ 的后两项与之比较，因为 res 在某段内只能是 0 或 1，所以与 num 比较的便是 $2 \cdot \text{res} + \Delta r$（即 res'）了。

考虑计算 0b10101110 = 174 的平方根，竖式计算如图 7-9所示，注意每步计算在当前段内进行，并不需要显式地将 res 移位。

```
            res: 1, 1, 0, 1
                 +---------------
res':   1 | 10,10,11,10 :num
          |  1
          ++---------------
res':1,01 | 1,10           :num
          | 1,01
           ++-------------
res':11,01 |   1,11        :num
           |      0
            ++-----------
res':110,01 |  1,11,10 :num
            |  1,10,01
            +-----------
                  1,01 :num
```

图 7-9　二进制笔算开平方

结果是 13 余 5，即 $174 = 13^2 + 5$。

代码 7-3 是其代码，其中并没有像前面乘法和除法器那样使用单独的计数器来计工作位，因为变量 bm（即前述的 Δr）在移位时已经可以起到计工作位（实际是两位一段的工作段）的作用。

代码 7-3　多周期开方器

```
1   module SlowSqrt #( parameter RTW = 8 )(          // witdh of root
2       input wire clk, rst,
3       input wire [RTW * 2 - 1 : 0] in,
4       input wire start,
5       output logic [RTW - 1 : 0] sqrt,
6       output logic [RTW - 1 : 0] rem,
7       output logic valid
8   );
9       localparam DW = RTW * 2;
10      logic [DW - 1 : 0] res;
11      logic [DW - 1 : 0] bm;                         // the \Delta r
12      logic [DW - 1 : 0] num;
13      wire [DW - 1 : 0] sub = res + bm;              // the res'
14      wire [DW -1 : 0] bmm = {2'b1,{(DW-2){1'b0}}};  // highest segment
15      always_ff@ (posedge clk) begin
16          if(rst) valid <= 1'b0;
17          else valid <= (bm == 1'd1);
18      end
19      always_ff@ (posedge clk) begin
```

```
20            if(rst) bm <= '0;
21            else if(bm > '0) bm <= bm >> 2;
22            else if(start) bm <= bmm >> 2;
23        end
24        always_ff@ (posedge clk) begin
25            if(rst) begin res <= 1'b0; num <= 1'b0; end
26            else if(bm > '0) begin
27                if(num >= sub) begin
28                    num <= num - sub;
29                    res <= (res >> 1) + bm;
30                end
31                else res <= (res >> 1);
32            end
33            else if(start) begin
34                if(in >= bmm) begin
35                    num <= in - bmm;
36                    res <= bmm;
37                end
38                else begin
39                    num <= in;
40                    res <= 0;
41                end
42            end
43        end
44        always_ff@ (posedge clk) begin
45            if(rst) begin sqrt <= '0; rem <= '0; end
46            else if(bm == 1'd1) begin
47                if(num >= sub) begin
48                    sqrt <= {1'b0, res[DW - 1 : 1]} + bm;
49                    rem <= num - sub;
50                end
51                else begin
52                    sqrt <= {1'b0, res[DW - 1 : 1]};
53                    rem <= num;
54                end
55            end
56        end
57    endmodule
```

图 7-10 所示是仿真中一次完整计算的波形(以 16 位数开方为例，测试平台略)。

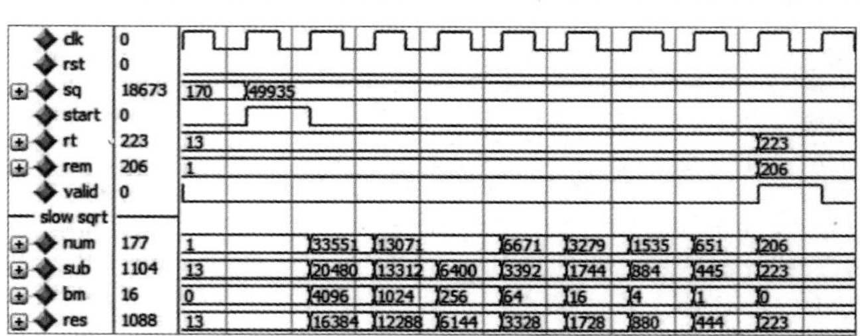

图 7-10　多周期开方器的波形

7.2.4　定点小数

首先必须明确，在数字信号处理中要表达的数值多半在[-1，1]区间内。同时，数字域没有信号“放大”的概念，没有纯粹的放大器或衰减器，信号如果最终会还原为模拟信号，则其幅值主要取决于 DAC 和后续模拟调理电路。在数字域，特别是对于定点小数，因数据位宽有限，一定位宽下的微小数据本身量化精度差，经过乘法“放大”并不会提高精度，绝对量化间隔却增大了，并没有任何实际意义。除非是“放大”后与其他数值比较、计算，但即使如此，与将其他数值等比“缩小”后作处理也无异。在数字域，应尽量让信号的数值范围接近数据位宽能表达的范围，以充分利用应有的量化精度，降低量化误差。

根据第 1 章关于定点小数的论述，两个定点小数 $a(Qm.n)$ 和 $b(Qp.q)$ 做加法，加法器的位数应为 $\max\{m, p\}+\max\{n, q\}$，应将小数点对齐：

- 如果 $n=q$，可直接相加。
- 如果 $n<q$，应将 a 左移 $q-n$ 位。
- 如果 $n>q$，应将 b 左移 $n-q$ 位。

结果为 $Q\max\{m, p\}.\max\{n, q\}$ 格式，如需还原到其他小数位数，可将结果右移。

两个定点小数 $a(Qm.n)$ 和 $b(Qp.q)$ 做乘法，乘法器需要的位数为 $\max\{m+n, p+q\}$，乘积的结果为 $Q(m+p).(n+q)$ 格式，如需还原到其他小数位数，可将结果右移。

这里我们通过`define 宏来定义适用于特定格式定点小数加法和乘法的 let 表达式，如代码 7-4所示，使用 let 表达式而不是函数的好处是 let 表达式可以用在持续赋值中。如果不是最新的编译工具可能并不支持 let 表达式，读者可将其修改为函数，并将后续使用 let 表达式的持续赋值修改为 always_comb 过程。

代码 7-4　用于定点运算的 let 表达式的宏定义

```
1    package Fixedpoint;
2    let max(x, y) = x > y? x : y;
3    `define DEF_FP_ADD(name, i0, f0, i1, f1, fr) \
4        let name(x, y) = \
5        ((f0) >= (f1)) ? \
6            ( ( max((i0),(i1)) + (f0))'(x) + \
7                ( (max((i0),(i1)) + (f0))'(y) <<< ((f0) - (f1)) ) \
8            ) >>> ((f0) - (fr)) : \
9            ( ( (max((i0),(i1)) + (f1))'(x) <<< ((f1) - (f0)) ) + \
10               (max((i0),(i1)) + (f1))'(y) \
11           ) >>> ((f1) - (fr));
12   `define DEF_FP_MUL(name, i0, f0, i1, f1, fr) \
13       let name(x, y) = \
14       ( ((i0) + (i1) + (f0) + (f1))'(x) *  ((i0) + (i1) + (f0) + (f1))'(y) \
15       ) >>> ((f0) + (f1) - (fr));
16   endpackage
```

前面讲解过使用宏来定义“参数化的”函数的例子，这里与之类似地使用宏定义了“参数化的”let 表达式。

- `DEF_FP_ADD(name, i0, f0, i1, f1, fr)`

将定义名为 name 的 let 表达式，该 let 表达式的作用是将 $Qi_0.f_0$ 格式的 x 与 $Qi_1.f_1$ 格式的 y

求和，得到 $Q(\max\{i_0, i_1\}+\max\{f_0, f_1\}-f_r).f_r$ 格式的结果。当然，如果直接赋给较短的左值，会得到较短的整数部分。

- DEF_FP_MUL(name, i0, f0, i1, f1, fr)

将定义名为 name 的 let 表达式，该 let 表达式的作用是将 $Qi_0.f_0$ 格式的 x 与 $Qi_1.f_1$ 格式的 y 求积，得到 $Q(i_0+f_0+i_1+f_1-f_r).f_r$ 格式的结果。当然，如果直接赋给较短的左值，会得到较短的整数部分。

代码 7-5 是它们的测试平台。

代码 7-5　用于定点小数运算的“参数化”let 表达式的测试平台

```
1   module TestFpLets;
2       import SimSrcGen::* ;
3       import Fixedpoint::* ;
4       logic clk, rst;
5       initial GenClk(clk, 8, 10);
6       initial GenRst(clk, rst, 2, 2);
7       logic signed [15:0] q1_15a, q1_15b;
8       logic signed [31:0] q9_23;
9       int seed = 67349;
10      always_ff@ (posedge clk) begin
11          q1_15a = $dist_uniform(seed, -32767, 32767);
12          q1_15b = $dist_uniform(seed, -32767, 32767);
13          q9_23  = $dist_uniform(seed, -8388607, 8388607);
14      end
15      `DEF_FP_ADD(add_1q15_1q15,        1, 15, 1, 15, 15);
16      `DEF_FP_ADD(add_1q15_9q23_q15,    1, 15, 9, 23, 15);
17      `DEF_FP_ADD(add_1q15_9q23_q23,    1, 15, 9, 23, 23);
18      `DEF_FP_MUL(mul_1q15_1q15,        1, 15, 1, 15, 15);
19      `DEF_FP_MUL(mul_1q15_1q15_q30,    1, 15, 1, 15, 30);
20      `DEF_FP_MUL(mul_1q15_9q23_q23,    1, 15, 9, 23, 23);
21      int s0, s1, s2, p0, p1, p2;
22      assign s0 = add_1q15_1q15         (q1_15a, q1_15b);
23      assign s1 = add_1q15_9q23_q15     (q1_15a, q9_23);
24      assign s2 = add_1q15_9q23_q23     (q1_15a, q9_23);
25      assign p0 = mul_1q15_1q15         (q1_15a, q1_15b);
26      assign p1 = mul_1q15_1q15_q30     (q1_15a, q1_15b);
27      assign p2 = mul_1q15_9q23_q23     (q1_15a, q9_23);
28      real q1_15a_r, q1_15b_r, q9_23r;
29      real s0r, s1r, s2r, p0r, p1r, p2r;
30      real s0rc, s1rc, s2rc, p0rc, p1rc, p2rc;
31      let abs(x) = x >= 0? x : -x;
32      always@ * begin
33          q1_15a_r = real'(q1_15a) / (2.0** 15);
34          q1_15b_r = real'(q1_15b) / (2.0** 15);
35          q9_23r   = real'(q9_23) / (2.0** 23);
36          s0r      = real'(s0) / (2.0** 15);
37          s1r      = real'(s1) / (2.0** 15);
38          s2r      = real'(s2) / (2.0** 23);
39          p0r      = real'(p0) / (2.0** 15);
40          p1r      = real'(p1) / (2.0** 30);
41          p2r      = real'(p2) / (2.0** 23);
42          s0rc     = q1_15a_r + q1_15b_r;
```

```
43            s1rc      = q1_15a_r + q9_23r;
44            s2rc      = q1_15a_r + q9_23r;
45            p0rc      = q1_15a_r * q1_15b_r;
46            p1rc      = q1_15a_r * q1_15b_r;
47            p2rc      = q1_15a_r * q9_23r;
48            #1 begin
49                if(abs(s0r - s0rc) > 0.5** 15)
50                    $display("s0r: %g - s0rc: %g", s0r, s0rc);
51                if(abs(s1r - s1rc) > 0.5** 15)
52                    $display("s1r: %g - s1rc: %g", s1r, s1rc);
53                if(abs(s2r - s2rc) > 0.5** 23)
54                    $display("s2r: %g - s2rc: %g", s2r, s2rc);
55                if(abs(p0r - p0rc) > 0.5** 15)
56                    $display("p0r: %g - p0rc: %g", p0r, p0rc);
57                if(abs(p1r - p1rc) > 0.5** 30)
58                    $display("p1r: %g - p1rc: %g", p1r, p1rc);
59                if(abs(p2r - p2rc) > 0.5** 23)
60                    $display("p2r: %g - p2rc: %g", p2r, p2rc);
61            end
62        end
63    endmodule
```

图 7-11 所示是其仿真波形。

clk	1'h1							
q1_15a	6140	22611	-21921	26866	5678	5788	-10830	-10330
q1_15b	-26738	21703	7995	-8247	-16300	11249	18617	-11871
q9_23	-6214901	-7902513	-3248755	-5659909	4740075	2765679	201575	-2024333
s0	-20598	44314	-13926	18619	-10622	17037	7787	-22201
s1	-18137	-8259	-34612	4756	24193	16591	-10043	-18238
s2	-4643061	-2114097	-8860531	1217787	6193643	4247407	-2570905	-4668813
p0	-5011	14975	-5349	-6762	-2825	1986	-6154	3742
p1	-164171320	490726533	-175258395	-221563902	-92551400	65109212	-201622110	122627430
p2	-1164536	-5452995	2173338	-4640476	821354	488517	-66622	638164
q1_15a_r	0.187378	0.690033	-0.668976	0.819885	0.173279	0.176636	-0.330505	-0.315247
q1_15b_r	-0.815979	0.662323	0.243988	-0.251678	-0.497437	0.343292	0.568146	-0.362274
q9_23r	-0.740874	-0.942053	-0.387282	-0.674714	0.565061	0.329695	0.0240296	-0.241319
s0r	-0.628601	1.35236	-0.424988	0.568207	-0.324158	0.519928	0.23764	-0.677521
s0rc	-0.628601	1.35236	-0.424988	0.568207	-0.324158	0.519928	0.23764	-0.677521
s1r	-0.553497	-0.252045	-1.05627	0.145142	0.738312	0.506317	-0.306488	-0.55658
s1rc	-0.553496	-0.25202	-1.05626	0.145172	0.73834	0.50633	-0.306476	-0.556566
s2r	-0.553496	-0.25202	-1.05626	0.145172	0.73834	0.50633	-0.306476	-0.556566
s2rc	-0.553496	-0.25202	-1.05626	0.145172	0.73834	0.50633	-0.306476	-0.556566
p0r	-0.152924	0.457001	-0.163239	-0.20636	-0.0862122	0.0606079	-0.187805	0.114197
p0rc	-0.152896	0.457025	-0.163222	-0.206347	-0.0861952	0.0606377	-0.187775	0.114206
p1r	-0.152896	0.457025	-0.163222	-0.206347	-0.0861952	0.0606377	-0.187775	0.114206
p1rc	-0.152896	0.457025	-0.163222	-0.206347	-0.0861952	0.0606377	-0.187775	0.114206
p2r	-0.138824	-0.650048	0.259082	-0.553188	0.097913	0.0582358	-0.00794196	0.0760751
p2rc	-0.138823	-0.650048	0.259082	-0.553188	0.0979131	0.0582359	-0.00794192	0.0760751

图 7-11 定点小数乘法和加法的仿真波形

7.3 数字频率合成

数字频率合成用于直接在数字域产生正弦信号，常用的方法有两种，一种是基于存储器的 DDS(**D**irect **D**igital **F**requency **S**ynthesis，或称 DDFS)，另一种是坐标旋转机(**Co**ordinate **R**otation **Di**gital **C**omputer，CORDIC)。CORDIC 的实现不需要存储器，更适合在数字 IC 中使用，而对于拥有大量专用存储单元的 FPGA，DDS 更实用。

7.3.1 DDS

在第4章，我们已经通过在RAM中存储正弦信号采样值，而后逐个读出的方式产生了正弦信号，但它并不能实时变更频率或相位。

与第4章代码4-28使用计数器作为RAM的地址不同，DDS使用累加器，因为RAM地址就是正弦信号的相位(准确地说，正比于相位)，所以这个累加器又称为**相位累加器**，如图7-12所示。

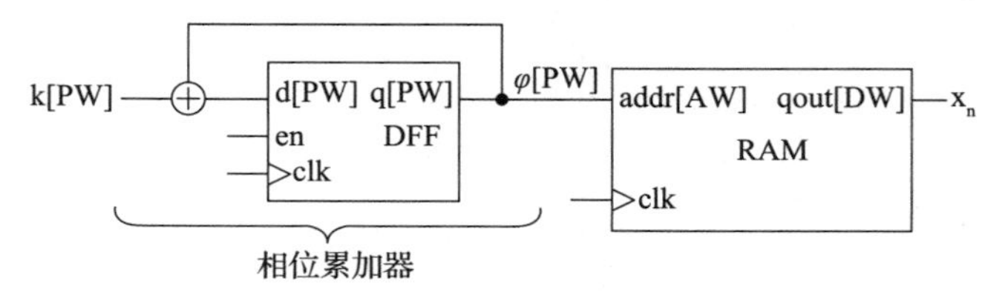

图7-12 DDS结构

如果相位累加器的位宽为PW，且RAM中存储一个周期，即$\phi \in [0, 2\pi)$的正弦/余弦信号的采样序列，则这个相位累加器的值每变化1，导致的相变为：

$$\Delta\phi = 2\pi/2^{PW}$$

如果相位累加器输入为k，工作频率为f_s(即相位累加器的时钟频率或en信号的频率)，则输出正弦信号的角频率：

$$\omega_x = \frac{k \cdot \Delta\phi}{T_s} = k \cdot \frac{2\pi f_s}{2^{PW}} \tag{7-18}$$

即输出信号频率：

$$f_x = k \cdot \frac{f_s}{2^{PW}} \tag{7-19}$$

归一化频率：

$$f_{x,n} = k/2^{PW} \tag{7-20}$$

可以看到，输出频率与相位累加器的输入成正比，相位累加器的输入又称为**频率控制字**，输出频率**分辨力**为$f_s/2^{PW}$，理想的最大输出频率自然是奈奎斯特频率f_s的1/2。

相位累加器的工作频率，即数字序列从RAM中输出的频率，也就是输出序列的采样率。

假定采样率为100Msps，不同PW下，频率分辨力计算见表7-2，例如在40位相位累加器时，频率分辨力达到约91μHz，此时即使输出1Hz信号，误差也不过46ppm，广泛用于数字电路时钟的普通石英晶体振荡器的准确度和稳定度也大概在这个量级。

表7-2 100MHz下DDS相位累加器位宽和输出频率分辨力示例

相位累加器位宽	输出频率分辨力
8	≈390.66kHz
12	≈24.414kHz
16	≈1.5259kHz
24	≈5.9604Hz
32	≈23.283mHz
40	≈90.949μHz
48	≈355.27nHz

但是，相位累加器的输出是用来作为RAM地址的，相位累加器使用40位位宽，是否意味着RAM也需要40位地址，共计2^{40} = 1Ti ≈ 1.1×10^{12}个数据呢？当然不需要。试想正弦信号一个周期采样1.1T个点，即使在斜率最大

（即 $\phi=0$）时，相邻两个数据之差仅为 5.7×10^{-12}，在通常的 Q1.15 或 Q1.31 格式下量化，连续数百万或上百个数据都是一样的。

虽然 RAM 中存储的序列长度 2^{AW} 越大，输出序列的信噪比越高，数据位宽越大，输出序列的信噪比也越高，但是在一定的数据位宽下，序列长度达到一定值之后，再提高对信噪比的贡献会越来越小。结合 7.1.4 节，在一个周期中，序列长度等效于对 T_s 的影响，$T_s=\frac{1}{2^{AW}}$，而数据位宽等效于对 δ 的影响，$\delta=\frac{2}{2^{DW}}$，于是可以得到在不同 DW 下，AW 对输出信噪比的影响，如图 7-13 所示。从图中可以看到，当地址位宽比数据位宽大 2～3 位时，地址位宽再增大对提高信噪比的贡献就很小了。因而在一般设计中，都将 RAM 地址位宽设置为数据位宽加 2 或加 3。

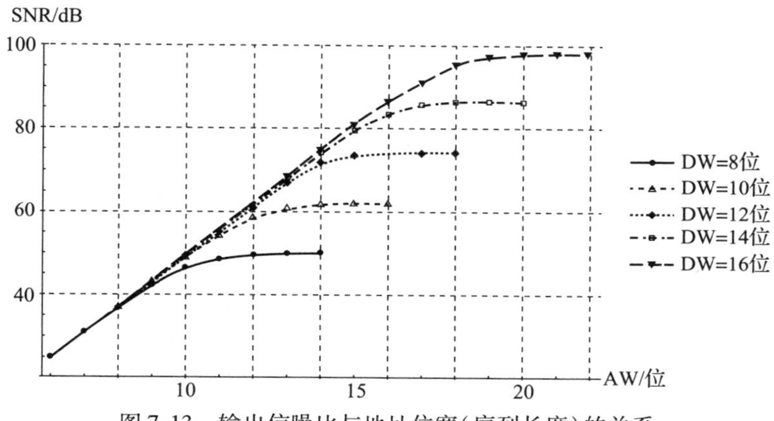

图 7-13　输出信噪比与地址位宽（序列长度）的关系

在相位累加器位宽大于 RAM 地址位宽时，为保证相位累加器累加一周，RAM 地址也循环累加一周，显然，应将 RAM 地址对齐到相位累加器的高位。

在相位累加器的输出上，还可以直接加上一个“相位控制字”，用于直接控制输出信号的相位。图 7-14 所示是一个具体的 DDS 的结构示意，它具有 32 位相位累加器、10 位数据位宽、13 位地址位宽。

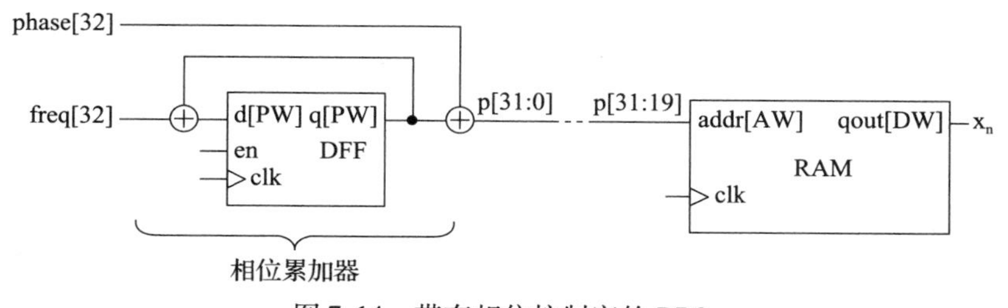

图 7-14　带有相位控制字的 DDS

代码 7-6 是 Verilog 描述的 DDS，其中 RAM 内容初始化使用了系统函数 $sin，虽然是常量运算，但目前主流 FPGA 开发工具都还不支持，如果不支持，可使用 $readmemh 系统函数初始化，参考 4.6.2 节。

代码 7-6 DDS 模块

```
1   module DDS #(
2       parameter PW = 32, DW = 10, AW = 13
3   )(
4       input wire clk, rst, en,
5       input wire signed [PW - 1 : 0] freq, phase,
6       output logic signed [DW - 1 : 0] out
7   );
8       localparam LEN = 2** AW;
9       localparam real PI = 3.1415926535897932;
10      logic signed [DW -1 : 0] sine[LEN];
11      initial begin
12          for(int i = 0; i < LEN; i ++) begin
13              sine[i] = $sin(2.0* PI * i / LEN) * (2.0** (DW -1) - 1.0);
14          end
15      end
16      logic [PW -1 : 0] phaseAcc;
17      always_ff@ (posedge clk) begin
18          if(rst) phaseAcc <= '0;
19          else if(en) phaseAcc <= phaseAcc + freq;
20      end
21      wire [PW -1 : 0] phaseSum = phaseAcc + phase;
22      always_ff@ (posedge clk) begin
23          if(rst) out <= '0;
24          else if(en) out <= sine[phaseSum[PW -1 -: AW]];
25      end
26  endmodule
```

代码 7-7 是 DDS 模块的测试平台，它激励 DDS 模块产生了 1ms 内从 1MHz 到 50MHz 的扫频信号。

代码 7-7 DDS 模块测试平台(扫频)

```
1   module TestDDS;
2       import SimSrcGen::* ;
3       logic clk, rst;
4       initial GenClk(clk, 8, 10);
5       initial GenRst(clk, rst, 2, 2);
6       // from 1MHz to 50MHz in 1ms
7       real freqr = 1e6, fstepr = 49e6/(1e -3* 100e6);
8       always@ (posedge clk) begin
9           if(rst) freqr = 1e6;
10          else freqr += fstepr;
11      end
12      logic signed [31:0] freq;
13      always@ (posedge clk) begin
14          freq <= 2.0** 32 * freqr / 100e6//freq to freq ctrl word
15      end
16      logic signed [31:0] phase = '0;
17      logic signed [9:0] swave;
18      DDS #(32, 10, 13) theDDS(clk, rst, 1'b1, freq, phase, swave);
```

```
19    endmodule
20
```

图 7-15 所示是仿真波形在输出 1MHz 附近的片段。

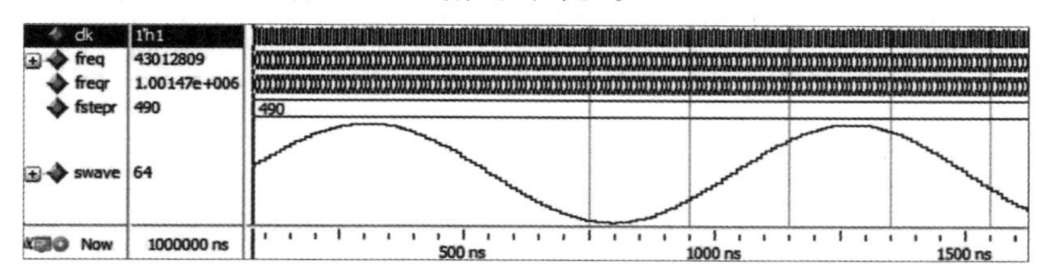

图 7-15　DDS 仿真波形(1MHz 附近)

图 7-16 所示是仿真波形在输出 10MHz 附近的片段。

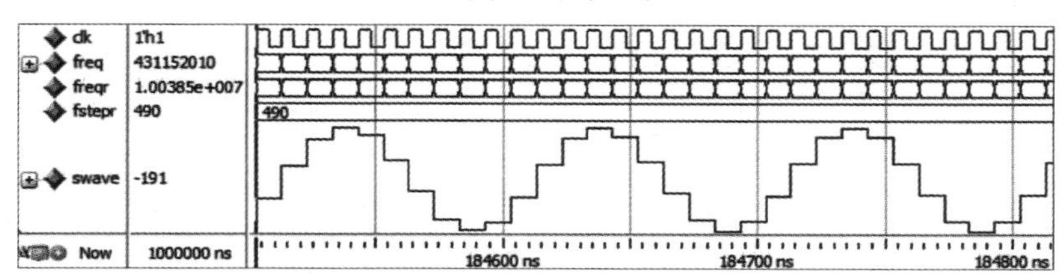

图 7-16　DDS 仿真波形(10MHz 附近)

图 7-17 是仿真波形在输出接近 50MHz 时的片段。可以看到，因接近奈奎斯特极限，输出波形出现了显著的包络调制现象，包络变化的频率是 50MHz 与输出频率之差的两倍。

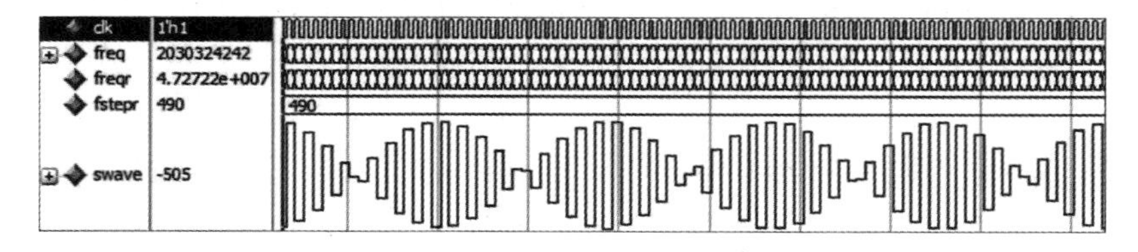

图 7-17　DDS 仿真波形(47MHz 附近)

7.3.2　坐标旋转机

顾名思义，坐标旋转机(CORDIC)的功能是在直角坐标系中对向量进行旋转变换：

$$\begin{pmatrix} x_1 \\ y_1 \end{pmatrix} = \begin{pmatrix} \cos\theta & -\sin\theta \\ \sin\theta & \cos\theta \end{pmatrix} \begin{pmatrix} x_0 \\ y_0 \end{pmatrix} \qquad (7\text{-}21)$$

式(7-21)将向量$(x_0 \quad y_0)^{\mathrm{T}}$旋转 θ，得到新向量$(x_1 \quad y_1)^{\mathrm{T}}$，如图 7-18所示。

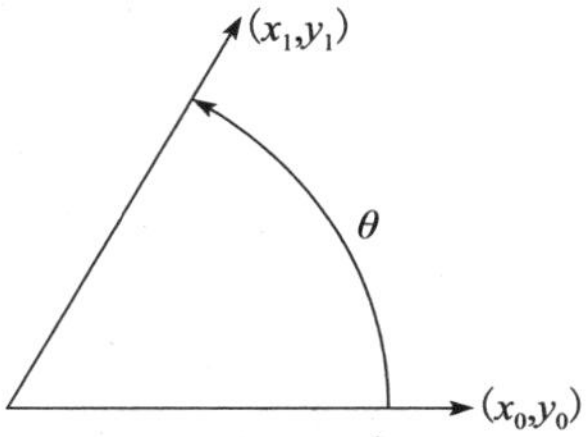

图 7-18　向量旋转

式(7-21)还可写成：

$$\begin{pmatrix} x_1 \\ y_1 \end{pmatrix} = \begin{pmatrix} \cos\theta & 0 \\ 0 & \cos\theta \end{pmatrix} \begin{pmatrix} 1 & -\tan\theta \\ \tan\theta & 1 \end{pmatrix} \begin{pmatrix} x_0 \\ y_0 \end{pmatrix} = \cos\theta \cdot \begin{pmatrix} 1 & -\tan\theta \\ \tan\theta & 1 \end{pmatrix} \begin{pmatrix} x_0 \\ y_0 \end{pmatrix}$$

定义

$$\begin{pmatrix} x_1' \\ y_1' \end{pmatrix} = \begin{pmatrix} 1 & -\tan\theta \\ \tan\theta & 1 \end{pmatrix} \begin{pmatrix} x_0 \\ y_0 \end{pmatrix}$$

为伪旋转，它将$(x_0 \quad y_0)^T$旋转θ，还“拉长”了$1/\cos\theta$，得到新向量$(x_1' \quad y_1')^T$，如图7-19所示。

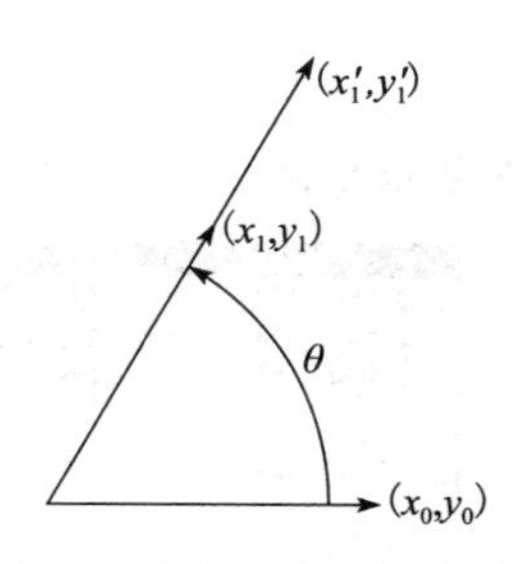

图7-19　向量的“伪旋转”

在FPGA中，我们自然无法直接计算正弦、余弦或正切值，但考虑表7-3中罗列的$\tan\theta_i = 2^{-i}$时的θ_i。

表7-3　$\tan\theta_i = 2^{-i}$时的角度

i	θ_i	$\tan\theta_i$	$\cos\theta_i$	λ
0	=45.000°	1	≈0.7071	≈0.7071
1	≈26.565°	1/2	≈0.8944	≈0.6325
2	≈14.036°	1/4	≈0.9701	≈0.6136
3	≈7.1250°	1/8	≈0.9923	≈0.6088
4	≈3.5763°	1/16	≈0.9981	≈0.6076
5	≈1.7899°	1/32	≈0.9995	≈0.6074
6	≈0.8952°	1/64	≈0.9998	≈0.6073
…	…	…	…	…

所以可以通过移位和加减来实现表7-3所列角度，即$\theta_i = \arctan 2^{-i}$的伪旋转：

$$\begin{pmatrix} x_{i+1}' \\ y_{i+1}' \end{pmatrix} = \begin{pmatrix} 1 & -2^{-i} \\ 2^{-i} & 1 \end{pmatrix} \begin{pmatrix} x_i \\ y_i \end{pmatrix} \tag{7-22}$$

如要还原为旋转，则仍需要$\cos\theta_i$参与：

$$\begin{pmatrix} x_{i+1} \\ y_{i+1} \end{pmatrix} = \begin{pmatrix} \cos\theta_i & 0 \\ 0 & \cos\theta_i \end{pmatrix} \begin{pmatrix} 1 & -2^{-i} \\ 2^{-i} & 1 \end{pmatrix} \begin{pmatrix} x_i \\ y_i \end{pmatrix} \tag{7-23}$$

但表7-3所列角度有限，无法直接实现任意角度的伪旋转，不过，因为对于所有i都有$2\theta_{i+1} > \theta_i > 0$，所以如果角度$\theta$满足：

$$|\theta| \leqslant \sum_{i=0}^{\infty} \theta_i \approx 99.883°$$

则θ一定可以表达为：

$$\theta = \lim_{k\to\infty} \sum_{i=0}^{k} s_i\theta_i, \quad s_i \in \{-1, 1\} \tag{7-24}$$

以60°为例，如图7-20所示。

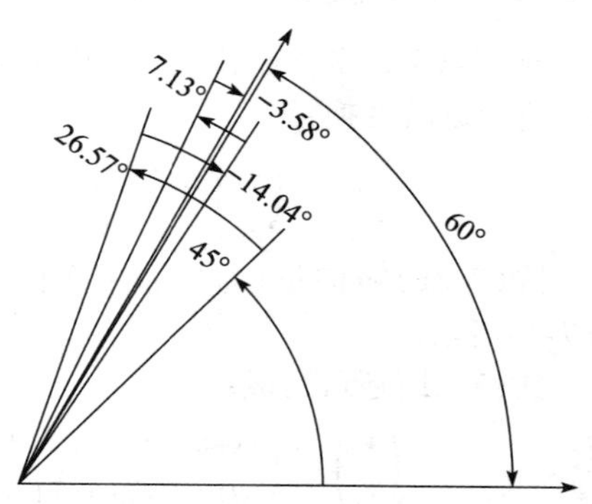

图7-20　使用式(7-24)逼近60°的示例

而$\{\theta_i\}$收敛于0，实际中不必也不可能取到$k\to\infty$，根据精度需求取固定的k即可。容易知道，最终的角度误差绝对值：

$$|e_\theta| < \arctan 2^{-k}$$

连续$k(k>1)$次，每次或正向或负向的伪旋转可表达为：

$$\begin{pmatrix} x'_k \\ y'_k \end{pmatrix} = \prod_{i=k-1}^{0} \begin{pmatrix} 1 & -s_i \cdot 2^{-i} \\ s_i \cdot 2^{-i} & 1 \end{pmatrix} \begin{pmatrix} x_0 \\ y_0 \end{pmatrix} \tag{7-25}$$

如果还原到 $(x_k \quad y_k)^{\mathrm{T}}$：

$$\begin{pmatrix} x_k \\ y_k \end{pmatrix} = \prod_{i=k-1}^{0} \cos\theta_i \cdot \prod_{i=k-1}^{0} \begin{pmatrix} 1 & -s_i \cdot 2^{-i} \\ s_i \cdot 2^{-i} & 1 \end{pmatrix} \begin{pmatrix} x_0 \\ y_0 \end{pmatrix} \tag{7-26}$$

显然，k 确定时：

$$\lambda_k \overset{\text{def}}{=\!=} \prod_{i=k-1}^{0} \cos\theta_i = \prod_{i=k-1}^{0} \cos(\arctan 2^{-i})$$

是常数，因而：

$$\begin{pmatrix} x_k \\ y_k \end{pmatrix} = \lambda_k \cdot \prod_{i=k-1}^{0} \begin{pmatrix} 1 & -s_i \cdot 2^{-i} \\ s_i \cdot 2^{-i} & 1 \end{pmatrix} \begin{pmatrix} x_0 \\ y_0 \end{pmatrix} \tag{7-27}$$

此式便是 CORDIC 的原理。而 $\{\lambda_k\}$ 实际上迅速收敛于：

$$\lambda_\infty = \prod_{0}^{\infty} \frac{1}{\sqrt{1+4^{-i}}} \approx 0.607252935 \tag{7-28}$$

从表 7-3 中也可大致看到其收敛趋势，而 $\lambda_{10} \approx 0.607253321$，已与 λ_∞ 相差小于 0.4ppm 了，因此如果实际应用中取 $k \geqslant 10$，大多数情况下 λ_k 都不用专门计算了。

在实际实现中，式(7-27)中乘积项中的序列 $\{s_i\}$ 的确定可以通过迭代比较得到，每第 i 次或第 i 级固定用于角度 $\pm\theta_i$ 的旋转，若待旋转的角度 $\theta \geqslant 0$，则该级正转，否则反转。之后减去或加上该级的 θ_i，得到剩余角度留待下次/送至下级继续。

如果数据的位宽为 W，在第 W 次/级迭代($i = W-1$)时，右移位已达到极限 $W-1$ 位，所以迭代次数大于数据位宽就没有意义了。

特别地，如果输入向量为 $(1 \quad 0)^{\mathrm{T}}$，则最后的输出为 $(\cos\theta \quad \sin\theta)^{\mathrm{T}}$，如果使用相位累加器输出作为 θ 输入，则可实现余弦和正弦信号输出。

这里实现了一个流水线式的 CORDIC，代码 7-8 中 CordicStage 模块实现了一级的旋转，其中角度输入为 $Q1.(1-\mathrm{DW})$ 格式，并将 $\theta \in [-180°, 180°)$ 映射到 $[-1, 1)$。

代码 7-8　一级 CORDIC

```
1   module CordicStage #( parameter DW = 10, AW = DW, STG = 0 )(
2       input wire clk, rst, en,
3       input wire signed [DW-1 : 0] xin,   // x_i
4       input wire signed [DW-1 : 0] yin,   // y_i
5       input wire signed [AW-1 : 0] ain,   // theta_i
6       output logic signed [DW-1 : 0] xout// x_i+1
7       output logic signed [DW-1 : 0] yout// y_i+1
8       output logic signed [AW-1 : 0] aout// theta_i+1
9   );
10      // atan:real:[-pi, pi) <=> theta:(Q1.(AW-1)):[-1.0, 1.0)
11      localparam real atan = $atan(2.0**(-STG));
12      wire [AW-1 : 0] theta = atan / 3.1415926536 * 2.0**(AW-1);
13      wire signed [DW-1 : 0] x_shifted = (xin >>> STG);
14      wire signed [DW-1 : 0] y_shifted = (yin >>> STG);
```

```
15        always_ff@ (posedge clk) begin
16            if(rst) begin
17                aout <= 1'b0; xout <= 1'b0; yout <= 1'b0;
18            end
19            else if(en) begin
20                if(ain >= 0) begin
21                    aout <= ain - theta;
22                    xout <= xin - y_shifted;
23                    yout <= yin + x_shifted;
24                end
25                else begin
26                    aout <= ain + theta;
27                    xout <= xin + y_shifted;
28                    yout <= yin - x_shifted;
29                end
30            end
31        end
32    endmodule
```

代码 7-9 则将多个 CordicStage 模块级联成为一个完整的 CORDIC。因为在逐级旋转的过程中，x 和 y 的值会增大，所以在这个 Cordic 模块中，内部数据被扩展了一位，以保证后续值增大不会导致溢出，在最后乘以 λ 时，直接使用了 λ_{∞}，因而 ITER 不能太小。

代码 7-9　级联而成的完整 CORDIC

```
1     module Cordic #( parameter DW = 10, AW = DW, ITER = DW )(
2         input wire clk, rst, en,
3         input wire signed [DW - 1 : 0] xin,                 // Q1.9
4         input wire signed [DW - 1 : 0] yin,                 // Q1.9
5         input wire signed [AW - 1 : 0] ain,                 // Q1.9 [-1,1) ->[-pi,pi)
6         output logic signed [DW - 1 : 0] xout,              // Q1.9
7         output logic signed [DW - 1 : 0] yout,              // Q1.9
8         output logic signed [AW - 1 : 0] arem               // Q1.9 [-1,1) ->[-pi,pi)
9     );
10        import Fixedpoint::* ;
11        logic signed [DW : 0] x [ITER+1];                   // Q2.9 to against overflow
12        logic signed [DW : 0] y [ITER+1];                   // Q2.9 to against overflow
13        logic signed [AW : 0] a [ITER+1];                   // Q1.10 [-1,1) ->[-pi,pi)
14        assign x[0] = xin, y[0] = yin, a[0] = ain <<< 1;    // Q1.9 to Q1.10
15        generate
16            for(genvar i = 0; i < ITER; i++)
17            begin : stages
18                CordicStage #(DW+1, AW+1, i) cordicStgs(clk, rst, en,
19                    x[i], y[i], a[i], x[i+1], y[i+1], a[i+1]);
20            end
21        endgenerate
22        localparam real lambda = 0.6072529350;
23        wire signed [DW : 0] lam = lambda * 2** DW;         // 0.607253(Q1.10)
24        `DEF_FP_MUL(mul, 2, DW-1, 1, DW, DW-1);             // Q2.9* Q1.10 ->Q2.9
25        always_ff@ (posedge clk) begin
```

```
26          if(rst) begin
27              xout <= 1'b0; yout <= 1'b0; arem <= 1'b0;
28          end
29          else if(en) begin
30              xout <= mul(x[ITER], lam);
31              yout <= mul(y[ITER], lam);
32              arem <= a[ITER];
33          end
34      end
35  endmodule
```

代码7-10则是仿真平台，其中使用了10位计数器产生 $-\pi \sim \pi$ 的角度，输入 x 为500（$Q1.9$ 格式下≈0.977），而 y 为0，使得输出余弦和正弦信号，没有用511是为了防止内部计算过程中的偏差导致溢出。

代码7-10　CORDIC仿真平台

```
1   module TestCordic;
2       import SimSrcGen::* ;
3       logic clk, rst;
4       initial GenClk(clk, 8, 10);
5       initial GenRst(clk, rst, 2, 2);
6       logic signed [9:0] ang = '0, cos, sin, arem;
7       always_ff@ (posedge clk) begin
8           if(rst) ang <= '0;
9           else ang <= ang + 1'b1;
10      end
11      Cordic #(10) theCordic(clk, rst, 1'b1,
12          10'sd500, 10'sd0, ang, cos, sin, arem);
13  endmodule
```

图7-21所示是仿真波形中一段完整的角度从 $-\pi \sim \pi$ 的部分，$-99.883° < \theta < 99.883°$ 时，正常输出了波形，在此范围以外，CORDIC并不能正常"旋转"，如果需要输出完整的余弦或正弦信号，可根据 $\cos\theta = -\cos(\pi \pm \theta)$ 和 $\sin\theta = \mp\sin(\pi \pm \theta)$ 这两个关系添加一些简单的判断、加减和取反的逻辑即可，这里不赘述。

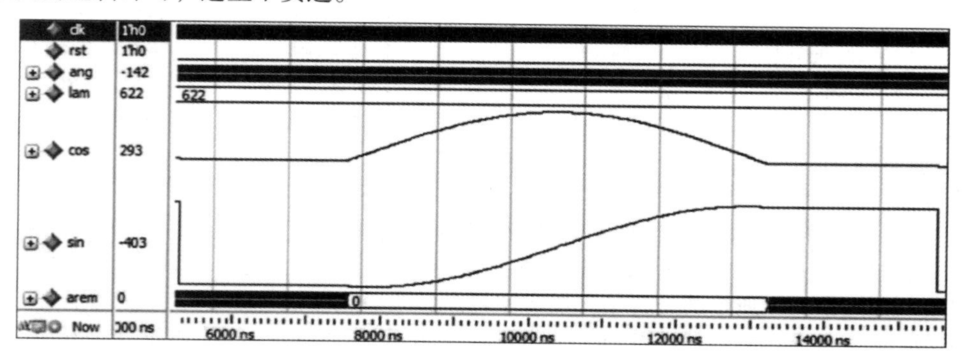

图7-21　CORDIC的仿真波形

7.4 FIR 滤波器

FIR 滤波器即有限冲激响应滤波器，传输函数的一般形式是：

$$H(z) = \sum_{k=0}^{N} h[k] \cdot z^{-k} \tag{7-29}$$

其中 N 为其阶数，N 阶 FIR 滤波器共有 $N+1$ 个系数 $h[i]$，$h[i]$ 也就是它的单位冲激响应。

FIR 滤波器的设计即 $h[i]$ 的计算方法不是本书内容，读者可参考数字信号处理书籍，工程中还可使用 MATLAB、Mathematica 等工程或数学工具来辅助设计。

FIR 滤波器的结构如图 7-22 所示(以 4 阶为例)，单位延迟器可用 D 触发器实现，而增益 h 即为常系数乘法器。

可以看到，其中包含一个较长的加法链，这对于 FPGA 实现是不利的。图 7-22 所示结构还可以通过转置变换得到如图 7-23 所示的等价结构。这个结构不包含长组合逻辑路径，因而适合时序逻辑实现。

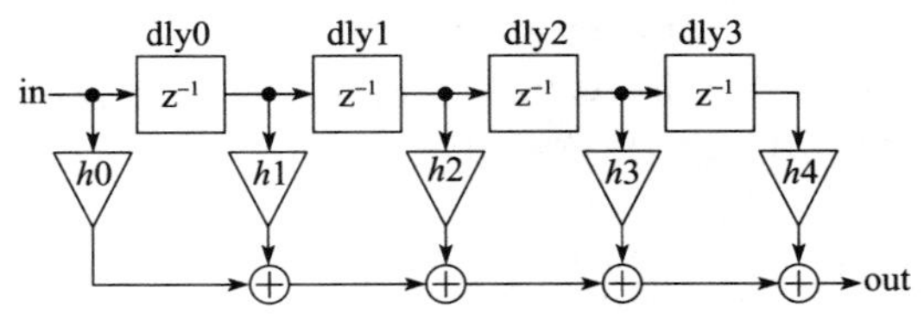

图 7-22　4 阶 FIR 滤波器(直接型)

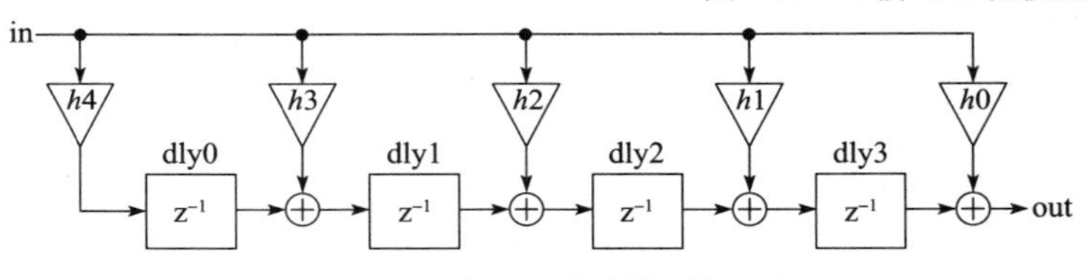

图 7-23　4 阶 FIR 滤波器(转置型)

FIR 常用来实现线性相位响应的滤波器，线性相位响应的 FIR 滤波器的系数是对称的，即 $h[k]=h[N-k]$，这时，图 7-23 所示结构还可以转换成图 7-24 和图 7-25 所示结构，前者为偶数阶的情况，后者为奇数阶的情况。

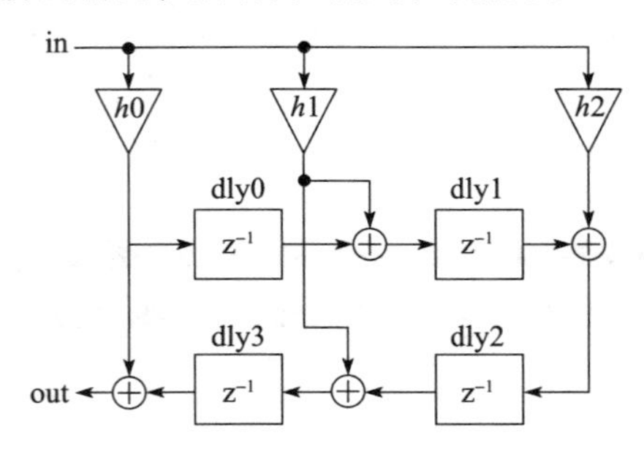

图 7-24　4 阶对称系数 FIR 滤波器(转置)

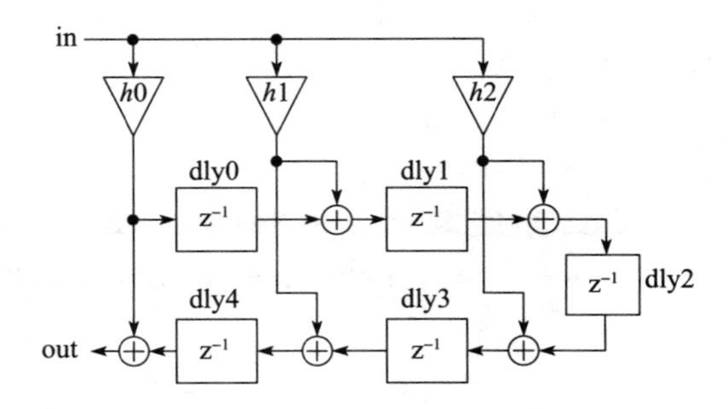

图 7-25　5 阶对称系数 FIR 滤波器(转置)

事实上，输入相同、功能相同的功能单元，FPGA 编译工具会优化共用一个功能单元，因而 FIR 滤波器中系数相同的常数乘法器，FPGA 编译工具会自行优化，形成对称的结构。我们在设计的时候按图 7-23 所示的转置结构描述即可。

代码 7-11 是参数化的通用 FIR 滤波器模块，按图 7-23 所示结构描述得到，其中 TAPS = $N+1$ 为其参数个数，而 COEF 为滤波器系数的实数数组，在代码中均只用于常量计算得到定点小数(整数)，是可以综合的。代码中使用了两个生成块，以实现可参数化配置的阶数和系数。

乘法计算使用 7.2.4 节定义的宏定义了定点小数乘法 let 语句，数据格式为 $Q1.(\mathrm{DW}-1)$，因而要求 COEF 数组中所有系数绝对值小于 1，大多数 FIR 滤波器系数本身都是这样的，如果不满足，将所有系数同比缩小到绝对值小于 1 即可，相当于输出作了些许衰减，对响应的形状没有影响。代码中使用 TAPS 个延迟器，较图 7-23 所示多一个，最后一个延迟器将最后输出延迟了一次，因而实现的准确传输函数为：

$$H_{\mathrm{FIR}}(z) = z^{-1} \cdot \sum_{k=0}^{N} h[k] \cdot z^{-k} \tag{7-30}$$

相应地，如果实现的是线性相位的滤波器，群延迟将为：

$$\tau_g = \left(\frac{N}{2}+1\right) \cdot \frac{1}{f_s} \tag{7-31}$$

代码 7-11　参数化的通用 FIR 滤波器

```
1    module FIR #(
2        parameter DW = 10,
3        parameter TAPS = 8,
4        parameter real COEF[TAPS] = '{8{0.124}}
5    )(
6        input wire clk, rst, en,
7        input wire signed [DW-1 : 0] in,
8        output logic signed [DW-1 : 0] out
9    );
10       localparam N = TAPS - 1;
11       logic signed [DW-1 : 0] coef[TAPS];
12       logic signed [DW-1 : 0] prod[TAPS];
13       logic signed [DW-1 : 0] delay[TAPS];
14       `DEF_FP_MUL(mul, 1, DW-1, 1, DW-1, DW-1);        // Q1.9 * Q1.9 -> Q1.9
15       generate
16           for(genvar t = 0; t < TAPS; t++) begin
17               assign coef[t] = COEF[t] * 2.0**(DW-1.0);
18               assign prod[t] = mul(in, coef[t]);
19           end
20       endgenerate
21       generate
22           for(genvar t = 0; t < TAPS; t++) begin
23               always_ff@(posedge clk) begin
24                   if(rst) delay[t] <= '0;
25                   else if(en) begin
26                       if(t == 0) delay[0] <= prod[N - t];
27                       else delay[t] <= prod[N - t] + delay[t - 1];
28                   end
29               end
30           end
31       endgenerate
32       assign out = delay[N];
33   endmodule
```

为测试它，我们以一个 26 阶带通滤波器为例，其通带归一化角频率为 $0.18\pi \sim 0.22\pi$（即 9M～11MHz@100MHz），带内纹波 1dB，前后两个阻带分别为 $0 \sim 0.07\pi$ 和 $0.33\pi \sim \pi$，阻带衰

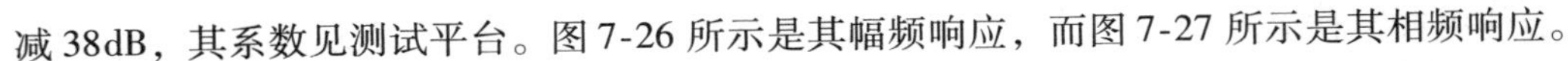

减 38dB，其系数见测试平台。图 7-26 所示是其幅频响应，而图 7-27 所示是其相频响应。

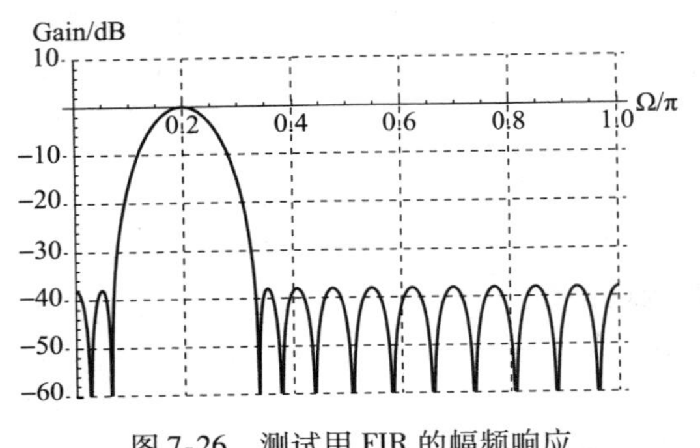

图 7-26　测试用 FIR 的幅频响应

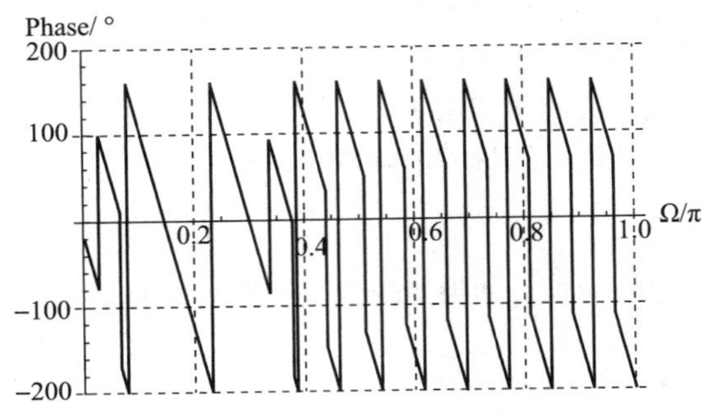

图 7-27　测试用 FIR 的相频响应

代码 7-12 是其测试平台，其中实例化了两个上述 26 阶滤波器。其中一个用于过滤一个 DDS 产生的扫频信号，以便我们从输出波形包络观察幅频响应，其输入被乘以系数 0.98，避免因滤波器存在增益大于 1 的频点，而使得输出溢出。另一个用于过滤一个 3.333MHz 的方波，期望将其 3 次谐波滤出(10MHz)，第 20、21 和 22 行用于产生一个 1 位方波，而第 31 行条件表达式将其转换为幅值 500(0.977@ $Q1.9$)的方波。

代码 7-12　FIR 带通滤波器的测试平台

```
1   module TestFir;
2       import SimSrcGen::* ;
3       logic clk, rst;
4       initial GenClk(clk, 8, 10);
5       initial GenRst(clk, rst, 2, 2);
6       // from 1MHz to 50MHz in 1ms
7       real freqr = 1e6, fstepr = 49e6/(1e-3* 100e6);
8       always@ (posedge clk) begin
9           if(rst) freqr = 1e6;
10          else freqr += fstepr;
11      end
12      logic signed [31:0] freq;
13      always@ (posedge clk) begin
14          freq <= 2.0** 32 *  freqr / 100e6;              // freq to freq ctrl word
15      end
16      logic signed [31:0] phase = '0;
17      logic signed [9:0] swave;
18      DDS #(32, 10, 13) theDDS(clk, rst, 1'b1, freq, phase, swave);
19      logic signed [9:0] filtered, harm3;
20      logic square = '0, en15;
21      Counter #(15) cnt15(clk, rst, 1'b1, , en15);
22      always_ff@ (posedge clk) if(en15) square <= ~square;
23      FIR #(10, 27, '{
24          -0.005646,  0.006428,  0.019960,  0.033857,  0.036123,
25           0.016998, -0.022918, -0.068988, -0.097428, -0.087782,
26          -0.036153,  0.039431,  0.106063,  0.132519,  0.106063,
27           0.039431, -0.036153, -0.087782, -0.097428, -0.068988,
28          -0.022918,  0.016998,  0.036123,  0.033857,  0.019960,
29           0.006428, -0.005646
```

```
30          }) theFir1(clk, rst, 1'b1, 10'(integer'(swave* 0.98)),filtered),
31          theFir2(clk, rst, 1'b1, square? 10'sd500: -10'sd500, harm3);
32      endmodule
```

图 7-28 是仿真中扫频信号从 1MHz 到 20MHz 的情况，可以看到包络与预期的幅频响应相符。

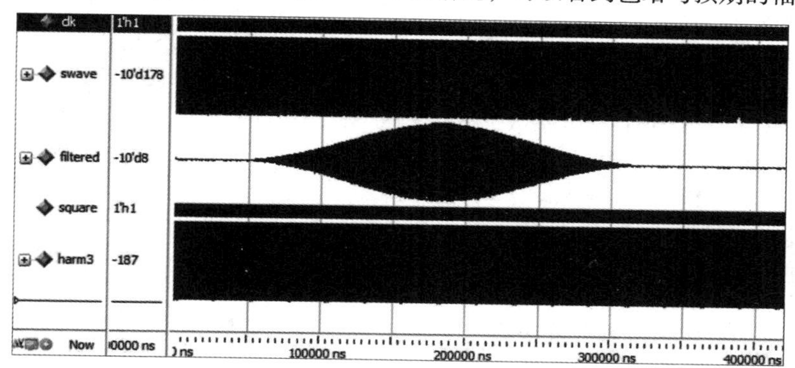

图 7-28　FIR 滤波器仿真波形(从包络观察幅频响应)

图 7-29 是滤出 3.333MHz 方波的三次谐波的细节。

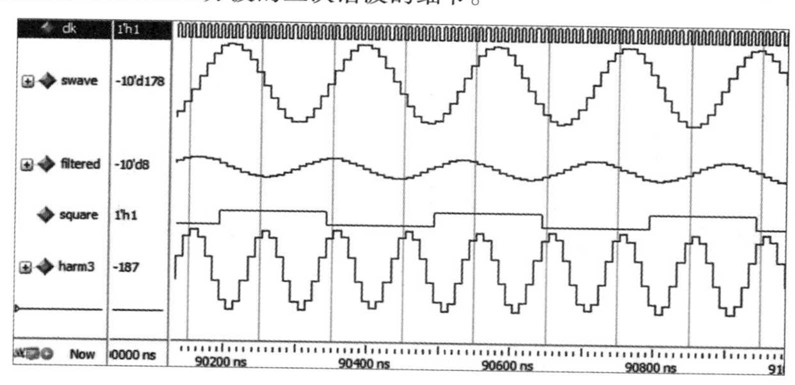

图 7-29　FIR 滤波器仿真波形(滤出方波三次谐波的细节)

7.5　IIR 滤波器

IIR 滤波器即无限冲激响应滤波器，传输函数的一般形式是：

$$H(z) = \frac{\sum_{i=0}^{N} n_i z^{-i}}{1 + \sum_{j=1}^{D} d_j z^{-j}} \tag{7-32}$$

分子共有 $N+1$ 个系数，分母共有 D 个系数(除 0 次方项系数 1 以外)，其阶数定义为 D。

与 FIR 滤波器类似，在工程中，IIR 滤波器也可用 MATLAB 等软件工具辅助设计，这里不赘述。

适宜 FPGA 实现的 IIR 滤波器的结构如图 7-30 所示。

用图 7-30 所示的结构在阶数大于 2 时，可能不稳定，并且阶数越大，有限字长效应导致的累积误差也越大，内部节点增益也可能很发散，所以一般将多阶 IIR 滤波器拆解成多个二阶级联，对于奇数阶，则最后增加一个一阶。

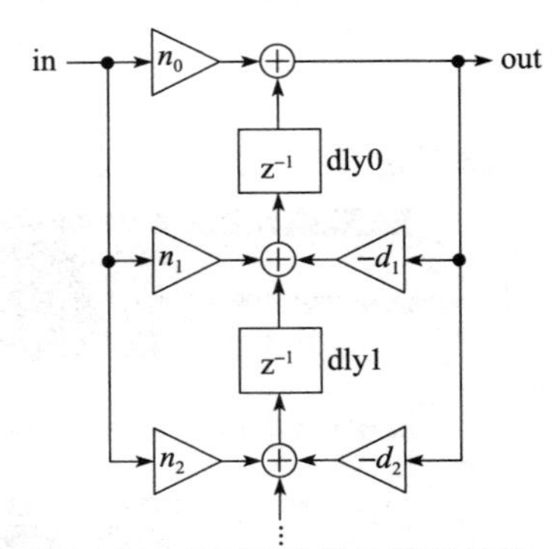

图 7-30　IIR 滤波器的转置结构

二阶 IIR 传输函数：

$$H(z)=\frac{n_0+n_1z^{-1}+n_2z^{-2}}{1+d_1z^{-1}+d_2z^{-2}}=g\frac{n_0'+n_1'z^{-1}+n_2'z^{-2}}{1+d_1z^{-1}+d_2z^{-2}}$$

如果 $n_0\neq0$，可从分子中提出系数 $g=n_0$，使得 $n_0'=1$ 和 $n_{1,2}'=n_{1,2}/g$，一般 n_0 绝对值小于 1，能使得 $|n_1'|>|n_1|$ 和 $|n_2'|>|n_2|$，有助于降低有限字长造成的误差。如果 $n_0=0$，则提出系数 $g=n_1$，并使得 $n_0'=0$。

如图 7-31 所示，虽然看起来多出一个系数，但 n_0' 或为 1 或为 0，作为常系数乘法器，编译工具直接会将它们用连线或不连线实现，并不会耗费逻辑资源。

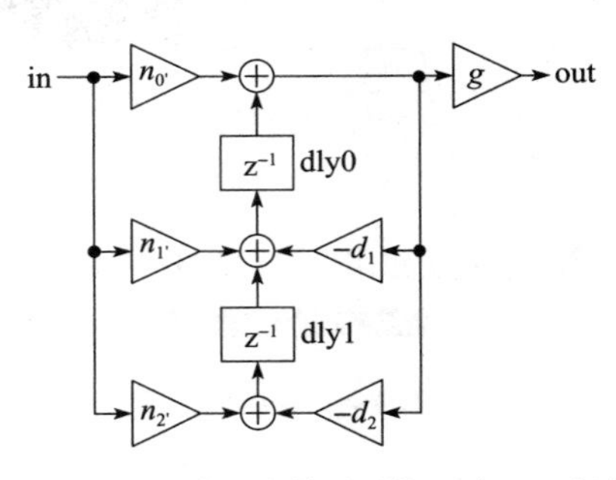

图 7-31　提出分子公共因子的 2 阶 IIR 滤波器

一阶 IIR 传输函数：

$$H(z)=\frac{n_0+n_1z^{-1}}{1+d_1z^{-1}}=g\frac{n_0'+n_1'z^{-1}}{1+d_1z^{-1}}$$

结构如图 7-32 所示。

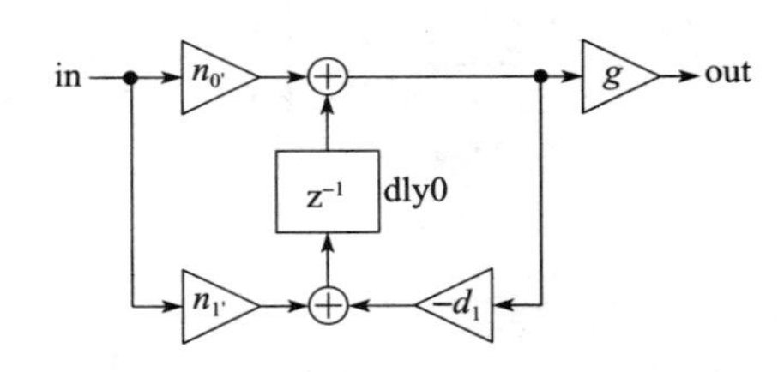

图 7-32　提出分子公共因子的 1 阶 IIR 滤波器

代码 7-13 中的 IIR2nd 模块是根据图 7-31 所示结构描述的二阶 IIR 滤波器，IIR 则是由多级二阶滤波器构成的多阶滤波器。注意，在 IIR 滤波器结构中，内部节点对输入的幅频响应可能存在大于 0dB 的点，所以在代码中，为数据扩展了位宽 EW 位。

如果需要奇数阶的滤波器，可直接将最后一级的 n_2 和 d_2，即参数中 NUM[STG-1][3] 和 DEN[STG-1][2] 设置为零，FPGA 编译工具会自动优化掉相应的两个常数乘法器和延迟用的触发器。

代码 7-13　IIR 滤波器

```
1   module IIR2nd #(
2       parameter DW = 14, FW = 9,
3       parameter real GAIN, real NUM[3], real DEN[2]
4   )(
5       input wire clk, rst, en,
6       input wire signed [DW-1 : 0] in,                // Q(DW-FW).FW
7       output logic signed [DW-1 : 0] out              // Q(DW-FW).FW
8   );
9       wire signed [DW-1:0] n0 = (NUM[0] * 2.0** FW);
10      wire signed [DW-1:0] n1 = (NUM[1] * 2.0** FW);
11      wire signed [DW-1:0] n2 = (NUM[2] * 2.0** FW);
```

```
12        wire signed [DW-1:0] d1 = (DEN[0] * 2.0** FW);
13        wire signed [DW-1:0] d2 = (DEN[1] * 2.0** FW);
14        wire signed [DW-1:0] g = (GAIN * 2.0** FW);
15        `DEF_FP_MUL(mul, DW-FW, FW, DW-FW, FW, FW);
16        logic signed [DW-1:0] z1, z0;
17        wire signed [DW-1:0] pn0 = mul(in, n0);
18        wire signed [DW-1:0] pn1 = mul(in, n1);
19        wire signed [DW-1:0] pn2 = mul(in, n2);
20        wire signed [DW-1:0] pd1 = mul(o, d1);
21        wire signed [DW-1:0] pd2 = mul(o, d2);
22        wire signed [DW-1:0] o = pn0 + z0;
23        always_ff@(posedge clk) begin
24            if(rst) begin z0 <= '0; z1 <= '0; out <= '0; end
25            else if(en) begin
26                z1 <= pn2 - pd2;
27                z0 <= pn1 - pd1 + z1;
28                out <= mul(o, g);
29            end
30        end
31    endmodule
32
33    module IIR #(
34        parameter DW = 10, EW = 4, STG = 2,
35        parameter real GAIN[STG], real NUM[STG][3], real DEN[STG][2]
36    )(
37        input wire clk, rst, en,
38        input wire signed [DW-1 : 0] in,
39        output logic signed [DW-1 : 0] out
40    );
41        localparam W = EW + DW;
42        logic signed [W-1 : 0] sio[STG+1];
43        assign sio[0] = in, out = sio[STG];
44        generate
45            for(genvar s = 0; s < STG; s++) begin
46                IIR2nd #(W, DW-1, GAIN[s], NUM[s], DEN[s]) theIir(
47                    clk, rst, en, sio[s], sio[s+1]);
48            end
49        endgenerate
50    endmodule
```

为测试它，我们以一个 6 阶带通椭圆滤波器为例。其通带归一化角频率为 $0.18\pi \sim 0.22\pi$（即 9M ~ 11MHz@100MHz），带内纹波 1dB，前后两个阻带分别为 $0 \sim 0.07\pi$ 和 $0.33\pi \sim \pi$，阻带衰减 40dB，其系数见测试平台代码。图 7-33 所示是其各级的幅频响应，可见第一级在 $\Omega \approx 0.22\pi$ 时，增益达到了约 2.4。而经过分析，整个系统的最大增益出现在第 3 级增益 g 之前，该点幅频响应如图 7-34 所示，最大值已超过 16，因而，滤波器内部扩展位数 EW 应为 5。

代码 7-14 是测试平台，与 FIR 滤波器测试类似，其中实例化了两个 IIR 滤波器，一个用来作扫频测试，另一个用来滤出 3.333MHz 方波的 3 次谐波，因为该 IIR 滤波器带内存在增益大于 1 的频点，所以扫频测试中输入信号被乘以系数 0.9。

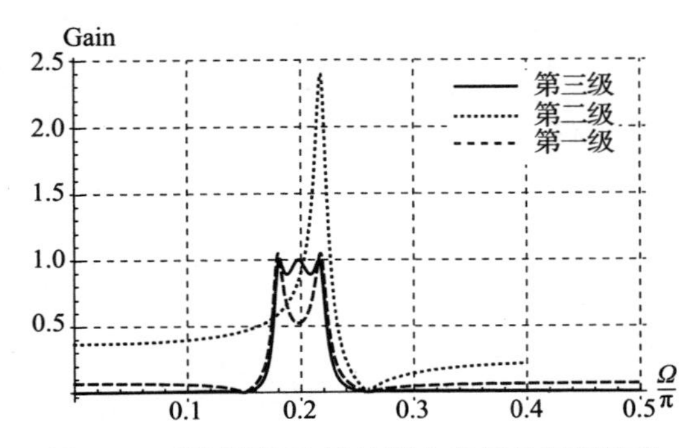

图 7-33 测试用 IIR 滤波器中各级的幅频特性

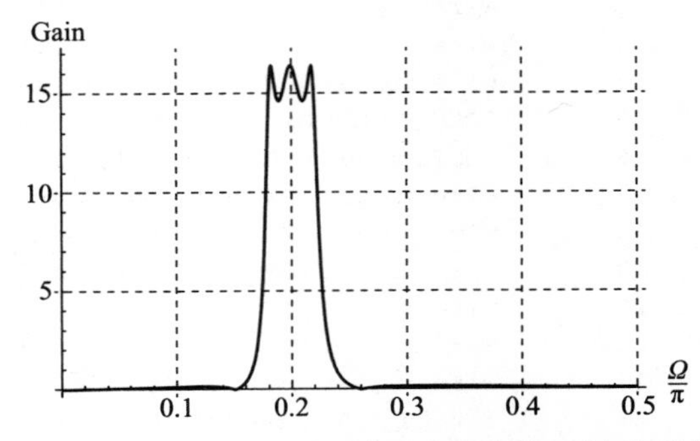

图 7-34 测试用 IIR 滤波器中最大增益节点的幅频特性

代码 7-14 IIR 滤波器的测试平台

```
1   module TestIir;
2       import SimSrcGen::* ;
3       logic clk, rst;
4       initial GenClk(clk, 80, 100);
5       initial GenRst(clk, rst, 2, 2);
6       real freqr =1e6, fstepr =49e6/(1e-3* 100e6);      // 1MHz to 50MHz in 1ms
7       always@ (posedge clk) begin
8           if(rst) freqr = 1e6;
9           else freqr += fstepr;
10      end
11      logic signed [31:0] freq;
12      always@ (posedge clk) begin
13          freq <= 2.0** 32 * freqr / 100e6;               // freq control word
14      end
15      logic signed [31:0] phase = '0;
16      logic signed [9:0] swave;
17      DDS #(32, 10, 13) theDDS(clk, rst, 1'b1, freq, phase, swave);
18      logic signed [9:0] filtered, harm3;
19      logic square = '0, en15;
20      Counter #(15) cnt15(clk, rst, 1'b1, , en15);
21      always_ff@ (posedge clk) if(en15) square <= ~square;
22      IIR #(10, 5, 3, '{ 0.262748, 0.262748, 0.060908 },  // GAIN
23          '{ '{ 1, -1.368053, 1   },                     // s0:NUM
24             '{ 1, -1.779618, 1   },                     // s1:NUM
25             '{ 1, 0   , -1   } },                       // s2:NUM
26          '{ '{  -1.519556, 0.969571},                   // s0:DEN
27             '{  -1.665517, 0.974258},                   // s1:DEN
28             '{  -1.569518, 0.936203} }                  // s2:DEN
29      ) theIir1(clk, rst, 1'b1, 10'(integer'(swave* 0.9)), filtered),
30          theIir2(clk, rst, 1'b1, square? 10'sd500: -10'sd500, harm3);
31  endmodule
```

图 7-35 所示是仿真中扫频信号从 1MHz 到 20MHz 的情况，可以看到包络与预期的幅频响应相符。

图 7-36 所示是滤出 3.333MHz 方波的三次谐波的细节。

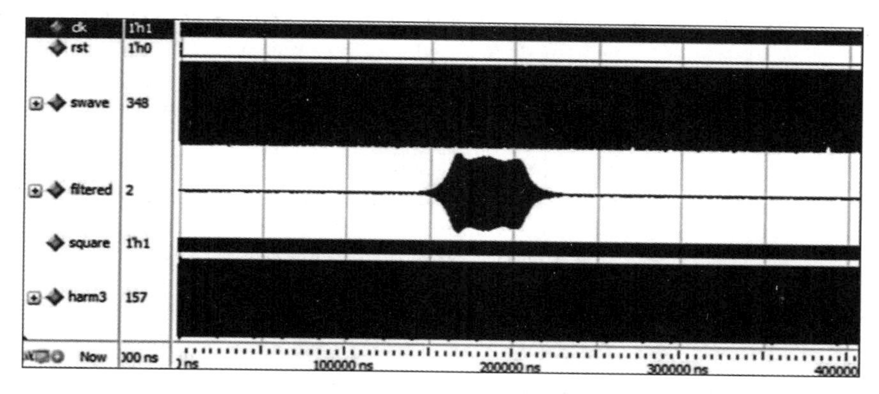

图 7-35　IIR 滤波器仿真波形(从包络观察幅频响应)

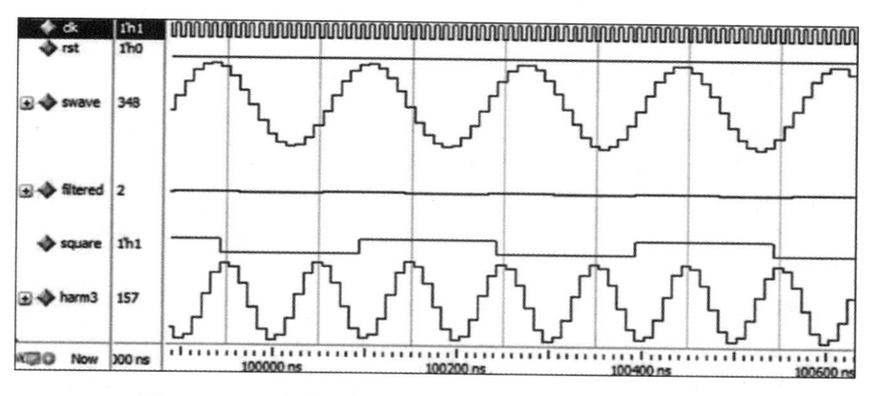

图 7-36　IIR 滤波器仿真波形(滤出方波三次谐波的细节)

7.6　采样率变换

在数字信号处理系统中，随着信号处理的流程，关注的信号的频点或频带常常会变化，比如通信系统中中频解调得到基带，比如 Δ－ΣADC 或 DAC 中高采样率码流和采样数据之间的转换。信号频带升高时，低采样率可能会无法继续承载信号；而信号频带降低时，继续用高采样率处理低频数据将非常不经济，比如同样实际频率特性的 FIR 滤波器在采样率提高时，系数数量一般也会同比提高。因而一般会进行采样率变换。

有时甚至因为硬件系统的差异而不得不进行采样率变换，比如 44.1ksps 采样录制的音频数据需要用 48ksps 的 DAC 系统还原。

本节将简单介绍基于滤波的基本采样率变换原理，并用 Verilog 实现。

7.6.1　升采样

升采样是将采样率升高而不改变信号的过程。

从采样率 f_s 变为 $f'_s = L \cdot f_s$，可通过在每个采样数据后增加 $(L-1)$ 个 0 来实现，称为“插零”，或可通过在每个采样数据后将其重复 $(L-1)$ 次来实现，称为“零阶插值”，L 称为插值率。但后果是将原来位于 $(f_s/2, f_s)$ 区间的频谱镜像引入到了新的奈奎斯特频带内。图 7-37 所

示是 $\Omega=\pi/4$ 的原始采样序列及其频谱，而图 7-38 所示是经过 $L=2$ 插零后的序列及其频谱。

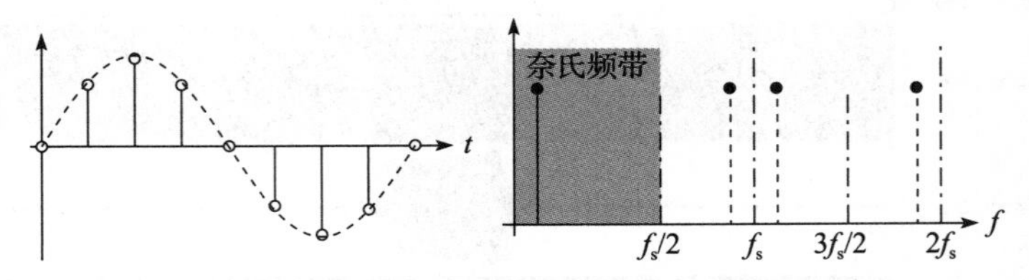

图 7-37　待插零的 $\Omega=\pi/4$ 的原始采样序列及其频谱

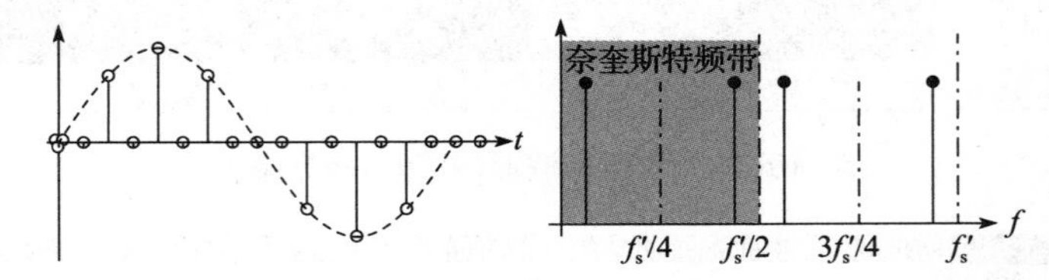

图 7-38　原采样率下 $\Omega=\pi/4$ 的序列经 $L=2$ 插零后的序列及其频率

为将新引入的频谱镜像滤除，可使用 FIR 低通滤波器，如图 7-39 所示，信号频带为有效信号占用的频带，其频率上限为 f_H，所需的滤波器应在 f_H 处增益为 1，或有可接受的衰减，并在 $f'_s/2-f_H$ 处增益为 0，或将频谱镜像衰减到可忽略。

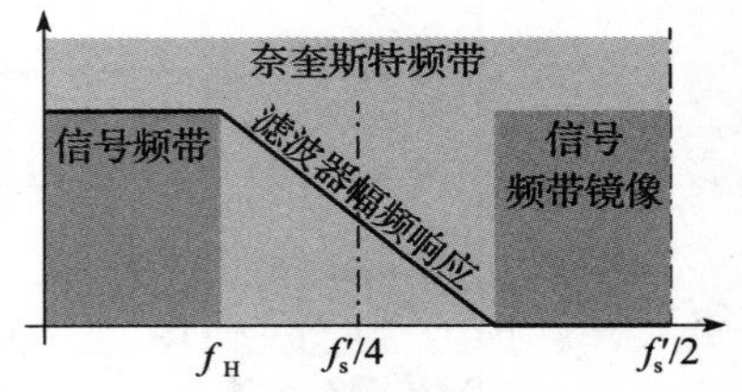

图 7-39　插值后滤波器的幅频特性

插零滤波后，输出相对于输入的增益为 1/2，因而一般要将滤波输出左移一位还原到增益为 1。

对于 $L=2$，低通滤波器的过渡带中心在 $\Omega=\pi/2$ 处，这样的 FIR 滤波器又称为半带滤波器，通过窗函数法设计的 FIR 半带滤波器中，有一半的系数为 0，比较节约逻辑资源。对于 L 的一般情况，可以知道，低通滤波器的过渡带中心应在 $f'_s/(2L)$，即 $\Omega=\pi L$。

但 L 太大，将显著增加 FIR 滤波器的复杂度，一般采用多级逐次升采样的方式实现。

7.6.2　降采样

降采样是将采样率降低而不改变目标频带内的信号的过程。目标频带自然是在降采样后的奈奎斯特频带以内的。

从采样率 f_s 变为 $f'_s=f_s/M$，可通过间隔 $(M-1)$ 个采样抽取一个采样来实现，称为“抽取”。但后果是原来位于 $(f'_s/2,\ f_s/2)$ 区间的频率成分会混叠到新的奈奎斯特频带。如图 7-40 所示是包含两个点频成分 $\Omega_1=\pi/8$ 和 $\Omega_2=3\pi/4$ 的原始采样序列及其频谱，而图 7-41 所示是经过 $M=2$ 抽取后的序列及其频谱，可见 $\Omega_2=3\pi/4$ 成分被混叠到了 $\Omega'_2=\pi/4$。

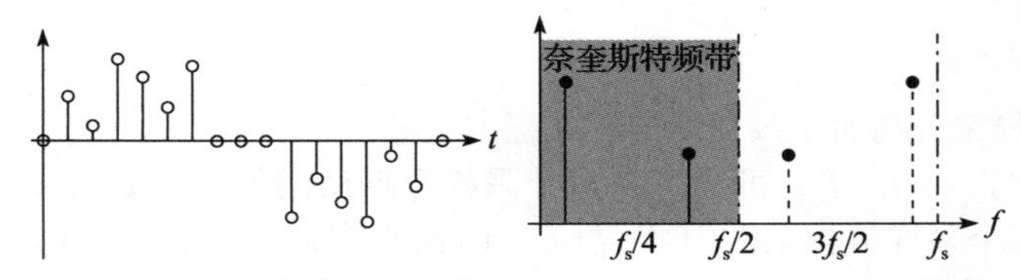

图 7-40　待抽样的 $\Omega_1=\pi/8$ 和 $\Omega_2=3\pi/4$ 混合信号序列及其频谱

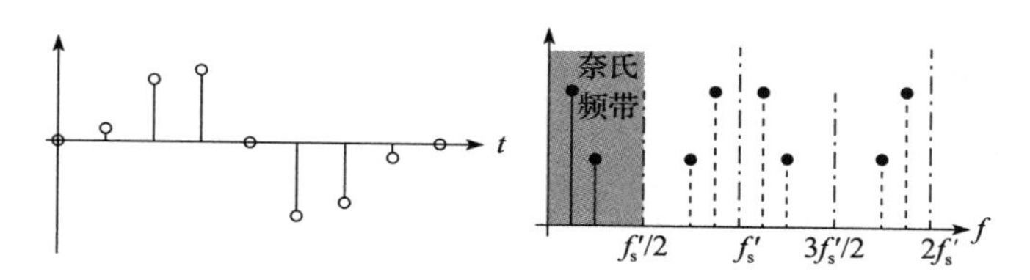

图7-41 原采样率下混合信号序列经 $M=2$ 抽取后的序列及其频谱

为消除混叠，在抽取前可使用FIR滤波器将会造成混叠的频率成分滤除，就像在ADC之前的抗混叠滤波器一样。如图7-42所示，信号频带为有效信号占用的频带，其频率上限为 f_H，所需的滤波器应在 f_H 处增益为1，或有可接受的衰减，并在 $f_s/2-f_H$ 处增益为0，或将频谱镜像衰减到可忽略。值得注意的是，虽然 $\left(\frac{f_s}{4},\ \frac{f_s}{2}-f_H\right)$ 内可能存在的信号仍然会混叠进 $\left(f_H,\ \frac{f_s}{4}\right)$，但 $\left(f_H,\ \frac{f_s}{4}\right)$ 并不是我们感兴趣的频带，可以不必理会。

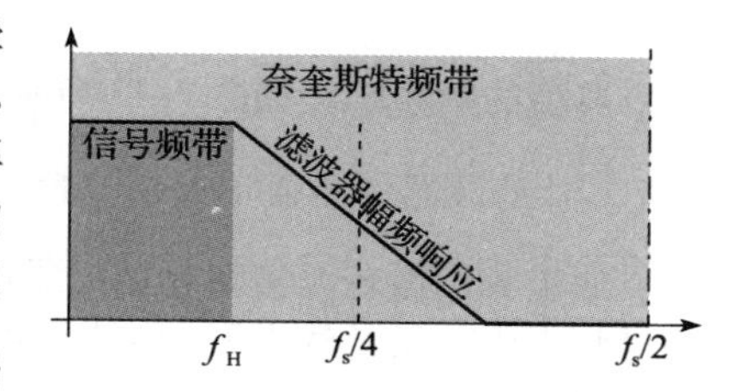

图7-42 抽取前滤波器的幅频特性

$M=2$ 时，低通滤波器的过渡带中心 $\Omega=\pi/2$，与升采样滤波一样，可以使用FIR半带滤波器，节约逻辑资源。对于 M 的一般情况，低通滤波器的过渡带中心应为 $f_s/(2M)$，即 $\Omega=\pi/M$。

与升采样一样，M 太大时，将显著增加FIR滤波器的复杂度，一般也采用多级逐次降采样的方式实现。

7.6.3 插零和抽取器

代码7-15描述了插零和抽取器，使用使能信号控制采样率。它成为插零器或抽取器，以及插值率或抽取率的大小都取决于两个使能信号的速率，原理非常简单，此处不再赘述。不过抽取时也可以不用专门的抽取器，下游模块使用较慢的使能速率即可完成抽取。

代码7-15 插零和抽取器

```
1   module InterpDeci #( parameter W = 10 )(
2       input wire clk, rst, eni, eno,
3       input wire signed [W-1:0] in,
4       output logic signed [W-1:0] out
5   );
6       logic signed [W-1:0] candi;                    // data candidate
7       always_ff@ (posedge clk) begin
8           if(rst) candi <= '0;
9           else if(eni) candi <= in;
10          else if(eno) candi <= '0;
11      end
12      always_ff@ (posedge clk) begin
13          if(rst) out <= '0;
14          else if(eno) out <= candi;
15      end
16  endmodule
```

7.6.4　CIC 滤波器

CIC 滤波器的传输函数为：

$$H(z) = \left(\frac{1-z^{-RM}}{1-z^{-1}}\right)^N = \left(\sum_{k=0}^{RM-1} z^{-k}\right)^N \tag{7-33}$$

其幅频特性：

$$|H(e^{j\Omega})| = \left|\frac{\sin \Omega RM/2}{\sin \Omega/2}\right|^N \tag{7-34}$$

典型的幅频响应如图 7-43 所示，该图以 $R=8$、$M=1$、$N=3$ 为例。

CIC 滤波器的主要特点是幅频响应在 $f=\dfrac{kf_s}{RM}$ 处为 0，其中 $k \in \mathbb{Z}$ 且不为 RM 的整数倍。

如果我们做较大倍率 R 的插零或抽取，且信号频带集中在很低的频段，如图 7-44 所示，则信号频带内其增益约为 1，而信号频带的镜像频带内增益约为 0，正好满足我们对插零滤波或滤波抽取的需求。

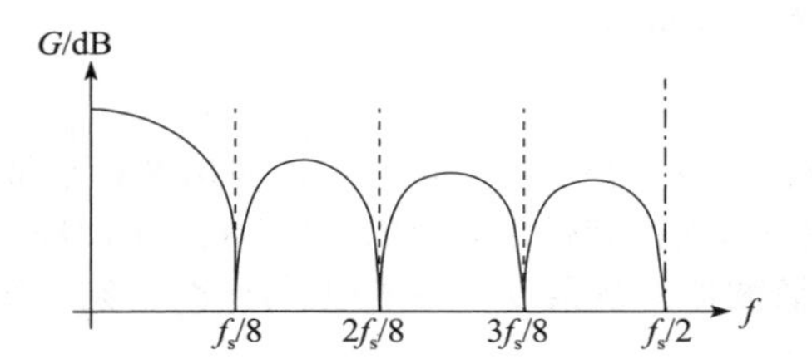

图 7-43　CIC 滤波器的幅频特性（$R=8$、$M=1$、$N=3$）

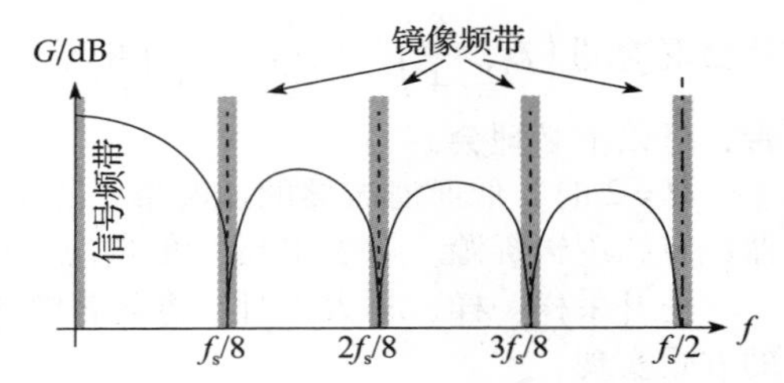

图 7-44　CIC 滤波器用于升采样或降采样

所以，CIC 滤波器适合多级升采样的后级，或多级降采样的前级。而多级升采样的前级或多级降采样的后级则可以使用前述的 FIR 插零滤波或滤波抽取。

用作升采样，CIC 结构如图 7-45 所示；用作降采样，CIC 结构如图 7-46 所示，都完全由累加器（积分器）、差分器和插零/抽取器构成，非常节省逻辑资源。

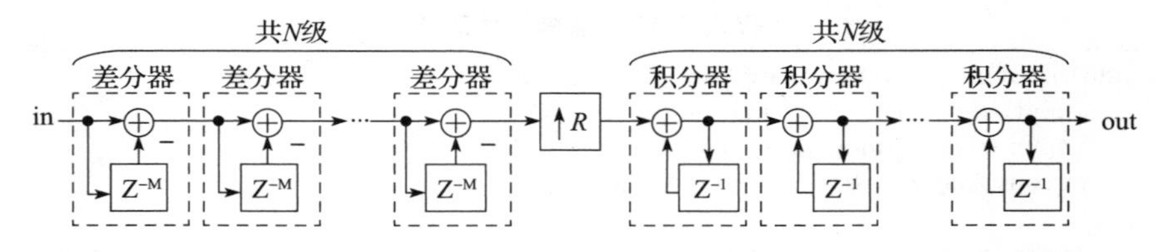

图 7-45　用于升采样的 CIC 滤波器结构

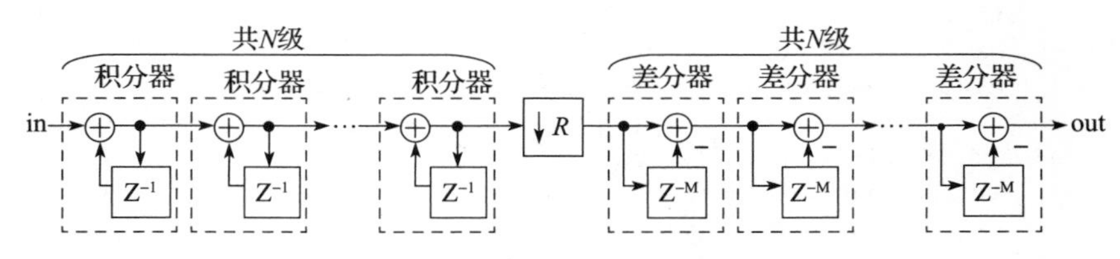

图 7-46　用于降采样的 CIC 滤波器结构

在 CIC 滤波器的设计中，各级所需的位宽需要根据各级的增益来估计。差分器无论 M 值为多少，其带内增益峰值为 2，所以在升采样 CIC 结构中，每级差分器应扩展一位位宽，插零后再积分，每级积分器的增益则需要根据该级输出点对输入的传输函数来计算。在降采样中，积分器本来在频率趋于零时增益趋于无穷大，因而对于包含低频成分的输入，必然溢出，不过后续 N 级差分器会将其还原回来。

结论是，对于 CIC 升采样器，第 k 级的增益：

$$G_k = \begin{cases} 2^k & k \in [1, N] \\ \dfrac{2^{2N-k}(\mathrm{RM})^{k-N}}{R} & k \in (N, 2N] \end{cases} \tag{7-35}$$

因而第 k 级的位宽应为：

$$W_k = \lceil \log_2 G_k \rceil + W_{\mathrm{IN}} \tag{7-36}$$

最终输出的增益 $G_{2N} = (\mathrm{RM})^N / R$。为使最终增益恢复到 1，可将最终输出乘以系数 $R/(\mathrm{RM})^N$。

对于 CIC 降采样器，直到最后一级增益峰值才有限，前级溢出不会造成数据错误，因而一般所有级均使用相同的位宽，最终增益：

$$G_N = (\mathrm{RM})^N \tag{7-37}$$

因而，每级位宽均为：

$$W_k = \lceil N \cdot \log_2 \mathrm{RM} \rceil + W_{\mathrm{IN}} \tag{7-38}$$

代码 7-16 描述了差分器。输出增加了一级触发器，以避免级联时形成长加法链，实际传输函数为 $z^{-1}(1 - z^{-1})$。注意第 9 行，在 $M = 1$ 时，有些 FPGA 编译工具会因索引超出范围而给出错误，这时，可用 generate if 生成块区分 $M = 1$ 和 $M > 1$，并将其写成两块。

代码 7-16　差分器

```
1   module Comb #( parameter W = 10, M = 1 )(
2       input wire clk, rst, en,
3       input wire signed [W -1:0] in,
4       output logic signed [W -1:0] out
5   );
6       logic signed [W -1:0] dly[M];                    // imp z^ -M
7       always_ff@ (posedge clk) begin
8           if(rst) dly <= '{M{'0}};
9           else if(en) dly <= {in, dly[0:M -2]};
10      end
11      always_ff@ (posedge clk) begin
12          if(rst) out <= '0;
13          else if(en) out <= in - dly[M -1];
14      end
15  endmodule
```

代码 7-17 描述了积分器，为避免多个级联时出现长加法链，实际实现的传输函数为 $1/(z-1)$。

代码 7-17　积分器

```
1   module Integrator #( parameter W = 10 )(
2       input wire clk, rst, en,
3       input wire signed [W -1:0] in,
4       output logic signed [W -1:0] out
```

```
5   );
6       always_ff@ (posedge clk) begin
7           if(rst) out <= '0;
8           else if(en) out <= out + in;
9       end
10  endmodule
```

代码7-18 描述了完整的CIC升采样器，位宽的计算根据式(7-35)和式(7-36)直接在代码中使用常量表达式和常量函数完成。使用生成块形成多级结构，并在每个生成块中计算该级所需的位宽，级间的数据连接则统一采用最大宽度便于描述，FPGA编译工具会自动将其优化为与之连接的各级差分器或积分器的位宽。

代码 7-18 CIC 升采样器

```
1   module CicUpSampler #( parameter W = 10, R = 4, M = 1, N = 2 )(
2       input wire clk, rst, eni, eno,
3       input wire signed [W-1:0] in,
4       output logic signed [W-1:0] out
5   );
6       import Fixedpoint::* ;
7       function real Gain(integer k);                      // imp 式 7-35
8           if(k <= N) Gain = 2.0** k;
9           else Gain = 2.0** (2 * N - k) * (R * M)** (k - N) / R;
10      endfunction
11      function integer StgWidth(integer k);               // imp 式 7-36
12          StgWidth = W + $clog2(integer'(0.5 + Gain(k)));
13      endfunction
14      function integer MaxWidth;
15          MaxWidth = 0;
16          for(int k = 1; k <= 2* N; k++)
17              if(MaxWidth < StgWidth(k)) MaxWidth = StgWidth(k);
18          return MaxWidth;
19      endfunction
20      localparam WMAX = MaxWidth();
21      logic signed [WMAX-1:0] combs_data[N+1];            // fixed max width
22      assign combs_data[0] = in;
23      generate
24          for(genvar k = 0; k < N; k++) begin : Combs
25              localparam DW = StgWidth(k+1);
26              logic signed [DW-1:0] comb_out;
27              Comb #(DW, M) theComb(
28                  clk, rst, eni, combs_data[k][DW-1:0], comb_out);
29              assign combs_data[k+1] = comb_out;
30          end
31      endgenerate
32      localparam INTPW = StgWidth(N);
33      logic signed [INTPW-1:0] intp_out;
34      InterpDeci #(INTPW) theInterp(
35          clk, rst, eni, eno, combs_data[N][INTPW-1:0], intp_out);
36      logic signed [WMAX-1:0] intgs_data[N+1];
37      assign intgs_data[0] = intp_out;
```

```
38        generate
39            for(genvar k = 0; k < N; k++) begin : Intgs
40                localparam DW = StgWidth(k+1+N);
41                logic signed [DW-1:0] intg_out;
42                Integrator #(DW) theIntg(
43                    clk, rst, eno, intgs_data[k][DW-1:0], intg_out);
44                assign intgs_data[k+1] = intg_out;
45            end
46        endgenerate
47        localparam FINALW = StgWidth(2*N);
48        localparam real FINAL_GAIN = Gain(2*N);
49        // Q1.(FINALW-1)
50        wire signed [FINALW-1:0] attn = (1.0/FINAL_GAIN*2**(FINALW-1));
51        `DEF_FP_MUL(mul, FINALW-W+1, W-1, 1, FINALW-1, W-1);
52        always_ff@(posedge clk) begin
53            if(rst) out <= '0;
54            else if(eno) out <= mul(intgs_data[N], attn);
55        end
56    endmodule
```

代码7-19描述了完整的CIC降采样器，位宽的计算根据式(7-37)和式(7-38)在代码中使用常量表达式计算得到。

代码 7-19　CIC 降采样器

```
1     module CicDownSampler #( parameter W = 10, R = 4, M = 1, N = 2 )(
2         input wire clk, rst, eni, eno,
3         input wire signed [W-1:0] in,
4         output logic signed [W-1:0] out
5     );
6         import Fixedpoint::*;
7         localparam real GAIN = (R * M)**(N);
8         localparam DW = W + $ceil($ln(GAIN)/$ln(2));
9         logic signed [DW-1:0] intgs_data[N+1];
10        assign intgs_data[0] = in;
11        generate
12            for(genvar k = 0; k < N; k++) begin : Intgs
13                Integrator #(DW) theIntg(
14                    clk, rst, eni, intgs_data[k], intgs_data[k+1]);
15            end
16        endgenerate
17        logic signed [DW-1:0] combs_data[N+1];
18        InterpDeci #(DW) theDeci(
19            clk, rst, eni, eno, intgs_data[N], combs_data[0]);
20        generate
21            for(genvar k = 0; k < N; k++) begin : Combs
22                Comb #(DW, M) theComb(
23                    clk, rst, eno, combs_data[k], combs_data[k+1]);
24            end
25        endgenerate
26        // Q1.(DW-1)
27        wire signed [DW-1:0] attn = (1.0 / GAIN * 2**(DW-1));
```

```
28        `DEF_FP_MUL(mul, DW - W +1, W -1, 1, DW -1, W -1);
29        always_ff@ (posedge clk) begin
30            if(rst) out <= '0;
31            else if(eno) out <= mul(combs_data[N], attn);
32        end
33    endmodule
```

7.6.5 采样率变换范例

使用 L 倍升采样和 M 倍降采样级联，可以形成 L/M 倍分数采样率。

这里以一个 44.1ksps 至 48ksps 的采样率变换系统为例，介绍一个完整的、稍复杂的采样率变换系统的设计、实现和仿真。44.1ksps 和 48ksps 的最小公倍数为 7.056Msps，所以要实现 160/147 倍率的采样率变换，要先作 160 倍升采样，然后作 147 倍降采样。160 倍升采样可以分解为 $2\times2\times2\times2\times2\times5$，经过数次计算尝试，可以使用 3 级 2 倍插零 FIR 滤波和 1 级 20 倍 CIC 升采样完成。147 倍降采样可分解为 $7\times7\times3$，经过数次计算尝试，可以使用 1 级 21 倍 CIC 降采样和 1 级 7 倍 FIR 滤波抽取完成。其中两个 CIC 均为 $M=1$、$N=3$，如图 7-47 所示。

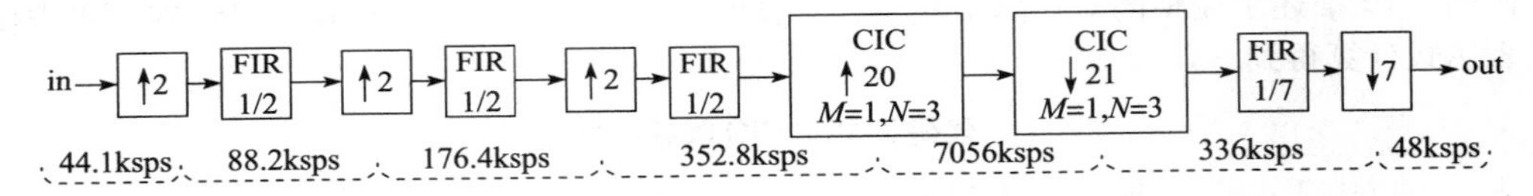

图 7-47　44.1ksps 至 48ksps 采样率变换结构

实际的音频系统中，在升采样到 7056ksps 时，信号内是不包含 20kHz 以上成分的，因而可以直接抽取至 48ksps。这里仍然以包含滤波器的完备降采样为例。

表 7-4 是各级采样率和对滤波器的要求。

表 7-4　44.1ksps～48ksps 采样率变换各级采样率和滤波器要求

级		滤波器	采样率			滤波器过渡带			
						左端点		右端点	
			倍率	入/ksps	出/ksps	实际/ksps	归一化角频率/π	实际/ksps	归一化角频率/π
			L	f_s	$f'_s=Lf_s$	f_H	$=2f_H/f'_s$	$f_U=f_s-f_H$	$2f_U/f'_s$
1	升采样	FIR	2	44.1	88.2	20	0.453515	24.1	0.546485
2	升采样	FIR	2	88.2	176.4	20	0.226757	68.2	0.773243
3	升采样	FIR	2	176.4	352.8	20	0.113379	156.4	0.886621
4	升采样	CIC	20	352.8	7056	20	0.005669	332.8	0.094331
			M	f_s	$f'_s=f_s/M$	f_H	$=2f_H/f_s$	$f_U=f'_s-f_H$	$2f_U/f_s$
5	降采样	CIC	21	7056	336	20	0.005669	316	0.089569
6	降采样	FIR	7	336	48	20	0.119048	28	0.166667

表 7-5 是设计的滤波器的关键参数，FIR 滤波器使用第三方软件工具用窗函数法设计，参数见后续代码，CIC 滤波器直接使用式(7-34)计算分析得到。

表 7-5 44.1ksps ~ 48ksps 采样率变换各级滤波器参数和特性

级		滤波器	阶数或 M	截止频率(/π)或 N	过渡带端点增益 左端点/dB	过渡带端点增益 右端点/dB
					$=20\log_{10}\lvert H(e^{j\Omega_H})\rvert$	$=20\log_{10}\lvert H(e^{j\Omega_U})\rvert$
1	升采样	FIR	78	0.5	-0.5	-60
2	升采样	FIR	14	0.5	-0.25	-60
3	升采样	FIR	10	0.5	-0.25	-60
4	升采样	CIC	1	3	-0.13755	-73.3117
5	降采样	CIC	1	3	-0.1834	-75.2165
6	降采样	FIR	153	1/7	-1	-60

代码 7-20 描述了整个采样率变换系统。各种不同的采样率都由使能信号控制，并假定系统时钟频率为 28.224MHz。

代码 7-20 44.1ksps ~ 48ksps 采样率变换

```
1   module SmpRate441to480 #( parameter W = 16 )(
2       input wire clk, rst,                          // clk @ 28.224MHz
3       output logic signed en441, en480,
4       input wire signed [W-1:0] in,
5       output logic signed [W-1:0] out
6   );
7       logic en882, en1764, en3528;
8       logic en70560, en3360;
9       Counter #(4) cnt70560(clk, rst, 1'b1 , , en70560);
10      Counter #(20) cnt3528 (clk, rst, en70560, , en3528 );
11      Counter #(2) cnt1764 (clk, rst, en3528 , , en1764 );
12      Counter #(2) cnt882 (clk, rst, en1764 , , en882 );
13      Counter #(2) cnt441 (clk, rst, en882 , , en441 );
14      Counter #(21) cnt3360 (clk, rst, en70560, , en3360 );
15      Counter #(7) cnt480 (clk, rst, en3360 , , en480 );
16      logic signed [W-1:0] int882, int1764, int3528;
17      logic signed [W-1:0] fil882, fil1764, fil3528;
18      logic signed [W-1:0] sig70560;
19      logic signed [W-1:0] dec3360, fil3360, dec480;
20      InterpDeci #(W) intp1 (
21          clk, rst, en441, en882, in, int882);
22      FIR #(W, 79, '{
23           -0.000166, 0,  0.000346, 0, -0.000607, 0,  0.000970, 0,
24           -0.001457, 0,  0.002094, 0, -0.002910, 0,  0.003940, 0,
25           -0.005226, 0,  0.006821, 0, -0.008796, 0,  0.011250, 0,
26           -0.014333, 0,  0.018284, 0, -0.023514, 0,  0.030808, 0,
27           -0.041848, 0,  0.061032, 0, -0.104514, 0,  0.317804, 0.5,
28            0.317804, 0, -0.104514, 0,  0.061032, 0, -0.041848, 0,
29            0.030808, 0, -0.023514, 0,  0.018284, 0, -0.014333, 0,
30            0.011250, 0, -0.008796, 0,  0.006821, 0, -0.005226, 0,
31            0.003940, 0, -0.002910, 0,  0.002094, 0, -0.001457, 0,
32            0.000970, 0, -0.000607, 0,  0.000346, 0, -0.000166
33          }) fir1(clk, rst, en882, int882, fil882);
34      InterpDeci #(W) intp2 (
```

```
35          clk, rst, en882, en1764, fil882 <<< 1, int1764);
36      FIR #(W, 15, '{
37          -0.000926, 0,  0.014119, 0, -0.064847, 0,  0.301819, 0.5,
38           0.301819, 0, -0.064847, 0,  0.014119, 0, -0.000926
39          }) fir2(clk, rst, en1764, int1764, fil1764);
40      InterpDeci #(W) intp3 (
41          clk, rst, en1764, en3528, fil1764 <<< 1, int3528);
42      FIR #(W, 11, '{
43           0.001299, 0, -0.038595, 0, 0.287173, 0.500247,
44           0.287173, 0, -0.038595, 0, 0.001299
45          }) fir3(clk, rst, en3528, int3528, fil3528);
46      CicUpSampler #(W, 20, 1, 3) cicUp(
47          clk, rst, en3528, en70560, fil3528 <<< 1, sig70560);
48      CicDownSampler #(W, 21, 1, 3) cicDown(
49          clk, rst, en70560, en3360, sig70560, dec3360);
50      FIR #(W, 154, '{
51           0.000019,  0.000065,  0.000114,  0.000151,  0.000161,
52           0.000130,  0.000054, -0.000062, -0.000197, -0.000323,
53          -0.000404, -0.000409, -0.000316, -0.000126,  0.000139,
54           0.000432,  0.000689,  0.000841,  0.000832,  0.000630,
55           0.000246, -0.000268, -0.000815, -0.001279, -0.001539,
56          -0.001500, -0.001121, -0.000432,  0.000465,  0.001402,
57           0.002176,  0.002593,  0.002504,  0.001856,  0.000709,
58          -0.000758, -0.002269, -0.003499, -0.004143, -0.003980,
59          -0.002935, -0.001115,  0.001187,  0.003541,  0.005443,
60           0.006427,  0.006158,  0.004533,  0.001721, -0.001830,
61          -0.005457, -0.008395, -0.009924, -0.009529, -0.007033,
62          -0.002680,  0.002865,  0.008593,  0.013314,  0.015876,
63           0.015404,  0.011511,  0.004451, -0.004840, -0.014817,
64          -0.023521, -0.028872, -0.029006, -0.022613, -0.009211,
65           0.010694,  0.035598,  0.063149,  0.090432,  0.114368,
66           0.132139,  0.141604,  0.141604,  0.132139,  0.114368,
67           0.090432,  0.063149,  0.035598,  0.010694, -0.009211,
68          -0.022613, -0.029006, -0.028872, -0.023521, -0.014817,
69          -0.004840,  0.004451,  0.011511,  0.015404,  0.015876,
70           0.013314,  0.008593,  0.002865, -0.002680, -0.007033,
71          -0.009529, -0.009924, -0.008395, -0.005457, -0.001830,
72           0.001721,  0.004533,  0.006158,  0.006427,  0.005443,
73           0.003541,  0.001187, -0.001115, -0.002935, -0.003980,
74          -0.004143, -0.003499, -0.002269, -0.000758,  0.000709,
75           0.001856,  0.002504,  0.002593,  0.002176,  0.001402,
76           0.000465, -0.000432, -0.001121, -0.001500, -0.001539,
77          -0.001279, -0.000815, -0.000268,  0.000246,  0.000630,
78           0.000832,  0.000841,  0.000689,  0.000432,  0.000139,
79          -0.000126, -0.000316, -0.000409, -0.000404, -0.000323,
80          -0.000197, -0.000062,  0.000054,  0.000130,  0.000161,
81           0.000151,  0.000114,  0.000065,  0.000019
82          }) fir4(clk, rst, en3360, dec3360, fil3360);
83      InterpDeci #(W) deci1(clk, rst, en3360, en480, fil3360,dec480);
84      assign out = dec480;
85  endmodule
```

代码 7-21 是测试平台，仅使用了 5kHz 的单频信号作测试，读者可自行修改测试其他频点、扫频甚至用文件读取系统函数读取音频文件测试。

代码 7-21　44.1ksps ~ 48ksps 采样率变换的测试平台

```
1   module TestSr441to480;
2       import SimSrcGen::* ;
3       logic clk, rst;
4       initial GenClk(clk, 25000, 35430.8);
5       initial GenRst(clk, rst, 2, 2);
6       logic signed [15:0] sig441, sig480;
7       logic en441, en480;
8       DDS #(24, 16, 18) theDDS(
9           clk, rst, en441, 24'sd1_902_179, '0, sig441);
10      SmpRate441to480 #(16) theSrCnvt(
11          clk, rst, en441, en480, 16'(int'(sig441* 0.9)), sig480);
12  endmodule
```

图 7-48 所示是仿真波形全貌。

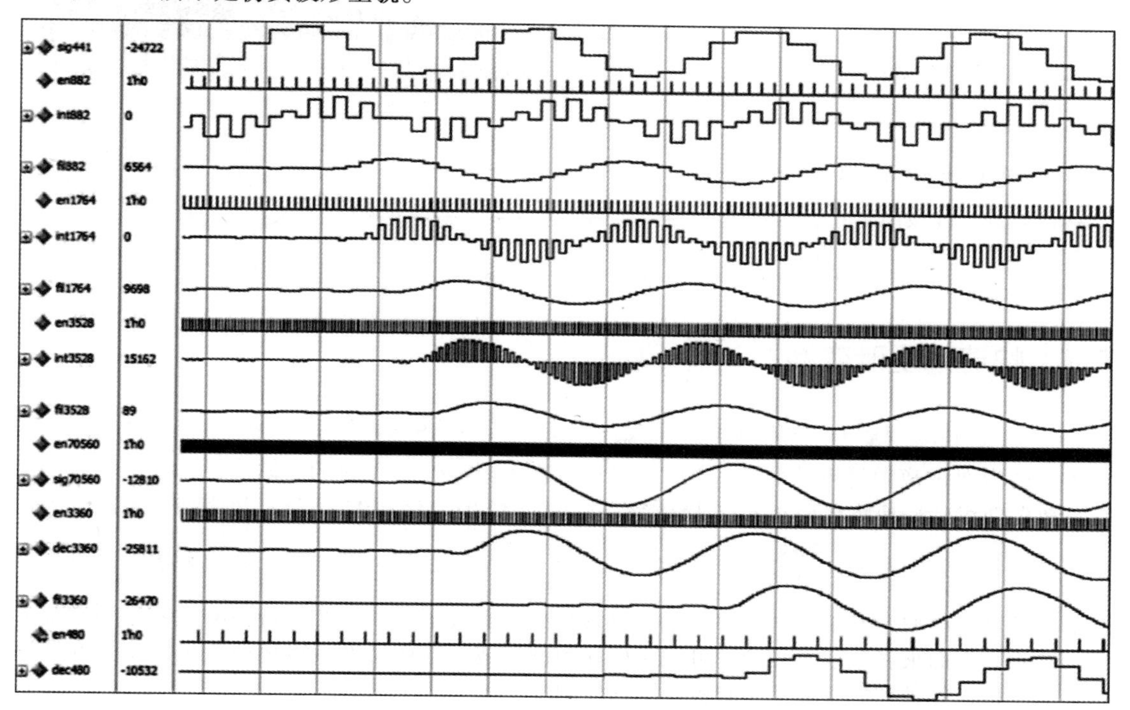

图 7-48　44.1ksps ~ 48ksps 采样率变换系统仿真波形

图 7-49 所示是 CIC 升采样器中信号的波形。

图 7-50 所示是 CIC 降采样器中的信号波形。可以看到，虽然中间级全部出现溢出，但最终结果是正确的。

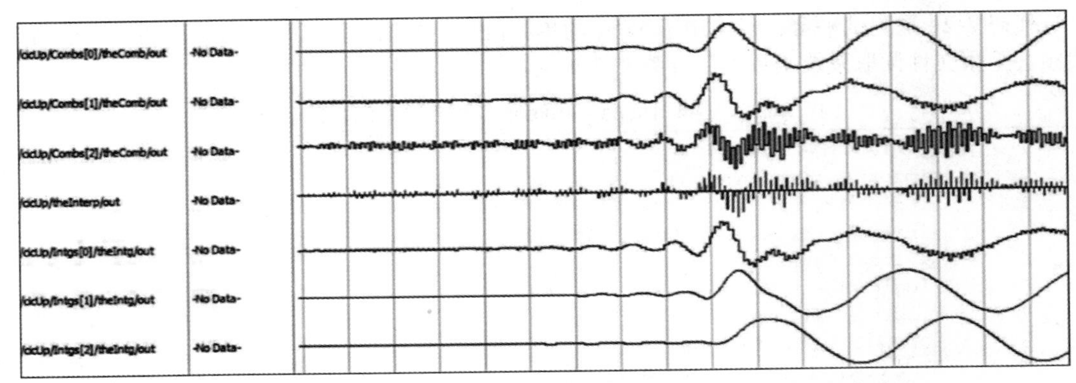

图 7-49　44.1ksps ~ 48ksps 采样率变换系统中 CIC 升采样器的波形

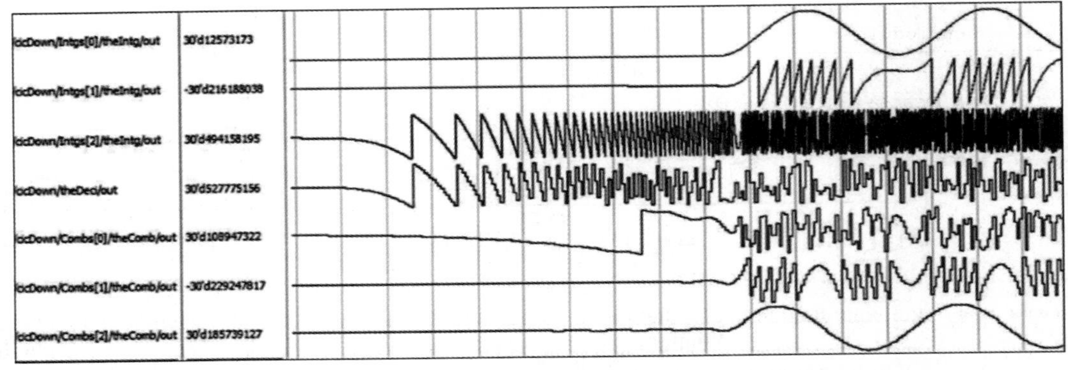

图 7-50　44.1ksps ~ 48ksps 采样率变换系统中 CIC 降采样器的波形

7.7　快速傅里叶变换

$$X[k] = \mathcal{F}\{x[n]\} \stackrel{\text{def}}{=} \sum_{n=0}^{N-1} x[n]\mathrm{e}^{-\mathrm{j}2\pi kn/N}, N \in \mathbf{Z}^{+}, k \in [0,N) \tag{7-39}$$

称为长度为 N 的离散傅里叶变换(DFT)，可以看作 z 变换在 $r=1$ 时的变体。

离散傅里叶变换将序列 $x[n]$ 变换成另一个序列 $X[k]$，序列 $X[k]$ 是复数序列，表达了 $x[n]$ 中不同归一化角频率 $\Omega=\dfrac{2\pi k}{N}$ 的成分的幅度 $|X[k]|$ 和相位 $\angle X[k]$ 信息，称为**频谱**。经过简单的拼接处理，时域上两个序列的卷积，等效为对它们经过傅里叶变换后得到的频域序列做逐元素的乘积，因而很多数字信号处理可以直接在频域完成。这些特性使得离散傅里叶变换在数字信号的分析、处理和数字通信中有极广泛的应用。

将式(7-39)写成式(7-40)所示的向量和矩阵形式(以 $N=4$ 为例)，可能更便于直观理解。

$$\begin{pmatrix} X[0] \\ X[1] \\ X[2] \\ X[3] \end{pmatrix} = \begin{pmatrix} w_N^0 & w_N^0 & w_N^0 & w_N^0 \\ w_N^0 & w_N^1 & w_N^2 & w_N^3 \\ w_N^0 & w_N^2 & w_N^4 & w_N^6 \\ w_N^0 & w_N^3 & w_N^6 & w_N^9 \end{pmatrix} \begin{pmatrix} x[0] \\ x[1] \\ x[2] \\ x[3] \end{pmatrix} \tag{7-40}$$

其中 $w_N = \mathrm{e}^{-\mathrm{j}2\pi/N}$，$w_N^{nk} = \cos\dfrac{2\pi nk}{N} - \mathrm{j}\sin\dfrac{2\pi nk}{N}$，因而矩阵中每一行(列)的实部和虚部为不同频率的余弦和负正弦信号，从上到下，归一化角频率为 $2\pi k/N$，其中 $k=0$，…，$N-1$。因而 $X[k]$ 中的每一项的实部为 $x[n]$ 序列与归一化角频率 $\Omega = 2\pi k/N$ 的余弦采样序列的逐元素乘积之和(即统计相关)；而虚部均为 $x[n]$ 序列与归一化角频率 $\Omega = 2\pi k/N$ 的负正弦采样序列的逐元素乘积之和。如图 7-51 所示，其中实线和实心点采样序列是实部，虚线和空心点采样序列是虚部。

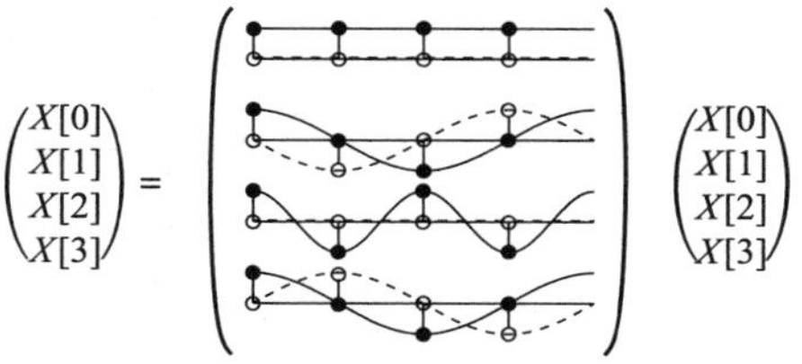

图 7-51 DFT 矩阵计算的直观图示

但是无论按式(7-39)还是按式(7-40)来计算离散傅里叶变换，都需要 N^2 次复数乘法和 $N(N-1)$ 次复数加法，复杂度为 $O(N^2)$。

快速傅里叶变换(FFT)是离散傅里叶变换的改进计算方法，主要思路是利用 w_N^{nk} 的周期性将大规模运算分解为小单元运算并尽量复用。有的算法适宜程序语言实现，有的则适宜数字逻辑(流水线)实现。

考虑式(7-39)，如果 N 为偶数，将 $X[k]$ 分为 $k=2m$ 和 $k=2m+1$ 即奇偶两部分考虑，其中 $m=0$，1，…，$N/2-1$。

k 为偶数的部分：

$$X[2m] = \sum_{n=0}^{N/2-1} x[n] w_N^{2mn} + \sum_{n=N/2}^{N-1} x[n] w_N^{2mn}$$

将第二个和式变换角标：

$$X[2m] = \sum_{n=0}^{N/2-1} x[n] w_N^{2mn} + \sum_{n=0}^{N/2-1} x\left[n + \frac{N}{2}\right] w_N^{2m(n+N/2)}$$

而根据系数的周期性，第二个和式中的 $w_N^{2m(n+N/2)} = w_{N/2}^{m(n+N/2)} = w_{N/2}^{mn}$，所以：

$$X[2m] = \sum_{n=0}^{N/2-1} \left(x[n] + x\left[n + \frac{N}{2}\right]\right) w_{N/2}^{mn} \tag{7-41}$$

它是关于 $x[n] + x\left[n + \dfrac{N}{2}\right]$ 的长度为 $N/2$ 的 DFT。

类似地计算可得 k 为奇数的部分：

$$X[2m+1] = \sum_{n=0}^{N/2-1} \left(x[n] - x\left[n + \frac{N}{2}\right]\right) w_N^{n} w_{N/2}^{mn} \tag{7-42}$$

它是关于 $\left(x[n] - x\left[n + \dfrac{N}{2}\right]\right) w_N^n$ 的长度为 $N/2$ 的 DFT。

式(7-41)和式(7-42)将 $X[k]$ 分奇偶抽选出两部分。偶数部分是将 $x[n]$ 的前后两部分逐元素对应做和后做长度为 $N/2$ 的 DFT 得到，而奇数部分是将 $x[n]$ 的前后两部分逐元素对应做差后乘以系数再做长度为 $N/2$ 的 DFT 得到。简单来说，即将长度为 N 的 DFT 拆解成两个长度为 $N/2$ 的 DFT，如图 7-52

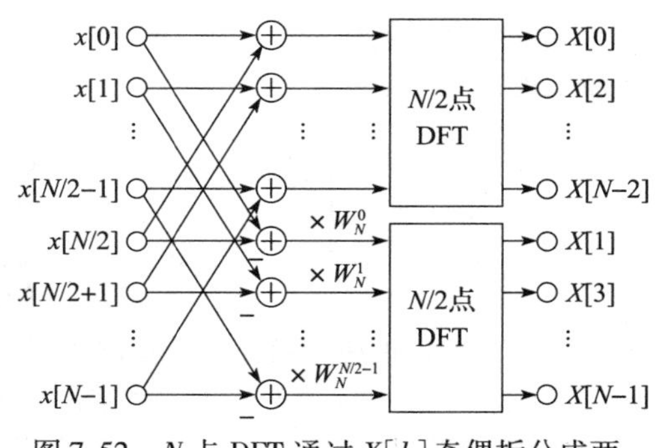

图 7-52 N 点 DFT 通过 $X[k]$ 奇偶拆分成两个 $N/2$ 点 DFT

所示。

其中如图 7-53 所示的结构称为一个“蝶形运算单元”，注意下方加法器外带有一个负号。

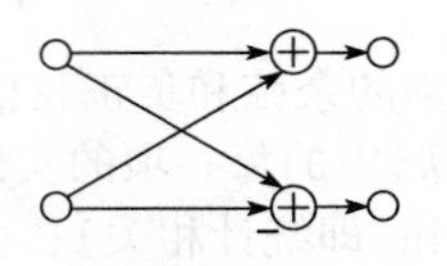

图 7-53 蝶形运算单元

以此类推，如果 N 为 2 的整次幂，可以一直拆解到长度为 1 的 DFT，即 $X[0]=x[0]$，图 7-54 是以 $N=8$ 为例的完整计算流程，图中 $w_N^0=1$ 被省略。

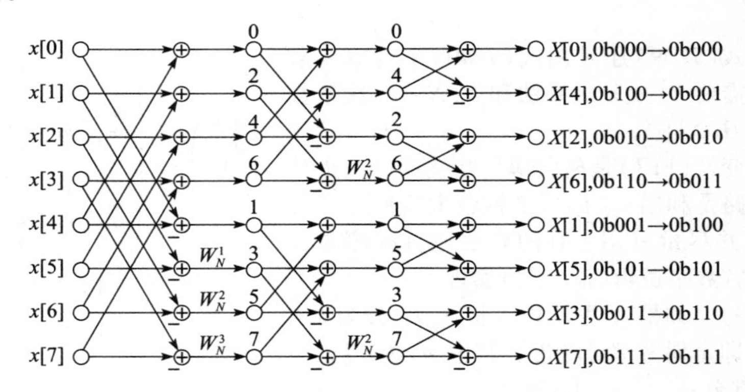

图 7-54 基 2 频率抽选的 8 点 FFT 的计算流程

注意最后得到的 $X[k]$ 序列并非依序排列，而是按角标的二进制位逆序排列，称为按位逆序。

这样在 $X[k]$ 中分奇偶抽选的 FFT 计算方法称为“基 2 频率抽选”，还有在 $x[n]$ 中分奇偶抽选计算的方法称为“基 2 时间抽选”，它们都将算法复杂度从复杂度 $O(N^2)$ 降低到了 $O(N\log_2 N)$。

离散傅里叶变换的逆变换(IDFT)定义为：

$$x[n]=\mathcal{F}^{-1}\{X[k]\}\overset{\text{def}}{=}\frac{1}{N}\cdot\sum_{k=0}^{N-1}X[k]\mathrm{e}^{\mathrm{j}2\pi kn/N},N\in\mathbf{Z}^+,n\in[0,N)$$

它可将正变换得到的序列 $X[k]$ 还原为 $x[n]$。与正变换在形式上仅有指数正负和系数 $1/N$ 之差，因而实现起来结构几乎一样。

事实上，DFT 和 IDFT 成对定义时，和式外的系数只要有且仅有一个包含系数“$1/N$”即可，或者两个都包含系数“$1/\sqrt{N}$”也可以，指数上的正负号也只要一个为正、一个为负即可。下面是更宽泛的定义：

$$\begin{cases}X[k]=N^{(a-1)/2}\cdot\sum\limits_{n=0}^{N-1}x[n]\mathrm{e}^{bj2\pi kn/N}\\x[n]=N^{(-a-1)/2}\cdot\sum\limits_{k=0}^{N-1}X[k]\mathrm{e}^{-bj2\pi kn/N}\end{cases},\quad\begin{matrix}a\in\{-1,0,1\}\\b\in\{-1,1\}\end{matrix}\tag{7-43}$$

可以看出，正逆变换在这种情况下并没有本质区别。$a=1$，$b=-1$ 即为前述的经典定义，$a=-1$，$b=1$ 在工程数据分析中较常用，而 $a=0$，$b=\pm1$ 则使得正逆变换形式对称。

在计算数字信号序列(实数序列)的频谱时，使用 $a=-1$，$b=1$ 得到的频谱与信号频率成分的真实幅度是一致的，$X[0]$ 即为直流成分，而因为 $X[k]$ 和 $X[N-k]$ 共轭，$|X[k]|+|X$

[N−k] | =2 | X[k] | 即为归一化角频率 $2\pi k/N$ 成分的幅值(其中 $k\in\left[1,\ \frac{N}{2}\right)$)。

7.7.1 多周期实现

这里的多周期实现采用与通常程序语言实现一样的算法，比如基 2 频率抽选法。根据图 7-54，长度为 N 的 FFT 或 IFFT 算法共需要 $\log_2 N$ 个拆分步骤，step ∈ [0, $\log_2 N$)；每个步骤中需将数据分为组，每组有 GrpLen = $N/2/2^{step}$ 个数据，前后两个组配对参与和或差积运算，共有 N/GrpLen 个组。算法伪代码如代码 7-22 所示。

代码 7-22　基 2 频率抽选 FFT 算法的伪代码

```
M = log2(N);
grp = 0; grpLen = N / 2;
for (step = 0; step < M, step ++)
  for (grp = 0; grp < N; grp += 2 * grpLen)
      for (i = grp, j = grp + grpLen, k = 0;
          i < grp + grpLen;
          i ++, j ++, k += 2^step)
          u = x[i] + x[j];            // 复数和
          v = (x[i] - x[j]) * w[k]; // 复数积
          x[i] = u; x[j] = v;
      endfor
  endfor
  grpLen = grpLen / 2;
endfor
```

各循环变量的意义如图 7-55 所示。

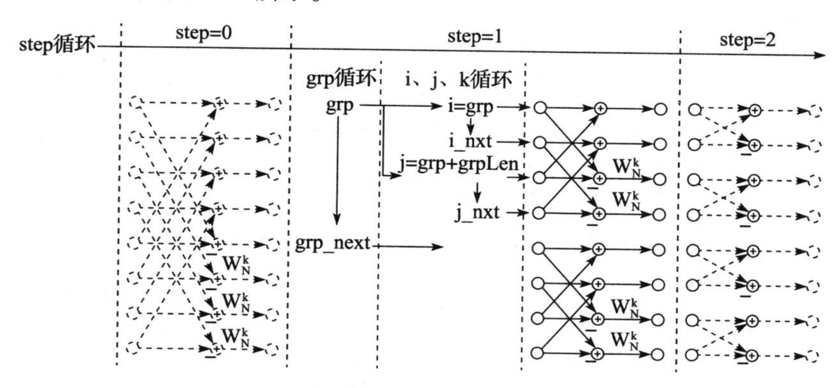

图 7-55　基 2 频率抽选 FFT 算法的工作循环示意

使用 Verilog 实现时，可以：

- 数据的实部和虚部分别用两个 RAM 存储，字深为 N。
- w_N^k 的实部和虚部分别用两个 RAM 存储，并预先初始化好内容，字长为 $N/2$ 即可。
- 使用类似状态机的方式实现 step、grp 和 i 三层算法循环控制。
- 在 i 循环的每一次，可能需要多个时钟分别执行读 x[i]、读 x[j]、读 w[k]、计算、写x[i]、写 x[j]的操作，如果上述 RAM 为单口 RAM，则这些操作需要 4 个周期，如图 7-56所示。

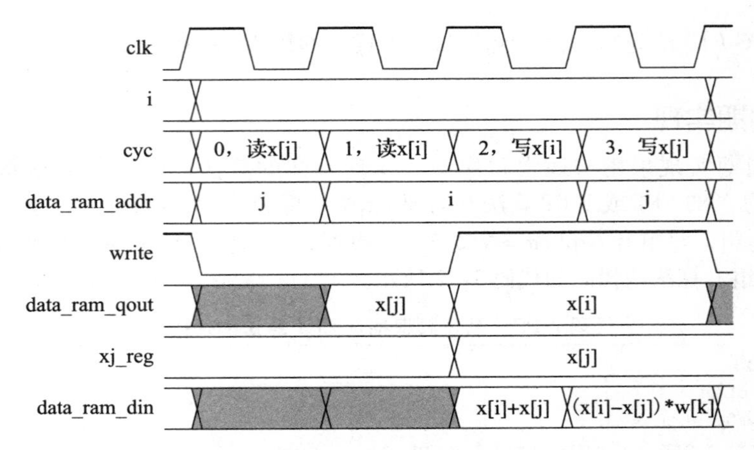

图 7-56 多周期 FFT 算法一次蝶形运算的时序细节

- 完成长度为 N 的转换，共需要 $4N\log_2 N$ 个周期。
- 根据式(7-43)，无论 FFT 或 IFFT 均要能实现系数 $1/N$，因每个数据在每个 step 会加减一次，而共有 $\log_2 N$ 个 step，所以可在每个加法或减法运算后右移一位实现除以 N。

代码 7-23 描述了参数存储器，并使用系统函数和 initial 过程对其初始化。如果 FPGA 开发工具不支持，可改用 $readmemh 系统函数和预先写好的数据文件初始化。其中正弦函数前未取符号，取式(7-43)中的 $b=1$。

代码 7-23 FFT 参数存储器

```
1   module FFTCoefRom #( parameter DW = 16, AW = 7, RI = "Real" )(
2       input wire clk,
3       input wire [AW -1:0] addr,
4       output logic signed [DW -1:0] qout
5   );
6       logic signed [DW -1:0] ram[0 : 2** AW - 1];
7       initial begin
8           for(int k = 0; k < 2** AW; k ++) begin
9               if(RI == "Real")
10                  ram[k] = $cos(3.1415926536* k/2** AW)* (2** (DW -1) -1);
11              else
12                  ram[k] = $sin(3.1415926536* k/2** AW)* (2** (DW -1) -1);
13          end
14      end
15      always_ff@ (posedge clk) qout <= ram[addr];
16  endmodule
```

代码 7-24 描述了基于第 6 章所述 PicoMM 接口的 FFT 和 IFFT 变换模块，数据 RAM 通过一个名为 sd 的 PicoMM 从接口访问，对于长度为 N 的变换，数据共有 $4N$ 个字地址，前 $2N$ 个为正序访问的数据，而后 $2N$ 个是前 $2N$ 个数据的位逆序映射，即每个数据均有两个地址可以访问到。所有数据均为有符号数，$Q1.(\mathrm{DW}-1)$格式，如果位宽不足 32，对齐到低位：

- 地址 $2k$，$k\in[0, N)$，为 $x[k]$的实部。

- 地址 $2k+1$，$k \in [0, N)$，为 $x[k]$ 的虚部。
- 地址 $2N+2k$，$k \in [0, N)$，为 $x[\mathrm{br}(k)]$ 的实部，其中 $\mathrm{br}(k)$ 为 k 的位逆序数。
- 地址 $2N+2k+1$，$k \in [0, N)$，为 $x[\mathrm{br}(k)]$ 的虚部，其中 $\mathrm{br}(k)$ 为 k 的位逆序。

模块的工作控制则通过一个名为 sc 的 PicoMM 从接口抽象为只有一个寄存器，读出时，读到 M 值，写入0、1、2或3时发起一次变换(见表7-6)。

表7-6 MmFFT 的四种变换的意义

写入	实现变换	对比式(7-43)		互逆
		作为正变换	作为逆变换	
0	$y[k] = \frac{1}{N} \cdot \sum_{n=0}^{N-1} x[n]e^{j2\pi kn/N}$	$a=-1$，$b=1$	$a=1$，$b=-1$	与写3互逆
1	$y[k] = \sum_{n=0}^{N-1} x[n]e^{j2\pi kn/N}$	$a=1$，$b=1$	$a=-1$，$b=-1$	与写2互逆
2	$y[k] = \frac{1}{N} \cdot \sum_{n=0}^{N-1} x[n]e^{-j2\pi kn/N}$	$a=-1$，$b=-1$	$a=1$，$b=1$	与写1互逆
3	$y[k] = \sum_{n=0}^{N-1} x[n]e^{-j2\pi kn/N}$	$a=1$，$b=-1$	$a=-1$，$b=1$	与写0互逆

模块内同样有一个 busy 信号指示内部工作状态，但并未直接将其引出，而是输出了一个 irq 信号，便于集成到处理器系统中向主机发起中断请求，另外提供一个 irq_ack 信号，用于主机服务中断时清除 irq 信号。

使用了 PicoMM 从接口是因为它非常简单，可以方便地增加桥接逻辑适配到各种不同存储器映射总线上。通过第6章的学习，读者应能增加桥接逻辑，将其匹配到 AXI4-Lite 或 AXI4-Full 总线上。

代码7-24 PicoMM 接口的 MmFFT 模块

```
1   module MmFFT #( parameter M = 8, DW = 16 )(
2       PicoMmIf.slave sc,
3       PicoMmIf.slave sd,          // addr width = M+2
4       output logic irq,
5       input wire irq_ack
6   );
7       assign sc.rddata = M;
8       localparam N = 2** M, MW = $clog2(M);
9       localparam NW = M;
10      let BitReverse(in) = {<<{in}};
11      // ====== arithmatic ctrl registers ======
12      logic [1:0] mode, mode_nxt;
13      logic busy, busy_nxt;
14      logic [MW-1:0] step, step_nxt;
15      logic [NW-1:0] grp, grp_nxt, grpLen, grpLen_nxt;
16      logic [NW-1:0] i, i_nxt, j, j_nxt, k, k_nxt;
17      logic [1:0] cyc, cyc_nxt;
18      // ====== ram and rom connection ======
19      // fft calc core
20      logic fft_wr;
```

```
21        logic [M-1:0] fft_addr;
22        logic signed [DW-1:0] fft_real_d, fft_imag_d;
23        // pico mm
24        logic sd_real_wr, sd_imag_wr;
25        logic [M-1:0] sd_addr;
26        logic signed [DW-1:0] sd_real_d, sd_imag_d;
27        // data ram
28        wire data_real_wr = busy? fft_wr : sd_real_wr;
29        wire data_imag_wr = busy? fft_wr : sd_imag_wr;
30        wire signed [DW-1:0] data_real_d = busy? fft_real_d: sd_real_d;
31        wire signed [DW-1:0] data_imag_d = busy? fft_imag_d: sd_imag_d;
32        wire [M-1:0] data_addr = busy? fft_addr : sd_addr;
33        logic signed [DW-1:0] data_real_q, data_imag_q;
34        // coef rom
35        logic [M-2:0] coef_addr;
36        logic signed [DW-1:0] coef_real_q, coef_imag_qi;
37        wire signed [DW-1:0] coef_imag_q
38            = mode[1]? 1'sb0 - coef_imag_qi : coef_imag_qi;
39        SpRamRf #(DW, 2** M) realDataRam (
40            sc.clk, data_addr, data_real_wr,
41            data_real_d, data_real_q );
42        SpRamRf #(DW, 2** M) imagDataRam (
43            sc.clk, data_addr, data_imag_wr,
44            data_imag_d, data_imag_q );
45        FFTCoefRom #(DW, M - 1, "Real") realCoefRom (
46            sc.clk, coef_addr, coef_real_q );
47        FFTCoefRom #(DW, M - 1, "Imag") imagCoefRom (
48            sc.clk, coef_addr, coef_imag_qi );
49        // ====== PicoMM slave ======
50        assign sd_real_wr = sd.write & ( ~sd.addr[0]);
51        assign sd_imag_wr = sd.write & (sd.addr[0]);
52        assign sd_addr
53            = sd.addr[M+1] ? BitReverse(sd.addr[M:1]) : sd.addr[M:1];
54        assign sd_real_d = sd.wrdata;
55        assign sd_imag_d = sd.wrdata;
56        logic sd_addr_reg;
57        always_ff@ (posedge sc.clk) sd_addr_reg <= sd.addr[0];
58        always_comb sd.rddata
59            = 32'(sd_addr_reg ? data_imag_q : data_real_q);
60        // ====== irq ======
61        always@ (posedge sc.clk) begin
62            if(sc.rst) irq <= 1'b0;
63            else if(busy_nxt == 1'b0 && busy == 1'b1) irq <= 1'b1;
64            else if(irq_ack) irq <= 1'b0;
65        end
66        // ====== FFT arithmatic fsm ======
67        always_ff@ (posedge sc.clk) begin
68            if(sc.rst) begin
69                mode    <= 2'b0; busy    <= 1'b0; step    <= 1'b0;
70                grpLen  <= 1'b0; grp     <= 1'b0; i       <= 1'b0;
71                j       <= 1'b0; k       <= 1'b0; cyc     <= 1'b0;
72            end
73            else begin
```

```
74              mode      <= mode_nxt;     busy      <= busy_nxt ;
75              step      <= step_nxt;     grpLen    <= grpLen_nxt;
76              grp       <= grp_nxt ;     i         <= i_nxt   ;
77              j         <= j_nxt ;       k         <= k_nxt   ;
78              cyc       <= cyc_nxt ;
79          end
80      end
81      always_comb begin
82          mode_nxt    = mode ;    busy_nxt    = busy;    step_nxt    = step;
83          grpLen_nxt  = grpLen;   grp_nxt     = grp ;    i_nxt       = i ;
84          j_nxt       = j   ;     k_nxt       = k ;      cyc_nxt     = cyc ;
85          if(busy == 1'b0) begin                          // idle
86              if(sc.write) begin                          // start
87                  mode_nxt     = sc.wrdata[1 : 0];
88                  busy_nxt     = 1'b1;
89                  step_nxt     = 1'b0;
90                  grpLen_nxt   = 1'b1 << (M - 1);
91                  grp_nxt      = 1'b0;
92                  i_nxt        = 1'b0;
93                  j_nxt        = 1'b1 << (M - 1);
94                  k_nxt        = 1'b0;
95                  cyc_nxt      = 1'b0;
96              end
97          end
98          else begin                                      // busy
99              if(cyc < 3'h3) cyc_nxt = cyc + 2'b1;        // cyc loop
100             else if(i < grp + grpLen - 1) begin         // i loop
101                 i_nxt = i + 1'b1;
102                 j_nxt = j + 1'b1;
103                 k_nxt = k + (1'b1 << step);
104                 cyc_nxt = 1'b0;
105             end
106             else if(grp < N - (grpLen << 1)) begin      // grp loop
107                 grp_nxt = grp + (grpLen << 1);
108                 i_nxt = grp_nxt;
109                 j_nxt = grp_nxt + grpLen;
110                 k_nxt = 1'b0;
111                 cyc_nxt = 1'b0;
112             end
113             else if(step < M - 1'b1) begin              // step loop
114                 step_nxt     = step + 1'b1;
115                 grpLen_nxt   = grpLen >> 1;
116                 grp_nxt      = 1'b0;
117                 i_nxt        = 1'b0;
118                 j_nxt        = grpLen_nxt;
119                 k_nxt        = 1'b0;
120                 cyc_nxt      = 1'b0;
121             end
122             else busy_nxt = 1'b0;                       // finish!
123         end
124     end
125     // ====== calculation ======
126     function automatic signed [DW -1:0] trim_add(
```

```
127            input signed [DW-1:0] x, y);
128            logic signed [DW : 0] full_add = x + y;
129            trim_add = mode[0]? full_add : full_add >>> 1;
130        endfunction
131        function automatic signed [DW-1:0] trim_sub(
132            input signed [DW-1:0] x, y);
133            logic signed [DW : 0] full_sub = x - y;
134            trim_sub = mode[0]? full_sub : full_sub >>> 1;
135        endfunction
136        `DEF_FP_MUL(mul, 1, DW-1, 1, DW-1, DW-1);
137        logic signed [DW-1:0] j_real, j_imag;
138        wire signed [DW-1:0] sub_real = trim_sub(data_real_q, j_real);
139        wire signed [DW-1:0] sub_imag = trim_sub(data_imag_q, j_imag);
140        wire signed [DW-1:0] mprr = mul(sub_real, coef_real_q);
141        wire signed [DW-1:0] mpii = mul(sub_imag, coef_imag_q);
142        wire signed [DW-1:0] mpri = mul(sub_real, coef_imag_q);
143        wire signed [DW-1:0] mpir = mul(sub_imag, coef_real_q);
144        always_ff@ (posedge sc.clk) begin
145            if(sc.rst) begin j_real <= 1'b0; j_imag <= 1'b0; end
146            if(cyc==3'h1) begin                       // store j
147                j_real <= data_real_q;
148                j_imag <= data_imag_q;
149            end
150        end
151        always_comb begin
152            case(cyc)
153                3'h0: begin                           // read x[j]
154                    fft_addr = j ; fft_wr = 1'b0;
155                    coef_addr = k ;
156                    fft_real_d = 1'b0; fft_imag_d = 1'b0;
157                end
158                3'h1: begin                           // read x[i]
159                    fft_addr = i ;  fft_wr = 1'b0;
160                    coef_addr = k ;
161                    fft_real_d = 1'b0; fft_imag_d = 1'b0;
162                end
163                3'h2: begin                           // write x[i]
164                    fft_addr = i; fft_wr = 1'b1;
165                    coef_addr = k;
166                    fft_real_d = trim_add(data_real_q, j_real);
167                    fft_imag_d = trim_add(data_imag_q, j_imag);
168                end
169                3'h3: begin                           // write x[j]
170                    fft_addr = j; fft_wr  = 1'b1;
171                    coef_addr = k;
172                    // sub_real * coef_real_q - sub_imag * coef_imag_q;
173                    fft_real_d = mprr - mpii;
174                    // sub_real * coef_imag_q + sub_imag * coef_real_q;
175                    fft_imag_d = mpri + mpir;
176                end
177                default: begin
178                    fft_addr = i ; fft_wr = 1'b0;
179                    coef_addr = k ;
```

```
180                 fft_real_d = 1'b0; fft_imag_d = 1'b0;
181             end
182         endcase
183     end
184 endmodule
```

代码 7-25 是其测试平台。平台实例化了 $M=8$、位宽为 16 的 MmFFT 模块，产生长度为 256 的一个周期的方波，幅值 16'sd10000（即 $Q1.15$ 格式下约 0.3052），写入 MmFFT 进行转换，完成之后读出，然后继续作逆变换还原到原始方波序列。

代码 7-25 MmFFT 模块测试平台

```
1   module TestMmFFT;
2       import SimSrcGen::* ;
3       localparam FFTM = 8, LEN = 2** FFTM;
4       logic clk, rst;
5       initial GenClk(clk, 80, 100);
6       initial GenRst(clk, rst, 2, 2);
7       typedef struct {
8           logic signed [15:0] re;
9           logic signed [15:0] im;
10      } Cplx;
11      Cplx x[LEN];
12      initial begin
13          for(int n = 0; n < LEN; n++) begin
14              x[n].re = n < LEN / 2 ? 16'sd10000 : -16'sd10000;
15              x[n].im = 16'sd0;
16          end
17      end
18      PicoMmIf #(FFTM+2) dataIf(clk, rst);
19      PicoMmIf #(1) ctrlIf(clk, rst);
20      logic irq, irq_ack = '0;
21      MmFFT #( FFTM, 16 ) theMmFFT(
22          ctrlIf, dataIf, irq, irq_ack);
23      initial begin
24          repeat(10) @ (posedge clk);
25          // write data
26          for(int n = 0; n < LEN; n++) begin
27              dataIf.Write(n* 2, x[n].re);
28              dataIf.Write(n* 2 +1, x[n].im);
29          end
30          // start transform
31          ctrlIf.Write(0, 0);                 // fft & scale
32          // wait irq & clear
33          do @ (posedge clk);
34          while( ~irq);
35          irq_ack <= 1'b1;
36          @ (posedge clk) irq_ack <= 1'b0;
37          // read data
38          for(int n = 0; n < LEN; n++) begin
39              dataIf.Read(2* LEN + n* 2);
40              @ (posedge clk) x[n].re <= dataIf.rddata;
```

```
41              dataIf.Read(2* LEN + n* 2 +1);
42              @ (posedge clk) x[n].im <= dataIf.rddata;
43          end
44          // write data for inverse fft
45          for(int n = 0; n < LEN; n ++ ) begin
46              dataIf.Write(n* 2, x[n].re);
47              dataIf.Write(n* 2 +1, x[n].im);
48          end
49          // start inverse transform
50          ctrlIf.Write(0, 3);           // ifft & no scale
51          // wait irq & clear
52          do @ (posedge clk);
53          while( ~irq);
54          irq_ack <= 1'b1;
55          @ (posedge clk) irq_ack <= 1'b0;
56          // read data
57          for(int n = 0; n < LEN; n ++ ) begin
58              dataIf.Read(2* LEN + n* 2);
59              @ (posedge clk) x[n].re <= dataIf.rddata;
60              dataIf.Read(2* LEN + n* 2 +1);
61              @ (posedge clk) x[n].im <= dataIf.rddata;
62          end
63          // end sim
64          repeat(100) @ (posedge clk);
65          $stop;
66      end
67  endmodule
```

图 7-57 所示是仿真波形全貌，可以看到正变换完成和逆变换完成后读出的数据。正变换得到的较精确序列应是{0，78.125 +6365.88j，0，0，78.125 +2121.11j，0，78.125 +1271.64j…}，而转换结果与精确结果有 2、3 个 LSB 的误差，是正常现象；逆变换完成后，数据误差则更大一些。而且数据都偏小，这与 w_N^k 在转换为定点小数存储时整体按 32767/32768 缩小了有关。

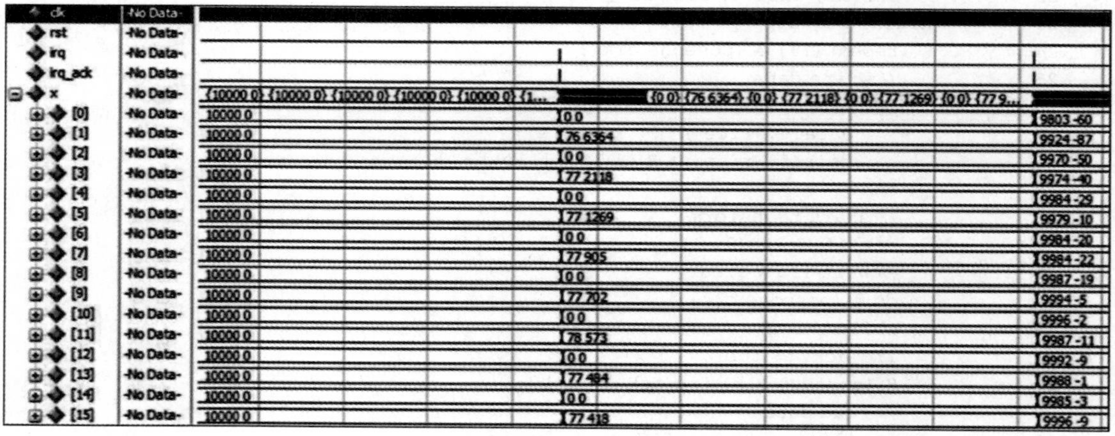

图 7-57　MmFFT 仿真波形全貌

图 7-58 所示是数次 i、j、k 循环和 cyc 循环的细节。

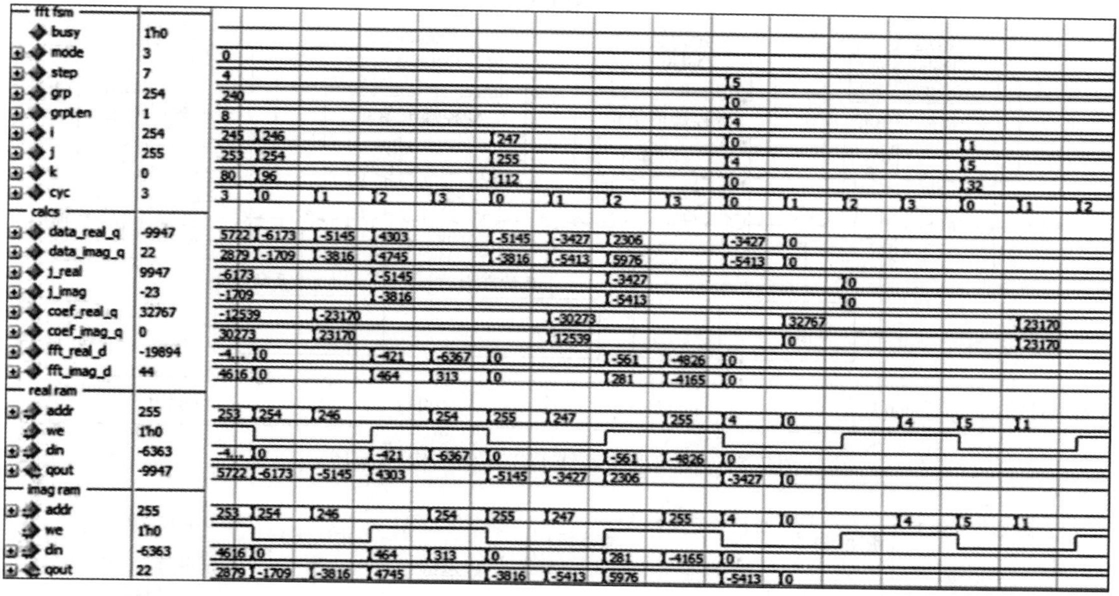

图 7-58　MmFFT 数次蝶形运算的波形细节

7.7.2　流水线实现

上述存储器接口的 FFT 模块适合于作为处理器的外设，由处理器或处理器控制下的 DMA 向其提供数据并控制其运作。流水线实现的 FFT 则适用于流式数据处理，往往能做到一个时钟一个数据的吞吐率，即长度为 N 的变换，仅使用 N 个周期。

流水线式的 FFT 也有许多成熟算法，基本上也都基于时间或频率抽选，包括基 2 抽选的 R2SDF(单路径延迟反馈)、R2MDC(多路径延迟换向)，基 4 抽选的 R4SDF、R4SDC(单路径延迟换向)、R4MDC，复合基抽选的 $R2^2SDF$ 等等，它们都以其结构特点命名。基 2 的结构用于 2 的整次幂长度的变换，而基 $4(2^2)$ 的结构则只能用于 4 的整次幂长度的变换。

这里以结构比较简单的 R2SDF 为例介绍其实现和仿真。$N=16$ 的 R2SDF 结构如图 7-59 所示，其详细原理这里不赘述，读者可检索相关文献学习。

这个结构从输入到输出的延迟为 $N-1$ 个周期。其中各级名称与后续代码描述对应。系数仍使用存储器实现，因为每个系数产生模块均需要一个系数存储器，指数不会大于系数表长度的一半，存储器只需存储半个周期即可。

但图 7-59 所示结构包含直接从输入到输出的组合逻辑链，为提高性能必须在蝶形单元和乘法器中间插入触发器，同时控制计数到各级的控制信号也应与数据延迟匹配，如图 7-60 所示。理解时应注意系数存储器本身包含一个周期延迟。最终数据输出延迟为 $N+2\log_2 N-1$。

为便于后述描述，首先定义了一个包含后续代码常用定义的包，如代码 7-26 所示，其中定义了将实现的 R2SDF 流水线 FFT 的数据位宽、复数结构和复数运算。

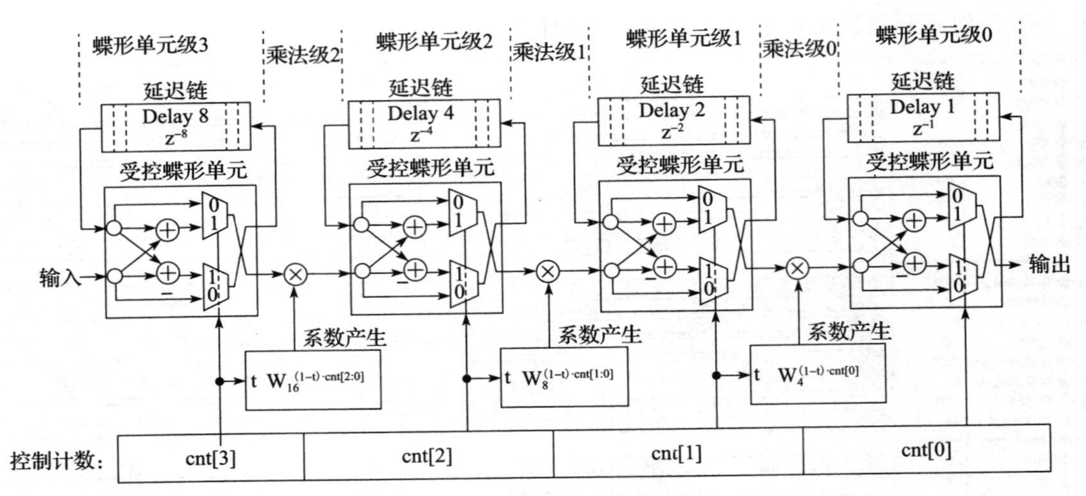

图 7-59 R2SDF 流水线 FFT 详细结构($N=16$)

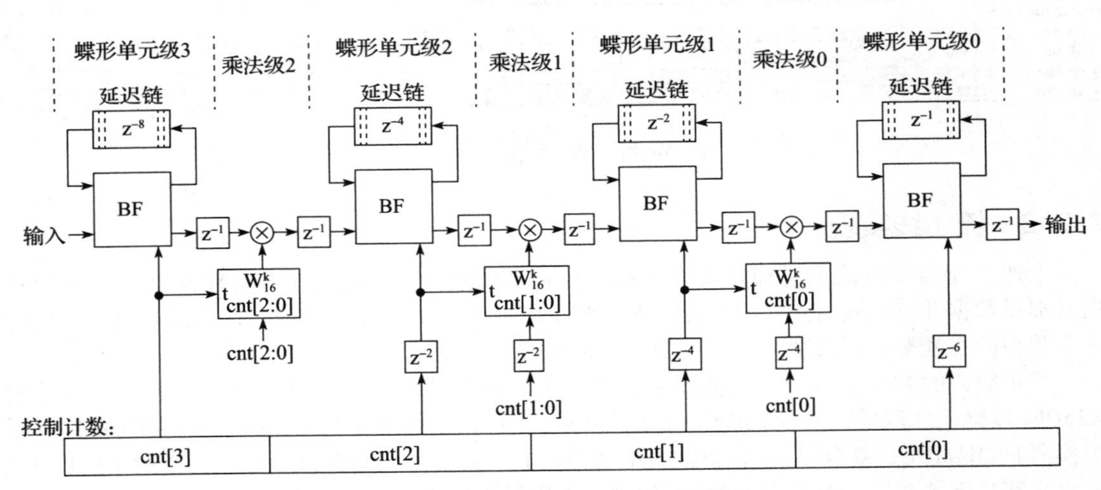

图 7-60 调整时序后的 R2SDF 流水线 FFT 结构($N=16$)

代码 7-26 R2SDF 流水线 FFT 的常用功能包

```
1   package R2SdfDefines;
2       localparam DW = 16, FW = DW - 1;
3       typedef struct {
4           logic signed [DW-1:0] re;
5           logic signed [DW-1:0] im;
6       } Cplx;
7       function automatic Cplx cmul(Cplx a, Cplx b);
8           cmul.re = ( (DW*2)'(a.re) * b.re - (DW*2)'(a.im) * b.im ) >>> FW;
9           cmul.im = ( (DW*2)'(a.re) * b.im + (DW*2)'(a.im) * b.re ) >>> FW;
10      endfunction
11      function automatic Cplx cadd(Cplx a, Cplx b, logic sc);
12          cadd.re = ( (DW+1)'(a.re) + b.re ) >>> sc;
```

```
13            cadd.im = ( (DW+1)'(a.im) + b.im ) >>> sc;
14        endfunction
15        function automatic Cplx csub(Cplx a, Cplx b, logic sc);
16            csub.re = ( (DW+1)'(a.re) - b.re ) >>> sc;
17            csub.im = ( (DW+1)'(a.im) - b.im ) >>> sc;
18        endfunction
19    endpackage
```

代码 7-27 描述了基 2 受控蝶形运算单元，采用了在模块头导入包的语法，是为了能在端口列表中使用包中的 Cplx 定义。

代码 7-27　基 2 受控蝶形单元(Bf2)

```
1    module Bf2 import R2SdfDefines::* ; (
2        input Cplx x0, x1,
3        output Cplx z0, z1,
4          input wire s, scale
5    );
6        always_comb z0 = ~s ? x0 : cadd(x0, x1, scale);
7        always_comb z1 = ~s ? x1 : csub(x0, x1, scale);
8    endmodule
```

代码 7-28 描述了完整的 R2SDF 流水线 FFT 模块，其中 scale 和 invexp 对应于式(7-43)的 a 和 b，如表 7-7 所示。

表 7-7　R2SDF 流水线 FFT 模块的 scale 和 invexp 参数

scale	invexp	实现变换	对比式(7-43)	
			作为正变换	作为逆变换
0	0	$y[k]=\sum_{n=0}^{N}x[n]e^{j2\pi kn/N}$	$a=1,\ b=1$	$a=-1,\ b=-1$
0	1	$y[k]=\sum_{n=0}^{N}x[n]e^{-j2\pi kn/N}$	$a=1,\ b=-1$	$a=-1,\ b=1$
1	0	$y[k]=\frac{1}{N}\cdot\sum_{n=0}^{N}x[n]e^{j2\pi kn/N}$	$a=-1,\ b=1$	$a=1,\ b=-1$
1	1	$y[k]=\frac{1}{N}\cdot\sum_{n=0}^{N}x[n]e^{-j2\pi kn/N}$	$a=-1,\ b=-1$	$a=1,\ b=1$

in_sync 用于同步输入帧，应在前一帧的最后一个数据给出，或在第一次转换前于 en 同步给出；out_sync 用于同步输出帧，会在一帧的最后一个数据输出时给出。in_sync 和 out_sync 功能类似于 AXI4-Stream 的 tlast。

这个模块可通过增加少量逻辑适配到 AXI4-Stream 接口，读者可自行实现。

模块输出的数据是位逆序的，如果要转换为正序，可由额外的 FIFO 和数据选择器实现，实现方法读者可自行检索相关文献学习。

读者应对照图 7-60 着重理解其中生成块的应用，特别是各种位宽、延迟的计算，其中 FFT-CoefRom 与上一节 MmFFT 中使用的相同。

代码 7-28 R2SDF 流水线 FFT 模块

```
1   module R2Sdf import R2SdfDefines::* ; #( STG = 4 )(
2       input wire clk, rst, en, scale, invexp,
3       input Cplx in, input wire in_sync,
4       output Cplx out, output logic out_sync
5   );
6       Cplx bf2_x0[STG], bf2_x1[STG], bf2_z0[STG], bf2_z1[STG];
7       assign bf2_x1[STG - 1] = in;
8       always_ff@ (posedge clk) begin
9           if(rst) out <= '{'0, '0};
10          else if(en) out <= bf2_z0[0];
11      end
12      logic [STG - 1 : 0] ccnt;
13      always_ff@ (posedge clk) begin
14          if(rst) ccnt <= 'b0;
15          else if(en) begin
16              if(in_sync) ccnt <= 'b0;
17              else ccnt <= ccnt + 1'b1;
18          end
19      end
20      always_ff@ (posedge clk) begin
21          if(rst) out_sync <= '0;
22          else if(en) out_sync <= ccnt == STG'(STG* 2 -4);
23      end
24      generate  // for butterfly stages
25          for(genvar s = STG - 1; s >= 0; s--) begin : bfStg
26              logic s_dly;
27              DelayChain #(1, 2* (STG - s -1)) dlyCnt(
28                  clk, rst, en, ccnt[s], s_dly);
29              Bf2 theBf2 (
30                  .x0(bf2_x0[s]), .x1(bf2_x1[s]),
31                  .z0(bf2_z0[s]), .z1(bf2_z1[s]),
32                  .s(s_dly), .scale(scale) );
33              DelayChainMem #(.DW(DW), .LEN(2** s)) dcBf2Real (
34                  clk, en, bf2_z1[s].re, bf2_x0[s].re);
35                  DelayChainMem #(.DW(DW), .LEN(2** s)) dcBf2Imag (
36                  clk, en, bf2_z1[s].im, bf2_x0[s].im);
37          end
38      endgenerate
39      generate  // for multiplier stages
40          for(genvar s = STG - 2; s >= 0; s--) begin : mulStg
41              logic [s +1:0] cnt_dly;
42              DelayChain #(s +2, 2* (STG - s -2)) dlyCnt(
43                  clk, rst, en, ccnt[s +1:0], cnt_dly);
44              Cplx mulin, w, mulout;
45              logic [s : 0] waddr;
46              always_ff@ (posedge clk) begin
47                  if(rst) mulin <= '{'0, '0};
48                  else if(en) mulin <= bf2_z0[s +1];
49              end
50              assign waddr = cnt_dly[s +1] ? '0 : cnt_dly[s : 0];
```

```
51                  FFTCoefRom #(DW,s +1,"Real") wReal(clk, waddr, w.re);
52                  FFTCoefRom #(DW,s +1,"Imag") wImag(clk, waddr, w.im);
53                  always_comb mulout =
54                      cmul(mulin, '{w.re, invexp? -w.im : w.im});
55                  always_ff@ (posedge clk) begin
56                      if(rst) bf2_x1[s] <= '{'0, '0};
57                      else if(en) bf2_x1[s] <= mulout;
58                  end
59              end
60          endgenerate
61      endmodule
```

代码 7-29 是测试平台。设置 scale = 1、invexp = 0，为便于观察按位逆序后的输出，测试只使用了 16 点(STG = 4)幅度为 10000 的单周期方波输入。如要更多测试，读者可自行实现。

代码 7-29　R2SDF 流水线 FFT 模块的简单测试平台

```
1   module TestR2Sdf;
2       import SimSrcGen::* ;
3       import R2SdfDefines::* ;
4       localparam STG = 4, LEN = 2** STG;
5       logic clk, rst;
6       initial GenClk(clk, 8, 10);
7       initial GenRst(clk, rst, 2, 2);
8       Cplx x[LEN];
9       initial begin
10          for(int n = 0; n < LEN; n ++) begin
11              x[n].re = n < LEN / 2 ? 16'sd10000 : -16'sd10000;
12              x[n].im = 16'sd0;
13          end
14      end
15      logic [STG - 1 : 0] cnt = '0;
16      logic sc = '1, inv = '0, osync;
17      Cplx out;
18      wire isync = cnt == '1;
19      R2Sdf #(STG) theR2Sdf(
20          clk, rst, 1'b1, sc, inv, x[cnt], isync, out, osync);
21      always@ (posedge clk) begin
22          if(rst) cnt <= '0;
23          else cnt <= cnt + 1'b1;
24      end
25      logic [STG - 1 : 0] dicnt = '0;
26      always@ (posedge clk) begin
27          if(osync) dicnt <= '0;
28          else dicnt <= dicnt + 1'b1;
29      end
30      wire [STG - 1 : 0] dataIdx = { <<{dicnt}};
31  endmodule
```

图 7-61 所示是仿真中输出一个完整帧的波形，可对照 dataIdx(位逆序的索引)观察输出序列，较精确的序列为{0，1250 + 6284.2j，0，1250 + 1870.8j，0，1250 + 835.2j，0，1250 +

248.6j，…｝。

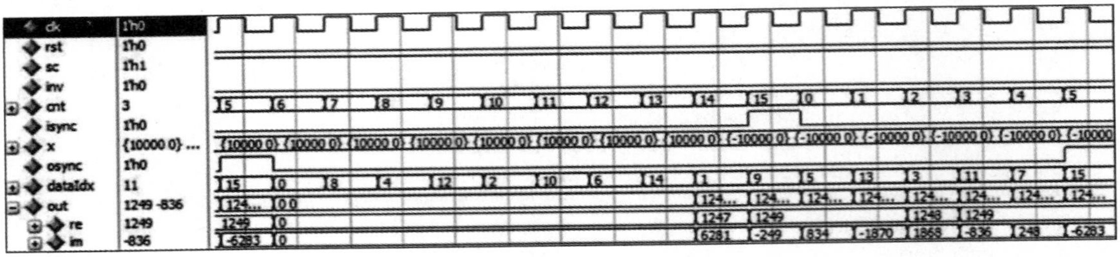

图 7-61　R2SDF 流水线 FFT 的仿真波形

图 7-62 所示是最后两个蝶形单元即其间乘法器的波形细节。

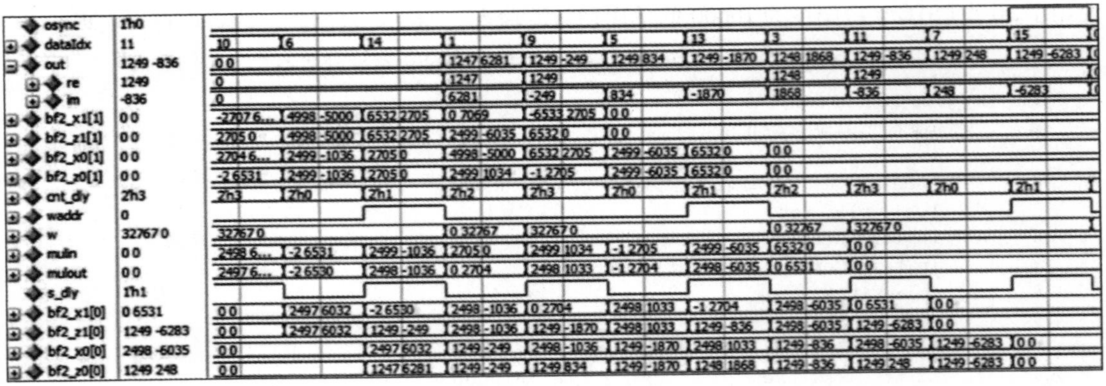

图 7-62　R2SDF 流水线 FFT 仿真中最后两个蝶形单元的波形

7.8　PID 控制器

PID 控制器广泛用于控制系统，控制系统中的数字控制部分也是数字信号处理系统的一种。典型的数字 PID 控制器如图 7-63 所示，它由前向欧拉法转换连续时间 PID 控制器而来，其 P、I、D 三个参数，分别为比例、积分、微分系数，而 N 用于配置微分单元中滤波器的极点，将有助于提高微分项的抗噪能力和稳定性，T_s 为系统采样率。有关 PID 控制器的详细原理，读者应参阅自动控制相关书籍。

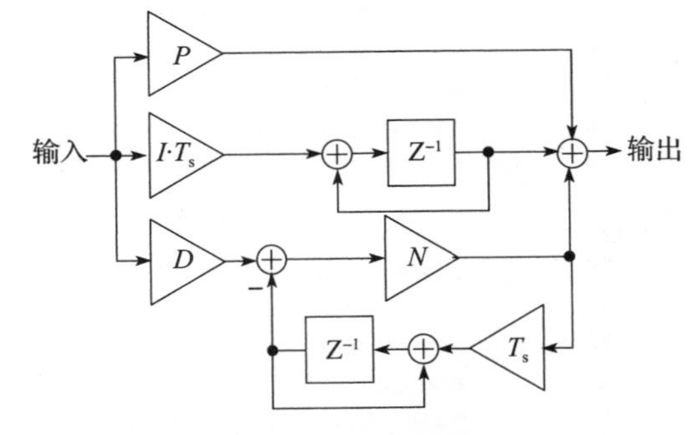

图 7-63　PID 控制器结构

其传输函数为：

$$H(z) = P + I \cdot \frac{T_s}{z-1} + D \cdot \frac{N}{1 + N \cdot T_s/(z-1)} \tag{7-44}$$

代码 7-30 描述了图 7-63，其中参数 LIMIT 是图 7-63 中几个积分器的饱和极限，避免它们在意外情况下溢出，并能快速退出饱和状态恢复正常工作。

代码 7-30 PID 模块

```
1   module Pid #(
2       parameter W = 32, FW = 16,
3       parameter real P = 8, real I = 192, real D = 0,
4       parameter real N = 100, real TS = 0.002,
5       parameter real LIMIT = 100000
6   )(
7       input wire clk, rst, en,
8       input wire signed [W-1:0] in,
9       output logic signed [W-1:0] out
10  );
11      import Fixedpoint::* ;
12      wire signed [W-1:0] p = P * (2.0 ** FW);
13      wire signed [W-1:0] i = (I * TS) * (2.0 ** FW);
14      wire signed [W-1:0] d = D * (2.0 ** FW);
15      wire signed [W-1:0] n = N * (2.0 ** FW);
16      wire signed [W-1:0] ts = TS * (2.0 ** FW);
17      wire signed [W-1:0] lim = LIMIT * (2.0 ** FW);
18      `DEF_FP_MUL(mul, W-FW, FW, W-FW, FW, FW);
19      wire signed [W-1:0] xp = mul(in, p);
20      wire signed [W-1:0] xi = mul(in, i);
21      logic signed [W-1:0] xi_acc;
22      always_ff@ (posedge clk) begin
23          if(rst) xi_acc <= 1'sb0;
24          else if(en) begin
25              if(xi_acc + xi > lim) xi_acc <= lim;
26              else if(xi_acc + xi < -lim) xi_acc <= -lim;
27              else xi_acc <= xi_acc + xi;
28          end
29      end
30      logic signed [W-1:0] dacc;
31      wire signed [W-1:0] xd = mul(in, d);
32      wire signed [W-1:0] xnd = mul((xd - dacc), n);
33      wire signed [W-1:0] tnd = mul(xnd, ts);
34      always_ff@ (posedge clk) begin
35          if(rst) dacc <= 1'sb0;
36          else if(en) begin
37              if(dacc + tnd > lim) dacc = lim;
38              else if(dacc + tnd < -lim) dacc = -lim;
39              else dacc <= dacc + tnd;
40          end
41      end
42      always_ff@ (posedge clk) begin
43          if(rst) out <= 1'sb0;
44          else if(en) out <= xp + xi_acc + xnd;
45      end
46  endmodule
```

为仿真它，这里虚构一个应用它的简单逆变电源控制器，整个仿真平台结构如图 7-64 所示。简单逆变控制模块使用可综合代码实现，在其中实例化 PID 模块，DDS 和 PID 均工作在

100ksps，PWM 工作在 100MHz，输出 PWM 频率 100kHz，电压一般采用 $Q5.7$ 格式。为了使用 Verilog 进行仿真，LC 输出滤波被用零阶保持特性离散化为二阶 IIR 滤波器模拟。这个滤波器工作在 100MHz 而截止频率在 2kHz 附近，非常极端，系数量级相差达到10^9，实现时使用了 40 位数据(39 位小数)并扩展了 32 位整数才能满足精度和内部节点增益的需求。

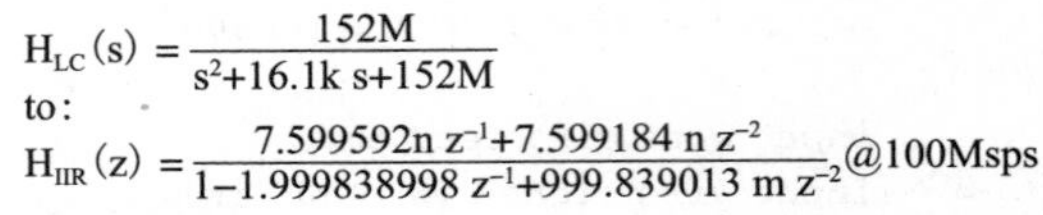

H_LC(s) = 152M / (s²+16.1k s+152M)
to:
H_IIR(z) = (7.599592n z⁻¹+7.599184 n z⁻²) / (1−1.999838998 z⁻¹+999.839013 m z⁻²) @100Msps

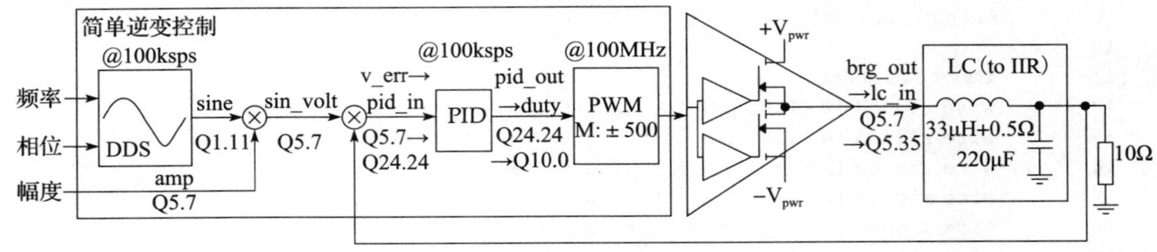

图 7-64　测试 PID 模块用的简单逆变电源结构

经过其他工具仿真测试整定得到一组合适的 PID 参数为：

$$P = 39, I = 2.35 \times 10^5, D = 1.1 \times 10^{-3}, N = 1.64 \times 10^5$$

事实上微分项贡献极小，可以忽略而退化为 PI 控制器。

代码 7-31 是仿真平台，包含平台顶层和逆变控制两个模块，其中模拟了目标幅度突变、供电电压突变和负载电阻突变(内部阻抗简化为纯阻性 0.5Ω)，以期观察 PID 的响应和调节能力。

代码 7-31　PID 模块的测试平台

```
1   module TestPID;
2       import SimSrcGen::* ;
3       logic clk, rst;
4       initial GenClk(clk, 8000, 10000);
5       initial GenRst(clk, rst, 2, 2);
6       logic signed [11:0] des_amp = 10* 2.0** 7;          // 10V (Q5.7)
7       logic signed [11:0] vfb;                            // Q5.7
8       logic pwm;
9       SimpleInverterCtrl inverterCtrl(
10          clk, rst, 24'sd8389, 24'sd0, des_amp, pwm, vfb);
11      logic signed [11:0] vpwr = 12* 2.0** 7;             // bridge supply 12V(Q5.7)
12      wire signed [11:0] brg_out = pwm ? (vpwr) : (-vpwr);
13      logic signed [39:0] lc_out;                         // Q5.35
14      wire signed [39:0] lc_in = brg_out <<< 28;          // Q5.7 - > Q5.35
15      IIR #(40, 32, 1, '{ 7.59959214012339e-09 },         // g
16          '{'{ 0,              1, 0.999_946_334_773 }},   // num 0 ~2
17          '{'{   -1.999_838_997_761, 0.999_839_012_960 }})// den 1 ~2
18          theLCFilter ( clk, rst, 1'b1, lc_in, lc_out );
19      real inn_volt;
20      assign inn_volt = lc_out / 2.0** 35;
21      real load_res = 10.0, inn_res = 0.5;
```

```
22        real out_volt;
23        assign out_volt = inn_volt * load_res / (load_res + inn_res);
24        assign vfb = out_volt * 2.0** 7;
25        initial begin
26            repeat(5_000_00) @ (posedge clk);
27            load_res = 5.0;                          // load res from 10Ohm to 5.0Ohm
28            repeat(10_000_00) @ (posedge clk);
29            des_amp = 5 * 2.0** 7;                   // desire amp from 10V to 5V
30            repeat(10_000_00) @ (posedge clk);
31            vpwr = 10* 2.0** 7;                      // bridge supply from 12V to 10V
32            repeat(20_000_00) @ (posedge clk);
33            $stop();
34        end
35    endmodule
36
37    module SimpleInverterCtrl(
38        input wire clk, rst,                         // 100MHz
39        input wire signed [23:0] freq,               // fout = freq * 100k / 2^24
40        input wire signed [23:0] phase,              // phout = phase * PI / 2^23
41        input wire signed [11:0] amp,                // desire amp(Q5.7)
42        output logic spwm,                           // spwm for half bridge
43        input wire signed [11:0] volt_fb             // Q5.7 feedback voltage
44    );
45        logic en_100k;
46        logic signed [11:0] sine;                    // Q1.10
47        DDS #( 24, 12, 14 ) theDDS(
48            clk, rst, en_100k, freq, phase, sine );
49        logic signed [11:0] sin_volt;                // Q5.7
50        always_ff@ (posedge clk) begin
51            if(rst) sin_volt <= '0;
52            else if(en_100k)
53                sin_volt = (24'(sine) * amp) >>> 11; // Q1.11* Q5.7 - >Q5.7
54        end
55        wire signed [11:0] v_err = sin_volt - volt_fb; // Q5.7
56        wire signed [47:0] pid_in = v_err <<< 17;    // Q5.7 - >Q24.24
57        logic signed [47:0] pid_out;
58        Pid #( .W(48), .FW(24), .P(39), .I(2.35e5), .D(1.1e-3),
59            .N(1.64e5), .TS(1/100e3), .LIMIT(1000) )
60        thePid ( clk, rst, en_100k, pid_in, pid_out );
61        wire signed [23:0] pid_out_int = pid_out[47:24];
62        wire signed [9:0] duty = (pid_out_int > 10'sd500)? 10'sd500 :
63                                 (pid_out_int < -10'sd500)? -10'sd500 :
64                                                         pid_out_int;
65        PwmSigned #( .M(1000) ) thePwm(
66            clk, rst, duty, spwm, en_100k);
67    endmodule
```

图 7-65 所示是仿真波形全貌。可以看到 5ms 处负载变化、15ms 处目标幅度变化和 25ms 处供电电压变化时对输出的影响和 PID 的调节过程。

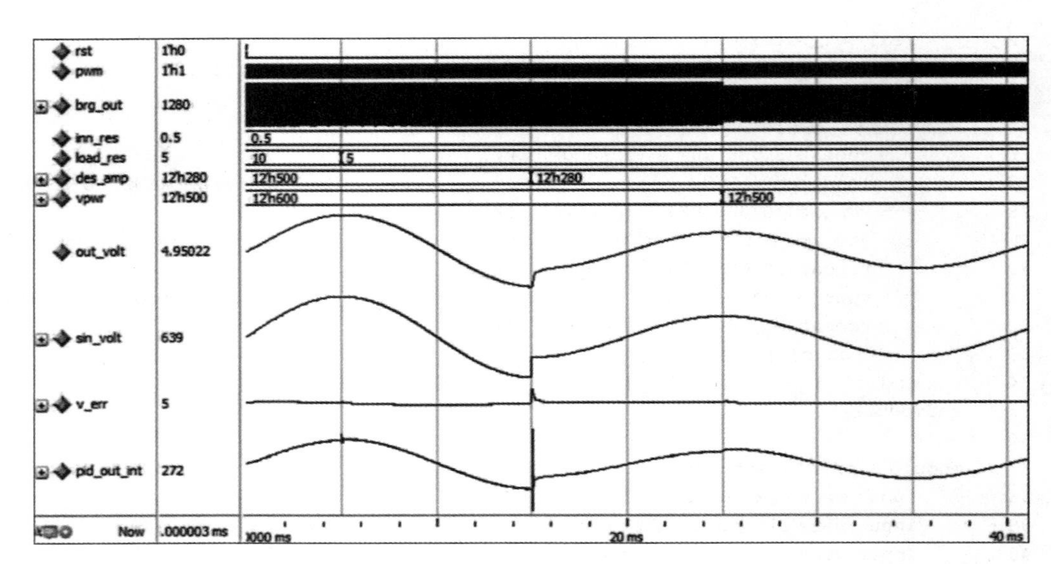

图 7-65　PID 仿真波形的全貌

图 7-66 所示和图 7-67 所示分别为 5ms 处和 25ms 处的细节。

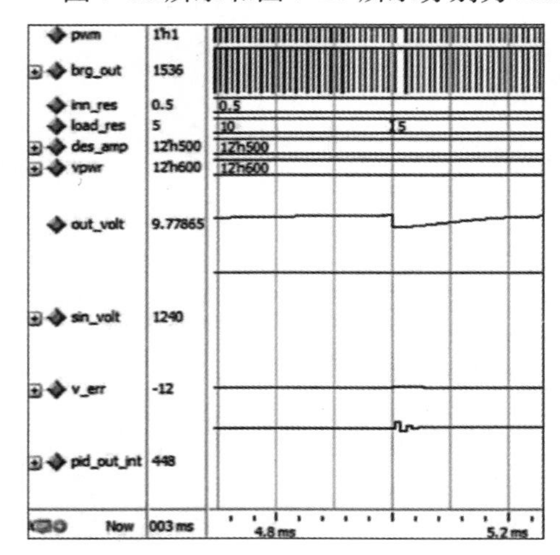

图 7-66　PID 仿真波形(5ms 处的细节)

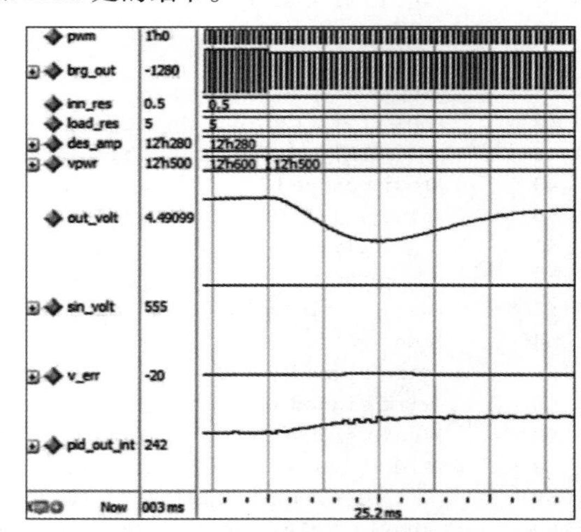

图 7-67　PID 仿真波形(25ms 处的细节)

数字通信应用

本章将简单介绍一些基础编解码和调制解调的实现，涉及的设计实例会大量复用第4章和第7章介绍的模块，读者务必先完成第4章和第7章的学习。

本章也不会专门介绍通信原理相关知识，除非是用于指导设计的理论结论，所以，为了充分理解本章，读者应系统学习通信原理相关课程。

典型的数字通信发射系统和接收系统如图8-1和图8-2所示。大部分系统的高频部分因频率高(数百兆到数吉赫兹)一般FPGA无法企及，而中频和基带部分大多可以由FPGA在数字域实现。

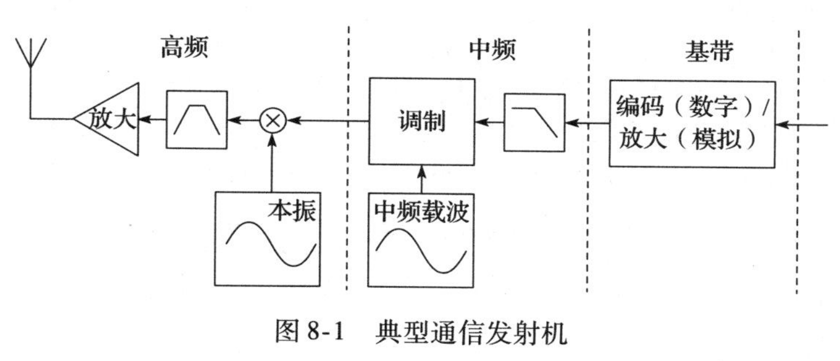

图8-1　典型通信发射机

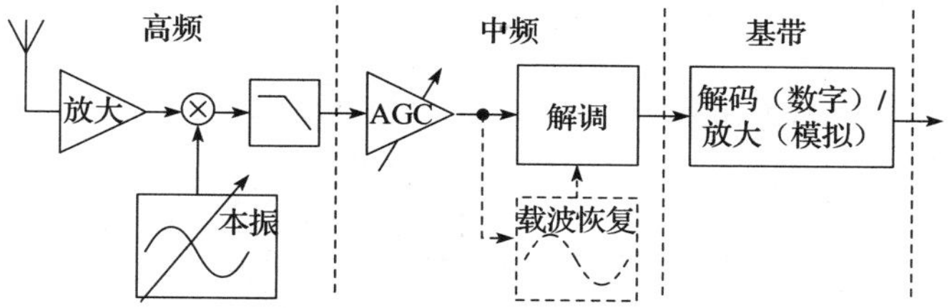

图8-2　典型通信接收机

8.1　线性反馈移位寄存器

对于通信系统，未知的数字基带码流可以用随机信号来模拟，而在纯粹的数字系统中无法产生严格意义上的随机信号，不过可以产生带宽有限、重复周期很长的“伪随机信号”。

伪随机信号可通过线性反馈移位寄存器(LFSR)产生，其典型结构如图 8-3 所示。这个结构实际上是原始结构通过转置得到的，适合时序逻辑实现，其中每个寄存器都是 1 位的，1 位的加法可用异或门实现。

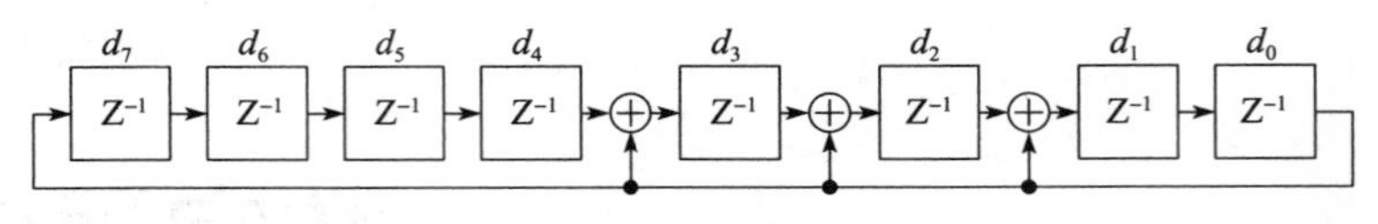

图 8-3 线性反馈移位寄存器

图 8-3 将 d_0 的输出与 d_4、d_3 和 d_2 异或作为下级延迟的输入。选择 d_0 的输出反馈到哪些节点会影响输出序列的重复周期，对于上述 8 位 LFSR，合适的反馈点选择会使得输出达到最大周期 2^8-1，即除 0 之外的全部可能的 $d[7:0]$ 值都会出现在电路中。

二进制 LFSR 中，选择反馈与哪些输出做异或可以用有限域计算中模 2 的多项式来表示。这个多项式称为特征多项式(或称反馈多项式)。图 8-3 的特征多项式为：

$$x^8+x^4+x^3+x^2+1$$

对于 N 位 LFSR，能够使得输出序列周期达到 2^N-1 的特征多项式称为**本原多项式**，此时的 LFSR 称为**最长 LFSR**。一定位数的 LFSR 的本原多项式数量有限，不同位数的 LFSR 的本原多项式数量不一，比如 7 位 LFSR 有 18 个本原多项式，8 位 LFSR 有 16 个，16 位 LFSR 有 2048 个，32 位 LFSR 有 67108864 个……

对于 N 位的 LFSR，特征多项式中必然有 1 和 x^N 项，而其他项则代表着反馈点的位置，请对比图 8-3 进行理解。将 $x=2$ 代入特征多项式，可得到其数值表达，多项式 $x^8+x^4+x^3+x^2+1$ 的数值表达 rval = 0x11d，所以也常常直接称为“多项式 0x11d”。

表 8-1 列举了一些本原多项式的数值表达，可用于设计最长 LFSR。本原多项式总是成对出现，这些值的按位逆序对应的多项式也是本原多项式。表中 3 ~ 8 位的所有本原多项式都有列出，括号中是位逆序。11 ~ 32 位的只列举了一些，没有同时列举出互为位逆序的。

表 8-1 一些本原多项式(数值表达)

位	本原多项式的数值表达(十六进制)
3	9(d)
4	13(19)
5	25(29), 2f(3d), 37(3b)
6	43(61), 5b(6d), 67(73)
7	83(c1), 89(91), 8f(f1), 9d(b9), a7(e5), ab(d5), bf(fd), cb(d3), ef(f7)
8	11d(171), 12b(1a9), 12d(169), 14d(165), 15f(1f5), 163(18d), 187(1c3), 1cf(1e7)
11	805, 817, 82b, 82d, 847, 863, 865, 871, 87b, 88d, 895, 89f, 8a9, 8b1, 8cf, 8e7, ...
12	1053, 1069, 107b, 107d, 1099, 10d1, 10eb, 1107, 111f, 1123, 113b, 114f, 1157, ...
15	8003, 8011, 8017, 802d, 8035, 805f, 8077, 8081, 8087, 8093, 80a5, 80c3, 80cf, ...
16	1002d, 10039, 1003f, 10053, 100bd, 100d7, 1012f, 1013d, 1014f, 1015d, 10197, ...
23	800021, 80002b, 80002d, 800033, 80003f, 80004d, 800065, 800077, 800087, ...
24	100001b, 1000087, 10000b1, 10000db, 10000f5, 1000125, 100017f, 10001b5, ...
31	80000009, 8000000f, 8000002d, 80000035, 80000041, 80000047, 80000055, ...
32	1000000af, 1000000c5, 1000000f5, 100000125, 100000173, 100000175, ...

代码8-1描述了LFSR。FB应设置为本原多项式的数值表达右移1位，其输出为N位数值序列，而如果只需要1位序列，可以只取其中1位，其仿真见8.4节。

代码8-1　LFSR

```
1   module LFSR #(
2       parameter N = 8,
3       parameter [N-1:0] FB = 8'h8e,                // = 0x11d >> 1
4       parameter [N-1:0] INIT = 8'hff
5   )(
6       input wire clk, rst, en,
7       output logic [N-1:0] out
8   );
9       always_ff@ (posedge clk) begin
10          if(rst) out <= INIT;
11          else if(en) out <= (out[0]) ? (out >> 1) ^ FB : (out >> 1);
12      end
13  endmodule
```

8.2　循环冗余校验

考虑第5章介绍的UART中的奇偶校验，如果数据位中出现两位或偶数位错误，则通过奇偶校验就不能检测出错误了。为了解决这个问题，可以增加校验位，比如将数据两位两位地求和，最后将这个“校验和”发送给接收端检查，对于一帧多字节的数据，也可以逐字节地求和获得“校验和”，但这样简单的校验和并不能检查一些哪怕很简单的错误，比如两字节中同一位都错误了，或者两字节交换了位置，等等。

循环冗余校验(CRC)则克服了上述问题。它是在数据传输或存储中最常用的错误检测编码之一，它以尽量少的校验码实现了尽量可靠地少误码错误检测——误码率高到一定程度，什么校验码都一样不可靠，而需要解决问题也应该是信道质量和系统设计了。关于CRC详细原理，读者可参阅相关书籍文献，这里不赘述。

1位数据流的CRC码的产生和验证都可以通过LFSR实现，也同样依赖于本原多项式，不过常常使用本原多项式乘以$(1+x)$所得的多项式(对于数值表达，即乘以3)，较本原多项式具有更实用的一些特性。如图8-4所示为多项式0x19b对应的结构。

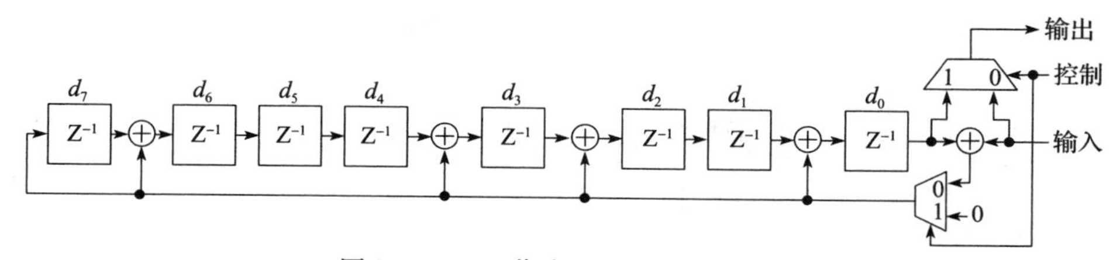

图8-4　LFSR作为CRC产生/校验器

作为产生器，初始时，$d[7:0]$清零或置初始值，传输数据时，控制输入0，而传输计算所得的CRC码时，置控制输入为1，连续给出8个时钟移出CRC码。作为校验器，控制输入可一直置零，帧初始时$d[7:0]$清零或置初始值，校验时，依序输入数据和CRC码，如果最终$d[7:0]$为零，则校验无误。

注意实际应用时，因多项式位正序和逆序成对出现，并且上述结构为转置的结构，其中的反馈抽头应对照原多项式还是位逆序的多项式需要依照相关协议说明细心考证。另外有些协议中还使用非零初始值以及在校验输出时增加异或逻辑。

代码 8-2 中的 CRCGenerator 和 CRCCheck 两个模块分别描述了 CRC 产生器和校验器。产生器的 start 和 last 来标识待校验数据的开头位和结尾位；校验器的 start 和 last 来标识包含 CRC 码在内的待校验数据的开头位和结尾位。

CRC 产生器模块有输入也有输出，在 calc_start 和 calc_last 期间(含)输出持续赋值为输入，而 calc_last 之后会忽略紧接着送入的 N 位数据，转而输出 CRC 计算结果。因而传入的数据帧应将这 N 位填充无用数据，输出时这 N 位将被替换为 CRC 码。

CRC 校验器则只有输入，类似一个监控器，在 chk 和 en 为高电平期间给出校验结果。

对它们的仿真见 8.4 节。

代码 8-2　CRC 产生器和校验器

```
1   module CRCGenerator #(
2       parameter N = 8,
3       parameter [N-1 : 0] FB = 8'hcd,      // FB = representation value >> 1
4       parameter [N-1 : 0] INIT = 8'h00
5   )(
6       input wire clk, rst, en, in,
7       // N bits will be ignored after calc_last, fill with dummy bits
8       input wire calc_start, calc_last,
9       output logic out
10  );
11      logic crc, crc_end;                  // crc outputting, crc output finish
12      Counter #(N) crcBitCnt(clk, rst, en & crc, , crc_end);
13      always_ff@ (posedge clk) begin
14          if(rst) crc <= '0;
15          else if(en & calc_last) crc <= '1;
16          else if(crc_end | en&calc_start) crc <= '0;
17      end
18      logic [N-1:0] lfsr;
19      always_ff@ (posedge clk) begin
20          if(rst) lfsr <= '0;
21          else if(en & calc_start)
22              lfsr <= (INIT[0]^in) ? (INIT>>1)^FB : (INIT>>1);
23          else if(en)
24              lfsr <= crc? lfsr >> 1 :
25                         (lfsr[0]^in) ? (lfsr>>1)^FB : (lfsr>>1);
26      end
27      assign out = crc ? lfsr[0] : in;
28  endmodule
29
30  module CRCChecker #(
31      parameter N = 8,
32      parameter [N-1 : 0] FB = 8'hcd,      // FB = representation value >> 1
33      parameter [N-1 : 0] INIT = 8'h00
34  )(
35      input wire clk, rst, en, in,
```

```
36        input wire chk_start, chk_last,         // chk_last including crc bits
37        output logic err                        // should occur when chk_last and en high
38    );
39        logic [N-1:0] lfsr, lfsr_nxt;
40        always_ff@ (posedge clk) begin
41            if(rst) lfsr <= '0;
42            else if(en & chk_start)
43                lfsr <= (INIT[0] ^ in) ? (INIT>>1) ^ FB : (INIT>>1);
44            else if(en) lfsr <= lfsr_nxt;
45        end
46        always_comb lfsr_nxt = (lfsr[0] ^ in) ?
47                              (lfsr >> 1) ^ FB : (lfsr >> 1);
48        assign err = en & chk_last & (lfsr_nxt != N'(0));
49    endmodule
```

8.3 基带编解码

模拟基带信号一般都是无直流的，且带宽有限，往往不需要特别处理。而数字基带则不同，一方面，原始数据流可能长时间电平恒定，短时存在直流分量，不利于接收方解调之后作出判决；另一方面，原始数据流带宽比较不确定，谐波分量也很多。基带编码以及编码后的滤波器可用来抑制数据流中的直流分量和限制其带宽。

数字通信中，基带编码种类繁多，这里以曼彻斯特编码为例介绍其特点和实现。曼彻斯特编码将原始码流码率增倍，但编码后不包含直流分量，如图 8-5 所示。其特点是码元“0”中央出现下降沿，而码元“1”中央出现上升沿，或正好相反，可以通过将原码与原码的同步时钟进行异或或者同或得到，图 8-5 中所示为进行异或得到的。

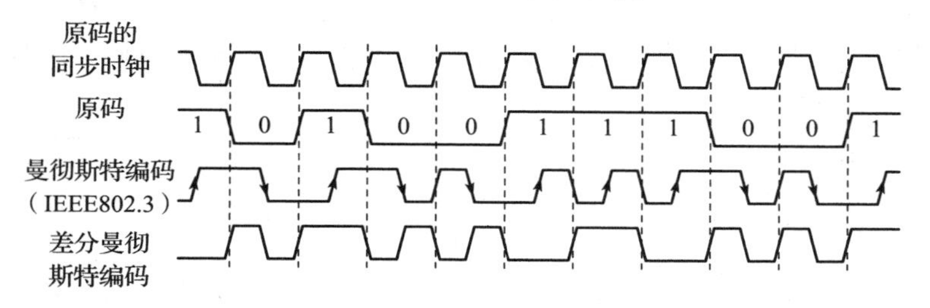

图 8-5 曼彻斯特编码和差分曼彻斯特编码

如果将原码差分之后再进行曼彻斯特编码，可以得到差分曼彻斯特编码，差分曼彻斯特编码只关注编码的跳沿，而与编码极性无关，将其反相后解码结果不变，因而有更广泛的应用。其特点是原码码元“0”对应两个跳沿(中央有跳沿)，而码元“1”对应 1 个跳沿(中央无跳沿)。

通过与时钟进行异或或者同或的方式产生曼彻斯特编码的方法并不适合在 FPGA 中用同步逻辑实现。在 FPGA 中使用使能信号控制码率，因而可以使用两倍速率的使能信号来产生曼彻斯特编码。

代码 8-3 是曼彻斯特编码产生模块，除与输入码同步的 en 外，还需要一个与之相差 180°的“en180”输入。在一个完整的系统中，码率一般是确定的，en180 信号可由前级或外部产生码率用的计数器一并产生(见 8.4 节仿真平台代码)。

代码 8-3 曼彻斯特编码产生模块

```
1    module ManchesterEncoder #( parameter POL = 0 )(     // POL = 0 or 1
2        input wire clk, rst, en, en180, in,
3        output logic man, dman, sck
4    );
5        always_ff@ (posedge clk) begin
6            if(rst) sck <= 1'b0;
7            else if(en) sck <= '1;
8            else if(en180) sck <= '0;
9        end
10       always_ff@ (posedge clk) begin
11           if(rst) man <= '0;
12           else if(en) man <= in ^ (POL? 1'b1 : 1'b0);
13           else if(en180) man <= in ^ (POL? 1'b0 : 1'b1);
14       end
15       always_ff@ (posedge clk) begin
16           if(rst) dman <= '0;
17           else if(en) dman <= ~dman;
18           else if(en180) dman <= in ~^ dman;
19       end
20   endmodule
```

一般来说，接收方解码是预知码率的，但因收发双方必然存在时钟差异，故仍然需要设计电路来同步位时钟的相位，如图 8-6 所示的相位计数法是一种简便可靠的方法。图中以差分曼彻斯特编码为例，相位计数在计数值超过预计的原码位周期的 3/4 时，如果遇到曼彻斯特编码的跳沿则清零循环。无论初始时是否在正确的跳沿上清零，一旦遇到长跳沿间隔(差分曼彻斯特编码原码为 0、非差分曼彻斯特编码原码跳变)，即能正确同步相位，对于差分曼彻斯特编码，同步得到的相位与原码位时钟相位一致；而对于非差分曼彻斯特编码，同步得到的相位与原码位时钟相位相差 180°。

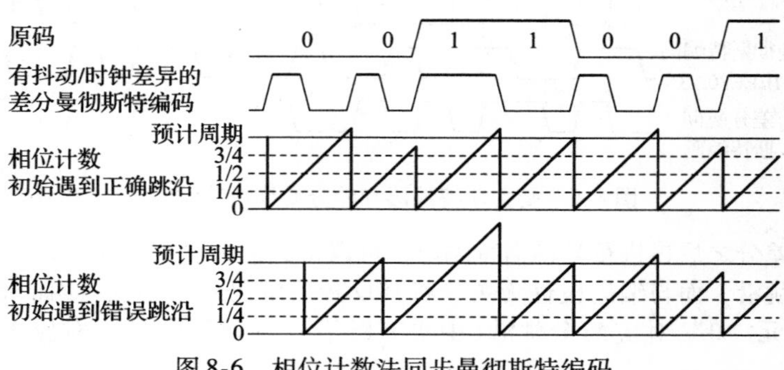

图 8-6 相位计数法同步曼彻斯特编码

同步得到正确的相位计数后，解码就容易了。以差分曼彻斯特编码为例，如果在每次相位计数周期之中存在跳沿，则前一位原码为 0，否则为 1。代码 8-4 描述了差分曼彻斯特解码器，其中 PERIOD 为预计的原码位周期。

代码 8-4 差分曼彻斯特编码的解码器

```
1    module DiffManDecoder #( parameter PERIOD = 10 )(    // period of NRZ
```

```
2        input wire clk, rst, en, in,
3        output logic out, out_valid
4    );
5        localparam integer P3Q = PERIOD * 3.0 / 4.0;
6        logic [$clog2(PERIOD):0] pcnt;
7        logic in_reg, in_edge;
8        always_ff@(posedge clk) if(en) in_reg <= in;
9        assign in_edge = in_reg ^ in;
10       always_ff@(posedge clk) begin
11           if(rst) pcnt <= '0;
12           else if(en) begin
13               if (pcnt >= P3Q && in_edge) pcnt <= '0;
14               else pcnt <= pcnt + 1'b1;
15           end
16       end
17       logic trans;
18       always_ff@(posedge clk) begin
19           if(rst) trans <= '0;
20           else if(en & in_edge) begin
21               if(pcnt >= P3Q) trans <= '0;
22               else trans <= '1;
23           end
24       end
25       always_ff@(posedge clk) begin
26           if((en & in_edge) && pcnt >= P3Q) out <= ~trans;
27       end
28       always_ff@(posedge clk)
29           out_valid <= ((en & in_edge) && pcnt >= P3Q);
30   endmodule
```

如果接收机预先未知码率，也可不断地检测曼彻斯特编码的跳沿周期，然后取一段时间内的最大周期作为预期周期，实现并不困难，这里不赘述。

接收机的解调数据是数值序列，在进入上述解码器之前，需要做判决，转换为 1 位位流。因曼彻斯特编码本身没有直流分量，可以通过带通滤波器除去可能的直流分量和高频噪声后做迟滞过零比较得到 1 位位流。代码 8-5 描述了迟滞过零比较器，其中 HYST 参数用来设定上下阈值之差，其值为上下阈值之差占满动态范围的比例。

代码 8-5 参数化阈值差的迟滞过零比较器

```
1    module HystComp #(
2        parameter W = 12,
3        parameter real HYST = 0.1
4    )(
5        input wire clk, rst, en,
6        input wire signed [W-1:0] in,
7        output logic out
8    );
9        wire signed [W-1:0] hyst = HYST * 2**(W-1);
10       always_ff@(posedge clk) begin
11           if(rst) out <= '0;
12           else if(~out & in > hyst) out <= '1;
```

```
13          else if(out & in <  -hyst) out <= '0;
14       end
15   endmodule
```

8.4 基带通道的范例和仿真

结合上述三节内容，这里仿真如图 8-7 所示的简单基带通道。仿真中，调制、无线信道和解调均理想化为限带、带加性白噪声的基带信道。

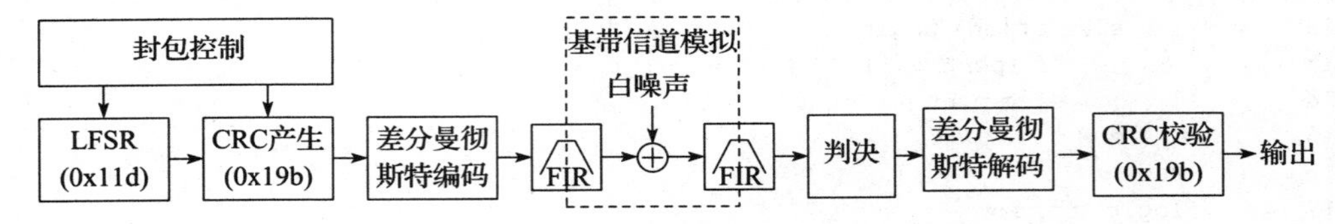

图 8-7 LFSR、基带编解码和 CRC 测试平台

代码 8-6 是描述图 8-7 所示结构的仿真平台。1 位数据流码率为 10Msps。模拟的数据包共包含 10 字节，低位在先传送。第一字节为 0x7F，连续 7 位高电平足以让解码器的相位计数锁定到正确相位，同时也作为帧起始标志，接收方也通过检测它来标定数据位起始；而后 8 字节为 LFSR 产生的随机数据；最后 1 字节先填充 0，而后由 CRC 产生器填充 CRC 码。

两个 FIR 滤波器均为 3MHz ~ 15MHz 通带，原码码率 10Msps 的曼彻斯特编码主要涵盖的频谱范围为 5MHz ~ 10MHz。

代码 8-6 LFSR、基带编解码和 CRC 测试平台

```
1    module TestBasebandSys;
2        import SimSrcGen::* ;
3        logic clk, rst;
4        initial GenClk(clk, 80, 100);
5        initial GenRst(clk, rst, 2, 2);
6        // ====== trans side ======
7        logic [3:0] cnt_dr;
8        logic dr_en;                                    // baseband dr : 10 Mbps
9        Counter #(10) cntDr(clk, rst, 1'b1, cnt_dr, dr_en);
10       wire dr_en180 = cnt_dr == 4;
11       logic [6:0] bit_cnt;
12       // 10 byte frame: 0xff(for sync) - 8 bytes data - 1 byte crc
13       Counter #(80) framCnt(clk, rst, dr_en, bit_cnt, );
14       logic [7:0] lfsr_out;
15       logic lfsr_en, data_bit;
16       // generate 0x7F at 1st byte
17       assign data_bit = bit_cnt <7'd8 ? bit_cnt! =7'd7 : lfsr_out[0];
18       assign lfsr_en = bit_cnt inside {[7'd8 : 7'd71]} & dr_en;
19       LFSR #(8, 9'h11d >> 1, 8'hff) lfsrDGen(
20           clk, rst, lfsr_en, lfsr_out);
21       logic dbit_crc;                                 // data bits with crc bits
22       wire dbit_start = bit_cnt == 7'd8;
23       wire dbit_last = bit_cnt == 7'd71;
24       CRCGenerator #(8, 9'h19b >> 1, 8'h00) crcGen(clk, rst,
```

```
25            dr_en, data_bit, dbit_start, dbit_last, dbit_crc);
26        logic dman;
27        ManchesterEncoder theManEnc(
28            clk, rst, dr_en, dr_en180, dbit_crc, , dman, );
29        // limit bandwidth
30        logic signed [11:0] baseband;
31        // -40dB .1M/3M ~1dB 15M \18M -40dB @ 100Msps
32        FIR #(12, 50, '{
33            -0.0104, -0.0123, -0.0102, -0.0022,  0.0052,  0.0041,
34            -0.0070, -0.0208, -0.0257, -0.0176, -0.0049, -0.0027,
35            -0.0183, -0.0416, -0.0515, -0.0355, -0.0052,  0.0097,
36            -0.0137, -0.0649, -0.0995, -0.0690,  0.0385,  0.1798,
37             0.2794,  0.2794,  0.1798,  0.0385, -0.0690, -0.0995,
38            -0.0649, -0.0137,  0.0097, -0.0052, -0.0355, -0.0515,
39            -0.0416, -0.0183, -0.0027, -0.0049, -0.0176, -0.0257,
40            -0.0208, -0.0070,  0.0041,  0.0052, -0.0022, -0.0102,
41            -0.0123, -0.0104
42        }) fir1(clk, rst, 1'b1, dman? 12'sd1000: -12'sd1000, baseband);
43        // ====== channel noise ======
44        logic signed [11:0] bb_noi; integer seed = 9527;
45        always_ff@ (posedge clk) begin
46            bb_noi <= baseband + $dist_normal(seed, 0, 1000);
47        end
48        // ====== recv side ======
49        logic signed [11:0] bb_filtered;
50        // same as the one above
51        FIR #(12, 50, '{
52            -0.0104, -0.0123, -0.0102, -0.0022,  0.0052,  0.0041,
53            -0.0070, -0.0208, -0.0257, -0.0176, -0.0049, -0.0027,
54            -0.0183, -0.0416, -0.0515, -0.0355, -0.0052,  0.0097,
55            -0.0137, -0.0649, -0.0995, -0.0690,  0.0385,  0.1798,
56             0.2794,  0.2794,  0.1798,  0.0385, -0.0690, -0.0995,
57            -0.0649, -0.0137,  0.0097, -0.0052, -0.0355, -0.0515,
58            -0.0416, -0.0183, -0.0027, -0.0049, -0.0176, -0.0257,
59            -0.0208, -0.0070,  0.0041,  0.0052, -0.0022, -0.0102,
60            -0.0123, -0.0104
61        }) fir2(clk, rst, 1'b1, baseband, bb_filtered);
62        logic bb_1bit;
63        HystComp #( 12, 0.01 ) theHystComp(
64            clk, rst, 1'b1, bb_filtered, bb_1bit );
65        logic decoded, dec_valid;
66        DiffManDecoder #( 11 ) theDmanDec(                // mimic period err
67            clk, rst, 1'b1, bb_1bit, decoded, dec_valid );
68        // frame sync
69        logic [7:0] dec_reg;
70        always_ff@ (posedge clk) begin
71            if(rst) dec_reg <= '0;
72            else if(dec_valid) dec_reg <= {decoded, dec_reg[7:1]};
73        end
74        logic [6:0] dec_bcnt;
75        always_ff@ (posedge clk) begin
76            if(rst) dec_bcnt <= '0;
```

```
77            else if(dec_valid) begin
78                if((dec_bcnt < 7'd15 || dec_bcnt >= 7'd80 ) &&
79                    {decoded, dec_reg[7:1]} == 8'h7f) dec_bcnt <= 7'd8;
80                else dec_bcnt <= dec_bcnt + 7'b1;
81            end
82        end
83        wire chk_start = dec_bcnt == 7'd8;
84        wire chk_last = dec_bcnt == 8'd79;
85        logic err, err_reg;
86        CRCChecker #( 8, 9'h19b >> 1, 8'h00 ) crcChk(
87            clk, rst, dec_valid, decoded, chk_start, chk_last, err);
88        always_ff@ (posedge clk) if(dec_valid) err_reg <= err;
89    endmodule
```

图 8-8 所示是仿真波形中一个完整帧传输的片段，这一帧没有校验错误，事实上有效值 1000 的宽带白噪声经过窄带滤波器后基本所剩无几，对信号判决不构成影响，如果降低信号幅值(注意还要修改迟滞比较器阈值)并增加噪声有效值，将可以看到偶尔出现校验错误。

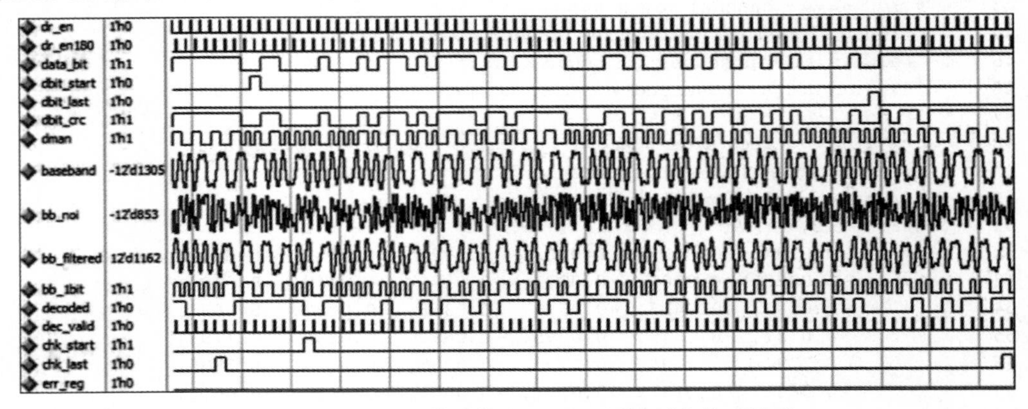

图 8-8 LFSR、基带编解码和 CRC 测试平台仿真波形

图 8-9 所示是发送端 CRC 码移出和接收端校验时的细节。

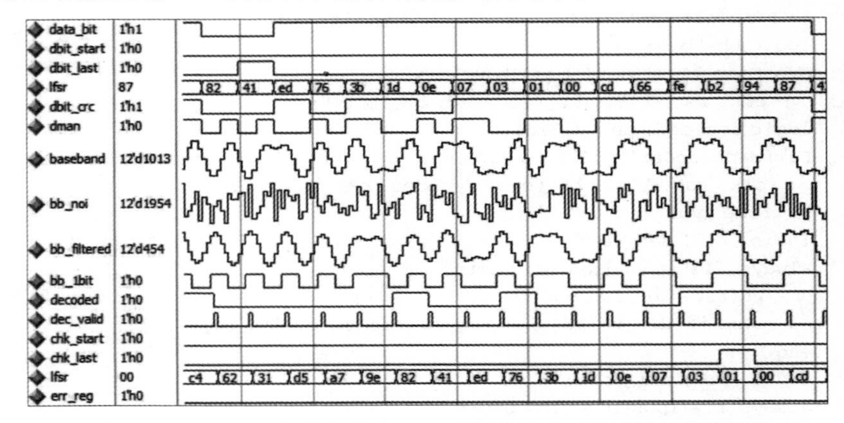

图 8-9 LFSR、基带编解码和 CRC 测试平台仿真波形(CRC 细节)

8.5 混频和相干解调

混频，即两个信号做乘法，是在数字通信中很常用的信号处理方法。考虑两个单频信号 $A\cos(\omega_1 t+\phi_1)$ 和 $\cos(\omega_0 t)$，一般前者为待处理的信号，而后者为已知的参考信号，将它们相乘：

$$A\cos(\omega_1 t+\phi_1)\cdot\cos(\omega_0 t)=\frac{A}{2}(\cos(\Delta\omega\cdot t+\phi_1)+\cos(\Sigma\omega\cdot t+\phi_1)) \tag{8-1}$$

其中：$\Delta\omega=\omega_1-\omega_0$，$\Sigma\omega=\omega_1+\omega_0$。

结果中包含一个差频项(频率 $\Delta\omega$)和一个和频项(频率 $\Sigma\omega$)，一般会将其中一个用滤波器滤除，只留下一个。

有时也将待处理的信号与正交的两个信号，比如 $\sin\omega_0 t$ 和 $\cos\omega_0 t$，或 $\cos\omega_0 t$ 和 $-\sin\omega_0 t$ 分别相乘：

$$\begin{cases}A\cos(\omega_1 t+\phi_1)\cdot\cos\omega_0 t=\dfrac{A}{2}(\cos(\Delta\omega\cdot t+\phi_1)+\cos(\Sigma\omega\cdot t+\phi_1))\\ A\cos(\omega_1 t+\phi_1)\cdot[-\sin\omega_0 t]=\dfrac{A}{2}(\sin(\Delta\omega\cdot t+\phi_1)-\sin(\Sigma\omega\cdot t+\phi_1))\end{cases}$$

如果用低通滤波器将其中的和频成分滤除：

$$\begin{cases}A\cos(\omega_1 t+\phi_1)\cdot\cos\omega_0 t\overset{\text{LP}}{\Rightarrow}\dfrac{A}{2}\cos(\Delta\omega\cdot t+\phi_1)\overset{\text{def}}{=\!=}I(\Delta\omega\cdot t)\\ A\cos(\omega_1 t+\phi_1)\cdot[-\sin\omega_0 t]\overset{\text{LP}}{\Rightarrow}\dfrac{A}{2}\sin(\Delta\omega\cdot t+\phi_1)\overset{\text{def}}{=\!=}Q(\Delta\omega\cdot t)\end{cases} \tag{8-2}$$

其中：$\frac{A}{2}\cos(\Delta\omega+\phi_1)$ 常称为 I 项，$\frac{A}{2}\sin(\Delta\omega+\phi_1)$ 常称为 Q 项，这里，

$$\begin{cases}\sqrt{I^2+Q^2}=\dfrac{A}{2}\\ \text{arctan2}(I,Q)=\Delta\omega\cdot t+\phi_1\end{cases} \tag{8-3}$$

其中：$\text{arctan2}(x,\ y)=\angle(I+\text{j}Q)$ 为四象限反正切函数。

混频和滤波器常用于频谱搬移和调制解调(称为相干解调)：

- 频谱搬移，如将中频调制信号混频到射频，或将射频信号混频到中频。
- 解调时一般要求 $\omega_0=\omega_1$，即 $\Delta\omega=0$，那么：
  - I 项可以用于解调调幅信号、0°和 180°的 BPSK。
  - Q 项可用于解调 90°和 270°的 BPSK。
  - 结合 I 项和 Q 项，利用式(8-2)，可解调任何相位、幅度和幅相联合调制(即 QAM)信号，称为**正交解调**，或者说分析任何同频信号或任何信号中同频成分的幅度和相位。

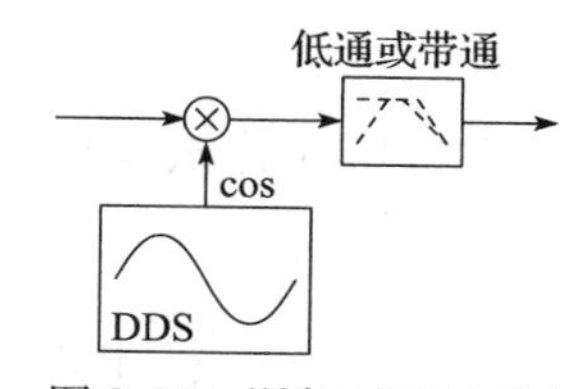

图 8-10 混频/相干解调

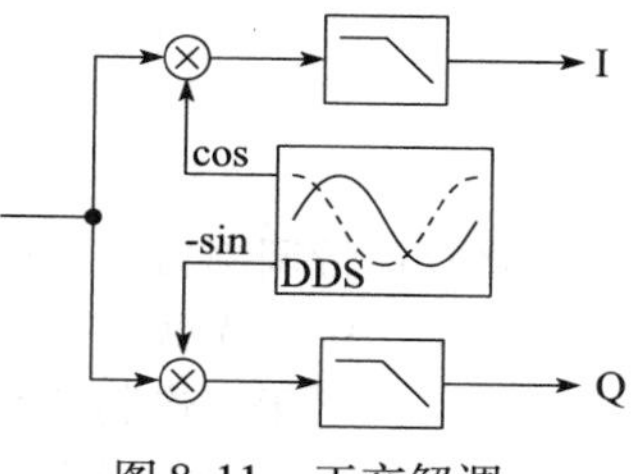

图 8-11 正交解调

即使 $\Delta\omega\neq 0$，只要 $\Delta\omega$ 远小于调制时的相位变化率 $\frac{\text{d}\phi}{\text{d}t}$，结合 I 和 Q 两项，也可以解调幅度调制信号或差分相位调制信号。

混频和滤波的一般结构如图 8-10 和图 8-11 所示，实例将在后续几节中介绍。

8.6 AM 和 ASK

8.6.1 调制

如果基带信号为采样序列 $m[n] \in [-1, 1]$，载波为 $\cos(\Omega_c n)$，数字幅度调制(AM)产生如下信号：

$$s_{AM}[n] = (A_0 + M \cdot m[n]) \cdot \cos(\Omega_c n) \tag{8-4}$$

其中：

- A_0 一般为 1 或 0，为 1 时为常规调幅，即带有载频的双边带调幅，为 0 时为抑制载波的双边带调幅(DSB)。
- $M \in (0, 1]$ 为调制度。

图 8-12 所示是 $A_0 = 1$，$M = 0.5$，$m[n]$ 为正弦采样序列的示意。注意右侧频谱并不是以 $m[n]$ 为单频信号绘制的，而是绘出了基带应有的一定频宽。

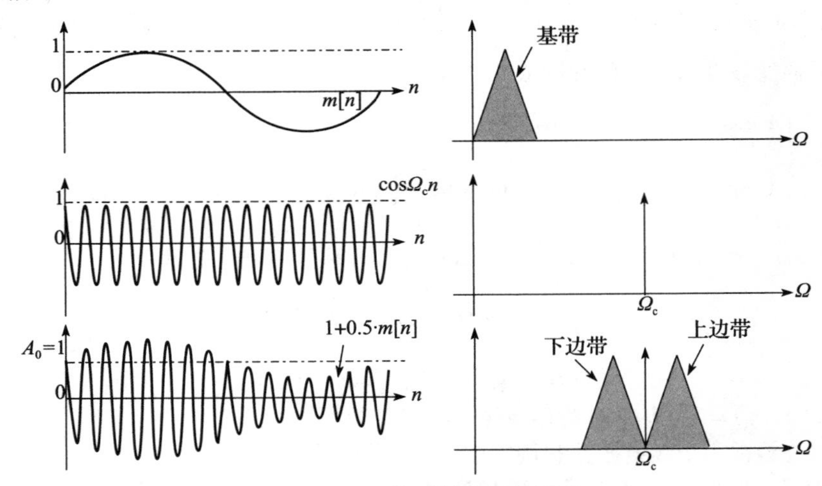

图 8-12 AM 的时域和频域图形

图 8-13 则是 $A_0 = 0$、$M = 1$，即 DSB 调制时的情况，频谱中并不包含载波 Ω_c。

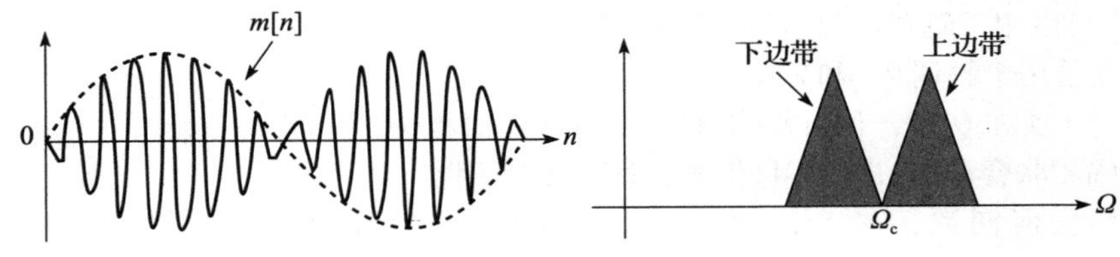

图 8-13 DSB 的时域和频域

将双边带调制后的上边带或下边带用滤波器滤除，则形成单边带调制(SSB)。

数字 AM 和 ASK 并没有明确区分，如果 $m[n]$ 是二值或少数几个值量化的码元序列则 AM 成为 ASK。对于二进制基带位流，限带(如有要求)后直接按 AM 调制方法即得 2 - ASK。

AM 调制器结构如图 8-14 所示，图中标出了实现时拟使用的数据位宽。对于 ASK，如果使用多位二进制(一位多进制)作为一个码元，数据选择器也可以是多输入的，另外，ASK 常常也并不需要控制 M 和 A_0，计算好各符号需要的幅度后，也可以省略 M 乘法器和 A_0 加法器。

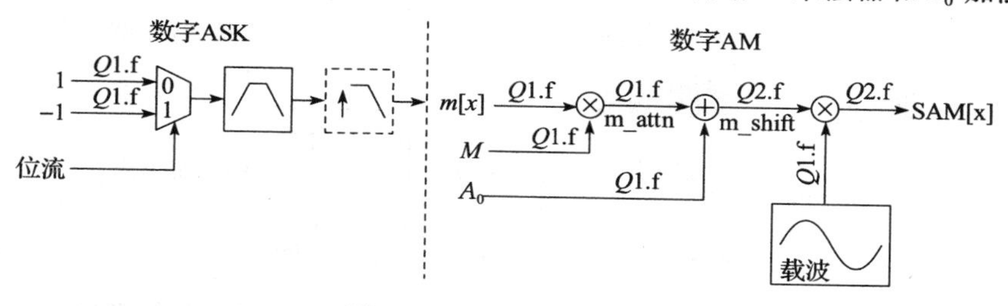

图 8-14　AM 调制器结构

图 8-14 中所示的 ASK，“0” 和 “1” 对应的 $m[x]$ 分别为 1 和 −1，此时如果 $M=0.5$，$A_0=0.5$，则可使得 “0” 和 “1” 对应的调制输出信号幅值分别为 1 和 0，这种情况下的 ASK 又称为 “OOK”。

多数情况下，中频系统的工作采样率一般数倍于中频载波频率，而基带采样率可能低至中频的数倍至数十倍，所以往往在基带带通滤波器后会做插值滤波器升采样，以降低基带带通滤波器的复杂度。

代码 8-7 描述了图 8-14 中的 AM 部分。对于 ASK 读者可自行实现，这里不赘述。

代码 8-7　AM 调制器

```
 1  module AMModulator #( parameter W = 12 )(
 2      input wire clk, rst, en,
 3      input wire signed [W-1:0] carr,          // carrier, Q1.W-1
 4      input wire signed [W-1:0] base,          // m[n],  Q1.W-1
 5      input wire signed [W-1:0] shift,         // a0,   Q1.W-1 in [0,1)
 6      input wire signed [W-1:0] index,         // M,    Q1.W-1 in [0,1)
 7      output logic signed [W:0] modout         // s_AM   Q2.W-1
 8  );
 9      localparam FW = W - 1;
10      import Fixedpoint::* ;
11      logic signed [W-1:0] m_attn;             // Q1.FW
12      always_ff@ (posedge clk) begin
13          m_attn <= ((2*W)'(base) * index) >>> FW;
14      end
15      logic signed [W:0] m_shift;              // Q2.FW
16      always_ff@ (posedge clk) begin
17          m_shift <= m_attn + shift;
18      end
19      always_ff@ (posedge clk) begin
20          modout <= ((2*W+1)'(m_shift) * carr) >>> FW;
21      end
22  endmodule
```

8.6.2　解调

在信噪比不太差时，常规 AM 用包络检波法最为简单可靠。数字域的包络检波如图 8-15 所示，其中带通滤波器的通带即为基带的频带。因中频采样率往往高出基带采样率很多，所以在基带带通滤波器可能需要做滤波抽取降采样，以降低基带带通滤波器的复杂度。

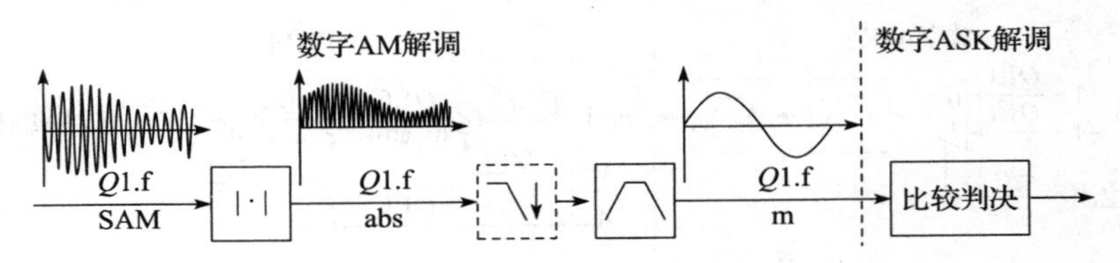

图 8-15 数字 AM(绝对值)包络检波

代码 8-8 描述了图 8-15，其中以基带频带[1，5]MHz 为例，并在基带带通滤波器前进行了 1/4 的 FIR 滤波抽取。基带带通滤波器的通带是[1，5]MHz，两侧过渡带各 1MHz，通带波动 1dB，阻带衰减 60dB。

代码 8-8 AM 包络检波器(以基带 1M ~5MHz 为例)

```
1   module AMEnvDemod #( parameter W = 12 )(
2       input wire clk, rst, en,
3       input wire signed [W-1:0] in,
4       output logic signed [W-1:0] out
5   );
6       logic signed [W-1:0] abs;
7       always_ff@ (posedge clk) begin
8           abs <= in >= 'sd0 ? in : -in;
9       end
10      logic signed [W-1:0] deci_fil;
11      FIR #(W, 23, '{                        // low pass: 6 \19 MHz @ 100MHz
12        0.0005, 0.0021, 0.0033, 0.0000, -0.0105, -0.0240, -0.0263, 0.0000,
13        0.0623, 0.1467, 0.2208, 0.2503,  0.2208,  0.1467,  0.0623, 0.0000,
14       -0.0263, -0.0240, -0.0105, 0.0000, 0.0033, 0.0021, 0.0005
15      }) deciFilter(clk, rst, en, abs, deci_fil);
16      logic deci_en;
17      Counter #(4) deciCnt(clk, rst, en, , deci_en);
18      logic signed [W-1:0] out_fil;
19      FIR #(W, 56, '{                        // base band pass: 0/1-5 \6 MHz @ 25MHz
20       -0.0001,  0.0037,  0.0096,  0.0116,  0.0056, -0.0025, -0.0021,  0.0062,
21        0.0084, -0.0029, -0.0140, -0.0088,  0.0038, -0.0010, -0.0246, -0.0361,
22       -0.0179, -0.0002, -0.0214, -0.0621, -0.0617, -0.0125,  0.0076, -0.0589,
23       -0.1366, -0.0790,  0.1393,  0.3473,  0.3473,  0.1393, -0.0790, -0.1366,
24       -0.0589,  0.0076, -0.0125, -0.0617, -0.0621, -0.0214, -0.0002, -0.0179,
25       -0.0361, -0.0246, -0.0010,  0.0038, -0.0088, -0.0140, -0.0029,  0.0084,
26        0.0062, -0.0021, -0.0025,  0.0056,  0.0116,  0.0096,  0.0037, -0.0001
27      }) envFilter(clk, rst, deci_en, deci_fil, out_fil);
28      assign out = out_fil <<< 1;
29  endmodule
```

对于抑制载波的 DSB 或 SSB，则必须采用相干解调；信噪比较低的常规 AM，相干解调也会有更好的性能。相干解调使用一个与调制时使用的载波同频同相的本地载波与待解信号相乘后滤波：

$$\cos(\Omega_c n)\cdot m[n]\cdot\cos(\Omega_c n)=\frac{m[n]}{2}(1+\cos(2\Omega_n n))\overset{\text{LP}}{\Rightarrow}\frac{m[n]}{2}\tag{8-5}$$

其结构如图 8-16 所示。本地载波的获取将在 8.10 节介绍。

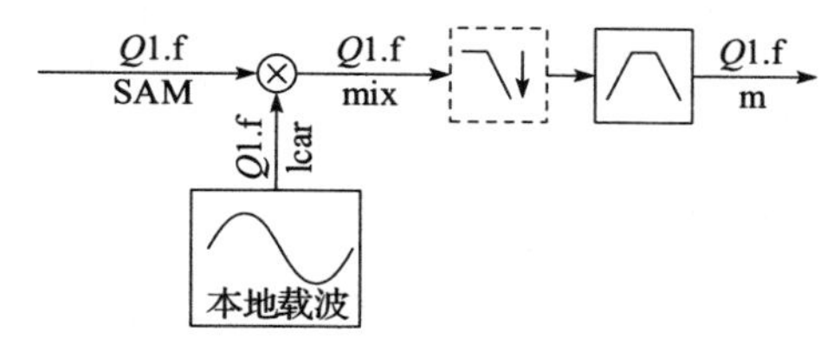

图 8-16　数字 AM 相干解调

代码 8-9 描述了图 8-16，同样使用了 1/4 的 FIR 抽取滤波，滤波器设计同代码 8-8。

代码 8-9　AM 相干解调(以基带 1M ~5MHz 为例)

```
1   module AMCohDemod #( parameter W = 12 )(
2       input wire clk, rst, en,
3       input wire signed [W-1:0] in, locar,
4       output logic signed [W-1:0] out
5   );
6       logic signed [W-1:0] mix;
7       always_ff@ (posedge clk) begin
8           mix <= ((2* W)'(in) * locar) >>> (W-1);
9       end
10      logic signed [W-1:0] deci_fil;
11      FIR #(W, 23, '{                      // low pass: 6 \19 MHz @ 100MHz
12        0.0005,  0.0021,  0.0033,  0.0000, -0.0105, -0.0240, -0.0263,  0.0000,
13        0.0623,  0.1467,  0.2208,  0.2503,  0.2208,  0.1467,  0.0623,  0.0000,
14       -0.0263, -0.0240, -0.0105,  0.0000,  0.0033,  0.0021,  0.0005
15      }) deciFilter(clk, rst, en, mix, deci_fil);
16      logic deci_en;
17      Counter #(4) deciCnt(clk, rst, en, , deci_en);
18      logic signed [W-1:0] out_fil;
19      FIR #(W, 56, '{                      // base band pass: 0/1 -5 \6 MHz @ 25MHz
20       -0.0001,  0.0037,  0.0096,  0.0116,  0.0056, -0.0025, -0.0021,  0.0062,
21        0.0084, -0.0029, -0.0140, -0.0088,  0.0038, -0.0010, -0.0246, -0.0361,
22       -0.0179, -0.0002, -0.0214, -0.0621, -0.0617, -0.0125,  0.0076, -0.0589,
23       -0.1366, -0.0790,  0.1393,  0.3473,  0.3473,  0.1393, -0.0790, -0.1366,
24       -0.0589,  0.0076, -0.0125, -0.0617, -0.0621, -0.0214, -0.0002, -0.0179,
25       -0.0361, -0.0246, -0.0010,  0.0038, -0.0088, -0.0140, -0.0029,  0.0084,
26        0.0062, -0.0021, -0.0025,  0.0056,  0.0116,  0.0096,  0.0037, -0.0001
27      }) envFilter(clk, rst, deci_en, deci_fil, out_fil);
28      assign out = out_fil <<< 1;
29  endmodule
```

数字系统广泛使用晶体振荡器作为时钟源时钟，基础准确度和通常情况下温度导致的频率漂移不会超过 50×10^{-6}。温度漂移本身又是极低频的，所以即使不同步本地载波，使用任意相位的“同频”(实际有数十 ppm 的差异)本地载波做正交解调，根据式(8-2)和式(8-3)也可以解得 DSB 或 SSB 信号，如图 8-17 所示。平方和开平方运算在数字电路中都不难实现，这也是数字系统较模拟系统的优势。

8.6.3 调制解调仿真

仿真平台实现了如图 8-18 所示结构，中频载波为 20MHz，仿真了常规 AM 和 SSB，常规 AM 使用包络检波法，SSB 使用相干解调，基带信号用限带的伪随机序列模拟。SSB 解调前的带通滤波器作用可能并不明显，因相干解调本身含有基带滤波，对带外噪声不敏感。

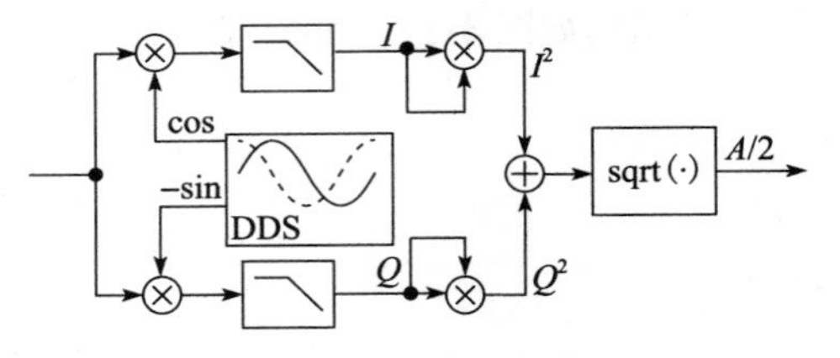

图 8-17 数字 AM 非同步本地载波相干解调

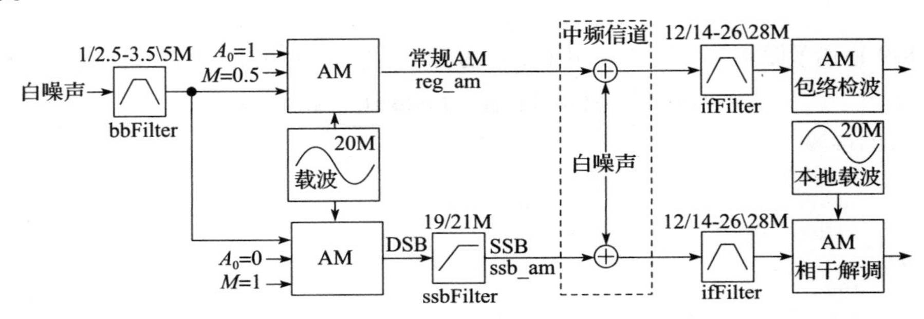

图 8-18 AM 调制解调仿真系统结构

代码 8-10 描述了图 8-18 所示结构。

代码 8-10 AM 调制解调系统测试平台

```
1   module TestAM;
2       import SimSrcGen::* ;
3       logic clk, rst;
4       initial GenClk(clk, 8, 10);
5       initial GenRst(clk, rst, 2, 10);
6       // ====== modulation side ======
7       logic signed [11:0] carrier;
8       DDS #(24, 12, 14) carrierDDS(
9           clk, rst, 1'b1, 24'sd3_355_443, 24'sd0, carrier);
10      logic signed [11:0] randsig = '0; integer sig_seed = 8273;
11      always begin
12          repeat(10) @ (posedge clk);
13          randsig <= $dist_normal(sig_seed, 0, 1000);
14      end
15      logic signed [11:0] bbsig;
16      FIR #(12, 136, '{                    // randsig filter : 1/2.5 - 3.5 \5M @ 100Msps
17       -0.0012, -0.0003, -0.0003, -0.0003, -0.0002, -0.0002, -0.0001, -0.0001,
18        0.0000,  0.0000,  0.0000, -0.0001, -0.0003, -0.0004, -0.0007, -0.0010,
19       -0.0014, -0.0017, -0.0021, -0.0023, -0.0026, -0.0026, -0.0025, -0.0022,
20       -0.0017, -0.0009,  0.0002,  0.0015,  0.0031,  0.0048,  0.0066,  0.0084,
21        0.0102,  0.0117,  0.0130,  0.0138,  0.0141,  0.0138,  0.0129,  0.0112,
22        0.0088,  0.0058,  0.0021, -0.0020, -0.0065, -0.0112, -0.0159, -0.0203,
23       -0.0242, -0.0275, -0.0299, -0.0313, -0.0315, -0.0305, -0.0282, -0.0248,
24       -0.0201, -0.0145, -0.0082, -0.0012,  0.0060,  0.0132,  0.0200,  0.0263,
```

```
25          0.0316,  0.0359,  0.0388,  0.0403,  0.0403,  0.0388,  0.0359,  0.0316,
26          0.0263,  0.0200,  0.0132,  0.0060, -0.0012, -0.0082, -0.0145, -0.0201,
27         -0.0248, -0.0282, -0.0305, -0.0315, -0.0313, -0.0299, -0.0275, -0.0242,
28         -0.0203, -0.0159, -0.0112, -0.0065, -0.0020,  0.0021,  0.0058,  0.0088,
29          0.0112,  0.0129,  0.0138,  0.0141,  0.0138,  0.0130,  0.0117,  0.0102,
30          0.0084,  0.0066,  0.0048,  0.0031,  0.0015,  0.0002, -0.0009, -0.0017,
31         -0.0022, -0.0025, -0.0026, -0.0026, -0.0023, -0.0021, -0.0017, -0.0014,
32         -0.0010, -0.0007, -0.0004, -0.0003, -0.0001,  0.0000,  0.0000,  0.0000,
33         -0.0001, -0.0001, -0.0002, -0.0002, -0.0003, -0.0003, -0.0003, -0.0012
34         }) sigFilter(clk, rst, 1'b1, randsig, bbsig);
35         logic signed [12:0] reg_am, dsb_am;
36         logic signed [11:0] ssb_am;
37         AMModulator #(12) regAmMod( clk, rst, 1'b1, carrier, bbsig,
38             12'(int'(2** 11 -1)), 12'(int'(0.5* 2** 11)), reg_am);
39         AMModulator #(12) dsbAmMod( clk, rst, 1'b1, carrier, bbsig,
40             12'(0), 12'(int'(2** 11 -1)), dsb_am);
41         FIR #(12, 96, '{                          // ssb high pass, : 19/21M @ 100Msps
42          0.0002,  0.0001, -0.0002, -0.0003,  0.0001,  0.0006,  0.0002, -0.0007,
43         -0.0008,  0.0003,  0.0013,  0.0005, -0.0014, -0.0016,  0.0007,  0.0026,
44          0.0009, -0.0027, -0.0030,  0.0013,  0.0047,  0.0016, -0.0047, -0.0052,
45          0.0022,  0.0079,  0.0027, -0.0077, -0.0085,  0.0036,  0.0128,  0.0044,
46         -0.0127, -0.0140,  0.0059,  0.0214,  0.0074, -0.0217, -0.0245,  0.0107,
47          0.0399,  0.0144, -0.0453, -0.0560,  0.0277,  0.1264,  0.0654, -0.5148,
48          0.5148, -0.0654, -0.1264, -0.0277,  0.0560,  0.0453, -0.0144, -0.0399,
49         -0.0107,  0.0245,  0.0217, -0.0074, -0.0214, -0.0059,  0.0140,  0.0127,
50         -0.0044, -0.0128, -0.0036,  0.0085,  0.0077, -0.0027, -0.0079, -0.0022,
51          0.0052,  0.0047, -0.0016, -0.0047, -0.0013,  0.0030,  0.0027, -0.0009,
52         -0.0026, -0.0007,  0.0016,  0.0014, -0.0005, -0.0013, -0.0003,  0.0008,
53          0.0007, -0.0002, -0.0006, -0.0001,  0.0003,  0.0002, -0.0001, -0.0002
54         }) ssbFilter(clk, rst, 1'b1, 12'(dsb_am), ssb_am);
55         // ====== if channel ======
56         logic signed [11:0] noi = '0, reg_am_noi, ssb_am_noi;
57         integer noi_seed = 983457;
58         always@ (posedge clk) begin
59             noi = $dist_normal(noi_seed, 0, 50);
60             reg_am_noi <= 12'(reg_am >>> 1) + noi;
61             ssb_am_noi <= ssb_am + noi;
62         end
63         // ====== demodulation side ======
64         logic signed [11:0] reg_am_fil, ssb_am_fil;
65         FIR #(12, 104, '{                         // if band pass : 12/14 - 26 \28M, @ 100Msps
66         -0.0003,  0.0004, -0.0002,  0.0006,  0.0028,  0.0014, -0.0055, -0.0071,
67          0.0034,  0.0119,  0.0036, -0.0089, -0.0070,  0.0017,  0.0009, -0.0012,
68          0.0063,  0.0088, -0.0037, -0.0114, -0.0026,  0.0029, -0.0020,  0.0027,
69          0.0142,  0.0055, -0.0148, -0.0126,  0.0030,  0.0010, -0.0028,  0.0150,
70          0.0211, -0.0092, -0.0283, -0.0066,  0.0073, -0.0057,  0.0076,  0.0406,
71          0.0161, -0.0449, -0.0396,  0.0096,  0.0016, -0.0116,  0.0678,  0.1075,
72         -0.0556, -0.2208, -0.0774,  0.2155,  0.2155, -0.0774, -0.2208, -0.0556,
73          0.1075,  0.0678, -0.0116,  0.0016,  0.0096, -0.0396, -0.0449,  0.0161,
74          0.0406,  0.0076, -0.0057,  0.0073, -0.0066, -0.0283, -0.0092,  0.0211,
75          0.0150, -0.0028,  0.0010,  0.0030, -0.0126, -0.0148,  0.0055,  0.0142,
76          0.0027, -0.0020,  0.0029, -0.0026, -0.0114, -0.0037,  0.0088,  0.0063,
77         -0.0012,  0.0009,  0.0017, -0.0070, -0.0089,  0.0036,  0.0119,  0.0034,
```

```
78        -0.0071, -0.0055,  0.0014,  0.0028,  0.0006, -0.0002,  0.0004, -0.0003
79        }) regAmIfFilter(clk, rst, 1'b1, reg_am_noi, reg_am_fil),
80            ssbAmIfFilter(clk, rst, 1'b1, ssb_am_noi, ssb_am_fil);
81        logic signed [11:0] reg_am_demod, ssb_am_demod;
82        AMEnvDemod #(12) envDemod(
83            clk, rst, 1'b1, reg_am_fil, reg_am_demod);
84        wire signed [11:0] locar = carrier;
85        AMCohDemod #(12) cohDemod(
86            clk, rst, 1'b1, ssb_am_fil, locar, ssb_am_demod);
87    endmodule
```

图 8-19 所示是仿真中常规 AM 和包络检波解调部分的波形。

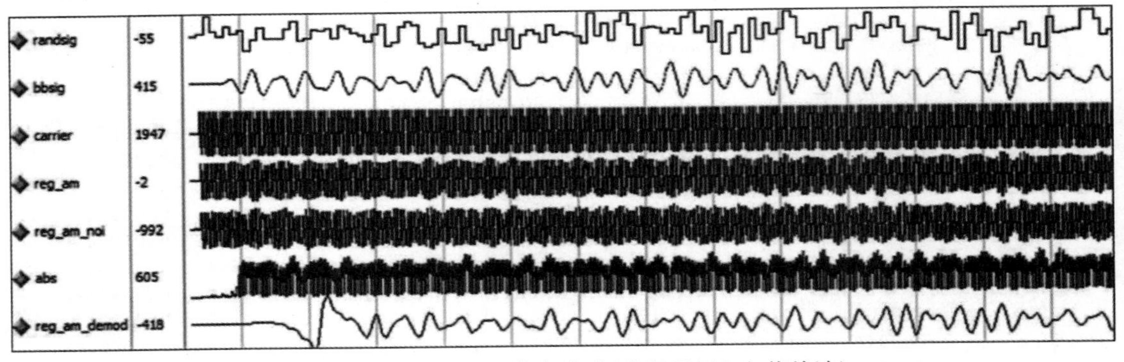

图 8-19 AM 调制解调仿真波形（常规调幅和包络检波）

图 8-20 是仿真中 SSB 和相干解调部分的波形。可以观察到，在噪声影响下，包络检波和相干解调都有些许失真，而相干解调比包络检波则稍好一点。

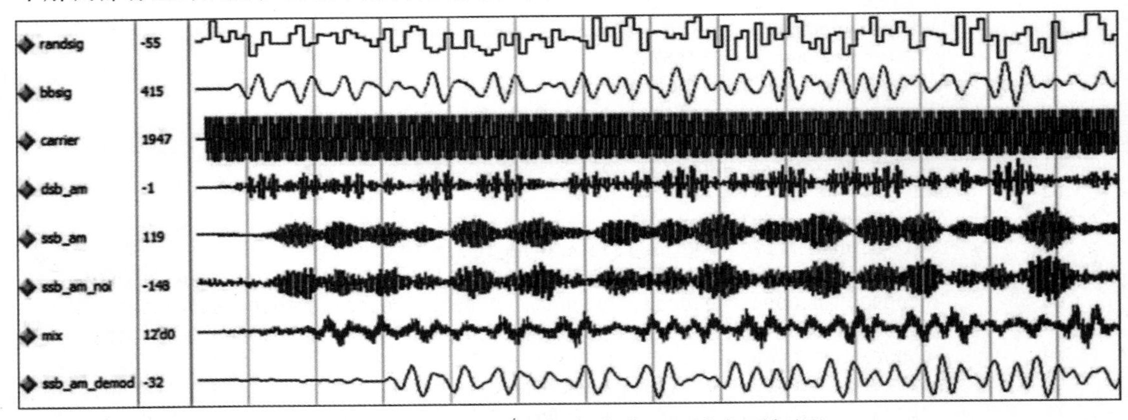

图 8-20 AM 调制解调仿真波形（SSB 和相干解调）

8.7 PM 和 PSK

8.7.1 调制

如果基带信号为采样序列 $m[n]\in[-1, 1]$，载波为 $\cos(\Omega_c n)$，数字相位调制（PM）产生如下信号：

$$s_{PM}[n] = \cos(\Omega_c n + K_p m[n]) \tag{8-6}$$

其中：K_P 为最大相位偏移。

图 8-21 所示是 $K_P = \pi$ 时，$m[n]$为正弦采样序列的示意。右侧频谱并不是以 $m[n]$为单频信号绘制的，而是绘出了基带应有的一定频宽，在 K_P 较大时，调制后的信号将在载频上下存在多个旁瓣，而在 $K_P < \pi/6$ 时，旁瓣将几乎只有上下各一个。

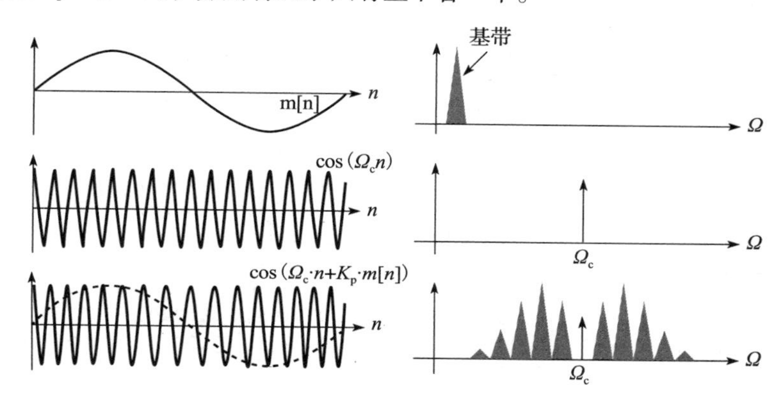

图 8-21　PM 调制的时域波形和频谱(以 $K_P = \pi$ 为例)

PSK 通常都使得不同符号的相位在[0，2π)区间均匀分布，例如 $m[n]$为 −1 和 1 时对应的相位分别为 −π 和 π，波形如图 8-22 所示，通常称为 BPSK。

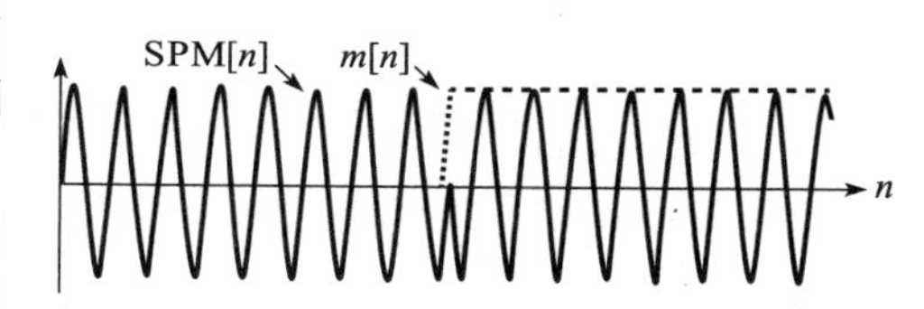

图 8-22　BPSK(相位 0 和 π)

PM 调制器可使用 DDS 实现，使用基带序列控制其相位控制字即可，如图 8-23 所示。图 8-24 所示则为 BPSK 调制器结构，因基带采样率和中频采样率相差可能较大，所以可能需要做插值滤波器升采样，以降低基带带通滤波器的复杂度。

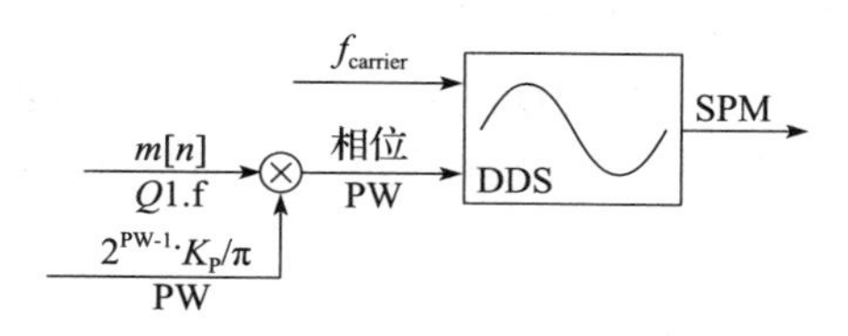

图 8-23　PM 调制器结构

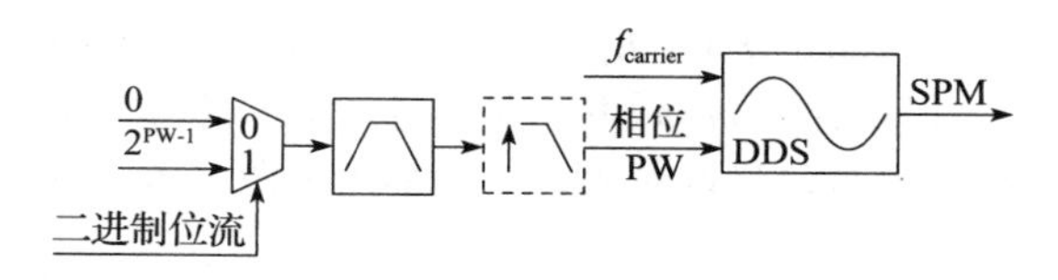

图 8-24　BPSK 调制器

代码 8-11 描述了图 8-24 所示结构。它使用 bb_en 控制基带采样率(注意并不是数据位流的码率，而是基带滤波器的工作频率，大于数据位流的码率)，if_en 控制中频采样率，因内部插值滤波器的限制，bb_en 速率应为 if_en 的 1/4，DDS 在其中实例化，频率由外部控制。

代码 8-11　BPSK 调制器(基带 1M ~5MHz)

```
1    module BPSKMod #( parameter DW = 12, PW = 24 )(
2        input wire clk, rst, bb_en, if_en,        // bb sr = 1/4 if sr
3        input wire signed [PW - 1:0] carr_freq,   // freq / fs * 2^PW
```

```
4       input wire bin,                          // m[n], Q1.W-1
5       output logic signed [DW-1:0] modout      // s_PM Q1.DW-1
6   );
7       logic signed [DW-1:0] phase, ph_fil, ph_intp, ph_if;
8       always_ff@ (posedge clk) begin
9           //          pi/2           -pi/2
10          phase <= bin ? DW'(1) <<< (DW-2) : DW'(-1) <<< (DW-2);
11      end
12      FIR #(DW, 56, '{                         // base band pass: 0/1-5 \6 MHz @ 25MHz
13       -0.0001,  0.0037,  0.0096,  0.0116,  0.0056, -0.0025, -0.0021,  0.0062,
14        0.0084, -0.0029, -0.0140, -0.0088,  0.0038, -0.0010, -0.0246, -0.0361,
15       -0.0179, -0.0002, -0.0214, -0.0621, -0.0617, -0.0125,  0.0076, -0.0589,
16       -0.1366, -0.0790,  0.1393,  0.3473,  0.3473,  0.1393, -0.0790, -0.1366,
17       -0.0589,  0.0076, -0.0125, -0.0617, -0.0621, -0.0214, -0.0002, -0.0179,
18       -0.0361, -0.0246, -0.0010,  0.0038, -0.0088, -0.0140, -0.0029,  0.0084,
19        0.0062, -0.0021, -0.0025,  0.0056,  0.0116,  0.0096,  0.0037, -0.0001
20      }) bbFilter(clk, rst, bb_en, phase, ph_fil);
21      InterpDeci #(DW) intp4x(clk,rst, bb_en, if_en, ph_fil, ph_intp);
22      FIR #(DW, 23, '{                         // low pass: 6 \19 MHz @ 100MHz
23        0.0005,  0.0021,  0.0033,  0.0000, -0.0105, -0.0240, -0.0263,  0.0000,
24        0.0623,  0.1467,  0.2208,  0.2503,  0.2208,  0.1467,  0.0623,  0.0000,
25       -0.0263, -0.0240, -0.0105,  0.0000,  0.0033,  0.0021,  0.0005
26      }) intpFilter(clk, rst, if_en, ph_intp, ph_if);
27      logic signed [PW-1:0] dds_phase;
28      always_ff@ (posedge clk) begin
29          //          comp intp attn, align to PW, + pi/2
30          dds_phase <= ((PW'(ph_if) <<<2) <<< (PW-DW)) + (PW'(1) <<< (PW-2));
31      end
32      DDS #(PW, DW, DW+2) carrierDDS(
33          clk, rst, if_en, carr_freq, dds_phase, modout);
34  endmodule
```

8.7.2 解调

解调PM信号需使用相干解调法，并使用较载波相位超前90°的本地载波：

$$\cos(\Omega_c n + K_p m[n]) \cdot -\sin(\Omega_c n) = \sin(K_p m[n]) - \sin(2\Omega_n n) \overset{\text{LP}}{\Rightarrow} \sin(K_p m[n]) \tag{8-7}$$

但是这与$m[n]$并不呈线性关系，除非在$K_p \ll \pi/6$时，近似呈线性关系。因而少有直接用PM做模拟信号调制的，一般都用来做PSK。对于BPSK。使用同相本地载波解调：

$$\begin{cases} \cos(\Omega_c n + 0) \cdot \cos(\Omega_c n) \overset{\text{LP}}{\Rightarrow} \cos 0 = 1, & \text{“0”} \\ \cos(\Omega_c n + \pi) \cdot \cos(\Omega_c n) \overset{\text{LP}}{\Rightarrow} \cos\pi = -1, & \text{“1”} \end{cases} \tag{8-8}$$

如图8-25所示是BPSK的相干解调结构。

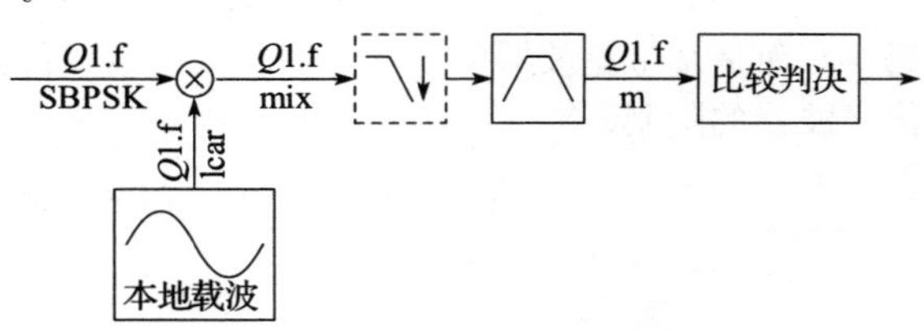

图8-25 BPSK的相干解调

代码8-12描述了图8-25所示结构。与调制器一样，使用bb_en控制基带采样率，if_en控制中频采样率，因内部抽取滤波器的限制，bb_en速率应为if_en的1/4，本地载波由外部提供，其中进行了判决并输出解调后的二进制码流。

代码 8-12　BPSK 相干解调(以基带 1M ~5MHz 为例)

```
1   module BPSKDemod #( parameter W = 12 )(
2       input wire clk, rst, if_en, bb_en,
3       input wire signed [W-1:0] in, locar,
4       output logic out
5   );
6       logic signed [W-1:0] mix;
7       always_ff@ (posedge clk) begin
8           mix <= ((2* W)'(in) * locar) >>> (W-1);
9       end
10      logic signed [W-1:0] deci_fil;
11      FIR #(W, 23, '{                          // low pass: 6 \19 MHz @ 100MHz
12        0.0005,  0.0021,  0.0033,  0.0000, -0.0105, -0.0240, -0.0263,  0.0000,
13        0.0623,  0.1467,  0.2208,  0.2503,  0.2208,  0.1467,  0.0623,  0.0000,
14       -0.0263, -0.0240, -0.0105,  0.0000,  0.0033,  0.0021,  0.0005
15    }) deciFilter(clk, rst, if_en, mix, deci_fil);
16      logic signed [W-1:0] bb_ana;
17      FIR #(W, 56, '{                          // base band pass: 0/1-5 \6 MHz @ 25MHz
18       -0.0001,  0.0037,  0.0096,  0.0116,  0.0056, -0.0025, -0.0021,  0.0062,
19        0.0084, -0.0029, -0.0140, -0.0088,  0.0038, -0.0010, -0.0246, -0.0361,
20       -0.0179, -0.0002, -0.0214, -0.0621, -0.0617, -0.0125,  0.0076, -0.0589,
21       -0.1366, -0.0790,  0.1393,  0.3473,  0.3473,  0.1393, -0.0790, -0.1366,
22       -0.0589,  0.0076, -0.0125, -0.0617, -0.0621, -0.0214, -0.0002, -0.0179,
23       -0.0361, -0.0246, -0.0010,  0.0038, -0.0088, -0.0140, -0.0029,  0.0084,
24        0.0062, -0.0021, -0.0025,  0.0056,  0.0116,  0.0096,  0.0037, -0.0001
25      }) bbFilter(clk, rst, bb_en, deci_fil, bb_ana);
26      HystComp #(12, 0.1) hystComp(clk, rst, bb_en, bb_ana, out);
27  endmodule
```

8.7.3　调制解调仿真

这里以差分曼彻斯特编码测试上述 BPSK 的调制和解调。测试平台实现的结构如图 8-26 所示。

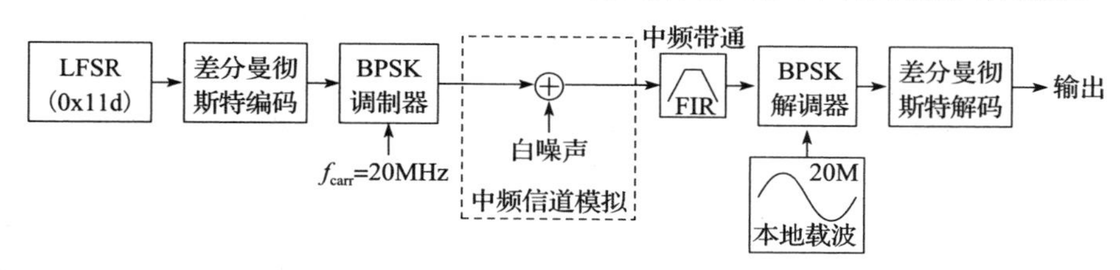

图 8-26　BPSK 调制解调仿真系统结构

代码 8-13 是测试平台代码。其中本地载波直接使用 DDS 产生(载波同步将在 8.10 节介绍)，因中频带通滤波器存在延迟：

$$\tau = \left(\frac{N}{2} + 1\right)/f_s = (103/2 + 1)/100\text{MHz} = 525\text{ns}$$

对于 20MHz 本地中频载波：525ns ÷ 50ns = 10⋯25ns，即应后移相位 180°，所以 DDS 的相位控制字写为“ -0.5 * 2 ** 24”(PW = 24)，以便与调制端载波同步。

代码 8-13 BPSK 调制解调系统测试平台

```
1   module TestBPSK;
2       import SimSrcGen::* ;
3       logic clk, rst;
4       initial GenClk(clk, 8, 10);
5       initial GenRst(clk, rst, 2, 10);
6       // ====== trans side ======
7       logic bb_en;
8       Counter #(4) cntBb(clk, rst, 1'b1, , bb_en);
9       logic [3:0] cnt_dr;
10      logic dr_en;                // data rate : 2.5 Mbps
11      Counter #(10) cntDr(clk, rst, bb_en, cnt_dr, dr_en);
12      wire dr_en180 = bb_en & (cnt_dr == 4);
13      logic [7:0] lfsr_out;
14      LFSR #(8, 9'h11d >> 1, 8'hff) lfsrDGen(
15          clk, rst, dr_en, lfsr_out);
16      logic dman;
17      ManchesterEncoder theManEnc(
18          clk, rst, dr_en, dr_en180, lfsr_out[0], , dman, );
19      logic signed [11:0] bpsk_if;
20      BPSKMod #(12, 24) bpskMod(
21          clk, rst, bb_en, 1'b1, 24'sd3355443, dman, bpsk_if);
22      // ====== if channel ======
23      logic signed [11:0] noi = '0, bpsk_if_noi;
24      integer noi_seed = 2327489;
25      always_comb begin
26          noi = $dist_normal(noi_seed, 0, 50);
27          bpsk_if_noi = (bpsk_if >>> 1) + noi;
28      end
29      // ====== recv side ======
30      logic signed [11:0] bpsk_if_fil;
31      FIR #(12, 104, '{            // if band pass : 12/14 - 26 \28M, @ 100Msps
32       -0.0003,  0.0004, -0.0002,  0.0006,  0.0028,  0.0014, -0.0055, -0.0071,
33        0.0034,  0.0119,  0.0036, -0.0089, -0.0070,  0.0017,  0.0009, -0.0012,
34        0.0063,  0.0088, -0.0037, -0.0114, -0.0026,  0.0029, -0.0020,  0.0027,
35        0.0142,  0.0055, -0.0148, -0.0126,  0.0030,  0.0010, -0.0028,  0.0150,
36        0.0211, -0.0092, -0.0283, -0.0066,  0.0073, -0.0057,  0.0076,  0.0406,
37        0.0161, -0.0449, -0.0396,  0.0096,  0.0016, -0.0116,  0.0678,  0.1075,
38       -0.0556, -0.2208, -0.0774,  0.2155,  0.2155, -0.0774, -0.2208, -0.0556,
39        0.1075,  0.0678, -0.0116,  0.0016,  0.0096, -0.0396, -0.0449,  0.0161,
40        0.0406,  0.0076, -0.0057,  0.0073, -0.0066, -0.0283, -0.0092,  0.0211,
41        0.0150, -0.0028,  0.0010,  0.0030, -0.0126, -0.0148,  0.0055,  0.0142,
42        0.0027, -0.0020,  0.0029, -0.0026, -0.0114, -0.0037,  0.0088,  0.0063,
43       -0.0012,  0.0009,  0.0017, -0.0070, -0.0089,  0.0036,  0.0119,  0.0034,
44       -0.0071, -0.0055,  0.0014,  0.0028,  0.0006, -0.0002,  0.0004, -0.0003
45      }) regAmIfFilter(clk, rst, 1'b1, bpsk_if_noi, bpsk_if_fil);
46      logic signed [11:0] locar;
47      DDS #(24, 12, 14) localCar(
48          clk, rst, 1'b1, 24'sd3355443, 24'(int'(-0.5* 2** 24)), locar);
49      logic dman_recv;
50      BPSKDemod #(12) bpskDemod(
```

```
51            clk, rst, 1'b1, bb_en, bpsk_if_fil, locar, dman_recv);
52         logic bs_recv, bs_valid;
53         DiffManDecoder #(10) dmanDec(
54            clk, rst, bb_en, dman_recv, bs_recv, bs_valid);
55     endmodule
```

图 8-27 所示是仿真波形。注意，dds_phase 虽然在“π”处时有溢出，但相位是连续的，并不影响调制。因调制端码“0”对应相位 0°，最终解调出来为高，而“1”则解调出来为低，所以解调输出的差分曼彻斯特编码是反相的，但不影响解码。

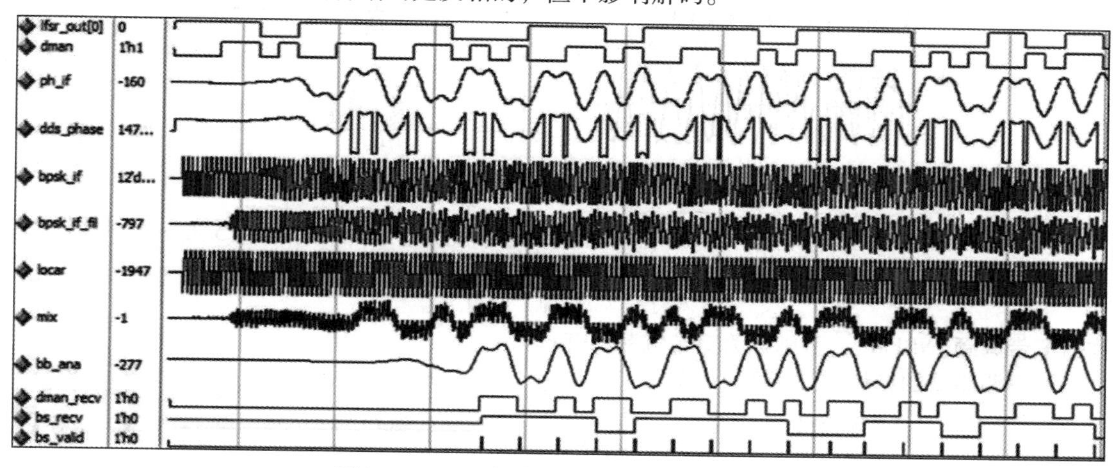

图 8-27　BPSK 调制解调测试平台仿真波形

8.8　FM 和 FSK

8.8.1　调制

如果基带信号为采样序列 $m[n]\in[-1,1]$，载波为 $\cos(\Omega_c n)$，由模拟频率调制(FM)经零阶保持特性离散化得到的数字 FM 调制信号应为：

$$s_{\mathrm{FM}}[n]=\cos\left(\Omega_c n+K_f T_s\cdot\sum_{l=0}^{n-1}m[l]\right)\tag{8-9}$$

其中：K_f 为调相指数，T_s 为序列采样周期。

而在相位控制字为零时，DDS 的输出序列可以表达为：

$$s_{\mathrm{DDS}}[n]=\cos\left(\frac{2\pi}{2^{\mathrm{PW}}}\cdot\sum_{l=0}^{n-1}k[l]\right)\tag{8-10}$$

其中 $k[l]$ 为频率控制字序列。

式(8-9)套用式(8-10)格式：

$$s_{\mathrm{FM}}[n]=\cos\left(\frac{2\pi}{2^{\mathrm{PW}}}\cdot\sum_{l=0}^{n-1}\frac{2^{\mathrm{PW}}}{2\pi}\cdot(\Omega_c+K_f T_s m[l])\right)\tag{8-11}$$

因而，只需要将：

$$k[l]=\frac{2^{\mathrm{PW}}}{2\pi}\cdot(\Omega_c+\Delta\Omega\cdot m[l])\tag{8-12}$$

作为频率控制字送至 DDS，即可实现 FM，其中 $\Delta\Omega = K_f T_s$ 为归一化角频率偏移。

图 8-28 左侧是 $\Delta\Omega = \Omega_c/4 = 4\Omega_m$ 时的 FM 波形，而右侧是 $\Delta\Omega = \Omega_c/16 = \Omega_m$ 时的大致频谱。

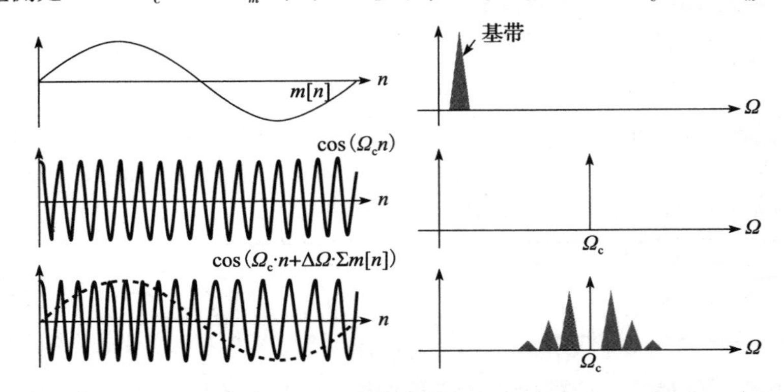

图 8-28　FM 的时域和频域图形

将 $\Delta\Omega$ 和 $m[n]$ 中最高频成分的归一化角频率 Ω_m 作比较，如果远小于 0.5 或 $\pi/6$，即：

$$\frac{\Delta\Omega}{\Omega_m} \ll 0.5\left(\text{或}\frac{\pi}{6}\right)$$

称为**窄带调频**(NBFM)，否则称为**宽带调频**(WBFM)。

频率调制器的结构如图 8-29 所示。

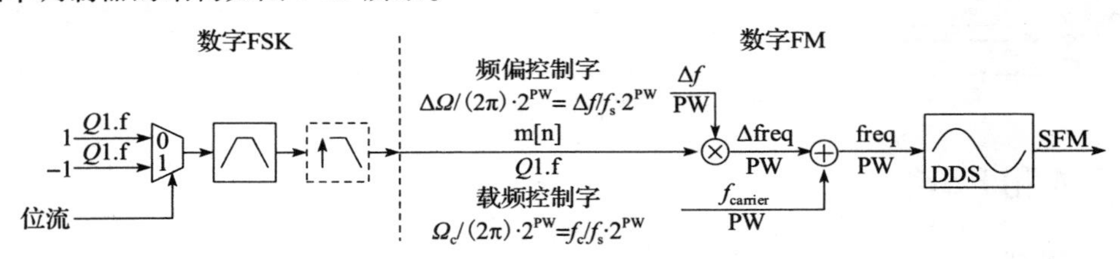

图 8-29　FM 调制器结构

代码 8-14 描述了图 8-29 所示结构中的数字 FM 部分。

代码 8-14　FM 调制器

```
1   module FMModulator #(parameter DW = 12, PW = 24)(
2       input wire clk, rst, en,
3       input wire signed [PW-1:0] carr_freq,   // freq / fs * 2^PW
4       input wire signed [PW-1:0] freq_shift,  // df / fs * 2^PW
5       input wire signed [DW-1:0] modin,       // m[n],  Q1.DW-1
6       output logic signed [DW-1:0] modout     // s_fm[n], Q1.DW-1
7   );
8       logic signed [PW-1:0] dfreq, dds_freq;
9       always_ff@ (posedge clk) begin
10          if(rst) dfreq <= '0;
11          else if(en) dfreq <= ((DW+PW)'(modin)* freq_shift) >>> (DW-1);
12      end
13      always_ff@ (posedge clk) begin
14          if(rst) dds_freq <= '0;
```

```
15          else if(en) dds_freq <= dfreq + carr_freq;
16      end
17      DDS #(PW, DW, DW+2) fmDDS(
18          clk, rst, en, dds_freq, PW'(0), modout);
19  endmodule
```

8.8.2 解调

窄带调频可采用相干解调，采用与 PM 信号一样的解调方法后再做微分。而无论窄带调频还是宽带调频，都可以用鉴频器解调。鉴频器使用一个过渡带覆盖$[\Omega_c-\Delta\Omega, \Omega_c+\Delta\Omega]$，并且幅频特性成线性的高通滤波器将 FM 信号处理成包络与频率成正比的信号，而后使用与 AM 解调一样的包络检波法，如图 8-30 所示。

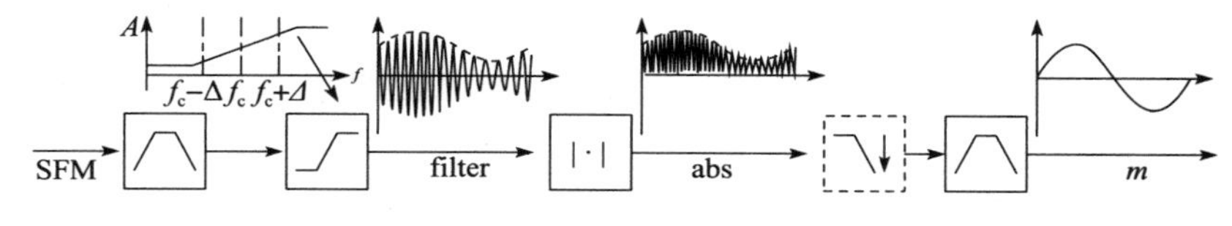

图 8-30　宽带调频的解调

窗函数法设计的 FIR 滤波器在过渡带中心线性较好，可以用于鉴频，以 $f_c=20$MHz 和 $\Delta f=2$MHz 为例，归一化截止角频率 $\Omega_{0.5}=0.4\pi$，38 阶平顶窗设计的 FIR 滤波器的幅频响应如图 8-31 所示，图中虚线为直线，它在 18MHz 时增益 0.336，22MHz 时增益 0.664，期间线性非常好。

代码 8-15 描述了图 8-30 所示的 FM 解调器（不包含第一级中频带通滤波），其中直接使用了 8.6 节介绍的 AM 包络检波器，因鉴频滤波器输出幅度仅有全动态范围的 1/3，因而内部扩展了两位，最后直接给到少两位的输出，相当于做了 4 倍增益。

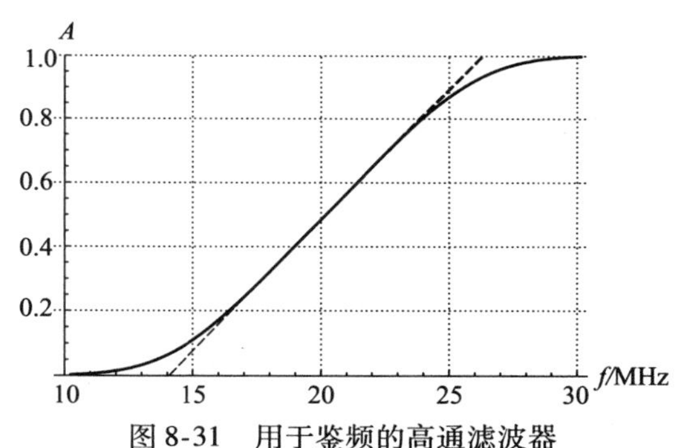

图 8-31　用于鉴频的高通滤波器

代码 8-15　宽带 FM 解调器(鉴频法)

```
 1  module WBFMDemod #(parameter W = 12)(
 2      input wire clk, rst, en,
 3      input wire signed [W-1:0] in,
 4      output logic signed [W-1:0] out
 5  );
 6      logic signed [W+1:0] in_fil, env_out;
 7      FIR #(W+2, 39, '{       // high pass: lin 18(0.336)/22(0.664) M @ 100MHz
 8       -0.000007, -0.000012,  0.000041,  0.000168,  0.000000, -0.000657,
 9       -0.000661,  0.000952,  0.001930,  0.000000, -0.001259,  0.000496,
10       -0.003088, -0.012358,  0.000000,  0.043346,  0.046010, -0.081935,
11       -0.292968,  0.599996, -0.292968, -0.081935,  0.046010,  0.043346,
12        0.000000, -0.012358, -0.003088,  0.000496, -0.001259,  0.000000,
13        0.001930,  0.000952, -0.000661, -0.000657,  0.000000,  0.000168,
14        0.000041, -0.000012, -0.000007
```

```
15      }) freqDetFilter(clk, rst, en, (W+2)'(in)<<<2, in_fil);
16      AMEnvDemod #(W+2) theEnvDet(clk, rst, en, in_fil, env_out);
17      assign out = env_out;
18  endmodule
```

8.8.3 调制解调仿真

仿真模拟的系统与 AM 仿真时类似，结构如图 8-32 所示。

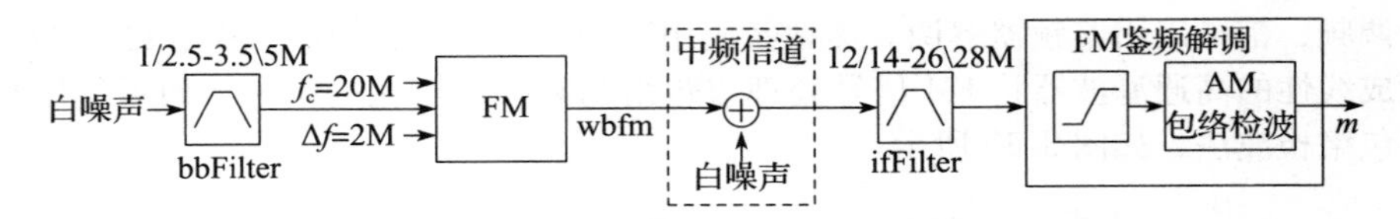

图 8-32　WBFM 调制解调仿真系统结构

代码 8-16 是测试平台。

代码 8-16　WBFM 调制解调系统测试平台

```
1   module TestFM;
2       import SimSrcGen::* ;
3       logic clk, rst;
4       initial GenClk(clk, 80, 100);
5       initial GenRst(clk, rst, 2, 10);
6       // ====== modulation side ======
7       logic signed [11:0] randsig = '0; integer sig_seed = 8273;
8       always begin
9           repeat(10) @ (posedge clk);
10          randsig <= $dist_normal(sig_seed, 0, 2000);
11      end
12      logic signed [11:0] bbsig;
13      FIR #(12, 136, '{        // randsig filter : 1/2.5 - 3.5 \5M @ 100Msps
14       -0.0012, -0.0003, -0.0003, -0.0003, -0.0002, -0.0002, -0.0001, -0.0001,
15        0.0000,  0.0000,  0.0000, -0.0001, -0.0003, -0.0004, -0.0007, -0.0010,
16       -0.0014, -0.0017, -0.0021, -0.0023, -0.0026, -0.0026, -0.0025, -0.0022,
17       -0.0017, -0.0009,  0.0002,  0.0015,  0.0031,  0.0048,  0.0066,  0.0084,
18        0.0102,  0.0117,  0.0130,  0.0138,  0.0141,  0.0138,  0.0129,  0.0112,
19        0.0088,  0.0058,  0.0021, -0.0020, -0.0065, -0.0112, -0.0159, -0.0203,
20       -0.0242, -0.0275, -0.0299, -0.0313, -0.0315, -0.0305, -0.0282, -0.0248,
21       -0.0201, -0.0145, -0.0082, -0.0012,  0.0060,  0.0132,  0.0200,  0.0263,
22        0.0316,  0.0359,  0.0388,  0.0403,  0.0403,  0.0388,  0.0359,  0.0316,
23        0.0263,  0.0200,  0.0132,  0.0060, -0.0012, -0.0082, -0.0145, -0.0201,
24       -0.0248, -0.0282, -0.0305, -0.0315, -0.0313, -0.0299, -0.0275, -0.0242,
25       -0.0203, -0.0159, -0.0112, -0.0065, -0.0020,  0.0021,  0.0058,  0.0088,
26        0.0112,  0.0129,  0.0138,  0.0141,  0.0138,  0.0130,  0.0117,  0.0102,
27        0.0084,  0.0066,  0.0048,  0.0031,  0.0015,  0.0002, -0.0009, -0.0017,
28       -0.0022, -0.0025, -0.0026, -0.0026, -0.0023, -0.0021, -0.0017, -0.0014,
29       -0.0010, -0.0007, -0.0004, -0.0003, -0.0001,  0.0000,  0.0000,  0.0000,
30       -0.0001, -0.0001, -0.0002, -0.0002, -0.0003, -0.0003, -0.0003, -0.0012
31      }) sigFilter(clk, rst, 1'b1, randsig, bbsig);
```

```
32        logic signed [11:0] wbfm;
33        FMModulator #(12, 24) fmMod(
34            clk, rst, 1'b1, 24'sd3355443, 24'sd335544, bbsig, wbfm);
35        // ====== if channel ======
36        logic signed [11:0] noi = '0, wbfm_noi;
37        integer noi_seed = 983457;
38        always@ (posedge clk) begin
39            noi = $dist_normal(noi_seed, 0, 50);
40            wbfm_noi <= (wbfm >>> 1) + noi;
41        end
42        // ====== demodulation side ======
43        logic signed [11:0] wbfm_fil;
44        FIR #(12, 104, '{        // if band pass : 12/14 - 26 \28M, @ 100Msps
45        -0.0003,  0.0004, -0.0002,  0.0006,  0.0028,  0.0014, -0.0055, -0.0071,
46         0.0034,  0.0119,  0.0036, -0.0089, -0.0070,  0.0017,  0.0009, -0.0012,
47         0.0063,  0.0088, -0.0037, -0.0114, -0.0026,  0.0029, -0.0020,  0.0027,
48         0.0142,  0.0055, -0.0148, -0.0126,  0.0030,  0.0010, -0.0028,  0.0150,
49         0.0211, -0.0092, -0.0283, -0.0066,  0.0073, -0.0057,  0.0076,  0.0406,
50         0.0161, -0.0449, -0.0396,  0.0096,  0.0016, -0.0116,  0.0678,  0.1075,
51        -0.0556, -0.2208, -0.0774,  0.2155,  0.2155, -0.0774, -0.2208, -0.0556,
52         0.1075,  0.0678, -0.0116,  0.0016,  0.0096, -0.0396, -0.0449,  0.0161,
53         0.0406,  0.0076, -0.0057,  0.0073, -0.0066, -0.0283, -0.0092,  0.0211,
54         0.0150, -0.0028,  0.0010,  0.0030, -0.0126, -0.0148,  0.0055,  0.0142,
55         0.0027, -0.0020,  0.0029, -0.0026, -0.0114, -0.0037,  0.0088,  0.0063,
56        -0.0012,  0.0009,  0.0017, -0.0070, -0.0089,  0.0036,  0.0119,  0.0034,
57        -0.0071, -0.0055,  0.0014,  0.0028,  0.0006, -0.0002,  0.0004, -0.0003
58        }) wbfmIfFilter(clk, rst, 1'b1, wbfm_noi, wbfm_fil);
59        logic signed [11:0] wbfm_demod;
60        WBFMDemod #(12) fmDemod( clk, rst, 1'b1, wbfm_fil, wbfm_demod);
61    endmodule
```

图 8-33 所示是一段仿真波形。解调器工作建立时输出了一段不正确的波形。

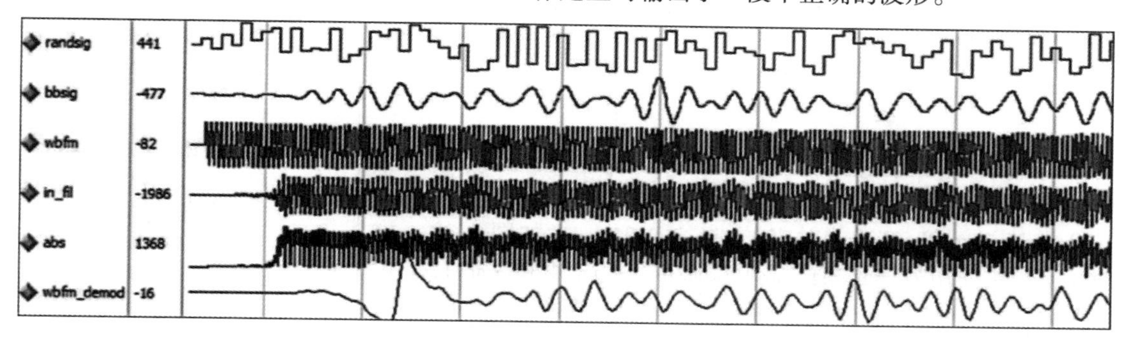

图 8-33　WBFM 测试平台仿真波形

图 8-34 是仿真波形中的一段细节，事实上 20MHz 载频、频偏 2MHz，并不能很直观地在波形中观察出来。

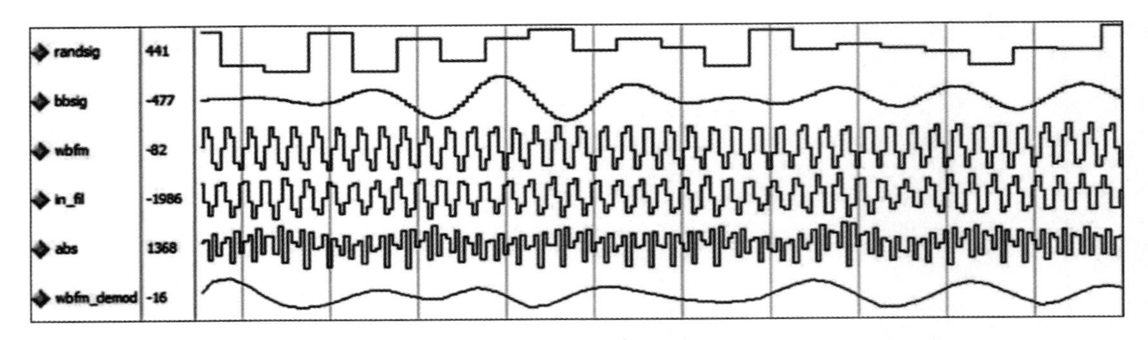

图 8-34 WBFM 测试平台仿真波形细节

8.9 QPSK 和 QAM

考虑下面的式子：

$$A\cdot\cos(\Omega_c n+\phi)=A\cos\phi\cdot\cos\Omega_c n-A\sin\phi\cdot\sin\Omega_c n=I\cdot\cos\Omega_c n-Q\cdot\sin\Omega_c n \quad (8\text{-}13)$$

因而，可以使用分别被 I 和 Q 调制幅度的余弦和负正弦信号之和得到任意幅度 A 和相位 ϕ 的调制信号。这个信号也可以理解为使用复数 $s=I+\mathrm{j}Q$ 调制复信号 $\mathrm{e}^{\mathrm{j}\Omega_c n}$ 得到的信号的实部：

$$Re\{(I+\mathrm{j}Q)\cdot\mathrm{e}^{\mathrm{j}\Omega_c n}\}=I\cdot\cos\Omega_c n-Q\cdot\sin\Omega_c n \quad (8\text{-}14)$$

这样的调制称为正交幅度调制（QAM）。

前述的 OOK 和 PSK 均可统一到 QAM，例如 OOK 的符号“0”：$s_0=1+\mathrm{j}0$，符号“1”：$s_1=0+\mathrm{j}0$，如图 8-35 所示；BPSK 的符号“0”：$s_0=1+\mathrm{j}0$，符号“1”：$s_1=-1+\mathrm{j}0$，如图 8-36 所示。

而如果 BPSK 使用 $-\pi$ 和 π 两个相位，则对应着 $0-\mathrm{j}1$ 和 $0+\mathrm{j}1$，如图 8-37 所示。

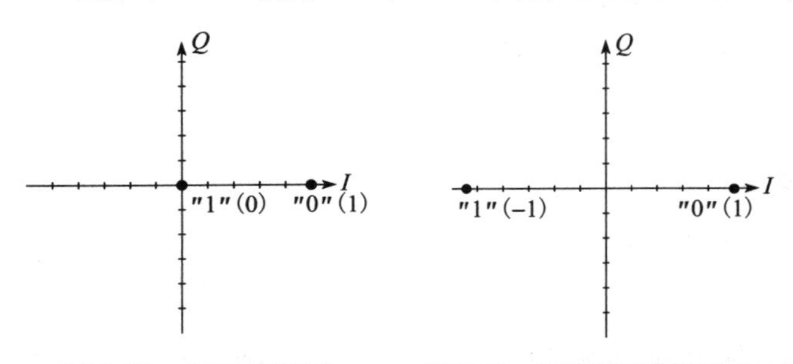

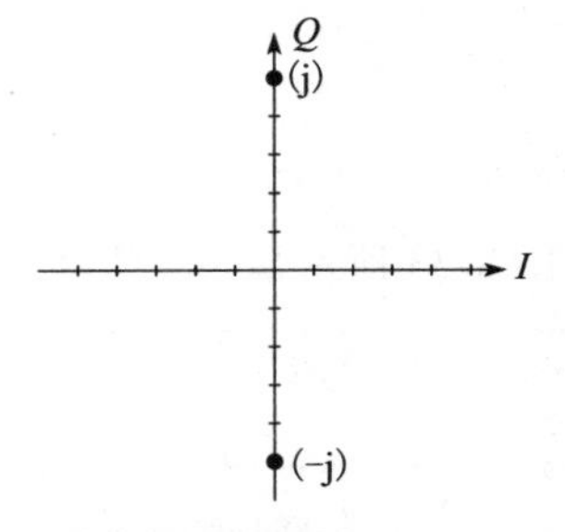

图 8-35 OOK 星座图　　图 8-36 BPSK 星座图(0 和 π)　　图 8-37 BPSK 星座图(−π/2 和 π/2)

如果使用 PSK 调制 4 进制（或两位二进制），可使用相位 0、$\pi/2$、π 和 $-\pi/2$，对应 1、j、−1 和 −j，如图 8-38 所示。也可使用另一套相位 $\pi/4$、$3\pi/4$、$-3\pi/4$ 和 $-\pi/4$，对应 $\frac{\sqrt{2}}{2}(1+\mathrm{j})$、$\frac{\sqrt{2}}{2}(-1+\mathrm{j})$、$\frac{\sqrt{2}}{2}(-1-\mathrm{j})$ 和 $\frac{\sqrt{2}}{2}(1-\mathrm{j})$，如图 8-39 所示，均称为 QPSK。

QAM 调制中，在 I − Q 平面上标出符号的图称为星座图。

还可以调制 8 个符号，如图 8-40 和图 8-41 所示。

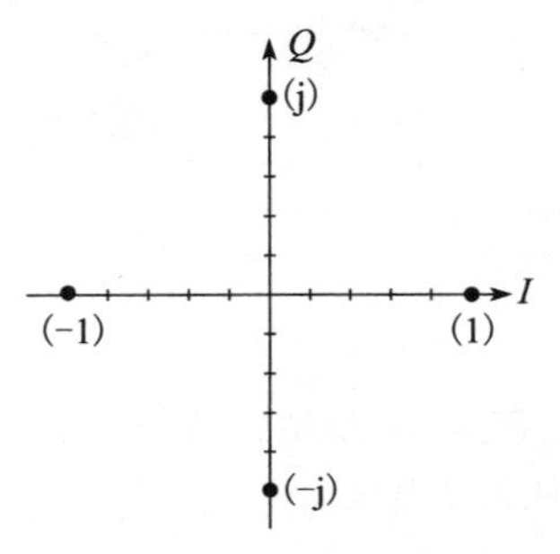

图 8-38 QPSK 星座图(0)

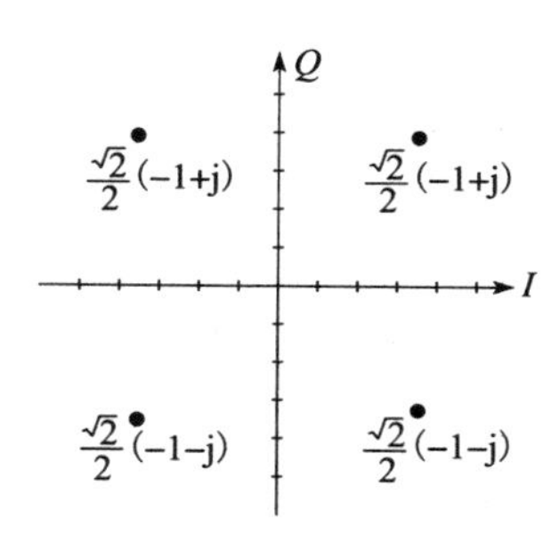

图 8-39　QPSK 星座图($\pi/4$)

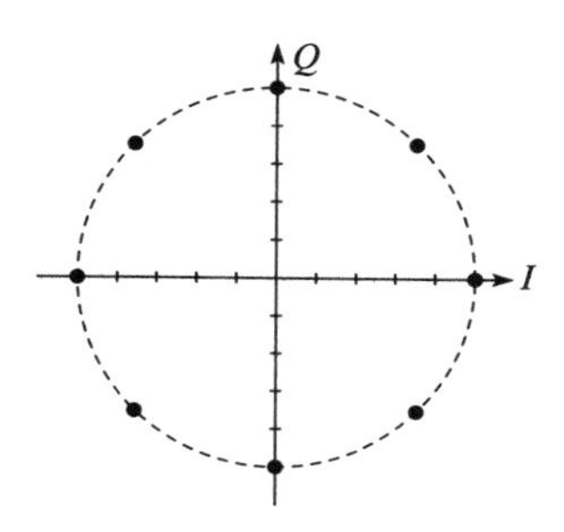

图 8-40　8-PSK 星座图(其一)

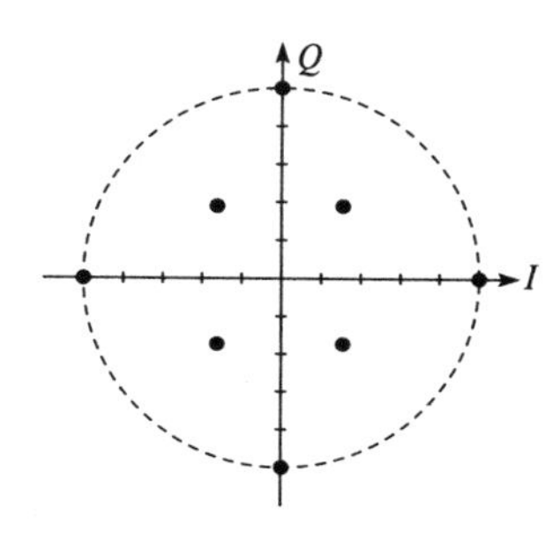

图 8-41　8-PSK 星座图(其二)

调制 16 个符号(16QAM)、32 个符号(32QAM)、64 个符号(64QAM)，如图 8-42 至图 8-44 所示，当然也有其他不同的坐标分配方案，在 IEEE 802.11ac 规范的 Wi-Fi 中，OFDM 的每个子载波上的 QAM 最多可达 256 个符号，而有线传输的 ADSL，最多已使用 32768-QAM，即在一个码元上调制 15 位二进制。

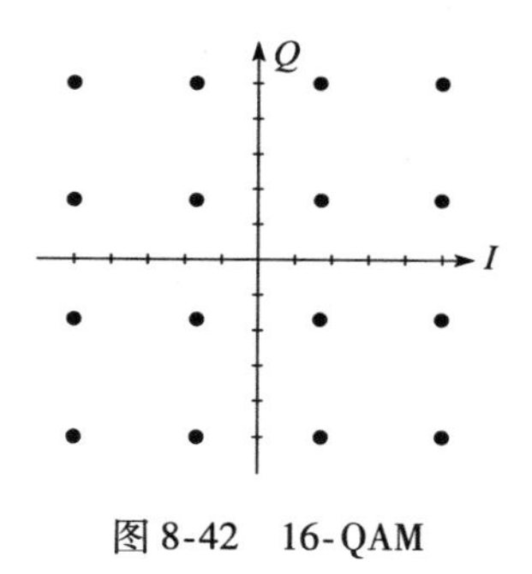

图 8-42　16-QAM

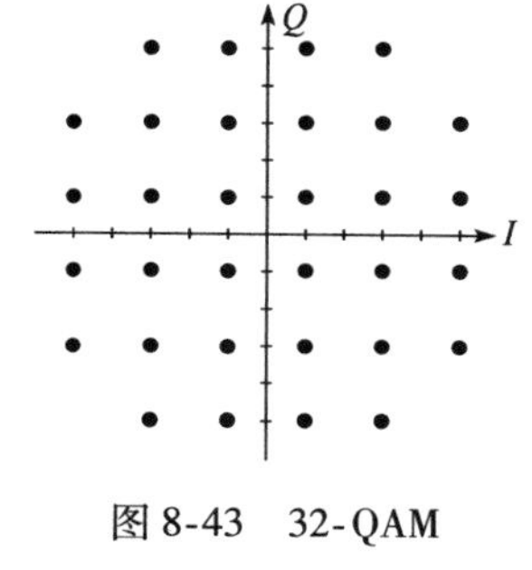

图 8-43　32-QAM

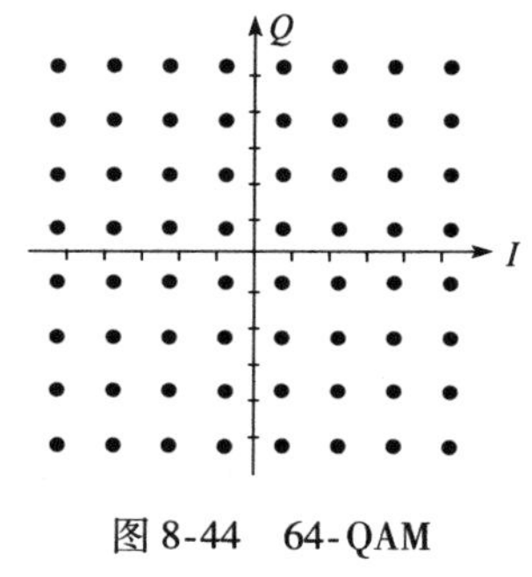

图 8-44　64-QAM

星座图上相邻符号之间的欧氏距离越大，抗噪声能力越好。越多符号的 QAM 调制，符号距离越小，对信道信噪比的要求也就越高。

8.9.1　QAM 调制

根据式(8-13)或式(8-14)，QAM 调制器的结构如图 8-45 所示。其中将多位数据映射到 I 和 Q 的不同电平也常称为**星座映射**。不使用电平表，直接将两路模拟信号的采样序列送至 I 和 Q 进行调制也是可以的，不过很少这么做。图中的基带滤波器使用了带通滤波器，意味着这样的结构下基带编码必须是无直流分量的。

代码 8-17 描述了同时输出正弦和余弦的 OrthDDS，使用了类似双口 RAM 的描述。因为将双口 RAM 的描述和 DDS 的描述混合在了一个模块中，有些 FPGA 开发工具不能很好地推断出 RAM 并使用专用 RAM 单元，这时可以使用第 4 章代码 4-22 描述的双口 RAM 模块，在 OrthDDS 中实例化它。另外，使用了 initial 过程中的常量计算来初始化 RAM，主流 FPGA 开发工具目前不支持，可参考 4.6.2 节改用 $readmemh 系统函数配合 RAM 初始化文件进行初始化。

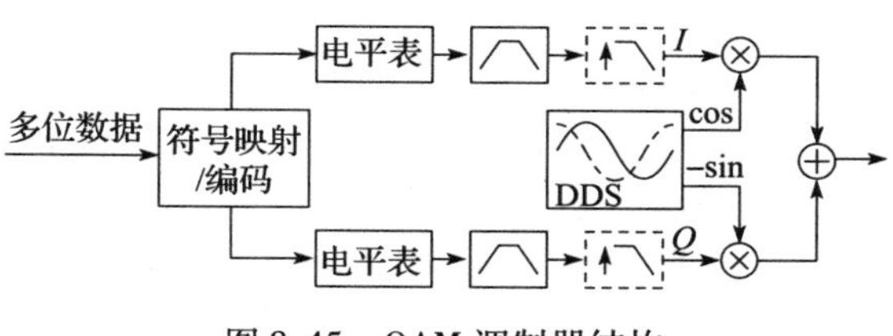

图 8-45　QAM 调制器结构

代码 8-17 正交输出的 DDS

```
1   module OrthDDS #(
2       parameter PW = 32, DW = 10, AW = 13
3   )(
4       input wire clk, rst, en,
5       input wire signed [PW - 1 : 0] freq, phase,
6       output logic signed [DW - 1 : 0] sin, cos
7   );
8       localparam LEN = 2** AW;
9       localparam real PI = 3.1415926535897932;
10      logic signed [DW -1 : 0] sine[LEN];
11      initial begin
12          for(int i = 0; i < LEN; i ++) begin
13              sine[i] = $sin(2.0* PI * i / LEN) * (2.0** (DW -1) - 1.0);
14          end
15      end
16      logic [PW -1 : 0] phaseAcc, phSum0, phSum1;
17      always_ff@ (posedge clk) begin
18          if(rst) phaseAcc <= '0;
19          else if(en) phaseAcc <= phaseAcc + freq;
20      end
21      always_ff@ (posedge clk) begin
22          if(rst) begin
23              phSum0 <= '0;
24              phSum1 <= PW'(1) <<< (PW -2);     // 90deg
25          end
26          else if(en) begin
27              phSum0 <= phaseAcc + phase;
28              phSum1 <= phaseAcc + phase + (PW'(1) <<< (PW -2));
29          end
30      end
31      always_ff@ (posedge clk) begin
32          if(rst) sin <= '0;
33          else if(en) sin <= sine[phSum0[PW -1 -: AW]];
34      end
35      always_ff@ (posedge clk) begin
36          if(rst) cos <= '0;
37          else if(en) cos <= sine[phSum1[PW -1 -: AW]];
38      end
39  endmodule
```

代码 8-18 描述了图 8-45 所示结构，可参数化设定 I 和 Q 一个码元的位宽，I 和 Q 路数据均匀地映射到星座图中的正方形区域。其中的通带带通滤波器与前面几节的例子一样，使用的是 1MHz ~ 5MHz 的带通，另外也使用了较低的基带采样率和升采样，以降低基带滤波器复杂度。mod_en 输入信号用于控制调制与否，在 mod_en 为 0 时，不调制，仅输出 cos 载频。

代码 8-18 QAM 调制器(含星座映射)

```
1   module QAMModulator #( parameter DW = 12, IQW = 2)(
2       input wire clk, rst, bb_en, if_en, mod_en, // f_bb = f_if / 4
3       input wire [IQW -1:0] i, q,
```

```
4       output logic signed [DW-1:0] qam          // 1.DW-1
5   );
6       localparam LVS = 2** IQW;
7       localparam real CONST_RNG = 1.0;          // 1.0* 0.707 < 1 with margin
8       localparam real STAR_DIST = CONST_RNG / (LVS-1);
9       logic signed [DW-1:0] levels[LVS];
10      generate for(genvar l = 0; l < LVS; l++) begin
11          assign levels[l] = (-CONST_RNG/2 + STAR_DIST* l)
12                          * (2** (DW-1)-1);
13      end endgenerate
14      logic signed [DW-1:0] ilvl, qlvl;
15      always_ff@ (posedge clk) begin
16          if(rst) begin ilvl <= '0; qlvl <= '0; end
17          else if(bb_en) begin
18              ilvl <= levels[i];
19              qlvl <= levels[q];
20          end
21      end
22      logic signed [DW-1:0] ilvl_fil, qlvl_fil;
23      FIR #(DW, 56, '{                            // base band pass: 0/1-5 \6 MHz @ 25MHz
24      -0.0001,  0.0037,  0.0096,  0.0116,  0.0056, -0.0025, -0.0021,  0.0062,
25       0.0084, -0.0029, -0.0140, -0.0088,  0.0038, -0.0010, -0.0246, -0.0361,
26      -0.0179, -0.0002, -0.0214, -0.0621, -0.0617, -0.0125,  0.0076, -0.0589,
27      -0.1366, -0.0790,  0.1393,  0.3473,  0.3473,  0.1393, -0.0790, -0.1366,
28      -0.0589,  0.0076, -0.0125, -0.0617, -0.0621, -0.0214, -0.0002, -0.0179,
29      -0.0361, -0.0246, -0.0010,  0.0038, -0.0088, -0.0140, -0.0029,  0.0084,
30       0.0062, -0.0021, -0.0025,  0.0056,  0.0116,  0.0096,  0.0037, -0.0001
31      }) ibbFilter(clk, rst, bb_en, ilvl, ilvl_fil),
32          qbbFilter(clk, rst, bb_en, qlvl, qlvl_fil);
33      logic signed [DW-1:0] ilvl_intp, qlvl_intp;
34      InterpDeci #(DW)
35          iIntp4x(clk, rst, bb_en, if_en, ilvl_fil, ilvl_intp),
36          qIntp4x(clk, rst, bb_en, if_en, qlvl_fil, qlvl_intp);
37      logic signed [DW+1:0] ilvlx4, qlvlx4;
38      FIR #(DW+2, 23, '{                          // low pass: 6 \19 MHz @ 100MHz
39       0.0005,  0.0021,  0.0033,  0.0000, -0.0105, -0.0240, -0.0263,  0.0000,
40       0.0623,  0.1467,  0.2208,  0.2503,  0.2208,  0.1467,  0.0623,  0.0000,
41      -0.0263, -0.0240, -0.0105,  0.0000,  0.0033,  0.0021,  0.0005
42      }) iIntpFilter(clk, rst, if_en, (DW+2)'(ilvl_intp) <<<2, ilvlx4),
43          qIntpFilter(clk, rst, if_en, (DW+2)'(qlvl_intp) <<<2, qlvlx4);
44      wire signed [DW-1:0] ilevel = mod_en? DW'(ilvlx4):levels[LVS-1];
45      wire signed [DW-1:0] qlevel = mod_en? DW'(qlvlx4):'0;
46      logic signed [DW-1:0] sin, cos;
47      OrthDDS #(24, DW, DW+2)
48          orthDds(clk, rst, if_en, 24'sd3355443, 24'd0, sin, cos);
49      logic signed [DW-1:0] imix, qmix;
50      always_ff@ (posedge clk) begin
51          if(rst) begin imix <= '0; qmix <= '0; end
52          else if(if_en) begin
53              imix <= ((2* DW)'(ilevel) * cos) >>> (DW-1);
54              qmix <= ((2* DW)'(qlevel) * -sin) >>> (DW-1);
55          end
```

```
56        end
57        always_ff@ (posedge clk) begin
58            if(rst) qam <= '0;
59            else qam <= imix + qmix;
60        end
61    endmodule
```

8.9.2 QAM 解调

QAM 解调原理即 8.5 节介绍的式(8-2)和正交解调。还可以直接用下式理解：

$$\begin{cases}(I\cdot\cos\Omega_c n-Q\cdot\sin\Omega_c n)\cdot\cos\Omega_c n\overset{LP}{\Rightarrow}I/2\\(I\cdot\cos\Omega_c n-Q\cdot\sin\Omega_c n)\cdot-\sin\Omega_c n\overset{LP}{\Rightarrow}Q/2\end{cases}$$

图 8-46 所示是其结构。

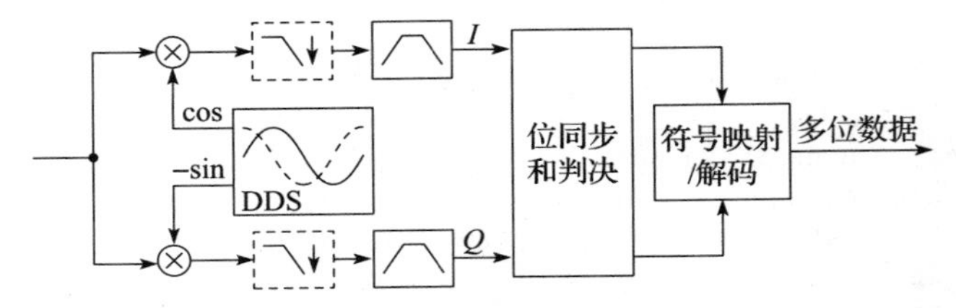

图 8-46 QAM 解调器结构

代码 8-19 描述的是 QAM 解调器不包含位同步和判决的部分。

代码 8-19 QAM 解调器(不含位同步和判决)

```
1   module QAMDemod #(parameter DW =12) (
2       input wire clk, rst, if_en, bb_en,
3       input wire signed [DW -1:0] lc_sin, lc_cos, qam_in,
4       output logic signed [DW -1:0] ilevel, qlevel
5   );
6       logic signed [DW -1:0] imix, qmix;
7       always_ff@ (posedge clk) begin
8           if(rst) begin imix <= '0; qmix <= '0; end
9           else if(if_en) begin
10              imix <= ((2* DW)'(qam_in) *  lc_cos) >>> (DW -1);
11              qmix <= ((2* DW)'(qam_in) *  -lc_sin) >>> (DW -1);
12          end
13      end
14      logic signed [DW -1:0] im_df, qm_df;
15      FIR #(DW, 23, '{                           // low pass: 6 \19 MHz @  100MHz
16        0.0005,  0.0021,  0.0033,  0.0000, -0.0105, -0.0240, -0.0263,  0.0000,
17        0.0623,  0.1467,  0.2208,  0.2503,  0.2208,  0.1467,  0.0623,  0.0000,
18       -0.0263, -0.0240, -0.0105,  0.0000,  0.0033,  0.0021,  0.0005
19      }) imDeciFilter(clk, rst, if_en, imix, im_df),
20         qmDeciFilter(clk, rst, if_en, qmix, qm_df);
21      logic signed [DW -1:0] il, ql;
22      FIR #(DW, 56, '{                           // base band pass: 0/1 -5 \6 MHz @  25MHz
```

```
23          -0.0001,  0.0037,  0.0096,  0.0116,  0.0056,-0.0025,-0.0021,  0.0062,
24           0.0084,-0.0029,-0.0140,-0.0088,  0.0038,-0.0010,-0.0246,-0.0361,
25          -0.0179,-0.0002,-0.0214,-0.0621,-0.0617,-0.0125,  0.0076,-0.0589,
26          -0.1366,-0.0790,  0.1393,  0.3473,  0.3473,  0.1393,-0.0790,-0.1366,
27          -0.0589,  0.0076,-0.0125,-0.0617,-0.0621,-0.0214,-0.0002,-0.0179,
28          -0.0361,-0.0246,-0.0010,  0.0038,-0.0088,-0.0140,-0.0029,  0.0084,
29           0.0062,-0.0021,-0.0025,  0.0056,  0.0116,  0.0096,  0.0037,-0.0001
30          }) iBbFilter(clk, rst, bb_en, im_df, il),
31             qBbFilter(clk, rst, bb_en, qm_df, ql);
32          assign ilevel = il <<< 1;
33          assign qlevel = ql <<< 1;
34      endmodule
```

8.9.3　位同步和判决

位同步要解决的问题就是在连续变化的基带序列中找到码元的边界，并找到合适的时刻进行符号判决。

在 8.3 节中介绍曼彻斯特编码的时候实际上已经涉及位同步。在曼彻斯特编码解码中，直接使用基带序列过零点作为码元的边界，然后以位周期计数器计到码元中央给出同步信号，进行判决。

而 QAM 的 I 路或 Q 路均有多个电平，不是简单地过零或少数一两个阈值。通过找过阈值点的方式确定码元边界并不合理。码元同步常用的方法有延迟相乘、微分整形等。这里以微分整形法为例，将其用于 QAM 信号位同步的原理如图 8-47 所示。

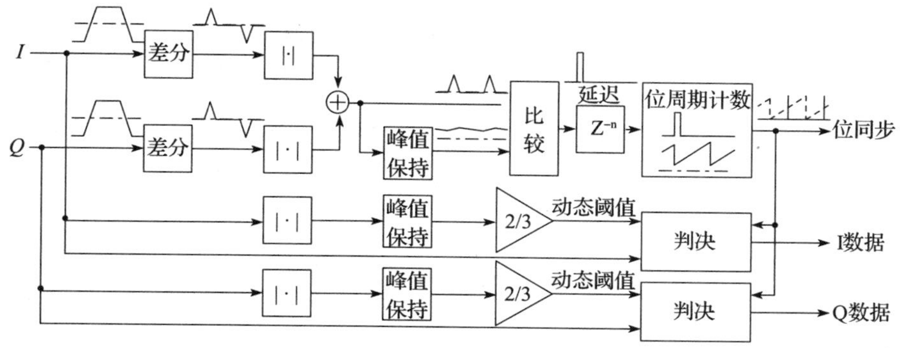

图 8-47　微分整形法用于 QAM 位同步和判决(以 16-QAM 为例)

通过差分器(即微分)和绝对值获得基带序列的斜率绝对值，使用峰值保持器获得斜率绝对值的最大值。峰值保持器类似于模拟电路中的峰值检测，在输入大于自身保持的值时，自身保持的值立即更新，在输入小于自身保持的值时，自身保持的值慢慢衰减。然后将斜率与斜率峰值(会缓慢衰减)进行比较，得到少数最突出的码元边界。最后使用找到的码元边界去清零位周期计数，而在位周期中央进行码元判决。图 8-47 中的延迟单元用来补偿同步信号到达判决器和基带数据到达判决器的时间差。

图 8-47 的下半部分还包含以 16-QAM 为例的判决部分。在实际通信系统中，中频经过 ADC 进入数字域之前，会有模拟 AGC 使得中频的有效值是长期恒定的(数字域一般不做 AGC，原因参考 7.2.4 节)。但仍然不能保证解调后的基带数值序列的幅值不会有些许起落，因而一般不会使用静态阈值进行判决。这里使用峰值保持器获取基带序列的峰值，并会缓慢衰减以跟随可

能的峰值衰落，并使用峰值的 2/3 作为 16QAM 中除 0 以外的另两个判决阈值的绝对值(判决 -1、-1/3、1/3 和 1 的三个阈值应为 -2/3、0 和 2/3)，这样的阈值会跟随基带序列的赋值而起落，保持按比例地判决。

代码 8-20 描述了峰值保持器，其中的 DECAY_PERIOD 用于设定经过多少个 en 周期峰值衰减 1。

代码 8-20 峰值保持器

```
1   module PeakHolder #(parameter DW = 12, DECAY_PERIOD = 10)(
2       input wire clk, rst, en,
3       input wire signed [DW - 1:0] in,
4       output logic signed [DW - 1:0] out
5   );
6       logic decay;
7       Counter #(DECAY_PERIOD)
8           thDecayCnt(clk, rst, en, , decay);
9       always_ff@ (posedge clk) begin
10          if(rst) out <= DW'(-1) <<< (DW - 1);
11          else if(decay) out <= out - 1'b1;
12          else if(en & in > out) out <= in;
13      end
14  endmodule
```

代码 8-21 描述了图 8-47 所示的 16-QAM 的全部位同步和判决功能，读者应对照图 8-47 逐句理解。

代码 8-21 16-QAM 位同步和判决器

```
1   module QAM16SyncJudge #(parameter DW = 12, PERIOD = 5, TH_DECAY_PRD = 10)(
2       input wire clk, rst, bb_en,
3       input wire signed [DW - 1:0] ilevel, qlevel,
4       output logic [1:0] i, q,
5       output logic sync
6   );
7       logic signed [DW - 1:0] idiff, qdiff, ilvl_dly, qlvl_dly;
8       always_ff@ (posedge clk) begin
9           if(rst) begin ilvl_dly <= '0; qlvl_dly <= '0; end
10          else if(bb_en) begin
11              ilvl_dly <= ilevel;
12              qlvl_dly <= qlevel;
13          end
14      end
15      always_ff@ (posedge clk) begin
16          if(rst) begin idiff <= '0; qdiff <= '0; end
17          else if(bb_en) begin
18              idiff <= ilevel - ilvl_dly;
19              qdiff <= qlevel - qlvl_dly;
20          end
21      end
22      logic signed [DW - 1:0] idabs, qdabs, pulse, iabs, qabs;
23      always_ff@ (posedge clk) begin
24          if(rst) pulse <= '0;
25          else if(bb_en) begin
```

```
26                idabs <= idiff < 0 ? -idiff : idiff;
27                qdabs <= qdiff < 0 ? -qdiff : qdiff;
28                pulse <= ((DW+1)'(idabs) + qdabs) >>> 1;
29                iabs <= ilevel < 0 ? -ilevel : ilevel;
30                qabs <= qlevel < 0 ? -qlevel : qlevel;
31            end
32        end
33        logic signed [DW-1:0] pulse_peak, i_peak, q_peak;
34        PeakHolder #(DW,TH_DECAY_PRD)
35            pulsePeak(clk, rst, bb_en, pulse, pulse_peak),
36            iPeak  (clk, rst, bb_en, iabs, i_peak),
37            qPeak  (clk, rst, bb_en, qabs, q_peak);
38        wire pedge = bb_en & (pulse >= pulse_peak);
39        // compensate delays
40        localparam DELAY = PERIOD - 4;
41        logic pedge_dly;
42        DelayChain #(1, DELAY)
43            pulseDelay(clk, rst, bb_en, pedge, pedge_dly);
44        logic signed [$clog2(PERIOD)-1:0] sp_cnt;
45        Counter #(PERIOD)
46            symPerCnt(clk, rst |pedge_dly, bb_en, sp_cnt, );
47        assign sync = bb_en & (sp_cnt == (PERIOD - 1) / 2);
48        logic signed [DW-1:0] ith, qth;
49        wire signed [DW-1:0] two3rds = 0.667* 2** (DW-1);
50        always_ff@ (posedge clk) begin
51            if(rst) begin ith <= '0; qth <= '0; end
52            else begin
53                ith <= ( (2* DW)'(two3rds) * i_peak ) >>> (DW-1);
54                qth <= ( (2* DW)'(two3rds) * q_peak ) >>> (DW-1);
55            end
56        end
57        always_ff@ (posedge clk) begin
58            if(rst) begin i <= 2'b00; q <= 2'b00; end
59            else if(sync) begin
60                if(ilevel > ith) i <= 2'd3;
61                else if(ilevel > 0) i <= 2'd2;
62                else if(ilevel > -ith) i <= 2'd1;
63                else i <= 2'd0;
64                if(qlevel > qth) q <= 2'd3;
65                else if(qlevel > 0) q <= 2'd2;
66                else if(qlevel > -qth) q <= 2'd1;
67                else q <= 2'd0;
68            end
69        end
70    endmodule
```

8.9.4　调制解调仿真

这里使用的测试系统结构如图 8-48 所示。发送端符号率(或称波特率)为 2.5Msps(符号每秒)，每个符号 4 位，因而实际数据率为 10Mbit/s。

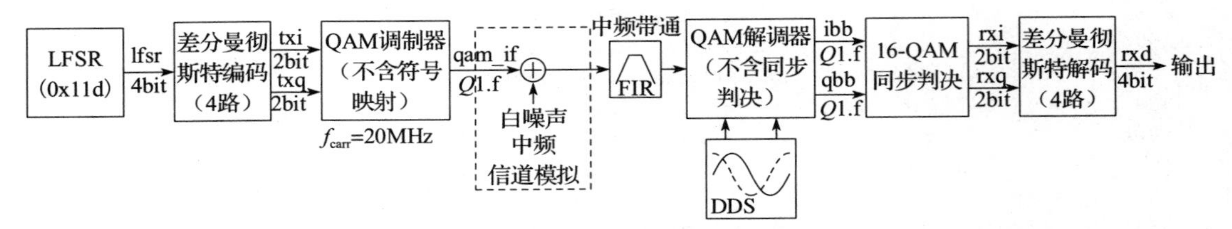

图 8-48　16-QAM 调制解调仿真系统结构

代码 8-22 描述了测试平台。注意本地载波的产生，与 8.7.3 节 BPSK 的类似，需要计算调制器及模拟中频信道的延迟。因 QAM 调制器中从载波到调制输出比 BPSK 多花两个周期，因而较 BPSK 例子，又多延迟了 0.4 个载波周期。

代码 8-22　16-QAM 调制解调系统测试平台

```
1   module TestQAM16;
2       import SimSrcGen::* ;
3       logic clk, rst;
4       initial GenClk(clk, 8, 10);
5       initial GenRst(clk, rst, 2, 10);
6       // ====== trans side ======
7       logic bb_en;
8       Counter #(4) cntBb(clk, rst, 1'b1, , bb_en);
9       logic [3:0] cnt_dr;
10      logic dr_en;                // symbol rate : 2.5 Msps
11      Counter #(10) cntDr(clk, rst, bb_en, cnt_dr, dr_en);
12      wire dr_en180 = bb_en & (cnt_dr == 4);
13      logic [7:0] lfsr_out;
14      LFSR #(8, 9'h11d >> 1, 8'hff) lfsrDGen(
15          clk, rst, dr_en, lfsr_out);
16      logic [1:0] txi, txq;
17      ManchesterEncoder
18          manEncI0(clk, rst, dr_en, dr_en180, lfsr_out[0],, txi[0],),
19          manEncI1(clk, rst, dr_en, dr_en180, lfsr_out[1],, txi[1],),
20          manEncQ0(clk, rst, dr_en, dr_en180, lfsr_out[2],, txq[0],),
21          manEncQ1(clk, rst, dr_en, dr_en180, lfsr_out[3],, txq[1],);
22      logic signed [11:0] qam_if;
23      QAMModulator #(12, 2)
24          qamod(clk, rst, bb_en, 1'b1, 1'b1, txi, txq, qam_if);
25      // ====== if channel ======
26      logic signed [11:0] noi = '0, qam_if_noi;
27      integer noi_seed = 8937872;
28      always_comb begin
29          noi = $dist_normal(noi_seed, 0, 20);
30          qam_if_noi = qam_if + noi;
31      end
32      // ====== recv side ======
33      logic signed [11:0] qam_if_fil;
34      FIR #(12, 104, '{           // if band pass : 12/14 - 26 \28M, @ 100Msps
35      -0.0003,  0.0004, -0.0002,  0.0006,  0.0028,  0.0014, -0.0055, -0.0071,
36       0.0034,  0.0119,  0.0036, -0.0089, -0.0070,  0.0017,  0.0009, -0.0012,
37       0.0063,  0.0088, -0.0037, -0.0114, -0.0026,  0.0029, -0.0020,  0.0027,
38       0.0142,  0.0055, -0.0148, -0.0126,  0.0030,  0.0010, -0.0028,  0.0150,
```

```
39          0.0211, -0.0092, -0.0283, -0.0066,  0.0073, -0.0057,  0.0076,  0.0406,
40          0.0161, -0.0449, -0.0396,  0.0096,  0.0016, -0.0116,  0.0678,  0.1075,
41         -0.0556, -0.2208, -0.0774,  0.2155,  0.2155, -0.0774, -0.2208, -0.0556,
42          0.1075,  0.0678, -0.0116,  0.0016,  0.0096, -0.0396, -0.0449,  0.0161,
43          0.0406,  0.0076, -0.0057,  0.0073, -0.0066, -0.0283, -0.0092,  0.0211,
44          0.0150, -0.0028,  0.0010,  0.0030, -0.0126, -0.0148,  0.0055,  0.0142,
45          0.0027, -0.0020,  0.0029, -0.0026, -0.0114, -0.0037,  0.0088,  0.0063,
46         -0.0012,  0.0009,  0.0017, -0.0070, -0.0089,  0.0036,  0.0119,  0.0034,
47         -0.0071, -0.0055,  0.0014,  0.0028,  0.0006, -0.0002,  0.0004, -0.0003
48      }) qamIfFilter(clk, rst, 1'b1, qam_if_noi, qam_if_fil);
49      logic signed [11:0] loc_sin, loc_cos;
50      OrthDDS #(24, 12, 14) locOrthDds(clk, rst, 1'b1,
51          24'sd3355443, 24'(int'(-0.9* 2** 24)), loc_sin, loc_cos);
52      logic signed [11:0] ibb, qbb;
53      QAMDemod #(12) qademod (clk, rst, 1'b1, bb_en,
54          loc_sin, loc_cos, qam_if_fil, ibb, qbb);
55      logic [1:0] rxi, rxq;
56      logic sync;
57      QAM16SyncJudge #(12, 5, 10) qamSJ(
58          clk, rst, bb_en, ibb, qbb, rxi, rxq, sync);
59      logic [3:0] rxd, rxv;
60      DiffManDecoder #(10)
61          manDecI0(clk, rst, bb_en, rxi[0], rxd[0], rxv[0]),
62          manDecI1(clk, rst, bb_en, rxi[1], rxd[1], rxv[1]),
63          manDecQ0(clk, rst, bb_en, rxq[0], rxd[2], rxv[2]),
64          manDecQ1(clk, rst, bb_en, rxq[1], rxd[3], rxv[3]);
65  endmodule
```

图 8-49 所示是一段仿真波形，为便于比对，rxi 和 rxq 在上下各放置了一份，在这段仿真波形中没有出现误码。事实上多位的 QAM 调制对信噪比要求较高，如果仿真中稍稍加大噪声有效值，误码将明显增多。

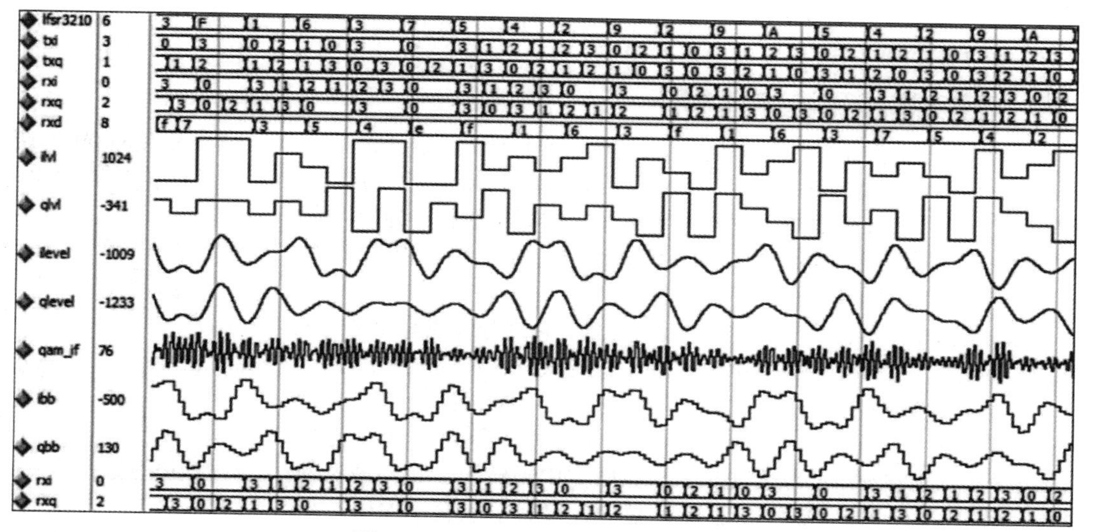

图 8-49　16-QAM 调制解调仿真波形

图 8-50 所示是位同步部分的波形细节，截取了获得一次斜率码元边界附近的情况。

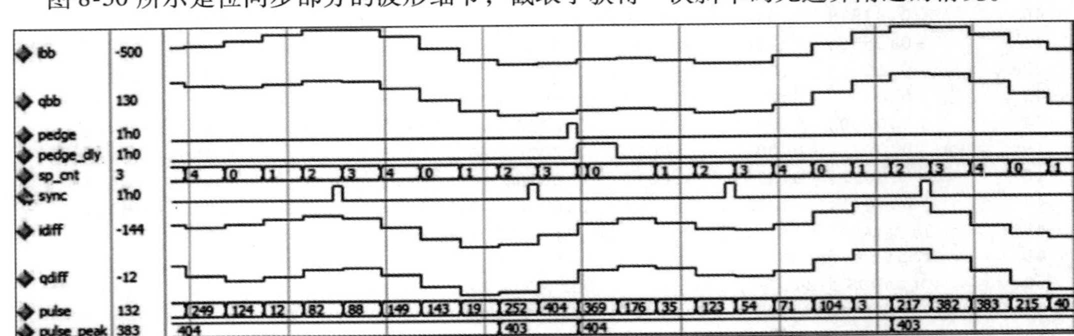

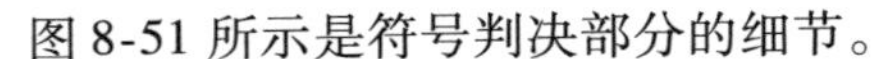
图 8-50 16-QAM 调制解调仿真波形(位同步部分细节)

图 8-51 所示是符号判决部分的细节。

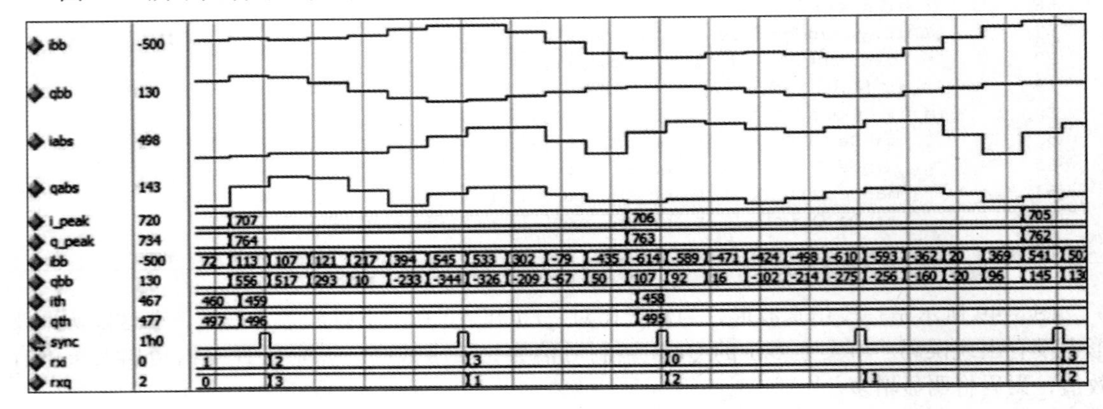

图 8-51 16-QAM 调制解调仿真波形(判决部分细节)

8.10 载波同步和数字锁相环

对于前面几节介绍的测试系统，如果用到相干解调，如 AM 中的 SSB、BPSK 和 QAM 解调，均直接使用 DDS 产生，这在实际通信系统中是不可能的，因为收发双方必然存在时钟频率差异，还有各种因素导致的频率漂移，无法像在仿真中那样设定好初始条件便一直同频同相。因而在实际通信系统中，如果用到相干解调，必然需要与调制时同频同相的本地载波。

如果传送的信号中不包含稳定的载频分量，可以分时或分频在信号中插入“导频”，然后在接收端使用窄带滤波器或锁相环还原出载波。

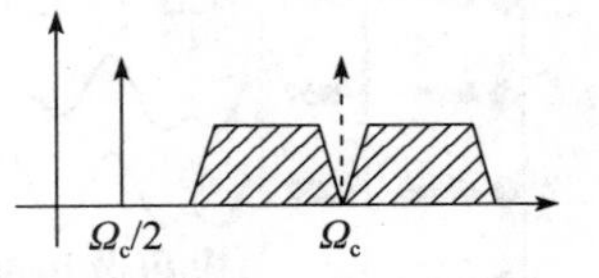

图 8-52 插入 $f_c/2$ 导频

分频插入导频如图 8-52 所示，比如载频 20MHz，如果基带宽度小于 10MHz 留有一定余量，则可以将载频 2 分频后得到 10MHz 然后与调制信号一起混频至射频发送出去，接收方中频转换至数字域后使用中心频率 10MHz 的窄带滤波器将其滤得，然后倍频至 20MHz，倍频可将信号平方后过高通滤波器得到，如图 8-53 所示。

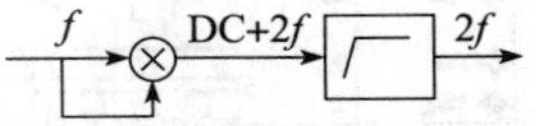

f DC+2f 2f

图 8-53 倍频器

分频插入导频的方法比较简单，这里不赘述。

分时插入导频则每隔一段时间留一小段时间不进行调制，直接将载频发出去，接收端使用锁相环在这段时间内跟踪和锁定相位，而后停止锁相以固定的频率工作至下一次导频到来，如图 8-54 所示。当然图中画得比较夸张，实际系统中，导频占据的时间比例不会这么大，也不会只有图中所示的十来个周期。

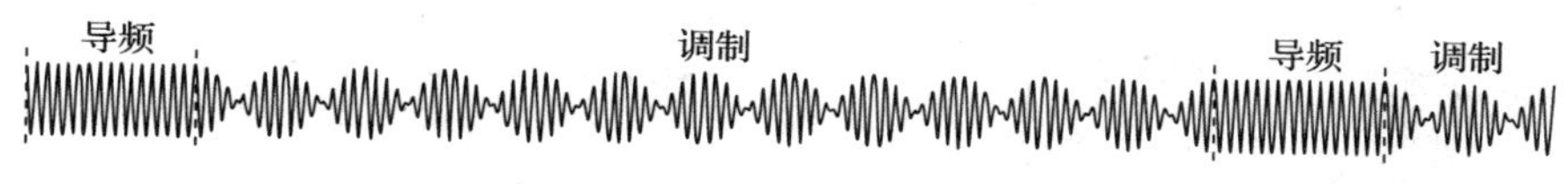

图 8-54　分时插入导频的示意

8.10.1　数字锁相环恢复载波

全数字锁相环(ADPLL)的结构如图 8-55 所示。

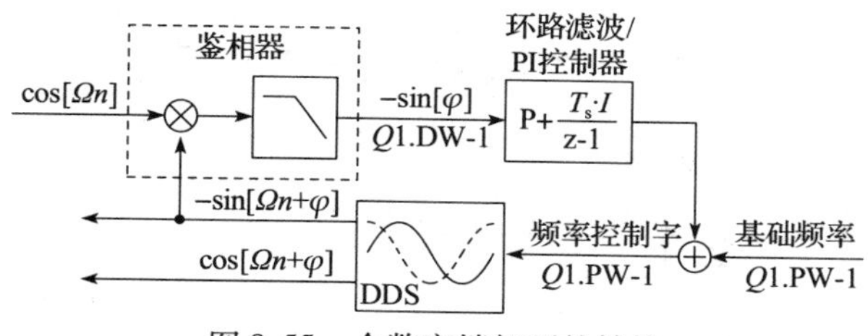

图 8-55　全数字锁相环的结构

锁相环是一个典型的简单控制系统，在基础频率附近，相差较小时可以线性化为如图 8-56 所示的控制模型，鉴相器输出相位误差，DDS 将频率控制字积分为相位，PI 控制器中的 I 项将有助于消除稳态误差。

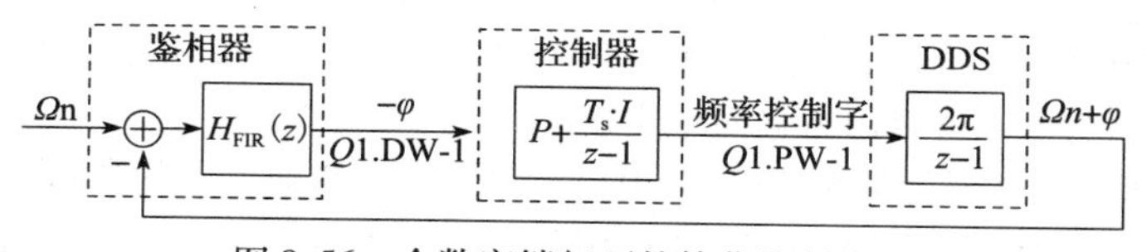

图 8-56　全数字锁相环的简化控制模型

对于 BPSK 可使用如图 8-57 所示的双反馈的锁相环(科斯塔斯环)直接从调制信号恢复出载波，并完成解调；类似地，QPSK 可以使用如图 8-58 所示的四反馈科斯塔斯环，读者可自行推导它们的原理。

在分时插入导频的情况下，需要控制 ADPLL 何时跟踪输入，何时保持频率。在基带编码无直流时，可使用差分器检测鉴相器的输出，获取相位变化率，在相位变化率的绝对值很大时，表明正在调制，应切断 PI 控制器输入；而相位持续较长时间未有动态时，表明正在接收导频，可以闭环控制 DDS，如图 8-59 所示，图中以 16-QAM 载频同步为例，输出有 cos 和 − sin 两路。

注意，闭环时间应主动控制在导频长度以内，不能依赖差分器检测到相位变化之后再切断闭环，否则大相位差会很快导致相位发散。比如插入导频持续时间为 1000 个中频采样周期(以 100Msps 中频采样率下 20MHz 中频为例，则为 200 个载频周期)，则可以在第 200 至第 800 周期之间闭环。图 8-59 中比较阈值取为 1/6 与最小符号相位变化有关，对于 16-QAM，鉴相器的输出 $\sin\phi$ 最小变化率与最大变化率之比约为 1/3。

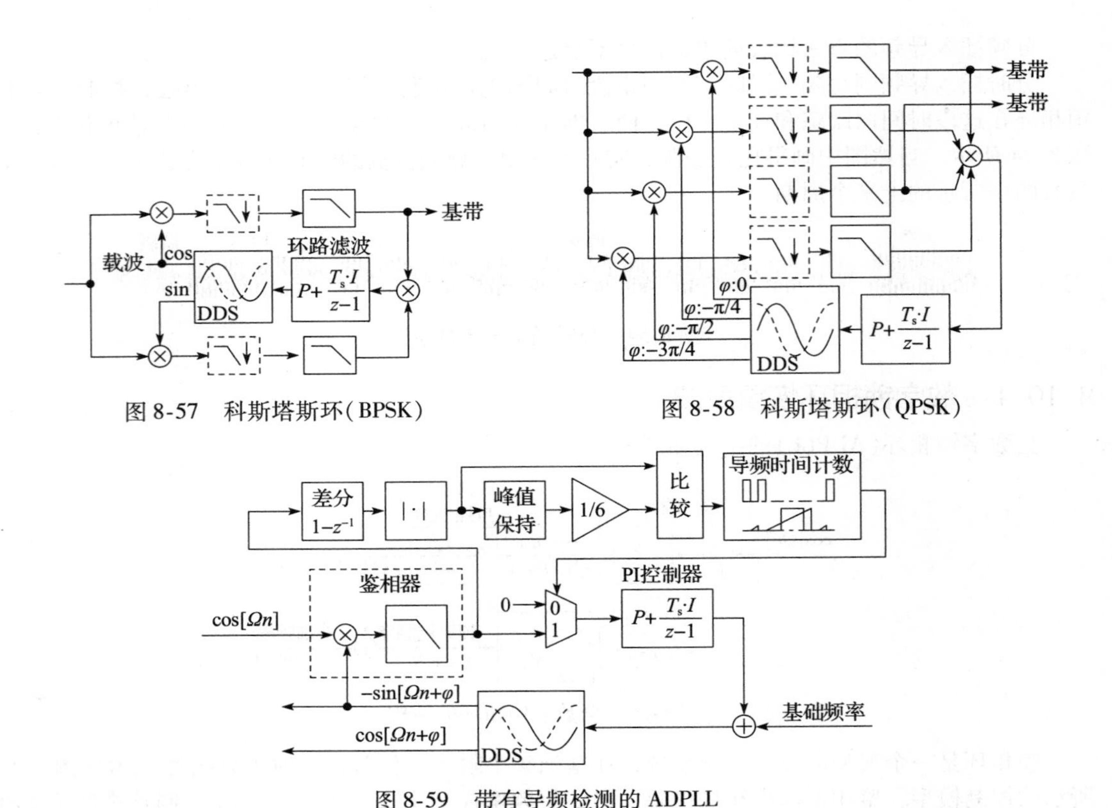

图 8-57 科斯塔斯环(BPSK)

图 8-58 科斯塔斯环(QPSK)

图 8-59 带有导频检测的 ADPLL

代码 8-23 描述了图 8-59 所示的载波恢复逻辑。以 20MHz 中频载波和 100Msps 中频采样率为例，其中鉴相器中的低通滤波器为 10MHz 低通，20MHz 以上为阻带，阈值并未取峰值的 1/6 而是用了 1/4，只因为 1/4 可以用右移简单实现。

其中使用的 PI 控制器即为 7.8 节所述 PID 控制器，$D=0$ 即可，其参数 $P=0.021$、$I \cdot T_s = 2.1\times10^{-4}$ 为使用其他软件工具对图 8-56 建模仿真得到初步值之后，再经实测调整得到的。

代码 8-23 16-QAM 分时插入导频的载波恢复(20MHz 中频载波@100Msps)

```
 1  module ADPLL #(
 2      parameter PW = 24, DW = 12, AW = 14,
 3      parameter PILOT_PRD = 1000,          // cycles of en
 4      parameter TH_DECAY_PRD = 200
 5  )(
 6      input wire clk, rst, en,
 7      input wire signed [DW-1:0] in,
 8      input wire signed [PW-1:0] base_freq,
 9      output logic signed [DW-1:0] sin, cos,
10      output logic pilot
11  );
12      // ==== pll part ====
13      logic signed [DW-1:0] mix, mix_fil;
14      always_ff@ (posedge clk) begin
```

```
15            if(en) mix <= ((2* DW)'(in) *  -sin) >>> (DW-1);
16        end
17        FIR #(DW, 27, '{                          // low pass: 10 \20 @ 100
18          0.0009,  0.0039,  0.0096,  0.0157,  0.0165,  0.0063, -0.0153, -0.0382,
19         -0.0430, -0.0115,  0.0601,  0.1533,  0.2328,  0.2641,  0.2328,  0.1533,
20          0.0601, -0.0115, -0.0430, -0.0382, -0.0153,  0.0063,  0.0165,  0.0157,
21          0.0096,  0.0039,  0.0009
22        }) phaseDetFilter(clk, rst, en, mix, mix_fil);
23        wire signed [PW-1:0] ph_err
24            = pilot ? PW'(mix_fil) <<< (PW-DW+1) : '0;
25        localparam PIDW = (PW+4);
26        logic signed [PIDW-1:0] freq_vari;
27        Pid #(PIDW, PW-1, 0.021, 21000, 0, 1, 1e-8, 10)
28            thePI( clk, rst, en, PIDW'(ph_err), freq_vari);
29        logic signed [PW-1:0] freq;
30        always_ff@ (posedge clk) begin
31            if(rst) freq <= base_freq;
32            else if(en) freq <= PW'(freq_vari) + base_freq;
33        end
34        OrthDDS #(PW, DW, AW)
35            theDds( clk, rst, en, freq, PW'(0), sin, cos );
36        // ==== pilot detect ====
37        logic signed [DW-1:0] mix_fil_dly, ph_diff, phd_abs;
38        always_ff@ (posedge clk)
39            if(en) mix_fil_dly <= mix_fil;
40        always_ff@ (posedge clk)
41            if(en) ph_diff <= mix_fil - mix_fil_dly;
42        always_ff@ (posedge clk)
43            if(en) phd_abs <= ph_diff < DW'(0) ? -ph_diff : ph_diff;
44        logic signed [DW-1:0] phd_peak;
45        PeakHolder #(DW,TH_DECAY_PRD)
46            phDiffPeak(clk, rst, en, phd_abs, phd_peak);
47        wire signed [DW-1:0] phd_th = phd_peak >>> 2;
48        logic [ $clog2(PILOT_PRD)-1:0] pp_cnt;
49        Counter #(PILOT_PRD)
50            pilotPrdCnt(clk, rst |phd_abs > phd_th, en, pp_cnt, );
51        wire [ $clog2(PILOT_PRD)-1:0] pp_start = PILOT_PRD * 0.2;
52        wire [ $clog2(PILOT_PRD)-1:0] pp_end = PILOT_PRD * 0.8;
53        always_ff@ (posedge clk) begin
54            if(rst) pilot <= '0;
55            else if(en) pilot <= pp_cnt inside {[pp_start : pp_end]};
56        end
57    endmodule
```

8.10.2 QAM 载波恢复仿真

在 8.9.4 节 QAM 调制解调的基础上进行修改，将调制部分每 8000 个中频采样周期中安排 1000 个周期不进行调制，仅输出 I 路(cos)载频。在解调部分，使用上节描述的带导频检测的 ADPLL 进行载波恢复。同时保留了 8.9.4 节中直接产生本地载波的正交 DDS，仅用来与 ADPLL 恢复的载波进行对比。

图 8-60 所示是测试系统框图。

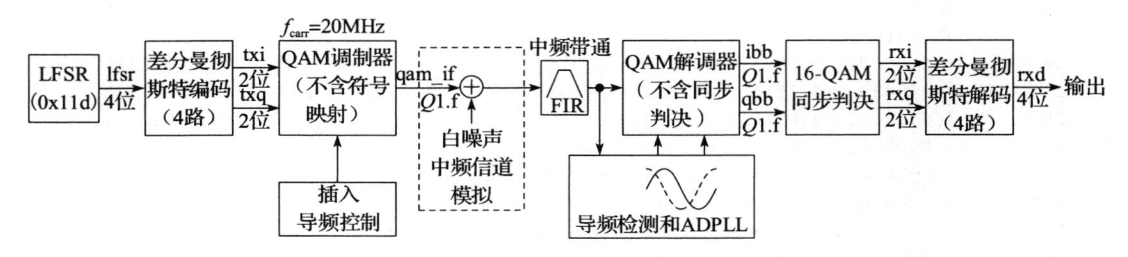

图 8-60 QAM 载波恢复仿真系统

代码 8-24 是测试平台代码，第 26 行在插入导频前预留 500 个中频采样周期做调制输出，是为 ADPLL 中导频检测建立阈值。

ADPLL 的基础频率设为 $3\,355\,000/2^{24}\cdot 100\text{MHz}\approx 19.997\text{MHz}$，与 20MHz 偏差 132ppm，晶体振荡器的频率偏差一般在这个数量以下。

代码 8-24 16-QAM 基于分时导频的载波恢复测试平台

```
1   module TestQamCarRec;
2       import SimSrcGen::* ;
3       logic clk, rst;
4       initial GenClk(clk, 8, 10);
5       initial GenRst(clk, rst, 2, 10);
6       // ====== trans side ======
7       logic bb_en;
8       Counter #(4) cntBb(clk, rst, 1'b1, , bb_en);
9       logic [3:0] cnt_dr;
10      logic dr_en;                          // symbol rate : 2.5 Mbps
11      localparam SRDIV = 10;
12      Counter #(SRDIV) cntDr(clk, rst, bb_en, cnt_dr, dr_en);
13      wire dr_en180 = bb_en & (cnt_dr == (SRDIV - 1)/2);
14      logic [7:0] lfsr_out;
15      LFSR #(8, 9'h11d >> 1, 8'hff) lfsrDGen(
16          clk, rst, dr_en, lfsr_out);
17      logic [1:0] txi, txq;
18      ManchesterEncoder
19          manEncI0(clk, rst, dr_en, dr_en180, lfsr_out[0],, txi[0],),
20          manEncI1(clk, rst, dr_en, dr_en180, lfsr_out[1],, txi[1],),
21          manEncQ0(clk, rst, dr_en, dr_en180, lfsr_out[2],, txq[0],),
22          manEncQ1(clk, rst, dr_en, dr_en180, lfsr_out[3],, txq[1],);
23      logic signed [11:0] qam_if;
24      logic [12:0] pp_ins_cnt;
25      Counter #(8000) pilotInsCnt(clk, rst, 1'b1, pp_ins_cnt, );
26      wire pilot_time = pp_ins_cnt inside {[13'd500:13'd1499]};
27      QAMModulator #(12, 2)
28          qamod(clk, rst, bb_en, 1'b1, ~pilot_time, txi, txq, qam_if);
29      // ====== if channel ======
30      logic signed [11:0] noi = '0, qam_if_noi;
31      integer noi_seed = 8937872;
32      always_comb begin
```

```
33            noi = $dist_normal(noi_seed, 0, 10);
34            qam_if_noi = qam_if + noi;
35        end
36        // ====== recv side ======
37        logic signed [11:0] qam_if_fil;
38        FIR #(12, 104, '{                   // if band pass : 12/14 - 26 \28M, @ 100Msps
39         -0.0003,  0.0004, -0.0002,  0.0006,  0.0028,  0.0014, -0.0055, -0.0071,
40          0.0034,  0.0119,  0.0036, -0.0089, -0.0070,  0.0017,  0.0009, -0.0012,
41          0.0063,  0.0088, -0.0037, -0.0114, -0.0026,  0.0029, -0.0020,  0.0027,
42          0.0142,  0.0055, -0.0148, -0.0126,  0.0030,  0.0010, -0.0028,  0.0150,
43          0.0211, -0.0092, -0.0283, -0.0066,  0.0073, -0.0057,  0.0076,  0.0406,
44          0.0161, -0.0449, -0.0396,  0.0096,  0.0016, -0.0116,  0.0678,  0.1075,
45         -0.0556, -0.2208, -0.0774,  0.2155,  0.2155, -0.0774, -0.2208, -0.0556,
46          0.1075,  0.0678, -0.0116,  0.0016,  0.0096, -0.0396, -0.0449,  0.0161,
47          0.0406,  0.0076, -0.0057,  0.0073, -0.0066, -0.0283, -0.0092,  0.0211,
48          0.0150, -0.0028,  0.0010,  0.0030, -0.0126, -0.0148,  0.0055,  0.0142,
49          0.0027, -0.0020,  0.0029, -0.0026, -0.0114, -0.0037,  0.0088,  0.0063,
50         -0.0012,  0.0009,  0.0017, -0.0070, -0.0089,  0.0036,  0.0119,  0.0034,
51         -0.0071, -0.0055,  0.0014,  0.0028,  0.0006, -0.0002,  0.0004, -0.0003
52        }) qamIfFilter(clk, rst, 1'b1, qam_if_noi, qam_if_fil);
53        logic signed [11:0] lcsin_ref, lccos_ref;
54        OrthDDS #(24, 12, 14) locOrthDds(clk, rst, 1'b1,
55            24'sd3355443, 24'(int'(-0.9* 2** 24)), lcsin_ref, lccos_ref);
56        logic signed [11:0] loc_sin, loc_cos;
57        logic pilot;
58        ADPLL #(24, 12, 14, 1000, 100) theCarrRecov(
59            clk, rst, 1'b1, qam_if_fil, 24'sd3355000, // freq err 132ppm
60            loc_sin, loc_cos, pilot);
61        logic signed [11:0] ibb, qbb;
62        QAMDemod #(12) qademod (clk, rst, 1'b1, bb_en,
63            loc_sin, loc_cos, qam_if_fil, ibb, qbb);
64        logic [1:0] rxi, rxq;
65        logic sync;
66        QAM16SyncJudge #(12, SRDIV/2, 10) qamSJ(
67            clk, rst, bb_en, ibb, qbb, rxi, rxq, sync);
68        logic [3:0] rxd, rxv;
69        DiffManDecoder #(SRDIV)
70            manDecI0(clk, rst, bb_en, rxi[0], rxd[0], rxv[0]),
71            manDecI1(clk, rst, bb_en, rxi[1], rxd[1], rxv[1]),
72            manDecQ0(clk, rst, bb_en, rxq[0], rxd[2], rxv[2]),
73            manDecQ1(clk, rst, bb_en, rxq[1], rxd[3], rxv[3]);
74    endmodule
```

图 8-61 是仿真波形片段。导频之后，接收端本地频率控制字已被调整为 3 355 429，对应频率为 $3\,355\,459/2^{24}\cdot 100\text{MHz}\approx 20.000094\text{MHz}$，与 3 355 443 偏差仅为 4.8ppm。而且从 mix_fil（即相位误差）可以看到 ADPLL 很快跟上了导频的相位，并不需要 1000 个中频周期。

图 8-62 则是导频即将结束前恢复的载波和参考载波的细节，此时鉴相器输出的相位误差（$-\sin\phi$）值已低于数个 12 位有符号数的 LSB（$Q1.11$ 格式下约 0.000 49），基本达到了 12 位数据的极限。而恢复的载波与参考载波从波形图上已基本观察不出差异。不过如果观察解调的数

据，误码较 8.9.4 节还是增多了。如需进一步提高 ADPLL 锁相性能，必须提高数据和鉴相器输出的位宽。

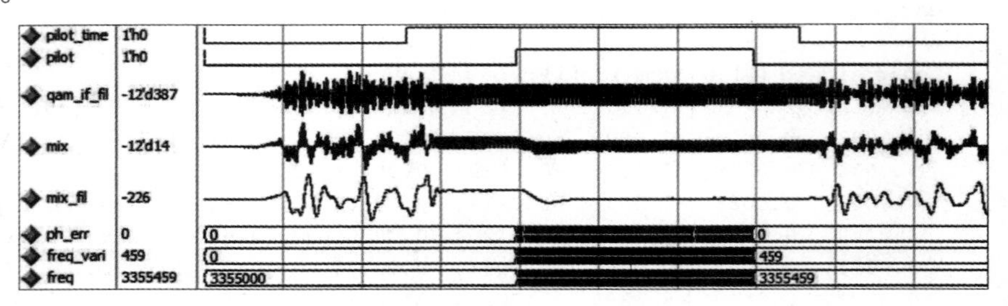

图 8-61 QAM 载波恢复测试平台仿真波形

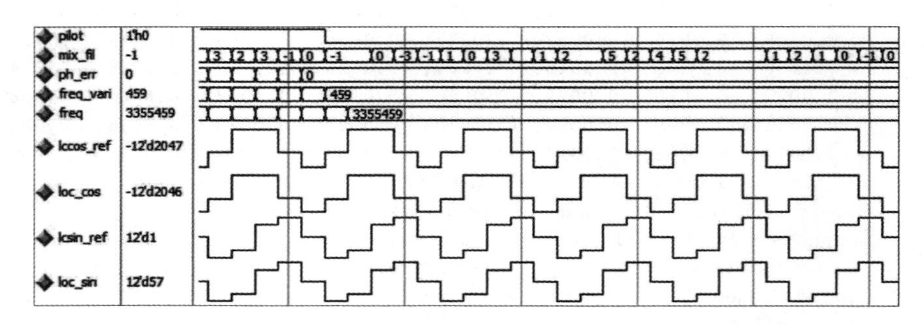

图 8-62 QAM 载波恢复测试平台仿真波形（导频结束前的细节）

SystemVerilog 关键字

A

accept_on
alias
always
always_comb
always_ff
always_latch
and
assert
assign
assume
automatic

B

before
begin
bind
bins
binsof
bit
break
buf
bufif0
bufif1
byte

C

case
casex
casez
cell
chandle
checker
class
clocking
cmos
config
const
constraint
context
continue
cover
covergroup
coverpoint
cross

D

deassign
default
defparam
design
disable

L

large
let
liblist
library
local
localparam
logic
longint

M

macromodule
matches
medium
modport
module

N

nand
negedge
nettype
new
nexttime
nmos
nor
noshowcancelled
not
notif0
notif1
null

O

or
output

P

package
packed
parameter
pmos
posedge
primitive
priority
program
property
protected
pull0
pull1
pulldown
pullup
pulsestyle_ondetect
pulsestyle_onevent
pure

R

rand
randc
randcase
randsequence
rcmos
real
realtime
ref
reg
reject_on
release
repeat
restrict
return
rnmos
rpmos
rtran
rtranif0
rtranif1

S

s_always
s_eventually
s_nexttime

s_until
s_until_with
scalared
sequence
shortint
shortreal
showcancelled
signed
small
soft
solve
specify
specparam
stati
string
strong
strong0
strong1
struct
super
supply0
supply1
sync_accept_on
sync_reject_on

T

table
tagged
task
this
throughout
time
timeprecision
timeunit
tran
tranif0
tranif1
tri
tri0
tri1
triand
trior
trireg
type
typedef

U

union
unique
unique0
unsigned
until
until_with
untyped
use
uwire

V

var
vectored
virtual
void

W

wait
wait_order
wand
weak
weak0
weak1
while
wildcard
wire
with
within
wor

X

xnor
xor

Appendix B 附录 B

全书模块依赖关系

因全书模块较多，后面章节设计的模块大量依赖前面章节设计的基础模块，这里将书中所有模块的依赖关系列出，便于读者快速找到依赖的模块。括号中为模块出现的代码序号。

第 2 章

hello_word (2-36)
not_gate (2-37)
my_adder (2-38)
test_sum_ff (2-39)
    my_adder (2-38)
mem (2-40)
mem_tester (2-40)
testmem (2-40)
    mem_tester (2-40)
    mem (2-40)
mem (2-41)
mem_tester (2-41)
testmem (2-41)
    mem_tester (2-41)
    mem (2-41)
gray2bin (2-43)
gray2bin (2-43)
test_task_func (2-44)
testpackage (2-45)

第 3 章

code3_1 (3-1)
code3_2 (3-2)
code3_3 (3-3)
code3_4 (3-4)
code3_5 (3-5)
code3_6 (3-6)
code3_7 (3-7)
code3_8 (3-8)
code3_9 (3-9)
code3_10 (3-10)
bin2gray (3-10)
hello_testbench (3-12)

第 4 章

Encoder (4-1)
Decoder (4-4)
Mux (4-5)
ShiftReg (4-6)
DelayChain (4-7)
Counter (4-8)
CntSecMinHr (4-9)
    Counter (4-8)
CounterMax (4-10)
Accumulator (4-11)
AccuM (4-12)

Rising2En (4-13)
Falling2En (4-14)
Edge2En (4-15)
CrossClkCnt (4-16)
PulseWiden (4-17)
CrossClkEvent (4-18)
SpRamRf (4-19)
TestMem (4-20)
    SpRamRf (4-19)
SpRamWf (4-21)
SdpRamRf (4-22)
DpRam (4-23)
SdcRam (4-24)
DcRam (4-25)
SpRamRfSine (4-26)
TestMem (4-28)
    SpRamRfSine (4-26)
SpRamRfSine (4-29)
DelayChainMem (4-30)
    SpRamRf (4-19)
TestDelayChainMem (4-30)
    DelayChainMem (4-30)
        SpRamRf (4-19)
ScFifo (4-31)
    SdpRamRf (4-22)
TestScFifo (4-32)
    ScFifo (4-31)
        SdpRamRf (4-22)
ScFifo2 (4-33)
    SdpRamRf (4-22)
TestKeyProcess (4-34)
    keyProcess (4-34)
KeyProcess (4-34)
Bin2Bdc (4-35)
DigitalLedSeg (4-36)
Pwm (4-37)
PwmSigned (4-38)
PwmDiffTime (4-39)
PwmDiffFixedLow (4-40)
TestPwm (4-41)
    Pwm (4-37)
    PwmSigned (4-38)
    PwmDiffTime (4-39)
    PwmDiffFixedLow (4-40)
RisingDelay (4-42)
QuadEncIf (4-44)
    Counter (4-8)
TestQuadEncIf (4-45)
    QuadEncIf (4-44)
        Counter (4-8)
StopWatchFsm (4-46)
TestStopWatch (4-47)
    KeyProcess (4-34)
    StopWatchFsm (4-46)
    Counter (4-8)
OscopeTrigSmpFsm (4-48)
TestOscopeTrigSmp (4-49)
    Counter (4-8)
    SpRamRfSine (4-26)
    OscopeTrigSmp (4-49)
        ScFifo2 (4-33)
            SdpRamRf (4-22)
        OscopeTrigSmpFsm (4-48)
OscopeTrigSmp (4-49)
    ScFifo2 (4-33)
        SdpRamRf (4-22)
    OscopeTrigSmpFsm (4-48)

第 5 章

UartTx (5-1)
    Counter (4-8)
UartRx (5-2)
    Falling2En (4-14)
    Counter (4-8)
TestUart (5-3)
    ScFifo2 (4-33)
        SdpRamRf (4-22)
    UartTx (5-1)

    - Counter (4-8)
  - UartRx (5-2)
    - Falling2En (4-14)
    - Counter (4-8)
- SpiMaster (5-4)
  - Counter (4-8)
  - CounterMax (4-10)
- SpiSlave (5-5)
  - Edge2En (4-15)
  - Counter (4-8)
- TestSpi (5-6)
  - SpiMaster (5-4)
    - Counter (4-8)
    - CounterMax (4-10)
  - SpiSlave (5-5)
    - Edge2En (4-5)
    - Counter (4-8)
- IicMasterBitEngine (5-7)
- IicMasterByteEngine (5-8)
- IicMaster (5-9)
  - IicMasterBitEngine (5-7)
  - IicMasterByteEngine (5-8)
  - IicMasterRecvShifter (5-9)
- IicMasterRecvShifter (5-9)
- IicSlave (5-10)
  - Edge2En (4-15)
- TestIicMasterSlave (5-11)
  - ScFifo2 (4-33)
    - SdpRamRf (4-22)
  - IicMaster (5-9)
    - IicMasterBitEngine (5-7)
    - IicMasterByteEngine (5-8)
    - IicMasterRecvShifter (5-9)
  - SdpRamRf (4-22)
  - IicSlave (5-10)
    - Edge2En (4-15)
- IisClkGen (5-12)
  - Counter (4-8)
- IisTransmitter (5-13)
- IisReceiver (5-14)
  - Rising2En (4-13)
  - Falling2En (4-14)
  - Counter (4-8)
- TestIis (5-15)
  - IisClkGen (5-12)
    - Counter (4-8)
  - IisTransmitter (5-13)
  - IisReceiver (5-14)
    - Rising2En (4-13)
    - Falling2En (4-14)
    - Counter (4-8)

第 6 章

- Pwm2 (6-1)
- PeriphPwm (6-2)
  - Pwm2 (6-1)
- PeriphSpiMaster (6-3)
  - SpiMaster (5-4)
    - Counter (4-8)
    - CounterMax (4-10)
  - ScFifo2 (4-33)
- PeriphSpiMaster2 (6-4)
  - SpiMaster (5-4)
    - Counter (4-8)
    - CounterMax (4-10)
  - ScFifo2 (4-33)
- PicoMmInterconnector1to3 (6-5)
- PicoMmIntercon (6-6)
- PeriphPwm2 (6-7)
  - Pwm2 (6-1)
- PeriphSpiMaster3 (6-8)
  - SpiMaster (5-4)
    - Counter (4-8)
    - CounterMax (4-10)
  - ScFifo2 (4-33)
- TestPicoMmIf (6-9)
  - PicoMmIntercon (6-6)
  - SpRamRf (4-9)

第7章

    - FIR (7-11)
    - CicUpSampler (7-19)
      - InterpDeci (7-15)
      - Comb (7-16)
      - Integrator (7-17)
    - CicDownSampler (7-19)
      - InterpDeci (7-15)
      - Comb (7-16)
      - Integrator (7-17)
- FFTCoefRom (7-23)
- MmFFT (7-24)
  - SpRamRf (4-19)
  - FFTCoefRom (7-23)
- TestMmFFT (7-25)
  - MmFFT (7-24)
    - SpRamRf (4-19)
    - FFTCoefRom (7-23)
- Bf2 (7-27)
- R2Sdf (7-28)
  - DelayChain (4-7)
  - DelayChainMem (4-30)
    - SpRamRf (4-19)
  - Bf2 (7-27)
  - FFTCoefRom (7-23)
- TestR2Sdf (7-29)
  - R2Sdf (7-28)
    - DelayChain (4-7)
    - DelayChainMem (4-30)
      - SpRamRf (4-19)
    - Bf2 (7-27)
    - FFTCoefRom (7-23)
- Pid (7-30)
- TestPID (7-31)
  - SimpleInverterCtrl (7-31)
    - DDS (7-6)
    - Pid (7-30)
    - PwmSigned (4-38)
  - IIR (7-13)
    - IIR2nd (7-13)

第 8 章

- LFSR (8-1)
- CRCGenerator (8-2)
  - Counter (4-8)
- CRCChecker (8-2)
- ManchesterEncoder (8-3)
- DiffManDecoder (8-4)
- HystComp (8-5)
- TestBasebandSys (8-6)
  - Counter (4-8)
  - LFSR (8-1)
  - CRCGenerator (8-2)
    - Counter (4-8)
  - ManchesterEncoder (8-3)
  - FIR (7-11)
  - HystComp (8-5)
  - DiffManDecoder (8-4)
  - CRCChecker (8-2)
- AMModulator (8-7)
- AMEnvDemod (8-8)
  - Counter (4-8)
  - FIR (7-11)
- AMCohDemod (8-9)
  - Counter (4-8)
  - FIR (7-11)
- TestAM (8-10)
  - DDS (7-6)
  - FIR (7-11)
  - AMModulator (8-7)
  - AMEnvDemod (8-8)
    - Counter (4-8)
    - FIR (7-11)
  - AMCohDemod (8-9)
    - Counter (4-8)
    - FIR (7-11)
- BPSKMod (8-11)
  - FIR (7-11)
  - InterpDeci (7-15)

    FIR (7-11)
    InterpDeci (7-15)
    OrthDDS (8-17)
FIR (7-11)
OrthDDS (8-17)
ADPLL (8-23)
    FIR (7-11)
    Pid (7-30)
    OrthDDS (8-17)
    PeakHolder (8-20)
        Counter (4-8)
    Counter (4-8)
QAMDemod (8-19)
    FIR (7-11)
QAM16SyncJudge (8-21)
    PeakHolder (8-20)
        Counter (4-8)
    DelayChain (4-7)
    Counter (4-8)
DiffManDecoder (8-4)

推荐阅读

ARC EM处理器嵌入式系统开发与编程

作者：雷鑑铭 等 ISBN：978-7-111-51778-8 定价：45.00元

本书以实际的嵌入式系统产品应用与开发为主线，力求透彻讲解开发中所涉及的庞大而复杂的相关知识。书中第1～5章为基础篇，介绍了ARC 嵌入式系统的基础知识和开发过程中需要的一些理论知识，具体包括ARC嵌入式系统简介、ARC EM处理器介绍、ARC EM编程模型、中断及异常处理、汇编语言程序设计以及C/C++与汇编语言的混合编程等内容。第6～9章为实践篇，介绍了建立嵌入式开发环境、搭建嵌入式硬件开发平台及开发案例，具体包括ARCEM处理器的开发及调试环境、MQX实时操作系统、EM Starter Kit FPGA开发板介绍以及嵌入式系统应用实例开发等内容。第10～11章介绍了ARC EM处理器特有的可配置及可扩展APEX属性，以及如何在处理器设计中利用这种可配置及可扩展性实现设计优化。书中附录包含了本书涉及的指令、专业词汇的缩写及其详尽解释。

射频微波电路设计

作者：陈会　张玉兴 ISBN：978-7-111-49287-0 定价：45.00元

本书讲述了广泛应用于无线通信、雷达、遥感遥测等现代电子系统中的射频微波电路，通过大量实例阐述了经典射频微波电路的设计方法与步骤，主要内容涉及射频微波电路概论、

传输线基本理论与散射参数、射频CAD基础、射频微波滤波器、放大器、功分器与合成器、天线等。同时，针对近年来出现的一些新型微带电路与技术也进行了介绍与讨论，主要包括：微带/共面波导（CPW）、微带/槽线波导、基片集成波导（SIW）等双面印制板电路。因此，本书不仅适合于无线通信与雷达等电子技术相关专业的本科生与研究生作为教材使用，而且也可以作为各种从事电子技术相关工作的专业人士的参考书。

电子元器件的可靠性

作者：王守国 ISBN：978-7-111-47170-7 定价：49.00元

本书从可靠性基本概念、可靠性科学研究的主要内容出发，给出可靠性数学的基础知识，讨论威布尔分布的应用；通过电子元器件的可靠性试验，如筛选试验、寿命试验、鉴定试验等内容，诠释可靠性物理的核心知识。接着，详细介绍电子元器件的类型、失效模式和失效分析等，阐述电子元器件的可靠性应用。最后，着重介绍器件的生产制备和可靠性保证等可靠性管理的内容。本书内容立足于专业基础，结合数理统计等数学工具，实用性强，旨在帮助读者掌握可靠性科学的理论工具，以及电子元器件可靠性应用的工程技术，提高实际操作能力。

推荐阅读

信号、系统及推理

作者：(美) Alan V. Oppenheim　George C.Verghese 译者：李玉柏 等

中文版 ISBN：978-7-111-57390-6 英文版 ISBN：978-7-111-57082-0 定价：99.00元

本书是美国麻省理工学院著名教授奥本海姆的最新力作，详细阐述了确定性信号与系统的性质和表示形式，包括群延迟和状态空间模型的结构与行为；引入了相关函数和功率谱密度来描述和处理随机信号。本书涉及的应用实例包括脉冲幅度调制，基于观测器的反馈控制，最小均方误差估计下的最佳线性滤波器，以及匹配滤波；强调了基于模型的推理方法，特别是针对状态估计、信号估计和信号检测的应用。本书融合并扩展了信号与系统时频域分析的基本素材，以及与此相关且重要的概率论知识，这些都是许多工程和应用科学领域的分析基础，如信号处理、控制、通信、金融工程、生物医学等领域。

离散时间信号处理（原书第3版·精编版）

作者：(美) Alan V. Oppenheim　Ronald W. Schafer 译者：李玉柏　潘晔 等

ISBN：978-7-111-55959-7 定价：119.00元

本书是我国数字信号处理相关课程使用的最经典的教材之一，为了更好地适应国内数字信号处理相关课程开设的具体情况，本书对英文原书《离散时间信号处理（第3版）》进行缩编。英文原书第3版是美国麻省理工学院Alan V. Oppenheim教授等经过十年的教学实践，对2009年出版的《离散时间信号处理（第2版）》进行的修订，第3版注重揭示一个学科的基础知识、基本理论、基本方法，内容更加丰富，将滤波器参数设计法、倒谱分析又重新引入到教材中。同时增加了信号的参数模型方法和谱分析，以及新的量化噪声仿真的例子和基于样条推导内插滤波器的讨论。特别是例题和习题的设计十分丰富，增加了130多道精选的例题和习题，习题总数达到700多道，分为基础题、深入题和提高题，可提升学生和工程师们解决问题的能力。

数字视频和高清：算法和接口（原书第2版）

作者：(加) Charles Poynton 译者：刘开华 褚晶辉 等ISBN：978-7-111-56650-2 定价：99.00元

本书精辟阐述了数字视频系统工程理论，涵盖了标准清晰度电视（SDTV）、高清晰度电视（HDTV）和压缩系统，并包含了大量的插图。内容主要包括了：基本概念的数字化、采样、量化和过滤，图像采集与显示，SDTV和HDTV编码，彩色视频编码，模拟NTSC和PAL，压缩技术。本书第2版涵盖新兴的压缩系统，包括NTSC、PAL、H.264和VP8 / WebM，增强JPEG，详细的信息编码及MPEG-2系统、数字视频处理中的元数据。适合作为高等院校电子与信息工程、通信工程、计算机、数字媒体等相关专业高年级本科生和研究生的“数字视频技术”课程教材或教学参考书，也可供从事视频开发的工程技师参考。

推荐阅读

模拟电路设计：分立与集成

作者：(美) Sergio Franco 译者：雷铭 余国义 邹志革 邹雪城

ISBN：978-7-111-57781-2 定价：119.00元

本书是针对电子工程专业中致力于将模拟电子学作为自身事业的学生和集成电路设计工程师而准备的。前三章介绍二极管、双极型晶体管和MOS场效应管，注重较为传统的分立电路设计方法，有助于学生通过物理洞察力来掌握电路基础知识；后续章节介绍模拟集成电路子模块、典型模拟集成电路、频率和时间响应、反馈、稳定性和噪声等集成电路内部工作原理（以优化其应用）。本书涵盖的分立与集成电路设计内容，有助于培养读者的芯片设计能力和电路板设计能力。

CMOS数字集成电路设计

作者：(美) Charles Hawkins （西班牙）Jaume Segura（美）Payman Zarkesh-Ha

译者：王昱阳 尹说 ISBN：978-7-111-52933-0 定价：69.00元

本书涵盖了数字CMOS集成电路的设计技术,教材编写采用的新颖的讲述方法，并不要求学生已经学习过模拟电子学的知识，有利于大学灵活地安排教学计划。本书完全放弃了涉及双极型器件内容，只关注数字集成电路的主流工艺——CMOS数字电路设计。书中引入了大量的实例，每章最后也给出了丰富的练习题，使得学生能将学到的知识与实际结合。可作为为数字CMOS集成电路的本科教材。

复杂电子系统建模与设计

作者：(英) Peter Wilson (美) H.Alan Mantooth 译者：黎飞 王志功

ISBN：978-7-111-57132-2 定价：89.00元

本书分三个部分：第一部分是基于模型的工程技术的基础介绍，包括第1-4章。主要内容有概述，设计和验证流程，设计分析方法和工具，系统建模的基本概念、专用建模技术及建模工具等；第二部分介绍建模方法，包括第5-11章，分别介绍了图形建模法、框图建模法及系统分析、多域建模法、基于事件建模法快速模拟建模法、基于模型的优化技术、统计学的和概率学的建模法；第三部分介绍设计方法，包括第12-13章，介绍设计流程和复杂电子系统设计实例。